AF356314

SOCIÉTÉ POMOLOGIQUE DE FRANCE

CATALOGUE DESCRIPTIF

DES

FRUITS ADOPTÉS

par le Congrès Pomologique

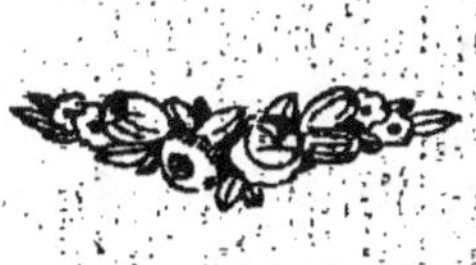

VILLEFRANCHE

IMPRIMERIE DU *RÉVEIL DU BEAUJOLAIS*

9 et 9 *bis*, rue Pierre-Morin

1927

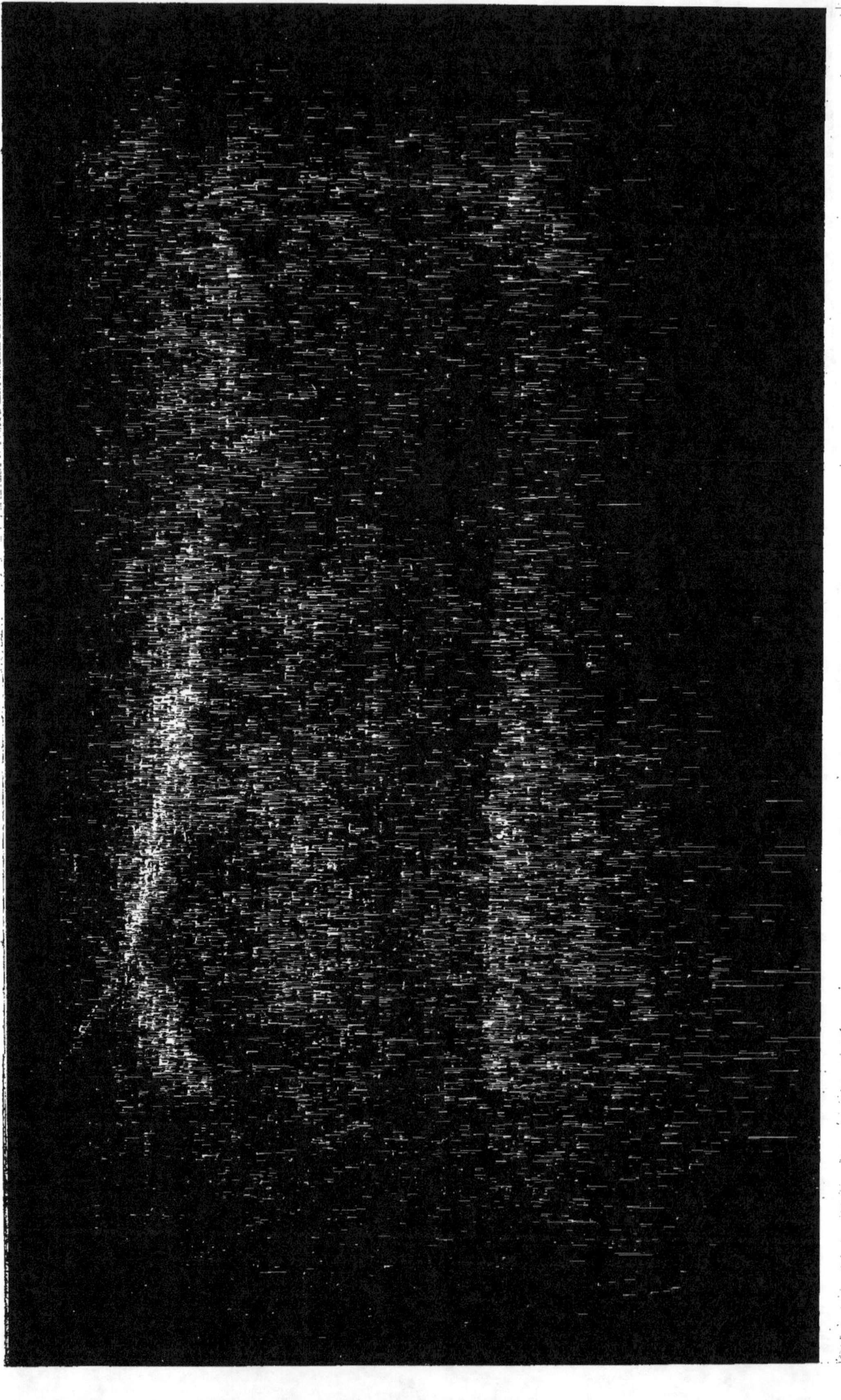

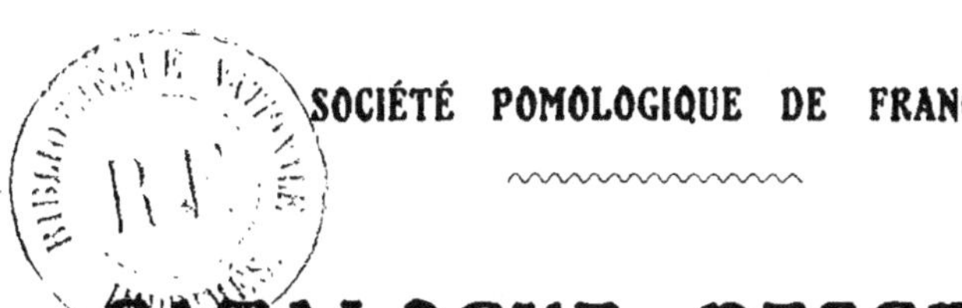

CATALOGUE DESCRIPTIF

DES

FRUITS ADOPTÉS

par le Congrès Pomologique

CATALOGUE DESCRIPTIF

DES

FRUITS ADOPTÉS

par le Congrès Pomologique

VILLEFRANCHE

IMPRIMERIE DU *RÉVEIL DU BEAUJOLAIS*

9 et 9 *bis*, rue Pierre-Morin

1927

MEMBRES D'HONNEUR

Présidents d'honneur

MM. Fernand DAVID, sénateur, ancien ministre.

Edouard HERRIOT, ✳, député, ministre de l'Instruction Publique, ancien Président du Conseil des Ministres.

Bibliothécaire-archiviste honoraire

M. J. BIZET.

BUREAU

MM. SILVESTRE C., ✳. O. ☗, ⚜ *Président.*
BARRET A., O. ☗......... ⎫
JACQUIER C., Cʳ ☗........ ⎬ *Vice-Présidents.*
SABRAN, ✳.............. ⎭
CHASSET L., O. ☗........ *Secrétaire général.*
MOREAU E. .... *Secrétaire général adjoint.*
BARRET Paul .... *Trésorier.*
ABRIAL C., O. ☗, I. ⚜.... *Bibliothécaire.*
MOREL F., ☗............ *Bibliothécaire adjoint.*

CONSEIL D'ADMINISTRATION

MM. ATHENOUD, ☗. — BREVET, O. ☗. - CATHELIN, O. ☗. — CUSSET, ☗. — FAUCHERON, O. ☗. ⚜. -- GAY, O. ☗, ☗. — GÉRARD, O. ✳. — GONICHON, ☗. — MALAVAL Et., O. ☗. -- MAZUYER. — DE SAINT-CHARLES. — SIMON, O. ☗.

LAURÉATS DU CONGRÈS
MEMBRES INAMOVIBLES DU CONSEIL D'ADMINISTRATION

ALLEMAND. O. ☗, ⚜. — BARBIER A., ✳. -- BARRET A., O. ☗. — BIZET. — BLANC L. — BOUVANT. — CHASSET, O. ☗. — CHATENAY Abel, Cʳ ✳, Cʳ ☗. — CHEVALIER, O. ☗. — DARBOUR, O. ☗. -- GIRERD F. — JACQUIER Cl., Cʳ ☗. — JOUIN, O. ☗. — LOISEAU L., O. ✳. — LÉCOLIER, O. ☗. — MOLON G. -- NIVET, ✳, Cʳ ☗. — NOMBLOT A., Cʳ ✳, Cʳ ☗. — OPOIX O., O. ✳, Cʳ ☗. — PASSY. O. ☗. — PINGUET-GUINDON, O. ✳. Cʳ ☗. — PITRAT, O. ☗. — RIVIÈRE, O. ✳. O. ☗. — TABOURY, ✳, O. ☗.

La Société se réunit en Congrès, chaque année, dans une région de la France ou à l'étranger

Elle publie un Journal mensuel. — Le prix de l'abonnement ou la cotisation est de 20 francs pour la France et de 25 francs pour l'Etranger

COMMISSION PERMANENTE DES ÉTUDES

MM.

ABRIAL.
ARZALIER.
ATHENOUD.

BAILLY.
BARRET (Antoine).
BARRET (Paul).
BARRET (Marcel).
BARRET (Henri).
BAIZE (Bernard).
BEL (Pierre).
BERERD (Benoît).
BERNAIX (Pierre).
BERQUET (Jules).
BERTHO (René).
BIZET (Jean).
BORGNE (H.).
BOUQUET (J.).
BOUVANT (Antoine).
BREVET (Alexis).
BRUYÈRE.

CATHELIN Marius.
CHABOUD fils aîné.
CHAFFANGE.
CHARRIN.
CHARTRE (Claude).
CHASSET (Louis).
CHAUFFIN.
CHEMARIN.
CHEVALLIER.
CHEVROTTON.
CINQUIN.
CLÉMENT (Pierre).
COINDRE (François).
COLIN fils.
COLOMBIER (Pierre).
COPONAT (Joanny).
CUSSET.

DEAUX (F.).
DE SAINT-CHARLES.

MM.

DESCROIX (Alexandre).
DUCHAMP (Julien).
DUCHAMP fils.
DUFOUR (Cl.).
DUGELAY (André).
DUNAND (Jacques).

FALCONNET (Dominique)
FOUDRAS.

GAUTIER (Célestin).
GAY.
GENARD (J.-B.).
GENEST-BARGE.
GIRERD (Ferdinand).
GIRIN (Guillaume).
GONICHON.
GUILLOT (Henri).

HAUTIN.

IMBERT fils.

JACQUIER (Cl.).
JOSSERAND (Joseph).
JUSSEAUD fils.

LAPRESLE.
LAVENIR (Philibert).
LILLE.
LINOSSIER
LONGERON (Louis).

MACLET-BOTTON.
MALAVAL (Etienne).
MALLAVAL (François).
MARTIN (Pierre) fils.
MAZUYER (Louis).
MÉTRAL (Rémy).
MICHEL.
MONACHON.

MM.

MOREAU père et fils.
MOREL (François).
MOULIN (Paul).
MUSSET fils.

NAZET (Claude).

OLLAGNIER.

PARAVICINI.
PARTY.
PELISSON.
PERRIN (Mathieu).
PERROUX (Pierre).
PITRAT.
POINTET (Henri).
POISARD.
PONTHUS (J.-M.).

RABUEL (Pierre).
RIBAYRON.
RICHAUD.
RICHAUX (Georges).
RIVIÈRE (Antoine).
RIVOIRE.
RIVOIRE (Antoine).
ROLLAND (Charles).

SABRAN.
SANDRIN.
SARTRE (Claudius).
SILVESTRE (Cl.).
SIMON (Francisque).

THIBAUD (B.).
TREYVE (Louis).

VACHER.
VALLA fils.
VEYRET (Albert).
VIDAULT.
VILLARD.

PRÉFACE

Depuis l'année 1856, date de sa fondation, la Société Pomologique de France a successivement publié : en 1857, une première liste des meilleurs fruits, puis, tour à tour, en 1873, 1886 et 1906, trois CATALOGUES DES FRUITS ADOPTÉS par ses Congrès dans les nombreuses sessions tenues dans les principales villes de France et de l'étranger.

La dernière édition est aujourd'hui épuisée, et comme elle ne correspond plus à la situation actuelle de la Pomologie et de l'Arboriculture Fruitière, notre Société a pris la décision heureuse de publier une nouvelle édition refondue et soigneusement mise à jour, répondant à tous les besoins de l'heure actuelle.

A côté de la Pomologie pure qui a guidé la Société dans l'établissement de ses précédents Catalogues, nous avons pensé que les conditions économiques actuelles devaient nous orienter de plus en plus vers l'arboriculture fruitière, complément indispensable de la Pomologie.

L'industrialisation des cultures fruitières nous a conduit à faire du CATALOGUE DES FRUITS ADOPTÉS en 1926 un recueil aussi complet que possible de toutes les meilleures qualités de fruits à cultiver, des méthodes modernes de culture et de lutte contre leurs parasites, de tous les renseignements, enfin, susceptibles de permettre aux professionnels, comme aux amateurs, de produire de beaux et bons fruits.

C'est, là, l'œuvre nouvelle que nous nous permettons de présenter au public de plus en plus nombreux qui s'intéresse à la culture des fruits et, aussi, à tous les nombreux amis qui, par une souscription spontanée, nous ont permis de faire cet effort considérable sans risquer de détruire l'équilibre budgétaire de notre Société.

A tous les souscripteurs venus à nous si nombreux, et dont le concours nous a été d'un si puissant réconfort, nous adressons l'expression de notre sincère et profonde gratitude ; leur confiance sera notre meilleure récompense de l'effort que nous avons essayé de rendre utile et profitable au progrès de la Pomologie et de l'Arboriculture Fruitière.

A nos amis étrangers et, surtout, à nos amis suisses, qui sont venus à nous si nombreux, si confiants, si désintéressés, nous adressons un remerciement tout particulier, car ils nous ont aidés puissamment dans l'accomplissement de notre lourde tâche.

Nous dédions ce travail à tous ceux qui nous ont prêté leur amical appui dans ces circonstances difficiles, et nous les prions de l'agréer comme le témoignage affectueux de notre sincère reconnaissance.

Lyon, le 1er septembre 1926

L. CHASSET,
Secrétaire général.

C. SILVESTRE,
Président de la Société Pomologique de France.

MALADIES ET INSECTES

nuisibles à la plupart des arbres fruitiers

Nous avons noté, pour chaque espèce fruitière, les maladies et les insectes qui l'attaquent spécialement ; nous avons réservé, pour ce chapitre, les maladies et les insectes communs à tous les végétaux fruitiers pour éviter les redites inutiles.

RACINES

Pourridié ou Blanc des racines. — Cette maladie attaque les racines des arbres fruitiers qui périssent rapidement au contact du mycelium du champignon ; ce mycelium se reconnaît sur les racines sous forme de filaments blancs, et par l'odeur caractéristique qu'il dégage.

Pour éviter le *Pourridié*, ne pas mettre au contact des racines des débris végétaux non décomposés, pas de fumier pailleux, ni du terreau de feuilles toujours chargé de spores et de mycelium, extirper les racines d'arbres ou d'arbustes qui pourraient se trouver dans le sol à planter, éviter de remplacer un arbre exactement à sa place, aérer les trous, drainer pour éviter l'eau stagnante pouvant amener la maladie sur les jeunes racines des arbres.

Quand la maladie est développée, il est fort difficile de la combattre sur les racines de l'arbre ; on conseille de mettre à l'air les racines de la surface en hiver avant les gelées, et aussi l'arrosage des arbres attaqués au sulfate de fer, mais sans qu'il soit prouvé qu'il y ait un résultat appréciable.

Ver blanc ou larve du hanneton. — La larve mange dès sa naissance, en mai-juin, jusqu'en octobre, puis elle s'enfonce à l'automne pour hiverner ; au printemps suivant elle remonte manger d'avril à octobre, descend à nouveau à une certaine profondeur pour hiverner, et remonte au printemps suivant, où elle mange avec avidité jusqu'en juillet environ, date à laquelle elle s'enfonce une dernière fois dans le sous-sol pour se métamorphoser ; au printemps suivant, le hanneton, insecte parfait, sort du sol pour se fixer sur les arbres, dévorer les feuilles et assurer la reproduction de l'espèce, cette ponte a lieu suivant l'année précoce ou tardive de mi-avril à la fin mai.

Le ramassage des hannetons avant la ponte est assurément le meilleur moyen de destruction, mais les femelles volent et planent longtemps avant de déposer leurs œufs. Le trajet accompli peut être assez long, il y a donc beaucoup de chances pour que la ponte dans un terrain donné soit faite par des hannetons ayant effectué un vol d'un kilomètre ou plus ; il faudrait, pour être efficace, que le hannetonnage soit général dans une contrée.

On peut éviter la ponte, dans une culture fruitière, en semant une matière malodorante comme la naphtaline ou des poudres résidu de l'extraction des huiles de schistes, à raison de 500 kilogs l'hectare au moment de l'accouplement des hannetons,, les femelles sont écartées d'un sol ainsi protégé et vont pondre plus loin.

Si l'on n'a pu se préserver de la ponte, il faut sulfurer le sol autour de l'arbre à raison de 60 grammes de sulfure de carbone par mètre carré, soit 12 trous de 5 grammes, bêcher le sol finement auparavant, pour le rendre perméable aux vapeurs de sulfure, faire les trous profonds de 4 à 5 centimètres pour permettre la diffusion des vapeurs dès la surface du sol, les vapeurs descendant, en raison de leur poids, ne pourraient l'atteindre si on déposait le sulfure trop profondément.

Enfin les plantes pièges sont utilisées avec succès pour protéger les arbres, les fraisiers cultivés en lignes ou plates-bandes entre les lignes d'arbres mettent totalement ces derniers à l'abri des attaques des vers blancs, il en est de même des salades, en visitant chaque jour les plantes-pièges et en tuant les vers qui sont au pied on arrive à se débarrasser facilement d'une génération de vers.

Mais, il faut se souvenir que les femelles, avant de pondre, font parfois un vol considérable, par conséquent tous les trois ans il y aura une nouvelle invasion à prévoir dans le sol.

TIGES --- BRANCHES --- RAMEAUX
FEUILLES ET FRUITS

Chancre. — Divers arbres ont leur tige, leurs branches, et leurs rameaux, attaqués par le chancre. ne pas meurtrir les organes aériens, éviter le gaulage des fruits, aseptiser les coupes pour éviter le chancre ; s'il se développe, mettre à vif le bois non attaqué en coupant franchement les parties attaquées, et en badigeonnant les plaies avec du vinaigre ou du goudron de Norvège.

Éviter aussi de planter les arbres délicats dans les bas fonds soumis aux brouillards fréquents, ou dans les vallées mal aérées.

Lessiver chaque année, en hiver, les arbres avec une solution cuprique.

Monilias. — Les monilias, qui attaquent les fruits en les desséchant sur l'arbre, attaquent aussi les rameaux des arbres fruitiers ; couper les rameaux attaqués dans le voisinage des fruits momifiés et les brûler, puis pulvériser fortement les arbres, en hiver, avec la solution A.

Tavelure. — La tavelure attaque les feuilles, fleurs, fruits et rameaux, spécialement du poirier et du pommier ; on la trouve souvent sur le cerisier causée par une sous-espèce du champignon attaquant le poirier, et aussi sur le groseiller causée par un genre voisin du champignon du poirier.

En hiver, pulvériser les arbres sur lesquels les taches ont été observées l'été précédent, avec la solution A, répéter cette pulvérisation au moment de la floraison, de façon à préserver feuilles et jeunes fruits.

Rouille. — Diverses rouilles attaquent nos arbres fruitiers ; en général, la solution cuprique A, appliquée peu avant la végétation et pendant la floraison, empêche la propagation de cette maladie ; l'arrachage des différents genevriers plantés dans le voisinage du poirier met cette espèce fruitière à l'abri de la rouille.

Oïdium ou Blanc. — Divers oïdiums attaquent les rameaux, les feuilles des arbres fruitiers, les extrémités des rameaux ou les feuilles sont recouvertes d'une poudre blanche : sur la vigne, l'oïdium attaque les feuilles, et surtout la grappe qui noircit et durcit ; quelques variétés de poiriers, particulièrement le Doyenné du Comice, ont leurs jeunes fruits attaqués par ce champignon, ou ses variétés ainsi que les jeunes rameaux de pommier et de pêcher.

Contre l'oïdium les vapeurs sulfureuses seules sont efficaces, mais comme il faut une très forte insolation pour que ces vapeurs soient émises par saupoudrage de soufre, on emploie de préférence le pentasulfure de potassium, formule B en hiver et C en été.

Fumagine. — La fumagine se développe sur une quantité d'arbres grâce au miellat sécrété par les pucerons, ou sans miellat sur simple sécrétion des feuilles des végétaux.

Pulvériser souvent à l'eau claire les arbres qui y sont sujets, et laver ceux qui sont attaqués avec une solution de 3 kilogs de savon noir pour 100 litres d'eau, additionner d'alcool à brûler (1 litre), y ajouter un peu de nicotine titrée s'il y a des pucerons.

Mousses. — Lichens. — A côté des champignons, il y a les mousses et les lichens qui attaquent les arbres dans toute leur partie aérienne, et servent de refuge à une quantité d'autres ennemis.

L'aspersion annuelle en hiver des arbres avec une solution de chaux empêche généralement le développement de ces parasites ; s'ils sont déjà développés on doit appliquer, toujours en hiver, 3 ou 5 kilos de sulfate de fer par 100 litres d'eau, et 2 kilogs de chaux.

Maladies physiologiques. — Gomme. — La gomme attaque tous les arbres à fruits à noyau.

Quand on voit par les arbres environnants que cette maladie a une tendance à se développer dans une plantation, il est bon de pratiquer, même sur les arbres sains et non attaqués, les incisions longitudinales dont il va être parlé ci-dessous.

Sur les arbres attaqués, racler jusqu'au bois bien vivant les parties atteintes, laver au vinaigre la plaie, et recouvrir de boue grasse ou de mastic à greffer, faire des incisions longitudinales au-dessous de la plaie, sur l'empatement des branches charpentières et sur le tronc pour faire écouler la gomme.

La gomme, perçant elle-même les tissus pour s'écouler, amène la mort de ces tissus, sortant par des incisions artificielles, aucune mortification de cellules n'est à craindre.

Chlorose. — La chlorose est due soit à un excès d'humidité dans le sol ou dans l'atmosphère, soit à une dose de calcaire trop élevée, comme cela a lieu pour le poirier greffé sur cognassier.

On peut dire qu'au delà de 12 % de carbonate de chaux, dans un sol donné, on ne peut plus cultiver le poirier sur cognassier, mais il peut très bien prospérer sur poirier franc.

Drainer le sol si l'humidité du sol est en cause, ou choisir le sujet, si le calcaire seul entraine la chlorose de l'arbre.

Pour lutter contre la chlorose chez certains sujets âgés, on perce, en hiver, dans le tronc ou les branches, au vilebrequin, un trou légèrement oblique en descendant, par rapport à la perpendiculaire du tronc de l'arbre ou de la branche, en allant jusqu'aux trois quarts environ du diamètre, introduire 2 à 4 grammes de pyrophosphate de fer citro-ammoniacal, puis on bouche l'orifice du trou avec du mastic à greffer.

En général, l'été surtout, l'arbre reverdit, et l'action du traitement continue pendant plusieurs années. On a utilisé également le sulfate de fer dans ce traitement, mais les tissus étaient souvent mortifiés dans le pourtour de la cavité ainsi faite, et les feuilles brûlaient en pleine végétation.

Souvent un arrosage avec une dissolution de 3 à 4 kilogs de sulfate de fer mélangé à 100 litres d'eau et de purin d'étable mélangés, donne une guérison momentanée de la chlorose.

PARASITE VÉGÉTAL

Gui. — Le gui attaque bon nombre d'arbres fruitiers, surtout le pommier ; racler son empatement, et goudronner la plaie pour ne pas donner prise au chancre.

INSECTES ET PUCERONS

Hanneton. — Il a déjà été question de la larve, ou *ver blanc*, aux ennemis des racines ; le hanneton est également très nuisible, il dévore les jeunes feuilles de nos arbres fruitiers ; essayer de pulvériser les jeunes pousses avec la solution J..., dont la mauvaise odeur éloigne les insectes.

Mais il faut répéter tous les huit jours cette pulvérisation pour que l'odeur agisse continuellement et pendant toute la période où l'insecte vit sur les feuilles.

Le hannetonnage, ou ramassage des insectes, comme il a été dit, est excellent, mais il faudrait le généraliser ; malgré cela, il resterait encore les forêts où l'insecte vit et ne peut être détruit pour que nos cultures soient envahies de vers blancs.

Kermès. — Différents Kermès attaquent nos arbres fruitiers dont ils recouvrent tronc et branches de leur progéniture et de leurs excréments, au point que les branches et l'arbre dépérissent, sous l'influence de la succion des insectes et le manque d'aération des écorces.

Laver au pinceau à deux reprises différentes les écorces et surtout l'empatement des coursonnes avec la solution I.

On peut encore, et peut-être plus facilement, détruire le Kermès avec de l'huile étalée légèrement au pinceau, de façon à ne tremper que les Kermès, mais c'est assez difficile pour que nous n'insistions pas sur ce moyen, car toute partie d'écorce trempée d'huile meurt immédiatement.

Pucerons. — Les pucerons attaquent l'extrémité des jeunes pousses et les jeunes feuilles des arbres fruitiers.

En général, en appliquant, à plusieurs reprises, et à quelques jours d'intervalle, la solution H, on s'en débarrassera facilement.

Pour le puceron du cerisier, plus résistant, mettre la solution H avec le maximum indiqué de savon noir et d'acide phénique.

Grise. — La grise attaque tous les arbres fruitiers, surtout ceux en espalier ; on peut prévenir ses attaques en pulvérisant, matin et soir, les arbres à l'eau fraîche.

En cas d'attaque, pulvériser avec la solution H et ensuite avec la solution C en inondant l'arbre, les lattes et le mur, pour que nul acarien n'échappe au traitement.

SOLUTIONS ANTICRYPTOGAMIQUES

SOLUTION A

Sulfate de cuivre...................... 2 kilogs
Chaux éteinte .... 2 kilogs
Dextrine .... 100 grammes.
Eau .... 100 litres

Vérifier au papier Tournesol si la solution n'est pas acide quand on l'emploie en été, ajouter de la chaux pour la neutraliser ; en hiver, inutile de vérifier cette acidité qui n'est plus nuisible.

SOLUTION B

Pentasulfure de potassium .... 4 grammes
Eau .... 1 litre

SOLUTION C

Pentasulfure de potassium .... 2 grammes
Eau .... 1 litre

SOLUTIONS INSECTICIDES

SOLUTION H

Eau .... 100 litres
Savon noir .... 2 à 4 kilogs
Nicotine à 100°...................... 1 litre
Acide phénique .... 1/4 litre
Alcool à brûler .... 1 litre

Au cas où il serait impossible de se procurer de la nicotine, mettre un demi-litre d'acide phénique. En totalité dans 100 litres de l'émulsion savonneuse, mettre le maximum de savon.

Faire fondre le savon noir dans l'eau, ajouter la nicotine, puis l'alcool à brûler, et ensuite verser l'acide phénique lentement, en agitant fortement le liquide savonneux.

Agiter ce mélange chaque fois que l'on veut remplir le pulvérisateur.

SOLUTION I

Eau	1 litre
Bichlorure de mercure	2 grammes

SOLUTION J

Eau	100 litres
Arséniate de plomb (préparé dans le commerce	1 kilog
Huile de schiste	1 kilog

SOLUTION K

Eau	1 litre 1 2
Nicotine à 100°........................	1 litre
Alcool à brûler	1 2 litre

A défaut de nicotine, mettre 1 litre d'alcool à brûler.

SOLUTION L

Actuellement, en Suisse et en Hollande, la solution 1, pour détruire le Kermès, est remplacée par :

Formule suisse :

Eau	100 litres
Carbonyleum avenarius	7 litres
Savon noir	2 à 4 kilogs

Formule hollandaise :

Eau	100 litres
Carbonyleum	7 litres

Ces solutions sont à l'étude, nous les signalons comme étant celles qui détruiront, dans l'avenir, le plus sûrement le Kermès et le Puceron lanigère.

Toutefois, ajoutons que le carbonyle français, tel qu'il nous est fourni par l'industrie, détruit radicalement les arbres fruitiers sur lesquels il est appliqué.

ABRICOTIER

ORIGINE. — Les auteurs ont cru cet arbre originaire de l'Arménie, d'où son nom *Armeniaca vulgaris*, on le trouve à l'état spontané au Maroc, où il constitue certaines forêts.

AIRE DE CULTURE ET EXPOSITION. — L'abricotier exige un climat chaud pour être cultivé en culture intensive ; cependant en climat de montagne on peut citer des cultures intensives très rémunératrices, grâce à un climat local, un individu isolé, donnant régulièrement de beaux produits dans une localité, peut servir d'indication au cultivateur.

En culture d'amateur, on lui donnera toujours, dans le jardin, une situation privilégiée, la plus ensoleillée ; dans le nord, l'est et l'ouest de la France, on le plantera contre les bâtiments, à l'abri des auvents ou forgets des bâtiments des communs.

La floraison, très hâtive, aux premiers beaux jours de la fin de l'hiver, est la cause principale des difficultés rencontrées dans sa culture.

SOL. — La qualité du sol est corrigée par le sujet sur lequel l'abricotier est greffé ; on peut cependant dire que les terres d'alluvions graveleuses, granitiques, lui sont préférables aux terres argileuses et compactes.

SUJET PORTE-GREFFE. — Le sujet porte-greffe varie avec le sol. En sol argileux, ou en terre d'alluvions ayant tendance à la fraîcheur, sinon à l'humidité, le porte-greffe le meilleur est le prunier Saint-Julien, c'est le sujet idéal pour le nord, l'est et l'ouest de la France.

En sol sain et riche, ou pouvant craindre la sécheresse, le prunier Mirobolan blanc est préférable, quelquefois on a recours au pêcher franc.

Enfin, en sol sableux et sec, dans le Midi, on emploie comme sujet l'amandier, surtout en terrain calcaire, si le pourcentage de calcaire est trop élevé on a recours au greffage sur abricotier franc de semis.

FORMES. — La haute tige, ou plein vent, et la demi-tige, sont les formes les plus répandues en cultures intensives et d'amateurs, le gobelet nain est cultivé dans les cultures intensives des environs de Paris, il est aussi tenté dans la région du Rhône.

L'espalier est employé en culture d'amateur, soit nain, soit sur haute tige, mais sous cette forme la qualité du fruit est inférieure à celles des fruits de plein vent.

TAILLE. — La taille consiste à couper, l'hiver, les rameaux gourmands qui n'auraient pas été pincés en été ; en général, le pincement estival de ces rameaux dispense de la taille d'hiver, ou mieux, celle-ci se trouve réduite au raccourcissement des prolongements de branches charpentières.

MALADIES ET INSECTES NUISIBLES. — La gomme est la maladie la plus grave de l'abricotier, au moins dans celles connues ; le plus souvent elle est due au sol ou au climat trop humides, aux blessures des écorces, au refoulement de sève des gelées printanières, etc., elle amène vite la mort des branches et du tronc de l'arbre.

Voir page 12 la manière de traiter cette maladie.

De plus, il faudra éviter de planter l'abricotier dans les terrains trop frais ou humides, ainsi que dans les vallées resserrées où les brouillards sont à craindre.

La cloque nuit à l'abricotier en certaines régions en attaquant les feuilles ; pulvériser les arbres *avant la floraison* avec la formule A pour l'éviter.

Le monilia attaque les fruits ; on reconnaît son attaque par des zones concentriques de champignons gris, poudreux, le fruit reste attaché à l'arbre, séché comme un pruneau.

Récolter les fruits attaqués et les brûler, pulvériser les arbres en hiver et avant la floraison avec la formule A pour l'éviter.

Bostriche dispar. Insecte dont les larves creusent leurs galeries dans l'abricotier, et particulièrement dans le boursouflement de la greffe ; lorsque ces galeries sont assez nombreuses l'arbre flétrit, ride et meurt.

Brûler les arbres atteints pour détruire larves et adultes, essayer les solutions nicotinées à forte dose imprégnées sur les écorces attaquées, destruction très difficile.

ABRICOTS

COMMUN. — Synonymes : *Abricot crotté.* — *Comice de Toulon.* — *Gros Abricot ordinaire.* — *Roman.* — *Transparent.* — *Turkey.*

Origine ancienne.

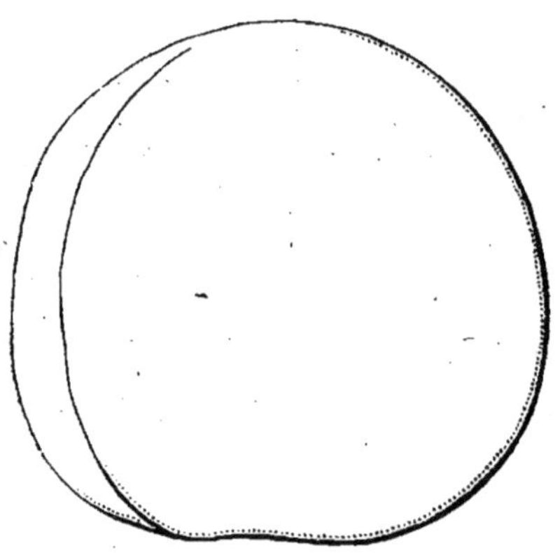

Fruit assez gros, arrondi, paraissant généralement ovale : à sillon peu large, mais profond ; à lèvres inégales.

Pédicelle gros, court, dans une cavité évasée, profonde et irrégulière.

Epiderme épais, jaune foncé, lavé de rouge vermillon et relevé de rouge sang à l'insolation, souvent avec de petites taches brunes et smillantes.

Chair jaune ambré, mi-fine, fondante, juteuse, sucrée, relevée d'un arôme fin et délicat.

Qualité TRES BONNE, à amande amère.

Maturité. — JUILLET.

Culture. — Très recommandée pour la confiserie, spécialement cultivé en haute tige ou plein vent.

DE BOULBON. — Synonyme : *Précoce de Boulbon.*

Origine inconnue. — Variété faisant l'objet d'une culture très importante dans les environ de Boulbon, près de Tarascon.

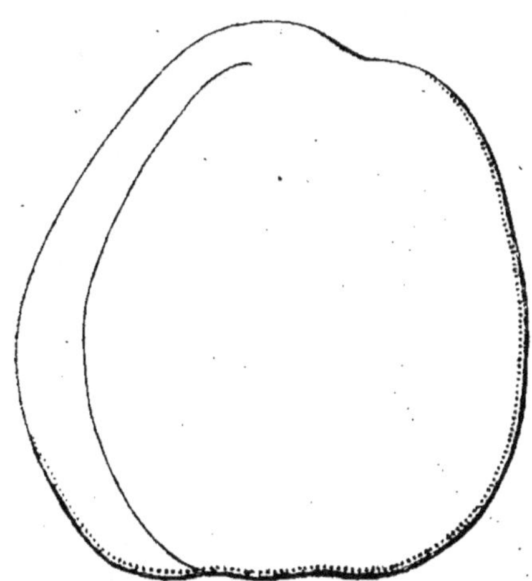

Fruit gros, un peu oblong, plus large à la base, un peu resserré au tiers supérieur, comprimé sur les faces, à peine arqué sur le dos, très arqué à la suture qui est profonde et bordée de lèvres inégales ; à cavité caudale de profondeur moyenne, plissée, bosselée et peu évasée ; à point pistillaire dans une cavité sensible et oblique.

Epiderme jaune, bien carminé à l'insolation, avec des taches rouge sang dont quelques-unes sont un peu verruqueuses.

Chair jaune orange, se détachant bien, fine, fondante, bien juteuse, sucrée et parfumée.

Qualité très bonne.

Maturité. — Première quinzaine de JUILLET.

Culture. — Cette variété forme de jolis arbres sur tige, ses fruits se prêtent bien au transport. Elle fait l'objet d'une culture très importante dans la région du Midi et peut être également cultivée dans le Centre et l'Ouest de la France.

DEFARGE.

ORIGINE : Obtenu par M. Défarge, pépiniériste à Saint-Cyr-au-Mont-d'Or (Rhône).

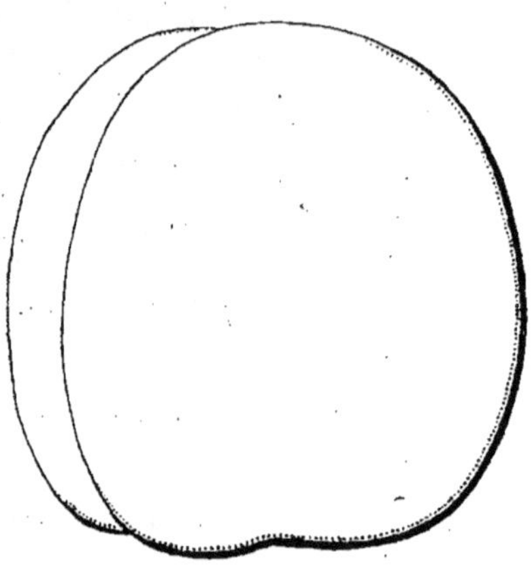

Fruit assez gros ou gros, sphérique, renflé au sommet ; joues bombées ; à sillon étroit et profond ; à lèvres presque égales.

PÉDICELLE dans une cavité étroite, peu profonde et plissée.

EPIDERME très fin, jaune d'or, orangé, abondamment lavé de purpurin violacé.

CHAIR fine, jaune orange, ferme, succulente, sucrée, agréablement parfumée.

Qualité BONNE, à amande amère.

Maturité. — Première quinzaine de JUILLET.

Culture. — Cette variété prospère très bien, greffée en tête sur prunier, et plantée à une exposition chaude, pour la bonne maturité des fruits.

On ne saurait trop recommander de ne pas la cultiver dans les sols forts, argileux, qui occasionnent la gerçure des fruits.

DE HOLLANDE. — SYNONYMES : *A amande douce.* — *D'Ampuis.*

ORIGINE ancienne.

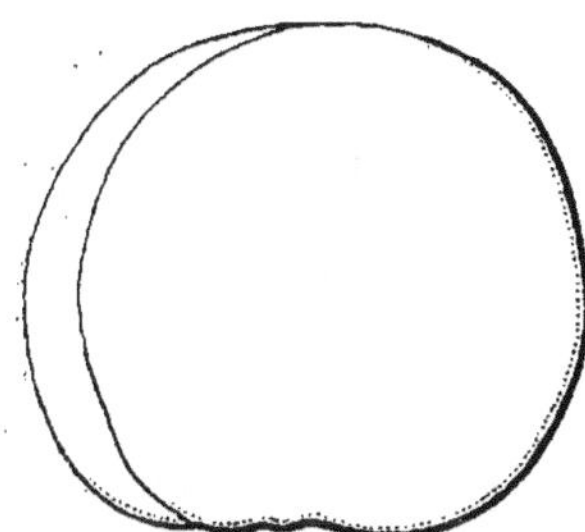

Fruit petit, plus large que haut, déprimé au sommet, à sillon assez prononcé.

PÉDICELLE très court, dans une cavité comprimée et peu évasée.

ÉPIDERME d'un jaune pâle, lavé de rouge violacé et marbré plus vivement à l'insolation.

CHAIR d'un jaune pâle, fine, fondante, très sucrée, bien parfumée.

Qualité TRES BONNE pour les conserves ; à amande douce.

Maturité. — Milieu de JUILLET.

Culture. — Cette variété est surtout cultivée sur tige, où elle forme une tête régulière. Elle est très répandue dans le sud du département du Rhône, sous le nom d'Abricot d'Ampuis et dans la Gironde sous le nom d'Abricot à Amande douce.

Comme caractères distinctifs, elle possède la propriété de se reproduire par semis. Cette variété est recherchée pour les confitures.

DE JOUY. — ORIGINE : Obtenu par M. Gérardin, à Jouy-aux-Arches, près Metz, vers 1861.

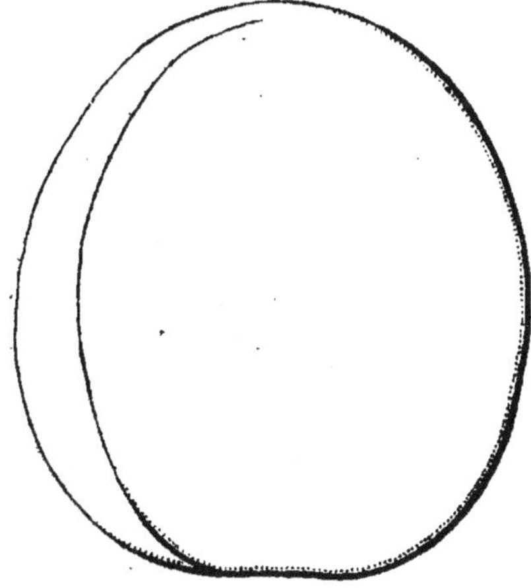

Fruit assez gros, ou gros, ovale allongé, à sillon superficiel.

ÉPIDERME fin, jaune orange, lavé de rouge carminé à l'insolation.

CHAIR fine, jaune d'or, très juteuse, très sucrée, hautement parfumée.

Qualité très bonne, à amande amère.

Maturité. — Deuxième quinzaine de JUILLET.

Culture. — Cette variété est généralement cultivée sur tige, où elle est vigoureuse et fertile.

Elle peut être plantée aux expositions de l'est, de l'ouest et du midi, à l'abri des grands vents ; elle est assez répandue dans les contrées de la France où est cultivée la vigne.

On doit la greffer sur prunier et la cultiver dans un sol sec et chaud pour éviter la pourriture des fruits.

DE NANCY. — SYNONYMES : *De Wurtemberg. — De Tours. — Gros pêche. — Pêche. — Royal Peach.*

ORIGINE : Introduit en France par Stanislas de Lorraine, en 1709.

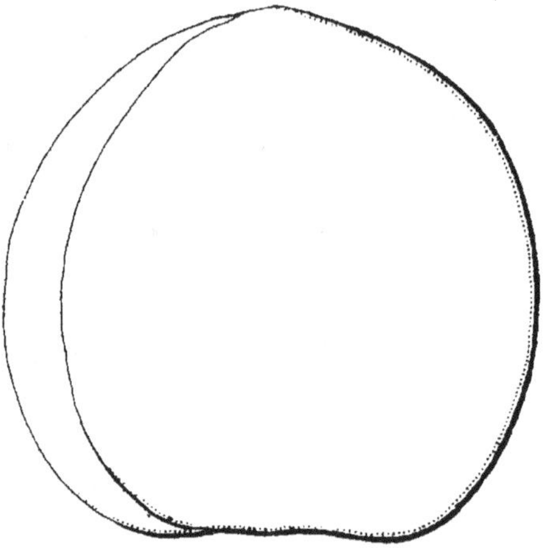

Fruit gros ou très gros, de forme arrondie ou ovoïde.

PÉDICELLE dans une cavité assez profonde et évasée.

ÉPIDERME un peu épais, jaune or, marbré de rouge carminé, taché de verrues noirâtres et blanchâtres.

CHAIR jaune orange, se détachant bien, très fondante, très juteuse, à saveur sucrée et parfumée.

Qualité TRES BONNE, à amande amère.

Maturité. — Milieu AOUT.

Culture. — L'arbre vigoureux, fertile, peut être cultivé sur tige dans les expositions et sous les climats favorisés, sinon, il doit être cultivé en espalier.

Généralement cultivé dans le centre et le midi de la France, il doit être greffé de préférence sur prunier ; en espalier où il ne craint pas les maladies, il demande une taille courte avec pincement répété.

DOCTEUR MASCLE.

ORIGINE. — Obtenu en 1886 par M. Pélissier, pépiniériste à Chateau-renard (Bouches-du-Rhône).

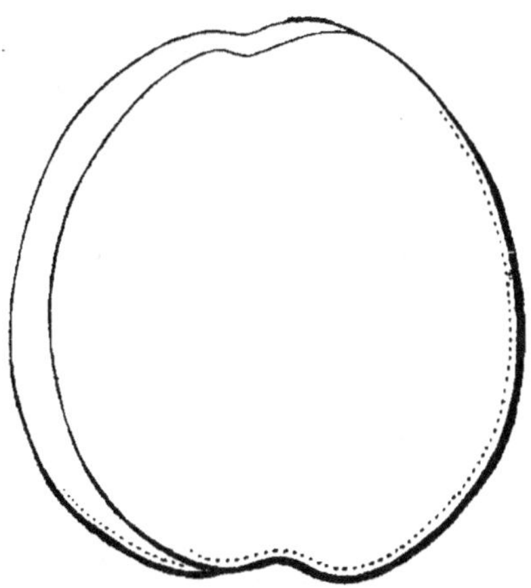

Fruit très gros, à joues aplaties, sillon accentué et resserré jusqu'au sommet, lèvre un peu saillante, cavité caudale profonde et étroite.

ÉPIDERME jaune rouge orange vif, parfois pointillé de rouge carmin à l'insolation.

CHAIR jaune orange vif, fine, juteuse, sucrée, parfumée, laissant un grand vide pour loger le noyau.

Qualité TRES BONNE, à amande amère.

Maturité. — Mi JUILLET.

Culture. — Cette variété, une des plus précoces de nos marchés, doit surtout être cultivée en verger méridional où elle donne les meilleurs résultats ; il sera nécessaire d'éclaircir l'intérieur de l'arbre pour éviter toute confusion intérieure, faciliter la coloration et augmenter le parfum des fruits.

DU CHANCELIER.

ORIGINE. — Obtenu par M. Luizet, à Ecully-lès-Lyon, issu d'un semis de l'A. Luizet fait en 1873 ou 1874 ; ainsi appelé du nom de la pépinière où l'arbre a été élevé.

Fruit assez gros ou gros, aussi large que haut, comprimé sur les faces, arrondi au sommet caréné sur le dos, un peu oblique à la base ; à sillon peu accentué, sauf à la base, se prolongeant parfois un peu au-delà du sommet ; à point pistillaire en mucron saillant et reporté un peu au-delà du sommet ; à cavité caudale as_sez peu profonde et bien éva_sée.

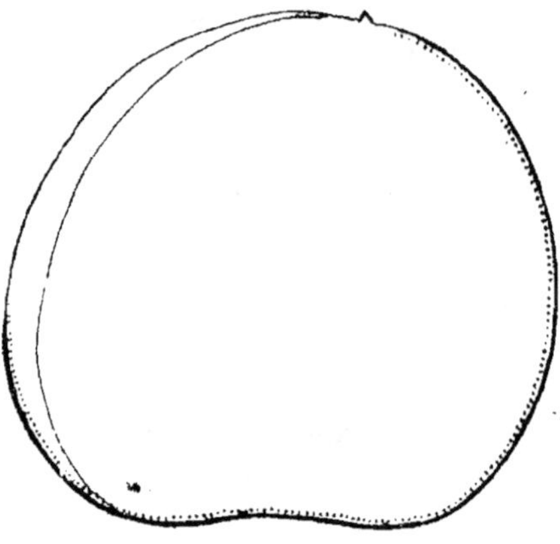

EPIDERME d'un jaune orange foncé uniforme et caractéris_tique, parfois légèrement la_vée de rosat orangé à l'inso_lation, plus rarement marqué de grosses garnitures rose carmin.

NOYAU d'abricot pêche, assez petit, bien libre, ovale, peu bombé sur les faces, sub-aigu au sommet, à amande amère.

CHAIR très colorée, tendre, très fine, bien juteuse, sucrée et parfu_mée, laissant une large cavité au noyau.

Qualité TRÈS BONNE.

Maturité. — Fin JUILLET.

Culture. — Cultivée sur tige, cette variété forme un arbre vigoureux, fertile, à tête pyramidale.

Elle peut être cultivée dans toutes les expositions, dans toutes les régions.

HATIF DU CLOS.

ORIGINE. — Obtenu en 1854, par M. G. Luizet, pépiniériste à Ecully-lès-Lyon.

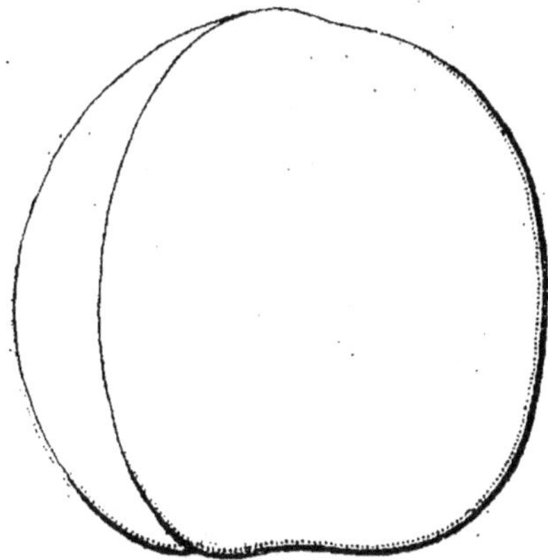

Fruit moyen ou assez gros, ovale obtus, tronqué à la base ; à sillon peu sensible au sommet, profond et resserré à la base.

EPIDERME jaune orange, uni, sans tache, fortement lavé de rouge foncé à l'insolation.

CHAIR jaune foncé, très tendre, bien fondante, très juteuse ,bien sucrée et parfumée.

Qualité TRES BONNE, à amande amère.

Maturité. — Fin de JUIN et commencement de JUILLET.

Culture. — Cette variété est méritante par son fruit, qui est un des plus jolis et des plus gros du genre, et par son arbre très vigoureux et très fertile.

Elle est cultivée sous toutes les formes, mais, surtout sur tige et dans toutes les régions de vignobles.

LIABAUD.

ORIGINE : Obtenu par M. Liabaud, horticulteur à Lyon.

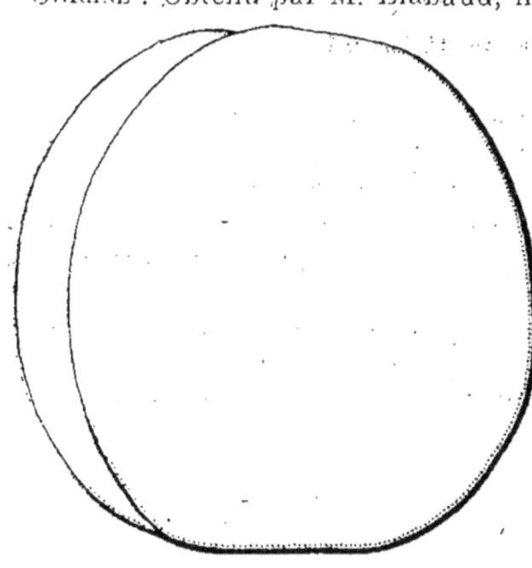

Fruit gros ou assez gros, généralement sphérique ; parfois ovoïde ; à joues peu renflées ; à sillon étroit, profond à la base ; à lèvres presque égales.

PÉDICELLE dans une cavité étroite et profonde.

EPIDERME fin, jaune pâle et mat, nuancé de rougeâtre à l'insolation.

CHAIR jaune clair, transparente, fine, bien fondante, à saveur sucrée et parfumée comme celle de l'A. de Nancy.

Qualité TRES BONNE, à amande amère.

Maturité. — Commencement de JUILLET.

Culture. — Cette variété à floraison hâtive, doit être cultivée dans les situations abritées pour assurer sa récolte. Spécialement destinée à la culture en plein vent, sa place est au verger, dans les régions chaudes, peu sujettes aux gelées printanières.

LUIZET. — Synonyme : *A. du Clos. Suchet.*

Origine : Obtenu par M. G. Luizet, pépiniériste à Ecully-lès-Lyon.

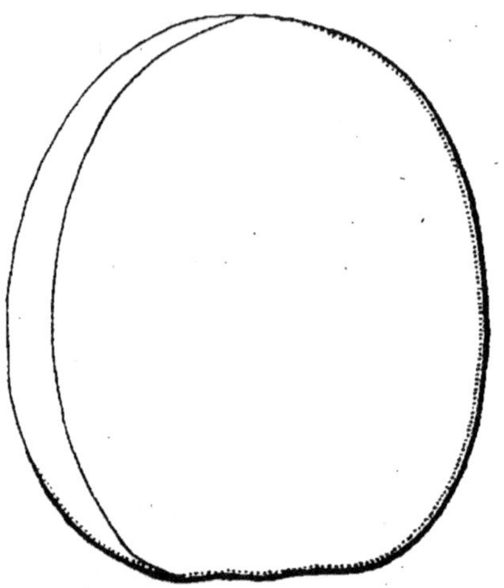

Fruit gros ou très gros, ovoïde, un peu tronqué obliquement au sommet, peu comprimé sur les faces, à sillon peu sensible au sommet, très accentué à la base.

Pédicelle dans une cavité très profonde et peu évasée.

Epiderme sans tache, d'un beau jaune orangé, passant au rouge de plus en plus vif à l'insolation.

Chair jaune orange carné, ferme, à saveur sucrée, assez agréablement parfumée.

Qualité BONNE, à amande douce, excellent pour la confiserie.

Maturité. — Seconde quinzaine de JUILLET.

Culture. — Variété reconnue comme étant la plus rustique du genre ; se cultive spécialement sur tige et à toutes les expositions.

Connue dans le Midi sous le nom d'Abricot Suchet, elle est plantée en quantité considérable, ainsi que dans les autres régions de la France où elle est par excellence le *fruit d'exportation*, grâce à la fermeté de sa chair.

Elle doit être greffée généralement sur prunier, mais elle possède la propriété de se souder très bien sur amandier. On peut même ajouter qu'elle est la seule dont l'adhérence soit bien constatée sur ce sujet. Aucune taille spéciale à signaler.

MUSQUÉ DE PROVENCE.

ORIGINE très ancienne, attribuée à la Provence.

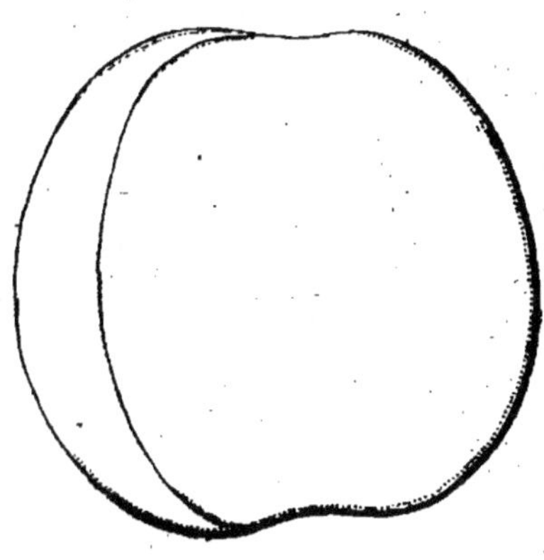

Fruit assez gros, arrondi, un peu surbaissé, affectant la forme de l'A. de Nancy, à sillon peu accentué.

PÉDICELLE dans une cavité profonde.

EPIDERME jaune vif sur toute sa surface un peu lavé de vermillon à l'insolation.

CHAIR jaune orange, très fondante, juteuse, sucrée et bien parfumée.

Qualité BONNE, à amande presque douce.

Maturité. — Milieu de JUILLET.

Culture. — Cette variété est cultivée sur tige dans le midi de la France et est peu répandue dans les autres contrées.

PAVIOT.

ORIGINE. — Obtenu par M. Paviot, à Marcilly-d'Azergues, mis au commerce en 1882.

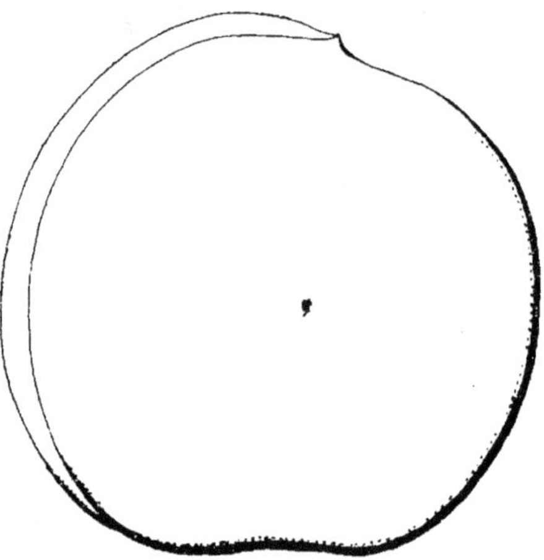

Fruit très gros, conique, enflé sur les joues, à sillon moins arqué que le dos, point pistillaire parfois un peu conique, placé bien au-delà du sommet, sur une légère dépression inclinée vers le dos.

PÉDICELLE court, dans une cavité assez accentuée.

ÉPIDERME rouge orangé, plus ou moins grumelé de rouge carminé, frappé de rouge plus foncé à l'insolation.

CHAIR bien colorée, fine, fondante, bien juteuse, bien sucrée, agréablement parfumée.

Qualité TRES BONNE.

Maturité. — Première quinzaine d'AOUT.

L'arbre provient de l'Abricot hâtif du Clos ; il forme une tête bien arrondie par ses branches étalées.

Culture. — L'arbre est très vigoureux, très rustique, mais peu fertile. La culture sur tige est préférable à toute autre, étant donné sa grande vigueur, il faudra éclaircir fortement l'intérieur de l'arbre pour favoriser la pénétration de l'air et de la lumière.

Cette variété craint l'humidité, les fleurs tombent facilement : cet inconvénient est aussi signalé dans certaines localités en terrain sec.

Fruit de marché et d'exportation.

POIZAT.

ORIGINE. — Obtenu par M. Poizat, horticulteur à Neuville-sur-Saône (Rhône).

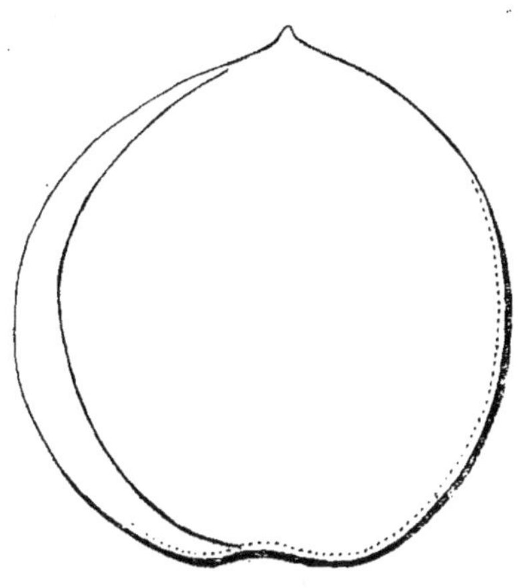

Fruit sphérique, présentant une légère pointe vers le point pistillaire.

ÉPIDERME jaune paille, doré, et recouvert de vermillon à l'insolation.

CHAIR jaunâtre foncé, fondante, bien sucrée et parfumée.

NOYAU petit, libre, à amande amère.

Qualité TRES BONNE.

Maturité. — Première quinzaine d'AOUT.

RAMEAUX courts, mérithales courts disparaissant par le nombre de fruits en été ; *feuilles* larges et aplaties ; *fleurs* d'un blanc rosé.

Culture. — L'arbre, très vigoureux et très fertile, convient surtout à la culture intensive où il donnera les meilleurs résultats.

Le fruit est particulièrement sensible au monilia, il faudra donc sulfater préventivement.

PRÉCOCE DE MONPLAISIR.

ORIGINE. — Semis de hasard, mis au commerce en 1865, par M. Jacquier, horticulteur à Monplaisir-Lyon.

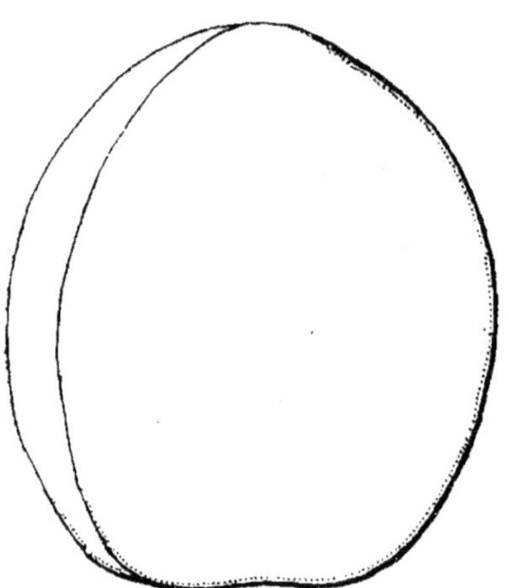

Fruit de grosseur plus que moyenne, régulièrement ovoïde, à sillon peu large et assez profond, à lèvres inégales.

PÉDICELLE dans une cavité régulière, peu évasée et assez profonde.

ÉPIDERME duveteux, mince, fin, d'un beau jaune orange, lavé et panaché de pourpre et de cramoisi à l'insolation.

CHAIR jaune orange, compacte, très fondante, très juteuse, bien sucrée, délicieusement parfumée.

Qualité TRES BONNE, à amande amère.

Maturité. — **Fin de JUIN et commencement de JUILLET.**

Culture. — Cette variété, assez délicate, doit être cultivée de préférence en espalier ; la tige lui serait peu favorable en raison de sa vigueur modérée et son peu de fertilité, quoique fleurissant l'une des dernières et échappant par conséquent aux gelées printanières.

Elle devra toujours être cultivée aux expositions chaudes, et dans les régions du Midi ou bien tempérées.

ROYAL.

ORIGINE. — Obtenu dans le jardin du Luxembourg, à Paris, et publié
en 1826, pour la première fois, par le *Bon Jardinier*.

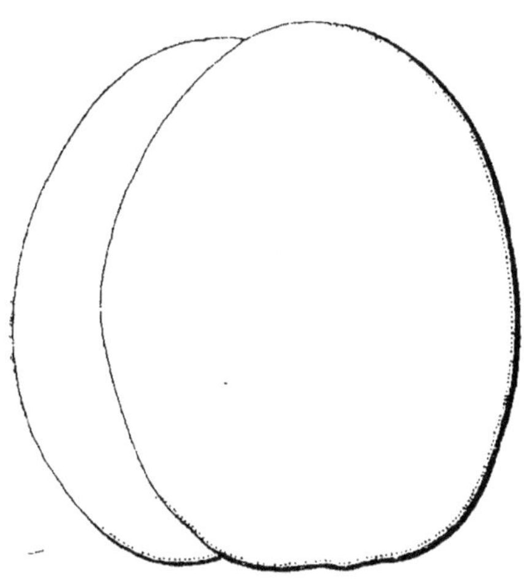

Fruit gros, ovoïde arrondi, à faces comprimées, à large base, à sillon très prononcé.

PÉDICELLE dans une cavité circulairement évasée.

ÉPIDERME d'un jaune pâle, lavé et piqueté de rouge à l'insolation.

CHAIR jaune ambré, très ferme, juteuse, à saveur sucrée, hautement parfumée et relevée d'une légère acidité.

Qualité BONNE ou TRES BONNE, à amande amère.

Maturité. — Fin de JUILLET.

Culture. — Cette bonne variété est cultivée sur tige, où elle donne
un arbre fertile et vigoureux.

Elle est répandue dans les régions du Nord, du Midi et du Centre,
surtout dans la Côte-d'Or.

SUCRÉ DE HOLUB.

ORIGINE. — Obtenue en Bohême, par M. Holub, jardinier du Comte
Albert de Nostitz.

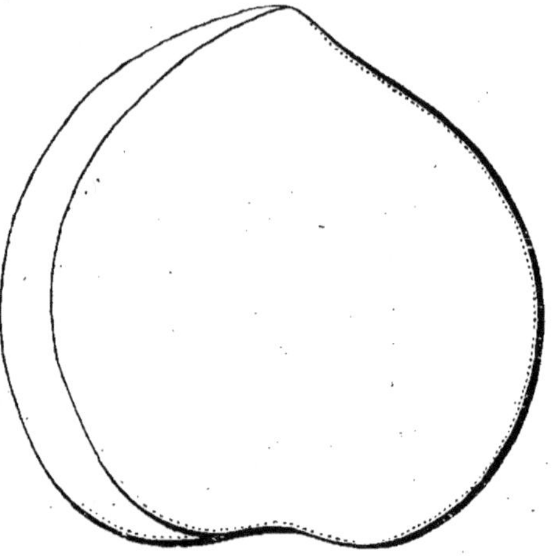

Fruit très gros, arrondi, peu comprimé sur les faces, à sillon assez accentué, entre deux lèvres inégales.

PÉDICELLE dans une cavité moyenne et évasée.

EPIDERME d'un jaune assez pâle, teinté et piqueté de rouge à l'insolation.

CHAIR pâle, fine, fondante, très juteuse, sucrée et parfumée.

Qualité TRES BONNE.

Maturité. — Première quinzaine d'AOUT.

Culture. — L'arbre est vigoureux, rustique et assez fertile ; il peut
être cultivé sous toutes formes et en tous terrains, même en espalier
où le fruit est excellent.

AMANDIER

ORIGINE. — L'amandier, suivant certains auteurs, serait originaire de l'Asie occidentale. On considère *deux groupes principaux :* le groupe des **amandes à coque dure,** dans lesquelles on trouve des *amandes douces* et des *amandes amères ;* le groupe des **amandes à coque tendre** dont le caractère semble être à *amande douce.*

AIRE DE CULTURE ET EXPOSITION. — L'amandier est encore plus délicat que l'abricotier au point de vue climat ; la culture intensive de cette espèce fruitière ne peut être envisagée qu'à partir de Lyon, en descendant vers le sud.

La culture d'amateur peut être tentée jusqu'en Côte-d'Or, elle est très aléatoire sous les climats de Paris, du Nord et de l'Est. Sauf, bien entendu, en certaines situations locales très restreintes et privilégiées.

SOL. — Un sol chaud, plutôt calcaire ou granitique que silicieux, plaît à l'amandier.

SUJET PORTE-GREFFE. — Lorsque la fraîcheur du sol est à craindre, et surtout sous le climat de Paris, l'amandier est greffé sur prunier Saint-Julien ; dans le Midi, il est surtout cultivé sur amandier franc, ou sauvage, provenant de semis d'amande amère.

FORMES. — L'arbre à haute tige ou, mieux, la demi-tige sont les formes les plus répandues ; en culture intensive, pour la production de l'amande verte, on admet la forme en gobelet nain comme plus pratique pour la récolte des fruits.

TAILLE. — La taille consiste à enlever l'hiver les brindilles ou coursonnes péries, et le raccourcissement des branches charpentières pour éviter leur allongement, et par suite leur dénudation.

RECOLTE DES AMANDES VERTES. — Nous croyons bon de signaler que la récolte des amandes vertes, faite chaque année sur un arbre, amène son dépérissement rapide ; il faut, pour la vie de l'arbre, ne récolter les fruits en vert que tous les deux ans ; on alternera ainsi une récolte d'amandes vertes et une récolte d'amandes sèches.

MALADIES. — La *gomme* est la principale maladie de l'amandier ; le remède est indiqué page 12.

La *Cloque* peut nuire aussi à l'amandier ; même traitement avant la fleur que pour l'abricotier.

AMANDES

A GROS FRUIT. — Synonyme : *Grosse à coque dure.*

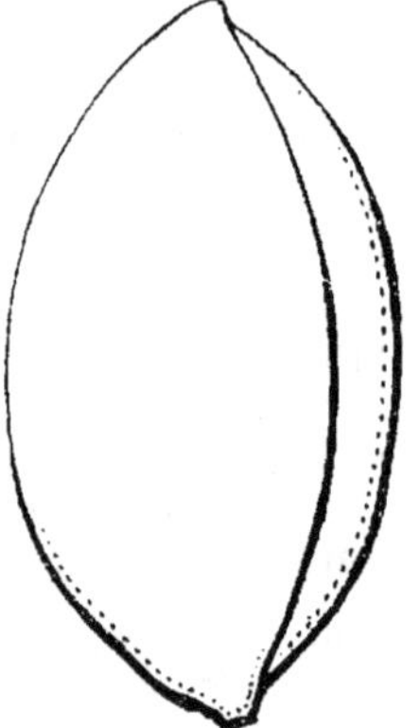

Origine ancienne et inconnue.

Fruit gros, oblong, aplati sur les faces.

Amande douce et **très bonne.**

Maturité. — **De saison moyenne.**

Arbre vigoureux et fertile.

DES DAMES. — Synonymes : *A coque tendre.* — *Sultan à coque tendre.*

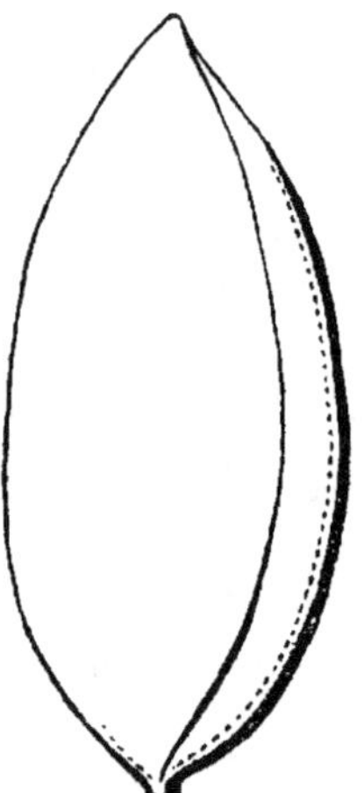

Origine ancienne et inconnue.

Fruit assez gros, oblong, à coque tendre.

Amande douce et **très bonne.**

Maturité. — **Précoce.**

Arbre assez vigoureux et fertile, très répandu en culture intensive.

FOURNAT DE BREZENAUD.

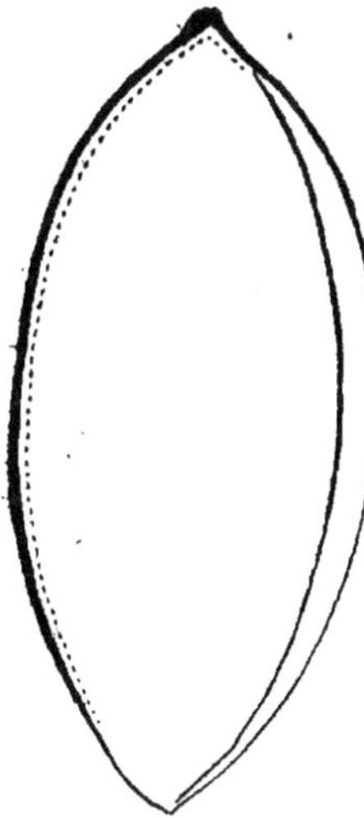

ORIGINE. — Obtenue par M. Antoine Marie, horticulteur, à Nice (Alpes-Maritimes).

FRUIT très gros, à coque tendre assez régulière et peu épaisse.

AMANDE très grosse, remplissant bien la coque.

Maturité. — Très hâtive.

Culture. — Variété à répandre pour la production de l'amande verte.

PRINCESSE.

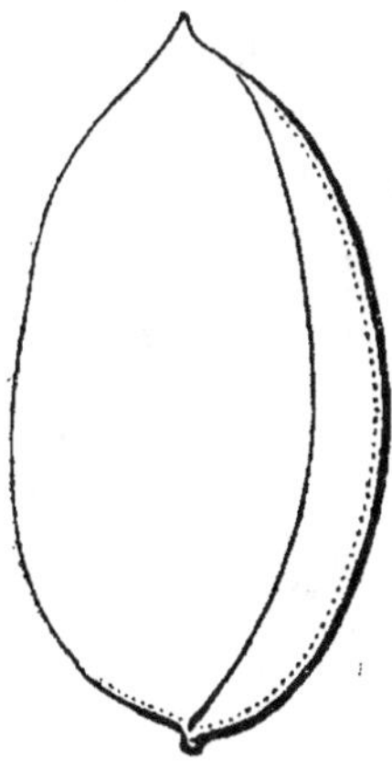

ORIGINE ancienne et inconnue.

FRUIT moyen, ovoïde ; à coque très tendre

AMANDE blanche, douce et **bonne.**

Maturité. — Précoce.

ARBRE de vigueur moyenne et fertile, très répandu en culture intensive.

CERISIER

ORIGINE. — Trois espèces de cerisiers sont connues :

Le *Cerasus avium*, ou *Cerisier des oiseaux*, spontané en Asie Occidentale, d'après de Candolle, et en Europe, où on le rencontre dans les bois.

Le *Cerasus vulgaris*, ou *Acida*, originaire d'Asie Occidentale et répandu dans l'Europe.

Le *Cerasus Mahaleb* croit dans les haies, et surtout dans nos terrains calcaires.

AIRE DE CULTURE. — Le cerisier greffé sur l'un de ces trois sujets prospère en tous terrains, et sous tous les climats, jusqu'à 1.200 mètres d'altitude.

SOL ET SUJETS PORTE-GREFFE. — Tous les terrains conviennent au cerisier, depuis le sol sec et calcaire où le *Cerasus Mahaleb* est employé, jusqu'aux sols argileux et compacts où les cerisiers des oiseaux et acides sont employés comme sujets.

En sol siliceux et sec seul, le cerisier ne donne pas de bons résultats ; mais en sol siliceux et frais, tous les sujets prospèrent bien.

FORMES. — La *haute tige* ou *plein vent* est la forme la plus répandue et sous laquelle le cerisier donne des arbres merveilleux de végétation et de production. — En culture intensive, pour faciliter le ramassage des fruits, on commence à planter des cerisiers *demi-tige* ou même de simples *gobelets* nains.

L'amateur sera surtout guidé par l'emplacement dont il dispose pour choisir la forme qu'il doit adopter.

TAILLE. — La forme à haute tige n'exige qu'un raccourcissement annuel des branches de charpente pour favoriser le développement des coursonnes, et une éclaircie des branches pouvant former confusion dans l'intérieur des arbres.

Lorsque les arbres se dénudent trop, ou qu'une partie des branches dépérit, un rabattage des branches charpentières rajeunit l'arbre qui se remet à produire aussi abondamment.

En cultures d'arbres formés, gobelets, palmettes Verrier, cordons, le pincement réitéré des rameaux coursonnes favorise la formation des bouquets fructifères.

MALADIES ET INSECTES NUISIBLES. — La *gomme* est la maladie la plus dangereuse pour le cerisier, souvent même dans son jeune âge il subit une attaque de gommose généralisée qui frappe l'arbre comme d'apoplexie, ceci surtout dans les terrains humides ou dans les vallées où les brouillards sont fréquents.

Voir remède page 12 . l'on pourrait même pour cette essence, en prévision d'une attaque brusquée de gomme, faire chaque année, en hiver, quelques incisions longitudinales sur le tronc et les branches principales de l'arbre.

Le *Coryneum Beyjerenckii* attaque surtout les feuilles qui sont couvertes de taches roussâtres ou rosées, L'épiderme de ces taches sèche et tombe laissant la feuille perforée de trous.

Pulvériser en hiver les arbres attaqués avec la solution A.

La *Tavelure* attaque, en certains endroits, les feuilles et les fruits, la pulvérisation cuprique A recommandée pour le Coryneum sera efficace également contre la tavelure.

Le *Monilia* commence à faire quelques dégâts, les fruits se momifient sur l'arbre et restent pendus à leur pédicelle ; la solution A appliquée en hiver est suffisante pour prévenir cette maladie.

Le *Plomb* provoque le blanchiment des feuilles qui fanent ensuite et l'arbre meurt assez rapidement. Dès que l'on voit une partie de l'arbre prendre une teinte argentée on peut essayer les bassinages, matin et soir, mais sans garantie de succès.

Les *Chenilles* attaquent les feuilles, il y en a des quantités d'espèces : il faudrait pouvoir pulvériser les arbres entièrement avec la solution H peu après la floraison, l'odeur persistante de cette émulsion pourrait éloigner la ponte des papillons.

Le *Ver de la cerise* se trouve surtout dans les guignes et certains bigarreaux. Essayer la pulvérisation de la solution H qui pourrait, aussitôt la chute des pétales, donner un bon résultat en éloignant la mouche qui pond ses œufs dans le jeune fruit.

CLASSIFICATION DES CERISES. Les pomologues classent les cerises en quatre sections :

La première section comprend les **Bigarreaux,** dont la chair est ferme et croquante et dont le jus incolore ou peu coloré est doux et sucré.

La deuxième section comprend les **Guignes,** dont la chair est tendre et molle et dont le jus, souvent coloré, est doux et sucré.

La troisième section comprend les **Cerises proprement dites,** dont la chair tendre et transparente, à jus incolore ou presque incolore, est sucrée et acidulée.

La quatrième section comprend les **Griottes,** dont la chair est plus ou moins tendre, et dont le jus sensiblement coloré est décidément acide, parfois même un peu astringent et mêlé d'une légère amertume.

CERISES

ANGLAISE HATIVE (3ᵉ section. - Cerises). SYNONYMES :
May Duke, en Angleterre.

ORIGINE inconnue.

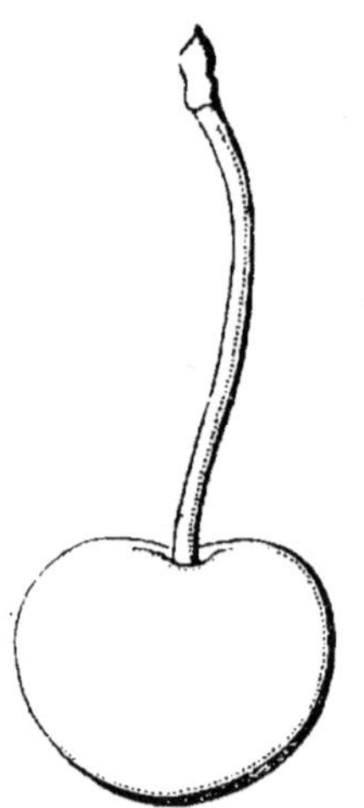

Fruit moyen ou assez gros, presque sphérique, à suture formant une ligne presque imperceptible.

EPIDERME très fin, très mince et transparent, d'un rouge vif, frappé de rouge brun.

PÉDICELLE de force et de longueur moyennes, dans une cavité étroite et un peu profonde.

CHAIR blanche, très transparente, pourvue d'une eau sucrée, relevée d'un acidulé très agréable.

Maturité. - **Première quinzaine et milieu de JUIN.**

Qualité TRES BONNE.

Culture. — Cette variété est cultivée sous toutes les formes et ordinairement sur tige où elle réussit parfaitement comme végétation et fertilité. On doit rechercher les expositions abritées.

La taille consiste à maintenir un équilibre régulier dans toutes les parties de l'arbre, et à éclaircir les branches à l'intérieur de la forme pour faciliter la pénétration de l'air.

BELLE DE CHOISY (3me section. — Cerises). — SYNONYMES : *Ambrée. — Dauphine. — De Palembre. — Doucette.*

ORIGINE : Considérée comme gain de Gondouin, jardinier de Louis XV.

Fruit assez gros, presque sphérique ; à sillon distinct par la couleur plus foncée.

EPIDERME fin, un peu ferme, très transparent, d'un jaune ambré, marbré de rouge.

PÉDICELLE grêle, de moyenne longueur, dans une cavité étroite et peu profonde.

CHAIR jaunâtre, transparente, tendre, à jus incolore, à saveur très sucrée et des plus agréables.

Qualité TRES BONNE.

Maturité. — Fin JUIN ou commencement de JUILLET.

Culture. — L'arbre peut être greffé sur tous sujets et être élevé sous toutes les formes. Dans les petites formes, sur Ste-Lucie, les rameaux devront être légèrement raccourcis, afin de provoquer les bourgeons de remplacement. Très fertile en espalier, il peut être planté au Nord où sa maturité est retardée d'un mois.

Taille raisonnée suivant la vigueur de l'arbre et, en général, un peu courte, avec pincements courts et réitérés.

BELLE DE MAGNIFIQUE (3me section.   Cerises).   SYNONY-
MES : *Belle de Chatenay. -- Belle de Sceaux.   Belle de Spa.*

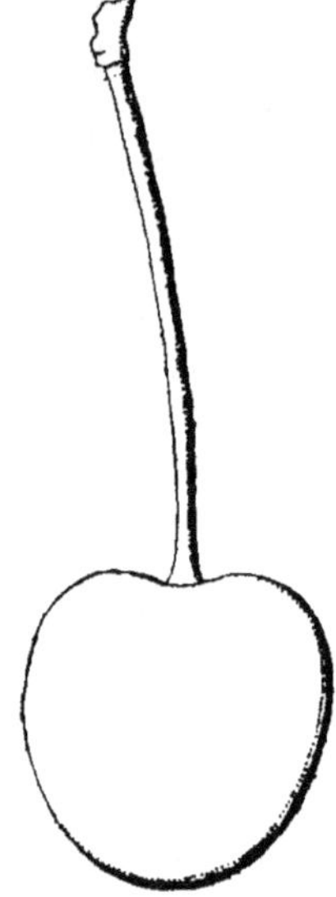

ORIGINE : Obtenue, vers 1795, par Chatenay, dit le Magnifique, pépiniériste à Vitry, près Paris.

Fruit gros, sphérique un peu cordiforme, un peu comprimé : à sillon peu prononcé.

EPIDERME très mince, se détachant facilement, rouge du côté de l'ombre, rouge brun à l'insolation.

PÉDICELLE de longueur moyenne, s'épaississant vers la cavité large et profonde.

CHAIR d'un blanc jaunâtre, transparente, à peine teintée de rouge sous la peau, fine, fondante ; à jus incolore : à saveur sucrée, acidulée, rafraîchissante et agréable.

Qualité BONNE.

Maturité. -- Milieu de JUILLET.

Culture. -- L'arbre peut être greffé sur tous les sujets et être élevé sous toutes les formes.

L'arbre sur tige greffé sur merisier et planté dans un sol silico-argileux, riche et bien fumé, forme en peu de temps une belle tête arrondie dont on maintient la régularité par l'écourtement des plus forts rameaux supérieurs.

BELLE D'ORLEANS (3me section. — Cerises).

ORIGINE. — Semis de hasard, trouvé dans les bois des environs d'Olivet (canton sud d'Orléans), vers l'année 1835, par M. Proust, dit Coqton, vigneron.

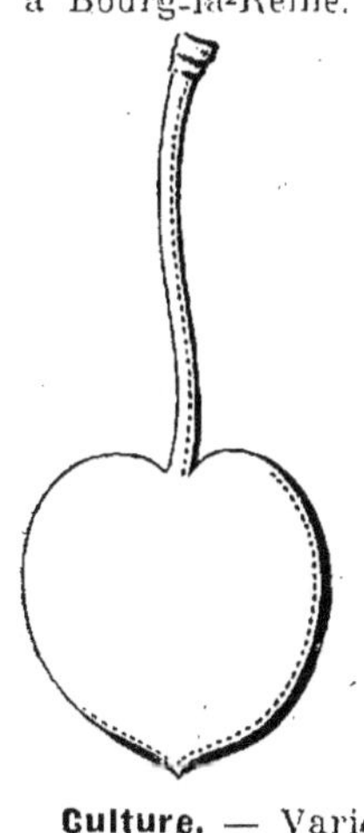

Fruit moyen ou gros, point pistillaire gris blanchâtre dans une cavité peu accentuée, sillon peu profond, à peine accusé à sa surface. Le fruit vient en trochets.

EPIDERME fin, rouge clair, brillant.

PÉDICELLE de couleur vert blanchâtre, mince, légèrement recourbé, implanté dans une cavité régulière et profonde.

CHAIR blanche, tendre, douce, très sucrée, presque mielleuse, très juteuse, légèrement relevée.

NOYAU moyen, ovale, renflé, poli, blanc jaunâtre, aplati à la base, avec un sillon finement accentué dans sa partie médiane, se détachant facilement de la chair.

Maturité. — Premiers jours de JUIN.

ARBRE très vigoureux et très rustique sur merisier comme sur Sainte-Lucie, branches légèrement obliques ou horizontales, mais non pendantes, fertilité moyenne à haute tige, fertilité faible soumis à une autre forme.

Redoute les terrains humides, préfère les terrains secs et caillouteux.

BIGARREAU ANTOINE NOMBLOT (1re section. — Bigarreaux).

ORIGINE. — Obtenu de semis par M. Nomblot-Bruneau, pépiniériste, à Bourg-la-Reine.

Fruit moyen, cordiforme.

EPIDERME rouge foncé.

PÉDICELLE moyen et mince, implanté dans une cavité large et évasée.

CHAIR ferme, mi-croquante, sucrée, vineuse, rafraîchissante, jus légèrement coloré de rouge clair.

NOYAU petit, libre.

Qualité TRES BONNE.

Maturité. — Commencement de JUIN.

ARBRE vigoureux, excessivement fertile en toutes régions, et spécialement dans la région du nord de la France, où les bigarreaux sont moins fertiles que dans les régions du Centre et du Midi.

Culture. — Variété d'amateurs très appréciée en raison de sa production régulière et abondante. En culture forcée, sous verre, la fructification est également très régulière.

BIGARREAU COMMUN (1ʳᵉ section. — Bigarreaux. — SYNONYMES : *Graffion des Anglais. — Cœur de poulet.*

ORIGINE ancienne.

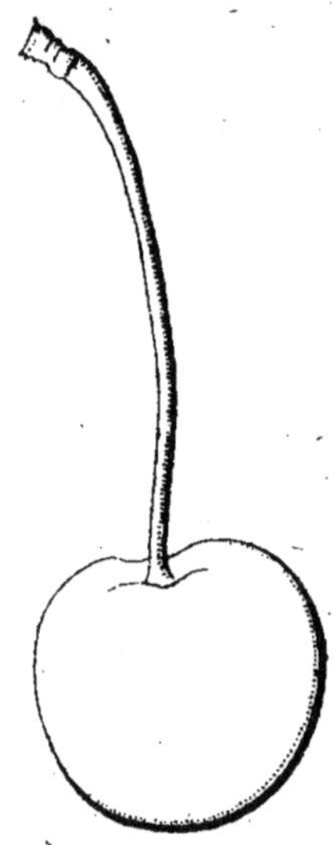

Fruit gros, irrégulièrement cordiforme, plus large que haut, à sillon large et peu profond.

EPIDERME brillant, d'un rouge vif, marbré de jaune.

PÉDICELLE assez gros et assez long, dans une cavité large peu profonde.

CHAIR blanche, un peu teintée de rouge vers le noyau, ferme, cassante ; à jus incolore ; à saveur sucrée, vineuse et bien relevée.

Qualité TRES BONNE.

Maturité. — Première quinzaine de JUILLET.

Culture. — Cette variété devra être greffée de préférence sur merisier, pour les arbres élevés sur tige, où, sous cette forme, elle peut être considérée comme un arbre de grand rendement.

Sa culture est très répandue dans toutes les régions de la France. Il est préférable de la planter dans un bon terrain, à base siliceuse, et riche en fumures, pour obtenir une bonne fructification.

BIGARREAU COURTE-QUEUE (1ʳᵉ section. — Bigarreaux). —

SYNONYME : *Bigarreau court picou.*

ORIGINE incertaine.

Fruit gros, sphérique, légèrement déprimé au point pistillaire, sillon peu prononcé.

EPIDERME rouge noirâtre à la maturité.

PÉDICELLE court et épais inséré dans une cavité peu profonde.

CHAIR colorée, à jus très coloré de rouge vineux, saveur sucrée et relevée.

Qualité TRES BONNE.

Maturité. — Mi-JUIN.

Culture. — L'arbre est vigoureux sur tous les sujets, ses rameaux, quoique courts, sont trapus et nourris, sans aucun soin particulier l'arbre forme de belles pyramides ; l'arbre en plein vent est mi-érigé, il forme des têtes trapues et compactes qu'il convient d'éclaircir chaque année.

BIGARREAU DE MONTAUBAN (1r section. — Bigarreaux).

ORIGINE incertaine, trouvé et propagé par M. Bizet père.

Fruit gros ou très gros, cordiforme.

PÉDICELLE long et assez gros.

ÉPIDERME rouge foncé, légèrement marbré de rouge noirâtre.

CHAIR blanche, croquante, juteuse, sucrée, vineuse, parfumée, jus incolore.

Maturité. — Commencement de JUILLET.

Qualité TRES BONNE.

L'ARBRE est vigoureux, à port légèrement étalé, et de fertilité moyenne.

BIGARREAU DE MEZEL (1re section. — Bigarreaux. — SYNONYME : *Bigarreau monstrueux de Mézel.*

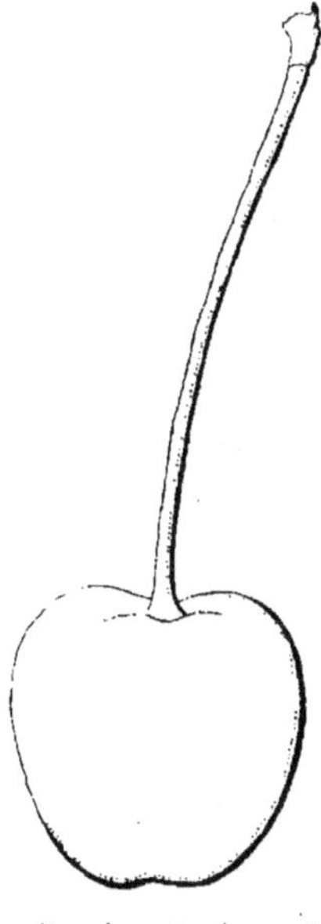

ORIGINE : Variété trouvée avant 1846, par M. Ligier de Laprade, à Mézel, près Clermont-Ferrand.

Fruit gros ou très gros, cordiforme rétus, le plus souvent bosselé, à sillon bien marqué.

ÉPIDERME brillant, épais, très adhérent, rouge pourpre, panaché de pourpre noirâtre.

PÉDICELLE allongé, assez gros, dans une cavité peu profonde, arrondie et évasée.

CHAIR rouge, ferme croquante ; à jus colorant ; à saveur sucrée, relevée et excitante.

Qualité BONNE.

Maturité. — Milieu et fin de JUIN.

Culture. — L'arbre doit être élevé de préférence sur tige, ou, greffé sur merisier, il réclame une attention particulière.

Les rameaux ayant une grande tendance à s'incliner au moment de leur développement on devra, au moyen de tuteurs et de baguettage, leur faire prendre une direction verticale.

On devra, de préférence, rechercher pour cette variété un sol chaud, sain et fertile.

BIGARREAU DE WALPURGIS (1re section. — Bigarreaux). —
SYNONYME : *Dur noir de Saint-Walpurgis.*

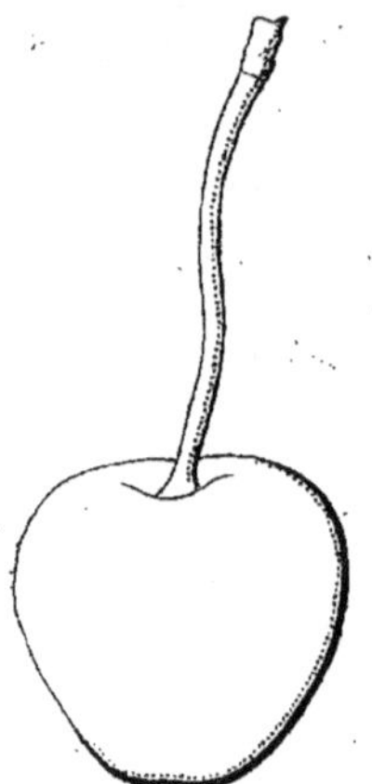

ORIGINE. — Obtenue à Walpurgis, près Cologne, vers 1846.

Fruit gros, cordiforme, épais, large à la base, bien obtus au sommet, à suture bien foncée.

EPIDERME ferme, passant du pourpre vif au rouge noirâtre.

PÉDICELLE grêle, à peine moyen, dans une cavité assez peu profonde et bien évasée.

CHAIR d'un pourpre vif, ferme ; à jus coloré ; à saveur sucrée, acidulée, vineuse et parfumée.

Qualité BONNE.

Maturité. — Fin JUIN et commencement de JUILLET.

Culture. — Cette variété peut être élevée sous toutes formes.

Elle produit alors un arbre à branches érigées, de grande vigueur, très rustique et très fertile.

BIGARREAU ELTON (1re section. — Bigarreaux). — SYNONYME : *Cerise Elton.*

ORIGINE. — Obtenue vers 1806, par Knight, en Angleterre.

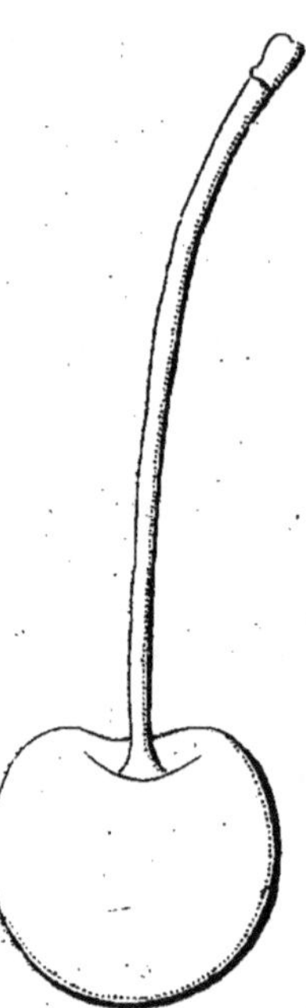

Fruit gros, cordiforme arrondi, partagé en deux parties par le sillon du dos et la suture ventrale.

EPIDERME mince, transparent, d'un blanc jaunâtre, taché d'un rose carminé à l'insolation.

PÉDICELLE grêle, très allongé, dans une cavité large et assez profonde.

CHAIR assez tendre, d'un blanc un peu jaunâtre, transparente ; à jus incolore ; à saveur sucrée et rafraîchissante.

Qualité BONNE.

Maturité. — Fin de MAI et commencement de JUIN.

Culture. — En haute tige, cette variété est la plus productive et de plus longue durée. On peut la cultiver en espalier au midi, en ayant soin de conserver aussi longues que possible les branches charpentières et de ne tailler leur prolongement que pour maintenir l'équilibre.

Sous forme d'espalier, de pyramide, de buisson et de gobelet, l'arbre perd beaucoup de sa fertilité.

On doit le cultiver dans un sol silico-argileux sain et fertile.

BIGARREAU ESPEREN (1ʳᵉ section. — Bigarreaux). — Syno-nyme : *Bigarreau des vignes*.

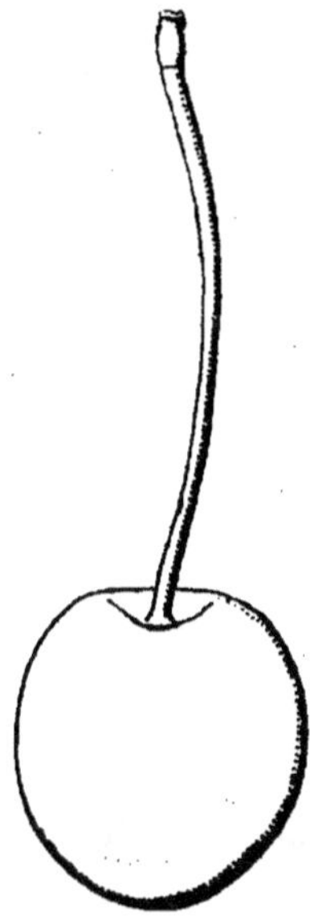

Origine inconnue ; variété propagée par le major Esperen.

Fruit gros ou très gros, en cœur, partagé en deux parties par le sillon dorsal et la suture ventrale.

Epiderme ferme, jaune lavé et marbré de rouge plus ou moins vif.

Pédicelle assez grêle, de longueur moyenne, dans une cavité un peu profonde et bien évasée.

Chair blanche, très peu teintée de jaune rosat, ferme, croquante ; à jus abondant, inco-lore ; à saveur très sucrée et relevée.

Qualité TRES BONNE.

Maturité. — **Fin de JUIN et commencement de JUILLET.**

Culture. — Cette variété est cultivée principalement sur tige, où elle acquiert rapidement un beau port et devient très fertile. Son fruit, relativement dur, permet de l'exporter facilement.

BIGARREAU GELBE BUTTNER (1re section. — Bigarreaux).
SYNONYMES : *Büttner's yellow.*   *Jaune Büttner.*

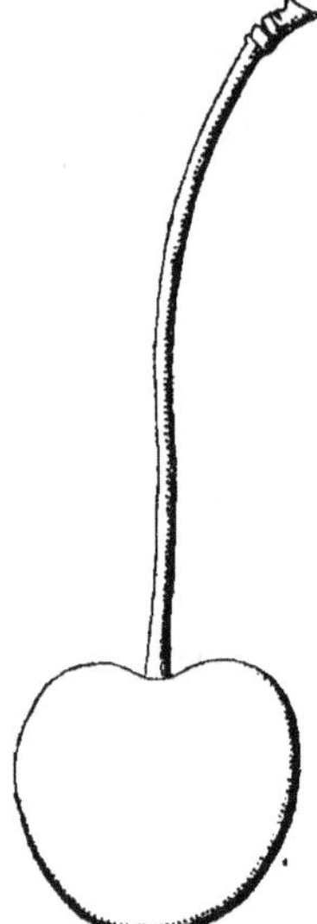

ORIGINE. — Obtenu par M. Büttner, à Halle-sur-Saale (Saxe), vers 1798.

Fruit moyen, cordiforme arrondi, largement creusé à la base, arrondi au sommet.

EPIDERME ferme, tout d'un jaune clair, un peu transparent.

PÉDICELLE assez grêle, bien allongé, dans une cavité bien évasée.

CHAIR un peu tendre, jaune ambrée, à jus abondant et incolore ; à saveur bien sucrée, bien agréable.

Qualité TRES BONNE.

Maturité. — Première quinzaine de JUILLET.

Culture. — Cette variété, de vigueur modérée et très fertile, convient parfaitement à la culture sur tige, greffée sur merisier.

Malheureusement, la couleur jaune clair de ses fruits la rend impropre à tout commerce et ne peut que la faire classer dans la catégorie des fruits d'amateurs, cette couleur jaune, cependant, a la propriété d'éviter, pour le fruit, l'attaque des oiseaux.

BICARREAU GRAND (1re section. — Bigarreaux).

ORIGINE. — Introduit en 1849, dans le Lyonnais, par M. Grand, propriétaire à Menton (Italie).

Fruit gros, cordiforme arondi, presque aussi large au sommet qu'à la base.

ÉPIDERME fin, mince, rouge cramoisi foncé.

PÉDICELLE de force et longueur moyennes, dans une cavité large et peu profonde.

CHAIR mi-fondante, teintée de rose surtout vers le noyau ; à jus colorant ; à saveur sucrée, relevée et parfumée.

Qualité BONNE.

Maturité. — **Fin de MAI et commencement de JUIN.**

Culture. — L'arbre peut être greffé sur tous sujets et être cultivé sous toutes les formes. Greffé sur Ste-Lucie, il n'est guère plus vigoureux que le cerisier proprement dit : il se prête facilement aux formes buisson et espalier. Greffé sur merisier, il pousse d'abord avec une grande vigueur, se garnit promptement de branches et ne tarde pas à fructifier. Il ne doit pas être confondu avec le bigarreau à Courte-Queue ou Court-Picou.

BIGARREAU GROS-CŒURET (1ʳᵉ section. — Bigarreaux. —

SYNONYMES : *Belle de Rocmont.* — *Cœur de pigeon.* — *Marceline.*

ORIGINE ancienne.

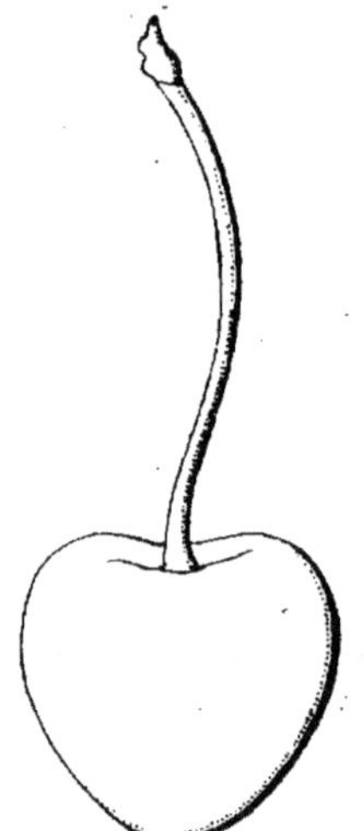

Fruit gros, cordiforme pointu, divisé en deux parties par le sillon dorsal et la suture ventrale.

EPIDERME assez épais, adhérent, brillant, jaune passant au rouge clair, strié de rouge plus vif.

PÉDICELLE de longueur moyenne, dans une cavité arrondie, peu profonde et élargie.

CHAIR d'un blanc jaunâtre, assez ferme ; à jus incolore ; à saveur sucrée, acidulée, rafraîchissante.

Qualité BONNE.

Maturité. — Fin de JUIN et commencement de JUILLET.

Culture. — L'arbre peut être greffé sur tous sujets, et être cultivé sous toutes formes ; toutefois, il est préférable de le greffer sur merisier pour la tige et de le cultiver en verger ou en ligne le long des allées.

Cette variété vigoureuse et fertile, produit des arbres qui atteignent de grandes dimensions.

BIGARREAU JABOULAY (1re section. — Bigarreaux). — Synonyme : *Cerise Jaboulaise*.

Origine. — Obtenu par M. Jaboulay, pépiniériste, à Oullins, près Lyon.

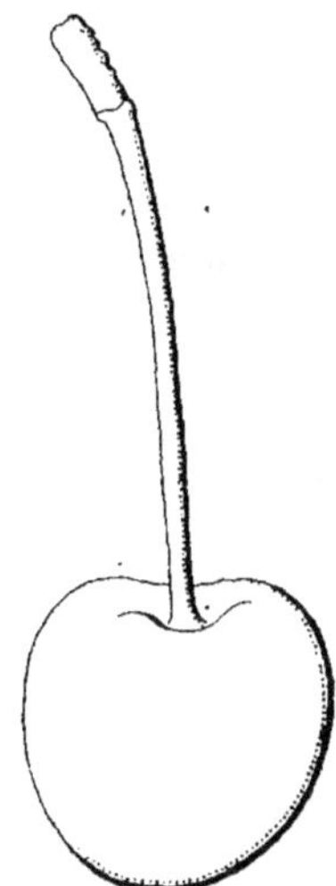

Fruit gros ou assez gros, cordiforme obtus, à sillon dorsal assez accentué.

Épiderme fin, résistant, d'un rouge vif strié de rouge clair et de rouge cramoisi.

Pédicelle de force et de longueur moyennes, dans une cavité assez profonde, irrégulière et évasée.

Chair peu ferme, d'un rouge clair ; à jus un peu colorant ; à saveur sucrée et relevée d'un parfum rafraîchissant et agréable.

Qualité BONNE.

Maturité. — Fin de MAI et commencement de JUIN.

Culture. — L'arbre peut être greffé sur tous sujets et être dirigé sous toutes les formes. Cultivé en espalier et soumis à la taille, il est très peu fertile, mais produit des fruits superbes et très hâtifs. Greffé sur merisier et tenu dépointé, il forme une belle tête, étendue, peu compacte, à branches un peu pendantes ; il produit en abondance de beaux fruits sains et plus fins que ceux récoltés en espalier : c'est donc un arbre spécialement destiné à être élevé sur tige, en verger et aussi en bordure des avenues. Fertilité grande et soutenue.

Le fruit ayant la qualité de se conserver intact pendant quelques jours, convient à l'exportation, il s'en expédie des quantités considérables chaque année, spécialement dans la vallée du Rhône, entre Lyon et Valence.

BIGARREAU NAPOLEON (1ʳᵉ section. — Bigarreaux).

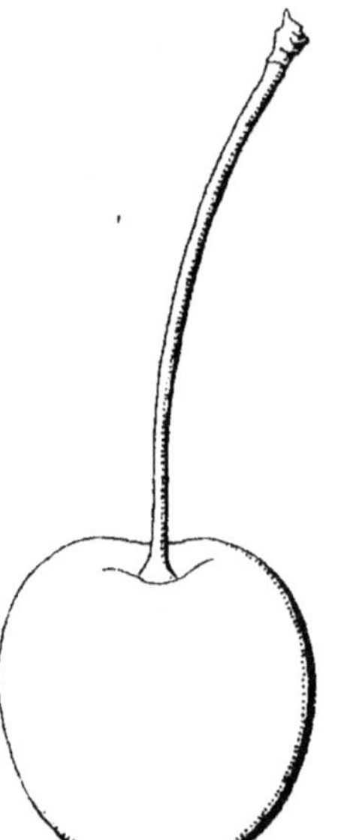

ORIGINE incertaine.

Fruit gros ou très gros, arrondi cordiforme ou ovale-cordiforme, arrondi au sommet.

ÉPIDERME ferme, brillant, rose tendre, lavé et marbré de rouge à l'insolation.

PÉDICELLE assez gros, de longueur moyenne, dans une cavité peu profonde.

CHAIR ferme, croquante, d'un blanc jaunâtre, à jus incolore ; à saveur sucrée et agréablement relevée.

Qualité BONNE.

Maturité. — Première quinzaine de JUILLET.

Culture. — Variété à greffer sur merisier, pour être cultivée sur tige.

L'arbre est d'une grande fertilité, de vigueur normale, et d'une bonne tenue. Les branches s'étalent horizontalement.

Le fruit de cette variété convient à l'exportation, surtout en Angleterre où il est très apprécié.

BIGARREAU NOIR D'ECULLY (1ʳᵉ section. — Bigarreaux).

ORIGINE. — Obtenu de semis par M. Gabriel Luizet, à Ecully (Rhône).

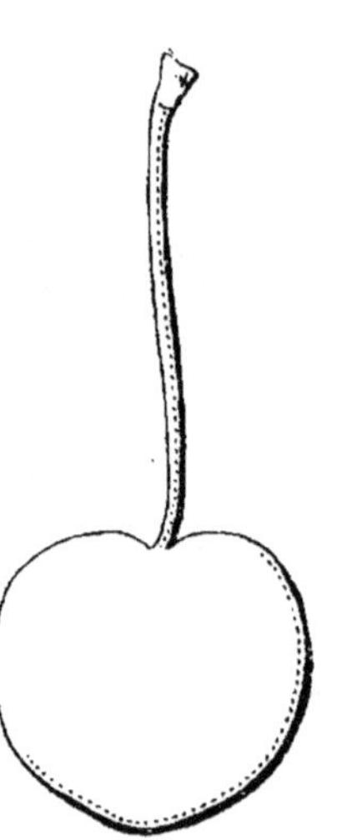

Fruit moyen ou assez gros, cordiforme.

ÉPIDERME rouge foncé noir.

PÉDICELLE large et mince, implanté dans une cavité presque nulle.

CHAIR mi-croquante, très juteuse, très sucrée, parfois amère, quand le fruit n'est pas arrivé à complète maturité, jus coloré de rouge noirâtre.

Qualité BONNE.

Maturité. — Commencement et allant jusqu'à la fin de JUILLET.

ARBRE vigoureux et fertile.

Culture. — A répandre en culture d'amateur, le marché ne recevant que peu ou point de fruits noirs.

BIGARREAU PELISSIER (1re section. — Bigarreaux).

ORIGINE. — Semis de hasard, trouvé en 1883, à proximité d'un Bigarreau Reverchon, première fructification le 6 juin 1891, et mis au commerce, en 1894, par M. Auguste Pélissier fils, pépiniériste à Châteaurenard; (Bouches-du-Rhône).

Fruit très gros, courtement cordiforme, obtus et légèrement creusé autour du point pistillaire, moyennement creusé autour du pédicelle ; presque également bombé sur les 2 faces dont l'une porte la suture, non creusée, mais très visible par un trait d'un pourpre noir.

NOYAU petit, presque droit à la suture, demi-circulaire sur le dos.

EPIDERME brillant et ferme, d'un rouge plus ou moins foncé, sur toute la surface, d'un rouge palissandre, laissant voir, par transparence, des lignes plus claires.

PÉDICELLE court, variant de 2 cent. $\frac{1}{2}$ à 3 cent. $\frac{1}{2}$, assez peu épais.

CHAIR rose, juteuse, bien croquante, sucrée, relevée, savoureuse, bonne.

Qualité BONNE.

Maturité. — Première quinzaine de JUIN.

Culture. — L'arbre vigoureux doit être spécialement cultivé sur tige. Le fruit très ferme est recommandable pour l'exportation.

BIGARREAU REVERCHON (1re section. Bigarreaux). —
SYNONYME : *C. Lamoz*, dans l'Ardèche.

ORIGINE. — Introduit d'Italie par M. Paul Reverchon, de Lyon.

Fruit gros ou très gros, cordiforme, souvent irrégulier, obtus.

ÉPIDERME ferme, brillant, d'un pourpre foncé et strié de pourpre brun.

PÉDICELLE assez gros et assez court, dans une cavité peu profonde, irrégulière et évasée.

CHAIR ferme, croquante d'un blanc jaunâtre, à peine teintée de rose sous la peau ; à jus incolore ; à saveur sucrée, agréablement relevée et acidulée.

Qualité BONNE.

Maturité. — Fin de JUIN et commencement de JUILLET.

Culture. — L'arbre peut être greffé sur tous sujets et être dirigé sous toutes les formes, mais il est démontré par l'expérience qu'il est infiniment plus utile de le cultiver sur tige où il produit un arbre de bonne vigueur, formant une tête large et de bonne tenue, d'une fertilité faible au début, mais qui augmente avec l'âge.

C'est un fruit de marché et d'exportation, qui fait actuellement l'objet d'un grand commerce.

BIGARREAU SOUVENIR DES CHARMES (1ʳᵉ section. — Bigar-reaux). — SYNONYMES : *Bigarreau Moreau. — Bigarreau Sandrin.*

ORIGINE. — Obtenu vers 1895 par M. Sandrin, propriétaire aux Charmes, commune de De-nicé (Rhône). lancé dans le commerce en 1909 par M. Moreau, pépiniériste à Villefranche-sur-Saône, sous le nom de *Bigarreau Moreau,* alors qu'il en ignorait l'origine.

Fruit gros ou très gros, rouge foncé.

CHAIR ferme, à jus légèrement coloré de rou-ge clair.

NOYAU petit.

PÉDICELLE moyen.

Maturité. — **Deuxième quinzaine de MAI.**

Qualité TRES BONNE.

Culture. — L'arbre est vigoureux et fertile, à port semi-érigé, très cultivé dans la vallée du Rhône pour l'exportation, où il précède le Bigarreau Jaboulay et succède aux Guignes précoces.

BIGARREAU TIGRÉ (1re section. — Bigarreaux). — SYNONYME : *Bigarreau Marbre.*

ORIGINE. — Incertaine, mis au commerce par M. Pélissier, à Châteaurenard (Bouches-du-Rhône).

Fruit très gros. 25 m/m. de hauteur sur 25 à 30 m/m de largeur, légèrement aplati sur ses deux faces, sa plus grande largeur se rapproche du sommet. le point pistillaire est petit et gris.

ÉPIDERME rouge pourpre, marqué de taches plus foncées, bien accentuées et irrégulières, disparaissant presque entièrement dès que le fruit est à complète maturité, sa couleur générale devenant plus foncée.

PÉDICELLE allongé de 0.55 à 0,60 m/m., mince, vert clair, recourbé, planté assez profondément dans une cavité large.

CHAIR blanche rosée, très ferme. croquante, vineuse, sucrée.

NOYAU arrondi et moyen.

Qualité TRES BONNE.

Maturité. — Mi-JUIN à fin JUIN.

Culture. — L'arbre est vigoureux et fertile, un peu pleureur, la tête se forme assez rapidement en ayant soin de tuteurer les jeunes branches charpentières.

BIGARREAU TOMBRET (1re section. — Bigarreaux).

Obtenu d'un semis de hasard par M. Tombret, horticulteur pépiniériste à Dijon.

Fruit gros. plus large vers le pédicelle, à surface unie, point pistillaire moyen, gris. dans une cavité peu accentuée.

ÉPIDERME brillant, pourpre très foncé, presque noir à complète maturité.

PÉDICELLE de grosseur et de longueur moyennes, vert clair, se colorant de pourpre lorsque le fruit est à complète maturité. implanté dans une cavité assez régulière et de profondeur moyenne.

CHAIR pourpre foncé, devenant presque noire à l'extrême maturité, ferme, croquante, bien sucrée, un peu relevée, jus suffisamment abondant et coloré.

Maturité. — Mi-JUILLET.

Qualité TRES BONNE.

NOYAU petit, un peu allongé, bombé, arrondi dans son pourtour ; sutures du dos un peu aplaties, se détachant bien de la chair.

ARBRE très vigoureux et se formant bien.

DE MONTMORENCY (3ᵉ section. — Cerises). — SYNONYMES :
Amarelle royale. — De Montmorency à longue queue.

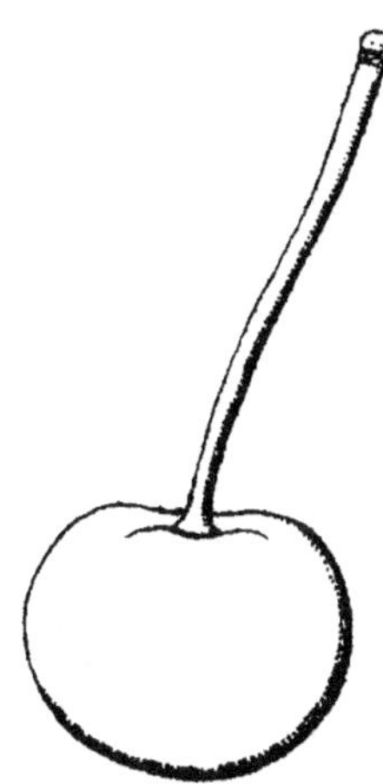

ORIGINE ancienne.

Fruit gros ou assez gros, sphérique ; bien déprimé à ses deux pôles, presque régulier à son pourtour.

EPIDERME mince, souple, transparent, d'un rouge plus ou moins foncé.

PÉDICELLE assez fort de longueur moyenne, dans une cavité bien large et peu profonde.

CHAIR un peu ferme, d'un blanc jaunâtre ; à jus abondant et incolore ; à saveur parfumée, relevée d'un acide fin et agréable.

Qualité BONNE.

Maturité. — Commencement de JUILLET.

Culture. — On doit planter cet arbre en sols légers, chauds et éclairés. Les vallons bas, ombragés et humides, lui sont contraires. Bien soigné, bien dirigé, cultivé contre un mur, à l'exposition de l'Est, du Sud, ou de l'Ouest, il produit toujours de très beaux et très bons fruits.

Cultivé dans toutes les régions, il est surtout l'arbre de prédilection de la région parisienne, où il est fréquemment cultivé en goblet en culture intensive.

GRIOTTE DU NORD (4e section. — Griottes. — SYNONYMES :
Grosse cerise à ratafia. — Morello.

ORIGINE incertaine.

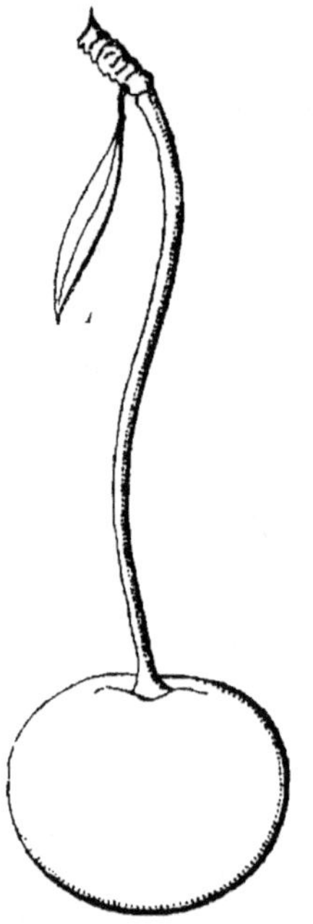

Fruit assez gros, sphérique, peu déprimé à ses deux pôles, régulier au pourtour.

ÉPIDERME assez épais, ferme, d'un pourpre très foncé et presque noir.

PÉDICELLE assez fort et allongé, souvent muni d'une bractéole.

CHAIR un peu ferme, d'un pourpre foncé ; à jus abondant et très coloré ; à saveur à peine sucrée, acide et un peu amère, s'améliorant à l'extrême maturité.

Qualité BONNE.

Maturité. — Fin de JUILLET et commencement d'AOUT.

Culture. — Arbre très fertile, qui peut être multiplié par drageons. Il s'accommode de tous les climats, de tous les sols et de toutes les expositions, il réussit très bien en espalier au nord. C'est à cette exposition et sous cette forme qu'il produit de gros fruits très tardifs, ou du moins qu'on peut laisser fort longtemps sur l'arbre.

GROS GOBET. (3e section. — Cerises. — Synonymes : *De Mont-morency à gros fruit. — Gobet à courte queue.*

Origine ancienne.

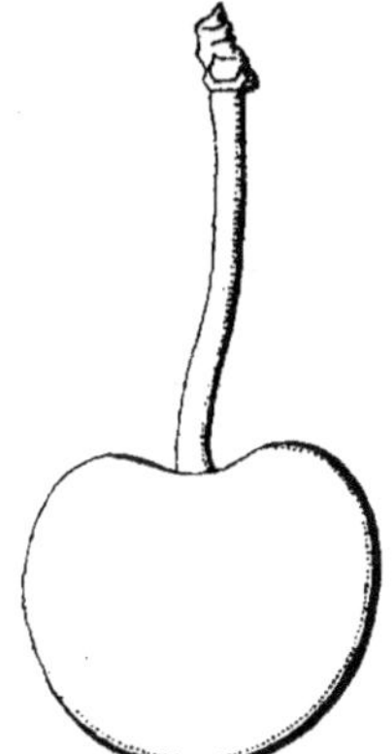

Fruit gros, sphérique, très sensiblement déprimé aux deux pôles, partagé d'un côté par un sillon profond.

Epiderme fin, transparent, d'un beau rouge peu foncé, légèrement teinté de jaune.

Pédicelle très épais et très court, dans une cavité large et profonde.

Chair un peu ferme, jaune, transparente ; à saveur plus sucrée qu'acide, réellement agréable.

Qualité BONNE.

Maturité. — Fin de JUIN et commencement de JUILLET.

Culture. — Cette variété doit être de préférence greffée sur Sainte-Lucie, et occuper une place abritée, pour que ses fleurs soient garanties de la coulure.

Elle peut être greffée également sur merisier pour être élevée sur tige, où, certaines années, elle produit beaucoup, mais poussant généralement peu.

GUIGNE GARCINE. (2e section. — Guignes). — Synonyme : *Aventurière.*

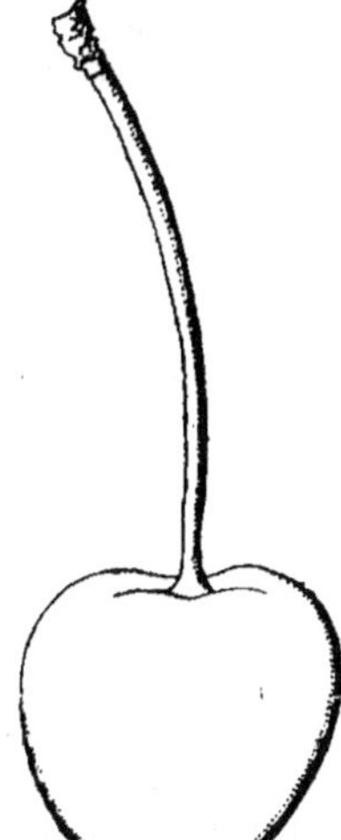

Origine. — Semis de hasard, trouvé par M. Garcin, près de Grenoble, vers 1808.

Fruit gros, renflé.

Epiderme noir, souple et ferme.

Pédicelle de longueur moyenne, assez fort, dans une cavité normale.

Chair assez ferme, très colorée, à jus abondant ; à saveur bien sucrée, très relevée.

Qualité TRES BONNE.

Maturité. — Milieu de JUIN.

Culture. — Cette variété doit être greffée sur merisier pour être cultivée sur tige où elle produit un sujet de grande vigueur, très fertile après quelques années de plantation.

Aucune taille spéciale ne doit lui être appliquée.

GUIGNE LA PLUS PRECOCE DE LA MARCHE (2ᵉ section. — Guignes). — SYNONYMES : *Früheste der Mark*, par erreur *Früheste der Markt* ou *La plus précoce du marché.*

ORIGINE. — Obtenue par M. Kupper, arboriculteur à Guben (Allemagne).

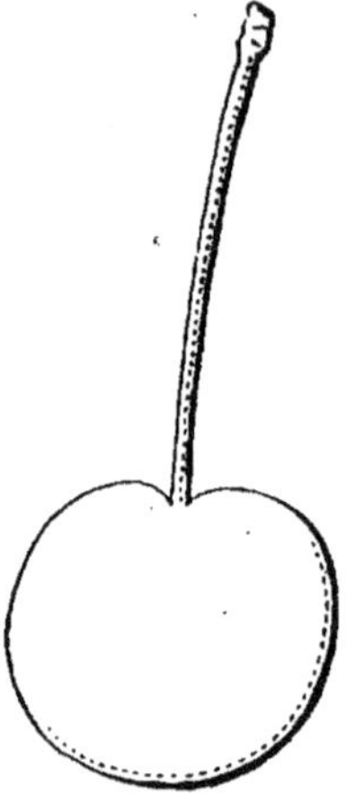

Fruit assez gros, ovoïde, tronqué fortement vers le point pistillaire, très bossué au pourtour, à sillon bien marqué.

PÉDICELLE de moyenne longueur, assez gros, dans une cavité large et profonde.

POINT PISTILLAIRE gros, gris, dans une cavité très large et profonde.

EPIDERME rouge vif, avec des marbrures roses.

CHAIR rose, juteuse, sucrée, bonne, jus légèrement rosé.

Maturité. — Fin MAI, en même temps ou un peu avant Guigne d'Annonay ; on peut la considérer comme la plus hâtive des cerises.

Culture. — Excellente variété de culture intensive pour le marché de Paris et l'exportation.

GUIGNE NOIRE A GROS FRUIT (2ᵉ section. — Guignes). —

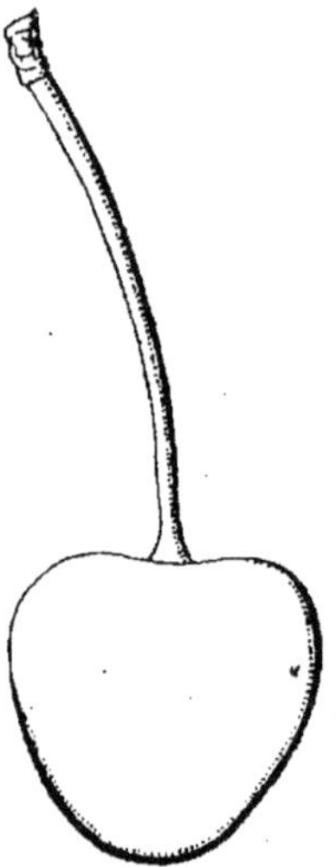

SYNONYMES : *Bullosch's heart.* — *Grosse guigne noire luisante.* — *Guigne Lême* (dans l'Isère). — *Guigne luisante.* — *Lion's heart.* — *Black Tartarian.* — *Fraser's black heart.* — *Ronald's heart.*

ORIGINE. — Cette variété fut introduite en Angleterre, en 1794, par Hughe Ronald, puis, ensuite en 1795, par John Fraser.

Fruit gros, renflé, tronqué à ses deux pôles.

EPIDERME fin, ferme, passant du pourpre au noir très foncé et très brillant.

PÉDICELLE de longueur moyenne.

CHAIR ferme, fondante, d'un pourpre noirâtre ; à jus bien coloré ; à saveur bien sucrée, finement relevée de vineux.

Qualité TRES BONNE.

Maturité. — Milieu de JUIN.

Culture. — Comme tous les guigniers, en général, celui-ci se prête difficilement aux petites formes ; c'est donc sur merisier qu'il faut le greffer, pour le cultiver sur tige.

Sa tête est assez régulière, surtout si on a la précaution de lui retrancher de temps à autre quelques rameaux. Il prospère bien dans les sols silico-argileux et riches, et, mieux encore, dans les terres substantielles et les positions abritées.

GUIGNE NOIRE DE MONTREUX (2ᵉ section. — Guignes).

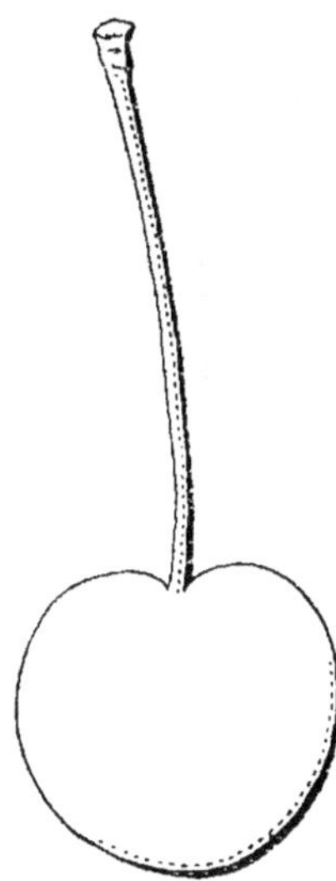

ORIGINE. — Très répandue dans le Canton de Vaud, en Suisse, elle semble originaire des environs de Montreux, où elle est l'objet d'une culture importante ; en Franche-Comté elle est également très cultivée.

Fruit assez gros ou gros, cordiforme aplati ou arrondi.

PÉDICELLE mince, long, droit ou arqué.

EPIDERME noirâtre.

CHAIR très fine, très sucrée, vineuse, rafraîchissante, jus foncé noir.

Qualité TRES BONNE.

Maturité. — Mi et fin JUIN

ARBRE vigoureux et fertile.

Culture. — Spécialement réservée à la haute tige ou plein vent pour l'exportation et la distillation.

GUIGNE NOIRE DE TARTARIE (2ᵉ section. — Guignes).

SYNONYMES : *Circassienne. — Noire de Fraser. — Ronald's black heart.*

ORIGINE incertaine.

Fruit gros, cordiforme obtus, largement sillonné d'un côté, bosselé de l'autre.

EPIDERME très fin, d'un pourpre noir brillant.

PÉDICELLE de force et de longueur moyennes, dans une cavité peu profonde.

CHAIR d'un pourpre foncé, tendre et cependant un peu croquante : à jus colorant : à saveur douce, rafraîchissante et parfumée.

Qualité TRES BONNE.

Maturité. Milieu de JUIN.

Culture. — Cette variété doit être greffée en tête sur merisier, sain et vigoureux, et être plantée dans le verger ou en avenue.

Elle prospère dans les sols légers, chauds et riches. La taille ne demande aucun soin particulier.

GUIGNE POURPRE HATIVE (2ᵉ section. — Guignes. —

SYNONYMES : *Cerise de mai de Coboury.* — *Early purple gean.* — *Guigne noire de Cobourg.*

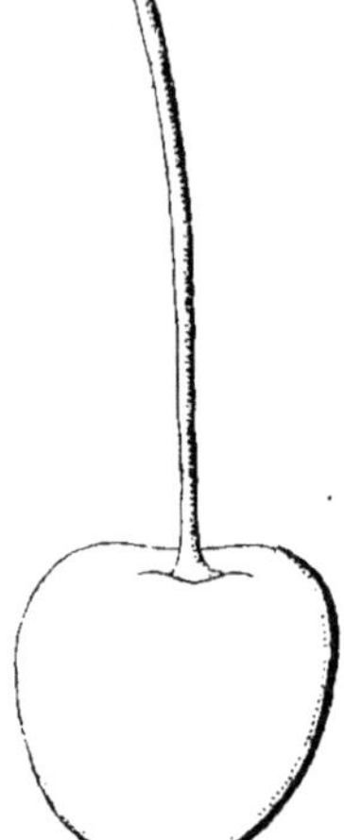

ORIGINE ancienne.

Fruit assez gros ou gros, cordiforme, peu élargi à la base, obtus au sommet.

EPIDERME fin, rouge, fouetté de pourpre brun de tons divers.

PÉDICELLE grêle et un peu long, dans une cavité étroite et peu profonde.

CHAIR tendre, rouge pourpre ; à jus colorant et abondant ; à saveur sucrée, acidulée et agréable.

Qualité BONNE.

Maturité. — Deuxième quinzaine de JUILLET.

Culture. — Cette variété ne s'accommode guère de la taille ; sur tige, elle forme une tête peu régulière, à branches pendantes. L'arbre est de vigueur modérée et assez fertile.

IMPERATRICE EUGENIE (3ᵉ section. — Cerises).

ORIGINE. — Trouvée dans une vigne par M. Varenne, à Belleville, près Paris, et propagée par M. Armand Gontier.

Fruit gros ou assez gros, arrondi, tronqué à ses deux pôles, peu comprimé, à sillon sensible.

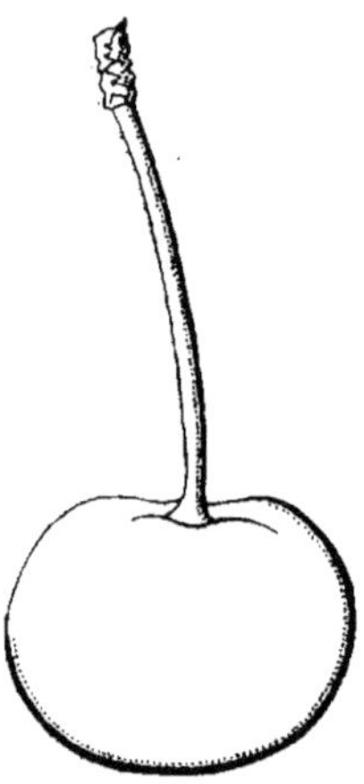

EPIDERME fin, mince, d'un rouge cramoisi foncé.

PÉDICELLE de force et longueur moyennes, s'épaississant vers la cavité élargie et peu profonde.

CHAIR d'un blanc jaunâtre, un peu rose sous la peau ; à jus incolore ; à saveur sucrée, rafraîchissante, très agréable.

Qualité BONNE.

Maturité. — Commencement de JUIN.

Culture. — L'arbre peut être greffé sur tous sujets et être dirigé sous toutes formes. Greffé sur Sainte-Lucie et sur merisier, il peut faire de petits buissons, cordons et espaliers. Greffé sur merisier, il forme des tiges.

Dans la région parisienne, on lui reconnaît une vigueur suffisante.

REINE HORTENSE (3ᵉ section. — Cerises). — Synonymes :
*Belle Audigeoise. — Belle de Bavay. — Belle
de Laeken. — Belle suprême. — D'Arenberg. — Grosse de Wagnelée. — Hybride de
Laeken. — Merveille de Hollande. — Monstrueuse de Jodoigne.*

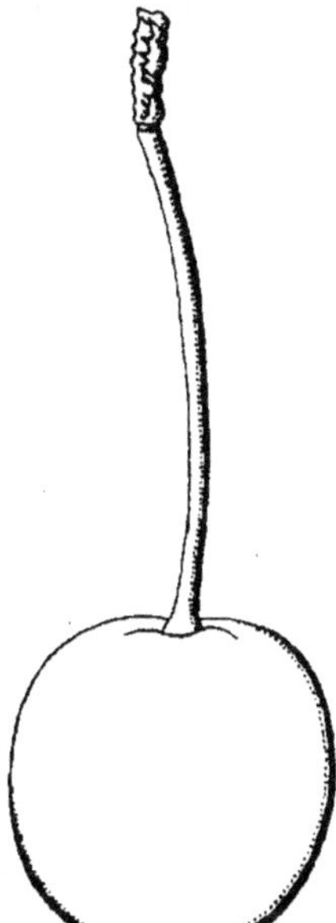

Origine. — Cette variété aurait été obtenue
par Larose, pépiniériste à Neuilly-sur-Seine,
et sa première fructification aurait eu lieu
en 1838 (d'après R. Hogg).

Fruit très gros, ovale arrondi, un peu comprimé sur les faces, à sillon très peu sensible.

Epiderme fin, mince, d'un rouge plus ou
moins intense et plus ou moins étendu sur
fond jaunâtre.

Pédicelle mince et allongé, dans une cavité
peu profonde.

Chair d'un blanc jaunâtre et transparente ; à jus incolore ; à saveur
sucrée, légèrement acidulée, relevée et rafraîchissante.

Qualité BONNE.

Maturité. — Courant et fin de JUIN.

Culture. — L'arbre vigoureux se prête à toutes les formes et surtout
à la culture en espalier, étant greffé sur Ste-Lucie ; il prospère dans
les sols légers, frais, mais non humides et les expositions abritées.
La fertilité augmente avec l'âge.

ROYALE (3ᵉ section). - Cerises. — SYNONYME . *Royal Duke.*

ORIGINE inconnue ; variété ancienne.

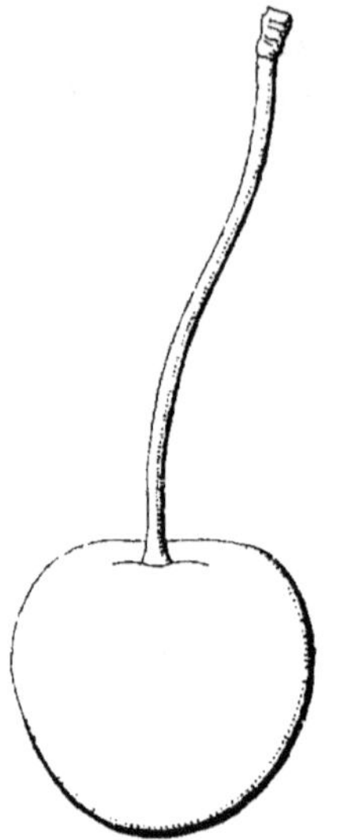

Fruit gros, souvent très gros, sphérique, souvent déprimé aux deux pôles ; à sillon large et peu profond.

EPIDERME fin, mince, d'un pourpre brun presque noir.

PÉDICELLE assez fin et assez allongé, dans une cavité profonde et irrégulière.

CHAIR pourpre, un peu ferme ; à jus bien colorant ; à saveur sucrée, acidulée, vineuse et relevée.

Qualité TRES BONNE.

Maturité. — Fin JUIN et première quinzaine de JUILLET.

Culture. — Très répandue pour la culture intensive en tige et buisson. Elle réussit à toutes les expositions, mais plus particulièrement à celles de l'est et du sud-est.

Il est très important, pour maintenir la santé et la fertilité de l'arbre, d'écourter les branches supérieures, de le débarrasser de ses rameaux morts et d'une partie de ceux à fruits, qui sont toujours trop nombreux.

CHATAIGNIER

NOTA. — Le Congrès Pomologique n'a adopté à ce jour, aucune variété de cette espèce fruitière. La Commission permanente des études, dans le but de donner un ouvrage aussi complet que possible, se permet de recommander les variétés suivantes de **Châtaignes** *appelées communément* **Marrons**.

ORIGINE. — Le châtaignier croît spontanément dans les diverses régions de la France où le terrain est siliceux, on le rencontre parfois planté en terrain légèrement calcaire, mais en exemplaires isolés, alors qu'en terrain siliceux il peuple des forêts entières.

CULTURE. — Uniquement cultivé à haute tige, sans aucune taille à lui donner que l'enlèvement annuel du bois mort.

DE LYON. — SYNONYMES : *Du Luc.*   *D'Agen.*

ORIGINE. — Trouvé dans une propriété de Loire, près Ampuis (Rhône), c'est une de nos plus anciennes variétés.

Fruit gros, arrondi.

EPIDERME fin, brun clair.

CHAIR tendre et sucrée.

Qualité TRES BONNE.

Culture. — Cette variété est très cultivée pour l'exportation et aussi pour la confiserie ; elle est cultivée greffée en fente en tête, ou au pied en écusson sur châtaignier commun.

NOUZILLARD. — SYNONYMES : *Losillarde. — Osillarde. — Du Lude.*

ORIGINE probable des environs de Lude (Sarthe).

Fruit gros, presque arrondi.

EPIDERME brun.

CHAIR tendre et fine, sucrée.

Qualité BONNE.

Culture. — Très cultivée pour l'exportation et la confiserie ; également greffée sur châtaignier commun.

COGNASSIER

ORIGINE. — Les auteurs s'accordent pour donner son origine en Orient, d'où il a été importé en France où on le rencontre à l'état subspontané dans le Midi, dans les haies.

AIRE DE CULTURE. — Partout où ses fleurs ne risquent pas de geler au printemps, assez tardivement, on peut le cultiver.

SOL. — Il pousse un peu partout, sauf en terrain sec et aride ; en général il préfère les sols riches et frais.

SUJET PORTE-GREFFE. — Il peut être greffé sur cognassier de bouture ou de semis ; en général, pour permettre sa culture en tous terrains, surtout si la sécheresse est à craindre, on le greffe sur aubépine, ou cratagus oxyacantha.

FORMES. — La forme haute tige ou plein vent est la seule forme à adopter, cependant on s'en sert quelquefois comme buisson dans les massifs d'ornement où il joue le double rôle d'ornement et de production.

CULTURE. — Tous les jardins doivent posséder un exemplaire au moins de cette espèce fruitière pour les diverses préparations culinaires : compotes, gelées, pâtes, confitures, etc. ; à cultiver aussi pour la confiserie.

TAILLE. — Elle consiste à éviter la confusion trop grande dans les branches d'intérieur de l'arbre.

MALADIES. — Différents champignons attaquent les feuilles sans trop nuire à sa bonne végétation.

Le *Monilia* attaque les fruits et aussi les jeunes rameaux ; lessiver les arbres attaqués l'hiver avec la solution A.

COINGS

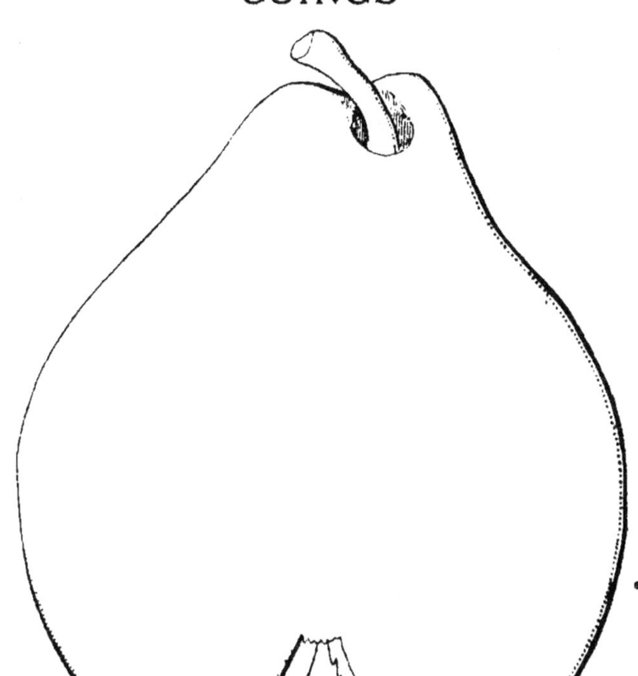

CHAMPION.

Origine américaine.

Fruit gros ou assez gros (8-9 cent. de long. sur 10 de haut), piriforme-turbiné, obtus à la base, régulier et à peine anguleux au pourtour plus large en son tiers supérieur, un peu étranglé au quart inférieur, étroitement tronqué et obliquement creusé autour du pédicelle.

Pédicelle gros, court ou de longueur moyenne.

Œil de grandeur moyenne, à sépales affleurant le sommet du fruit sans le dépasser, plongé dans une cavité très profonde, peu large et surmontée par des plis et des bosses.

Épiderme lisse, d'un jaune vif d'un côté, atténuant sa teinte pour passer au jaune verdâtre du côté de l'ombre.

Chair jaune, assez tendre, juteuse, aussi bonne que celle du C. commun.

Maturité. — OCTOBRE-NOVEMBRE se prolongeant plus longtemps que celle des C. commun et du Portugal.

Arbre assez vigoureux, de bonne tenue, bien fertile, d'un port assez régulier, formant une tête bien garnie et hémisphérique.

COMMUN. — Synonymes : *Coing femelle.* — *C. Mâle.* — *C. Poire.* — *C. Pomme.*

Origine ancienne et inconnue.

Fruit gros ou moyen, plus haut que large, déformé par des bosses et des côtés ; tantôt piriforme (C. femelle ou C. Poire), tantôt plus court et irrégulièrement arrondi (C. mâle ou C. Pomme).

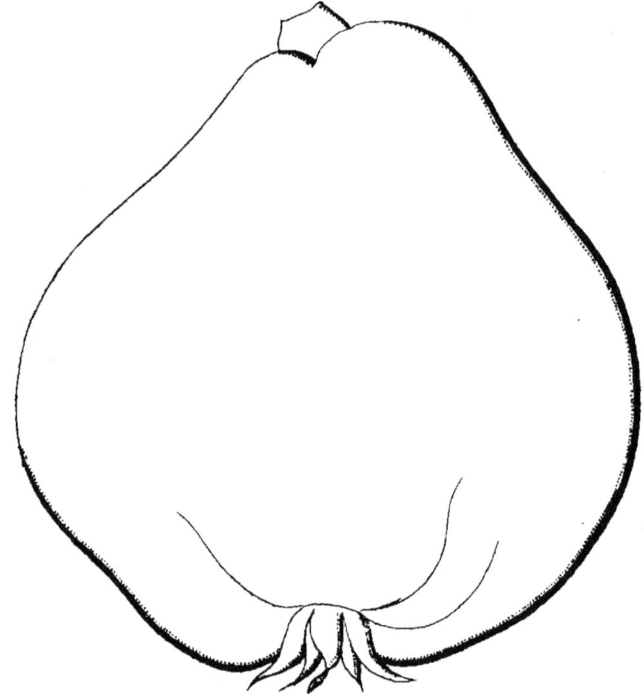

Epiderme très odorant, jaune et recouvert d'un duvet caduc au frottement.

Pédicelle presque nul.

Chair jaunâtre et très juteuse.

Maturité. — OCTOBRE-NOVEMBRE.

Arbre buissonneux, touffu et fertile, se multipliant de boutures et de drageons, mais à fructification plus assurée par la greffe sur aubépine.

DU PORTUGAL.

Origine inconnue.

Fruit très gros, très irrégulier, ovale oblong, renflé vers le tiers supérieur, un peu resserré vers le sommet et à la base qui est irrégulièrement tronquée.

Épiderme très odorant d'un jaune d'or brillant, et recouvert d'un duvet caduc au frottement.

Pédicelle presque nul.

Chair jaune, grossière, cassante ; à jus plus parfumé et plus délicat que celui de la variété précédente.

Arbre moins buissonneux, de plus grande dimension et un peu moins fertile, se multipliant par le greffe sur Cognassier commun et sur Aubépine.

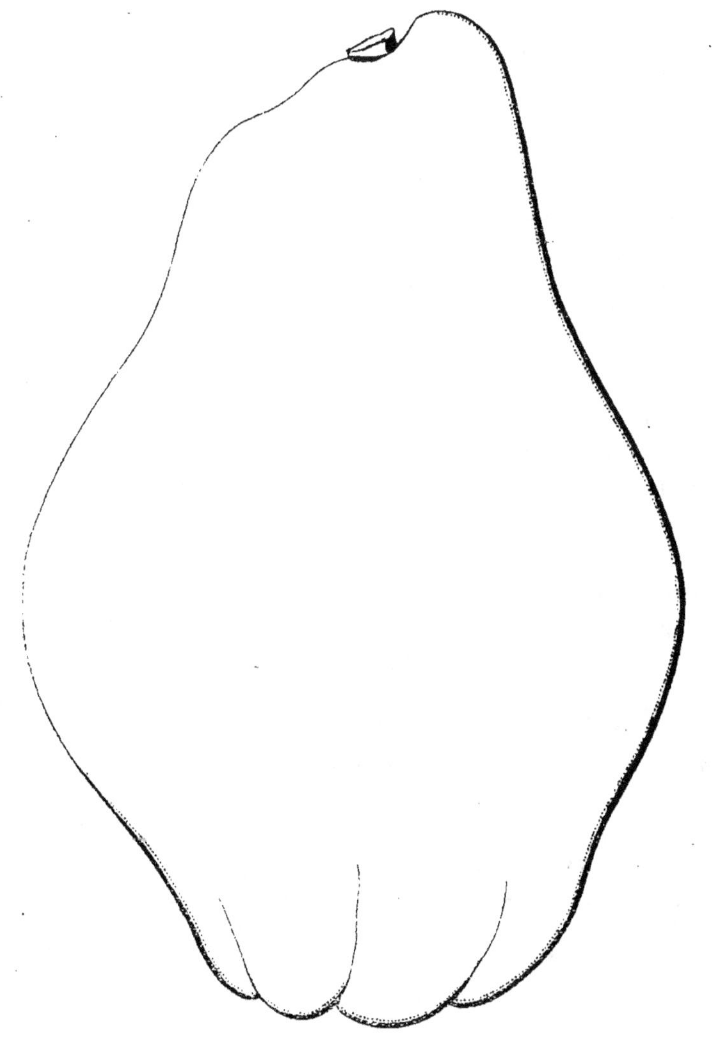

FIGUIER

Dans les pays chauds, le Figuier fructifie pendant toute la saison ; sous notre climat du centre et surtout dans le nord de la France, une récolte est toujours assurée si l'on a eu le soin d'hiverner les rameaux ; elle a lieu en juillet, sur le bois de l'année précédente.

La seconde récolte a lieu sur le bois de l'année, mais, souvent les figues tombent avant la complète maturité.

La troisième récolte ne vient jamais à maturité, elle apparaît sur le bois de l'année comme la seconde.

A moins de jouir d'un climat spécial, il sera nécessaire d'abriter les rameaux contre les rigueurs de l'hiver, pour assurer la première récolte.

Les fruits de cette saison se forment dès l'automne à l'extrémité du rameau de l'année, il sera urgent, pour en profiter, d'abriter avec de la paille après avoir couché les branches sur le sol, ou encore d'enfouir les branches dans le sol, si celui-ci est suffisamment perméable et léger.

La taille sera réduite au pincement ou à la suppression du bourgeon terminal suivant les variétés et l'on devra rechercher à la base du rameau fructifère, un bourgeon de remplacement comme dans le pêcher, avec cette différence toutefois que ce bourgeon de remplacement donnera la deuxième et la troisième récolte de fruits et portera pour l'année suivante la première récolte.

FIGUES

BLANQUETTE (*non bifère*).   SYNONYMES : *Bouton de guêtre. — De Lipari. — Marseillaise.*

Fruit petit, régulièrement turbiné un peu arrondi ; à peau jaune verdâtre, se fendillant dans tous sens ; excellent à sécher.

CHAIR d'un rose saumoné, adhérente à la peau, très sucrée.

Qualité TRES BONNE.

Maturité.   SEPTEMBRE-OCTOBRE.

ARBRE de vigueur moyenne et fertile.

BOURJASSOTTE NOIRE *non bifère*).

Fruit moyen, arrondi, un peu conique ; à peau d'un violet noirâtre, pruinée de bleuâtre ; à pédoncule allongé.

CHAIR d'un rouge grenat intense, très pleine, très juteuse, sucrée.

Qualité TRES BONNE.

Maturité. — Du milieu d'AOUT jusqu'en NOVEMBRE.

ARBRE à bois noir, assez vigoureux et très fertile.

BUISSONNE (bifère). — SYNONYME : *Mouissonne noire*.

(*Première fructification*). — **Fruit** moyen, ovoïde conique ; à long pédoncule ; à peau violacée, sans stries apparentes.

CHAIR rouge, juteuse, sucrée et parfumée.

Qualité BONNE.

Maturité. — JUILLET.

(*Seconde fructification*). — **Fruit** petit, ovoïde, un peu pointu ; à peau d'un violet noir bien pruinée de bleuâtre, à stries invisibles, supportant bien les voyages.

CHAIR toute d'un rouge foncé, juteuse, sucrée et parfumée.

Qualité BONNE.

Maturité. - OCTOBRE.

ARBRE de vigueur moyenne, très répandu, bien connu sur les bords du Var.

CÉLESTINE (bifère). — SYNONYMES : *De Beaucaire*. — *Figue grise*. — *Grisette*.

(*Première fructification*). — **Fruit** gros, piriforme ; à peau d'un gris violet.

CHAIR rose, juteuse, sucrée, parfumée.

Qualité BONNE.

Maturité. — De JUIN à JUILLET.

(*Seconde fructification*). — **Fruit** moins gros, plus allongé ; à peau d'un gris cendré, un des meilleurs et très estimé comme primeur.

CHAIR rose, fine, juteuse, bien sucrée et parfumée.

Qualité TRES BONNE.

Maturité. — D'AOUT à fin de SEPTEMBRE.

ARBRE étalé, de vigueur moyenne d'une constitution un peu délicate, très fertile.

COL DE SENORA (non bifère). — SYNONYME : *Col de Dame*.

Fruit gros piriforme renflé ; à peau mince, un peu dure mais se détachant de la pulpe, d'un violet noirâtre, recouverte d'une fleur grisâtre et marquée de lenticelles oblongues, résistant bien aux atteintes de la pluie.

CHAIR d'un rouge vineux, abondante, succulente, sucrée.

Qualité TRES BONNE.

Maturité. — Du milieu de SEPTEMBRE jusqu'aux gelées.

ARBRE vigoureux, formant une tête élevée.

DAUPHINE (*bifère*).

Fruit gros, large, aplati au sommet ; à peau légèrement violacée.
CHAIR rose, juteuse, sucrée.

Qualité BONNE.

Maturité. — De JUILLET jusqu'aux gelées.

ARBRE de bonne vigueur et fertile.

DE JÉRUSALEM (*non bifère*. — SYNONYME : *De Nébian*.

Fruit de grosseur moyenne, court, arrondi ; à peau délicate et blanchâtre.

CHAIR rouge.

Qualité TRES BONNE.

Maturité. — SEPTEMBRE.

ARBRE assez vigoureux et fertile. Ses fruits ont besoin du climat méridional : ailleurs la fraîcheur des nuits les fait rentrer et leur fait perdre toute qualité.

DE VERSAILLES (*bifère*. SYNONYMES : *D'Argenteuil*. *Madeleine*.

(*Première fructification*). — **Fruit** gros, arrondi, très solidement attaché au rameau ; à peau d'un jaune verdâtre, brillante, se détachant comme celle d'une orange, très propre à l'exportation.

CHAIR blanche, siropeuse, très sucrée.

Qualité TRES BONNE.

Maturité. — JUILLET.

(*Seconde fructification*). — **Fruit** plus petit, de qualité inférieure et disposé à s'échauder facilement.

Maturité. — SEPTEMBRE.

ARBRE vigoureux, formant une tête élevée, très fertile et très rustique.

D'OR (*bifère*). SYNONYME : *F. Dorée*.

(*Première fructification*). — **Fruit** très gros, très allongé, irrégulier ; à peau d'un brun jaunâtre.

CHAIR d'un rose saumoné.

Qualité ASSEZ BONNE.

Maturité. — Milieu de JUILLET.

(*Seconde fructification*). — **Fruit** moyen, moins allongé, de couleur un peu plus foncée.

Qualité BONNE.

Maturité. — SEPTEMBRE.

ARBRE peu vigoureux, fertile, se dégarnissant de ses feuilles.

FRANQUE PAILLARDE (*bifère*). — SYNONYMES : *D'Abondance,*
— *Franque Pagarde.* — *Ravalayra.*

(*Première fructification*). — **Fruit** moyen, allongé ; à peau d'un
brun foncé.

CHAIR d'un rouge saumoné foncé.

Qualité ASSEZ BONNE.

Maturité. — Fin de JUILLET.

(*Seconde fructification*). — **Fruit** moyen, piriforme ; à peau d'un
violet brun du côté du soleil, d'un violet plus clair et parfois verte
du côté de l'ombre.

CHAIR rouge, très juteuse, vineuse, mais manquant souvent de sucre
sous l'influence des pluies.

Qualité BONNE.

Maturité. — De la fin d'AOUT à la fin de SEPTEMBRE.

ARBRE vigoureux, formant une tête élevée, portant des fruits rares
à la première récolte, mais très nombreux à la seconde.

GROSSE SULTANE (*non bifère*).

Fruit gros, turbiné ; à pédoncule allongé ; à peau d'un vert olivâtre, largement lavée de violet à l'insolation, fortement striée.

Qualité TRES BONNE.

Maturité. — SEPTEMBRE.

ARBRE d'une belle végétation, à grand développement, de bonne
production.

MONAIE (*non bifère*).

Fruit assez gros, ovoïde sphérique ; à peau très épaisse, d'un violet
cendré, à stries saillantes et violettes.

CHAIR entièrement d'un rouge un peu pâle, juteuse, bien sucrée,
parfumée de vineux.

Qualité TRES BONNE.

Maturité. — SEPTEMBRE-OCTOBRE.

ARBRE de première grandeur, assez vigoureux, réclamant une bonne
exposition.

NAPOLITAINE (*bifère*), spéciale au Midi de la France.

(*Première fructification*). — **Fruit** gros, ovoïde allongé ; à peau fine, mince, vert clair, recouverte de violet bronzé, à stries saillantes.

CHAIR rouge au centre, jaune ambré à la périphérie, peu fine, assez sucrée.

Qualité ASSEZ BONNE.

Maturité. — JUILLET.

(*Seconde fructification*). — **Fruit** moyen, de forme plus turbinée et de même couleur.

CHAIR très juteuse, bien sucrée, parfumée.

Qualité TRES BONNE.

Maturité. — SEPTEMBRE-OCTOBRE.

ARBRE vigoureux et très fertile.

PANACHÉE (*non bifère*). — SYNONYME : *Père Hilarion*.

Fruit moyen, piriforme turbiné, plus large que haut ; à peau rayée de bandelettes jaune vif et vertes, sans stries saillantes, apprécié pour sa qualité et pour l'ornement des desserts.

Maturité. — SEPTEMBRE-OCTOBRE.

ARBRE très vigoureux, assez fertile.

PEAU DURE (*parfois bifère*). — SYNONYME : *Dure Peau*.

(*Première fructification*). — **Fruit** moyen, régulier, piriforme, à peau luisante et ferme, de couleur brunâtre rayée de vert olive.

CHAIR rougeâtre, assez succulente, un peu acide.

Qualité TRES BONNE.

Maturité. — Fin de JUILLET.

(*Seconde fructification*). — **Fruit** assez petit, arrondi et brusquement atténué en bec assez long ; à peau ferme, olivâtre, teintée de violet à l'insolation, à stries accentuées, résistant bien à la pluie et excellent à sécher.

Maturité. — OCTOBRE.

ARBRE de moyenne grandeur, vigoureux et très fertile.

POULETTE *(parfois bifère)*.

(*Première fructification*). — **Fruit** moyen, arrondi-conique, à peau d'un vert cendré, à stries prononcées.

Chair d'un rouge très foncé ; juteuse, assez sucrée, bien parfumée.

Qualité BONNE.

Maturité. — Fin de JUILLET.

(*Seconde fructification*). — **Fruit** petit, conique turbiné, un peu plus large que haut, contracté en bec court et épais ; à peau olivâtre, à stries prononcées, supportant bien la pluie et très propre à sécher.

Arbre assez vigoureux et très fertile.

SANG DE LIÈVRE *(bifère)*.

(*Première fructification*). — **Fruit** obliquement turbiné ; à peau d'un vert clair pointillé de blanc, à peine striée.

Chair d'un rouge sang très vif juteuse, sucrée, parfumée.

Qualité BONNE.

Maturité. — Première quinzaine d'AOUT.

(*Seconde fructification*). — **Fruit** assez gros, piriforme : à peau verte passant au bronzé à l'insolation, ponctuée de quelques gros points fauves.

Chair de même couleur, très juteuse jusqu'à la peau, sucrée, parfumée.

Qualité TRES BONNE.

Maturité. — SEPTEMBRE-OCTOBRE.

Arbre vigoureux.

DE SAN PIETRO *(bifère .* SYNONYMES : *De Saint-Dominique. - De la Dalmatie*.

Originaire de la Dalmatie.

Fruit gros, piriforme allongé : à peau assez fine, d'un vert bronzé : à chair d'un violet rouge, juteuse-sirupeuse, très sucrée, bien relevée.

Fruit TRES BON.

Maturité. — Commencement de JUILLET pour la première récolte, **fin SEPTEMBRE** pour la seconde.

Arbre méritant, à cause de ses beaux fruits et de sa production abondante.

VERDALE *(bifère)*.

(Première fructification). — **Fruit** moyen, pyramidal, ventru ; à peau dure, verte, pruinée et ponctuée de quelques points blanchâtres, à peine striée.

CHAIR très rouge, peau fine, mais très sucrée et agréable.

Qualité BONNE.

(Seconde fructification). — **Fruit** moyen, largement turbiné discoïde, de même couleur, très propre à sécher.

CHAIR rouge vif, juteuse, bien sucrée.

Qualité BONNE ou TRES BONNE.

ARBRE de vigueur moyenne et fertile.

VERNISSANGUE *(non bifère)*. — SYNONYME : *Vernissengue.*

Fruit moyen, piriforme, contracté en bec assez long ; à peau violet cendré, à stries lisses mais non saillantes, très bon pour sécher.

CHAIR d'un rouge grenat, juteuse, assez sucrée

Qualité BONNE.

Maturité. — OCTOBRE.

ARBRE vigoureux, très rustique et fertile.

FRAISIER

ORIGINE. — Les fraisiers cultivés proviennent de diverses espèces d'origine française ou étrangère, l'origine des premières variétés est assez obscure, sauf en ce qui concerne les fraisiers à petits fruits dont on peut sans crainte attribuer leur création à des semis du fraisier des bois.

AIRE DE CULTURE. — Le fraisier peut être cultivé sous les latitudes et aux altitudes les plus diverses ; l'essentiel, pour qu'il produise, est que l'endroit où on veut le cultiver ne soit pas soumis au régime des brouillards qui font couler les fleurs, ou des gelées blanches qui suppriment toute fructification, bien que dans une inflorescence il y a des éclosions successives de fleurs qui assurent presque toujours quelques fruits. Mais le plus beau et le plus succulent des fruits produits étant celui donné par la première fleur éclose, ou fleur du sommet de l'inflorescence, il convient de prévoir de préférence sa récolte.

FRUIT. — Le fruit, botaniquement parlant est un fruit sec, c'est ce que l'on appelle la graine en langage courant, la partie comestible est le réceptacle floral considérablement accru.

MULTIPLICATION. — Le semis est employé pour l'obtention des variétés nouvelles, et aussi pour multiplier les fraisiers à petits fruits remontants.

Toutes les variétés produisent des filets, sauf la race Gaillon : c'est donc par le bouturage des filets, fait en juillet-août, que l'on devra multiplier les variétés de fraisiers à gros ou petits fruits, les Gaillon se multiplient par éclats de touffes.

Le bouturage des filets de variétés à gros fruits non remontants fait en juillet-août, directement en place, donne le maximum de production l'année suivante, dès le printemps, les fruits obtenus sont énormes et de très bonne qualité.

Le bouturage en place des mêmes variétés, fait en septembre-octobre, donne un assez bon pourcentage de plantes fructifères au printemps suivant.

Enfin le bouturage fait de novembre à avril donne peu ou point de plantes fructifères en mai, la fructification n'a lieu que l'année suivante

Pour les fraisiers à gros ou petits fruits remontants, le bouturage des filets en août, assure une production en septembre-octobre suivants si l'on dispose de quelques moyens d'arrosage.

CLASSIFICATION DES FRAISES. — Les fraises sont classées en trois catégories.

1° Les fraises *de quatre saisons* à fruit moyen ou petit, feuillage vert clair, plissé, élevé sur un long pétiole généralement érigé, les hampes florales le plus souvent érigées laissant le fruit surmonter le feuillage, leur fructification a lieu toute l'année si l'on dispose de moyens d'arrosage et d'irrigation.

2° Les fraises dites *remontantes à gros fruits*, sont des quatre saisons ayant tous les caractères de feuillage et de floraison des fraises à gros fruits dont la description est donnée ci-après.

Elles fructifient également plusieurs fois par année en les arrosant fortement, mais tous les cultivateurs spéciaux sont d'accord pour ne les considérer que comme variétés de fructification tardive, lorsqu'on a eu le soin de supprimer les inflorescences printanières dès leur formation. Dans ces conditions la fructification d'automne sera abondante et soutenue, les fruits seront plus gros et plus savoureux.

3° Les fraises *à gros fruits* produisant une seule fois en mai, juin ou juillet, c'est-à-dire n'émettant qu'une seule saison de hampes florales, elles se distinguent des quatre saisons par leur feuillage vert foncé, les pétioles gros, mais peu rigides parfois, malgré leur grosseur ; les feuilles sont généralement lisses, les hampes florales sont grosses, dressées au moment de la floraison, puis s'inclinant sous le poids des fruits, et presque toujours couchées sur le sol au moment de la maturité.

CULTURE. — Deux modes de culture sont employés : la bordure et la planche ou carré.

La bordure est réservée aux fraises à gros fruits, remontantes ou non.

La planche ou carré convient à toutes les variétés, mais est indispensable pour les quatre saisons.

Ne jamais laisser les plantations sur places plus de trois années pour éviter diverses maladies et obtenir de beaux et bons fruits.

MALADIES ET INSECTES NUISIBLES. — *Blanc du fraisier.* — Les feuilles présentent les mêmes symptômes que celles attaquées par l'oïdium du pêcher, les extrémités sont blanches et poudreuses, soufrer ou mieux pulvériser avec la solution C.

Mildew. — Un mildew, voisin de celui de la vigne, provoque des taches brunes et une brûlure de la partie attaquée, pulvériser avec la solution A, en été, dès le développement des hampes florales.

Taches des feuilles. — Les feuilles sont attaquées par un autre champignon, le *Sphaerella fragariæ*, petites taches brunes, roussâtres, qui blanchissent ensuite, la partie attaquée tombe et la feuille est criblée de trous, les cultivateurs appellent couramment cette maladie la *rouille* du fraisier.

La végétation se ralentit, et, souvent, les plantes dépérissent assez rapidement ; pulvériser les plantes dès le commencement de la végétation avec la solution A, recommencer avant la maturation, puis après, de façon que les jeunes feuilles soient toujours recouvertes de cuivre.

Nuile. — Se développe sur les jeunes feuilles, et surtout sous chassis ; pulvériser les plantes avec la solution C, avant le développement de la maladie, s'arranger à faire les pulvérisations nécessaires pour qu'il y ait toujours du soufre sur les jeunes feuilles.

Blanc des racines. — Cette maladie se développe surtout dans les vieilles plantations et les détruit ; supprimer les cultures trop âgées, et sulfurer le sol où le blanc s'est développé.

Arachnides. — *Grise* acarien attaquant les feuilles des fraisiers placés au pied des murs au midi ; arroser fortement et préventivement, pulvériser aussi préventivement avec les solutions H et C avant la maturation des fruits, et aussitôt après la récolte.
Faire brûler les feuilles attaquées.

Mollusques. — Les escargots et les limaces sont les grands ennemis des fruits, leur tendre des pièges, feuilles de choux ou de salades pliées en deux, pour les prendre et éviter ainsi leur attaque ; avant que les fruits rougissent, saupoudrer les plantes avec de la poudre de chaux vive ou des cendres de bois tendre sèches.

Rats. — Beaucoup de rats ou de souris attaquent les fruits, tendre également des pièges mécaniques.

FRAISIERS REMONTANTS A PETITS FRUITS

GAILLON ROUGE ALLONGÉE. (Lapierre).

ORIGINE.   Française, cultivée dans la région parisienne.

Fruit long, rouge clair, chair blanche légèrement rosée.

Qualité TRES BONNE.

Maturité. — Un peu tardive.

Culture. — Cette variété très vigoureuse, n'émettant pas de stolons, a un feuillage très développé, elle est spéciale à la culture d'amateurs et sa place, tout indiquée, est en bordure des allées.

GAILLON BLANCHE ALLONGÉE. (Millet).

ORIGINE. -- Française, cultivée dans la région parisienne, obtenue d'un semis de Belle de Mont-Cenis, à fruits blancs.

Fruit blanc crème à chair jaunâtre.

Qualité TRES BONNE.

Maturité. — MI-TARDIVE.

Culture. — Cette variété très vigoureuse, sans stolons, à feuillage vert léger, très ample, est spéciale pour la culture d'amateurs où elle est employée en bordure des allées.

QUATRE SAISONS BELLE DU MONT-D'OR.

ORIGINE. — Obtenue par M. Chevalier, horticulteur, à Saint-Cyr-au-Mont-d'Or (Rhône).

Fruit rouge, oblong.

FEUILLES ovales, vert foncé.

HAMPES FLORALES très hautes, dépassant bien le feuillage et portant jusqu'à 25 fruits.

Culture. — Cette variété très rustique se plaît en tous terrains en lignes espacées de 0 m. 40 pour lui permettre son complet développement

QUATRE SAISONS. LA GÉNÉREUSE (Marchand).

ORIGINE.   Française, cultivée dans la région lyonnaise.

Fruit long obtus, de couleur rose foncé, chair blanche un peu rosée.

Qualité TRES BONNE.

Maturité. — TRES HATIVE.

Culture. — Cette variété très vigoureuse, sans stolons, à feuillage vert foncé et émacié, la hampe assez haute, elle peut être cultivée par les amateurs et les cultivateurs pour le marché.

QUATRE SAISONS, BLANCHE LONGUE.

ORIGINE. — Indigène et améliorée par la culture.

Fruit blanc, chair blanc jaunâtre, parfumée.

Qualité TRES BONNE.

Maturité. — MOYENNE.

Culture. — Cette variété spéciale pour cultures d'amateurs, croit partout, elle est vigoureuse, son feuillage est long, étroit, aigu, elle émet des stolons à profusion, à cultiver surtout en planches.

QUATRE-SAISONS (de Millet).

ORIGINE. — Française, obtenue par M. Millet, à Bourg-la-Reine (Seine), en 1887, mise au commerce en 1889.

Fruit gros ou très gros, de couleur rouge brillant, à grains assez saillants, forme très allongée, pédicelle assez long se coupant facilement, chair blanche légèrement rosée, très parfumée.

Qualité BONNE ou TRES BONNE.

Maturité. — Première année du 15 JUIN aux gelées, **deuxième année et suivantes du 15 JUIN à fin JUILLET.**

Culture. — Le feuillage est grand, à dentelures très prononcées, de couleur vert tendre, les hampes florales sont vigoureuses et bien au-dessus du feuillage.

Cette variété comme les Quatre-Saisons est particulièrement cultivée pour faire suite à la production des fraises à gros fruits, on devra donc supprimer la première inflorescence pour favoriser la production des saisons suivantes.

QUATRE SAISONS JANUS.

ORIGINE. — Mise au commerce par M. Bruand, de Poitiers.

Fruit allongé, de couleur rouge, les aînés souvent méplats, terminés par deux pointes aplaties ayant l'aspect de deux fraises soudées.

Qualité TRES BONNE.

Maturité. — MOYENNE.

Culture. — Cette variété très rustique à feuillage vigoureux et très fertile, elle est cultivée avec avantage pour le marché.

QUATRE SAISONS, ROUGE LONGUE.

ORIGINE. — Indigène et améliorée par la culture.

Fruit long, rouge légèrement brillant, à chair parfumée.

Qualité TRES BONNE.

Maturité. — TRES HATIVE.

Culture. — Cette variété est une des plus cultivées en culture d'amateurs et en culture intensive, elle croît dans tous les terrains et supporte très bien le transport.

REINE DES QUATRE-SAISONS, Gauthier (1855).

ORIGINE. — Française.

Fruit rond, chair fondante, de couleur un peu rosée.

Qualité TRES BONNE.

Maturité. — HATIVE.

Culture. — Autrefois cultivée pour le marché. Cette variété n'est plus aujourd'hui qu'un fruit d'amateurs ; les fruits longs étant plus appréciés pour la vente. La plante est vigoureuse, son feuillage touffu, léger, elle émet des stolons nombreux et continus.

FRAISIERS REMONTANTS A GROS FRUITS

LA PERLE.

ORIGINE. — Obtenue par croisement entre Louis Gauthier et Saint-Joseph.

Fruit tantôt arrondi, tantôt en crête, coloré de rose vif, ou de rouge clair.

CHAIR blanche, fine, juteuse, agréablement parfumée.

Qualité TRES BONNE.

Culture. — Variété excessivement productive, donnant des filets la première et la deuxième année de plantation, mais ne produisant plus que des fruits en grosse quantité la troisième année, il est indispensable de la renouveler chaque année pour avoir des plantes robustes et des fruits énormes.

MADAME LOUIS BOTTERO.

ORIGINE. — Obtenue par M. Louis Bottero, jardinier-chef à l'Orphelinat horticole de Chambéry (Savoie), d'un semis fait en 1899.

Fruit assez gros, allongé, de couleur violacée, graines grosses, saillantes et serrées.

HAMPE FLORALE forte et dressée.

CHAIR fine, fondante, juteuse, sucrée, relevée et agréablement parfumée.

Qualité TRES BONNE.

Maturité. — Du 20 MAI à fin OCTOBRE.

Culture. — Une des plus hâtives pour le marché ou pour l'amateur.

MERVEILLE DE FRANCE.

Obtenue par Louis Gauthier.

Variété très vigoureuse, à feuillage ample et dressé, hampes un peu retombantes.

Fruit gros ou très gros, rose clair ou rouge, chair blanche, très juteuse et bien parfumée.

Qualité TRES BONNE.

SAINT-JOSEPH.

ORIGINE. — Française, et cultivée dans le centre.

Fruit moyen ou petit, rose, à chair blanche, un peu rosée

Qualité BONNE.

Maturité. — HATIVE et très **TARDIVE.**

Culture. - - Cette variété pour laquelle un terrain frais est nécessaire, est plus spéciale à la culture d'amateurs, elle supporte peu le transport pour la culture intensive.

SAINT ANTOINE DE PADOUE.

ORIGINE. — Française, cultivée dans la région centrale.

Fruit gros ou moyen, sphérique en forme de crête, de couleur rouge, chair juteuse, sucrée, grains saillants.

Qualité BONNE ou TRES BONNE.

Maturité. — MOYENNE, plutôt **HATIVE** que **TARDIVE.**

CULTURE. — Fruit d'amateur et de marché, à cultiver de préférence en terrain frais. Cette variété supporte très bien le transport.

FRAISIERS A GROS FRUITS NON REMONTANTS

ALPHONSE XIII.

ORIGINE. — Obtenue par la Maison Vilmorin-Andrieux et Cie, d'un croisement de Royal Sovereign × Docteur Morère, en 1906.

Fruit gros ou très gros, de forme conique et bien régulier, à l'exception du premier fruit de chaque hampe qui est souvent cotelé ; de belle couleur rouge écarlate.

CHAIR ferme, rosée, juteuse, sucrée et parfumée.

Qualité TRES BONNE.

Maturité. — HATIVE.

Culture. — Répandue en culture intensive où elle donne d'excellents résultats par sa précocité et son transport facile.

ANANAS.

ORIGINE ancienne, une de nos plus anciennes variétés.

Fruit moyen, arrondi, légèrement conique, parfois côtelé, de couleur rosée ou rouge très pâle.

CHAIR ferme blanche, juteuse, sucrée, très parfumée.

Qualité TRES BONNE, la meilleure pour confitures.

Maturité. — MOYENNE.

Culture. — Très cultivée en jardin d'amateurs.

BELLE DE COURS.

ORIGINE. — Française, cultivée surtout dans la région lyonnaise.

Fruit gros, allongé, de couleur rose vif, à chair blanche légerement rosée.

Qualité BONNE.

Maturité. — HATIVE.

Culture. — Cette variété, à feuillage vert foncé, demi-haut, de vigueur, peut être cultivée pour le marché et par l'amateur, elle est également propre à la culture forcée.

DOCTEUR MORÈRE.

ORIGINE. — Française, cultivée dans la région parisienne.

Fruit gros, sphérique, ou en forme de crête, de couleur rouge.

Qualité TRES BONNE ou BONNE.

Maturité. — MOYENNE.

Culture. — Fruit d'amateur et de marché, supportant bien le transport et se prêtant également très bien à la culture forcée.

La plante est très vigoureuse, à feuillage ample, vert foncé.

GÉNÉRAL CHANZY.

Obtenue en 1852 par M. Rippant, de Châlons-sur-Marne, et provenant de la fécondation artificielle de la variété J. Rippant, par Manguente.

Fruit très gros, d'une belle forme conique ou plutôt ovoïde ; d'un coloris rouge carmin très foncé, avec les grains saillants ; la chair est très juteuse, fondante, sans filaments résistants, d'un arôme relevé.

Qualité TRES BONNE ou BONNE.

Maturité. — DEMI-HATIVE.

Culture. — Cette variété très rustique convient à la culture d'amateur et à la culture forcée ; son emballage réclame beaucoup de soin.

La plante prospère surtout dans les terrains sableux, elle dépérit l'hiver dans les sols argileux.

GLOIRE DE LYON.

ORIGINE. — Française, obtenue par M. Arienti, horticulteur à Cours (Rhône).

Fruit très gros, rouge foncé, à graines peu nombreuses et saillantes ; chair ferme, blanc rosé.

Qualité TRES BONNE.

Maturité. — TARDIVE.

Culture. — Cette plante très vigoureuse pousse très bien en terrain graveleux.

GLOIRE DU MANS.

ORIGINE. — Française, obtenue en 1899, par Hodeau, au Mans, mise en commerce en 1901.

Fruit gros ou très gros, de forme allongée, de couleur rose vif, pédicelle assez long, tendre à couper ; chair blanc rosé jaunâtre, juteuse, manquant de sucre.

Qualité ASSEZ BONNE.

Maturité. — Première quinzaine de JUIN.

Culture. — Plante de moyenne hauteur, vigoureuse, assez hâtive ; port érigé comme Marguerite Lebreton, rameaux nombreux, élevés, fleurs nombreuses.

Tous les sols lui conviennent, cette variété est surtout de culture locale, le fruit est trop tendre pour supporter l'emballage

JUCUNDA.

ORIGINE. — Anglaise, très ancienne.

Fruit gros ou très gros, oblong, d'un beau rouge vif.

Qualité ASSEZ BONNE.

Maturité. — MOYENNE et se prolongeant longtemps.

Culture. — Vient dans tous les terrains, convient à la culture d'amateur et aussi à celle pour le marché, la plante est vigoureuse à feuillage de moyenne grandeur dépourvu de poils.

LOUIS GAUTHIER.

ORIGINE. — Française. Obtenue par L. Gauthier et cultivée dans la région ouest de la France.

Fruit gros ou très gros, de couleur blanche un peu rosée ; chair blanche un peu rosée, légèrement jaunâtre et à saveur acidulée.

Qualité BONNE ou ASSEZ BONNE.

Maturité. — MI-TARDIVE.

Culture. — Variété spéciale pour la culture d'amateur ; cependant elle est cultivée pour le marché dans l'Ouest et dans la région orléanaise, mais seulement pour les marchés locaux.

Par erreur, elle a été qualifiée de remontante, quelquefois certains filets émis au printemps fleurissent à l'automne.

La plante est très vigoureuse, son feuillage est haut, vert foncé, et elle fructifie abondamment. Peu délicate sur le choix du terrain.

MADAME MOUTOT.

ORIGINE. — Obtenue d'un croisement entre Docteur Morère et Royal Sovereign.

Fruit énorme pesant jusqu'à 60 et 70 grammes, de couleur rouge foncé, grains peu nombreux et saillants, côtes irrégulières comme dans la variété Docteur Morère.

CHAIR rosée, jus abondant, saveur sucrée et relevée.

Qualité TRES BONNE.

Culture. — Variété très vigoureuse, feuillage ample et érigé.

MARGUERITE.

ORIGINE. — Obtenue par M. Lebreton, amateur à Châlons-sur-Marne, et mise au commerce en 1860, par M. Gluedi, aux Sablons, près Moret-sur-Loing (Seine-et-Marne).

Fruit très gros, d'une forme très régulière, allongée, et se rapprochant sous ce rapport de la Princesse Royale, de couleur rouge vif, glacé sur toute la surface ; la chair est orangée, pleine, juteuse, sucrée, assez parfumée.

Qualité ASSEZ BONNE.

Maturité. — HATIVE.

Culture. — La plante est très vigoureuse et produit de beaux fruits, pendant toute la durée des grosses fraises.

Très cultivée dans toutes les régions, elle se prête bien à la culture forcée.

MONSEIGNEUR FOURNIER.

ORIGINE. — Obtenue en 1874, par M. Boisselet, de Nantes, et dédiée à Monseigneur Fournier, évêque de Nantes.

Fruit de première grosseur, en cône obtus, d'un rouge très foncé et vernissé ; graines très petites ; la chair est très ferme, pleine, fine, entièrement rouge, fondante, d'un goût très agréable.

Qualité TRES BONNE.

Maturité. — TRES TARDIVE.

Culture. — La plante est peu feuillée ; sa hampe est forte ; de production grande et constante, elle est surtout cultivée pour le marché dans la région nantaise.

NOBLE.

ORIGINE. — Anglaise, obtenue par Laxton.

Fruit très gros et gros, d'un joli rouge.

Qualité ASSEZ BONNE.

Maturité. — HATIVE.

Culture. — Cette variété vigoureuse, très fructifère, est cultivée pour le marché dans toutes les contrées ; elle se prête bien au forçage.

SHARPLESS.

ORIGINE. — Américaine, obtenue par Sharpless, aux Etats-Unis.

Fruit gros ou très gros, rouge blanchâtre, souvent les sépales sont hachés, ce qui dépare le fruit.

Qualité ASSEZ BONNE.

Maturité. — HATIVE.

Culture. — Spéciale pour le marché cette variété peut être cultivée par l'amateur en mauvais terrains, car elle est peu délicate sur le choix du sol. La plante est vigoureuse, les feuilles hautes, larges, cassantes, mi-velues. Variété très productive.

SULPICE BARBE.

ORIGINE. — Française, obtenue par M. Valette, près Lyon.

Fruit gros, sphérique, légèrement aplati, rouge foncé, graines assez saillantes.

Qualité BONNE.

Maturité. — Un peu HATIVE.

Culture. — Elle est propre à la culture d'amateurs et surtout pour le marché, la plante est peu délicate et fournit abondamment de beaux fruits.

TRIOMPHE DE LIÈGE.

ORIGINE. — Française, obtenue par Loria et cultivée dans la région nantaise.

Fruit gros ou très gros, de forme allongée ou irrégulière, de couleur rouge foncé, à chair rouge, tendre, juteuse ; grains peu enfoncés.

Qualité TRES BONNE.

Maturité.   HATIVE ou MOYENNE.

Culture. — La plante est très vigoureuse, fertile, rustique, très cultivée dans certaines parties de la France, notamment à Lyon, pour le marché.

VICOMTESSE HÉRICART DE THURY.

ORIGINE. — Obtenue par M. Jamin.

Fruit assez gros, déformé, ovoïde, aplati, assez régulier, de couleur rouge vermillon ; à chair blanc rosé, pleine, ferme ; grains assez saillants.

Qualité TRES BONNE.

Maturité.   TRES HATIVE, se prolongeant bien.

Culture. — La plante très vigoureuse, très fertile, très rustique, est très cultivée pour l'approvisionnement des marchés, surtout dans la région parisienne où elle se vend sous le nom de « La Ricarde ».

Elle convient spécialement à l'exportation.

FRAMBOISIER

ORIGINE. — Le framboisier est indigène, on le rencontre surtout dans les bois dont le sol est frais.

AIRE DE CULTURE. — Très peu exigeant pour le sol et le climat, il pousse partout, sauf en terrain aride et sec.

CLASSIFICATION. — Deux catégories : 1° Les variétés ne donnant qu'une seule fois sur les rameaux de l'année précédente.

2° Les variétés *bifères* dont les fruits viennent à l'automne sur la pousse de l'année, à l'extrémité des rameaux développés en drageons de printemps. ces mêmes rameaux produisent l'été suivant sur tous les yeux placés au-dessous des inflorescences d'automne, desséchées et rabattues en hiver.

La multiplication du framboisier se fait uniquement par drageons que l'on repique en pépinière avant de mettre en place.

TAILLE. — Cet arbuste produit sur le bois de l'année précédente, ou, dans certaines variétés, sur le bois de l'année, à l'automne, par les yeux de l'extrémité supérieure, et au printemps suivant par les yeux placés au-dessous (variétés bifères).

La taille consiste à supprimer le bois mort ayant produit l'année précédente, ou les extrémités des rameaux des variétés remontantes ayant produit à l'automne, puis palisser les rameaux dans leur entier sans les raccourcir, on obtient ainsi des fruits sur toute leur longueur.

Ne pas couper ces jeunes rameaux par le milieu, comme on le fait souvent, car la récolte est ainsi supprimée dans ses plus beaux fruits qui sont toujours à l'extrémité des rameaux.

MALADIES ET INSECTES NUISIBLES. — Peu ou point de maladies ni d'insectes, quelques chenilles arrêtent les rameaux floraux dans leur développement ; pulvériser les jeunes pousses dès que l'on s'aperçoit de l'attaque avec la solution H.

FRAMBOISES

CONGY. — SYNONYMES : *Des Quatre Saisons améliorée Congy*.

Obtenue par M. Congy, chef des cultures de M. le baron de Rothschild.

Issue de la variété Quatre Saisons, le fruit est beaucoup plus volumineux, plus haut que large, à mamelons gros, saillants, jus coloré, abondant, finement parfumé.

Variété vigoureuse et fertile, la première fructification a lieu en juin-juillet pour se continuer jusqu'aux gelées.

FALSTOLF *(non bifère)*. — SYNONYME : *Filby*.

ORIGINE. — Trouvée, vers 1826, dans les jardins du colonel Lucas, à Filby-House, près Yarmouth (Angleterre).

Fruit très gros, conique arrondi ou conique obtus ; à mamelons gros, saillants, passant du rouge cerise au pourpre foncé : à jus coloré, abondant, savoureux, d'un arôme agréable.

Qualité TRES BONNE.

ARBUSTE rustique, assez vigoureux, très productif, épuisant promptement le sol.

HORNET *(non bifère)*.

Fruit très gros, ovoïde : à mamelons gros, saillants, d'une rouge cramoisi vif ; à jus savoureux.

Qualité TRES BONNE, une des meilleures Framboises.

ARBUSTE vigoureux et rustique.

JAUNE DE HOLLANDE *(non bifère)*. SYNONYMES : *A gros fruits jaunes. — Framboise d'Angleterre. Jaune d'Angers.*

ORIGINE ancienne.

Fruit gros, de forme allongée, à mamelons déprimés, d'un jaune orange : à saveur douce et parfumée.

Qualité BONNE.

ARBUSTE vigoureux, à gros bois, fertile.

MERVEILLE DES QUATRE-SAISONS JAUNE *(bifère)*. — SYNONYMES : *A fruits jaunes. — Bifère à fruits blancs. — Merveille blanche.*

ORIGINE incertaine.

Fruit gros, arrondi ou oblong ; à mamelons arrondis, mous, d'un jaune ambré, très juteux, très savoureux lorsque la récolte est faite en temps opportun.

Qualité BONNE.

ARBUSTE fertile, mais peu vigoureux, négligé dans la culture de spéculation à cause de la difficulté du transport de ses fruits.

MERVEILLE DES QUATRE-SAISONS ROUGE *(bifère)*. — SYNONYMES : *Bifère à gros fruits rouges. — Merveille rouge.*

ORIGINE. - Obtenue vers 1849, par MM. Simon-Louis, à Metz.

Fruit moyen, oblong ; à mamelons d'un rouge violacé, fermes, très savoureux et très agréablement parfumés ; hâtif, supportant facilement le transport.

Qualité TRES BONNE.

ARBUSTE vigoureux, très fertile, à grappes longues et bien fournies.

PERPÉTUELLE DE BILLARD.

ORIGINE. — Obtenue vers 1868, par Ch. Billiard, pépiniériste à Fontenay-aux-Roses (Seine), décédé à la fin de 1870, à Paris. — Multiplié et répandu par M. Ferd. Jamin.

Fruit très gros, rond, rouge vif, bien parfumé. Variété bifère, à bois presque inerme : à beau feuillage foncé : très productive.

Qualité BONNE.

Culture. — C'est peut-être la variété la plus remarquable des framboisiers à fruits rouges, dits remontants.

SOUVENIR DE DÉSIRÉ BRUNEAU *(bifère*.

ORIGINE. Obtenue par M. Baubanet, de Saint-Jean-le-Blanc (Loiret), mise au commerce par M. Nomblot-Bruneau, de Bourg-la-Reine.

Fruit très gros, ovoïde, de couleur rouge.

GRAINS moyen, serrés.

PÉDICELLE long.

CHAIR juteuse, sucrée, relevée, parfumée.

Qualité TRES BONNE.

Culture. — Arbuste très vigoureux et très fertile, feuillage ample très brillant, à répandre en culture intensive.

SUCRÉE DE METZ *(bifère)*.

ORIGINE. -- Obtenue par MM. Simon Louis, de Metz, en 1866.

Fruit assez gros, allongé ; à mamelons tendres, d'un jaune blanchâtre mat ; sucré, bien fondant, très délicat.

Qualité TRES BONNE.

ARBUSTE très vigoureux, très fertile, drageonnant beaucoup, donnant une seconde fructification abondante et de longue durée.

SUPERLATIVE.

ORIGINE inconnue.

Fruit conique, gros et plein, à saveur douce, finement parfumé.

Qualité TRES BONNE.

ARBUSTE vigoureux et fertile, à cultiver en vue de la production pour le marché.

SURPASSE FASTOLF (*bifère*).

ORIGINE. — Mise au commerce par MM. Simon-Louis, de Metz.

Fruit gros, conique arrondi ; à mamelons saillants, rouge foncé, juteux, sucré et parfumé.

Qualité TRES BONNE.

ARBUSTE bien vigoureux, fertile, franchement remontant à l'automne.

SURPRISE D'AUTOMNE (*bifère*).

ORIGINE. — Obtenue par MM. Simon-Louis, de Metz, et mise au commerce en 1865.

Fruit gros, ovale pointu ; à mamelons d'un beau jaune d'or ; sucré et savoureux.

Qualité BONNE.

ARBUSTE robuste et très fertile.

GROSEILLIER

ORIGINE. — Les groseilliers, à quelque classe qu'ils appartiennent, sont indigènes.

AIRE DE CULTURE. — Ils peuvent être cultivés partout où leur végétation hâtive au printemps n'est pas un obstacle à la fructification.

SOL. — Tous les sols leur sont favorables, sauf ceux arides et secs, l'humidité stagnante est également néfaste.

FORME. — Une seule forme, le buisson nain, est pratique tant pour l'amateur que pour le cultivateur ; l'amateur, parfois, forme des cordons horizontaux, des palmettes, voire même des petites tiges, mais ce n'est que pure fantaisie qui peut être pour lui ornementale et productive.

MULTIPLICATION. — La multiplication des groseilliers se fait uniquement par bouturage, cependant, pour certaines variétés de groseilliers épineux, on les greffe sur boutures d'un groseillier épineux vigoureux, on fait également ces groseilliers épineux par marcottage.

Les demi-tiges et tiges de 1 m. 25 au maximum, que l'on veut cultiver dans toutes les espèces, s'obtiennent par greffage des variétés sur Ribes aureum qui s'élève facilement en tige.

TAILLE. — La fructification a lieu sur des boutons floraux sessiles développés sur les jeunes rameaux, ou sur des bouquets développés sur les bois de deux et trois ans, ne pas couper les prolongements, et rajeunir les vieilles branches en les recépant à 15 ou 20 centimètres du sol, aérer le plus possible les touffes.

MALADIES ET INSECTES NUISIBLES. — *Le Blanc des feuilles* comparable à un oïdium attaque les jeunes pousses, pulvériser avec la solution C.

La rouille est une espèce de *tavelure* attaquant également les feuilles à l'état adulte ; pulvériser les arbres, les rameaux, les feuilles dessus et dessous avec la solution A.

Chenilles. — Plusieurs chenilles attaquent les feuilles des groseilliers ; les unes tordent les jeunes feuilles, d'autres dévorent entièrement le limbe ; pulvériser dès que l'on s'aperçoit de l'attaque, et souvent au début de la végétation avec la solution H.

GROSEILLES

CERISE. — SYNONYMES : *De Tourès.* — *Currant Cherry*, en Angleterre.

ORIGINE. — Introduite d'Italie, par Ad. Sénéclauze, de Bourg-Argental (Loire).

GRAPPE très longue et étroite.

Fruit le plus gros du genre, sphérique, d'un rouge foncé brillant.

PULPE rosée, un peu plus acide que celle des autres variétés ; mais perdant une partie de cette acidité, si le fruit est récolté tardivement

Maturité. — TARDIVE.

ARBUSTE très vigoureux et assez peu fertile.

HATIVE DE BERTIN. — SYNONYME : *La Hâtive.*

ORIGINE. — Obtenue par M. Bertin, horticulteur, à Versailles, vers 1855.

GRAPPE moyenne, assez lâche.

Fruit assez gros, d'un rouge très foncé, à pédicelle allongé.

PULPE rouge, acidulée, relevée.

Maturité. — De première saison.

ARBUSTE assez fertile.

HOLLANDAISE BLANCHE. — SYNONYME : *Groseille perlée.*

GRAPPE assez lâche, longue de 8 à 10 centimètres.

Fruit assez gros, d'un blanc ambré et transparent.

PULPE tendre, bien juteuse, de saveur douce et assez relevée.

Maturité. — TARDIVE.

ARBUSTE fertile et vigoureux.

HOLLANDAISE ROUGE. — SYNONYME : *Groseille à gros fruit rouge* (par erreur).

GRAPPE longue, étroite et lâche.

Fruit assez gros, d'un beau rouge clair et brillant.

PULPE tendre, juteuse, un peu acide.

Maturité. — TARDIVE.

ARBUSTE fertile et vigoureux.

VERSAILLAISE ROUGE. — SYNONYMES : *Belle Versaillaise.* *Groseille à gros fruit.* — *Versaillaise.*

ORIGINE. — Obtenue par M. Bertin, horticulteur à Versailles, en 1835.

GRAPPE longue de 8 à 12 centimètres.

Fruit un peu moins gros que celui de Groseille cerise, d'un rouge vif et brillant.

Maturité. — De moyenne saison.

PULPE assez tendre, d'une saveur assez douce et excellente.

ARBUSTE à gros bois, vigoureux et très fertile.

VICTORIA. — SYNONYMES : *May's Victoria.* — *Quen Victoria.*

GRAPPE longue.

Fruit assez gros, d'un rouge clair.

Maturité. · La plus TARDIVE.

ARBUSTE vigoureux et fertile.

CASSIS

Les Groseilliers Cassis sont au moins aussi rustiques que les Groseilliers à grappes et se cultivent de même.

Les fruits ne sont employés qu'à la confection des liqueurs.

CASSIS COMMUN. — SYNONYMES : *Groseillier à fruit noir.* — *Common black,* en Angleterre.

GRAPPE courte.

Fruit moyen, noir, finement ponctué de gris.

PULPE très foncée, juteuse, d'un parfum particulier.

Maturité. — De JUIN en AOUT.

ARBUSTE trapu, vigoureux et assez fertile.

Le Cassis commun a produit des sous-variétés à grains noirs plus gros et à grains d'un blanc sale tirant sur le brun.

CASSIS CHAMPION.

Fruit très gros.

GRAPPE longue. — GRAIN noir. — CHAIR et jus très parfumés.

Qualité TRES BONNE.

Pour la table et la distillerie.

CASSIS ROYAL DE NAPLES. — SYNONYME : *New Black,* en Angleterre.

GRAPPE courte.

Fruit moyen ou assez gros, noir et très peu ponctué.

Maturité. — Un peu plus **TARDIVE** que celle du Cassis commun.

PULPE plus douce que celle de toutes les autres variétés.

ARBUSTE très trapu, vigoureux et fertile. Le bois est plus gros, plus ramifié, plus foncé que celui du Groseillier cassis commun ; les feuilles sont plus grandes et plus sombres.

GROSEILLIER ÉPINEUX ou GROSEILLIER à MAQUEREAUX

NOTA. — *La Société Pomologique de France n'a, à ce jour, étudié aucun groseillier épineux, en vue de son adoption parmi les fruits recommandés par le Congrès.*

Mais la Commission permanente des études, soucieuse de faire de cet ouvrage un travail aussi complet que possible, n'a pas craint d'ajouter une page spéciale, où sous sa seule responsabilité, elle se permet de recommander les meilleures variétés de cette espèce fruitière.

CULTURE. — Nous avons vu dans l'article groseillier son origine, sa multiplication, il nous reste à traiter ici la culture de cet arbuste répandu un peu dans tous les jardins, et dont quelques cultures intensives donnent les meilleurs résultats pour l'exportation des produits.

Le *buisson* est la forme la plus répandue en culture, bien que l'on ait parfois, en culture d'amateur, fait des vases, palmettes réduites, cordons divers et tiges sur Ribes Aureum.

Éclaircir un peu chaque année le buisson pour éviter la confusion trop grande des branches qui cause certaine difficulté pour la cueillette, planter les buissons en culture intensive à 1 m. 25 en tous sens pour faciliter la culture mécanique.

GROSEILLES

GOLDEN DROP.

Fruit moyen à épiderme fin, jaune or, duvet très développé.

PÉDICELLE moyen, verdâtre. — CHAIR sucrée et fine.

Qualité BONNE.

Maturité. — **Commencement de JUILLET.**

Culture. — Excellente variété pour la culture intensive.

GREEN OCEAN.

Fruit gros, oblong, à épiderme vert foncé.

PÉDICELLE moyen — CHAIR sucrée, ferme.

Qualité BONNE.

Maturité. — **Mi-JUILLET.**

Culture. — Excellente variété pour la culture intensive.

GROSSE ROUGE HATIVE.

Fruit assez gros, ovoïde, rouge foncé, duvet très développé.

PÉDICELLE assez gros. — CHAIR rosée sous la peau, sucrée et juteuse.

Qualité BONNE.

Maturité. Fin **JUIN.**

Culture. — Très répandue aux environs de Paris pour la culture intensive.

GROSSE ROUGE TARDIVE.

Fruit gros, ovoïde.

EPIDERME glabre, mince, brun rougeâtre.

PÉDICELLE assez long. — CHAIR sucrée.

Qualité BONNE.

Maturité. — Fin **JUILLET-AOUT.**

Culture. — Très répandue dans les jardins et les cultures intensives.

QUEEN CAROLINE.

Fruit gros, allongé.

EPIDERME lisse, blanc jaunâtre.

PÉDICELLE assez long. — CHAIR sucrée.

Qualité BONNE.

Maturité. — Mi-**JUILLET.**

Culture. — Cette variété devrait être répandue en culture intensive en raison de sa grande fertilité.

SHANON.

Fruit gros, ovoïde.

EPIDERME lisse, blanc-jaunâtre.

PÉDICELLE court. — CHAIR sucrée, très juteuse.

Qualité BONNE.

Maturité. — Fin **JUILLET.**

Fruit d'amateur.

WHINHAM'S INDUSTRY.

Fruit gros, ovoïde.

EPIDERME très duveteux, rouge foncé.

PÉDICELLE court. CHAIR sucrée et relevée.

Qualité BONNE.

Maturité. — **JUILLET.**

Culture. — Très répandue en culture intensive.

MURIER

Les Mûriers sont des arbres assez grands, qui se plaisent en terre légère et chaude. Ils aiment la chaleur et craignent les hivers très rigoureux.

Le Mûrier noir est le seul qui soit estimé comme arbre fruitier. Sa plantation exige des soins pour la reprise. Les meilleures époques, pour planter, sont : de bonne heure en automne ou au moment où il entre en végétation.

MURIER A GROS FRUIT NOIR. — Synonymes : *Common Mulberry*, en Angleterre. — *Grosse noire d'Espagne.*

Origine. — Cette espèce (*Morus nigra*) est spontanée dans le Midi de l'Europe.

Fruit gros, d'un rouge cerise, passant au noir violet à la maturité ; à jus abondant, d'un violet foncé, sucré acidulé, rafraîchissant. Il est surtout employé pour faire des sirops.

Arbre fertile, très vigoureux.

Culture. — Sa reprise est assez difficile ; il réussit mal par greffe et par bouture ; sa multiplication est plus certaine par le marcottage.

NÈFLIER

Tous les terrains sont propres à la culture des Néfliers, qui supportent même l'ombrage des arbres voisins.

Leur fructification au sommet des rameaux demande beaucoup de réserve pour la taille qui est limitée à l'éclairage des branches formant confusion.

On le multiplie par greffe.

L'Aubépine, comme sujet, leur convient mieux que le Cognassier et les rend aptes à prospérer en tous terrains.

NÈFLE A GROS FRUIT. — Synonymes : *Grosse ancienne*. — *Broad leaved dutch* et *Large dutch*, en Angleterre.

Origine inconnue.

Fruit gros, déprimé aux deux pôles, terminé par un œil très vaste que couronne les sépales persistants et convergents.

Peau rude, d'un roux brun, parsemée de petites lenticelles rousses et proéminentes, frappée de rougeâtre à l'insolation.

Chair blanchâtre, un peu rosée autour des osselets.

Maturité. — Les Nèfles doivent être récoltées au **moment des premières gelées** et ne se mangent que lorsqu'elles sont arrivées à l'état blet. Pour régulariser et hâter le blettissement, on recommande de les rouler dans un drap.

Arbuste tortueux, rameaux et à tête large et convexe.

On cultive aussi une autre variété sous le nom de *Néflier à fruit monstrueux*, ou *Néflier de Hollande à fruit monstrueux*, dont le fruit est d'un plus beau volume, sans être supérieur par la qualité.

NOISETIER

Le Noisetier est peu difficile sur le choix du terrain ; il craint toutefois les sols trop compacts ou trop humides.

On le multiplie par marcotte.

BERGERI. — Synonyme : *Louis Berger.*

Origine. — Obtenue par la maison Jacob Mackoy, de Liège, en 1869 ; elle portait primitivement le nom de Louis Berger.

Fruit gros, oblong, courtement triangulaire et aplati au sommet, bien strié sur toute sa longueur, la coque est d'un fauve pâle.

Qualité TRES BONNE.

Maturité. — AUTOMNE et HIVER.

Arbuste : même culture que les autres variétés ; il serait peut-être le plus exigeant, au point de vue de l'aération et de la lumière.

BLANCHE LONGUE. — Synonyme : *Noisette franche blanche.*

Origine ancienne et inconnue.

Fruit gros, allongé ; à cupule laciniée, dépassant le fruit ; à coque demi-dure ; à pellicule intérieure blanche.

Qualité TRES BONNE.

Maturité. — PRECOCE.

Arbuste fertile.

GROSSE RONDE DE PIÉMONT. — Synonymes : *Aveline à gros fruit de Piémont. — Noisette de Provence.*

Origine inconnue.

Fruit gros ou très gros, sub-sphérique, un peu bosselé ; à cupule développée ; à pellicule intérieure rouge.

Qualité TRES BONNE.

Maturité. — PRECOCE.

Arbuste à larges feuilles, très vigoureux et très fertile.

La Noisette de Provence est une variation de ce type ; elle est plus sphérique.

IMPÉRIALE DE TRÉBIZONDE.

Origine.   Introduction de la Turquie d'Asie.

Fruit très gros, souvent solitaire. Pédoncule duveteux, un peu obconique. long de 15 à 18 millim., portant deux bractées frisées à la base de la cupule.

Cupule duveteuse, bien nervée parallèlement, longue de 4 cent. à 4 et demi, hémisphérique en sa moitié inférieure, un peu resserrée vers le sommet de la coque, s'élargissant en sa moitié supérieure et formant une couronne laciniée très saillante et aussi large que haute (2 à 3 cent.)

Coque très grosse, large de 2 cent. et demi. haute de 2, bien déprimée, un peu comprimée en deux faces ayant chacune un sillon médian, et carénée au sommet, de couleur chamois sur les deux tiers inférieurs ; duveteuse et cendrée sur le tiers supérieur ; à ombilic large, plat ou même un peu concave.

Amande large, bien déprimée, anguleuse au pourtour, recouverte d'une pellicule fauvescente et striée de fauve plus foncé.

Qualité TRES BONNE, se conservant bien longtemps.

Maturité. — Deuxième quinzaine d'AOUT.

Arbre relativement nain, de vigueur moyenne, précoce au rapport et très fertile.

MERVEILLE DE BOLLWILLER.

Origine inconnue.

Fruit gros, arrondi-ovoïde, un peu quadrangulaire au sommet ; à cupule étalée, dépassant peu la coque ; à coque assez tendre ; à pellicule intérieure rose.

Qualité TRES BONNE.

Maturité. — NORMALE.

Arbuste très vigoureux et très fertile : à feuilles vertes, glaucescentes en dessous.

ROUGE LONGUE. — Synonyme : *Noisette franche rouge*

Origine ancienne et inconnue.

Fruit assez gros, allongé ; à cupule laciniée, dépassant le fruit ; à coque demi-dure ; à pellicule intérieure rouge carminé.

Qualité TRES BONNE.

Maturité. — PRECOCE.

Arbuste fertile.

NOYER

Le Noyer est un arbre à cultiver uniquement sur tige. Il ne supporte pas la taille, même lors de la plantation.

On le multiplie par le semis. La greffe en pied sur jeunes sujets a pour objet de reproduire les variétés diverses à coque tendre et surtout celles à végétation tardive.

Peu difficile sur la nature du sol, il redoute les situations exposées aux gelées printanières.

NOIX

A COQUE TENDRE.   Synonyme : *Noix à mésange.*

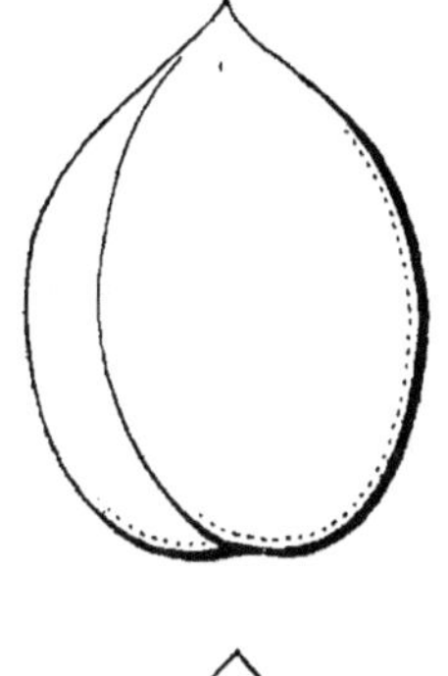

Origine inconnue.

Fruit moyen ou assez gros, allongé, un peu atténué en pointe aux deux extrémités ; à coque tendre, se détachant facilement du brou.

Qualité TRES BONNE à servir au dessert.

Plusieurs sous-variétés estimées ont été produites par le semis.

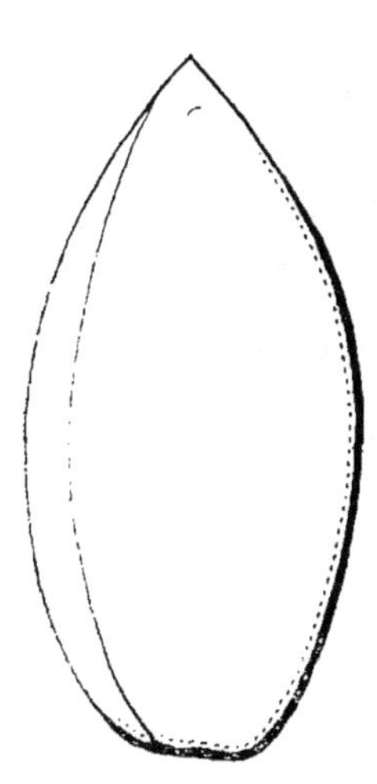

BARTHÈRE.

Origine. — Obtenue par les frères Barthère, pépiniéristes à Toulouse.

Fruit moyen ou assez gros, bien allongé, s'atténuant presque également en pointe, du milieu aux deux extrémités ; à coque demi-dure et pleine.

Qualité TRES BONNE pour le dessert.

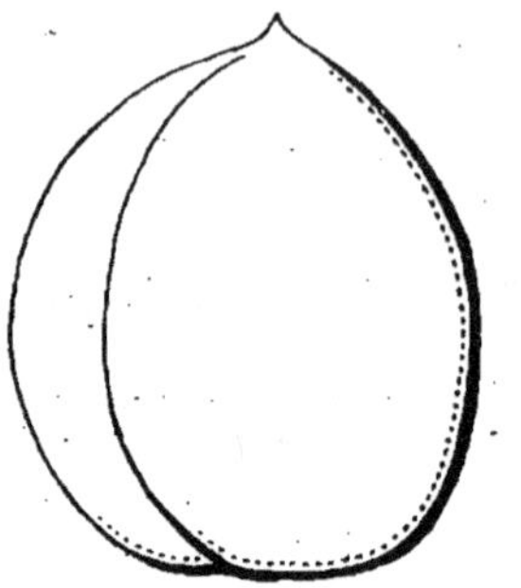

CHABERTE.

ORIGINE. — Obtenue ou propagée, vers la fin du XVIIIe siècle, par un nommé Chabert, dans l'Isère.

Fruit moyen, peu allongé, arrondi à la base, arrondi-conique au sommet, à suture bien proéminente ; à coque assez tendre, fournissant une huile de première qualité.

Qualité BONNE.

ARBRE très fertile, à végétation tardive.

C'est surtout dans cette variété que se pratique le greffage, parce que son bois est moins séveux.

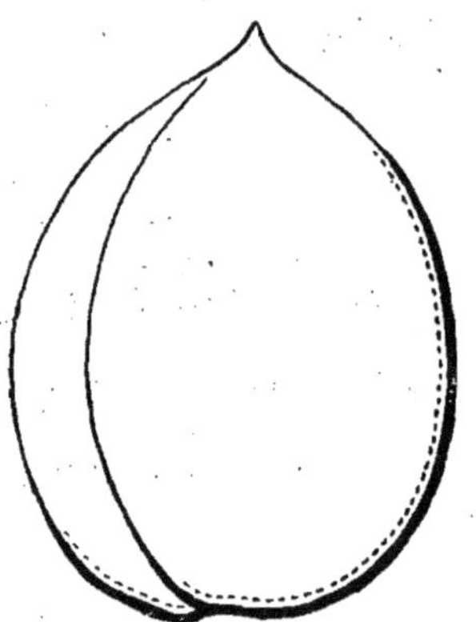

FRANQUETTE.

ORIGINE. — Trouvée vers 1827 près de Notre-Dame-de-l'Ozier (Isère), par un nommé Franquet.

Fruit gros, un peu allongé, tronqué à la base, brusquement acuminé au sommet ; à coque demi-dure et pleine.

Qualité BONNE pour le dessert.

ARBRE rustique.

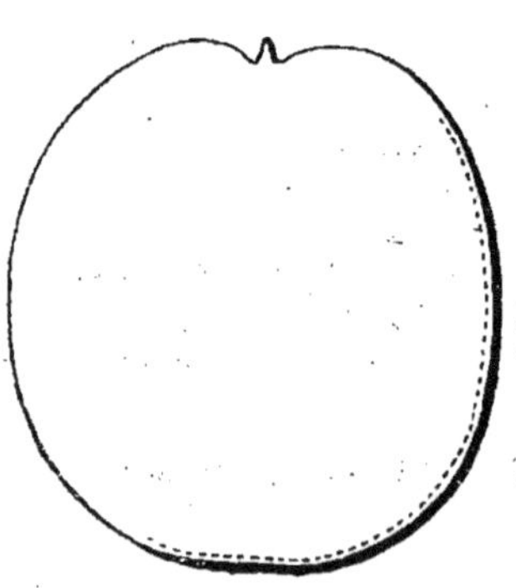

GLADY.

ORIGINE. — Obtenue par M. Glady, horticulteur à Bordeaux, en 1855, dans sa propriété d'Agen.

Fruit très gros ressemblant à la noix Bijou, à coque très pleine, coque mi-dure.

VÉGÉTATION tardive.

QUALITÉ très fine.

FRUIT recherché pour la confiserie, en brou le fruit est énorme.

L'arbre est très vigoureux et très fertile.

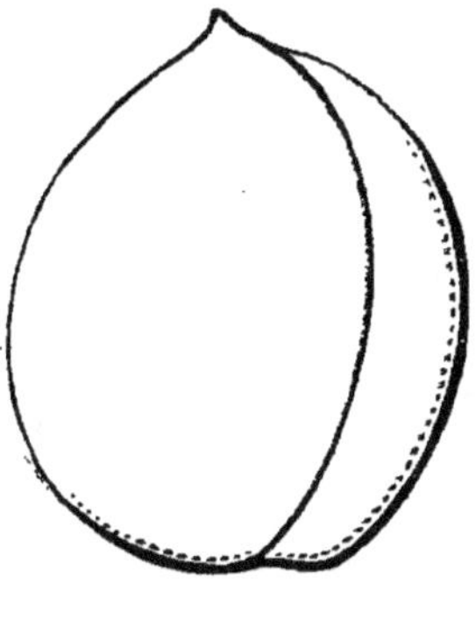

MAYETTE.

Origine. — Obtenue dans l'Isère, par un nommé Mayet, et aussi ancienne que la N. Chaberte.

Fruit gros, elliptique, tronqué-arrondi à la base, arrondi au sommet avec une très courte pointe ; coque demi-dure et pleine.

Qualité TRES BONNE pour le dessert.

Arbre à floraison tardive.

La N. *Mayette pointue rouge* est une variation à fruit plus conique et plus pointu au sommet.

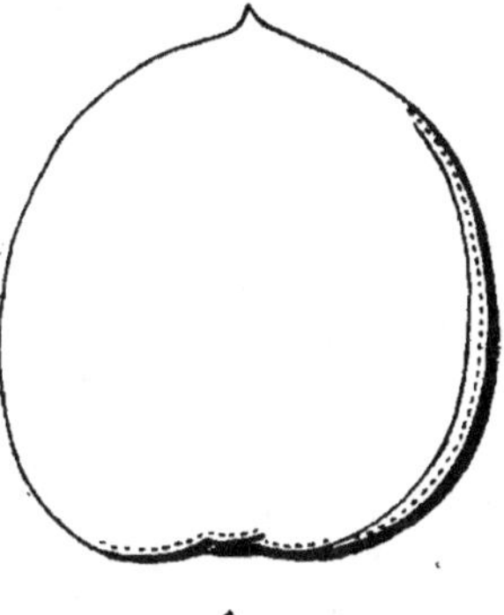

MEYLANAISE.

Origine. — Obtenue par M. Paul de de Mortillet dans sa propriété de Meylan, en 1848, près Grenoble, un autre écrivain attribue cette variété à M. Meylan.

Fruit. assez gros, très large à sa base.

Amande très grosse, coque tendre .

Qualité TRES BONNE.

Arbre vigoureux, à végétation tardive, grande fertilité.

PARISIENNE.

Origine. — Variété obtenue dans l'Isère, dans la propriété de M. Paris, et non dans les environs de Paris, comme son nom porte à le croire.

Fruit gros ou assez gros, ellipticoconique ; à coque fine, demi-dure et pleine.

Qualité BONNE pour le dessert.

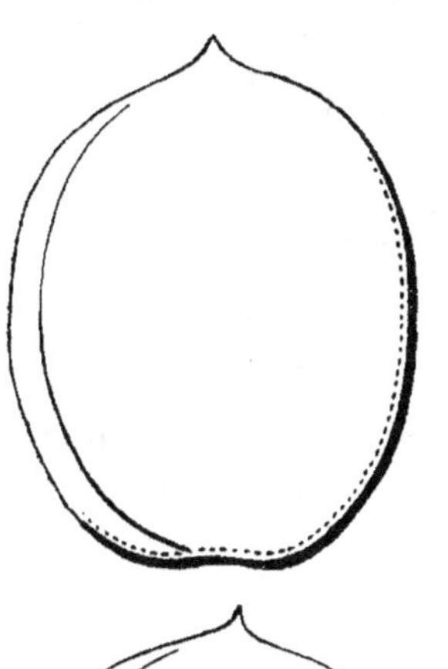

TREYVE.

Fruit gros, arrondi, très plein, coque tendre.

Amande très fine.

Qualité TRES BONNE.

PÊCHER

ORIGINE. — Le pêcher est originaire de la Perse ; introduit en France depuis un temps immémorial il s'y est parfaitement acclimaté.

AIRE DE CULTURE. — Partout où la vigne prospère le pêcher peut être cultivé, dans le sud-est et le sud-ouest de la France il n'est pas une vallée, large et aérée, ou un plateau, qui ne soit favorable à sa culture intensive.

Toutefois, à une certaine altitude, il lui faut l'abri du mur et des auvents pour prospérer, même dans ces régions si favorables.

Dans le Nord, l'Est, l'ouest et la partie élevée du Centre de la France, le pêcher ne vient bien qu'en espalier.

SOL. — Le sol idéal pour le pêcher doit être léger, sablonneux ou argilo-calcaire, toutefois en sol argileux, pas trop compact, il peut être cultivé sur le porte-greffe approprié.

SUJET PORTE-GREFFE. — En sol siliceux, sec et profond, ou en sol calcaire, l'amandier est le meilleur porte-greffe dans toutes les régions, le pêcher franc de semis convient comme porte-greffe en terrain frais et sableux, terrain d'alluvions, mais seulement dans la vallée du Rhône et dans le sud-ouest ; le prunier Saint-Julien est un excellent porte-greffe partout où la sécheresse n'est pas à craindre, en culture intensive la végétation est mieux ordonnée, les coursonnes sont plus courtes, et les fruits sont beaucoup plus colorés.

Quelquefois on emploie le prunier Mirobolan et le prunier Damas de Toulouse, sur ces deux sujets la reprise est meilleure que sur Saint-Julien, mais la vie des arbres est plus courte.

FORMES. — La haute tige, où plein vent, est fréquemment employée, même sous le climat de Paris ; la demi-tige et le gobelet nain lui sont préférables.

En culture intensive, dans la région lyonnaise, le gobelet nain, parfois aplati (forme en bateau), ou l'espalier volant, sans autre armature que des échalas, sont employés le plus fréquemment, l'amateur préfère le gobelet, ou les palmettes diverses quand il veut garnir ses murs.

Pour garnir les murs bas, n'excédent pas deux mètres de hauteur, la palmette à branches obliques est à conseiller ; à 2 m. 50 et plus, les murs seront mieux garnis par les palmettes Verrier en U ou à

4 branches verticales ; en raison de la vie courte du pêcher, il est bon d'éviter des formes trop grandes et trop compliquées.

TAILLE. — La production du pêcher ayant lieu sur le bois de l'année précédente, il est urgent de provoquer par la taille le rajeunissement annuel des branches fructifères par une taille d'hiver, ou mieux, de printemps, au moment de la floraison, ainsi que par des pincements d'été appliqués en temps opportun qui font développer les boutons floraux jusqu'à la base des rameaux.

MALADIES ET INSECTES NUISIBLES. — La *Cloque* est la maladie la plus grave du pêcher, on peut l'éviter facilement en pulvérisant juste avant la floraison les arbres avec la solution A.

La *Gomme* est également funeste au pêcher, la traiter comme il est dit à l'article spécial de cette maladie, page 12.

L'Oïdium attaque surtout les Madeleines et les Brugnons. Quelques variétés y sont particulièrement sensibles, faire un lavage d'hiver avec la solution B, et, en été, avec la solution C.

Le *Coryneum Beyjerinckii* attaque les feuilles du pêcher en provoquant des taches d'abord noires, puis roussâtres, le parenchyme attaqué se détache, et les feuilles sont percées de trous plus ou moins grands. Pulvériser, en hiver, les arbres avant la floraison avec la solution A.

Le *Monilia* attaque les fruits en les momifiant sur l'arbre : traiter en hiver avant la floraison avec la solution A.

Le *Kermès* attaque les rameaux et les coursonnes du pêcher et amène leur rapide dépérissement ; voir l'article page 13.

Le *puceron ordinaire*, ou *Aphis persicæ*, attaque l'extrémité des rameaux et les fait recroqueviller, une simple pulvérisation de la solution H suffit pour le détruire.

Le *puceron vert* est autrement plus tenace et plus dangereux, il vit sur les feuilles sans les faire recroqueviller, sur les rameaux, il court sur les branches charpentières, sur le tronc, il envahit totalement l'arbre qui souvent périt.
On reconnaît de loin un arbre attaqué par le puceron vert par la présence de nombreuses mouches vertes, bleuâtres, etc.., attirées par le miellat qu'il sécrète.
Laver, dès qu'on aperçoit la première attaque, l'arbre dans toutes ses parties avec la solution H et répéter ce lavage à 8 jours d'intervalle en forçant au maximum alcool et savon noir.
En général un arbre attaqué par ce puceron vert ne donne aucune fleur l'année suivante, il y a donc lieu de veiller à enrayer son développement.

Danger des bouillies cupriques. — Les bouillies cupriques ne devront être appliquées au pêcher qu'en hiver ou au printemps avant l'éclosion des fleurs, bien se souvenir que toute application d'un composé de cuivre pendant l'été peut entraîner la mort de l'arbre. — En hiver, il est toujours prudent d'opérer avant la taille des rameaux fruitiers.

CLASSIFICATION DES FRUITS. — Les Pêches se divisent en quatre groupes distincts :

PÊCHES A PEAU DUVETEUSE
- à noyau libre. — 1° Pêches ordinaires.
- à noyau adhérent. — 2° Pêches Pavies.

PÊCHES A PEAU LISSE :
- à noyau libre. — 3° Pêches Nectarines.
- à noyau adhérent.—4° Pêches Brugnons

Les Alberges sont des Pêches ordinaires, à chair jaune.

Les sanguines sont aussi des Pêches ordinaires, à chair rouge.

Pour opérer le classement des diverses variétés, dans ces quatre groupes, on a fait des observations sur les fleurs (leur forme, leur grandeur, leur couleur) et sur l'absence ou sur la présence de glandes situées à la base des feuilles (glandes réniformes, glandes globuleuses, glandes mixtes, glandes nulles). Ces observations ont souvent contribué à discerner l'identité des variétés.

PÊCHES

ADMIRABLE JAUNE.

Cette variété n'est pas la Pêche Duhamel qui porte ordinairement le nom de Pêche Abricotée.

Origine ancienne et inconnue.

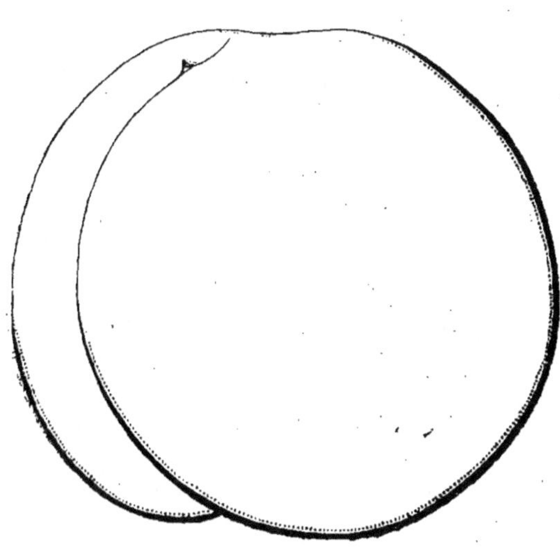

Fruit gros, arrondi, un peu plus haut que large, peu profond, assez également bordé, s'étendant au-delà du point pistillaire ; à mamelon diversifié, tantôt nul, tantôt assez sensible, droit et aigu.

Épiderme finement velouté, très fin, d'un beau jaune d'or et orangé, lavé de rouge frais et relevé de marbrures pourprées à l'insolation, se détachant assez facilement de la chair.

Chair jaune, veinée de jaune plus foncé, teintée de rouge vers le noyau, mi-fine, fondante ; à saveur sucrée, plus ou moins parfumée suivant la saison.

Qualité BONNE.

Maturité. — Fin de SEPTEMBRE et commencement d'OCTOBRE.

Feuilles d'un vert émeraude, planes, légèrement froncées sur la nervure, finement dentées ; à **glandes réniformes.**

Fleurs moyennes, d'un rose tendre, relevé de rose plus vif sur le bord des pétales, de forme **campanulée.**

Culture. — Cette variété peut être cultivée indifféremment en espalier et en tige ; mais il faut absolument un sol léger et surtout une exposition chaude.

Comme toutes les pêches jaunes qui, par suite d'une prévention regrettable du public, trouvent un écoulement difficile sur les marchés, elle est peu répandue. Elle est cultivée un peu dans le Centre de la France et moins dans les régions de l'Est, de l'Ouest et du Nord.

AMSDEN. — Synonyme : *P. de juin.*

Origine. — Semis de hasard, chez M. L. G. Amsden, à Cartago (Missouri).

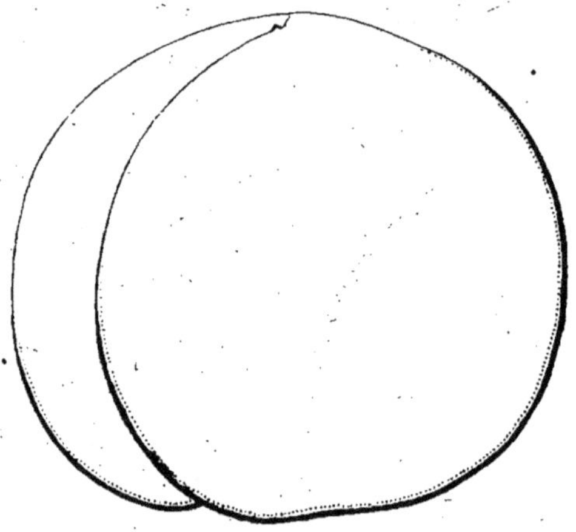

Fruit moyen ou assez gros, arrondi déprimé ; à sillon bien marqué, étroit, un peu inégalement bordé ; à sommet un peu déprimé, avec un petit mucron.

Épiderme assez duveteux, très coloré, à fond blanchâtre, presque tout recouvert de pourpre passant au pourpre très foncé à l'insolation et qui se détache en macules vers le côté ombré.

Chair d'un blanc verdâtre, vert tendre vers le noyau, légèrement rosée sous la peau, fine, fondante, juteuse ; à saveur sucrée, un peu acidulée, et assez parfumée ; le plus souvent assez adhérente au noyau.

Qualité BONNE.

Maturité. — Fin de JUIN et commencement de JUILLET.

Feuilles assez grandes, d'un beau vert ; à dents assez écartées et irrégulières ; à **glandes mixtes,** les unes globuleuses, les autres réniformes.

Fleurs grandes, d'un rose pâle, de forme **rosacée.**

Culture. — Malgré son adhérence au noyau, assez généralement acceptée partout aujourd'hui, cette variété, une des plus précoces, est très recherchée pour les marchés et l'exportation. Elle peut être cultivée en espalier et en gobelet sur pied plus ou moins élevé. La culture en espalier au midi, donne naturellement une maturité plus hâtive. Elle peut être greffée sur tous les sujets. Cette variété rustique, qui vient bien dans toutes les régions, doit être soumise à une taille raisonnée suivant sa vigueur. Sa floraison est généreuse, ses fruits se nouent très bien, il est bon de les éclaircir pour éviter le dépérissement de l'arbre. Variété très recommandée pour le forçage.

ALEXIS LEPÈRE.

ORIGINE. — Variété obtenue, vers l'année 1876, par M. Alexis Lepère fils, horticulteur à Montreuil.

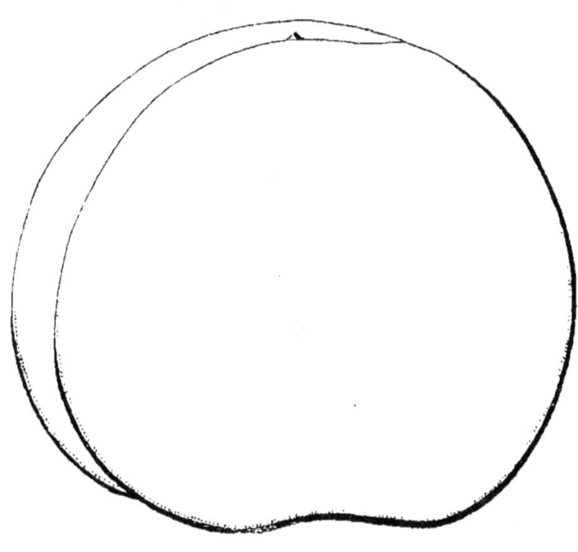

Fruit gros, arrondi, mais légèrement surbaissé et un peu conique ; à sillon peu creusé, plus sensible vers le sommet où il est inégalement bordé ; à point pistillaire bien marqué.

ÉPIDERME finement duveteux, d'un jaune verdoyant, grumelé-marbré de rouge, frappé de carmin foncé à l'insolation.

CHAIR d'un blanc jaunâtre, un peu rouge vers le noyau, auquel elle adhère légèrement, fine, fondante, juteuse ; à saveur sucrée, parfumée, relevée.

Qualité TRES BONNE.

Maturité. — Fin d'**AOUT** et presque tout le mois de **SEPTEMBRE**.

FEUILLES longues, légèrement ondulées, régulièrement dentées en scie, d'un vert intense ; à **glandes nulles.**

FLEURS petites, rose vif, de forme **campanulée.**

Culture. — Cette belle variété vigoureuse et fertile, doit être cultivée exclusivement en espalier aux expositions du midi et du levant. Elle peut être greffée sur prunier et sur amandier et se prête bien à toutes les formes.

L'arbre a le défaut d'être souvent sujet à l'oïdium. On le cultive principalement dans l'Est et dans le Nord, il réussit bien aussi dans les régions du Centre, ses fruits mûrissant successivement et supportent facilement le transport.

L'épiderme est peu duveteux et la variété semble être intermédiaire entre la pêche et le brugnon ; des fruits presque lisses se rencontrent parfois sur les arbres.

ARTHUR CHEVREAU.

ORIGINE. — Obtenue par Chevreau, arboriculteur à Montreuil (Seine).

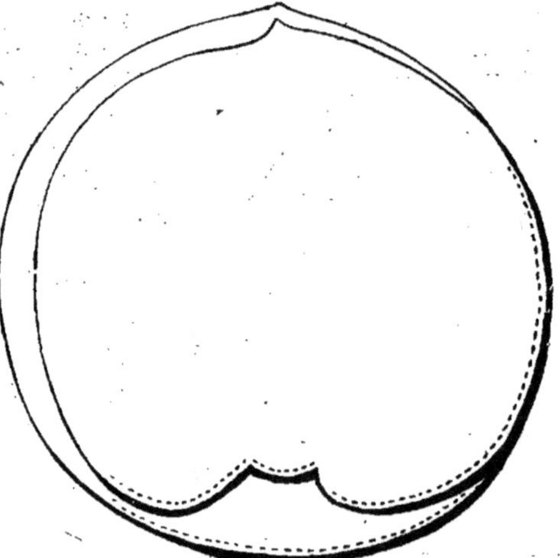

Fruit gros, arrondi, à faible sillon, point pistillaire peu saillant, point d'attache du pédoncule enfoncé.

ÉPIDERME d'un blanc jaunâtre à l'ombre, rouge foncé au soleil.

CHAIR fine, rouge et jaune autour du noyau, juteuse, sucrée, relevée, se détachant bien du noyau.

Qualité BONNE.

Maturité. — Fin SEPTEMBRE.

RAMEAUX de moyenne vigueur.

FEUILLES petites, pâles.

Culture. — Cette variété convient bien pour la culture en espalier, elle est l'objet d'une culture importante à Montreuil et dans la région parisienne.

BALTET.

Origine. — Obtenue par M. Baltet (Lyé-Savinien), horticulteur, à Troyes (Aube), vers 1886.

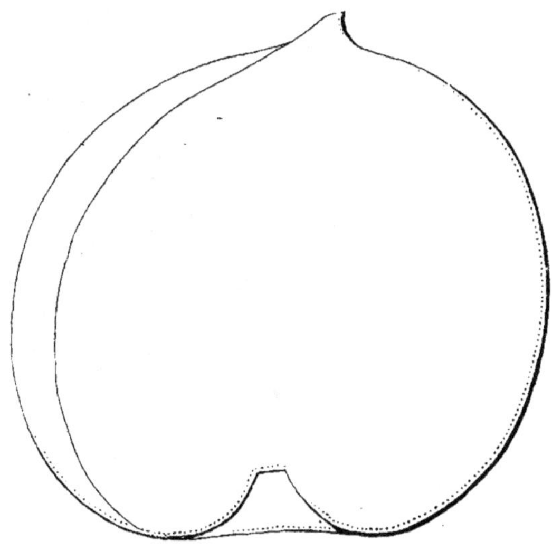

Fruit gros, ovale-arrondi, régulier en son pourtour ; à sillon assez marqué, aboutissant à un mamelon droit ou oblique sur le sommet arrondi du fruit ; à cavité caudale assez élargie et bien arrondie.

Épiderme se détachant facilement, bien duveteux, d'un blanc crémeux, bien coloré, d'un rouge clair sur presque toute sa surface frappée de pourpre foncé et un peu violacé à l'insolation, avec des stries plus foncées.

Noyau moyen, allongé, peu bombé et terminé par une pointe assez longue et aiguë.

Chair d'un blanc ambré, largement teintée de rouge vif autour du noyau, fine, fondante, très juteuse, sucrée relevée, parfumée.

Qualité BONNE, TRES BONNE pour la saison.

Maturité. **Première quinzaine d'OCTOBRE.**

Feuilles larges et longues, d'un beau vert, crispées sur la dorsale, à dents fines et saillantes, à pétiole sans glandes.

Fleurs moyennes, campanulées, d'un rouge vif.

Culture. Cette belle variété tardive demande une terre riche et chaude et exige la culture en espalier à l'exposition du midi ou du levant, où elle se prête à toutes les formes.

Les boutons à fruits se trouvant placés loin de la base des rameaux, il est bon de tailler un peu long la première année, et de défeuiller au moment favorable pour donner du coloris au fruit.

BARON DUFOUR. — Synonyme : *Grosse Madeleine de Metz.*

Origine. — Obtenue par le baron Dufour, propriétaire à La Ronde, près Metz.

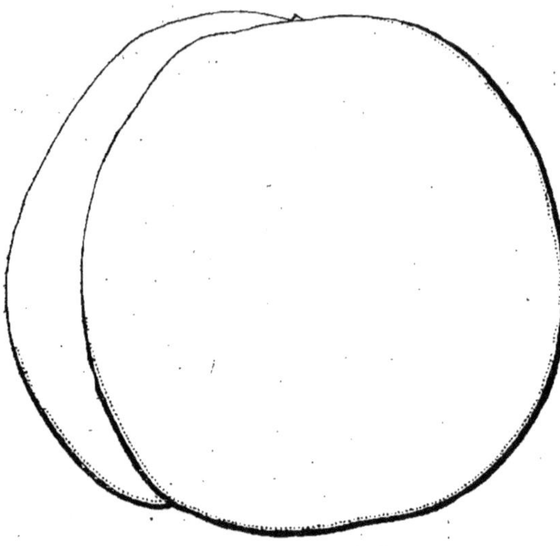

Fruit très gros, plus large que haut, irrégulier dans son contour qui est anguleux, plus bombé du côté de la suture ; à point pistillaire placé dans une cavité oblique et assez profonde.

Epiderme légèrement duveteux, se détachant bien, fin, d'un blanc jaunâtre un peu teinté de vert, se couvrant largement d'un pourpre brillant et très foncé à l'insolation.

Chair d'un blanc jaunâtre, rouge sang autour du noyau, fine, bien fondante, juteuse ; à saveur sucrée, bien relevée et parfumée.

Qualité BONNE ou TRES BONNE.

Maturité. — Fin d'AOUT et commencement de SEPTEMBRE.

Rameaux forts et longs.

Feuilles moyennes, peu larges et peu longues, d'un vert glaucescent ; à **glandes globuleuses.**

Fleurs assez grandes, d'un rouge foncé, de forme **campanulée.**

Culture. — Cette variété, de vigueur moyenne et de grande fertilité, doit être cultivée surtout en espalier où elle produit de gros fruits, mais elle exige beaucoup de soins à la taille, pour faciliter la formation des couronnes.

BELLE BAUSSE. - SYNONYMES : *Mignonne tardive*. — *Pourprée hâtive vineuse*. — *Vineuse*.

ORIGINE ancienne, attribuée à un horticulteur de Montreuil et dont elle porte le nom.

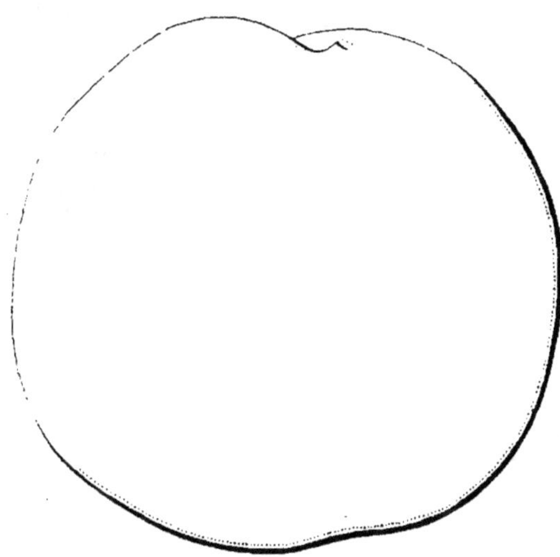

Fruit gros, arrondi mais déprimé aux deux pôles ; à sillon peu profond, mais marqué par une lèvre bien proéminente ; à point pistillaire petit, mais visible.

ÉPIDERME couvert d'un duvet fin et blanc, se détachant bien de la chair, fin, d'un jaune clair, pointillé de rouge, frappé de rouge vif et violacé à l'insolation.

CHAIR blanche, un peu teintée de vert, rouge autour du noyau, fine, fondante, bien juteuse : à saveur sucrée et très agréablement parfumée.

Qualité TRES BONNE.

Maturité. — Première quinzaine de SEPTEMBRE.

RAMEAUX allongés et colorés.

FEUILLES allongées, assez peu larges, ondulées ; à **glandes globuleuses**, petites et peu nombreuses.

FLEURS grandes, d'un rose frais, de forme **rosacée**.

Culture. — Cette variété, vigoureuse et fertile, doit être cultivée de préférence en espalier et au levant, pour ne point trop hâter la maturité de ses fruits ; dans les terrains riches, on peut aussi la cultiver sur tige.

L'arbre craint les terrains et les années humides qui occasionnent la chute des fruits, avant la maturité, ou la fente des pêches suivant la longueur de leur sillon. Il est indispensable de le planter dans un bon terrain et à une exposition chaude et aérée.

Il peut être cultivé dans les contrées où végète bien le pêcher.

BELLE CARTIÈRE.

ORIGINE. — Trouvée, vers 1845, par M. Armand Jaboulay, dans un vignoble de Madame Cartier, à Oullins, près Lyon.

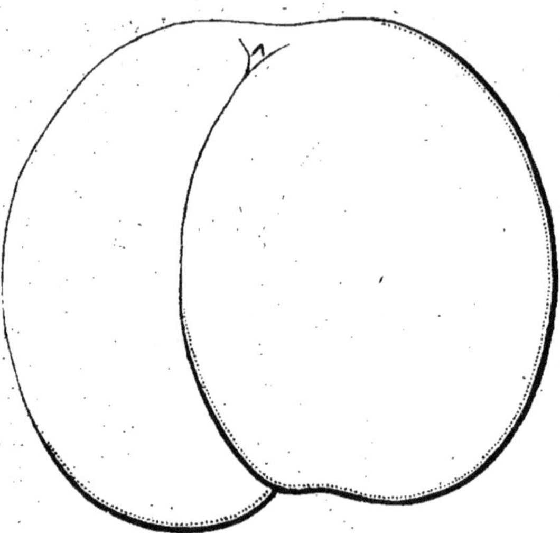

Fruit gros ou assez gros, sphérique, un peu bosselé à sillon plus ou moins profond, dépassant le sommet et inégalement bordé ; à point pistillaire en cône peu sensible et dans une cavité peu profonde.

EPIDERME à duvet épais et caduc, fin, se détachant assez bien, d'un blanc rosé, granité de rouge clair, abondamment lavé de rouge pourpre, presque noir à l'insolation.

CHAIR d'un blanc un peu jaunâtre, frangée de rouge carmin autour du noyau, fine, bien fondante ; à saveur sucrée, vineuse et agréablement parfumée.

Qualité BONNE.

Maturité. — Fin d'AOUT et commencement de SEPTEMBRE.

RAMEAUX de force et de longueur moyennes, d'un rouge brun à l'insolation.

FEUILLES moyennes, d'un vert foncé brillant, très aiguës, en gouttière ; à dents courtes et terminées par une pointe rouge ; à **glandes réniformes.**

FLEURS petites, à pétales d'un rose frais teinté de rose carminé de de forme **campanulée.**

Culture. — Variété propre à la culture sur tige, mais pouvant être cultivée aussi avec succès en espalier. Sous cette dernière forme, le fruit prend un volume considérable et se couvre d'une teinte de pourpre foncé.

Le Pêcher Belle Cartière peut être cultivé partout. Il l'est d'une façon toute particulière et en quantité considérable dans la vallée du Rhône.

BELLE DE TOULOUSE. --- Synonyme : *Belle Toulousaine*.

Origine. -- Obtenue, en 1859, par M. Barthère, horticulteur à Toulouse.

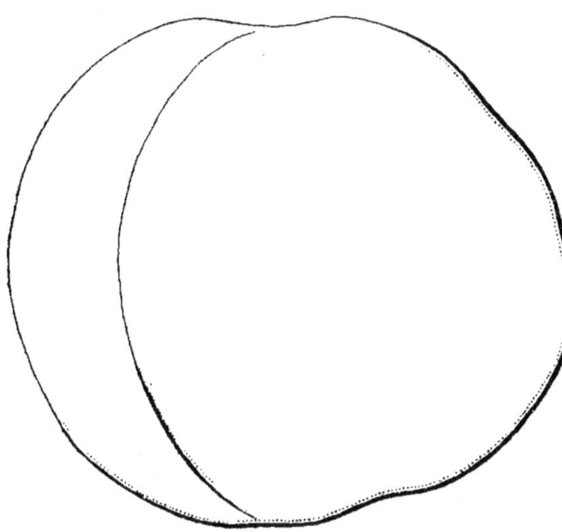

Fruit gros ou très gros, arrondi ; à sillon très prononcé au sommet du fruit ; à point pistillaire peu apparent ; à cavité caudale profonde.

Épiderme à duvet fin et velouté, se détachant de la chair, fin, d'un blanc jaunâtre, d'un pourpre violacé à l'insolation.

Chair blanche citrine, mi-fine, fondante, bien juteuse : à saveur sucrée, bien parfumée, si le fruit est venu à bonne exposition.

Qualité BONNE.

Maturité. -- Fin de SEPTEMBRE.

Rameaux forts et trapus, rouges sur le côté du soleil, vert pâle sur le côté de l'ombre.

Feuilles grandes, à dents fines et émoussées ; à **glandes réniformes** nombreuses.

Fleurs petites, peu ouverte, d'un rose terne, de forme **campanulée.**

Culture. -- Cette variété peut être greffée sur tous sujets, mais l'espalier au midi lui est indispensable dans les régions moins favorisées que celle de la Garonne. On lui donnera les sols les plus riches et les situations les plus chaudes. On devra pratiquer la taille en crochet et tailler un peu court, à cause de la grande quantité de fleurs que portent les rameaux. Il est bon de ne conserver que deux fruits sur chaque branche et de les découvrir de très bonne heure pour faciliter la coloration.

La Pêche Belle de Toulouse est cultivée spécialement dans le Midi et un peu dans le Centre.

BELLE HENRI PINAUT. — SYNONYME : Aucun.

ORIGINE. — Obtenue par M. Gustave Guyot, arboriculteur à Montreuil.

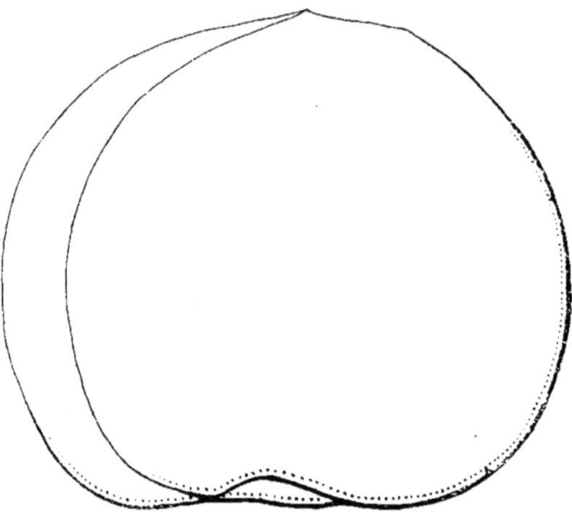

Fruit très gros.

EPIDERME duveteux, fortement coloré de rouge à l'insolation.

CHAIR blanche, fine, juteuse, très savoureuse, non adhérente au noyau.

Qualité TRES BONNE.

Maturité. — Fin AOUT.

RAMEAUX peu forts.

GLANDES globuleuses.

FLEURS grandes, rosacées.

Culture. — En espalier de préférence où l'arbre acquiert une grande vigueur et où les fruits sont très beaux et excellents.

BELLE IMPÉRIALE.

ORIGINE. — Obtenue par M. Chevalier, horticulteur à Montreuil-sous-Bois (Seine).

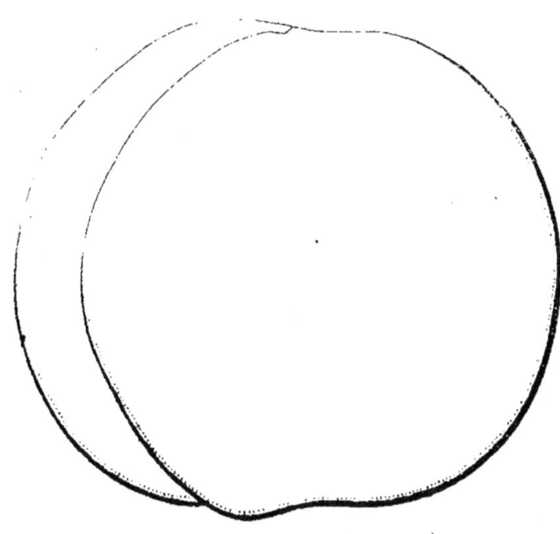

Fruit gros ou très gros, sphérique, un peu obliquement déprimé au sommet, plus bombé à la suture que sur le dos ; à sillon peu profond et inégalement bordé ; à point pistillaire, petit, dans la dépression.

ÉPIDERME assez fortement duveteux, se détachant de la chair, jaunâtre, richement coloré de rouge pourpre et cramoisi à l'insolation.

CHAIR blanche, jaunâtre et légèrement carminée vers le noyau, assez fine, fondante ; à saveur sucrée, vineuse.

Qualité **BONNE**.

Maturité. — Milieu de **SEPTEMBRE**.

RAMEAUX courts, de force moyenne, d'un rouge violacé à l'insolation.

FEUILLES moyennes, d'un beau vert, à dents fines et recourbées ; à **glandes globuleuses**.

FLEURS petites, d'un beau rouge de forme **campanulée**.

Culture. — Plus vigoureux et plus précoce que le pêcher Bonouvrier, auquel il ressemble en tous points, sauf pour la grosseur du fruit, le Pêcher Belle Impériale peut être greffé sur tous les sujets et être élevé sous toutes les formes en espalier. Il est préférable de le planter à l'exposition du levant, dans un sol riche et chaud ; une taille courte doit lui être appliquée.

La Pêche Belle Impériale peut être cultivée dans toutes les régions convenant au pêcher.

BLONDEAU.

ORIGINE. — Obtenue par M. Joseph Blondeau, arboriculteur, à Montreuil, en 1856.

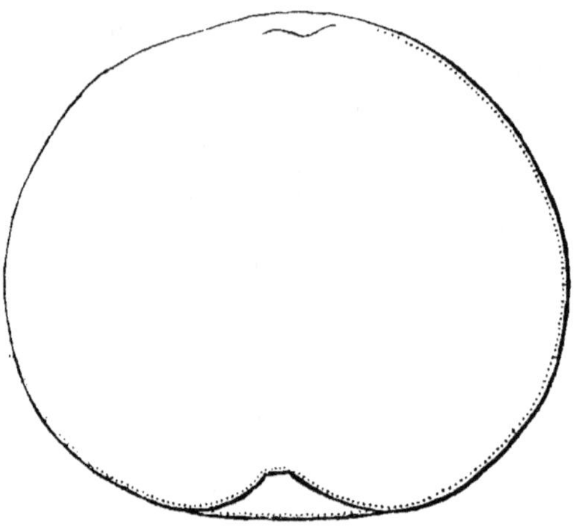

Fruit assez gros paraissant arrondi-déprimé, légèrement conique, bien régulièrement arrondi au pourtour et au sommet ; à sillon non creusé, sans lèvres, marqué par un trait rouge ; à point pistillaire très petit, plongé dans un petit creux ; à cavité caudale large, presque arrondie, peu profonde.

ÉPIDERME finement duveteux, fin, d'un blanc laiteux, presque tout couvert de rouge qui s'accentue insensiblement en pourpre violacé foncé.

NOYAU moyen, elliptique, régulièrement bombé, assez peu profondément rustiqué, brusquement et courtement terminé par un acumen émoussé.

CHAIR d'un blanc laiteux, largement teintée en rouge amarante autour du noyau, fine, bien fondante, très juteuse, sucrée, relevée et parfumée.

Qualité TRES BONNE.

Maturité. — Seconde quinzaine de SEPTEMBRE.

RAMEAUX forts, d'un rose vineux au soleil.

FEUILLES grandes, longues, planes et très aiguës, bien crispées le long de la côte médiane ; portant des **glandes globuleuses et rares.**

FLEURS petites, d'un rose pourpre.

Culture. — Cette variété, vigoureuse et fertile, peut être greffée sur amandier et sur prunier, elle est très cultivée à Montreuil où, en espalier, elle produit de gros et bons fruits. Néanmoins, elle peut être cultivée dans le Centre et convient à tous les terrains.

BONOUVRIER.

ORIGINE. — Attribuée à Bonouvrier, horticulteur à Montreuil (Seine).

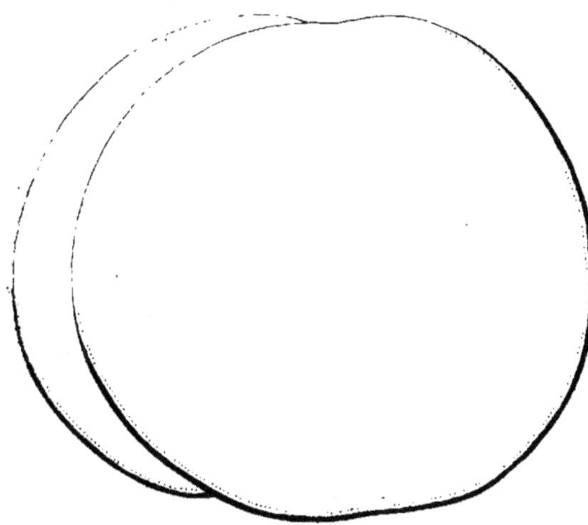

Fruit gros ou assez gros, presque sphérique, un peu déprimé au sommet et généralement plus large que haut ; bien plus bombé du côté de la suture ; à sillon peu profond, évasé, à bords inégaux ; à point pistillaire, petit, dans une faible dépression, placé au-delà du sommet apparent du fruit.

ÉPIDERME duveteux, se détachant bien, jaunâtre et pointillé de pourpre, d'un rouge vif et panaché de rouge plus sombre à l'insolation.

CHAIR d'un blanc un peu verdâtre, teintée de rose et marbrée de rouge autour du noyau, assez fine, fondante, très juteuse : à saveur sucrée, acidulée, parfumée.

Qualité BONNE ou TRES BONNE.

Maturité. — Fin de SEPTEMBRE et commencement d'OCTOBRE.

FEUILLES grandes, d'un beau vert foncé, un peu froncées à la nervure ; à dents fines et recourbées ; à **glandes globuleuses.**

FLEURS moyennes, d'un rose foncé, de forme **campanulée.**

Culture. — Cette variété doit être cultivée exclusivement en espalier, au midi et au levant. Une exposition bien aérée et bien éclairée, de même qu'un sol riche et sain, lui sont indispensables. Comme portegreffe, elle s'accommode de tous les sujets. Il est préférable de la conduire en petite forme.

L'arbre étant généralement peu vigoureux, les rameaux un peu grêles et les fleurs nouant bien, il convient de tailler court. On évite ainsi la trop grande abondance de fruits.

La Pêche Bonouvrier peut être cultivée dans toutes les régions convenant au pêcher.

BOURDINE.

ORIGINE. — Variété attribuée à Boudin du Bourdin, horticulteur à Montreuil.

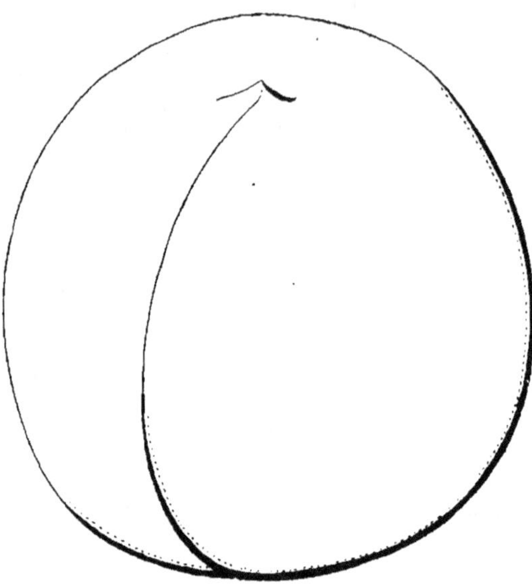

Fruit gros , parfois très gros, un peu allongé. Le mamelon est souvent aussi prononcé que sur la Pêche Téton de Vénus. Sillon très apparent.

EPIDERME rouge clair rayé de carmin à l'insolation, jaune clair à l'ombre.

CHAIR blanc jaunâtre, rouge vif autour du noyau, dont elle se détache très facilement, eau abondante, vineuse, sucrée ; noyau très gros un peu allongé, de couleur marron, à incrustations grossières, se détachant bien.

Qualité BONNE.

Maturité. — Première quinzaine de SEPTEMBRE.

RAMEAUX d'inégale force et de longueur très variable, plutôt gros et longs que petits ; rouge sombre au soleil, vert à l'ombre.

FEUILLES grandes, finement découpées, à **glandes globuleuses.**

FLEURS petites, campanulées, de 0.020 de diamètre environ, aux 3 4 ouvertes, pétales rose tendre, bordés de rose carminé.

GLANDES globuleuses d'inégale grosseur, jaunâtres, brillantes, quelques-unes à peine visibles.

Culture. — L'arbre est vigoureux, il devient fertile avec l'âge, se reproduit par semis, il peut être cultivé en plein vent, mais surtout en espalier.

Tous les sujets lui conviennent, un sol sain, chaud et riche lui est favorable ; l'arbre se dégarnissant un peu de la base, il faudra par la taille courte de l'extrémité des branches charpentières, refouler la sève à la base pour maintenir les coursonnes dans un bon état de végétation.

On reproche à l'arbre de laisser tomber ses fruits vers la fin juin.

EARLY RIVERS. — Synonyme : *Précoce Rivers.*

Origine. — Obtenue par M. Rivers, de Sawbridgeworth, près de Londres, en 1865.

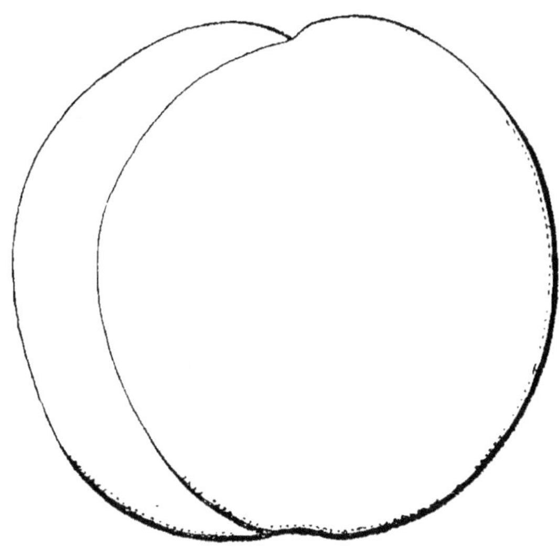

Fruit moyen ou gros, sphérique ; à sillon normal, s'atténuant insensiblement jusque vers le sommet où se trouve le petit point pistillaire.

Pédicelle bien duveteux, d'un jaune paille, passant au rose et au rouge clair à l'insolation.

Chair blanche, fine, fondante, bien juteuse ; à saveur sucrée et relevée ; parfois un peu adhérente au noyau.

Qualité BONNE.

Maturité. — Milieu de JUILLET.

Rameaux de force et de longueur normales.

Feuilles moyennes d'un beau vert ; à **glandes réniformes.**

Fleurs grandes, d'un rose pâle, de forme **rosacée.**

Culture. — Cette variété peut être greffée sur tous les sujets propres au pêcher, mais est surtout méritante pour son époque de maturité, qui fait suite à celle de l'Amsden ; elle doit avoir le Midi ou le Levant comme exposition, son fruit se colorant peu et se fendant facilement.

L'arbre est très productif et vigoureux, ce fruit peu recommandable pour le marché, convient exclusivement aux cultures d'amateurs.

FINE JABOULAY. — Synonymes : *Jaboulay*. — *Monstrueuse de Ternay.*

Origine. — Obtenue probablement par M. Armand Jaboulay, à Oullins (Rhône).

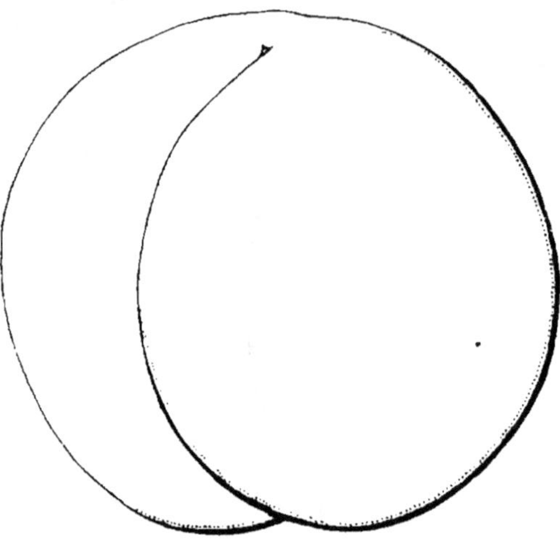

Fruit gros, sphérique, légèrement élargi au sommet, bien arrondi ; à sillon peu profond ; à sommet surmonté d'un très petit mamelon.

Épiderme modérément duveteux, d'un jaune herbacé, marbré et lavé de rouge à l'insolation.

Chair blanche, fine, fondante, bien juteuse ; à saveur très sucrée, vineuse et très parfumée.

Qualité TRES BONNE.

Maturité. - Milieu de SEPTEMBRE.

Rameaux peu nombreux, longs et minces.

Feuilles à **glandes réniformes.**

Fleurs de grandeur moyenne, d'un rose foncé vif, de forme **campanulée.**

Culture. — Cette variété peut être greffée sur tous les sujets propres au pêcher. Elle se recommande pour la culture sur tige où elle donne des fruits nombreux, beaux et bien colorés. Elle n'est pas difficile sur la nature du sol.

Elle se comporte fort bien en espalier à l'exposition du levant, où ses fruits prennent une teinte cramoisie foncée. Elle s'adapte mal aux grandes formes.

La Pêche Fine Jaboulay, qui est cultivée beaucoup dans le Lyonnais, peut l'être dans toutes les régions propres à la culture du pêcher.

GALANDE.— Synonymes: *Belle de Tillemont. — Bellegarde. — Noire de Montreuil.*

Origine ancienne et incertaine.

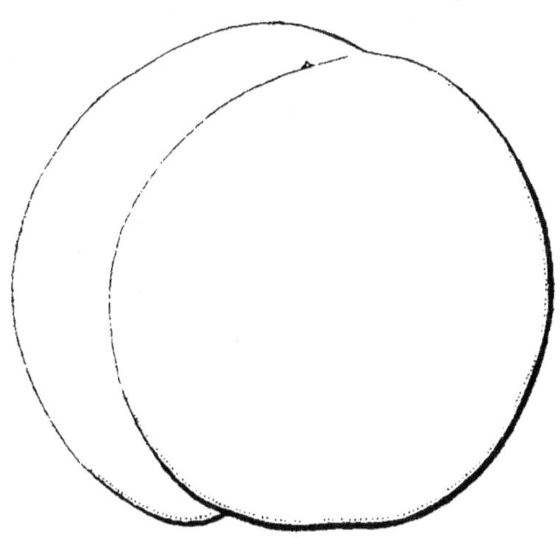

Fruit gros ou assez gros, sphérique, un peu déprimé ; à sillon étroit, peu profond, presque également bordé, terminé par une dépression mucronée à son centre.

Épiderme fin, mince, finement duveteux, d'un blanc verdâtre, très largement recouvert d'un pourpre violet foncé à l'insolation.

Chair blanche, teintée de pourpre vers le noyau, très fine, fondante : à saveur sucrée et délicatement parfumée.

Qualité TRES BONNE.

Maturité. — Fin d'AOUT et commencement de SEPTEMBRE.

Rameaux assez gros et forts.

Feuilles assez grandes, d'un vert foncé : à dentelures fines et nombreuses ; à **glandes globuleuses.**

Fleurs petites, d'un rose vif, de forme **campanulée.**

Culture. — Cette superbe variété doit être cultivée dans un sol léger, riche et bien drainé, à une exposition au levant abritée et bien éclairée. Si ces soins ne lui étaient pas donnés, on s'exposerait à n'avoir que des fruits mûrissant mal, âcres et acides. Exposée au midi, le coloris noir des fruits serait trop accentué.

Sur cette variété en particulier, il est bon, si l'on veut obtenir de très beaux et très bons fruits, de ne pas trop surcharger l'arbre. Il est prudent d'éviter les grandes formes.

La Pêche Galande peut être cultivée dans toutes les régions propres à la culture du pêcher.

GROSSE MIGNONNE. — Synonymes : *Hâtive de Ferrières.* — *Mignonne veloutée.   Veloutée.*

Origine très ancienne et inconnue.

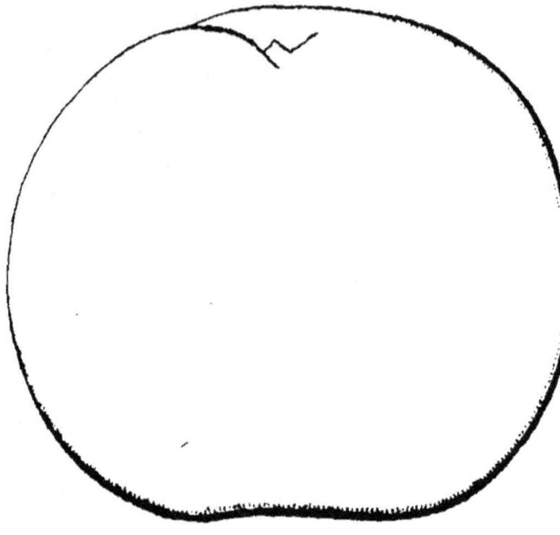

Fruit gros, arrondi, plus large que haut, obliquement déprimé ; à sillon prononcé et dont une des lèvres est souvent plus épaisse et sinueuse : à point pistillaire sur un petit mamelon situé dans une cavité.

Épiderme très fin, à duvet très fin et soyeux, se détachant bien, d'un vert blanchâtre, largement frappé d'un beau rouge cramoisi passant au rouge brun à l'insolation.

Chair d'un blanc un peu verdâtre, teintée de rose vers le noyau, fine, entièrement fondante : à saveur sucrée et délicieusement parfumée.

Qualité TRES BONNE.

Maturité. — Seconde quinzaine d'AOUT.

Rameaux peu forts et allongés.

Feuilles grandes, d'un vert pâle : à dents fines et profondes : à **glandes globuleuses.**

Fleurs très grandes, d'un beau rose, de forme **rosacée.**

Culture. — Cette belle variété greffée sur prunier ou sur amandier, doit être cultivée en espalier, à l'exposition du sud ou du levant : elle se prête à toutes les formes.

Si les fruits cultivés en plein vent sont plus petits et plus tardifs que ceux cultivés en espalier, ils ont plus de saveur et un plus beau coloris.

L'arbre se prête bien à la culture forcée.

Le Pêcher Grosse Mignonne peut être planté dans toutes les contrées propres à la culture du pêcher.

GROSSE MIGNONNE HATIVE. — Synonyme : *Mignonne hâtive.*

Origine inconnue.

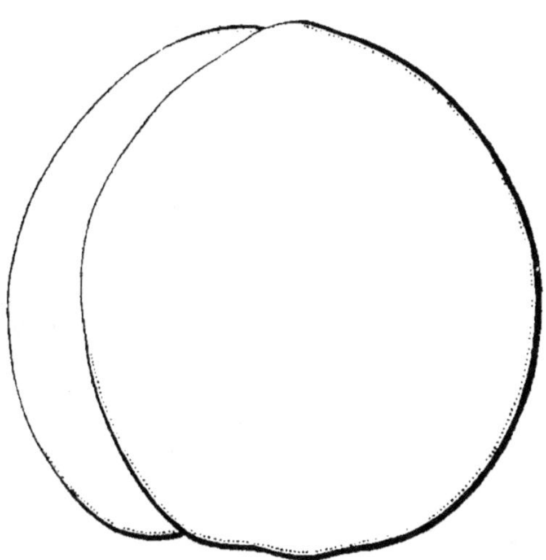

Fruit gros ou assez gros, irrégulièrement arrondi, bosselé, paraissant plus haut que large ; à sillon étroit, peu profond et inégalement bordé ; à sommet un peu oblique et un peu pointu.

Epiderme abondamment duveteux, jaunâtre, largement lavé de rouge et passant au rouge sombre à l'insolation.

Chair blanche, bien colorée de rouge vers le noyau, fine, bien fondante : à saveur sucrée et très agréablement parfumée.

Qualité TRES BONNE.

Maturité. — Première quinzaine d'AOUT.

Rameaux minces et effilés.

Feuilles grandes, larges ; à dents petites et émoussées : à **glandes globuleuses.**

Fleurs très grandes, d'un rose vif, de forme **rosacée.**

Culture. — Cette belle variété, un peu délicate, peut-être greffée sur prunier ou sur amandier, mais elle doit être cultivée en espalier au midi et au levant. L'arbre de conduite facile, se prête à toutes les formes, petites ou moyennes.

Pour maintenir la santé et la vigueur de l'arbre, il est très important de ne laisser qu'un ou deux fruits sur les fortes coursonnes et de supprimer de suite ceux qu'on aurait laissés sur les coursonnes faibles.

La Pêche Grosse Mignonne hâtive peut être cultivée dans toutes les régions convenant au pêcher.

HALE'S EARLY.   Synonyme : *Précoce de Hale*.

Origine. — Obtenue par un Allemand, dans le comté de Summit (Ohio).

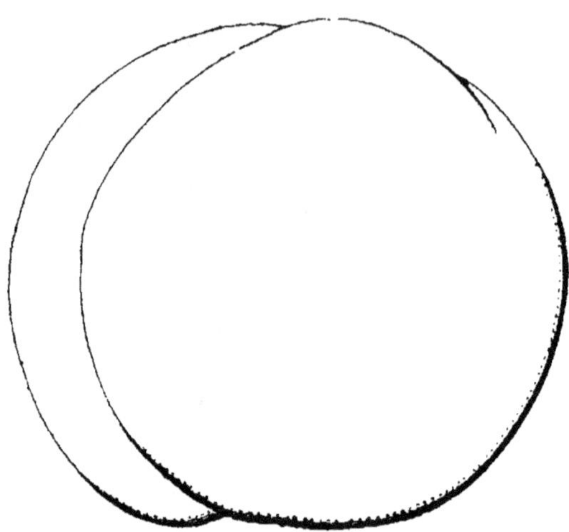

Fruit moyen, sphérique, largement tronqué à ses deux pôles ; à sillon étroit, prononcé et un peu inégalement bordé ; à sommet faiblement mucroné dans une légère dépression.

Epiderme très fin, finement duveteux, se détachant bien, blanchâtre, lavé de pourpre passant au pourpre plus foncé à l'insolation.

Chair blanchâtre, teintée de pourpre vers le noyau, très fine, fondante : à saveur sucrée et délicatement parfumée.

Qualité TRES BONNE.

Maturité. — Fin de JUILLET.

Rameaux peu forts et anguleux.

Feuilles grandes, élargies, d'un vert intense : à dents larges et aiguës : à **glandes globuleuses.**

Fleurs grandes, d'un joli rose violacé, de forme **rosacée.**

Culture. — Cette variété est d'une végétation bien équilibrée et d'une grande rusticité. Elle peut être greffée sur tous les sujets et s'adapte bien à tous les terrains, comme à toutes les formes. Le Pêcher Hale's Early a été planté en plein vent sur d'immenses surfaces de terrain. Il est d'un grand rendement et très apprécié pour le marché et l'exploitation. Le noyau moins adhérent que dans la Pêche Amsden, arrive presque à se détacher du fruit, quand celui-ci est à complète maturité. Il est bon d'ébourgeonner et d'éclaircir les fruits, pour donner du coloris aux pêches qui en manquent parfois, dans les terres fortes ou froides.

Propre à la culture forcée, l'Hale's Early peut se planter dans tous les pays où vit le pêcher.

HENRI ADENOT.

ORIGINE. — Obtenue par M. Beraud-Massard, de Ciry-le-Noble (Saône-et-Loire).

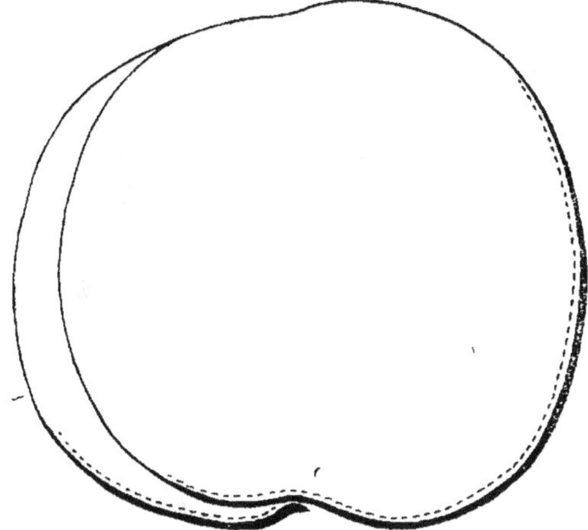

Fruit moyen ou assez gros, arrondi en son pourtour, un peu déprimé vers le point pistillaire.

EPIDERME d'un rouge noirâtre, velouté.

CHAIR moins adhérente au noyau que dans la variété Amsden, presque non adhérente à la parfaite maturité, eau très abondante, très parfumée, bien relevée.

Qualité BONNE ou TRES BONNE.

Maturité. — Fin JUIN commencement de JUILLET.

RAMEAUX vigoureux à mérithalles courts.

YEUX assez saillants, bien formés dès la base, les boutons à fleurs sont également développés dès la base du rameau.

Culture. — Cette variété très vigoureuse convient à la culture en espalier, la taille à appliquer sera courte.

PECHE INCOMPARABLE GUILLOUX.

ORIGINE. — Obtenue par M. Guilloux Etienne de Saint-Genis-Laval (Rhône), d'un croisement de Bonouvrier par Amsden.

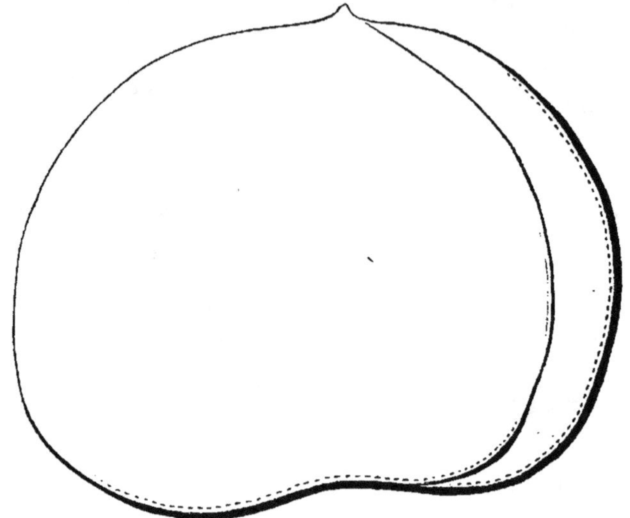

Fruit énorme, de forme arrondie.

EPIDERME très coloré, d'un rouge vif intense.

CHAIR fine, fondante, juteuse, bien sucrée et relevée, très parfumée, légèrement adhérente au noyau.

Qualité BONNE.

Maturité. — En même temps que Hale's Early ou lui succédant, fin de **JUILLET et commencement d'AOUT.**

RAMEAUX vigoureux, à mérithalles courts, boutons à fleurs formés dès la base du rameau.

FEUILLES à glandes réniformes.

FLEURS d'un beau rouge vif, petites.

L'arbre est vigoureux et fertile, il convient surtout à la culture en gobelets en culture intensive, où il donne de très beaux produits, très appréciés sur les marchés.

La taille à appliquer sera courte.

LA FRANCE.

ORIGINE. — Obtenue par M. Boussey, propriétaire à Montreuil.

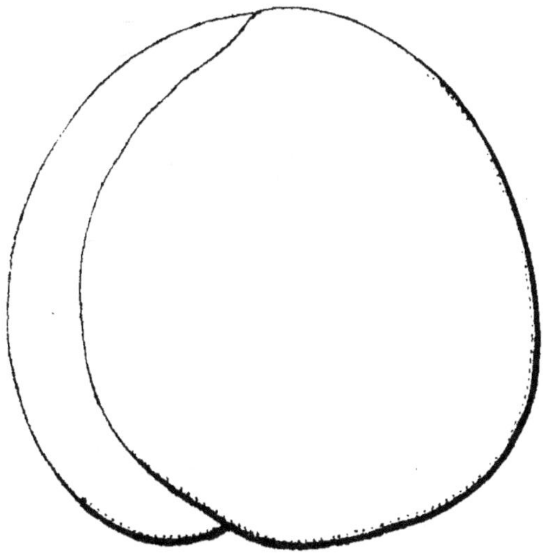

Fruit très gros, un peu plus haut que large, à sillon bien marqué entre deux côtés inégaux en développement.

EPIDERME peu duveteux, coloré d'un beau rouge clair.

CHAIR blanche, juteuse, d'un parfum exquis, non adhérente au noyau.

Qualité TRES BONNE.

Maturité. — Première quinzaine d'AOUT.

RAMEAUX gros, verts.

GLANDES globuleuses.

FLEURS roses et de forme rosacée.

Culture. — En espalier et à bonne exposition si l'on veut profiter de sa précocité, l'arbre est assez vigoureux et bien fertile.

LOUIS GROGNET. — Synonyme : *Précoce Lepère*.

Origine. — Obtenue de semis de hasard par Louis Grognet, pépiniériste à Vitry-sur-Seine, en 1892, mise au commerce par l'obtenteur en 1897.

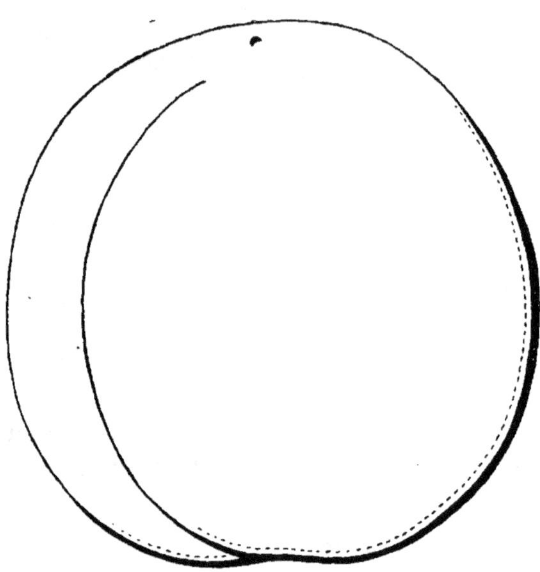

Fruit gros ou très gros, de forme légèrement ovoïde, point pistillaire peu marqué, joues inégales à sillon peu profond.

Épiderme presque totalement recouvert de rouge foncé noirâtre.

Pédicelle court et fort maintenant le fruit solidement attaché à l'arbre.

Chair blanche, rosée autour du noyau, fine, fondante, sucrée et parfumée, non adhérent au noyau.

Noyau moyen, allongé, à incrustations profondes.

Qualité BONNE ou TRES BONNE.

Maturité. **Première quinzaine d'AOUT.**

Arbre vigoureux et fertile.

Rameaux moyens, rouges à l'insolation.

Feuilles grandes, vert clair dentées en scie.

Glandes nulles.

Fleurs petites, genre Alexis Lepère, rose foncé.

Culture. — En espalier, à bonne exposition ; comme tous les pêchers elle donne de très beaux fruits dans la région parisienne.

Cette variété est sujette à l'oïdium, la pulvériser spécialement en hiver avec la solution B et en été avec la solution C.

MADAME GIRERD.

ORIGINE. — Obtenue par M. Gaillard, pépiniériste à Brignais (Rhône), et propagée par M. Girerd, son neveu et successeur, qui l'a dédiée à Mme Girerd, son épouse.

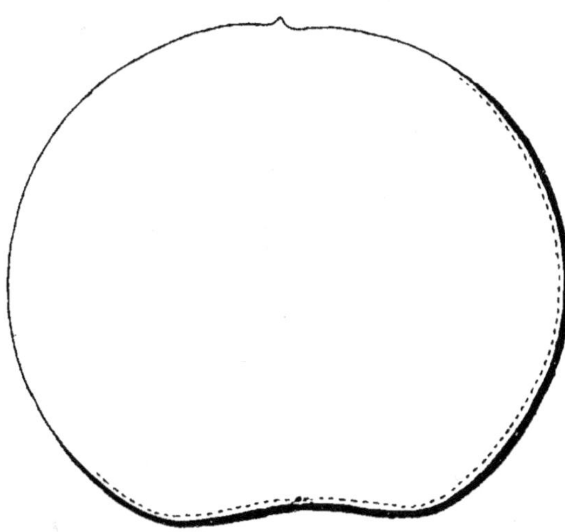

Fruit gros, arrondi, un peu déprimé aux deux pôles.

EPIDERME jaune or, totalement recouvert de rouge foncé à l'insolation.

CHAIR d'un blanc crémeux, finement verdâtre sous l'épiderme, fondante, juteuse, sucrée, agréablement parfumée et relevée.

Qualité TRES BONNE.

Maturité. — Fin d'AOUT.

L'ARBRE est vigoureux et fertile, à port érigé.

RAMEAUX de grosseur moyenne dirigés presque horizontalement.

FEUILLAGE moyen.

GLANDES globuleuses.

Culture. — Cette variété est d'une fertilité extraordinaire, ses fruits se colorent même à l'intérieur de l'arbre, sous le feuillage le plus dense ; très bonne pour l'amateur, excellente pour la culture intensive.

MADELEINE ROUGE. Synonymes : *Grosse Madeleine. — Madeleine de Courson.*

Origine ancienne et inconnue.

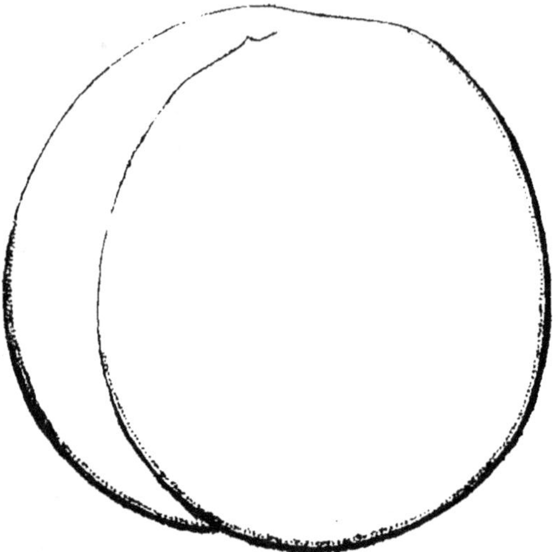

Fruit gros ou assez gros, sphérique ; à sillon peu apparent, parfois indiqué seulement par une ligne colorée, assez également bordé ; à petit mamelon conique et aigu, dans le prolongement du sillon.

Epiderme finement duveteux, se détachant de la chair, fin, très mince, blanc jaunâtre, lavé de pourpre et zébré de rouge carmin.

Chair blanche étroitement teintée de pourpre clair vers le noyau, bien fine, très fondante : à saveur sucrée, bien vineuse et délicieusement parfumée.

Qualité TRES BONNE.

Maturité. — Fin d'AOUT.

Rameaux parfois forts et longs, parfois moyens et très effilés au sommet.

Feuilles allongées, généralement étroites : à dents profondes et surdentées : à **glandes nulles.**

Fleurs grandes, d'un rose frais, de forme **rosacée.**

Culture. — Cette variété doit être cultivée spécialement en espalier à l'exposition du midi et du levant. Il lui faut une situation éclairée et abritée des vents du sud, qui font souvent avorter les fleurs au moment de leur éclosion, ce qui a fait dire à quelques arboriculteurs, que cet arbre manquait de fertilité.

Ce pêcher doit être soumis à une taille un peu longue pendant sa jeunesse, jusqu'à l'époque où sa grande vigueur se ralentit. A ce moment l'on doit tailler un peu plus court.

Cette variété qui est assez sujette au blanc, peut être plantée dans toutes les contrées où vient le pêcher.

MALTE. — Synonymes : *Belle de Paris.* — *D'Italie.*

Origine ancienne.

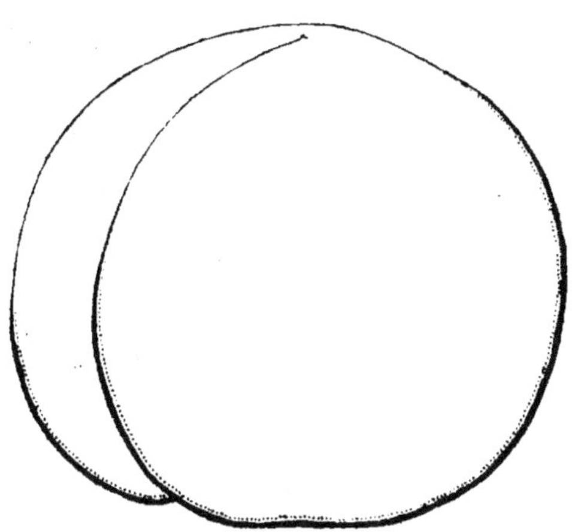

Fruit moyen, sphérique, déprimé à ses deux pôles ; à sillon élargi et peu profond et également bordé ; à sommet marqué par un point noir placé dans une cavité assez profonde.

Épiderme à duvet fin et caduc, très fin, d'un blanc jaunâtre, frappé de pourpre brun sur lequel et autour duquel se disposent des taches et des marbrures de même couleur.

Chair d'un blanc jaunâtre, à peine teintée de rose vers le noyau, bien fine, tassée, fondante ; à saveur sucrée et très agréablement parfumée.

Qualité TRES BONNE.

Maturité. — Fin d'AOUT et commencement de SEPTEMBRE.

Rameaux effilés et bien droits.

Feuilles élargies, un peu courtes, d'un vert gai et jaunâtre ; à dents finement acérées ; à **glandes nulles.**

Fleurs grandes, d'un rose tendre et violacé, de forme **rosacée.**

Culture. — Cette ancienne variété doit être cultivée en espalier. Greffée sur prunier, elle réussit bien en Normandie où son fruit est très estimé. Dans les régions du Centre sa végétation est plutôt faible, et il convient de la cultiver sur amandier, dans un sol chaud, léger, profond, fumé, et de préférence à l'exposition du sud. L'arbre s'adapte mieux aux petites formes qu'aux grandes.

Il peut être planté dans tous les terrains propres à la culture du pêcher.

NIVETTE VELOUTÉE. — SYNONYMES : *Pêche Pointue.* — *Veloutée tardive.*

ORIGINE très ancienne et inconnue.

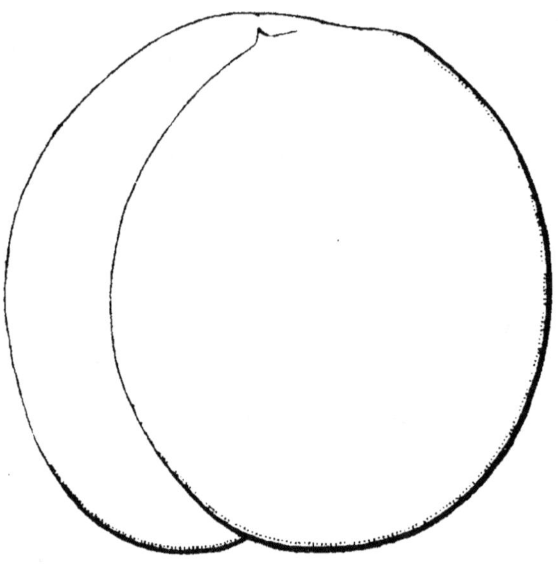

Fruit gros ou très gros, sphérico-ovoïde ; à sillon évasé, peu profond, à lèvres ordinairement un peu inégales ; à sommet le plus souvent terminé par un mamelon saillant.

ÉPIDERME finement et courtement duveteux, se détachant de la chair, fin, mince, d'un blanc verdâtre à l'ombre, d'un rouge foncé au soleil, avec des marbrures plus sombres.

CHAIR d'un blanc verdâtre, colorée de pourpre intense vers le noyau, assez fine, fondante ; à saveur sucrée, acidulée, agréablement parfumée.

Qualité BONNE.

Maturité. — Seconde quinzaine de SEPTEMBRE.

RAMEAUX forts et allongés, presque unis dans leur contour.

FEUILLES elliptiques, allongées, presque planes, d'un vert mat ; à dents fines et peu profondes : à **glandes globuleuses.**

FLEURS très petites, d'un rouge pâle et terne, de forme **campanulée.**

Culture. — Cette excellente variété peut être cultivée en espalier, à cause de sa fructification tardive. Elle doit être placée dans les meilleures expositions du midi et du levant et dans un bon terrain.

On ne doit laisser à l'arbre que la quantité de fruits qu'il peut nourrir. Il est très important de défeuiller de bonne heure et progressivement, pour que les fruits puissent prendre de la couleur.

Le Pêcher Nivette Veloutée peut être planté dans toutes les régions où est cultivé le pêcher.

OPOIX.

ORIGINE. - Importée de Russie par Alexis Lepère.

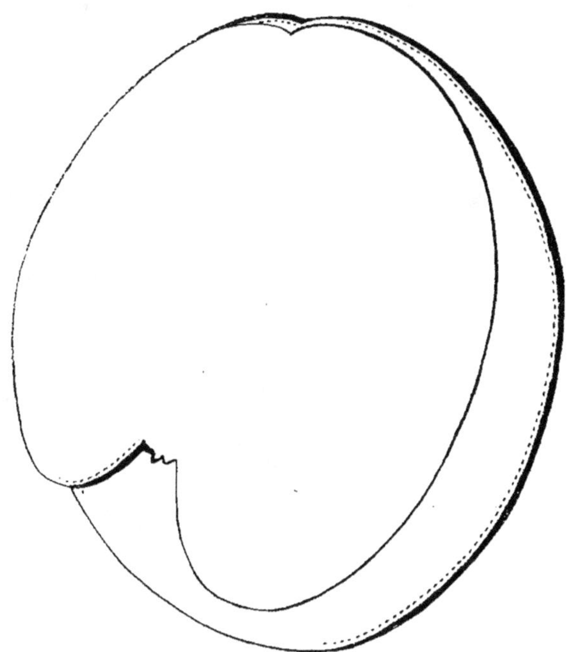

Fruit gros, arrondi, à sillon léger, inégal.

EPIDERME rose carminé à l'insolation, jaunâtre à l'ombre.

CHAIR blanche, légèrement vineuse autour du noyau, non adhérente, fine, juteuse, sucrée, relevée, noyau modérément incrusté et allongé.

Qualité TRES BONNE.

Maturité. — Commencement d'OCTOBRE.

RAMEAUX de moyenne vigueur, légèrement étalés.

FEUILLES vert foncé, gaufrées.

FLEURS petites, de couleur foncée.

Culture. — Cette variété, bien vigoureuse et bien fertile, convient spécialement à la culture en espalier en raison de sa maturité tardive.

POURPRÉE HATIVE.

Origine ancienne et inconnue.

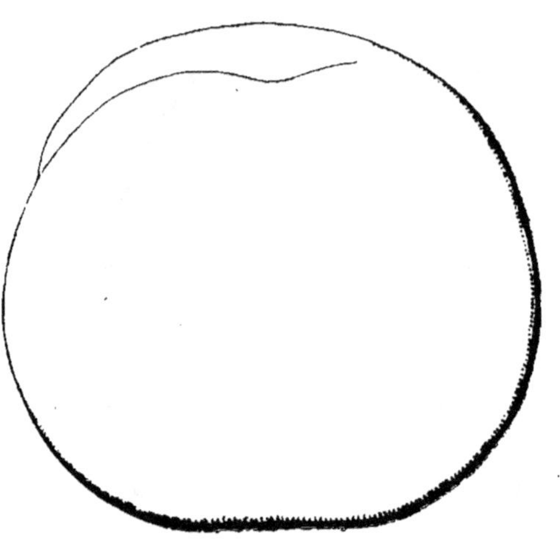

Fruit assez gros ou moyen, sphérique, un peu bosselé, déprimé à ses deux pôles ; à sillon assez profond et assez évasé, inégalement bordé, à sommet largement creusé et sans mamelon sensible.

Épiderme à duvet soyeux et abondant, fin, très mince, d'un jaune herbacé, frappé de pourpre foncé à l'insolation, granité de carmin sur presque toute la surface.

Chair blanche, faiblement veinée de verdâtre, un peu colorée de rouge vers le noyau, fine, très fondante, à saveur sucrée, parfumée, très agréablement relevée.

Qualité TRES BONNE.

Maturité. — Fin d'AOUT.

Rameaux gros, verts et bien nourris.

Feuilles moyennes, elliptiques-lancéolées, d'un vert foncé ; à dents très fines et régulières ; à **glandes réniformes.**

Fleurs grandes, d'un beau rose, de forme **rosacée.**

Culture. — Cette variété peut être cultivée sous toutes les formes, mais en espalier seulement, de préférence au midi, dans un sol chaud et sain. Dans les sols froids et humides, le fruit manque de couleur, la chair devient plus ferme, mais aussi plus acidulée.

Le Pêcher Pourprée hâtive peut être planté dans toutes les régions propres à la culture du pêcher.

POURPRÉE TARDIVE.

Origine inconnue (cette variété, cultivée dans les environs de Lyon.
n'est ni la Pourprée tardive à grandes fleurs, ni la Pourprée tardive
à petites fleurs des environs de Paris).

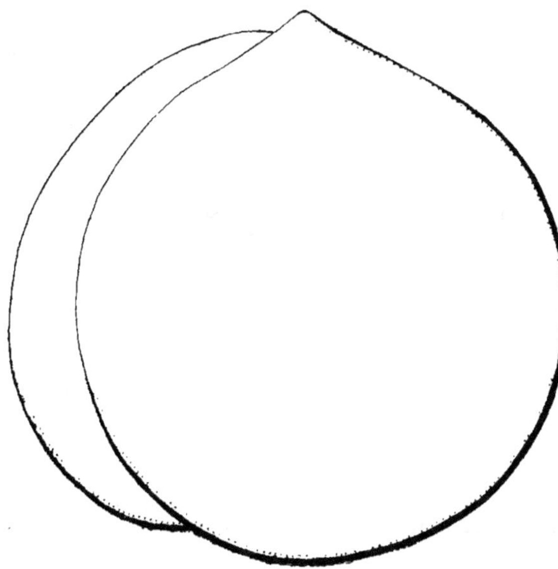

Fruit gros.
régulier au
pourtour ; bien
sphérique ; à
sillon évasé et
peu profond ; à
sommet un peu
creusé et muni
d'un mamelon
parfois accen-
tué.

Épiderme à
duvet épais et
très caduc, un
peu rude, se dé-
tachant diffici-
lement, d'un
jaune paille.
lavé de rouge
cerise et mar-
bré de pourpre
à l'insolation.

Chair d'un blanc verdâtre, bien colorée de rouge vers le noyau.
mi-fine. très fondante, à saveur sucrée, vineuse et agréablement parfumée.

Qualité BONNE.

Maturité.   Fin de SEPTEMBRE.

Rameaux gros. forts, d'inégale longueur.

Feuilles grandes, arquées-ondulées, d'un vert gai ; finement dentées ; à **glandes réniformes.**

Fleurs petites, d'un rose terne, de forme **campanulée.**

Culture. — L'arbre réussit bien sur tige, dans un sol sec et peu
pierreux. Il doit être greffé de préférence sur prunier en espalier, pour
être planté aux bonnes expositions, du midi et du levant. où il est
cultivé en petites formes.

Il est souvent attaqué par le blanc qui. parfois fait périr une partie
des rameaux.

Cet arbre peut être planté dans toutes les régions propres à la culture du pêcher.

PRÉCOCE MICHELIN.

Origine inconnue.

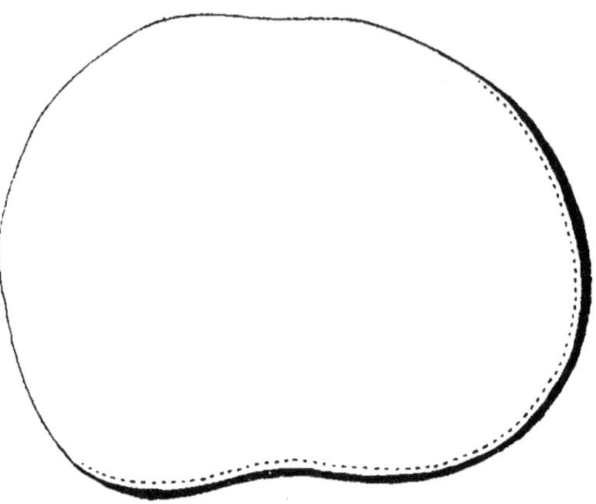

Fruit moyen, un peu plus large que haut, arrondi en son pourtour.

Epiderme jaune clair, presque totalement recouvert de rouge ponceau.

Chair blanche, fine, beurrée, très juteuse, bien parfumée et relevée, non adhérente au noyau.

Qualité TRES BONNE.

Maturité. — Fin JUILLET et commencement d'AOUT.

Rameaux minces à mérithalles un peu allongés.

Feuilles à glandes petites, globuleuses.

Fleurs moyennes, rose pâle.

Variété très recommandable pour la culture en espalier et contre espalier, où elle mûrit en même temps que Hale's Early.

PRÉSIDENT LUIZET.

ORIGINE. — Obtenue par M. Gaillard, pépiniériste à Brignais (Rhône)
et propagée par M. Girerd, son neveu et successeur, qui l'a dédiée à
M. Gabriel Luizet, président de la Société Pomologique de France.

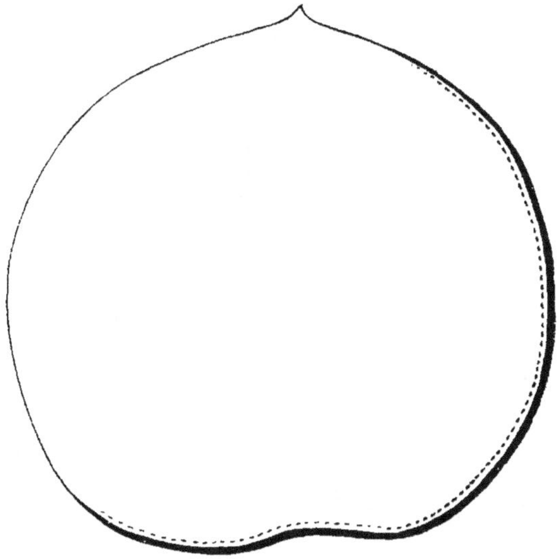

Fruit gros, sphérique, à point pistillaire légèrement saillant.

ÉPIDERME jaune or, presque totalement recouvert de rouge à l'insolation.

CHAIR fine, beurrée, légèrement verdâtre au pourtour, saveur douce, sucrée, assez vineuse et relevée.

Qualité TRES BONNE.

Maturité.   **Fin AOUT.**

ARBRE vigoureux, très fertile.

RAMEAUX forts, dirigés presque horizontalement.

BOUTONS à fleur insérés jusqu'à la base des rameaux, sans pincement, ce qui fait de cette variété un excellent arbre de plein vent
et d'espalier.

GLANDES réniformes.

Culture.   Excellente pour l'amateur et l'exportation, cette variété,
comme toutes celles de la série Gaillard-Girerd, semble assez résister
aux gelées et autres intempéries printanières.

PRINCE OF WALES. Synonyme : *Prince de Galles*.

Origine. Obtenue par M. Rovers de Sawbridgeworth, près de Londres.

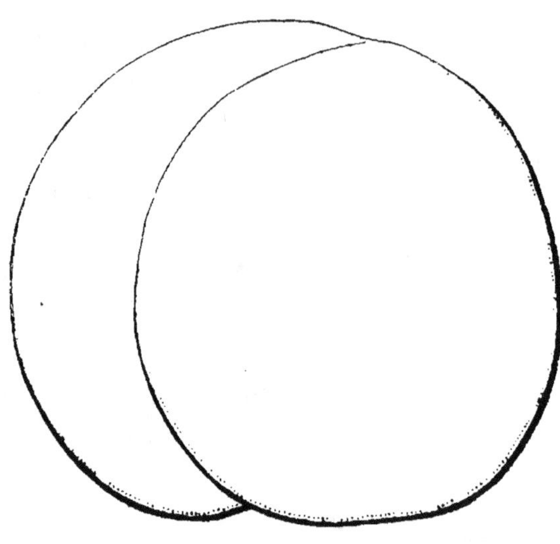

Fruit assez gros ou gros, bien arrondi, largement tronqué et creusé à la base ; à sillon étroit et peu profond, se fondant au sommet sans mamelon.

Épiderme à duvet abondant et très cendré, se détachant de la chair, blanchâtre, largement frappé de pourpre, passant au pourpre noir à l'insolation.

Chair d'un blanc rosé, largement teintée de rouge vers le noyau, fine, très juteuse ; à saveur agréablement sucrée et relevée.

Qualité BONNE.

Maturité. — Milieu de SEPTEMBRE.

Rameaux assez nombreux, gros, courts ou de longueur moyenne.

Feuilles petites, **à glandes réniformes.**

Fleurs petites, d'un rose foncé, de forme **campanulée.**

Culture. - Cette variété donne de gros fruits en espalier ; elle est également vigoureuse et fertile sur tige.

REINE DES VERGERS. — SYNONYME : *Monstrueuse de Doué.*

ORIGINE. — Découverte, en 1884, par M. Joneau, propriétaire à Lozère, près de Doué (Maine-et-Loire).

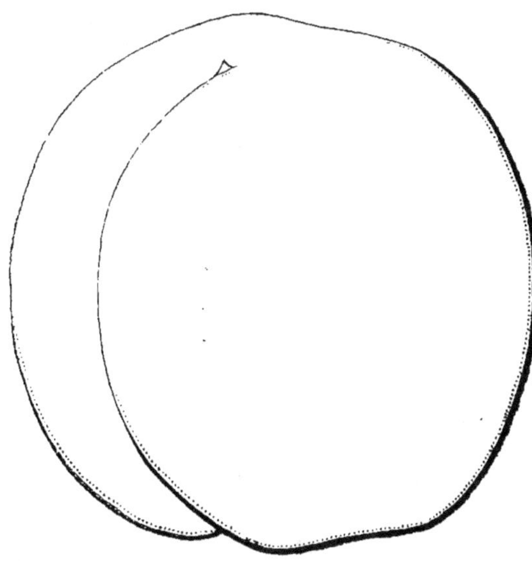

Fruit gros ou très gros, sphérico-ovoïde, un peu atténué vers la base ; à sillon accentué, également bordé ; à mamelon très petit, placé par un petit mucron noir.

ÉPIDERME à duvet long et très abondant, assez épais, jaune tendre, largement coloré de rouge carminé, passant au pourpre et au pourpre sombre à l'insolation.

CHAIR d'un blanc verdâtre, rouge vers le noyau, peu fine, assez juteuse ; à saveur un peu sucrée, souvent trop acide.

Qualité ASSEZ BONNE.

Maturité. **Première quinzaine de SEPTEMBRE.**

RAMEAUX élancés, effilés, d'un rouge violet intense au soleil.

FEUILLES longues, lancéolées, planes, d'un vert foncé ; à dents courtes et écartées ; à **glandes réniformes.**

FLEURS très petites, d'un rose assez vif, de forme **campanulée.**

Culture. Cette variété vigoureuse et fertile, peut être greffée sur tous les sujets et être cultivée spécialement sur tige.

Le Pêcher Reine des Vergers peut être planté dans toutes les régions propres à la culture du pêcher.

SALWAY. — SYNONYME : *Salwey*.

ORIGINE. — Obtenue en 1884, par le colonel Salwey, à Eghamparck, comté de Surrey, en Angleterre.

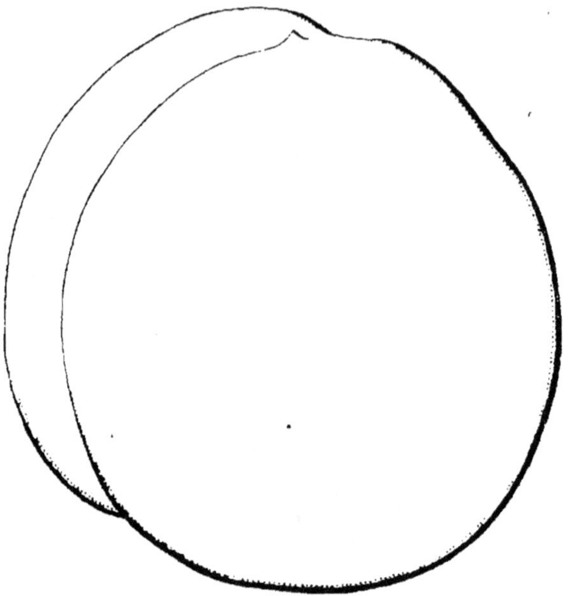

Fruit gros ou très gros, bosselé anguleux en son pourtour, presque ; à sillon assez prononcé et inégalement bordé ; à sommet creusé et portant un petit mamelon recourbé.

EPIDERME à duvet blanchâtre et un peu épais, se détachant bien de la chair, fin, mince, d'un jaune blanchâtre passant au jaune d'or, puis au pourpre foncé disposé en taches ou en raies à l'insolation.

CHAIR d'un jaune vif, teintée de rouge vers le noyau, assez fine, fondante, quoique ferme, suffisamment juteuse ; à saveur sucrée, relevée du parfum d'abricot.

Qualité BONNE.

Maturité.   Fin d'OCTOBRE.

RAMEAUX de force moyenne.

FEUILLES de grandeur moyenne, larges, paraissant crenelées plutôt que dentées ; à **glandes réniformes**.

FLEURS très petites, d'un rouge rose vif, de forme **campanulée**.

Culture.   Cette variété tardive, dont le mérite réside surtout dans la grosseur, la beauté du fruit et l'époque de maturité, peut être cultivée exclusivement en espalier, à l'exposition du sud et du levant, mais de préférence au levant, pour retarder sa maturité. Elle aime les terres un peu légères. Les fleurs ayant de la peine à s'ouvrir et à se nouer, il est utile de tailler un peu long.

Le Pêcher Salway peut être planté dans toutes les régions propres à la culture du pêcher.

SUPERBE DE TRÉVOUX.

Origine incertaine.

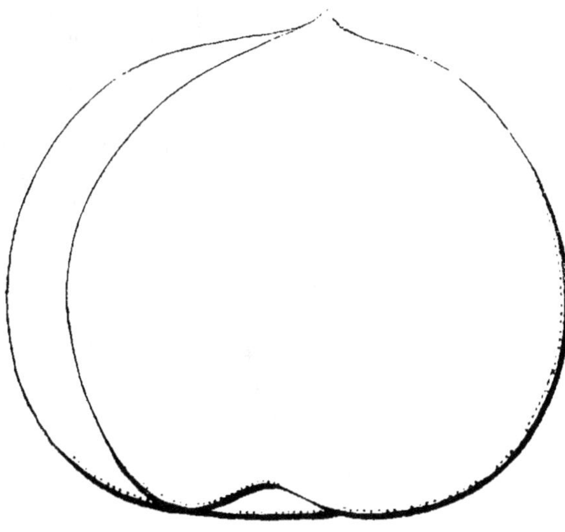

Fruit gros ou très gros, fortement coloré rouge vermillon à l'insolation, sillon profond divisant le fruit en deux faces inégales de développement.

Épiderme fin, duveteux, se séparant bien de la chair.

Chair fine, fondante, juteuse, sucrée et bien relevée.

Maturité. — Fin AOUT.

Arbre vigoureux et fertile, on peut cependant dans quelques régions, lui reprocher de courts alternats.

Rameaux assez vigoureux, légèrement arqués.

Feuilles moyennes, à **glandes globuleuses.**

Fleurs petites, d'un beau rose.

Culture. — Cette variété peut être cultivée en espalier et surtout sur tige où les fruits acquièrent un très fort volume et une coloration intense. Elle pousse très bien sur tous les sujets.

SUSQUEHANNAH.

ORIGINE ancienne.

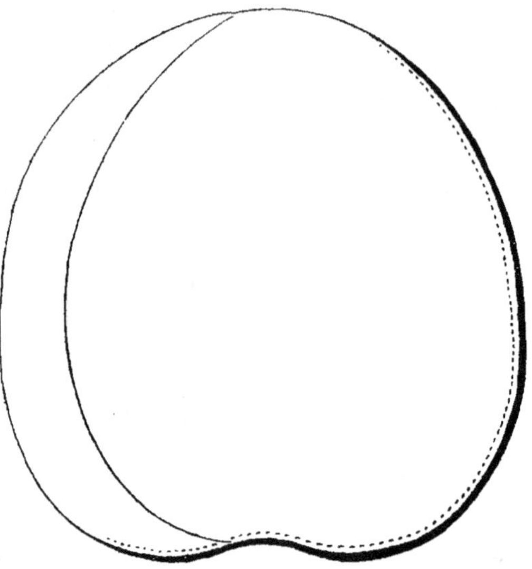

Fruit très gros, (24 cm. de circonférence) arrondi, déprimé, régulier au pourtour, à sillon inégalement bordé, peu creusé, aboutissant à un petit creux au sommet, cavité caudale large et profonde.

EPIDERME duveteux, d'un jaune or, largement frappé de rouge avec macules pourpres, violacées à l'insolation.

CHAIR d'un jaune vif, légèrement teintée de rose autour du noyau, se détachant bien, fine, ruisselante de jus, bien sucrée, assez relevée, ayant l'arôme des pêches jaunes parmi lesquelles elle doit être considérée comme l'une des meilleures.

Qualité TRES BONNE.

Maturité.   SEPTEMBRE.

RAMEAUX minces, rouges au soleil, jaunâtres en dessous.

FEUILLES à glandes réniformes.

FLEURS campanulées, grandes.

Culture. — Cette variété convient à l'espalier en grandes formes, à cause de sa vigueur, elle forme également de beaux arbres en plein vent.

TARDIVE D'OULLINS.

ORIGINE. — Trouvée en 1850, par M. Lagrange, dans une vigne, à Oullins, près Lyon.

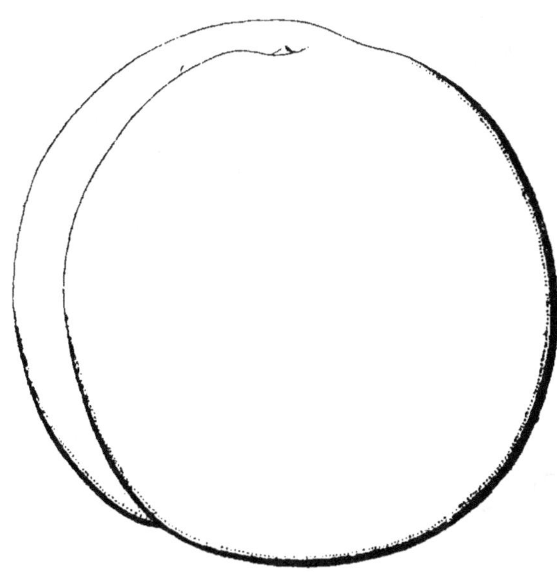

Fruit gros ou très gros, subsphérique, légèrement déprimé, un peu plus large vers le sommet ; à sillon assez profond, peu large, dépassant le sommet ; à très petit mamelon dans la dépression.

EPIDERME finement duveteux, mince, d'un vert jaunâtre, fortement coloré de rouge carmin à l'insolation.

CHAIR d'un blanc légèrement teinté de jaune, rouge vers le noyau, bien fine bien fondante : à saveur sucrée et parfumée.

Qualité TRES BONNE.

Maturité. — Fin de SEPTEMBRE et commencement d'OCTOBRE.

RAMEAUX allongés, de moyenne grosseur, effilés à leur sommet.

FEUILLES longues, larges, assez planes, d'un vert foncé brillant ; à dents courtes, fines et émoussées : à **glandes réniformes.**

FLEURS petites, de forme **campanulée.**

Culture. — Cette variété que l'on greffe sur tous les sujets, peut être cultivée en espalier sous toutes les formes, mais elle se prête mieux à la forme sur tige dans un sol bien drainé et chaud.

On doit tailler un peu court les premières années, afin d'obtenir une charpente bien garnie de rameaux, car plus qu'aucune autre variété ses branches ont une tendance à se dégarnir à la base comme celles du Pêcher Turenne dont elle est probablement issue.

Cette variété, très répandue dans la région lyonnaise, peut être cultivée dans toutes les régions où est cultivé le pêcher.

TEISSIER.

ORIGINE. — Trouvée, dans une vigne, à Oullins, près Lyon, et propagée par M. Jaboulay, vers 1855.

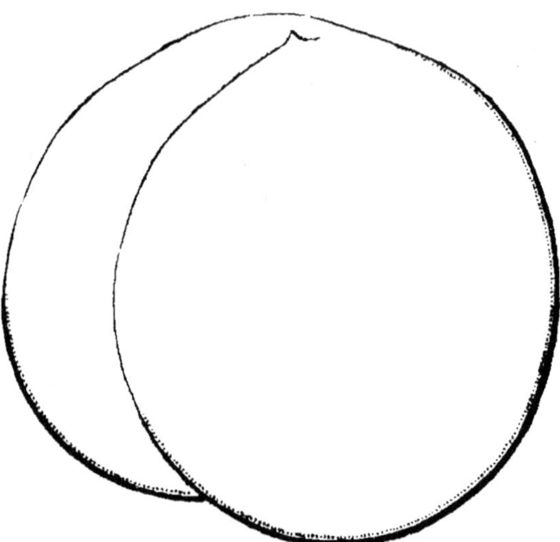

Fruit gros, sphérico-conique, bosselé ; à sillon peu profond, le plus souvent inégalement bordé ; à sommet surmonté d'un mamelon souvent assez prononcé.

ÉPIDERME finement et courtement duveteux, d'un jaune clair, coloré de rouge pâle, lavé ou fouetté en rouge foncé à l'insolation.

CHAIR blanche, teintée de rose vers les noyau, fine, fondante : à saveur sucrée, très agréablement parfumée et relevée.

Qualité TRES BONNE.

Maturité. **Seconde quinzaine de SEPTEMBRE.**

RAMEAUX plutôt forts que faibles, d'inégale longueur.

FEUILLES de longueur moyenne, larges, lisses, d'un vert foncé : à dents peu prononcées ; à **glandes globuleuses.**

FLEURS petites, rose saumoné, de forme **campanulée.**

Culture. Cette variété peu vigoureuse, peut être greffée sur franc ou sur prunier ; elle pousse plus vigoureusement dans les sols sains et riches que dans les terrains humides. En espalier, on doit l'élever en petites formes, et à l'exposition du midi et du levant. Cette variété peut être cultivée aussi sur tige. Les fruits nouant en très grande quantité, il est indispensable de les éclaircir. Jusqu'au moment où l'arbre a pris de la force, on ne doit tailler qu'à bois.

La Pêche Teissier peut être plantée dans toutes les régions où est cultivé le pêcher.

TÉTON DE VÉNUS. — Synonyme : *Admirable tardive*.

Origine ancienne et inconnue.

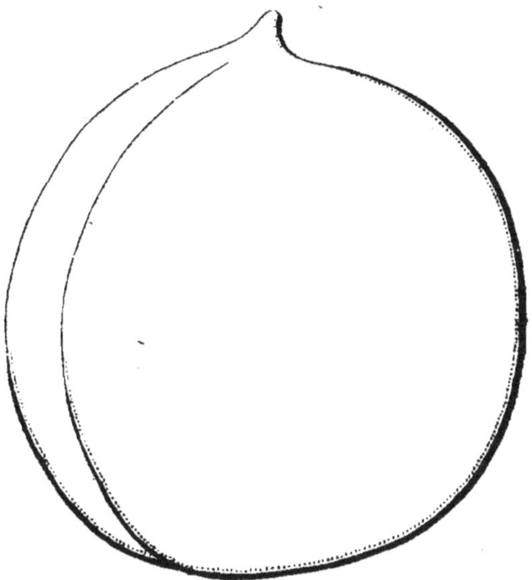

Fruit gros, sphérico-ovoïde, plus atténué vers le sommet ; à sillon étroit, peu profond et prolongé ; à sommet muni d'un mamelon souvent bien développé.

Epiderme à duvet soyeux et assez long, se détachant bien de la chair, fin, d'un blanc jaunâtre, lavé de rouge sang et taché-rayé de rouge plus foncé à l'insolation.

Chair d'un blanc un peu verdâtre, à peine teintée de rose vers le noyau, assez fine, fondante ; à saveur sucrée, agréablement relevée d'un parfum particulier.

Qualité BONNE ou TRES BONNE.

Maturité. Fin de **SEPTEMBRE** et commencement d'**OCTOBRE.**

Rameaux longs et forts.

Feuilles grandes, larges, assez planes, d'un vert foncé ; à dents très fines et régulières ; à **glandes globuleuses.**

Fleurs petites, d'un rose terne et pâle, de forme **campanulée.**

Culture. — Cette variété demande exclusivement l'espalier, les expositions du midi et du levant, et un sol léger et riche ; il faut éviter les terres fortes, où dans les années froides et humides les fruits ne se colorent pas et sont souvent amers et acides.

On devra défeuiller successivement, avec précaution, un peu avant la maturité du fruit. Le Pêcher Téton de Vénus n'est planté que dans les régions assez chaudes pour permettre à ses fruits d'arriver à complète maturité.

THÉOPHILE SUEUR.

ORIGINE. — Obtenue par M. Arthur Chevreau, arboriculteur à Montreuil (Seine), d'un semis de Mignonne Hâtive, en 1897.

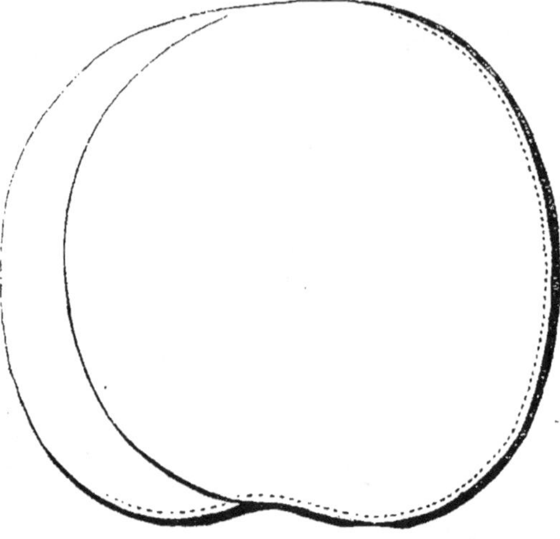

Fruit assez gros, très coloré.

PÉDICELLE inséré dans un sillon très prononcé entre deux lèvres bien égales.

POINT PISTILLAIRE peu marqué.

ÉPIDERME rouge foncé, velouté, très fin.

CHAIR blanche, fondante, juteuse, sucrée, veinée de rouge.

Qualité BONNE.

Maturité. — Fin SEPTEMBRE.

RAMEAUX vigoureux, yeux très rapprochés et bien formés.

FLEURS petites, se rapprochant des fleurs de la variété Galande.

Culture. — L'arbre est vigoureux et fertile, sa culture est facile, s'accomodant bien de toutes les formes.

VILMORIN.

ORIGINE. — Obtenue par M. Alexis Lepère, à Montreuil.

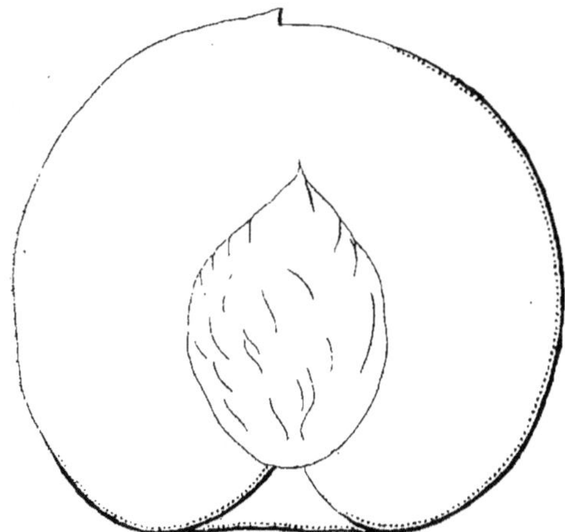

Fruit assez gros ou gros, sphérique, un peu tronqué à la base, à peu près aussi large que haut ; à sillon peu prononcé et s'étendant à peine sur le dos, régulier en son pourtour ; à point pistillaire très petit, sur un petit mucron plus ou moins saillant, mais dépassant les lèvres ; à cavité caudale de largeur et profondeur moyennes laissant voir au fond le noyau.

ÉPIDERME duveteux, se détachant, jaune pâle, teinté de rose vif passant au pourpre foncé sur la partie éclairée, dont les bords sont finement granités de rose.

NOYAU moyen, ovale, se terminant en pointe assez longue et plus ou moins aiguë, brun fauve, obtusément et profondément rustiquée.

CHAIR blanche, bien lavée de pourpre vif autour du noyau, se détachant bien, fine, fondante, très juteuse, sucrée-acidulée, agréablement parfumée et relevée.

Qualité TRES BONNE.

Maturité. -— Milieu et fin de SEPTEMBRE.

RAMEAUX de longueur et force moyennes, droits, vert gris à l'ombre, colorés de carmin vif à l'insolation.

FEUILLES grandes, ovales lancéolées, repliées en dedans sur la côte où elles sont souvent plissées, se terminant en longue pointe aiguë, courtement et finement dentées, à **glandes globuleuses** et petites.

FLEURS petites, **campanulées.**

Culture. — Cette variété doit être greffée sur prunier de préférence et être cultivée en espalier. L'exposition du levant est celle qui lui convient le mieux ; au midi, le fruit prendrait un coloris trop foncé. L'arbre préfère les petites formes.

Cette variété qui est cultivée principalement dans le Nord, peut être plantée dans tous les pays propres à la culture du pêcher.

WILLERMOZ. — Synonyme : *Précoce de Crawford.*

Origine américaine. — Variété introduite, vers 1850, par M. Gaillard, de Brignais (Rhône).

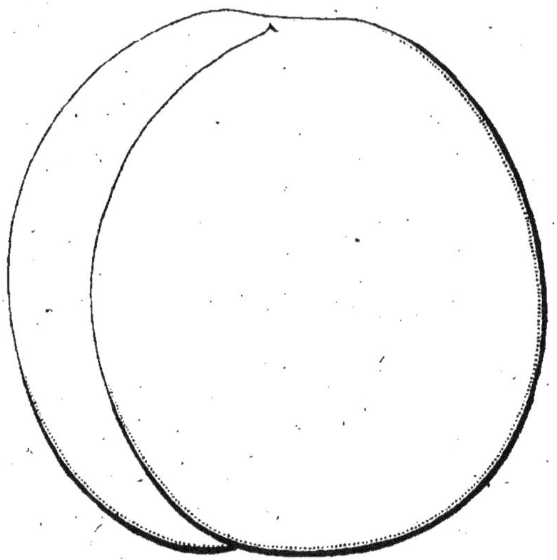

Fruit gros, subsphérique, à sillon peu profond et inégalement bordé ; à sommet légèrement creusé, le plus souvent muni d'un mamelon aigu.

Épiderme finement duveteux, se détachant bien de la chair, fin, jaune orangé, rouge carminé très foncé à l'insolation

Chair d'un beau jaune, d'un pourpre violet près du noyau, demi-fine, fondante ; à saveur sucrée et assez agréablement relevée.

Qualité BONNE.

Maturité. — Milieu et fin d'AOUT.

Rameaux gros et courts.

Feuilles moyennes, peu larges, ondulées ; à dents larges et peu profondes ; à **glandes réniformes.**

Fleurs petites, rose vif, de forme **campanulée.**

Culture. — Cette variété peut être dirigée sous toutes les formes, à l'exposition du midi ou du levant de préférence, afin de ne pas trop hâter la maturité de ses fruits. Elle peut également être cultivée sur tige. L'arbre réclame une position bien éclairée, un sol riche et bien drainé. La disposition naturelle des coursonnes et des boutons à fleurs est des plus heureuses. Elle permet de faire une taille bien proportionnée et d'obtenir des rameaux de remplacement rapprochés des branches charpentières. Cette variété se reproduit presque identiquement de noyau.

La Pêche Willermoz doit être cultivée de préférence dans le Centre et le Midi de la France.

NECTARINE CARDINAL.

ORIGINE. · Obtenue par Thomas Rivers et fils, à Sarrebridgeworth (Angleterre).

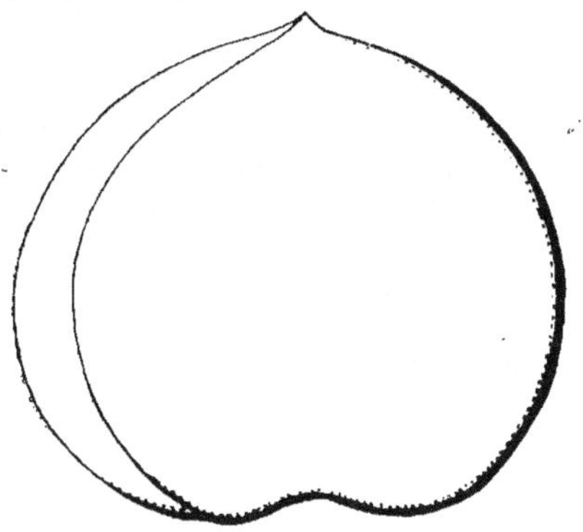

Fruit de bonne grosseur, arrondi et régulier.

EPIDERME crème, lavé de violet.

CHAIR fondante, de couleur crème, juteuse, vineuse.

Qualité BONNE.

Maturité. — Deuxième quin-zaine de JUILLET.

ARBRE vigoureux et fertile.

RAMEAUX moyens, rouge vif à l'insolation, légèrement arqués.

FEUILLES moyennes, vert clair, **glandes réniformes.**

FLEURS grandes, rosacées, pétales en cuiller, rose vineux, lilas foncé au revers, floraison demi-hâtive.

Culture. — Cette variété peut être cultivée en espalier et sur tige ; réussit également bien au forçage.

BRUGNON DE COOSA.

Origine. — Introduite par MM. Transon, d'Orléans.

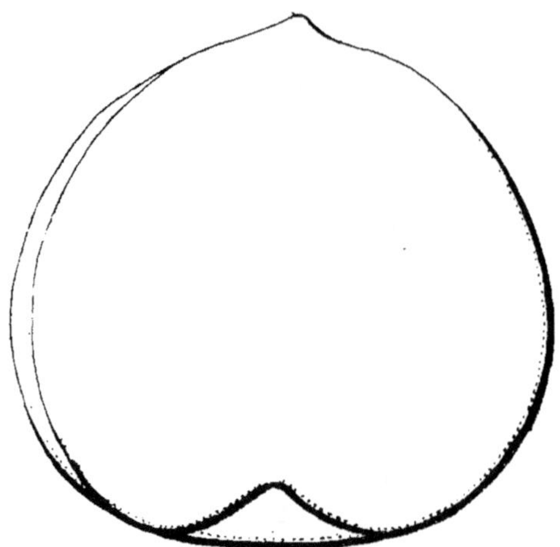

Fruit gros ou assez gros, sphérique, à peine tronqué à la base, aussi large que haut, partagé en deux parties presque égales par un sillon peu prononcé, surtout sur une des faces où il disparaît à moitié de sa hauteur ; mucron assez fort et saillant, terminé par un acumen aigu.

Épiderme lisse, jaune pâle, sous une couche de pourpre vif, devenant noirâtre sur la partie la plus éclairée, et allant en se dégradant en pourpre terne, sur les parties à l'ombre, persemé de points gris jaunâtre.

Chair blanchâtre ou légèrement jaunâtre, teintée et veinée de pourpre vif autour du noyau, dont elle se détache facilement, fine, un peu ferme, fondante, juteuse, sucrée, acidulée, agréablement parfumée.

Qualité BONNE ou TRES BONNE pour l'époque.

Maturité. — Milieu d'AOUT.

Arbre vigoureux, à feuilles munies de **glandes réniformes.**

Fleurs petites, **campanulées,** rose vif.

Culture. — Cette variété doit être cultivée de préférence en espalier, à une exposition chaude ; très bonne pour le transport ; elle peut être considérée comme un bon fruit de marché.

NECTARINE DE FÉLIGNIES. — Synonyme : *Brugnon de Hainaut*. — *Brugnon de Féligny*.

Origine. — Obtenue au siècle dernier, par M. Présin de Félignies, au château de Neufvilles, près Soignies (Belgique).

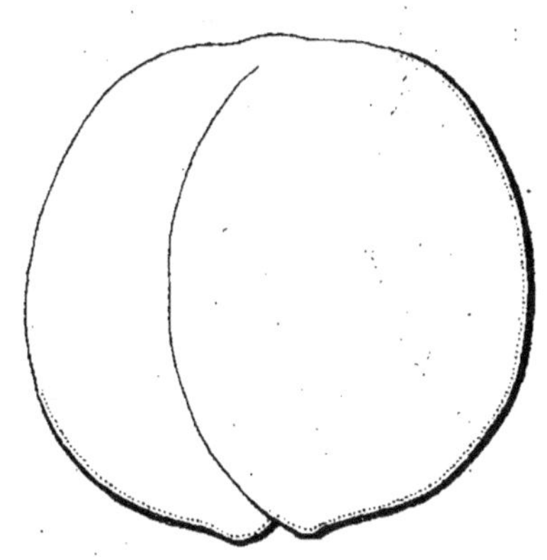

Fruit moyen, presque sphérique, bien déprimé à ses deux pôles ; à sillon peu profond, qui se prolonge en côte sur le dos ; à sommet étroitement et profondément creusé, au point pistillaire.

Épiderme lisse, mince, très fin, se détachant de la chair, d'un blanc de cire, frappé et maculé de rouge devenant presque noir à l'insolation.

Chair blanchâtre, à peine colorée de rouge vers le noyau, fine, fondante, juteuse ; à saveur sucrée, parfumée et relevée.

Qualité BONNE.

Maturité. — Milieu d'AOUT.

Rameaux forts, d'un rouge vineux intense.

Feuilles grandes, à pointe très longue ; largement crenelées ; à **glandes réniformes.**

Fleurs assez grandes, d'un rose violacé tendre, de forme **rosacée.**

Culture. — Cette variété greffée sur prunier et sur amandier, doit être cultivée en espalier, sous toutes les formes et à toutes les expositions. Le fruit est un peu sujet à la pourriture. L'arbre est cultivé particulièrement en Belgique, il peut être planté dans toutes les régions convenant au pêcher.

NECTARINE EARLY RIVERS.

ORIGINE. Obtenue par M. Rivers, en Angleterre.

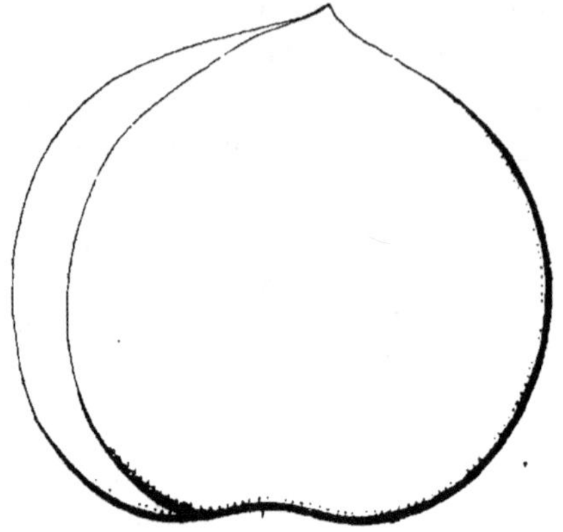

Fruit gros ou très gros, bien arrondi, à sillon également bordé, large et assez creusé au sommet ; à cavité caudale, large et profonde.

ÉPIDERME à fond d'un blanc ambré, très largement frappé de rouge grenat, s'atténuant en grumeaux, parfois avec quelques marbrures de rouille.

CHAIR d'un blanc ambré, un peu adhérente, un peu filandreuse, bien juteuse, sucrée, plus ou moins parfumée.

Qualité TRES BONNE.

Maturité. — Fin JUILLET et première quinzaine d'AOUT, c'est une des plus précoces.

ARBRE vigoureux.

RAMEAUX jaune verdâtre, légèrement rouges à l'insolation.

FEUILLES moyennes, à **glandes réniformes.**

FLEURS grandes, rosacées.

Culture. — L'arbre vigoureux doit être surtout cultivé en espalier, aucun soin particulier à signaler pour la taille, il faudra effeuiller suffisamment pour faciliter la coloration.

NECTARINE GALOPIN.

ORIGINE. — Obtenue vers 1859, par M. Galopin, pépiniériste, à Liège (Belgique).

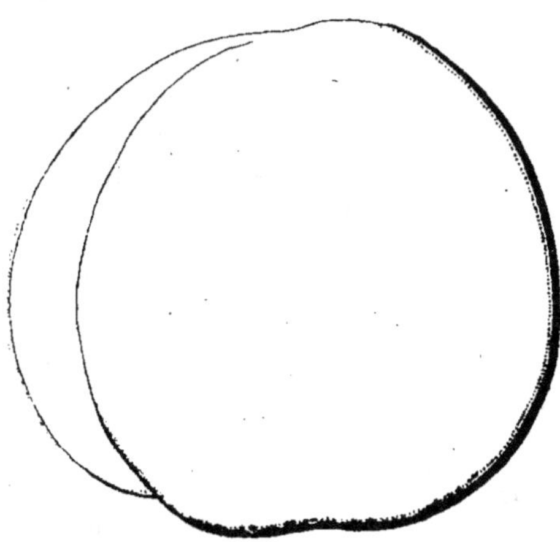

Fruit gros (une des plus grosses Nectarines), presque sphérique, largement tronqué à la base ; à sillon peu profond, inégalement bordé, se prolongeant jusque vers le milieu du dos ; à sommet muni d'un mucron mince et non conique.

EPIDERME lisse, épais, ferme, d'un vert jaunissant, passant au rouge brun, avec des marbrures pourpre foncé à l'insolation.

CHAIR verdâtre, un peu teintée de rouge vers le noyau, fine fondante, juteuse ; à saveur sucrée et bien parfumée.

Qualité TRES BONNE.

Maturité. — Première quinzaine de SEPTEMBRE.

RAMEAUX très allongés, de force moyenne.

FEUILLES bien allongées, larges vers la base, terminées en longue pointe effilée ; à dents très larges ; à **glandes réniformes.**

FLEURS grandes, d'un beau rose violacé, de forme **rosacée.**

Culture. — Cette variété peut être greffée sur tous les sujets, et cultivée en espalier et sur tige, mais en espalier le fruit est plus beau et de meilleure qualité.

On taillera les rameaux plutôt longs, parce qu'ils sont généralement garnis de boutons à fleurs au sommet. La Nectarine Galopin est cultivée dans toutes les régions qui conviennent au pêcher.

NECTARINE INCOMPARABLE.

ORIGINE. — Variété belge.

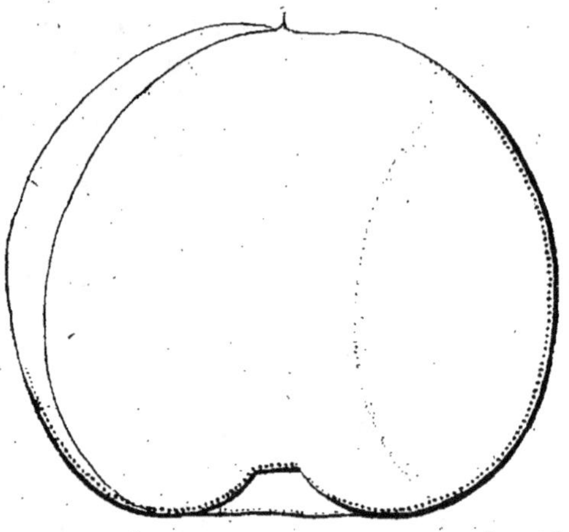

Fruit gros ou très gros (égalant en grosseur la Nect. Galopin), arrondi-déprimé, plus large que haut, tronqué à la base ; à sillon peu profond, un peu large, dépassant le sommet, bordé de lèvres presque égales ; à point pistillaire en aiguille, surmontant un petit cône droit ; à cavité caudale, peu profonde et arrondie.

ÉPIDERME se détachant, lisse, fin, d'un jaune blanchâtre, largement lavé de pourpre foncé, prenant une teinte violacée sur la partie la plus éclairée, granité et marbré de rouge à l'ombre.

NOYAU bombé régulièrement, assez peu profondément rustiqué, courtement acuminé au sommet.

CHAIR d'un blanc laiteux, à peine rosée autour du noyau, fine, bien fondante, juteuse, sucrée, agréablement acidulée et parfumée.

Qualité BONNE ou TRES BONNE.

Maturité. — Fin d'AOUT.

FEUILLES à glandes **réniformes.**

FLEURS moyennes, **rosacées,** de couleur rose.

Culture. — Rien de particulier à signaler sur sa culture.

NECTARINE JAUNE MAGNIFIQUE DE PADOUE.

ORIGINE incertaine, probablement italienne, comme l'indique son nom.

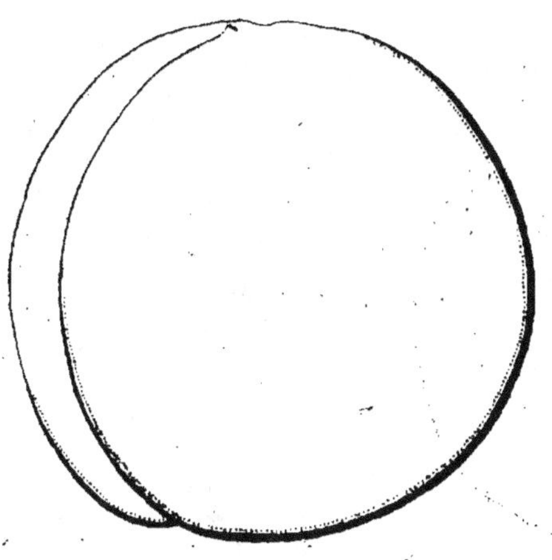

Fruit gros, sphérico-ovoïde, régulier ; à sillon bien prononcé et presque également bordé ; à sommet arrondi, portant le style persistant.

ÉPIDERME lisse, se détachant bien, très fin, très mince, d'un jaune d'or brillant, souvent lavé et fouetté de vermillon à l'insolation.

CHAIR d'un jaune intense, bien fine, serrée, bien fondante ; à saveur sucrée, vineuse et agréablement relevée.

Qualité TRES BONNE.

Maturité. — **Commencement de SEPTEMBRE.**

RAMEAUX de force moyenne.

FEUILLES grandes, larges, terminées en longue pointe recourbée, à petites **glandes globuleuses.**

FLEURS très petites, d'un rose rouge très clair, de forme **campanulée.**

Culture. — Il peut être greffé sur prunier et sur amandier et être cultivé en espalier, sous toutes formes et aux expositions chaudes.

Ce joli fruit est un peu sujet à la pourriture. L'arbre peut être planté dans toutes les régions propres à la culture du pêcher, mais spécialement dans le Midi.

NECTARINE LILY BALTET.

ORIGINE. — Obtenue, en 1894, par M. Lucien Baltet, horticulteur-pépiniériste à Troyes (Aube), d'un semis de noyau de Nectarine Précoce de Croncels, fait en 1890.

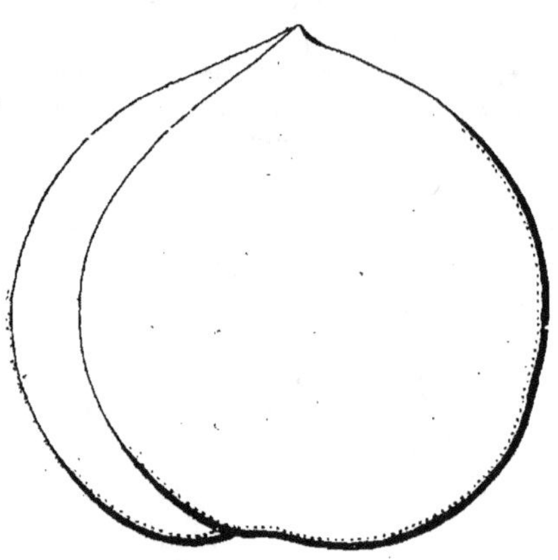

Fruit gros.

EPIDERME lisse, fond rose carné, nuancé de carmin, passant en partie au pourpre violet, fin, transparent, se détachant facilement de la chair.

CHAIR fine, teintée de crème, juteuse, sucrée, un peu vineuse.

Qualité BONNE.

Maturité. — Mi-AOUT et première quinzaine d'AOUT.

RAMEAUX moyens, rouge foncé à l'insolation, verts à l'ombre, l'extrémité supérieure est très renflée.

YEUX moyens, arrondis.

Culture. — Cette variété peut être cultivée en espalier et en plein vent, et greffée sur tous sujets.

NECTARINE LORD NAPIER.

Origine. — Obtenue par M. Rivers, de Sawbridgeworth, près de Londres.

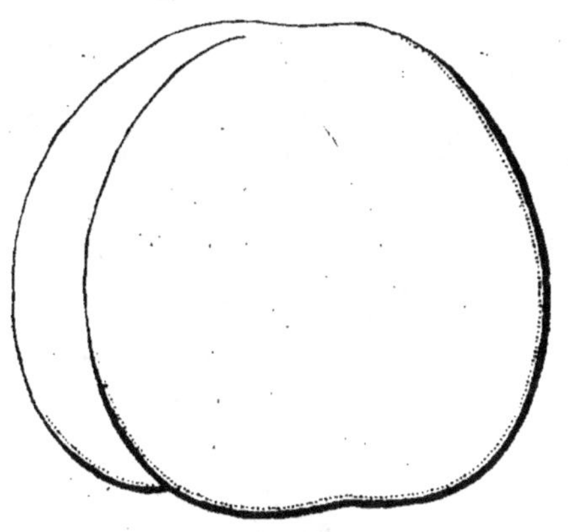

Fruit gros, arrondi, un peu conique, très largement tronqué à la base ; à sillon peu sensible ; à sommet arrondi et surmonté du point pistillaire proéminent.

Épiderme lisse, ferme, d'un jaune verdâtre, bien coloré de rouge et de rouge brun à l'insolation, granité de points fauve clair.

Chair blanche, très fine, fondante, juteuse ; à saveur sucrée et bien parfumée.

Qualité TRES BONNE.

Maturité. — Première quinzaine d'AOUT.

Rameaux peu nombreux, minces, de longueur moyenne.

Feuilles à **glandes réniformes.**

Fleurs grandes, d'un rose pâle, de forme **rosacée.**

Culture. — Cette variété peut être greffée sur tous les sujets. Elle peut être cultivée sur franc, mais de préférence en espalier, à l'exposition du sud-est et du levant. Elle se prête à toutes les formes et peut être utilisée pour la culture forcée.

Cultivée spécialement dans le nord de la France, elle peut l'être aussi dans toutes les régions convenant au pêcher.

NECTARINE PRÉCOCE DE CRONCELS.

ORIGINE. — Obtenue en 1887, d'un semis fait, en 1884, par M. Ernest Baltet, pépiniériste à Troyes (Aube), mise au commerce en 1889. L'obtenteur la croit issue de la P. Amsden.

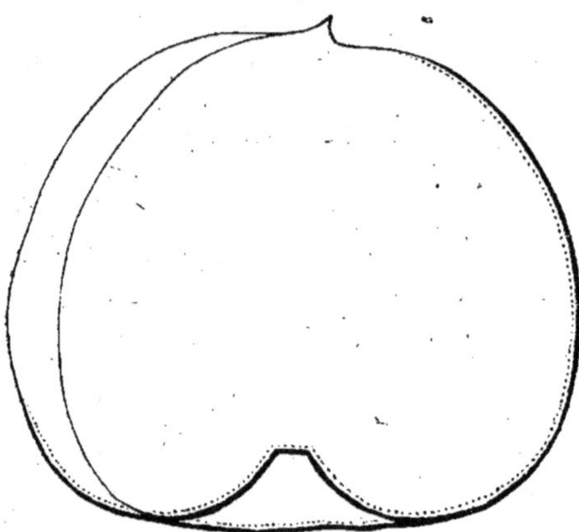

Fruit assez gros, sphérique, à peine plus large que haut, largement tronqué à la base, étroitement tronqué ou arrondi au sommet ; à sillon à peine creusé, visible par un trait qui se change souvent en une légère dépression sur le dos ; à point pistillaire à peine visible sur un petit cône un peu repoussé vers le dos ; à cavité caudale régulière, assez profonde et assez large.

EPIDERME se détachant facilement, lisse, d'un jaune pâle blanchâtre, sablé de petits points jaunâtres, granité de pourpre, plaqué de rouge grenat à l'insolation.

NOYAU assez petit ou petit, bien et obtusément rustiqué, ovale, se terminant en pointe allongée.

CHAIR se détachant très facilement du noyau, totalement blanche, assez fine ou fine, fondante, bien juteuse, sucrée, bien relevée, suffisamment parfumée.

Qualité BONNE ou TRES BONNE.

Maturité. — Commencement d'AOUT.

FEUILLES grandes, planes, à **glandes réniformes.**

FLEURS grandes, **rosacées,** d'un rose frais et pâle.

Culture. — Cette variété très vigoureuse et très fertile peut être greffée sur tous les sujets. Elle peut être cultivée en espalier et en plein vent, on l'utilise pour le forçage. On doit lui appliquer une taille normale, mais plutôt un peu longue.

Cette Nectarine peut être plantée dans toutes les régions propres à la culture du pêcher.

NECTARINE STANWICH ELRUGE.

ORIGINE. — Obtenue par M. Rivers, de Sawbridgeworth (Angleterre),
de la N. Elruge fécondée par la N. Stanwich.

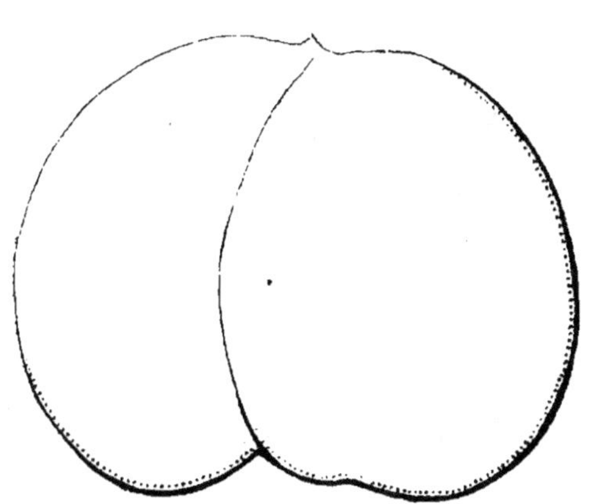

Fruit moyen ou assez gros, sphérique, tronqué à la base, arrondi et souvent étroitement déprimé au sommet : à sillon accentué surtout au sommet que souvent il dépasse, bordé de lèvres inégales ; à point pistillaire sur un petit mucron placé dans une faible dépression : à cavité caudale ovale, large et assez profonde.

ÉPIDERME se détachant assez bien, lisse, d'un jaune pâle, largement frappé de rouge très vif à l'insolation, granité de même couleur sur le reste de sa surface, finement pointillé de fauve clair.

NOYAU assez petit ou à peine moyen, ovale, renflé vers la pointe qui est très courte et souvent obtuse.

CHAIR se détachant bien du noyau, blanche, teintée de pourpre au centre, fine, fondante, bien juteuse, bien sucrée, agréablement acidulée et parfumée.

Qualité TRES BONNE.

Maturité. — Seconde quinzaine d'AOUT.

FEUILLES à **glandes golbuleuses.**

FLEURS **campanulées,** assez petites.

Culture. — Cette variété peut être greffée sur prunier ou sur amandier. Elle doit être plantée à une bonne exposition chaude, au midi de préférence ; à cette orientation les fruits sont plus beaux, plus savoureux, moins sujets aux gerçures que ceux cultivés au levant ou à l'ouest.
La Nectarine Stanwick Elbruge peut être cultivée dans toutes les régions propres à la culture du pêcher.

NECTARINE VICTORIA.

ORIGINE. — Obtenue par M. Rivers, de Sawbridgeworth, près de Londres.

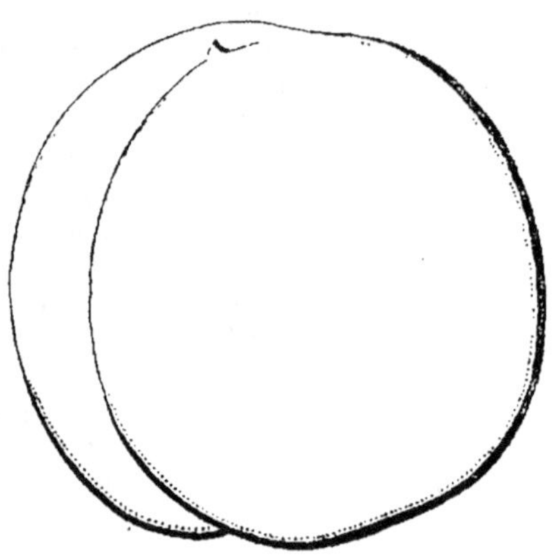

Fruit assez gros, sphérico-ovoïde ou sphérique ; à sillon très peu prononcé, presque également bordé ; à sommet arrondi, terminé par un petit mucron.

ÉPIDERME lisse, se détachant de la chair, très fin, très mince, d'un vert un peu jaune, largement recouvert de pourpre grenat ou brun à l'insolation.

CHAIR d'un blanc un peu verdâtre, colorée de pourpre vif vers le noyau, fine, fondante, bien juteuse : à saveur sucrée et bien parfumée.

Qualité TRES BONNE.

Maturité. -- Seconde quinzaine de SEPTEMBRE.

RAMEAUX forts, peu allongés, un peu anguleux.

FEUILLES assez petites, longuement atténuées au sommet, repliées, à dents fines ; à **glandes réniformes.**

FLEURS petites, roses, de forme **campanulée.**

Culture. Cette variété peut être greffée sur prunier et sur amandier, pour être cultivée en espalier, à une bonne exposition, chaude, éclairée, et dans un sol léger, riche et profond. Il faut tailler un peu long les premières années et plus court ensuite.

La Nectarine Victoria peut être plantée dans toutes les régions où est cultivé le pêcher.

POIRIER

ORIGINE. - Le poirier commun est indigène, on le trouve dissé-
miné un peu partout dans les haies et dans les forêts d'Europe ; on
trouve en Asie et au Japon quelques espèces qui ne semblent pas donner de bons résultats, d'après les divers essais faits tant pour les
acclimater que pour en faire des sujets d'hybridation.

AIRE DE CULTURE. - Le poirier est cultivé dans tous les climats
tempérés et tempérés chauds, en montagne, en plaine, sur les plateaux
assez élevés ; dans les Alpes on cite certaines cultures, installées en
espalier, jusqu'à 1.100 mètres d'altitude.

SUJETS. — Le poirier est greffé sur franc, ou poirier sauvage
obtenu par semis, pour la culture en plein vent ou pré-verger, ou en
verger cultivé, on obtient ainsi des hautes tiges vigoureuses et pro-
ductives : dans le jardin potager, en culture d'amateur, partout où
le sol est bien cultivé, on obtient de superbes tiges sur cognassier, les
fruits sont plus gros et plus savoureux que sur franc.

Le poirier franc est encore employé comme sujet dans les terrains
calcaires où le poirier sur cognassier est sujet à la chlorose, ou encore
pour le greffage des variétés de faible vigueur sur cognassier, mais,
sur franc, la fructification est plus longue à venir.

En général, pour installer une culture intensive, on choisit un sol
où le cognassier peut prospérer ; il en est de même pour l'amateur qui
a toujours intérêt à choisir le cognassier comme sujet pour obtenir
des fruits de qualité supérieure, une fructification plus hâtive et plus
régulière, mais souvent l'amateur est obligé de subir le sol et d'y
adapter les cultures qu'il désire entreprendre par le choix du sujet.

Certaines variétés dont la sympathie pour le cognassier est douteuse, comme Bon Chrétien Williams, Beurré Clairgeau, Marguerite
Marillat, etc..., doivent être *surgreffées* sur une variété présentant
sur cognassier une sympathie très grande pour la soudure, telles sont
par exemple les variétés Curé et Beurré d'Hardenpont qui sont à
leur tour sympathiques aux variétés difficiles.

Enfin on a parlé de greffer le poirier sur aubépine, c'est une opération qui réussit, mais ne donne pas de résultats appréciables, c'est
plutôt une fantaisie d'amateur.

SEMIS. — Le semis est employé pour la recherche de variétés nouvelles et l'obtention des sujets francs pour le greffage.

SOL. — Un sol frais, mais sans excès d'humidité, les sables frais d'alluvions, les terres argilo-calcaires ou argilo-siliceuses, riches en matières organiques, seront favorables au poirier greffé sur cognassier ; en sol calcaire, mais non aride, greffé sur franc, on obtiendra de bons produits.

FORMES. — Toutes les formes plaisent à cette espèce pour laquelle d'ailleurs elles semblent avoir été spécialement imaginées afin de hâter la fructification.

Il y a les formes dites de plein vent et celles dites palissées.

A *Les formes de plein vent* comprennent deux catégories : 1° Les formes à *haute tige* et les *formes naines*.

1° Les formes à *haute tige*, ou simplement appelées *plein vent* (fig. 1), sont celles dont la tête (gobelet, vase, fuseau) est supportée par un *pied*, ou *tige*, ou *fût*, de 1 m. 50 à 2 m., il y a aussi les *demi-tiges* dont le *pied* varie entre 1 m. et 1 m. 40.
La distance de plantation au verger varie de 6 à 8 mètres en tous sens pour la tige et de 5 à 7 mètres pour la demi-tige.

2° Les *formes naines en plein vent* sont des formes composées spécialement dans le but d'utiliser au maximum la sève de l'arbre, par un nombre suffisant de branches charpentières garnies sur toute leur longueur des coursonnes, ou ramifications, devant porter les boutons à fleurs.

Parmi ces formes naines en plein vent, c'est-à-dire n'exigeant aucun support pour être cultivés, nous citerons :

Le *gobelet* (fig. 2) ou vase, forme idéale de l'arbre de culture intensive et de culture d'amateur, donnant le maximum d'aération et d'éclairement à l'arbre et aux fruits ; la distance de plantation en culture intensive est de 3 mètres entre les lignes et de 2 mètres à 2 mètres 50 entre les arbres sur la ligne.

Le *fuseau* (fig. 3) est établi pour obtenir sur une simple colonne le maximum de rameaux fruitiers, forme très répandue en culture intensive et en culture d'amateur ; la distance de plantation est la même que pour le gobelet.

La *Pyramide à séries* (fig. 4) est une modification du fuseau pour donner plus d'air et de lumière à l'intérieur de l'arbre, réservée à la culture d'amateur ; la distance à observer entre les arbres est de 4 mètres en tous sens.

La *pyramide spiralée* (fig. 5) est un fuseau dont on a éclairci les branches en spirale plus ou moins régulière ; bonne forme pour culture intensive et culture d'amateur ; la distance à observer entre les arbres est la même que pour la pyramide à séries.

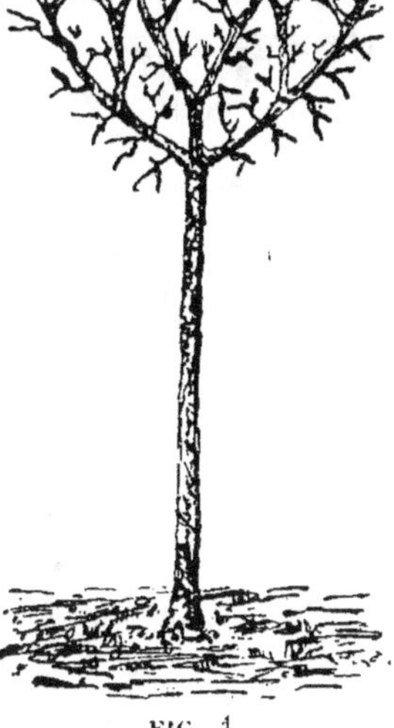

FIG. 2

Gobelet

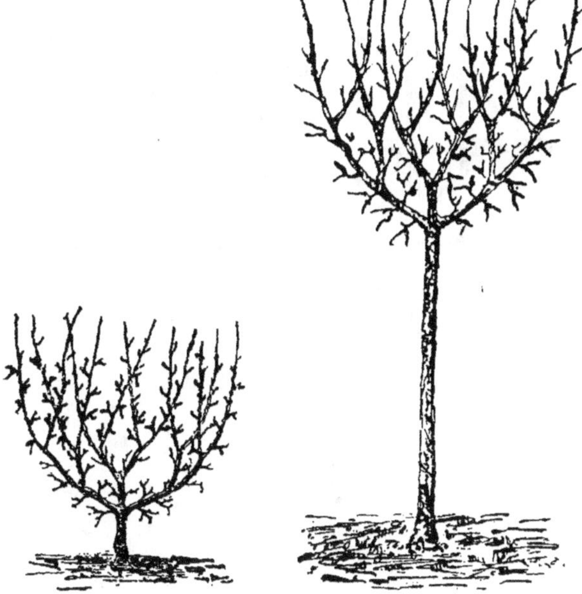

FIG. 1

Haute tige ou plein vent

FIG. 3

Fuseau

FIG. 4

Pyramide à séries

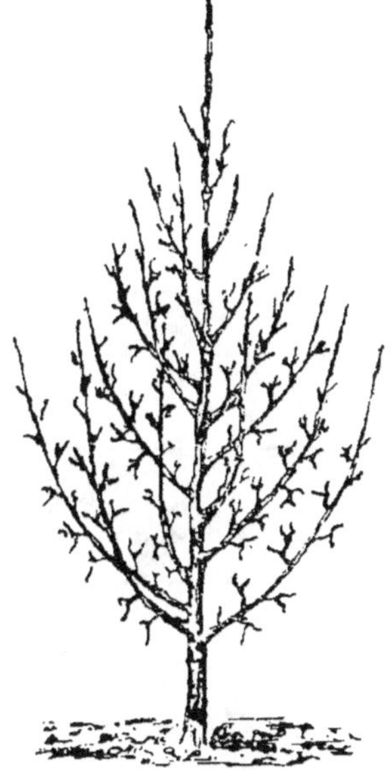

FIG. 5

Pyramide spiralée

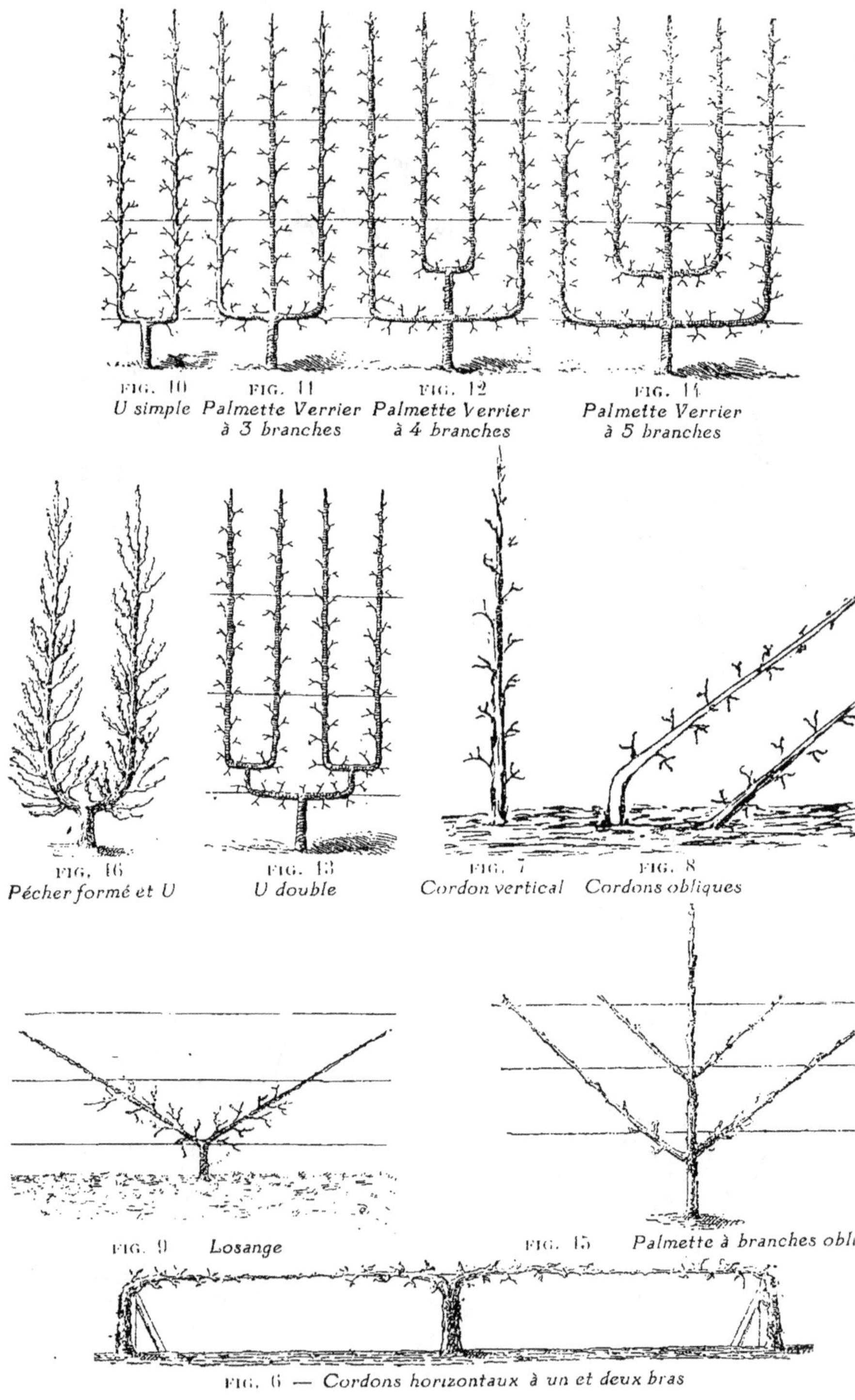

FIG. 10 — *U simple*
FIG. 11 — *Palmette Verrier à 3 branches*
FIG. 12 — *Palmette Verrier à 4 branches*
FIG. 14 — *Palmette Verrier à 5 branches*

FIG. 16 — *Pêcher formé et U*
FIG. 13 — *U double*
FIG. 7 — *Cordon vertical*
FIG. 8 — *Cordons obliques*

FIG. 9 — *Losange*
FIG. 15 — *Palmette à branches obli[...]*

FIG. 6 — *Cordons horizontaux à un et deux bras*

B Les *formes palissées*, ainsi que l'indique leur nom, ont besoin d'une armature pour être cultivées : 1° le *mur* qui devient *l'espalier* par l'application sur sa surface de fils de fer horizontaux, soutenant des lattes verticales ou obliques, sur lesquelles sont palissées les formes, ce mur peut être en pierre, en mâchefer, en pisé de terre ou même simplement en planches.

Le *contre espalier* est un espalier sans mur, les fils de fer sont tendus sur des arcs-boutants en fer ou en bois placés aux extrémités, et sur ces fils de fer sont fixées les lattes devant recevoir les formes.

Il y a énormément de formes palissées, les unes classées et adoptées par la majorité des arboriculteurs, et les formes de fantaisie laissées à l'imagination de chacun ; les premières seules seront décrites ici ; en culture intensive de contre espalier, séparer les lignes entre elles de 3 à 4 mètres pour permettre une bonne aération et un bon éclairement.

Le *cordon horizontal* (fig. 6) est la plus simple des formes palissées, l'arbre est d'abord palissé verticalement sur un pied plus ou moins long, 0 m. 40 à 1 m., puis brusquement coudé horizontalement ; ce coude brusque corrige la vigueur de l'arbre ainsi d'ailleurs que le choix du sujet, qui, peu vigoureux, donne une fructification normale ou abondante, suivant les variétés ; c'est une forme de culture intensive et d'amateur ; la distance de plantation varie de 2 m. à 3 m.

Le *cordon vertical* (fig. 7) est la palmette la plus simple, trop simple pour certaines variétés vigoureuses; on l'emploie en culture d'amateur et en culture intensive, la distance de plantation varie de 0 m. 40 à 0 m. 80.

Le *cordon oblique* (fig. 8), partant obliquement du sol, ou après une partie verticale de 0 m. 25 à 0 m. 30, avec inclinaison à 45° ; excellent pour produire vite en culture intensive ou pour variétés peu vigoureuses. En général, au bout de quelques années, les gourmands se développent au détriment de la fructification. La distance de plantation varie de 0 m. 40 à 0 m. 80.

Le *losange* (fig. 9) est une modification du cordon oblique, c'est la réunion de deux cordons obliques opposés sur un même pied d'arbre ; la distance de plantation varie de 0 m. 60 à 0 m. 80, l'inclinaison des branches est de 45° environ, c'est la base du *croisillon* lyonnais.

La *palmette verticale U* (fig. 10) est la première et la plus simple d'une série de palmettes, dites Verrier, où l'on a combiné des coudes, une partie verticale développée au maximum, là où se forment facilement des boutons à fleurs, et une partie horizontale réduite au minimum et sur laquelle peuvent se développer des rameaux gourmands nuisibles à la fructification.

La *palmette Verrier à 3 branches verticales* (fig. 11), celle à 4 branches *verticales* (fig. 12) qui est le type parfait de la forme industrielle et d'amateur, l'*U double* (fig. 13), puis celles à 5 *branches verticales* (fig. 14). Ce sont les plus répandues, l'amateur peut augmenter ce nombre à 6, 7, 8 *branches* ; le seul défaut est la lenteur de la formation parfaite avec un nombre dépassant 5 branches ; pour la distance de plantation, multiplier le nombre de branches de la palmette par 0 m. 30, distance adoptée entre chaque branche charpentière.

La *palmette à branches obliques* (fig 15), pour garnir les murs n'excédant pas 2 mètres de hauteur.

La palmette à *branches horizontales*, d'où sont sortis les palmettes précédentes, est à peu près abandonnée, étant trop lente à former et produisant surtout des gourmands à l'âge adulte, la sève n'étant pas attirée assez vite par l'extrémité des branches.

TAILLE. — La taille permettra, avec la forme, d'obtenir plus rapidement des fruits sur des arbres qui, livrés à eux-mêmes, mettraient de longues années à transformer leurs yeux à bois en boutons à fleurs ; diverses méthodes ont été enseignées à cet effet, méthodes qui ont leurs défenseurs et qu'il ne nous appartient pas de discuter ici, bornons-nous à dire que, le plus souvent, les méthodes sont excellentes, quoique parfois opposées comme principe, et que le résultat n'est atteint avec chacune d'elles qu'avec la persistance dans l'effort de l'arboriculteur.

ENNEMIS DU POIRIER

En dehors des ennemis qui attaquent tous les arbres fruitiers en général, le poirier a ses ennemis particuliers dont nous citerons les principaux.

CRYPTOGAMES. — La *tavelure* est certainement la maladie la plus répandue sur cette espèce fruitière, certaines régions lui sont moins favorables, en montagne par exemple, mais c'est là l'exception, les rameaux, les feuilles et les fruits sont attaqués, tenir à ce que les solutions cupriques indiquées soient appliquées à leur époque.

Les *monilias* attaquent les fruits, voir ce qui a été dit à ce sujet en tête de ce livre.

Le *chancre* attaque certaines variétés de poirier. Voir ce qui a été dit en tête de cet ouvrage.

MALADIE PHYSIOLOGIQUE

La *chlorose* l'attaque soit par excès d'humidité dans le sol, et alors le drainage s'impose, ou par exès de calcaire, et il faut avoir recours au sujet franc pour greffer les arbres.

Chez les arbres adultes atteints de chlorose, pour lesquels ces indications ne peuvent agir, on a recours en hiver à la perforation horizontale déjà indiquée du tronc de l'arbre à l'aide d'un vilebrequin et au traitement au pirophosphate de fer citro-ammoniacal.

INSECTES ET PAPILLONS

Hoplocampe ou *ver cordonnier*. La larve creuse sa galerie dans le jeune fruit, souvent sous l'œil, ou calice persistant de la fleur, ou un peu au-dessous, mais toujours dans cette partie supérieure du fruit, là elle dévore la pulpe et rejette des excréments répandant au toucher une forte odeur de punaise ; le fruit noircit, tombe, et la larve se transforme dans le sol. Ramasser les fruits attaqués et les brûler pour détruire les larves. Pulvériser aux huiles de schistes puantes mêlées à l'arséniate de plomb pour éloigner les papillons et empoisonner les larves avec l'arsenic (formule J).

Carpocapse ou *ver du fruit*. — Le papillon pond au moment de la floraison, les œufs éclosent et la larve s'enfonce dans le centre du fruit après avoir dévoré un peu d'épiderme, c'est cette observation qui a permit de la détruire en pulvérisant les fleurs à l'arséniate de plomb mélangé d'huile de schiste puante, ce mélange éloigne par l'odeur désagréable les papillons cherchant à pondre et l'arséniate tue les jeunes larves qui, en naissant, dévorent l'épiderme du fruit.

Ici l'attaque de la carpocapse donne ce que l'on appelle le fruit véreux qui arrive toujours à maturité (formule J).

Cécydomie noire pond dans les fleurs avant que le réceptacle ne soit fermé, les œufs, enfermés autour des ovules par la simple fermeture du réceptacle, éclosent, et les larves dévorent totalement la pulpe du jeune fruit qui devient boursouflé, on l'appelle alors *calebasse*, puis il noircit, les larves se laissant tomber une à une sur le sol par un trou pratiqué sur la paroi du fruit, et ce dernier tombe ensuite, mais vide. Il faut donc ramasser les poires calebassées dès qu'on peut les reconnaître à leur volume plus grand que celles non attaquées, et à leur pourtour bosselé.

Les pulvérisations malodorantes écartent les mouches de la cécydomie et peuvent empêcher la ponte.

L'*Agrilus sinuatus* creuse des galeries sinueuses de bas en haut dans le tronc des jeunes arbres, sur ces galeries se forme une nodosité, puis l'écorce meurt et souvent l'arbre périt. Chercher le ver à la partie supérieure de la galerie.

Différents autres insectes ou papillons attaquent le poirier, mais ces attaques étant plutôt rares, *Bombyx variés*, *Othiorinques*, *Rynchites*, etc., il est inutile de les décrire ici.

Cependant un charançon, l'*anthonome*, fait certains dégâts, il pond un œuf dans le bouton à fleurs, la larve dévore l'intérieur, et, au printemps, le bouton reste sec ; on reconnaît les boutons attaqués, aussitôt après l'hiver, par leur apparence roussie, les écailles au lieu d'être serrées sont un peu entr'ouvertes ; ramasser les boutons attaqués et les brûler dès qu'il est possible de les reconnaître, car au moment de la végétation, où ce serait très facile, la larve a déjà abandonné le bouton pour se transformer dans le sol.

Acariens. — Un acarien, le *Phitoptus piri*, dépose ses œufs dans l'œil à bois du poirier et aussi dans les boutons floraux ; les jeunes larves s'introduisent dans les feuilles encore enroulées dans l'œil et, au développement, les feuilles apparaissent toutes parsemées de boursouflures rougeâtres, devenant noires par la suite, c'est la *fausse érinose*, les pulvérisations J indiquées pour le Kermès ainsi qu'une émulsion de carbonyleum, appliquée en hiver, détruisent assez bien cet ennemi du poirier, voir page 15, solution L.

ÉCLAIRCIE DES FRUITS

Malgré toutes ces attaques d'insectes et de maladies il reste parfois encore trop de fruits sur les arbres, il y a lieu de les éclaircir pour obtenir de plus beaux produits ; cette opération s'impose pour la Bergamotte Esperen en particulier.

Faire cette éclaircie lorsque l'éclaircie naturelle est faite, car beaucoup de jeunes fruits tombent encore arrivés à la grosseur du pouce.

ENSACHAGE

L'ensachage des fruits se pratique aujourd'hui pour l'obtention de beaux fruits ou de fruits de luxe, cette opération, qui ne dispense d'aucune opération anticryptogamique ou insecticide, au contraire, doit être faite dès que les fruits sont éclaircis naturellement et artificiellement ; le papier sulfurisé, opaque, est meilleur que celui trop transparent ; la ligature du sac se fait au moyen d'un fil de plomb, qui devra toujours être fixé à la coursonne et jamais sur le pédicelle du fruit.

A l'automne, ou avant la cueillette s'il s'agit de fruits d'été, fendre le sac à l'opposé du soleil pour aérer les fruits, puis enlever le sac par un temps couvert afin d'éviter les brûlures dues à une insolation rapide.

CLASSIFICATION DES POIRES

Divers essais de classification des poires ont été faits, nous relaterons ici les principaux, établis tant par la Société que par divers auteurs.

Tout d'abord cinq grandes classes adoptées par la Société Pomologique :

1° *Poires de table* ou à couteau.

2° *Poires à cuire* qui sont consommées cuites sans qu'il y ait lieu d'y ajouter ni condiment, ni sucre.

3° *Poires à cidre*, dont la Société a laissé l'étude à une association spécialisée à cet effet.

4° *Poires à deux fins*, qui peuvent être consommées crues ou cuites, ou servir à la fabrication du cidre.

5° *Poires d'apparat*, dont le principal mérite réside dans la beauté et le volume des fruits, et que l'on peut consommer cuites avec du sucre et des condiments divers.

La Société Pomologique de France a classé, en 1906, ses fruits adoptés suivant leur rôle dans l'alimentation ou le commerce des fruits.

1° *Fruits de choix*, comprenant les fruits de toute première qualité et ainsi appréciés par tous, amateurs et cultivateurs.

2° *Fruits de marché*. Dans la catégorie des fruits de choix il a été choisi ceux faisant l'objet d'un commerce important, ou aptes à être cultivés en vue du marché et de l'exportation ; dans ces *fruits de marché* il y a également des fruits dont la qualité n'est pas parfaite, mais qui ont une vente assurée sur les marchés locaux ou régionaux.

3° *Fruits à cuire*. Cette catégorie comprend tous les fruits adoptés ne pouvant être consommés que cuits avec ou sans l'addition de sucre et de condiments.

4° *Fruits d'apparat*, consommés crus ou cuits, et dont la forme, le volume ou la couleur les font apprécier pour la décoration des corbeilles de table.

Enfin, une autre classification qui est fréquemment employée dans le langage *courant* consiste à diviser les fruits en *Poires d'été*, mûrissant de juin à septembre ; *Poires d'automne*, mûrissant de septembre à décembre ; *Poires d'hiver*, mûrissant de décembre à mai de l'année suivante.

CLASSIFICATION PAR FAMILLES

Willermoz, en 1850, publiait dans le journal de la Société d'horti-culture du Rhône, un Essai de classification des fruits en groupes : *Bergamottes — Besis — Bons Chrétiens — Calebasses — Colmars — Doyennés — Rousselets — Saint-Germains.*

Mais le Congrès Pomologique tenu à Paris, en 1867, a cru devoir suspendre momentanément cette étude, afin d'attendre les nouvelles données de l'expérience et de la science, de grandes difficultés étant surgies pour classer certains fruits appelés par exemple Doyennés, totalement différents dans la forme du type adopté pour servir de base à ce groupe.

Decaisne, en 1871, publia une classification toute botanique des différentes espèces du genre Poirier.

Trabut, dans son ouvrage d'arboriculture fruitière de l'Afrique du Nord, étudie également les diverses races de poiriers sauvages des différentes régions et particulièrement de l'Himalaya qui serviront peut-être un jour à régénérer nos variétés.

Jouin Jules et Chasset présentaient aux Congrès de Limoges, en 1912, et de Gand, en 1913, chacun une étude de classification des poires par la comparaison des caractères spéciaux des organes des variétés les plus connues ; la guerre de 1914 empêcha Jouin, prisonnier de guerre, de poursuivre ses études.

ESSAI DE DÉTERMINATION DES FRUITS

En janvier 1916, Chasset, alors soldat combattant aux armées, présentait à la Société Pomologique de France *un essai de détermination des fruits (poires)*, résultant de ses classifications antérieures ; des démonstrations à l'aide de tableaux analytiques furent faites, après la guerre, aux Congrès Pomologiques de Metz, en 1919, et de Lausanne, en 1920 et à Paris en 1922.

Nous donnons, ci-après, le tableau des différents caractères retenus par l'auteur pour permettre une rapide détermination des poires inscrites dans ces divers tableaux, lesquels comprennent non seulement les fruits adoptés par le Congrès, mais aussi les poires les plus répandues dans nos cultures, l'auteur poursuit d'ailleurs son étude qui sera présentée dans quelques années au public.

CHAIR
Sucrée
Acidulée
Vineuse
Musquée
Apre

PÉDICELLE DU FRUIT

Blanche

COULEUR
DE
L'ÉPIDERME

Droit

Jaune
Verdâtre
Saumonée

Charnu

Oblique
Arqué

ÉPOQUE
DE
MATURITÉ

Long

Non charnu

Vert foncé

Moyen
Court

Juin

Vert clair
Coloré à l'insolation
Bronzé ou fauve

Juin-Juillet
Juillet
Juillet-Août
Août
Août-Septembre
Septembre
Septembre-Octobre
Octobre
Octobre-Novembre
Novembre
Novembre-Décembre
Décembre
Décembre-Janvier
Décembre-Février
Janvier
Janvier-Février
Janvier-Mars
Janvier-Avril
Février-Avril

Sphériformes

Maliformes

Iʳᵉ CATÉGORIE

Fruits aussi larges
que hauts

IIᵉ CATÉGORIE
Fruits plus larges
que hauts

Turbinés courts
Turbinés aplatis
Doliformes courts
Cydoniformes courts

IIIᵉ CATÉGORIE
Fruits plus hauts
que larges
1 10ᵉ à 3/10ᵉ

Doliformes
Ovoïdes
Turbinés
Turbinés tronqués
Piriformes
Piriformes tronqués
Cydoniformes

IVᵉ CATÉGORIE
——
Fruits plus hauts
que larges
4 10ᵉ et plus

Piriformes longs
Colebassiformes
Oblongs

A la suite de la publication de l'Essai de détermination de Chasset, un grand pomologue italien, Molon, publia, en 1916, dans la Revue de la Société Horticole de Lombardie, une étude rétrospective des diverses tentatives faites à ce sujet par les différents auteurs européens, et il terminait, après la critique des travaux de ces auteurs, par un travail personnel qu'il ne prétend pas dire parfait, mais qui est le résumé de ce qu'il croyait de meilleur dans les travaux précédents.

Catégorie	Grosseur	Forme	N°	Famille	Variété	Maturité
Fruits de table	Fruits petits ou moyens		I	Famille des poires	Rousselets et Blanquets	1 Été: a) Unicolore, b) Colorée, c) Rugueuse — 2 Automne C. S.
			II		Mu	1 Été: a) Unicolore, b) Colorée, c) Rugueuse — 2 Automne C. S.
	Fruits moyens, longs et très longs	Fruits sphériques	III	» »	Bergamotte	3 Hiver C. S.
		Fruits allongés ou longs	IV	»	»	Doyennés C. S.
			V	»	»	Beurrés C. S.
			VI	»	»	Cassellinées C. S.
			VII	»	»	Colmaridées C. S.
			VIII	»	»	Bon chrétien C. S.
		Fruits longs	IX	»	»	Saint-Germain C. S.
		Fruits très longs	X	»	»	Calebasses C. S.
Fruits à cuire			XI	»	»	à cuire sphériques C. S.
			XII	»	»	à cuire allongées C. S.
Fruits à cidre			XIII	»	»	à cidre sphériques C. S.
			XIV	»	»	à cidre allongées C. S.

POIRES

ALEXANDRINE DOUILLARD. — Synonyme : *P. Douillard.*

Origine. — Obtenue par M. Douillard jeune, architecte à Nantes. La première récolte date de 1849.

Fruit moyen, parfois assez gros, plus ou moins allongé et ventru, plus haut que large, à pourtour très bosselé et côtelé.

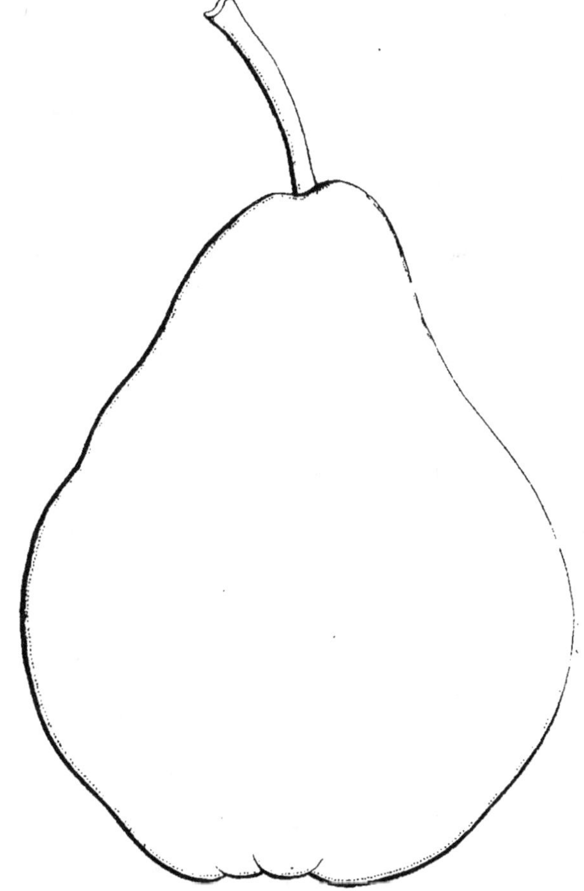

Pédicelle de longueur moyenne, parfois court, mince vers le fruit.

le plus souvent renflé au point d'attache, arqué, implanté un peu obliquement dans une petite cavité plissée.

Œil irrégulier, clos ou mi-ouvert, dans une dépression étroite et plissée-cotelée.

Epiderme fin, mince, jaunâtre, parsemé de ponctuations vertes et grises, marbré de rouille vers la queue, souvent lavé de rose ou de rouge brun et granité à l'insolation.

Chair blanche, assez fine, fondante, rarement granuleuse, très juteuse, sucrée, douée d'un parfum particulier très agréable.

Qualité BONNE ou TRES BONNE.

Maturité. — Fin SEPTEMBRE à NOVEMBRE.

Rameaux longs et droits, fauve clair, à lenticelles blanchâtres et petites.

Yeux gros, coniques, peu écartés du rameau.

Culture. — Cette variété peut être cultivée sous toutes formes, et de préférence aux expositions du levant et du couchant, ainsi que dans les terrains riches, légers et frais. Spécialement cultivée dans le centre et le sud-est de la France, elle peut l'être aussi dans les autres régions La taille devra, en général, être courte.

Son fruit se détachant assez facilement, il est utile de planter l'arbre à l'abri du vent.

Très résistante à la tavelure, cette variété est répandue en culture intensive où ses fruits, cueillis vers le 10 septembre, dans la région lyonnaise, subissent de très longs transports et mûrissent sans blettir.

Cueillie trop tard, cette variété tend à blettir.

ANDRÉ DESPORTES.

Origine. — Obtenue par M. André Leroy, pépiniériste à Angers, en 1854, et dédiée au fils aîné du Directeur de la partie commerciale de son établissement.

Fruit moyen turbiné ventru, régulier, obliquement obtus à la base.

Pédicelle moyen ou court, peu fort, arqué, implanté obliquement dans une petite cavité sur le côté du fruit.

Œil petit, ouvert ou mis-clos, inséré dans une dépression peu profonde, élargie ou étroite et plissée.

Epiderme fin, mince, jaune verdâtre, parfois légèrement lavé de rouge à l'insolation, pointillé finement de gris, avec quelques traces de rouille à la base.

Chair blanchâtre, fine, fondante, juteuse, sucrée, acidulée, agréablement parfumée.

Maturité. — Milieu de JUILLET et commencement d'AOUT.

Qualité BONNE.

Rameaux forts, gros, assez longs, droits, de couleur noisette. Poussés l'été lavées de rouge sanguin et cotonneuses.

Yeux gros, bien collés contre le rameau, ceux de la base bien accentués.

Culture. — Toutes les formes conviennent à cet arbre qui réussit dans tous les sols et à toutes les expositions ; on peut le cultiver dans toutes les contrées de la France.

La taille devra être tenue un peu longue pendant les premières années, pour obtenir une bonne charpente, avant la mise à fruit complète.

Cette variété n'est pas sujette à la tavelure et ne craint pas les climats un peu rudes où le Beurré Giffard, qui est de la même époque de maturité, ne donne pas toujours de bons résultats.

BARONNE DE MELLO. — SYNONYMES : *Beurré Van Mons.* — *Cannelle de Van Mons. — Poire His.* — Par erreur, *Adèle de Saint-Denis* et *Philippe Goës.*

ORIGINE. — Obtenue par Van Mons, introduite en France, sous le nom de P. His, par Poiteau, vers 1830 ; propagée plus tard par M. J.-L. Jamin, sous le nom de Baronne de Mello.

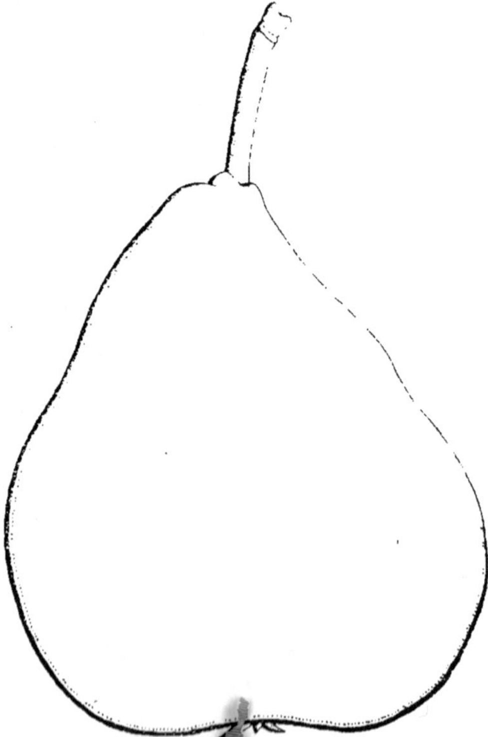

Fruit moyen, parfois assez gros, turbiné, ventru, bosselé dans son contour.

PÉDICELLE moyen, mince, presque droit, charnu vers le fruit, implanté un peu obliquement sur un mamelon.

ÉPIDERME rude, jaune citron, presque totalement recouvert de fauve, d'une teinte plus chaude à l'insolation, avec quelques taches de rouille.

CHAIR blanchâtre ou blanc verdâtre, assez fine, fondante, un peu granuleuse au centre, juteuse, sucrée, acidulée, parfumée, un peu musquée.

Qualité BONNE.

Maturité. — OCTOBRE

RAMEAUX longs ou moyens, fauve clair à lenticelles grisâtres et espacées.

YEUX gros, coniques, appliqués contre le rameau.

Culture. — L'arbre se prête naturellement à la forme pyramidale et peut être cultivé sous toutes les formes. Il est très délicat sur la nature du sol et l'exposition ; les terres pauvres, épuisées, fortes et froides lui sont contraires ; une exposition trop chaude et peu aérée lui est funeste.

Cette variété est surtout cultivée dans la région parisienne.

Très fertile il est important de lui appliquer une taille plutôt courte que longue, afin de maintenir sa vigueur et sa fertilité.

BELLE ANGEVINE. — Synonymes : *Beauté de Tervueren. — Belle de Jersey. — Bolivard. — D'Angora. — Duchesse de Berry d'hiver. — Royale d'Angleterre. — Très grosse de Bruxelles, etc.*

Origine. — Revendiquée par les Anglais sous le nom de : Uvedali's Saint-Germain, et par les Belges sous celui de P. de Teriveren.

Fruit très gros ou gros, allongé, un peu bosselé, souvent un peu rétréci vers le tiers inférieur, obliquement obtus à la base.

Pédicelle fort, allongé, ligneux, épaissi à son point d'attache au rameau, se continuant souvent obliquement avec la base du fruit.

Œil grand, fermé, irrégulier, dans une cavité plus ou moins profonde et environnée de bosses.

Epiderme ferme, lisse, d'un vert bronzé, parsemé régulièrement de points bruns, marbré de gris rouille, particulièrement du côté de l'œil, passant au jaune citrin, lavé de rouge plus ou moins sombre à l'insolation.

Chair d'un blanc jaunâtre, peu fine, ferme et cassante, peu juteuse, un peu sucrée, sans parfum.

Qualité APPARAT, immangeable à l'état cru, passable à l'état cuit.

Maturité. — De JANVIER à MAI.

Rameaux gros, brun ardoisé, lenticelles blanchâtres.

Yeux larges et aplatis.

Culture. — L'espalier lui convient plus particulièrement ; sous cette forme, le fruit est susceptible d'acquérir le beau coloris qui le fait rechercher comme fruit d'apparat.

Les expositions éclairées et chaudes lui sont favorables, ainsi que les bons terrains.

On peut appliquer la taille courte, lorsque l'arbre a atteint un grand développement, mais il ne faut pas craindre de tailler long pendant les premières années pour activer la mise à fruits.

Le greffage des boutons à fleurs produit de très beaux fruits.

En haute tige, ou plein vent, l'arbre produit abondamment des fruits moyens très appréciés l'hiver pour la cuisson.

Belle Angevine.

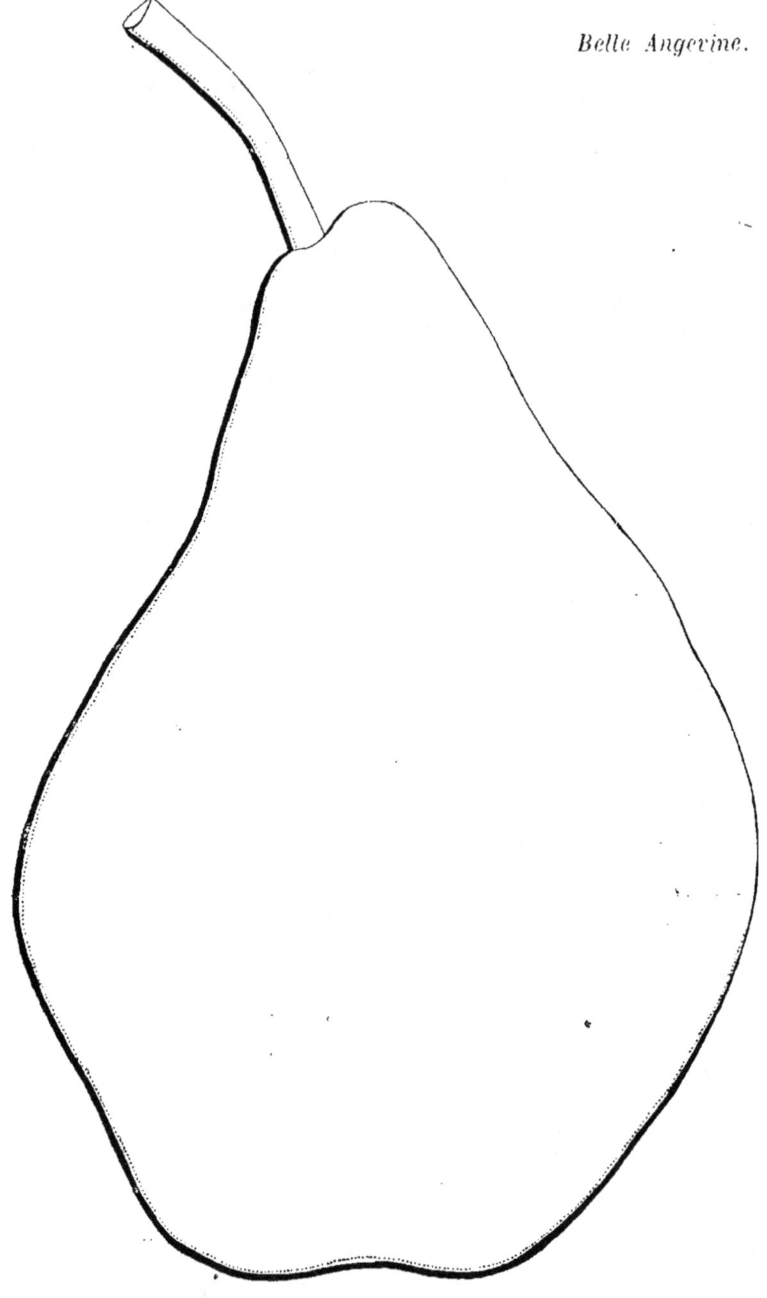

BELLE GUÉRANDAISE.

ORIGINE. — Obtenue par M. Dion, propriétaire à Zuifisré-en-Saint-Molf, près Guérande, arrondissement de St-Nazaire (Loire-Inférieure) : mise au commerce en 1895, par M. Bruant, de Poitiers.

Fruit Gros, ovoïde, plus développé d'un côté que de l'autre.

PÉDICELLE gros, très court, dans une dépression bosselée.

ŒIL petit, ouvert, à sépales dressés, dans une cavité normale et assez évasée.

Epiderme d'un jaune citrin, presque totalement couvert de fauve chaud et lisse.

Chair blanche, fine, fondante, juteuse, peu relevée, un peu parfumée.

Qualité TRES BONNE.

Maturité. — OCTOBRE.

Rameaux gros, courts et arqués, brun roussâtre à lenticelles grisâtres, peu apparents.

Yeux gros, coniques.

Culture. — Cette variété doit être cultivée en petites formes pyramide cordon et espalier.

On devra lui appliquer une taille moyenne. Variété d'amateur.

BERGAMOTTE CRASSANE. — SYNONYMES : *Bergamotte Crassane.*
— *Beurré plat.* — *Crassane d'automne.*

ORIGINE très ancienne et inconnue.

.**Fruit** moyen ou assez gros, presque sphérique, mais plus large que
haut, bosselé, aplati aux deux extrémités, creusé à la base.

PÉDICELLE allongé, arqué, sensiblement renflé vers le sommet du
fruit, implanté un peu obliquement dans une cavité étroite et plus
ou moins régulière.

ŒIL moyen, ouvert ou mi-clos, dans une cavité évasée et peu profonde.

ÉPIDERME rude, d'un vert tendre, passant au jaune verdâtre clair,
granité et souvent marbré de gris et de fauve.

CHAIR d'un blanc jaunâtre, très tendre, assez fine, très juteuse, sucrée-acidulée, agréablement parfumée.

Qualité TRES BONNE.

Maturité. — D'OCTOBRE à NOVEMBRE.

RAMEAUX effilés et arqués brun rougeâtre à lenticelles blanchâtres et apparentes.

YEUX gros, obtus et écartés du rameau.

Culture. — Cette variété est cultivée de préférence en espalier. Elle peut être greffée indistinctement sur cognassier et sur franc, mais ne donne réellement de bons produits que plantée à une exposition chaude et dans un sol frais sans être humide.

La taille à appliquer est généralement longue ; sélectionner les bois de cette variété pour qu'elle soit moins capricieuse dans les cultures au point de vue de la fertilité.

BERGAMOTTE DORÉE.

Origine. — Semis de Clavier, arboriculteur.

Fruit moyen, maliforme, un peu rétréci au sommet.

Épiderme lisse, jaune d'or, pointillé de jaune brun.

Pédicelle court non charnu, implanté presque droit dans une cavité large et évasée.

Chair très fine, blanche, très juteuse, très sucrée et très parfumée.

Qualité TRES BONNE.

Maturité. – **NOVEMBRE à FEVRIER.**

Culture. - L'arbre est vigoureux et fertile, mais sa place est au jardin fruitier d'amateur en forme de fuseau ou de palmette.
Une taille courte devra lui être appliquée.
Résistant à la tavelure.

BERGAMOTTE ESPÉREN.

ORIGINE. — Obtenue, vers 1820, par le major Espéren, de Malines (Belgique).

Fruit moyen parfois assez gros, turbiné ventru, aplati au sommet, un peu bosselé dans son pourtour.

PÉDICELLE court, fort, renflé vers le fruit, le plus souvent implanté un peu obliquement dans une très petite cavité.

ŒIL moyen, presque fermé, dans une large dépression, assez régulier.

EPIDERME épais, rude, jaune citrin pâle, semé de points bruns, recouvert de rouille aux deux pôles, parfois doré et lavé d'un peu de rouge à l'insolation.

CHAIR jaunâtre, fine, parfois un peu granuleuse au centre, très juteuse, fondante, sucrée, légèrement acidulée, agréablement parfumée.

Qualité BONNE ou TRES BONNE.

Maturité. — MARS à MAI.

Rameaux longs et minces, couleur acajou, à lenticelles grises, espacées et peu apparentes.

Yeux petits et coniques.

Culture. — Ce poirier peut être cultivé sous toutes les formes, naines fuseaux et palmettes, et aux meilleures expositions et en terrains chauds et légers ; dans les terrains froids, il est sujet à la tavelure, ce qui ne permet plus sa culture en plein vent.

Il doit être taillé long dans son jeune âge et normalement quand l'arbre a pris un certain développement ; les brindilles sont à conserver au début.

Cette variété est une des plus résistantes, sinon la plus résistante aux gelées du printemps ; l'éclaircie des fruits doit être faite aussitôt après la fécondation pour obtenir des fruits moyens ou assez gros, sans éclaircie les fruits étant trop nombreux à chaque trochets, ils restent petits et leur qualité en est diminuée.

L'ensachage des fruits est à conseiller pour augmenter la finesse de la chair, le sucre et le parfum.

Les traitements cupriques préventifs, d'hiver et d'été, sont nécessaires pour éviter la tavelure qui nuit au bon développement du fruit et donne à la partie attaquée une saveur amère.

BEURRÉ BACHELIER. — Synonymes : *Bachelier.* — *Chevalier.*

Origine. — Obtenue, avant 1845, par M. L.-F. Bachelier, horticulteur à Capelle-Bronck (Nord).

Fruit gros, parfois très gros, ventru, tronqué à la base, souvent bosselé et inégal dans son pourtour.

Pédicelle court, de forme moyenne, un peu arqué, implanté obliquement dans une cavité irrégulière et bosselée.

Œil grand, mi-clos, dans une dépression assez profonde et côtelée aux bords.

Épiderme jaune verdâtre, onctueux, finement pointillé de gris, avec quelques taches de rouille, parfois teinté de rouge à l'insolation.

Chair blanche, fine, serrée, fondante, bien juteuse, sucrée-acidulée, agréablement parfumée.

Qualité BONNE ou TRES BONNE.

Maturité. — NOVEMBRE-DECEMBRE.

Rameaux grêles et arqués, brun rougeâtre, à lenticelles rousses et peu apparentes.

Yeux gros, courts et écartés du rameau.

Culture. — Cette variété doit être cultivée en espalier, cordon ou pyramide, et vient à toutes les expositions. Elle se comporte bien, greffée sur cognassier ; sur franc, toutes les formes lui conviennent, sauf la haute tige, mais on doit tailler plus long que sur cognassier.

Elle réussit dans presque tous les sols légers et peu calcaires, elle prospère dans tous les pays.

Assez sujette à la tavelure, il sera toujours prudent de traiter cette variété aux solutions cupriques.

BEURRÉ BENOIST. — Synonymes : *Auguste Benoist.* — *Doyenné Benoist.*

Origine. — Trouvée, en 1846, dans une haie, à Brissac (Maine-et-Loire), par M. Auguste Benoist.

Fruit assez gros ou gros, de forme Doyenné, arrondi conique, aussi large que haut, à surface bosselée surtout vers le sommet, obtus et souvent creusé à la base.

Pédicelle tantôt fort et très court, tantôt moins fort et plus allongé, implanté presque droit à fleur du fruit dans une cavité sensible.

Epiderme vert clair ponctué de roux et plaqué de taches fauves autour du pédicelle, lavé de rose à l'insolation.

Œil petit, mi-clos, dans une cavité étroite et assez profonde.

CHAIR très-blanche, fine, ou mi-fine, bien fondante, très juteuse, sucrée et bien parfumée.

Qualité TRES BONNE.

Maturité. — De fin SEPTEMBRE à fin OCTOBRE.

RAMEAUX de moyenne grosseur, assez longs, droits, gris brunâtres.

YEUX moyens, bien appliqués au rameau.

Culture. — Cette variété doit être cultivée de préférence en espalier, aux expositions abritées, étant donné la caducité de ses fruits. Elle vient dans tous les pays et aime les sols légers, perméables, frais et riches en matières azotées.

D'une grande fertilité, elle doit être soumise à une taille courte.

BEURRÉ CAPIAUMONT. — Synonymes : *Beurré aurore.* — *De la Glacière.*

Origine. — Obtenue, en 1887, par B. Capiaumont, pharmacien à Mons (Belgique).

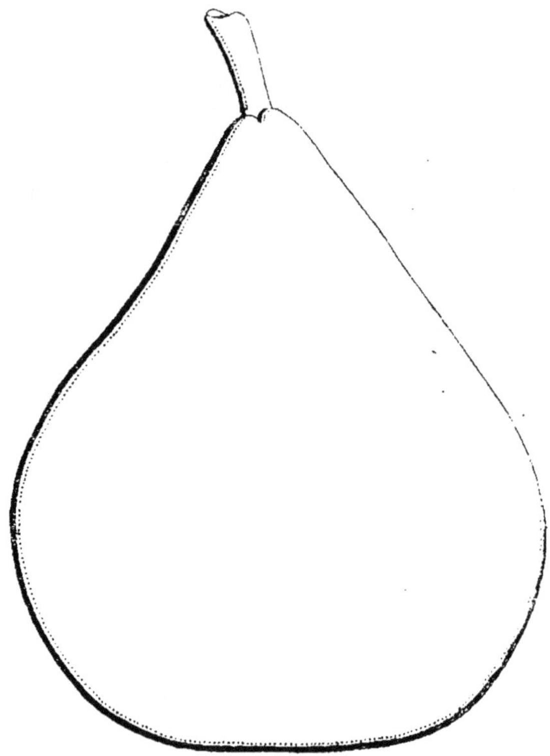

Fruit moyen, souvent un peu plus gros, turbiné allongé, s'atténuant régulièrement en pointe.

Pédicelle court, de force moyenne, un peu arqué, implanté obliquement à la pointe du fruit.

Œil assez grand ouvert, profond, placé sur le fruit dans une dépression à peine sensible.

Epiderme rude, vert jaunâtre, presque entièrement recouvert de fauve orangé, parfois lavé de rosat à l'insolation.

CHAIR blanche, veinée de verdâtre autour des loges, mi-fine, mi-fondante, granuleuse au centre, juteuse, sucrée, acidulée, vineuse parfumée.

Qualité BONNE.

Maturité. — De fin SEPTEMBRE à fin OCTOBRE.

RAMEAUX courts, trapus, brun rougeâtre, à lenticelles grises.

YEUX ronds, bien écartés du rameau, ceux de la base peu accentués.

Culture. — Greffée sur cognassier, cette variété se met promptement à fruit ; sa production est abondante et sans alternat, mais elle ne vit pas très longtemps ; greffée sur franc, elle pousse vigoureusement pendant sa jeunesse ; toutefois elle n'acquiert pas un grand développement.

Ce poirier est recommandable pour les petites formes, en raison de sa vigueur faible, et doit être planté dans un sol de première qualité et taillé court. Les fruits sont excellents cuits.

L'arbre et les fruits ne sont pas sujets à la tavelure.

BEURRÉ CLAIRGEAU. — Synonyme : *Clergeau.*

Origine. — Obtenue, vers 1838, par M. Pierre Clairgeau, pépiniériste.

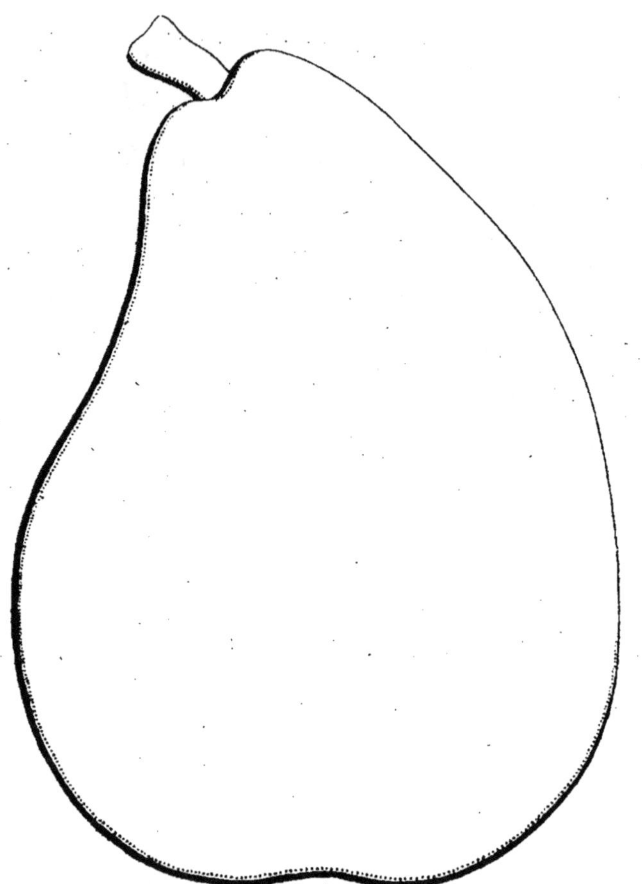

Fruit gros ou très gros, allongé et ventru, souvent contourné et
bosselé.

Pédicelle très court, fort, charnu, implanté obliquement dans une
petite cavité oblique et irrégulière, souvent s'empâtant sur le fruit.

Œil assez grand, ouvert, dans une cavité étroite et peu profonde.

Épiderme jaune, ponctué de vert et de gris, plaqué de rouillé vers le pédoncule, largement lavé de rouge vermillon orangé à l'insolation.

Chair blanche, mi-fine, mi-fondante, juteuse, sucrée, plus ou moins parfumée.

Qualité BONNE ou ASSEZ BONNE, suivant les climats.

Maturité. — NOVEMBRE-DECEMBRE.

Rameaux gros et courts, érigés, jaune verdâtre, à lenticelles blanchâtres, rapprochées et très apparentes.

Yeux gros, courts, écartés du rameau.

Culture. — L'arbre est d'une fertilité prodigieuse, même lorsqu'il est greffé sur franc ; il convient donc de le greffer sur ce sujet, car sur cognassier il s'épuise promptement. Il est cultivé dans tous les pays, de préférence aux expositions du levant et du couchant, en un terrain léger et chaud, pour acquérir la qualité du fruit, qui est très irrégulière suivant le sol où on le plante.

Comme toutes les variétés fertiles, celle-ci réclame une taille courte et des pincements faits avec modération.

Le Poirier beurré Clairgeau est une des variétés résistant le mieux aux gelées du printemps, ce qui le fait admettre pour la culture à de hautes altitudes.

Peu ou point sujet à la tavelure.

BEURRÉ D'AMANLIS. — Synonymes : *Delbart.* — *Hubart.* — *Kaissoise.* — *Thiessoise.* — *Wilhelmine.*

Origine. — M. Jamin (J.-L.), a constaté, en 1858, que le pied-mère existait dans un verger d'Amanlis, près Rennes.

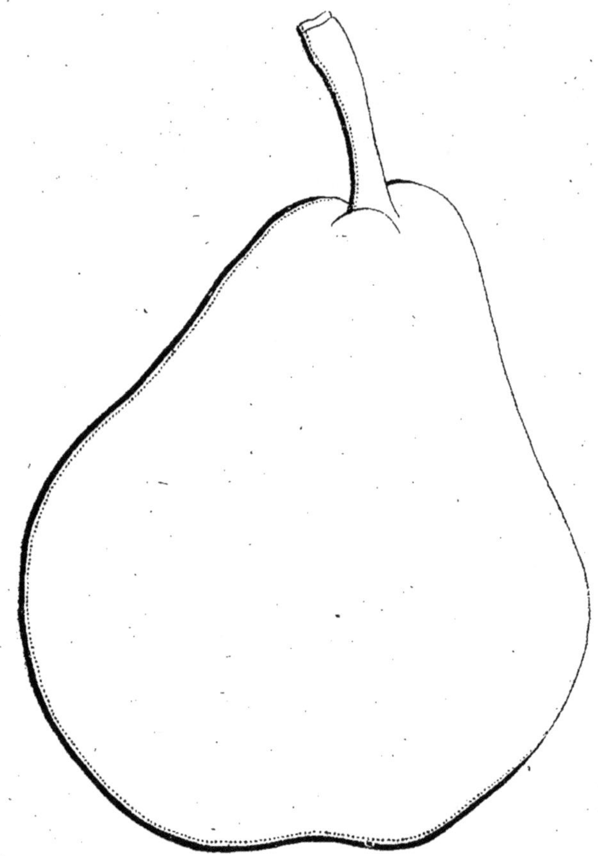

Fruit assez gros, plus ou moins allongé ou ventru, affectant le plus souvent la forme Bon-Chrétien.

Pédicelle assez court, de force normale, un peu arqué, implanté dans une petite cavité irrégularisée par une protubérance, ordinairement très marquée.

Œil assez grand, clos ou mi-clos, irrégulier, peu enfoncé.

Epiderme mince, d'un vert pâle, bien ponctué de gris, parfois rouge sombre à l'insolation.

Chair blanche citrine, verte sous la peau, mi-fine, fondante, juteuse, plus ou moins parfumée.

Qualité BONNE ou ASSEZ BONNE.

Maturité. — SEPTEMBRE.

Rameaux gros, longs et coudés, d'un rouge grisâtre, abondamment ponctués.

Yeux sphériques, peu écartés du rameau.

Culture. — L'arbre greffé sur cognassier est très fertile, pousse vigoureusement, mais ne se forme bien en pyramide qu'avec beaucoup de soins. Sur franc, après avoir été accolé d'un tuteur en pépinière, cultivé sur tige, il devient très fertile, après quelques années de plantation.

Les fruits doivent être entrecueillis en raison de leur chute facile.

Traiter préventivement l'arbre et les jeunes fruits pour lutter contre la tavelure qui attaque assez fortement cette variété..

BEURRÉ D'ANGLETERRE.
D'Amande. --- D'Angleterre.

SYNONYMES : *Bec d'Oie.*
De Finois. - Gisambert.

ORIGINE ancienne et inconnue.

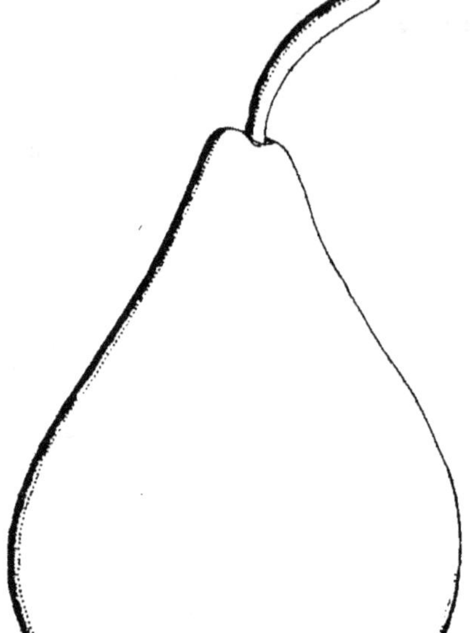

Fruit assez petit, presque moyen, régulier, s'amincissant presque régulièrement jusqu'à la pointe.

PÉDICELLE grêle, de longueur variable, arqué, implanté sur la pointe, parfois déjeté de côté par un éperon.

ŒIL grand, ouvert, régulier, à sépales très courts, saillant dans une légère dépression.

ÉPIDERME fin, mais un peu rude, d'un vert jaunâtre, clair, semé de petits points bruns et nombreux, souvent avec des marbrures fauves.

CHAIR blanche, un peu verdâtre sous la peau, fine, tendre, fondante, juteuse, sucrée, plus ou moins parfumée suivant les lieux et les saisons.

Qualité BONNE ou ASSEZ BONNE.

Maturité. — SEPTEMBRE-OCTOBRE.

RAMEAUX de couleur très brune, à lenticelles peu nombreuses, gros, courts, étalés et fortement coudés.

YEUX plats, de couleur brune tachée de blanc, la pointe dirigée parallèlement au rameau, quoique bien détachés.

Culture. — L'arbre spécial pour la culture sur tige est greffé en tête sur franc.

On en recommande la culture dans les terrains légers et substantiels à toutes les expositions, mais plus particulièrement à celle du levant.

Il est cultivé dans le Nord et l'Ouest de la France où ses produits sont recherchés pour la fabrication des confitures et le glaçage des fruits.

BEURRÉ D'APREMONT.   SYNONYMES : *Beurré Bosc. — Beurré de Humboldt. — Cannelle. - Carafon de Bosc. — Paradis d'automne. — Calebasse Bosc.*

ORIGINE. - Découverte dans la forêt d'Apremont (Haute-Saône). Vers 1835, des greffes envoyées au Jardin des Plantes de Paris y donnèrent d'excellents fruits et la variété fut dédiée à Bosc, alors que dans le pays d'origine elle gardait le nom d'Apremont.

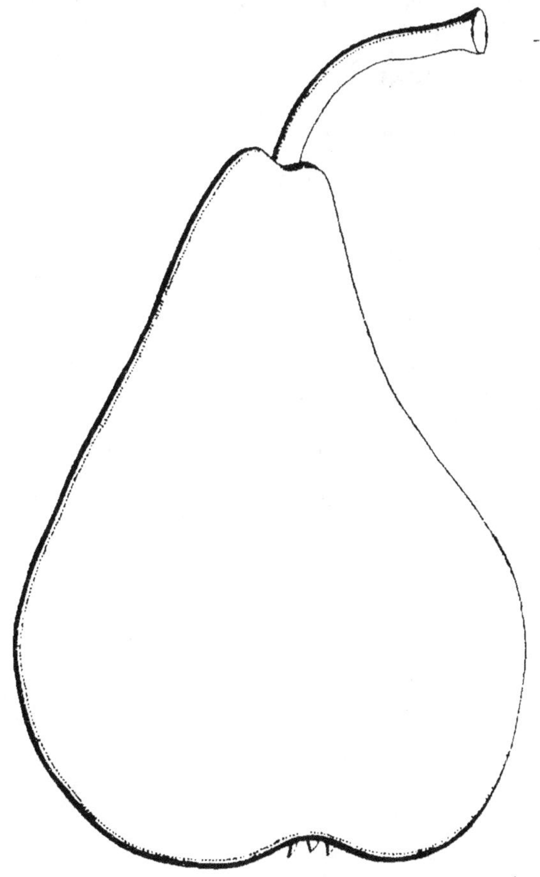

Fruit gros ou assez gros, calbessiforme, allongé, bosselé-renflé au sommet, contracté à la moitié inférieure et se terminant en pointe émoussée.

PÉDICELLE assez allongé, ligneux, droit ou arqué, attaché dans un petit pli.

ŒIL moyen, mi-clos, placé dans une cavité étroite peu profonde et un peu plissée.

EPIDERME assez fin, d'un jaune citrin, taché de rouille cannelle et un peu rude, prenant une teinte générale plus foncée à l'insolation.

CHAIR blanche, fine, fondante, très juteuse, bien sucrée, très agréablement parfumée.

Qualité TRES BONNE.

Maturité. — OCTOBRE-NOVEMBRE.

RAMEAUX moyens, arqués, brun rougeâtre, à lenticelles blanches et apparentes.

YEUX très courts, obtus et écartés du rameau.

Culture. — Il est important de le greffer sur franc ; il peut être cultivé en espalier au levant, au midi ou au couchant, dans un sol léger riche en matières azotées, frais et non humide, mais on doit surtout le cultiver sur tige, où il forme bientôt une tête élargie et devient promptement fertile.

Vient dans tous les pays ; il est assez difficile à diriger pour obtenir des formes régulières.

Très résistante à la tavelure, cette variété est excellente au verger.

BEURRÉ DE LUÇON. — Synonymes : *Beurré gris de Luçon.* — *Beurré d'hiver.* — *Beurré gris d'hiver nouveau.* — *Doyenné marbré.* — *Saint-Michel d'hiver* (pour le Loiret).

Origine. — Trouvée dans les environs de Luçon (Vendée) ; des renseignements plus précis font défaut.

Fruit gros ou assez gros, irrégulièrement arrondi, bosselé et généralement plus renflé d'un côté que de l'autre.

Pédicelle gros, court, ligneux, dans une cavité évasée, peu profonde et à bords irréguliers.

Œil petit, ouvert, régulier, dans une cavité peu profonde, évasée, environnée de bosses obtuses.

Épiderme peu épais mais ferme, d'un vert grisâtre, recouvert de larges marbrures fauves avec des points blanchâtres, teinté de rouge clair à l'insolation.

Chair d'un blanc un peu verdâtre, fine, fondante, sucrée-acidulée et parfumée.

Qualité BONNE.

Maturité. — DECEMBRE-JANVIER.

RAMEAUX courts, trapus, brun rougeâtre, à lenticelles grises peu nombreuses.

YEUX terminaux, souvent transformés en boutons à fleurs, ceux de la partie médiane sont ronds, ceux de la base et de la partie supérieure sont légèrement aplatis.

Culture. — Cette variété doit être greffée de préférence sur franc, élevée en espalier à bonne exposition et plantée dans un sol léger et chaud. Par exception, dans la Normandie, elle prospère assez bien dans les sols argileux.

Elle est cultivée en formes naines dans le Centre, le Nord et l'Ouest de la France, et doit être soumise à une taille courte.

Le fruit est assez résistant à la tavelure.

BEURRÉ DE NAGHIN.

ORIGINE. — Obtenue des semis de M. G. Everard, par M. Norbert Daras de Naghin, propriétaire à Tournai (Belgique).

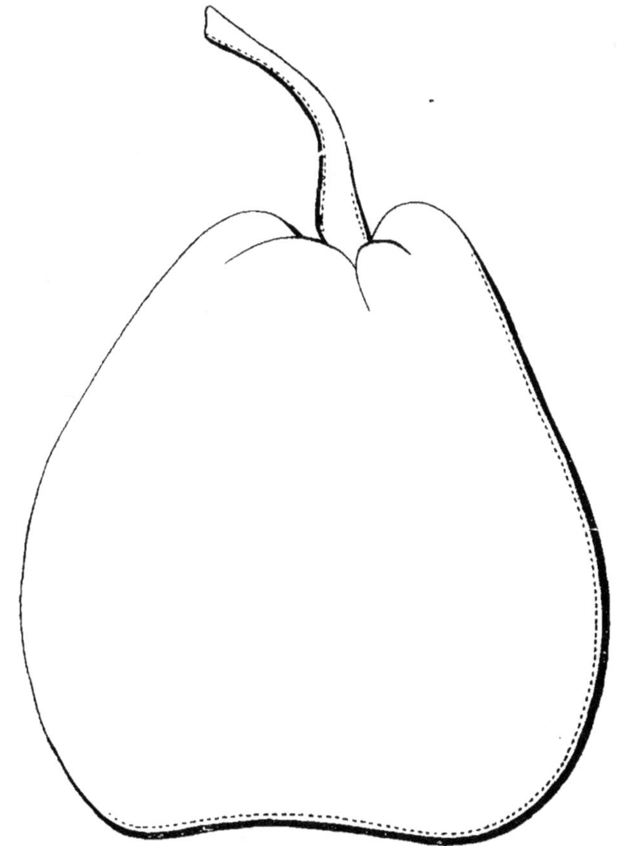

Fruit gros, turbiné ventru, le plus souvent ovoïde, tronqué à ses deux bouts, mais surtout au sommet.

PÉDICELLE moyen, renflé en une partie charnue à son point d'insertion au fruit, implantée dans une cavité fortement fosselée.

ŒIL moyen, fermé ou mi-clos, inséré dans une cavité très large et assez profonde.

Epiderme jaune citrin doré, pointillé de roux.

Chair blanche assez fine, fondante, juteuse, sucrée, acidulée, pas très parfumée.

Qualité BONNE.

Maturité. — FEVRIER-MARS.

Arbre de bonne vigueur, assez fertile.

Rameaux longs, assez forts, arqués, gris olive jaunâtre ; à lenticelles, rondes, blanches, assez nombreuses.

Yeux moyens, coniques, écartés du rameau.

Culture. — Cette variété est propre à toutes formes naines ; ses pyramides sont peu garnies de branches ; si on le cultive sur franc, les fruits perdent de leur qualité.

BEURRÉ D'HARDENPONT. — SYNONYMES : *Beurré d'Arenberg.*
Goulu morceau. - Beurré de Kent. Beurré Lombard.

ORIGINE. Obtenue en 1759, par Nicolas Hardenpont, dans sa propriété du Mont-Panisel, près Mons (Hainaut), — Belgique.

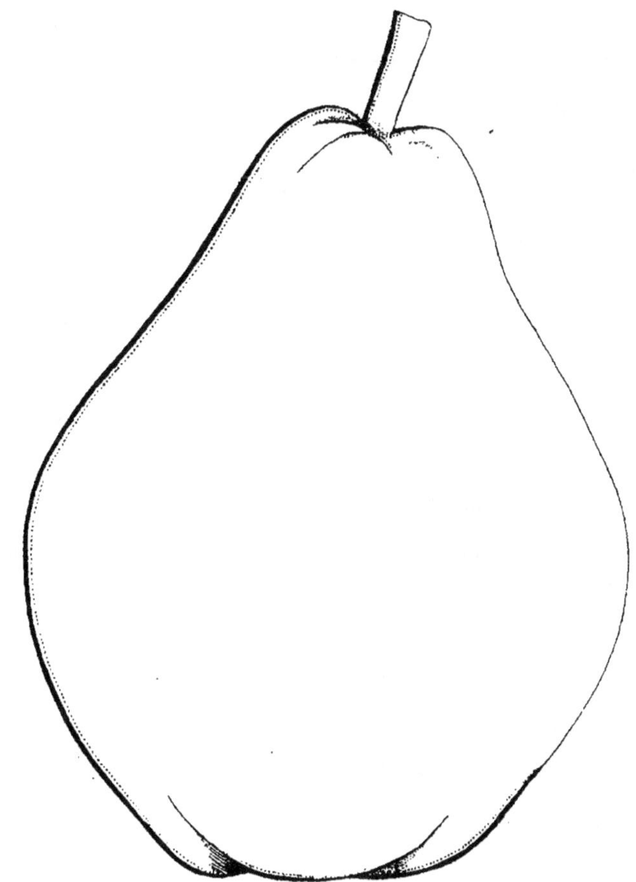

Fruit assez gros ou gros oblong, ventru, bosselé, ayant la forme du Coing du Portugal.

PÉDICELLE assez fort, court, implanté dans une cavité bosselée et peu profonde.

ŒIL ouvert ou mi-ouvert, inséré dans une cavité irrégulière, côtelé.

Épiderme assez lisse, jaune pâle, parfois vert gris jaunâtre, pointillé de gris, lavé de fauve au sommet et à la base.

Chair blanche, fine, serrée, bien fondante, beurrée, très juteuse, sucrée, acidulée très agréablement parfumée.

Qualité TRES BONNE.

Maturité. — De NOVEMBRE à FEVRIER.

Rameaux assez forts, droits, bruns, olivâtres, à reflet gris-cendré, à très nombreuses lenticelles grises.

Yeux moyens, courts, écartés du rameau.

Culture. — Cette variété convient à toutes formes naines, sauf au cordon horizontal ; on peut la cultiver à toute exposition, même au nord où elle est moins sujette à la tavelure. On doit lui donner de préférence les sols légers, granitiques ou argilo-sablonneux et les positions abritées contre les murs de l'est et du midi. Plantée en terrain frais, argileux ou humide, le fruit tombe avant la récolte et se tavelle complètement.

Elle devra être plantée au levant et au midi, comme dans la région parisienne, où, avec des traitements cupriques et l'ensachage, on pourra encore être assuré de la récolte, l'ensachage donne avec cette variété des fruits superbes et excellents.

Taille normale et pincements courts répétés.

Les traitements cupriques préventifs d'hiver et de printemps devront être appliqués avec soin à cette variété, même plantée en situation privilégiée.

BEURRÉ DIEL. — Synonymes : *Beurré Magnifique. — Beurré incomparable. - Beurré des Trois-Tours. — Beurré royal. - Grosse Dorothée. — Melon. — Beurré vert.*

Origine. — Trouvée au commencement du XIX° siècle sur la ferme des Trois-Tours, près Vilvorde (Belgique), par Meuris, jardinier de Van Mons.

Fruit gros ou très gros, turbiné, obtus et ventru, parfois aussi large que haut.

Pédicelle assez court, fort, renflé à son point d'attache, légèrement arqué, implanté un peu obliquement dans une moyenne cavité.

Œil moyen ou assez grand, mi-clos, inséré dans une cavité profonde, assez large et côtelée sur les bords.

EPIDERME un peu rude, jaune citrin, bien pointillé de roux et marbré de fauve formant plaque autour du pédoncule et de l'œil, rarement fouetté d'un peu de rouge sombre.

CHAIR blanche, mi-fine, mi-fondante, bien juteuse, sucrée, acidulée (souvent trop), bien parfumée.

Qualité BONNE.

Maturité. — NOVEMBRE et DÉCEMBRE.

RAMEAUX gros de longueur moyenne, arqués, brun roux, à lenticelles ovales, d'un gris brun.

YEUX gros, coniques, écartés du rameau.

Culture. — On greffe indistinctement le Beurré Diel sur franc ou sur cognassier ; mais comme il est plus fertile sur ce dernier sujet, on lui donne généralement la préférence. Cette variété a de trop gros fruits pour être élevée sur tige en plein vent, sauf en situation bien abritée ; on devra préférer les formes en espalier, et la pyramide.

Ce poirier peut se cultiver dans tous les pays et à toutes les expositions ; cependant il semble préférer celle du levant et du sud. Il se plaît dans les sols argilo-siliceux frais et non humides et, en général dans tous les terrains légers, il est sujet à la tavelure dans les terrains froids et humides. Si on le plante au midi, on ne devra pas perdre de vue que les vents du sud, chauds, secs et violents, dessèchent et noircissent assez promptement les feuilles au printemps et pendant une grande partie de l'été.

Les traitements cupriques d'hiver et de printemps étant bien appliqués, ce beau fruit est à peu près indemne de tavelure ; avec l'ensachage on obtient un des plus beaux fruits de luxe.

BEURRÉ DILLY. -- SYNONYMES : *Beurré Delannoy.* - - *Poire de Jollain.*

ORIGINE. — Obtenue vers 1848, par M. V. Dilly, maréchal-ferrant, à Jollain, près Tournay (Belgique).

Fruit assez gros, turbiné obtus, ventru, souvent presque aussi large que haut.

PÉDICELLE de moyenne longueur, assez mince, renflé à son point d'attache, arqué, implanté obliquement dans une cavité peu profonde, légèrement côtelée.

ŒIL grand mi-ouvert ou ouvert ; inséré dans une cavité assez large, peu profonde, légèrement côtelée sur les bords.

Épiderme un peu épais, légèrement rude, jaune terne verdâtre, teinté de rouge terreux au soleil, pointillé de gris lavé de fauve autour du pédoncule.

Chair blanchâtre, très légèrement verdâtre, bien fine, bien fondante, très juteuse, bien sucrée, très agréablement acidulée et parfumée à la manière du Beurré gris.

Qualité TRES BONNE.

Maturité. — SEPTEMBRE-OCTOBRE.

Rameaux assez forts, courts, un peu coudés, brun rougeâtre, à lenticelles petites et blanchâtres.

Yeux moyens, coniques, un peu écartés du rameau.

Culture. — L'arbre greffé sur tous sujets, convient à toutes les formes : en espalier, son fruit acquiert plus de grosseur et plus de coloris. Il prend d'assez belles dimensions sur tige, où il retient bien son fruit, qu'il y gagne en couleur et en qualité.

Il prospère très bien dans les sols argilo-siliceux riches, bien éclairés et aérés.

Ce Poirier, peu sujet à la tavelure, est cultivé dans toutes les contrées de la France et doit être soumis à une taille modérée.

BEURRÉ DUBUISSON.

ORIGINE. — Obtenue, vers 1832, par M. Isidore Dubuisson, jardinier
à Jolain, près Tournay (Belgique).

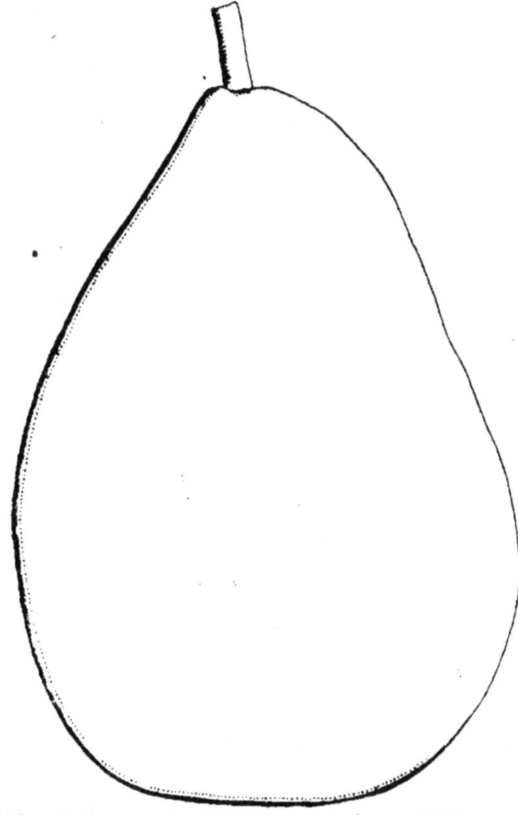

Fruit assez gros, oblong, tronqué à la base, bosselé dans son pourtour, un peu côtelé à la base.

PÉDICELLE court, assez fort, droit, implanté un peu obliquement dans une petite cavité plissée.

ŒIL petit, fermé, inséré dans une cavité de profondeur moyenne, côtelée sur les bords.

ÉPIDERME jaune, fortement pointillé de rouille, marbré de fauve, parfois lavé de rouge du côté du soleil.

CHAIR blanchâtre, fine, serrée, fondante, beurrée, bien juteuse, très finement sucrée, acidulée, agréablement parfumée.

Qualité TRES BONNE.

Maturité. — DECEMBRE-FEVRIER.

RAMEAUX assez longs, de force moyenne, coudés, brun fauve clair,
à lenticelles grises.

YEUX moyens, ovales aigus, écartés du rameau.

Culture. — De végétation un peu faible, cette variété, greffée sur
cognassier ou sur franc, se prête surtout aux formes palissées. Elle
doit être plantée dans un terrain sain et chaud, et être à bonne exposition, dans toutes les régions. On doit lui appliquer une taille courte.

Variété peu sujette à la tavelure.

14

BEURRÉ DUMONT.

ORIGINE. — Obtenue, en 1831, par M. Joseph Dumond-Dachy, jardinier du baron de Joigny, à Esquelmés, près Tournay.

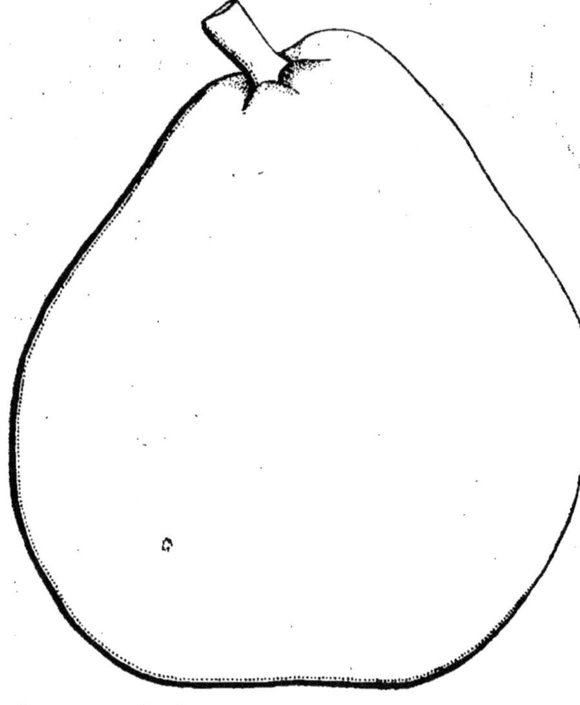

Fruit gros, tantôt pyramidal et tronqué à la base, tantôt turbiné, obtus et ventru, bosselé dans son pourtour.

PÉDICELLE court, fort, droit, implanté obliquement dans une étroite cavité bosselée.

ŒIL moyen, ouvert ou mi-ouvert ; inséré dans une cavité assez large, plissée, peu profonde.

EPIDERME rude, jaune, lavé de fauve, se dorant du côté du soleil, avec quelques marbrures plus foncées, pointillé de gris.

CHAIR blanche, fine, fondante, bien juteuse, sucrée, acidulée et délicatement parfumée.

Qualité BONNE.

Maturité. — OCTOBRE-NOVEMBRE.

RAMEAUX gros, longs, brun rougeâtre violacé ; à lenticelles petites, un peu rouges.

YEUX petits, pointus, légèrement écartés du rameau.

Culture. — L'arbre, de vigueur modérée, fertile, propre à toutes formes sur cognassier, vient à toutes les expositions. Il peut être cultivé dans toutes les régions, en terrain riche, et avec une taille ordinaire.

Peu ou point sujet à la tavelure.

BEURRÉ DURONDEAU. — SYNONYMES : *De Tongre.* -
Durondeau.

ORIGINE. — Obtenue, en 1811, par M. Charles-Louis Durondeau,
brasseur, à Tongre-Notre-Dame, près Tournay.

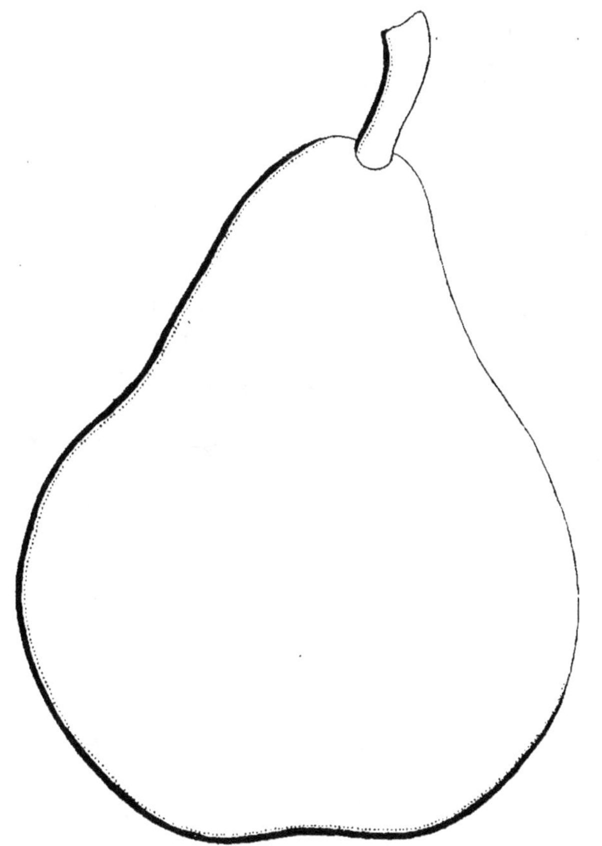

Fruit assez gros, ventru, bosselé dans son pourtour.

PÉDICELLE assez court et assez fort, implanté obliquement sur le
fruit ou rejeté un peu sur le côté par un petit mamelon.

ŒIL moyen, fermé ou mi-clos : inséré dans une dépression peu
profonde, assez large, irrégulière.

Epiderme lisse, épais, fauve, teinté à peine de rougeâtre du côté du soleil, parsemé de nombreux et larges points gris.

Chair blanchâtre, mi-fine, mi-fondante, bien juteuse, sucrée, acidulée, vineuse, parfumée.

Qualité BONNE.

Maturité. — OCTOBRE.

Rameaux assez gros, moyens, droits ou un peu arqués, brun olivâtre violacé.

Yeux moyens, anguleux, aigus, un peu écartés du rameau.

Culture. — On peut cultiver ce poirier sous toutes les formes ; on recommande particulièrement le cordon, l'espalier et la pyramide. Greffé sur cognassier, il est assez vigoureux et fertile, sa chair mi-fine dans un sol fort, acquiert plus de qualité dans un sol léger et frais à l'exposition du levant. Greffé sur franc, l'arbre ne pousse pas trop vigoureusement et se met à fruit assez promptement, et produit abondamment au verger.

Il réussit dans toutes les régions et doit être taillé court pour maintenir sa vigueur et sa fertilité.

Résistant à la tavelure, cette variété est très appréciée en culture intensive et en culture d'amateur dans le nord de la France, et surtout en Belgique.

BEURRÉ GIFFARD.

ORIGINE. — Semis de hasard, trouvé par M. Giffard, d'Angers et propagé par lui.

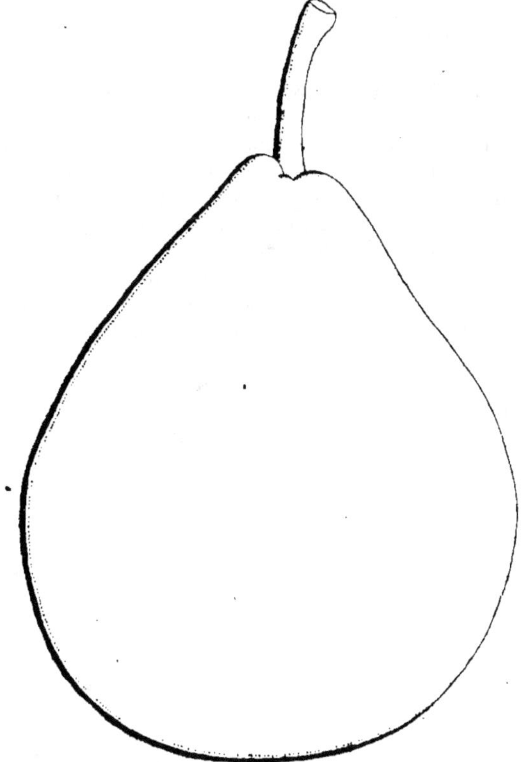

Fruit moyen, ventru.

PÉDICELLE de force et de longueur moyennes, légèrement arqué, implanté droit au sommet du fruit.

ŒIL moyen, ouvert, inséré presque à fleur du fruit dans une dépression peu profonde et plissée.

ÉPIDERME lisse, fin, jaune pâle, pointillé de gris, souvent lavé de fauve autour du pédoncule.

CHAIR blanche, fine, fondante, juteuse, sucrée, acidulée, agréablement parfumée.

Qualité BONNE ou TRES BONNE.

Maturité. — JUILLET.

RAMEAUX minces, longs, tortueux, rouge violacé foncé, à lenticelles blanches.

YEUX petits, courts, aigus, appliqués contre le rameau.

Culture. — Le Poirier Beurré Giffard, greffé sur cognassier ou sur franc, dans certaines régions, ne se prête pas à la forme pyramidale, mais on peut le conduire en espalier, en cordon, en buisson et en fuseaux, et le planter à toutes les expositions. Sa place la plus convenable est dans le verger, mais, alors, il convient de le greffer en tête, sur forts sujets et de le planter dans un sol léger, frais et riche ; dans les terres fortes et compactes, il ne tarde pas à languir ; l'extrémité des rameaux noircit et se dessèche.

Les rameaux de cette variété sont exposés à souffrir des gelées printanières, ainsi que les fleurs qui sont très sensibles aux petites gelées et aux brouillards.

Les fruits sont assez attaqués par la tavelure, le fruit tavelé ou gercé grossit un peu, et n'arrive à mûrir que grâce à sa précocité.

Les solutions cupriques appliquées en hiver et en été préserveront l'arbre de la tavelure.

BEURRÉ GRIS. — SYNONYMES : *Beurré d'Amboise. — Beurré doré. — Beurré roux. — Beurré d'Isambart. — Beurré gris d'automne.*

ORIGINE. — Très ancienne et inconnue.

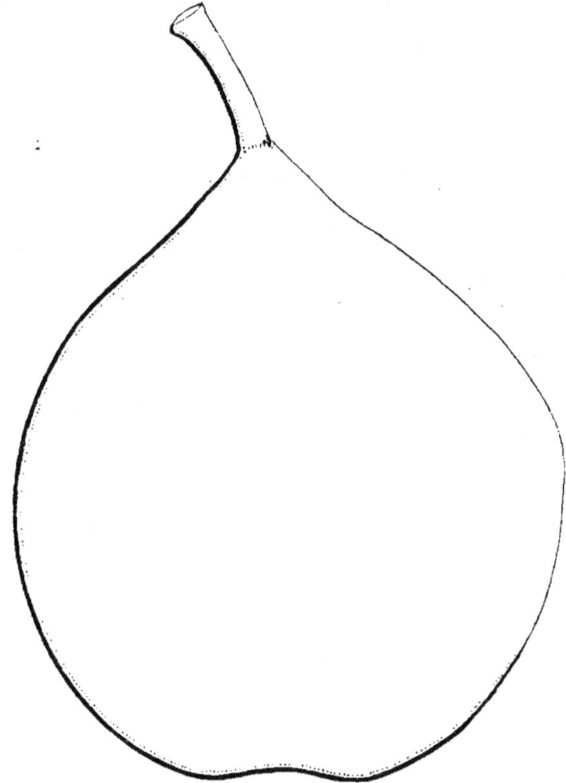

Fruit moyen ou assez gros, turbiné ventru, presque aussi large que haut.

PÉDICELLE de moyenne longueur, assez fort, parfois charnu à la base, renflé à son point d'attache, implanté obliquement au sommet du fruit.

ŒIL moyen, ouvert ; inséré dans une dépression peu profonde, assez large, parfois à fleur du fruit.

ÉPIDERME fin, jaune pâle, verdâtre au jaune, presque entièrement lavé de fauve et pointillé de gris foncé, rarement teinté d'un peu de rose.

CHAIR blanche, assez fine, fondante, beurrée, très juteuse, sucrée, un peu vineuse, agréablement acidulée et parfumée.

Qualité TRES BONNE.

Maturité. — OCTOBRE.

RAMEAUX assez forts, assez longs, arqués, flexueux, rouge brun clair.

YEUX gros, coniques, obtus, peu écartés du rameau.

Culture. — Ce poirier peut être greffé sur franc ou sur cognassier ; on recommande de le greffer sur franc et de le planter en espalier. Il se plaît aux expositions chaudes, dans les sols argilo-siliceux, substantiels frais et non humides.

On taille court et on pince alternativement les rameaux qui se développent à l'extrémité des branches, sur trois ou quatre feuilles.

Cette variété, délicate et très sujette à la tavelure, doit être soumise aux traitements cupriques d'hiver et de printemps et les fruits à l'ensachage.

BEURRÉ HARDY.

ORIGINE. — Cette variété provient des semis de M. Bonnet, amateur à Boulogne-sur-Mer ; elle a été propagée par M. Jean-Laurent Jamin.

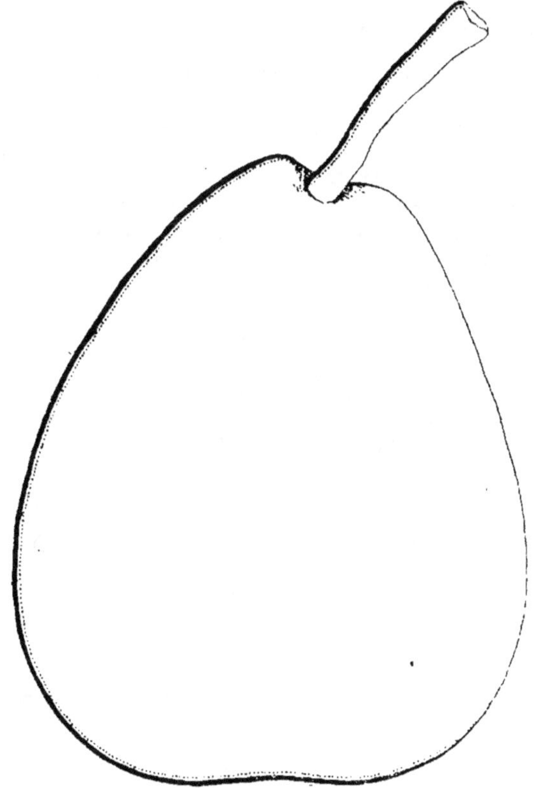

Fruit moyen ou assez gros, turbiné obtus, un peu tronqué à la base.

PÉDICELLE de longueur moyenne, assez fort, renflé à son point d'attache, implanté obliquement dans une petite cavité.

ŒIL assez grand, ouvert ; inséré dans une dépression large, peu profonde, plissée.

ÉPIDERME assez rude, fin, jaune verdâtre, largement lavé de fauve bronzé, pointillé de brun, rarement lavé d'un peu de rouge brique.

CHAIR blanche, fine, fondante, un peu grenue autour des loges, bien juteuse, sucrée, acidulée et bien parfumée.

Qualité TRES BONNE. — A entre-cueillir.

Maturité, — SEPTEMBRE-OCTOBRE.

RAMEAUX assez gros, longs, droits, brun rougeâtre.

YEUX assez gros, coniques, et écartés du rameau.

Culture. — L'arbre peut être greffé indistinctement sur cognassier ou sur franc. Le premier de ces sujets est recommandé pour le cordon, l'espalier ou la pyramide. On le cultive aussi en tige. Les terres trop sèches comme celles trop fortes ne lui conviennent pas.

Lorsqu'il est planté dans une terre meuble, légère, fraîche et fertile, il pousse d'une manière remarquable et fructifie bien après quelques années de plantation.

On le cultive dans toutes les régions et à toutes les expositions, on devra lui appliquer une taille normale.

Variété peu sujette à la tavelure, elle fait l'objet d'un commerce important dans le nord de la France, il y aurait lieu de la répandre en culture intensive dans toutes les régions de la France où elle donnerait d'excellents résultats.

BEURRÉ SIX.

ORIGINE. — Obtenue, vers 1845, par M. Six, jardinier à Courtral (Belgique).

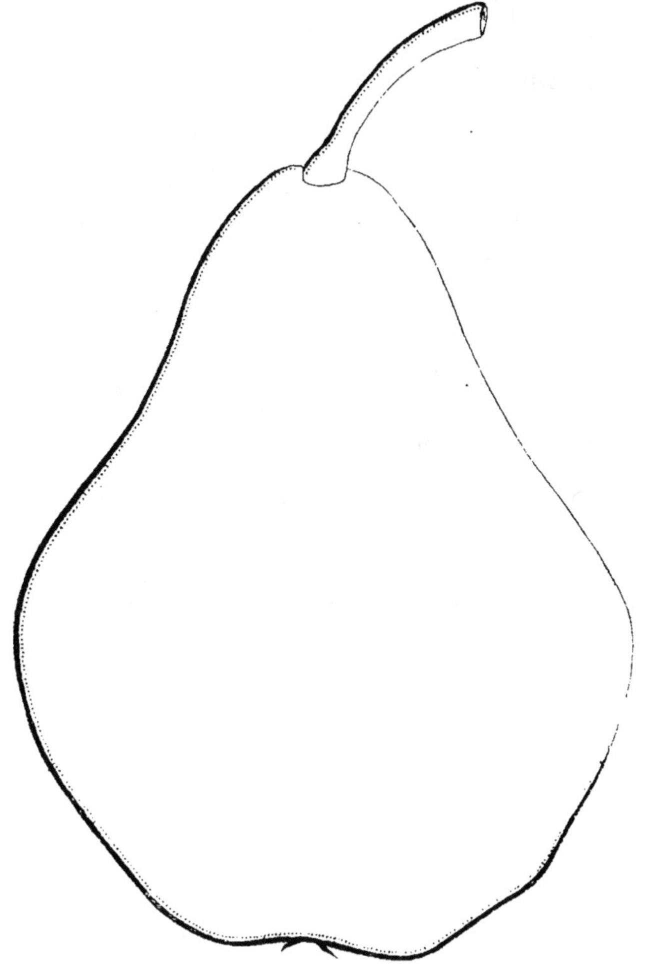

Fruit assez gros ou gros, ventru bosselé et côtelé dans son pourtour.

PÉDICELLE de moyenne grosseur, parfois assez long et mince, arqué, implanté bien au sommet du fruit dont souvent il semble être la continuation.

Œil assez grand, inséré dans une cavité peu profonde et plissée.

Épiderme fin, brillant, jaune clair, finement pointillé de roux, granité de vert.

Chair blanche, teintée de verdâtre, surtout contre la peau, très fine, fondante, très juteuse, sucrée, acidulée, agréablement parfumée.

Qualité BONNE.

Maturité. — OCTOBRE, NOVEMBRE et DECEMBRE.

Rameaux de force et de longueur moyennes, assez droits, vert brun, à lenticelles fauves.

Yeux gros, longs, coniques, écartés du rameau.

Culture. — Cette variété peut être greffée indistinctement sur franc ou sur cognassier ; cependant, elle a une grande tendance à s'épuiser sur cognassier. De vigueur et de fertilité suffisantes dans tous les sols sains, ses fruits ne peuvent être transportés par suite de la finesse d'épiderme. On peut la cultiver sous toutes les formes, sauf le plein vent ; mais on recommande particulièrement l'espalier où le fruit acquiert un plus fort volume.

Répandues dans toutes les régions, elle doit être taillée normalement ; pendant les fortes chaleurs, les feuilles sont fréquemment brûlées par le soleil.

Le fruit est facilement attaqué par la tavelure, il sera bon de traiter l'arbre et les fleurs préventivement avec les solutions cupriques.

BEURRÉ SUPERFIN.

ORIGINE. — Obtenue, en 1844, par M. Goubault, pépiniériste à Mille-pieds, près d'Angers.

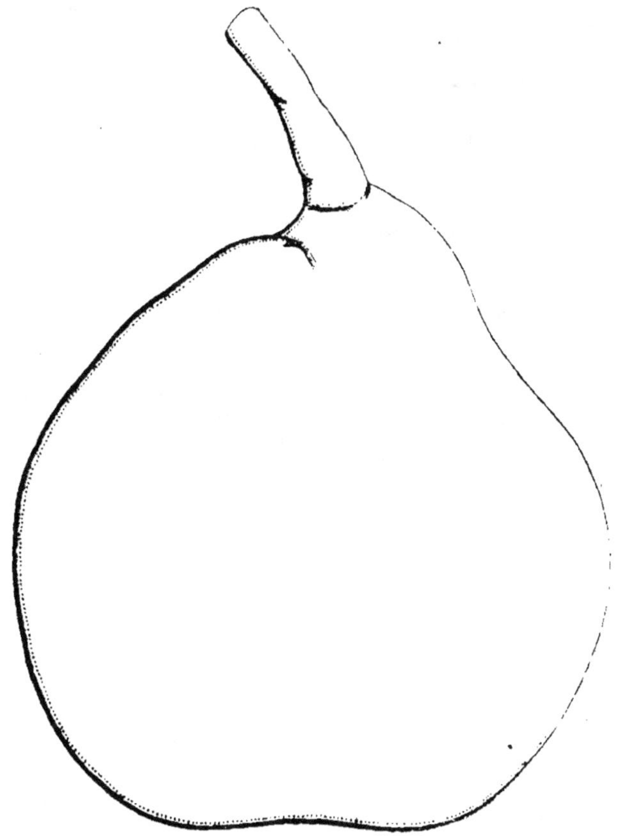

Fruit assez gros et gros, turbiné obtus et ventru, aussi large que haut.

PÉDICELLE un peu court, très gros, charnu et renflé, continuant obliquement le fruit.

ŒIL grand, ouvert, inséré dans une dépression très peu profonde et largement évasée.

ÉPIDERME lisse, jaune doré, faiblement lavé de carmin du côté du soleil, pointillé de roux, parsemé de quelques taches fauves, formant plaque dans la cavité de l'œil.

CHAIR blanche, fine, fondante, bien juteuse, sucrée acidulée, délicatement parfumée.

Qualité TRES BONNE.

Maturité. — SEPTEMBRE.

RAMEAUX moyens, courts, un peu arqués, chamois clair.

YEUX moyens, allongés, aigus, écartés du rameau.

Culture. — Cet arbre greffé sur cognassier est assez fertile, et d'une vigueur moyenne. Greffé sur franc et soumis à un pincement régulier, à une taille plutôt longue, planté dans un sol riche et à l'exposition Nord-Est ou Sud-Ouest, il produit sans s'épuiser.

Greffé sur cognassier, on élèvera l'arbre de préférence en pyramide.

Variété peu sujette à la tavelure, cette variété mériterait d'être étudiée en culture intensive où la finesse de sa chair et son goût exquis seraient vite appréciés du public, actuellement c'est une des variétés les plus recherchées par l'amateur de bons fruits.

BEURRÉ VAUBAN.

Origine. — Obtenue par M. A. Varet, en 1867.

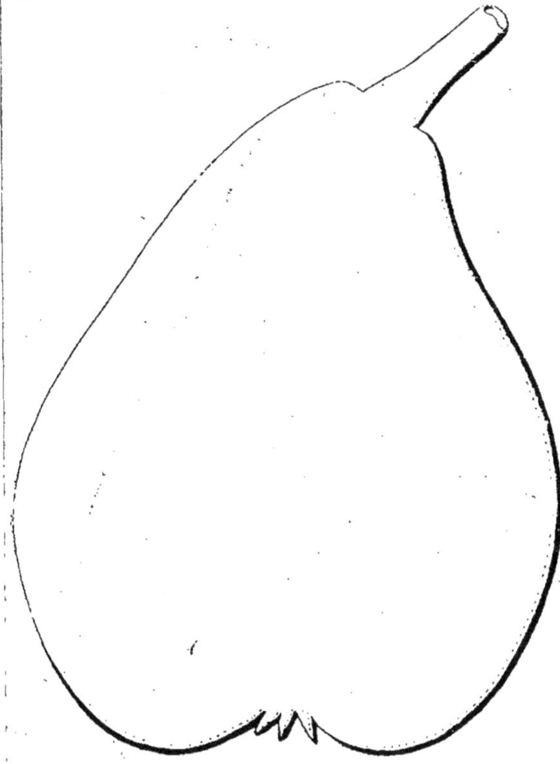

Fruit assez gros ou gros, turbiné oblique, très irrégulier, côtelé, bosselé dans son contour, obtus et bosselé à la base.

Pédicelle court gros et charnu, surtout à l'insertion qui est oblique.

Œil ouvert, à sépales jaunes charnus, dans une cavité de moyenne dimension et déformée.

Epiderme d'un jaune vif, piqueté marbré de fauve lisse.

Chair blanchâtre, fine, fondante, bien juteuse, bien sucrée, relevée et agréablement parfumée.

Qualité TRES BONNE.

Maturité. — JANVIER-FEVRIER, se poursuivant longtemps après.

Rameaux moyens, fauve clair, à lenticelles petites et peu apparentes.

Yeux allongés et pointus, s'écartant un peu du rameau.

Culture. — Cette variété devra être cultivée en cordon et en espalier, à une bonne exposition et dans un sol riche et sain. Les rameaux étant moyens ou minces, on devra leur appliquer une taille courte. Cette variété est peu sujette à la tavelure.

BON-CHRÉTIEN BONNAMOUR.

ORIGINE. — Obtenue par M. Guillot.

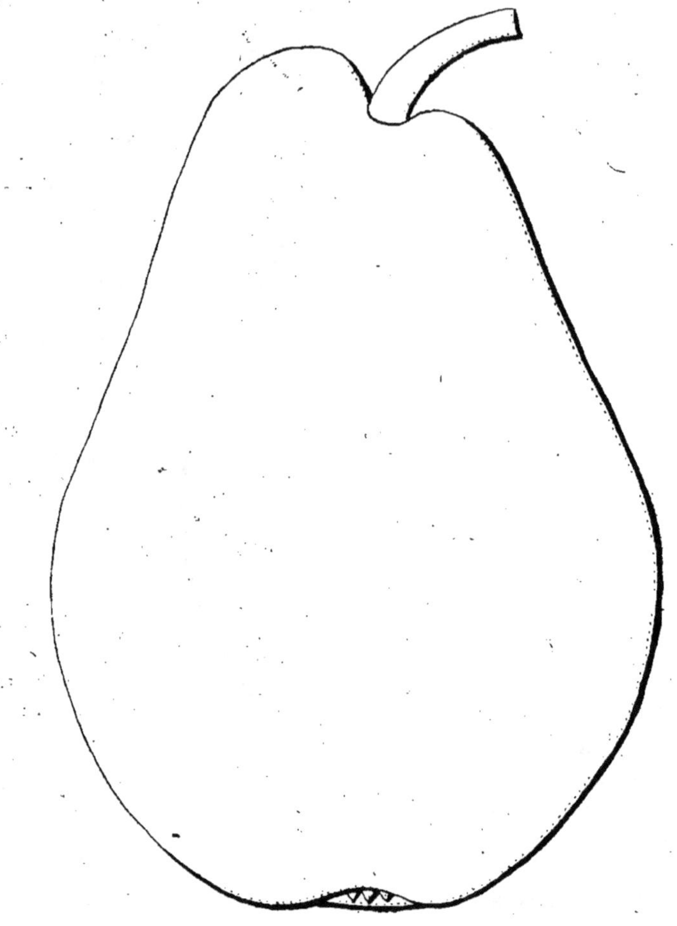

Fruit gros ou très gros, de forme Bon-Chrétien, allongé, un peu resserré au tiers supérieur.

PÉDICELLE assez gros, de longueur moyenne, implanté obliquement dans une cavité assez profonde.

EPIDERME jaune verdâtre, picté finement de gris par places, taches fauves autour de l'œil et du pédoncule.

Œil petit, ouvert, à sépales dressés, dans une cavité étroite.

Chair saumonée, fine, fondante, juteuse, sucrée, bien parfumée.

Qualité TRES BONNE.

Maturité. — Fin OCTOBRE.

Rameaux forts, droits, gris jaunâtre, lenticelles peu nombreuses et blanchâtres.

Yeux moyens à la base, assez gros ou gros à la partie supérieure des rameaux.

Culture. — Cette variété très fertile convient surtout à la culture en formes naines, pyramide, fuseau, cordon et espalier.

Tous les terrains où prospère le poirier lui conviennent, ainsi que tous les sujets, cependant sur cognassier l'arbre produit plus rapidement et donne de plus beaux fruits.

La taille à appliquer sera moyenne dans le jeune âge et courte ensuite.

BON CHRÉTIEN VILLIAMS. — Synonymes : *Williams*. — *Bartlett de Boston*.

Origine. — Originaire du Berkshire (Angleterre), elle a été propagée, dès 1770, par un horticulteur de Londres nommé Williams.

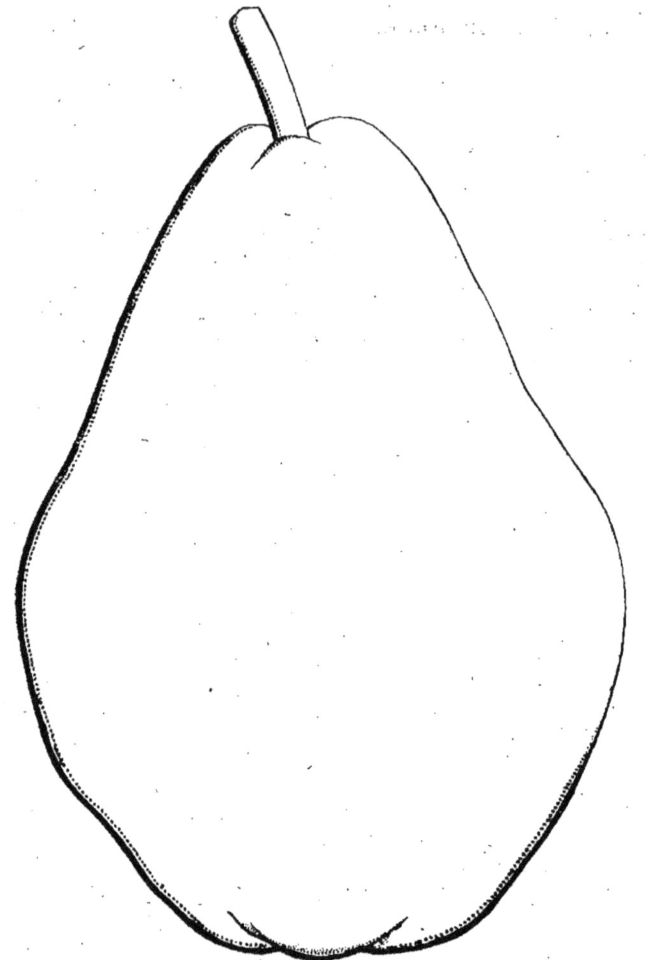

Fruit gros ou très gros, ovoïde allongé ou turbiné, bosselé ou un peu côtelé dans son pourtour.

Pédicelle fort, assez court, droit, implanté obliquement dans une cavité moyenne, bosselée.

ŒIL moyen, ouvert, inséré dans une dépression très peu profonde, côtelée sur les bords.

EPIDERME lisse, onctueux, jaune doré, pointillé de roux, parsemé de quelques marbrures fauves, surtout vers le pédoncule, parfois strié d'un peu de rouge clair du côté du soleil.

CHAIR blanche, fine, fondante, beurrée, juteuse, sucrée, peu acidulée, hautement parfumée, musquée.

Qualité BONNE ou TRES BONNE (à entrecueillir).

Maturité. — AOUT-SEPTEMBRE.

RAMEAUX gros, courts, un peu coudés, fauve clair, à lenticelles grises.

YEUX assez gros, triangulaires, pointus, appliqués contre le rameau.

Culture. — Cette variété greffée sur cognassier et plantée dans un sol argilo-siliceux et humeux, pousse vigoureusement et produit en abondance de beaux et bons fruits. Il convient dans les sols légers, de greffer cette variété sur franc où elle réussit très bien, produit beaucoup et aussi vite que sur cognassier, lorsqu'on la soumet à une culture rationnelle.

L'arbre se prête à toutes les formes, de préférence à l'espalier et au cordon horizontal, à toutes les expositions.

Cette variété est cultivée dans toutes les régions et on doit lui appliquer une taille courte.

Depuis quelques années cette variété est sujette à la tavelure, il est urgent, surtout en culture intensive, de faire au moins un sulfatage d'hiver pour assurer la récolte.

Variété de culture intensive la plus répandue, elle fait l'objet d'un commerce important pour l'exportation.

POIRE BONNE DE BEUGNY.

Origine incertaine.

Fruit moyen ou petit, forme de Doyenné bosselé, très irrégulier dans son pourtour.

Pédicelle court et fin, implanté sur un mamelon et dans une cavité circulaire.

Œil fermé dans une cavité régulière et profonde.

Epiderme jaune bronzé, pointillé de gris du côté opposé à l'insolation.

Chair fine, juteuse, sucrée.

Qualité BONNE presque TRES BONNE.

Maturité. — NOVEMBRE-DECEMBRE.

Rameaux moyens, yeux mi-saillants.

Arbre assez vigoureux et très fertile.

Culture. — Cette variété convient à toutes les formes naines, palissées ou non, où elle produit abondamment.

BONNE DE MALINES. — Synonymes : *Colmar Nélis.* — *Nélis d'hiver.* — *Beurré de Malines.*

Origine. — Obtenue par M. Nélis, conseiller à la Cour de Malines, vers 1814 ou 1815.

Fruit moyen ou à peine moyen, turbiné, obtus et ventru, tronqué à la base.

Pédicelle assez court, fort, droit, implanté un peu obliquement, dans une cavité étroite et bosselée.

Œil assez grand, ouvert, inséré dans une dépression assez large et peu profonde.

Épiderme un peu rude, jaune verdâtre, largement plaqué de fauve, sur une grande partie de la surface, pointillé de gris pâle, rarement un peu teinté de rose pâle.

Chair blanche, fine, fondante, juteuse, sucrée, acidulée et parfumée.

Qualité TRES BONNE.

Maturité. — DECEMBRE-JANVIER.

Rameaux de longueur et de grosseur moyennes, arqués, fauve bronzé ; à lenticelles petites, grises, rondes.

Yeux petits, coniques, aigus, très écartés du rameau.

Culture. — Ce poirier doit être greffé sur cognassier pour les petites formes, et sur franc de préférence pour les grandes formes. Cultivé au nord ainsi que dans les sols trop forts, il est sujet au chancre et ses branches périssent rapidement.

Répandue dans toutes les régions, cette variété doit être taillée courte, pour maintenir sa fertilité et il sera nécessaire de pratiquer l'éclaircie des fruits.

La tavelure attaque peu ou point les fruits.

CATILLAC. — Synonymes : *Cadillac.* — *Gros monarque.* — *Chartreuse.*

Origine. — Ancienne et inconnue.

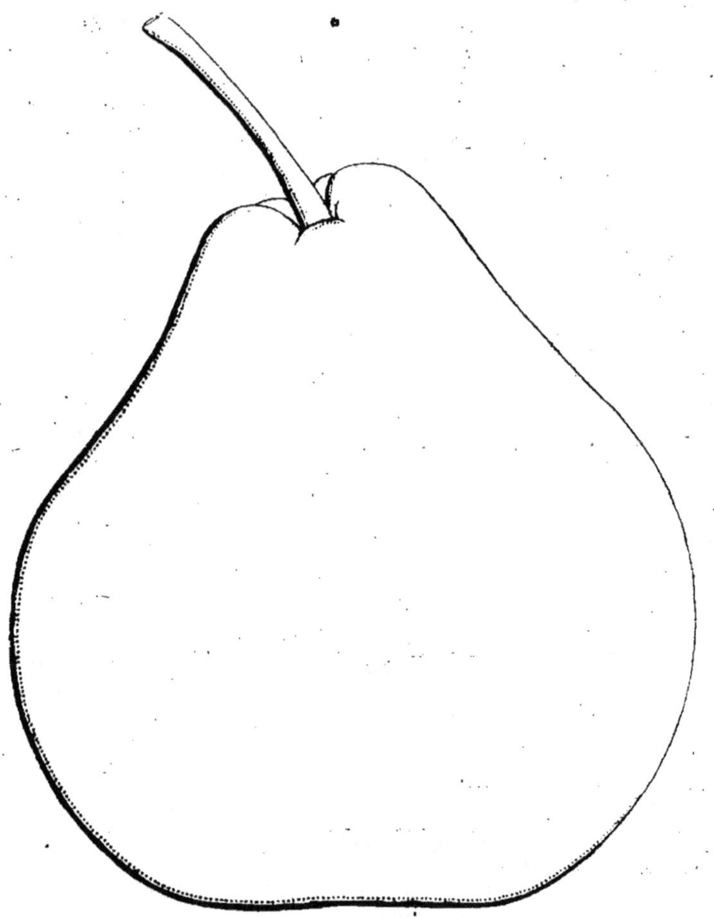

Fruit très gros, turbiné, ventru, obtus tronqué à la base, presque aussi large que haut.

Pédicelle de longeur et de force moyennes, arqué ; implanté obliquement dans une cavité profonde, étroite et mamelonnée.

Œil grand, clos ou mi-clos ; inséré dans une cavité large, assez profonde, plissée et bosselée sur les bords.

Épiderme rude, épais, jaune, doré au soleil, largement lavé de fauve, pointillé de gris, marbré de rouille et rarement teinté de rouge sombre.

Chair blanche, assez grossière, cassante, grenue, peu sucrée, peu juteuse, acidulée et même âpre, peu parfumée.

Qualité BONNE à cuire.

Maturité. — JANVIER à MAI.

Rameaux gros, assez longs, coudés, brun roux.

Yeux gros, courts, coniques, peu écartés du rameau.

Culture. — L'arbre, greffé sur franc et dirigé sur tige, forme une tête arrondie, qu'on ne taille pas, qu'il suffit d'éclaircir pour éviter la confusion des branches. Greffé sur cognassier, on l'élève en espalier et en pyramide. La taille et le pincement seront courts.

Il se plaît aux expositions éclairées, abritées, dans les sols argilo-siliceux, frais et très substantiels. Les fruits récoltés sur tige sont gros, ceux récoltés sur espalier, vigoureux et bien dirigés pèsent fréquemment un kilogramme.

Cette variété est peu sujette à la tavelure ni au chancre, par contre les fruits sont particulièrement attaqués par le ver des pommes, il sera donc nécessaire, surtout en plein vent, de faire quelques pulvérisations arsénicales.

CERTEAU D'AUTOMNE. — Synonymes : *Petit Certeau.* — *Bellissime d'automne.* — *Vermillon.* — *Poire de Fusée d'automne.* — *Cuisse-Dame* (par erreur).

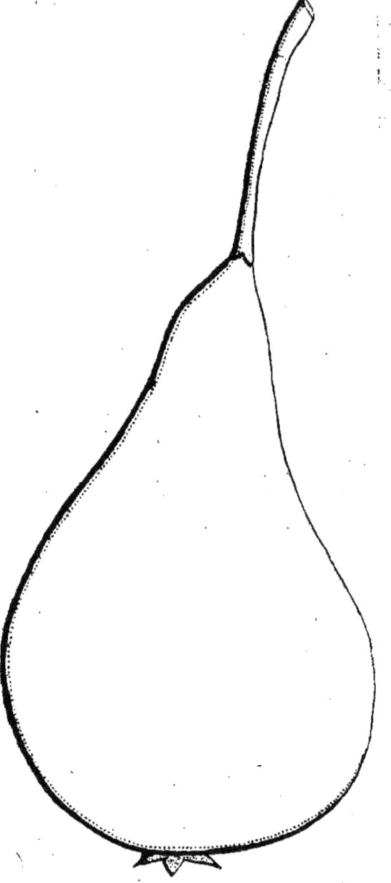

Fruit petit ou à peine moyen, allongé, légèrement bosselé, dans son pourtour.

Pédicelle assez long, grêle, arqué, implanté au sommet du fruit, tantôt droit, tantôt obliquement.

Œil moyen, ouvert, inséré presque à fleur du fruit, dans une dépression à peine sensible.

Epiderme légèrement rude, jaune doré, un peu teinté et strié de rouge carminé, pointillé de gris.

Chair blanche, pas fine, cassante, peu juteuse, sucrée, a le parfum de la *Rousselet*.

Qualité TRES BONNE à cuire.

Maturité. — OCTOBRE à DECEMBRE.

Culture. — Sa place spéciale est au verger ; greffé en tête sur franc, il prospère dans tous les sols et à toutes les expositions. La taille consistera à émonder et à éclaircir les branches tous les 3 ou 4 ans.

Résistant à la tavelure, ce fruit est très apprécié en confiserie.

CHARLES COGNÉE.

ORIGINE. — Obtenue par M. Cognée, arboriculteur à Troyes (Aube), qui l'a dédiée à son fils Charles. Mise en commerce en 1879, par la maison Baltet frères.

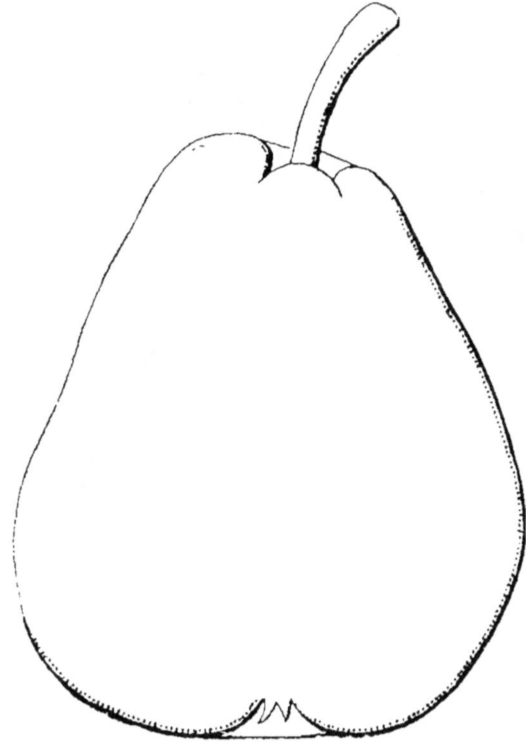

Fruit de bonne moyenne grosseur, obtus, parfois turbiné, bosselé en son pourtour.

PÉDICELLE assez long, de force moyenne, planté droit ou presque droit, dans une cavité assez profonde, et bien bosselée.

Œil moyen ouvert ou fermé, dans une cavité régulière et assez profonde.

EPIDERME presque lisse, onctueux, d'un jaune citrin, se dorant au soleil, pointillé et marbré de fauve.

CHAIR blanche, un peu grenue autour des loges, fine, fondante, bien juteuse, bien sucrée, doucement et agréablement relevée d'un parfum d'amande.

Qualité BONNE ou TRES BONNE.

Maturité. — FEVRIER-MARS.

RAMEAUX forts, coudés aux consoles, de teinte vert-olive et brillante ; à lenticelles rousses, petites et assez nombreuses.

YEUX gros, courts, coniques, écartés du rameau.

Culture. — Cette variété de vigueur moyenne sur cognassier, convient à l'espalier et à la pyramide où elle produit les meilleurs résultats.

On la greffe peu sur franc, le fruit mûrissant très difficilement.

Elle exige des expositions chaudes de préférence et des terrains riches. La taille doit être courte.

Très sensible à la tavelure, il y a lieu d'appliquer à cette variété les sulfatages d'hiver et de printemps.

CHARLES ERNEST.

ORIGINE. — Obtenue par M. Ernest Baltet, mise au commerce en 1879, par la maison Baltet frères, à Troyes.

Fruit gros (8 à 9 cent. en ses deux diamètres) ; courtement piriforme ou turbiné, un peu anguleux au pourtour.

PÉDICELLE court ou moyen, gros et arqué, planté presque droit sur la pointe ou dans un petit pli.

ŒIL moyen, ouvert, à sépales étalés-dressés, allongés et teintés de rose ; dans une cavité assez large, de profondeur moyenne, plissée-côtelée.

EPIDERME d'un jaune citrin frais, souvent un peu nuancé de rose à l'insolation, très finement pointillé de gris sur le côté éclairé, ponctué de vert du côté de l'ombre.

CHAIR blanche, fine, fondante, bien juteuse, bien sucrée, assez parfumée.

Qualité BONNE ou presque TRES BONNE.

Maturité. — NOVEMBRE-DECEMBRE.

RAMEAUX forts et dressés, fauve clair, à lenticelles grises.

YEUX assez gros, pointus, appliqués contre le rameau.

Culture. — Cette variété doit être greffée sur cognassier et sur franc, suivant les formes auxquelles on veut la soumettre ; sa vigueur est variable suivant les régions. Très fertile sur chacun des deux sujets, elle se dresse naturellement en pyramide et en fuseau ; elle peut être cultivée sous toutes les formes et prospère dans tous les terrains.

Soumise à la culture sur tige, le fruit se détache très facilement.

Variété très avantageuse pour la culture intensive des beaux fruits, il est toutefois prudent de la préserver de la tavelure qui provoque la déformation des fruits.

CITRON DES CARMES.

Synonymes : *Madeleine. — Poire précoce. - Gros-Saint-Jean. Sainte-Madeleine. — Saint-Jean (de quelques-uns).*

Origine. — Ancienne et inconnue.

Fruit petit, à peu près sphérique et presque aussi large que haut.

Pédicelle assez long et assez fort, renflé à la base, arqué, implanté dans une cavité plissée et à peine sensible.

Œil assez grand, ouvert, inséré à fleur du fruit, dans une petite dépression plissée.

Épiderme lisse, onctueux, vert jaunâtre, pointillé de gris, avec quelques taches fauves.

Chair blanche, mifine, mi-fondante, assez juteuse, sucrée, acidulée, peu parfumée.

Qualité ASSEZ BONNE.

Maturité. — JUILLET.

Rameaux assez longs, de moyenne grosseur, brun rougeâtre ; à lenticelles rondes, grises.

Yeux gros, anguleux, coniques, légèrement écartés du rameau.

Culture. — Cette variété est spécialement recommandée pour la culture sur tige ; on doit la greffer sur franc pour obtenir des arbres sains, vigoureux, fertiles et de longue durée. On peut la planter à toutes les expositions éclairées et abritées, dans les terrains riches reposant sur un sous-sol léger et perméable.

Les formes régulières ne lui conviennent pas : elle est cultivée dans toutes les régions.

La tavelure attaque rarement ce fruit.

CLAPP'S FAVOURITE. — Synonyme : *Favorite de Clapp.*

Origine. — Obtenue par M. Thaddeus Clapp, de Dorchester (Massachussets (Etats-Unis).

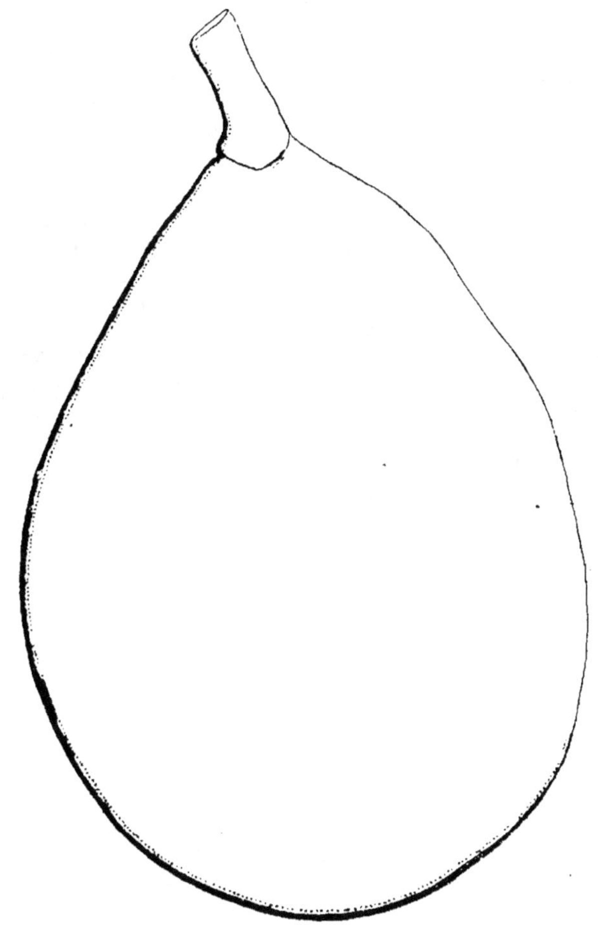

Fruit gros, ovoïde plus ou moins allongé, rarement piriforme.

Pédicelle court, fort, charnu, implanté obliquement dans un léger pli.

Œil moyen mi-clos ; inséré dans une cavité étroite, peu profonde, plissée et côtelée sur les bords.

Épiderme lisse mince, jaune verdâtre, fortement lavé de rouge pourpre, carminé du côté du soleil, pointillé de roux.

Chair blanche, fine, fondante, bien juteuse, sucrée, acidulée, bien agréablement parfumée.

Qualité TRES BONNE.

Maturité. — AOUT.

Rameaux de force et de longueur moyennes, arqués, jaune violacé.

Yeux coniques, aigus.

Culture. — On peut greffer cette variété indistinctement sur cognassier et sur franc ; toutes les formes lui conviennent, sur tige exposition abritée, les fruits se détachent peu facilement sous l'action des vents. En pyramide, cette variété se dégarnit rapidement à la base, mais, en général, l'arbre est facile à rajeunir.

On peut la cultiver dans tous les terrains et dans toutes les régions. Elle doit être soumise à une taille longue pendant son jeune âge et plus courte ensuite.

Ne pas omettre d'entrecueillir les fruits, car ils blettissent rapidement.

Très résistante à la tavelure.

COMTESSE DE PARIS.

Origine. — Obtenue par M. H. Fouraine, horticulteur à Dreux.

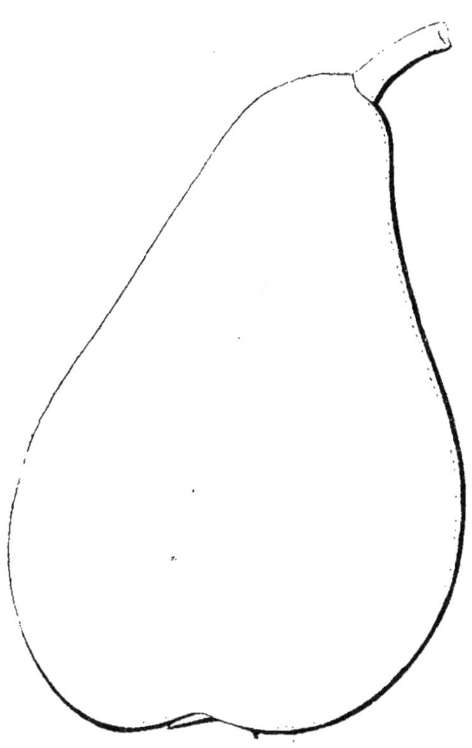

Fruit assez gros, forme allongée de la St-Germain-d'hiver. Peau très lisse.

Pédicelle assez court, arqué, implanté droit sur la pointe du fruit.

Œil petit, demi-ouvert, à peine enfoncé dans une très faible dépression, sépales étalés.

Épiderme uniformément jaune verdâtre, teinté de fauve autour de l'œil et du pédicelle, parsemé de points roux sur tout le reste de sa surface.

Chair blanche, demi-fine, fondante, extrêmement juteuse, très sucrée, à saveur relevée et légèrement parfumée.

Qualité BONNE.

Maturité. — Fin NOVEMBRE et commencement de DECEMBRE.

Rameaux de forme et de longueur moyennes, arqués, gris rosé, à lenticelles blanches, nombreuses et bien visibles.

Yeux gros, ovoïdes, apprimés.

Culture. - Toutes les formes conviennent à cette variété, même la tige.

On devra lui appliquer une taille moyenne, plutôt courte, et supprimer des boutons à fleurs, lorsque l'arbre sera adulte, pour éviter l'épuisement.

CONFÉRENCE.

ORIGINE. — Obtenue par M. Rivers, à Sawbridgeworth, près de Londres.

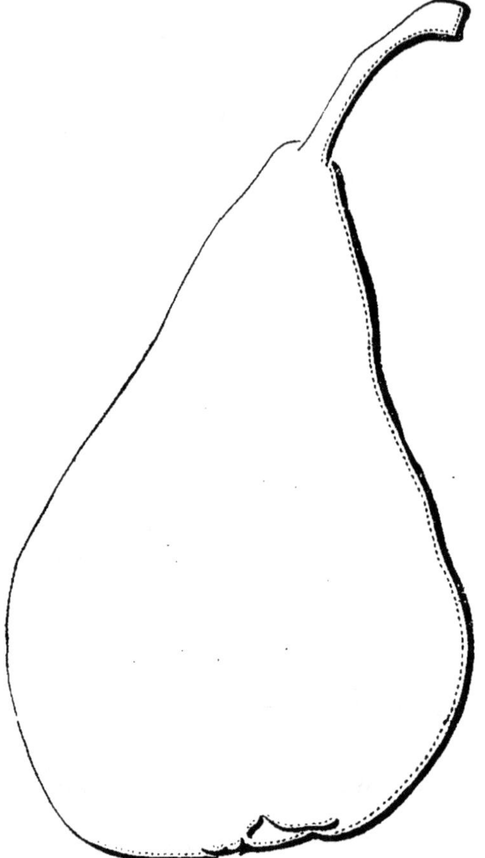

Fruit moyen ou assez gros, piriforme allongé, ventru à sa base, assez uni dans son pourtour, ayant un côté plus renflé que l'autre.

PÉDICELLE de longueur et force moyenne, renflé à son pivot d'attache, arqué, implanté obliquement bien au sommet du fruit dans un pli à peine marqué.

ŒIL moyen ou assez grand, ouvert, à divisions en partie charnues, inséré dans une cavité peu large et peu profonde, légèrement ondulée sur les bords.

Epiderme presque lisse, un peu rude au toucher, jaune paille avec quelques teintes verdâtres, même à complète maturité, lavé et plaqué de fauve orangé au soleil.

Chair saumonée citrine contre la peau et parfois blanche au pourtour, un peu grenue autour des loges, fine, fondante, juteuse, sucrée, un peu acidulée et agréablement parfumée.

Qualité TRES BONNE.

Maturité. — Fin OCTOBRE.

Rameaux faibles, minces, un peu jaunâtres.

Arbre de vigueur moyenne, très productif.

Culture. — Cet arbre en raison de sa vigueur modérée doit être cultivé en petites formes palissées et en cordon.

CONSEILLER A LA COUR. — SYNONYMES : *Conseiller de la Cour. — Maréchal de la Cour. — Duc d'Orléans.*

ORIGINE. — Obtenue par Van-Mons, en 1840, et dédiée par lui à son fils, conseiller à la Cour de Bruxelles.

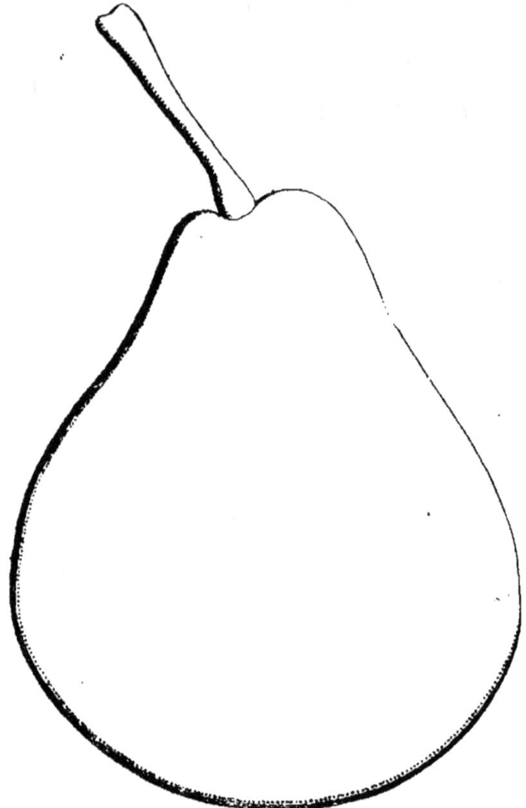

Fruit assez gros ou moyen, turbiné, allongé et obtus.

PÉDICELLE assez long, mince, arqué, implanté presque droit dans une petite cavité un peu bosselée.

ŒIL petit, ouvert, inséré dans une cavité régulière, peu profonde et assez large.

ÉPIDERME rude, assez épais, vert jaunâtre, fortement ponctué de gris sur la partie exposée au soleil qui est lavé de fauve terne.

CHAIR blanche, mi-fine, mi-fondante, assez juteuse, assez sucrée, acidulée, parfois trop, passablement parfumée.

Qualité ASSEZ BONNE.

Maturité. — OCTOBRE.

RAMEAUX assez forts, de moyenne longueur, un peu coudés, gris brun verdâtre ; à lenticelles gris blanc.

YEUX gros, anguleux, pointus, écartés du rameau.

Culture. — L'arbre peut être greffé indistinctement sur cognassier et sur franc ; il est généreux sur l'un et sur l'autre, plus promptement cependant sur le premier que sur le second sujet ; mais le fruit n'est réellement de bonne qualité que dans les sols riches et légers. Dans les terrains forts, froids et humides, le fruit est astringent, acide, manque de saveur et de parfum.

Cette variété laisse beaucoup à désirer dans le Centre et le Midi : elle doit être cultivée de préférence dans le Nord où sa résistance à la tavelure la fait apprécier.

POIRE COSCIA. — Synonymes : *Cristoforo*. — *Domenica*.

Origine ancienne et inconnue, décrite par Micheli vers 1720.

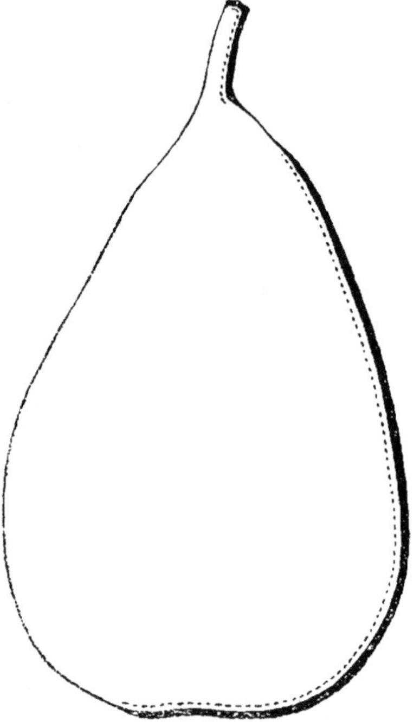

Fruit de moyenne grosseur, allongé, bien régulier en son pourtour.

Pédicelle court de force moyenne, implanté obliquement contre la pointe.

Œil moyen, ouvert, à sépales étalés comme appliqués sur le fruit, la cavité étant nulle.

Epiderme légèrement rudé, d'un jaune citrin à la maturité, finement pointillé de fauve, teinté de rose carminé à l'insolation.

Chair blanche, bien fine, fondante, très juteuse, sucrée.

Qualité BONNE OU TRES BONNE, ne blettit pas.

Maturité (à Florence). — **Deuxième quinzaine de JUILLET**.

Arbre de bonne vigueur, rustique et fertile.

Rameaux longs, assez gros, presque droits, de couleur jaune olivâtre à lenticelles d'un gris bleu et bien apparentes.

Culture. — Cette variété convient très bien pour la culture en plein vent où elle est très robuste greffée sur franc.

CURÉ. SYNONYMES : *Belle de Berry. Belle Eloïse. Bon papa. Comice de Toulon. Vicaire de Winkfield. - Belle Andrianne. - Belle Andreane. - Andreine. M. le Curé.*

ORIGINE. Trouvée, en 1760, par M. Leroy, curé de Villers-en-Brenne, près de Clion (Indre).

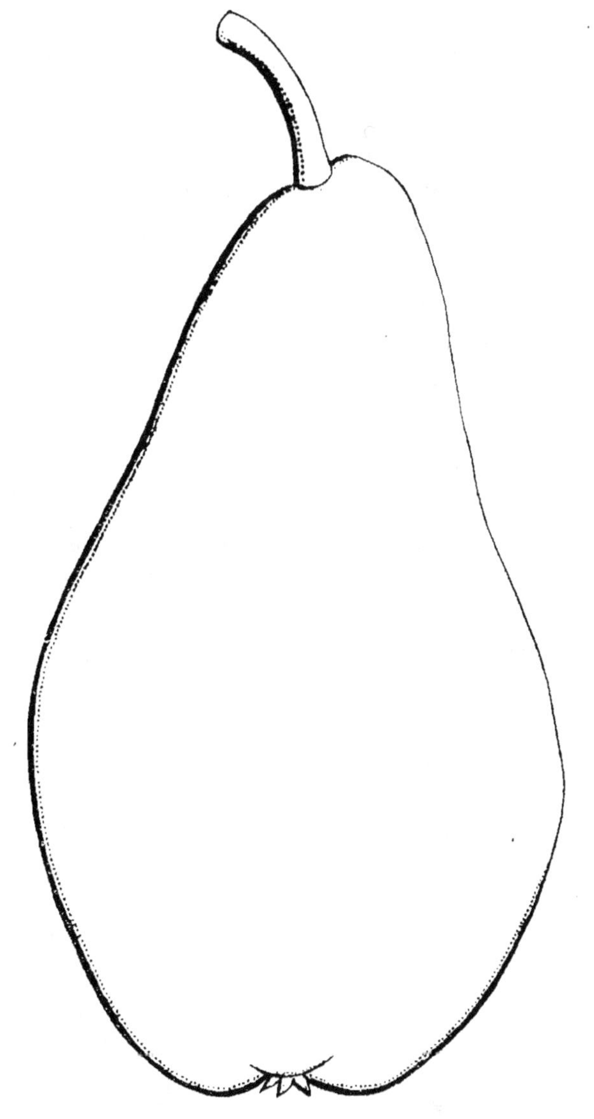

Fruit gros ou très gros, parfois volumineux, allongé, à surface irrégulière, affectant la forme Saint-Germain, ou calebassiforme.

Pédicelle assez gros, de longueur moyenne, renflé à la base, arqué, implanté un peu obliquement.

Œil grand, ouvert, remplissant la cavité étroite et bosselée.

Épiderme lisse, épais d'un vert jaunâtre, granité de points noirs et verts, un peu teinté de rouge pâle à l'insolation, un peu marbré de rouille qui forme une ligne de la base au sommet du fruit.

Chair blanche, demi-fine, demi-fondante, assez juteuse et assez sucrée, douée parfois d'un parfum agréable.

Qualité ASSEZ BONNE, très bonne à la cuisson.

Maturité. — NOVEMBRE, DECEMBRE et JANVIER.

Rameaux assez gros, coudés, rouge grisâtre ; à lenticelles peu nombreuses, assez grandes et saillantes.

Yeux moyens, coniques.

Culture. — Cette variété greffée sur cognassier est très vigoureuse et très productive ; greffée sur franc, elle pousse très vigoureusement, tout en produisant abondamment et assez promptement. On peut l'élever sous toutes les formes, avec la précaution, pour la tige, de la greffer sur franc ; sous cette forme, les fruits sont abondants, mais beaucoup plus volumineux sur la pyramide et surtout en espalier.

Le Poirier Curé cultivé dans toutes les régions, aime une exposition chaude et éclairée, une terre légère, particulièrement celle argilo-siliceuse. Dans les sols humides et frais, il prospère, mais les fruits sont rarement bons.

Cette variété, qui fait l'objet d'un commerce très important en diverses régions, n'est pas sensible à la tavelure.

DE L'ASSOMPTION. Synonyme : *Beurré de l'Assomption*.

ORIGINE. — Obtenue, en 1863, par M. Ruillé de Beauchamps, près de
Nantes.

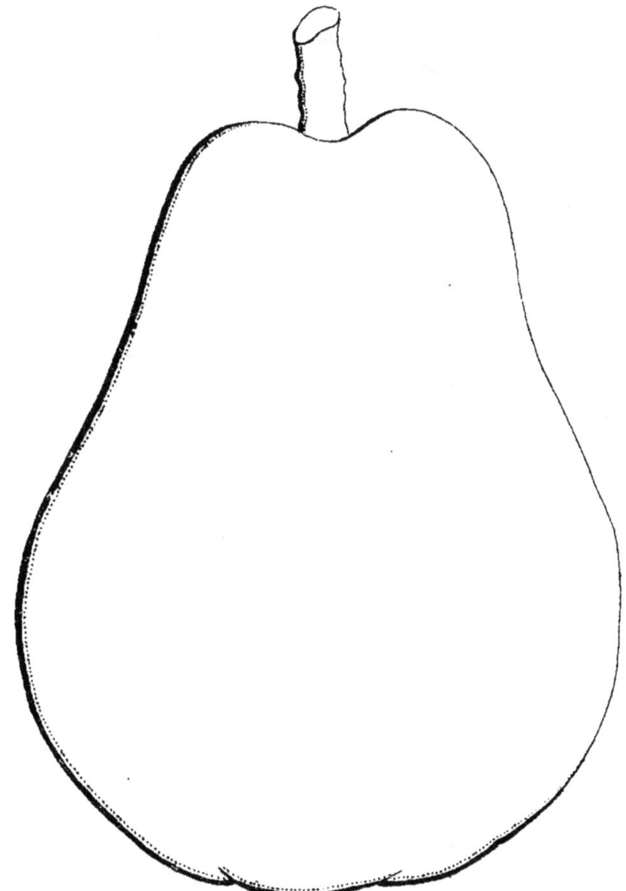

Fruit gros ou très gros, variable en sa forme qui est tantôt turbinée-
allongée et obtuse à la base, tantôt un peu cylindrique et un peu resserrée vers le tiers inférieur.

PÉDICELLE gros et charnu, court, implanté dans une cavité étroite
et entourée par des bosses.

Œil assez grand, ouvert, régulier, dans une cavité assez profonde, évasée et entourée de bosses inégales.

Peau un peu rude, brillante, d'un jaune herbacé, abondamment granitée de fauve clair.

Chair blanchâtre, un peu verte sous la peau, demi-fine, tendre, fondante, très juteuse, sucrée, vineuse, assez parfumée.

Qualité BONNE.

Maturité. — AOUT.

Rameaux gros, flexueux, assez longs, brun roux ; à lenticelles peu nombreuses, grises, ovales.

Yeux moyens, aigus et écartés.

Culture. — Cette variété greffée sur cognassier ne pousse pas très vigoureusement, mais se prête naturellement à la forme pyramidale.

L'arbre cultivé en espalier à bonne exposition dans un terrain meuble et substantiel, produira des fruits plus beaux, plus sains et plus solidement attachés. On ne peut l'élever sur tige, à cause de la grosseur de son fruit et de son peu de résistance aux vents. Cultivé dans toutes les régions, on doit lui choisir un bon terrain un peu chaud, et lui appliquer une taille courte, car sa fertilité est moyenne et les rameaux sont généralement gros et courts.

Peu ou point attaqué par la tavelure.

DES URBANISTES. — Synonymes : *Beurré Drapiez. — Beurré Picquery. — Coloma d'automne. — Louis Dupont. — Louise d'Orléans. — Urbaniste.*

Origine. — Obtenue dans le jardin des religieuses Urbanistes, à Malines, vers 1783.

Fruit moyen, ovoïde turbiné, plus ou moins ventru et plus ou moins régulier.

Pédicelle de longueur moyenne, gros surtout à ses extrémités, implanté dans un pli oblique.

Œil moyen, ouvert, dans une cavité étroite et peu profonde.

Épiderme un peu épais, onctueux, d'un vert clair, passant au jaune vif, ponctué-marbré et un peu maculé de fauve, parfois rosé à l'insolation.

CHAIR blanche, fine ou très fine, bien fondante, bien juteuse, sucrée relevée, agréablement parfumée.

Qualité TRES BONNE.

Maturité. — OCTOBRE-NOVEMBRE.

RAMEAUX érigés, longs et gros ; à lenticelles petites et clairsemées.

YEUX très gros, boursoufflés, obtus.

Culture. — Cette variété greffée sur cognassier pousse assez bien et sa vigueur se soutient longtemps. Il est inutile de la greffer sur franc, pour l'ériger en pyramide, cordon ou espalier ; ce sujet ne convient à la variété que pour la tige ; dans cette forme, on se contentera, seulement, de retrancher le bois faisant confusion.

Greffé sur cognassier et planté dans un sol ni trop riche, ni trop pauvre, l'arbre produit assez, si, à ces conditions on ajoute une taille longue.

Il réussit sur tous les sujets, à toutes les expositions et dans tous les sols, et résiste aux basses températures, ses fruits sont peu sujets à la tavelure.

DIRECTEUR HARDY.

ORIGINE. — Obtenue de semis par M. Tourasse, et mise au commerce en 1893, par M. Charles Baltet, horticulteur à Troyes.

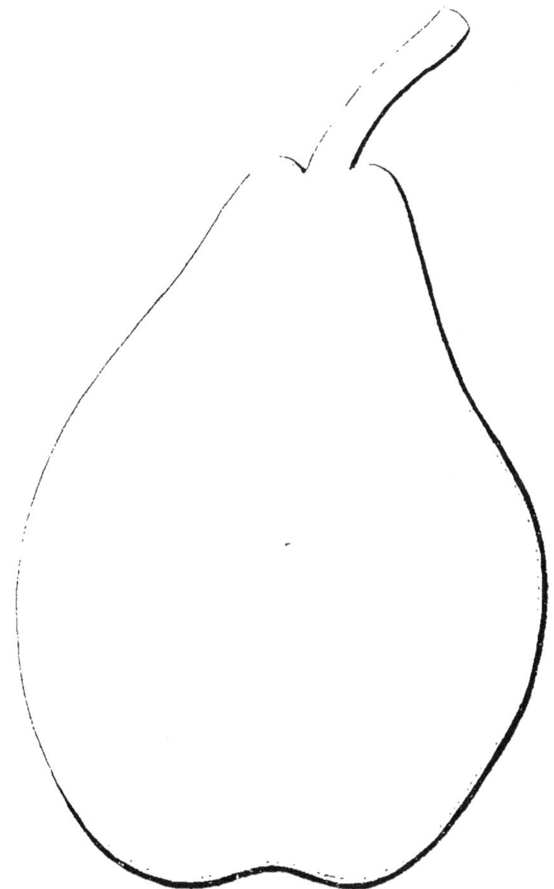

Fruit gros, turbiné, un peu bosselé au pourtour.

PÉDICELLE gros, charnu, très court, planté droit sur la pointe et parfois contre un léger éperon.

Œil ouvert, petit, sans sépales, dans une cavité assez profonde et régulière.

Épiderme canelle claire se fonçant en fauve lisse d'un côté, marbré de quelques taches un peu moins claires, légèrement teinté de rouge, à l'insolation.

Chair d'un blanc jaunâtre, fine, fondante, bien juteuse, sucrée, relevée, agréablement parfumée.

Qualité TRES BONNE.

Maturité. - Fin SEPTEMBRE.

Rameaux courts et arqués, brun verdâtre, à lenticelles blanchâtres.

Yeux petits, minces, allongés et collés au rameau.

Culture. — Toutes les formes conviennent à cette variété vigoureuse et fertile : le cordon horizontal réussit.

Une taille moyenne devra lui être appliquée si l'arbre est greffé sur cognassier, et un peu plus longue si l'arbre est greffé sur franc.

Variété très résistante à la tavelure, méritant d'être plus répandue.

DOCTEUR JULES GUYOT.

ORIGINE. — Obtenue, en 1870, par M. Baltet Ernest, horticulteur à Troyes.

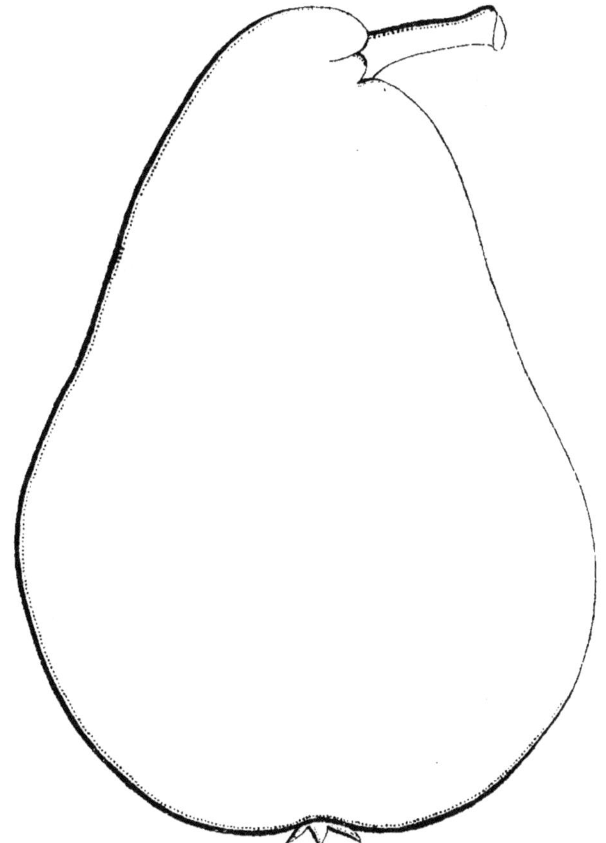

Fruit gros, parfois très gros, un peu calebassiforme, tantôt aigu, tantôt obtus, vers le pédicelle, souvent côtelé, vers l'œil, généralement bosselé.

PÉDICELLE de grosseur moyenne assez court, incliné de côté par un éperon prononcé.

ŒIL moyen, bien ouvert, dans une dépression peu sensible.

Epiderme d'un vert d'eau, passant promptement au jaune citrin, finement ponctué, souvent teinté de rosat à l'insolation.

Chair bien fine, fondante, juteuse, sucrée, rafraîchissante, agréablement aromatisée.

Qualité TRES BONNE.

Maturité. — Seconde quinzaine d'AOUT.

Rameaux longs, dressés, quoique légèrement flexueux : à lenticelles grises et rapprochées.

Yeux courts, aplatis, appliqués au rameau.

Culture. — L'arbre de vigueur modérée sur cognassier est très fertile, convient spécialement à la culture en pyramide et en cordon.

Dans toutes les régions, il doit être cultivé en terrain chaud et soumis à une taille courte, il est surtout utilisé pour le marché dans l'Est et le Sud-Est de la France.

Très résistante à la tavelure, cette variété pourra, dans certaines régions, remplacer la poire Williams qui commence à être attaquée par cette maladie.

DOYENNÉ BLANC. — SYNONYMES : *Beurré blanc.* — *Beurré blanc d'automne.* — *Bonne ente.* — *Carliste.* — *Citron de septembre.* — *De limon.* — *De neige.* — *Doyenné du Seigneur.* — *Saint-Michel.* — *Valencia.*

ORIGINE. — Très ancienne et inconnue.

Fruit moyen, arrondi turbiné, ventru, à surface unie.

PÉDICELLE assez gros, court, droit un peu incliné dans une cavité peu profonde.

ŒIL moyen, à sépales connivents, dans une cavité peu profonde, évasée et régulière.

ÉPIDERME fin, mince, onctueux, très lisse, d'un jaune citrin, ponctué et taché de brun, nuancé d'orangé à l'insolation.

Qualité TRES BONNE.

Maturité. SEPTEMBRE-OCTOBRE.

RAMEAUX peu forts, d'un jaune sombre et grisâtre ; à lenticelles petites et d'un blanc gris.

YEUX assez gros, coniques et écartés du rameau.

Culture. — Cette variété peut être greffée sur cognassier et sur franc ; on recommande de préférence ce dernier sujet, sur lequel elle est également fertile.

Particulièrement sensible à la tavelure, sauf en montagne, il est nécessaire de lui appliquer les sulfatages d'hiver et de printemps pour obtenir des fruits indemnes de maladie.

On peut cultiver Doyenné Blanc sous toutes les formes, lorsque le sol et l'exposition se trouvent dans les conditions exceptionnelles de réussite, mais il est préférable de l'élever en espalier aux expositions abritées du nord, du levant et du couchant, dans un sol meuble, riche et drainé.

S'il est greffé sur cognassier, on doit le tailler court : un peu long dans son jeune âge s'il est greffé sur franc, puis, enfin court dès qu'il se met à fruit.

La cueillette des fruits est à surveiller, car ils bletissent facilement.

Cette variété donne de bons résultats à de hautes altitudes.

DOYENNÉ D'ALENÇON. — Synonymes : *Doyenné d'hiver nouveau. - Doyenné gris d'hiver nouveau. - Doyenné marbré. - Saint-Michel d'hiver.*

Origine. — Semis de hasard trouvé au territoire de Cussey, près d'Alençon, par l'abbé Malassis.

Fruit moyen, ovoïde-arrondi, souvent bosselé vers le pédoncule.

Pédicelle court, gros, renflé au point d'attache, implanté presque droit dans une petite cavité ou dépression.

Œil moyen, presque fermé, dans une cavité tantôt étroite et tantôt évasée.

Épiderme rude, épais, verdâtre, marbré-maculé de brun et de gris, passant au jaune à la maturité.

Chair blanc jaunâtre, fine, fondante ; à saveur sucrée, très agréablement relevée.

Qualité TRES BONNE.

Maturité. — JANVIER-MARS.

Rameaux de moyenne grosseur, assez longs, ascendants, d'un gris brun ; à lenticelles grosses, nombreuses, d'un gris roussâtre.

Yeux assez gros, renflés et coniques.

Culture. — Cette variété peut être greffée sur cognassier et sur franc. L'arbre réussit dans tous les sols, sous toutes les formes et à toutes les expositions. Toutefois, on donne la préférence aux terres légères et chaudes, aux formes cordon, espalier et pyramide et à l'exposition du levant et du midi.

La maturation du fruit est lente et prolongée.

Variété résistante à la tavelure.

DOYENNÉ DE JUILLET. — SYNONYMES : *Doyenné d'été.* — *Jolimont précoce.* — *Leroy-Jolimont.* — *Saint-Michel d'été.*

ORIGINE. — Attribuée aux Capucins de Mons, en Belgique, vers la fin de 1700.

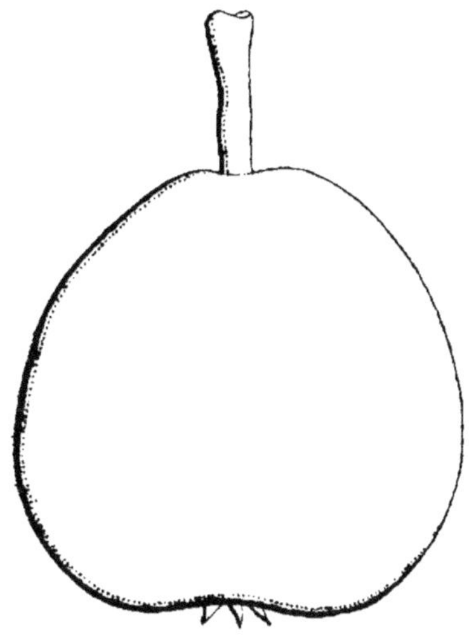

Fruit petit, ovoïde-turbiné, à surface unie, venant en trochets.

PÉDICELLE assez gros, charnu au point d'attache, assez allongé, implanté droit, presque à fleur du fruit.

ŒIL moyen, comprimé, presque fermé par des gibbosités superficielles.

EPIDERME assez épais, jaune, se nuançant largement de rouge carminé à l'insolation.

CHAIR blanche, mi-fine, mi-fondante ; à saveur douce, suffisamment parfumée et rafraîchissante.

Qualité BONNE.

Maturité. — Fin de JUIN et commencement de JUILLET.

RAMEAUX peu forts, fauves à l'ombre, d'un rouge vif au soleil ; à lenticelles peu nombreuses, jaunâtres et bien apparentes.

YEUX petits, triangulaires.

Culture. — L'arbre greffé sur cognassier et élevé en cordon ou en pyramide, est de courte durée, en raison de sa grande fertilité et sa faible vigueur. Sur franc et sur tige, il pousse peu régulièrement, mais donne des fruits plus savoureux.

Cette variété prospère à toutes les expositions, dans les sols riches profonds et pas trop secs, mais comme pour tous les fruits précoces, il est avantageux de le mettre à une exposition ensoleillée.

Cultivée dans toutes les régions, on doit lui appliquer une taille courte.

La tavelure attaque rarement ce fruit.

DOYENNÉ DE MÉRODE. · SYNONYMES : *Beurré de Mérode.
— Double Philippe. - Doyenné Boussoch. Nouvelle Boussoch.*

ORIGINE. Obtenue par Van Mons, vers 1800, et dédiée au comte de Mérode de Waterloo.

Fruit gros ou assez gros, sphérique-turbiné, à surface un peu bosselée.

PÉDICELLE gros, charnu aux bouts, de longueur variable, souvent court, implanté droit, dans une cavité souvent profonde.

ŒIL moyen, ouvert, dans une cavité large, peu profonde.

EPIDERME mince, fin, sans être lisse, d'un jaune vif, ponctué et marbré de gris brun, lavé, granité de rouge vif à l'insolation.

CHAIR blanche, fine, tendre, fondante, à saveur sucrée et bien parfumée.

Qualité BONNE.

Maturité. SEPTEMBRE.

RAMEAUX forts, allongés, brun clair ; à lenticelles arrondies et blanchâtres.

YEUX assez gros, triangulaires.

Culture. — Greffé sur cognassier, l'arbre s'utilise pour fuseaux, cordons et buissons ; sur franc, on l'élève en pyramide et en plein vent.

Quel que soit le sujet sur lequel il est greffé, il faut de toute nécessité, le planter dans des sols légers, chauds et à exposition éclairée, dans les terres fortes, froides, humides et ombragées, le fruit est médiocre et d'une courte conservation ; il doit être entre-cueilli.

On taille court l'arbre très fertile, et un peu long celui qui l'est moins.

Variété peu sujette à la tavelure, cependant lorsque les conditions de développement de cette maladie seront particulièrement favorables, il y aura lieu de lui appliquer un traitement préventif.

DOYENNÉ D'HIVER. — Synonymes : *Beurré de Pâques*. — *Bergamotte de Pentecôte*. — *Pastorale de Lourain*.

Origine contestée. — Il est probable que cette variété a été trouvée dans l'ancien jardin des Capucins, à Louvain (Belgique).

D'après Ch. Gilgert, ce fruit devrait être appelé Bergamotte de Pentecôte, nom primitif donné par l'obtenteur Vilain, négociant à Mons.

Fruit gros ou assez gros, ayant, le plus souvent, la forme de la Doyenné, ovoïde-conique, bosselé en son pourtour, surtout aux deux bouts, largement obtus, bosselé et creusé vers le pédoncule.

Pédicelle gros, droit, très renflé à son point d'attache, implanté un peu obliquement, dans une cavité assez profonde et irrégulière.

Œil moyen ou grand, ouvert, dans une cavité peu profonde, et irrégularisée par des bosses.

Épiderme lisse, vert tendre et jaunâtre maculé de brun fauve dans la cavité de l'œil rarement teinté de rouge obscur du côté du soleil.

Chair blanchâtre, fine, bien fondante, juteuse, sucrée, légèrement acidulée agréablement parfumée, parfois pierreuse au centre.

Qualité TRES BONNE.

Maturité. — DECEMBRE à AVRIL.

Rameaux longs, arqués, jaune olivâtre, ombré de rouge brun ; lenticelles grises.

Yeux gros renflés, coniques, écartés du rameau.

Culture. — Cette variété peut être greffée sur cognassier et sur franc ; toutefois, sur ce dernier sujet, dans un sol riche, profond, léger et frais, elle est vigoureuse et fertile. Elle préfère l'espalier du levant à celui du midi, le fruit étant sujet à la tavelure, il est indispensable de recouvrir les arbres d'auvents, de leur appliquer des traitements cupriques préventifs d'hiver et de printemps et l'ensachage des fruits. Il fleurit souvent très abondamment et hâtivement, mais le plus grand nombre des fleurs avorte sous l'influence de circonstances atmosphériques défavorables.

Dans les régions de l'Est cette variété a résisté à l'hiver rigoureux de 1879-1880.

DOYENNÉ DU COMICE.

ORIGINE. — Obtenue dans le jardin du Comice horticole d'Angers. Premier rapport en 1849.

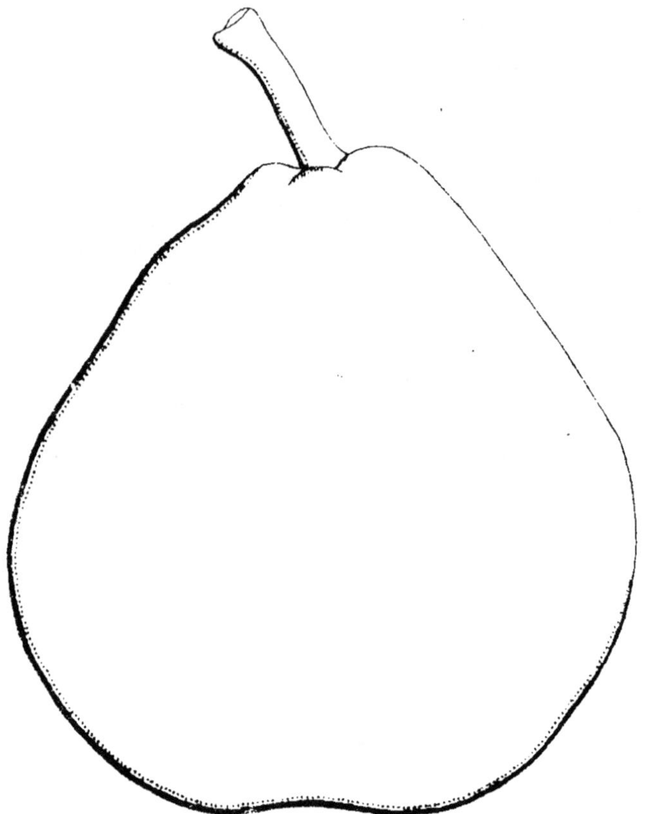

Fruit gros, parfois très gros, variable dans sa forme, qui est généralement celle d'une Doyenné, à surface bosselée, surtout vers les pôles.

PÉDICELLE gros, un peu charnu, de longueur moyenne, implanté obliquement, dans une cavité étroite et irrégularisée par des bosses.

ŒIL moyen, presque fermé, dans une cavité profonde.

ÉPIDERME fin, lisse, d'un jaune clair, granité-maculé de roux, lavé de rouge vermillon à l'insolation.

CHAIR blanchâtre, fine, fondante, très juteuse ; à saveur sucrée, relevée, très agréablement parfumée.

Qualité TRÈS BONNE.

Maturité. — OCTOBRE-NOVEMBRE.

RAMEAUX gros, allongés, coudés, étalés, d'un vert grisâtre ; à lenticelles petites et blanchâtres.

YEUX longs, obtus et pointus.

Culture. — Cette variété doit être cultivée de préférence en espalier et en pyramide, greffée sur cognassier où elle produit de belles pyramides, plus fertiles que celles greffées sur franc. Néanmoins, elle est peu généreuse dans les régions du Centre et ne produit, généralement, que sur d'anciennes pyramides abandonnées à elles-mêmes.

Très répandue partout, on l'élève aussi en espalier à l'exposition du levant et du midi, dans les sols meubles, frais et très riches.

On doit lui appliquer une taille longue, même sur cognassier.

Cette variété a produit une sous-variété à fruits panachés, ayant les mêmes qualités que le type.

Le fruit est à peu près indemne de tavelure, cependant lorsque cette maladie est dans un milieu favorable, le fruit peut-être attaqué mais rarement gêné dans son développement.

DOYENNÉ GRIS. — SYNONYMES : *Doyenné crotté* (par erreur).
— *Doyenné galeux.* — *Doyenné rouge.* — *Doyenné roux.* —
Neige grise. — *Philippe strié.* — *Saint-Michel crotté.* — *Saint-Michel doré.* — *Saint-Michel gris.*

ORIGINE ancienne et inconnue.

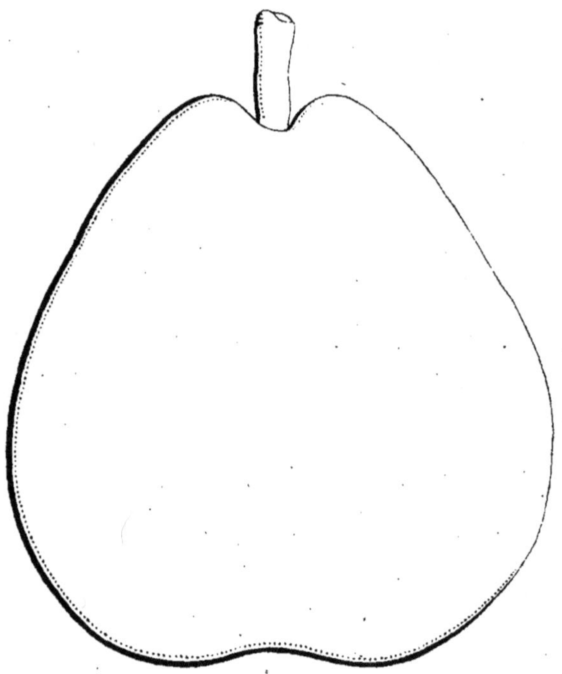

Fruit moyen, ayant exactement la forme du Doyenné blanc, parfois cependant un peu plus atténué vers la base.

PÉDICELLE assez gros, court, droit ou un peu incliné, dans une cavité un peu profonde.

ŒIL moyen, mi-clos, dans une cavité normale.

EPIDERME fin, mince, un peu rude, jaune foncé abondamment taché marbré de gris roussâtre, relevé de petites taches noires et squameuses.

CHAIR blanche, très fine, fondante ; à saveur sucrée, parfumée, encore plus agréablement relevée que celle du Doyenné blanc.

Qualité TRES BONNE.

Maturité. — OCTOBRE-NOVEMBRE.

RAMEAUX de longueur et de force moyennes, rougeâtre clair ; à lenticelles petites et d'un blanc gris.

YEUX minces, aplatis, triangulaires.

Culture. - L'arbre greffé sur cognassier est délicat et d'une vigueur moyenne, surtout lorsqu'il est planté dans un sol imperméable. Il importe donc de le greffer sur franc ou sur greffe intermédiaire et de l'élever en espalier, abrité à l'exposition du levant, du couchant et du nord, en sol substantiel et sain. Dans certains départements favorisés, on l'élève sous toutes formes, même sur tige où on le greffe sur franc pour le verger.

S'il est greffé sur cognassier, on devra tailler court pour maintenir sa fertilité ; mais s'il est sur franc, on devra le tailler long pendant son jeune âge : il ne perd pas sa fertilité sur ce dernier sujet.

Très attaquée par la tavelure, dans son fruit et dans ses rameaux, il est urgent de donner à cette variété tous les soins préventifs.

DUCHESSE BERERD.

ORIGINE. — Obtenue de semis de pépins de Duchesse Bronzée, vers 1890, par M. Etienne Bererd, propriétaire-arboriculteur, à Quincieux Rhône.

Mise au commerce en 1905 par M. L. Chasset, pépiniériste à Quincieux.

Fruit gros ou très gros, doliforme, bosselé en son pourtour comme la Duchesse d'Angoulême dont il a la silhouette.

PÉDICELLE moyen, non charnu, implanté obliquement dans une cavité bosselée.

ŒIL fermé dans une cavité large et évasée.

EPIDERME bronzé et rougeâtre au soleil.

CHAIR blanche, plus fine que dans la Duchesse d'Angoulême, plus sucrée et plus parfumée.

Qualité TRES BONNE.

Maturité. **OCTOBRE A DECEMBRE.**

Culture. — L'arbre vigoureux et fertile doit être surtout cultivé en formes naines, en plein vent, le fruit tombe à cause de son trop fort volume, variété déjà très répandue en culture intensive où ses fruits sont très appréciés.

DUCHESSE D'ANGOULÊME.   SYNONYMES : *De Pézenas.*
Des Eparonnais.

ORIGINE. — Semis de hasard, trouvé à la ferme des Eparonnais, commune de Cherré (Maine-et-Loire) ; propagé par M. A.-F. Audusson, vers 1812. Le pied-mère, mort en 1862, pouvait avoir un siècle d'existence.

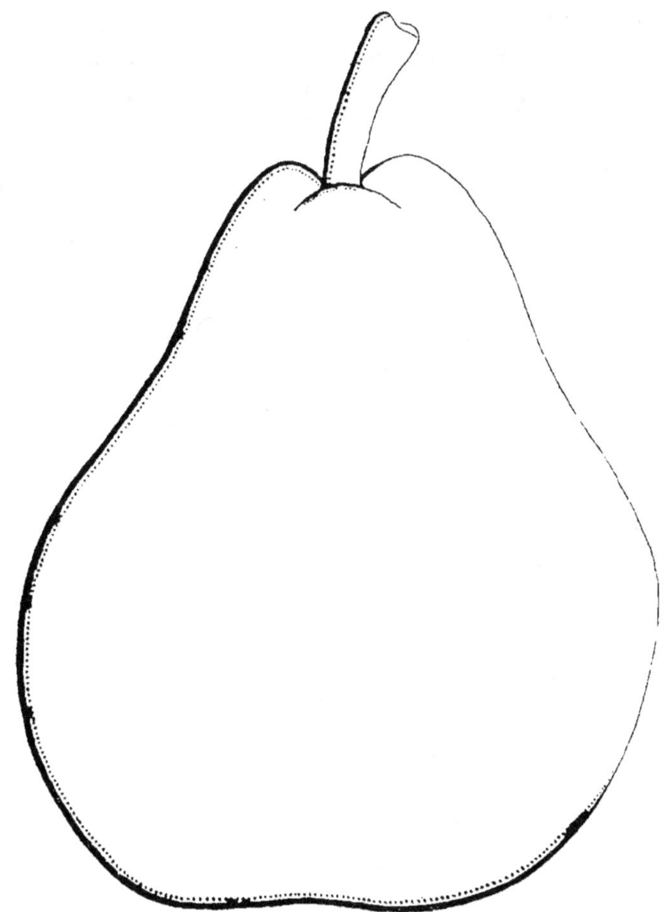

Fruit gros ou très gros, obtus et bosselé vers le pédicelle, élargi et bosselé vers la tête, de forme Bon-Chrétien.

PÉDICELLE assez court, gros, plus renflé vers le point d'attache, implanté dans une dépression bosselée.

Œil petit, fermé, dans une cavité profonde, irrégularisée par des plis et des bosses.

Épiderme assez épais, rude, d'un jaune verdâtre, parsemé de taches rousses et vertes, ponctué et un peu marbré de rouille.

Chair blanche, demi-fine, fondante ; à saveur sucrée, plus ou moins parfumée et agréable.

Qualité BONNE.

Maturité. — OCTOBRE, NOVEMBRE et parfois DECEMBRE.

Rameaux assez gros, allongés, jaunâtres ; à lenticelles blanchâtres, nombreuses, assez apparentes.

Yeux moyens, coniques, écartés du rameau, les yeux de l'extrémité des rameaux sont presque toujours transformés en boutons à fleurs.

Culture. — Cette variété peut être greffée sur cognassier et sur franc indistinctement, suivant le sol ; ou peut aussi l'élever sous toutes les formes.

Etant donné le volume de ses fruits, il est plus pratique de l'élever en pyramide et en espalier qu'en arbre sur tige.

Le sol qui convient à ce poirier est le terrain silico-argileux, calcaire, frais et drainé. Il se plaît mieux au levant et au couchant qu'au midi. C'est aussi une des rares variétés pouvant se cultiver au nord. Dans les terrains forts et abondamment fumés, les fruits deviennent très gros. Au nord, ils sont fins mais sans saveur appréciable ; au midi, ils passent très vite et sont souvent pâteux.

L'arbre cultivé dans toutes les régions doit être taillé court à cause de sa grande fertilité.

Cette variété devient de plus en plus sensible à la tavelure, et il sera nécessaire de lui appliquer tous les soins de sulfatage d'hiver et de printemps.

La **Poire Duchesse d'Angoulême** a produit deux sous-variétés qui ne se distinguent du type que par la couleur du bois et du fruit :

1° DUCHESSE PANACHÉE

Cette variation se distingue par les panachures du bois et du fruit.

Elle a été obtenue et fixée, vers 1840, dans les pépinières de M. André Leroy, à Angers.

2° DUCHESSE BRONZÉE

Cette variation se distingue par ses fruits dont la peau est toute bronzée et un peu rude ; cette teinte est olivâtre dans les dépressions et rougeâtre sur les saillies.

Elle a été obtenue et fixée dans la Côte-d'Or.

DUCHESSE DE BORDEAUX. — SYNONYME : *Beurré Perrault.*

ORIGINE. — Obtenue, vers 1850, par M. A. Secher, propriétaire à La
Gohardière, commune de Montjean (Maine-et-Loire). Premier rapport
en 1859.

Fruit assez gros, sphérico-conique, parfois plus haut que large, à
surface unie, tronqué et creusé vers le pédoncule.

PÉDICELLE de longueur moyenne, gros, épaissi aux deux bouts, surtout
vers le fruit, implanté dans une cavité assez large.

ŒIL petit, mi-clos, dans une cavité évasée.

ÉPIDERME épais, d'un jaune clair, finement ponctué de roux, abondamment marbré de fauve.

CHAIR blanche, demi-fine, fondante ; à saveur sucrée acidulée, finement parfumée.

Qualité BONNE.

Maturité.   DECEMBRE à MARS.

RAMEAUX gros, longs, droits, d'un vert jaunâtre ; à lenticelles blanchâtres et nombreuses.

YEUX courts, triangulaires, appliqués au rameau.

Culture. — Cet arbre est vigoureux et fertile ; il prospère sur tous les sujets, mais a plus de vigueur sur franc que sur cognassier ; il peut être élevé en palmette, pyramide et cordon.

Assez répandu dans toutes les régions, il doit être taillé court, à cause de sa fertilité.

Variété non attaquée par la tavelure, elle mériterait d'être plus répandue en culture intensive où la maturité tardive de ses fruits serait appréciée.

ÉPARGNE. — SYNONYMES : *A la flûte.* — *Beau présent.* — *Beau présent d'été.* — *Ghopine.* — *Courge.* —*Cueillette.* — *Grosse cuisse-dame.* — *Grosse Madeleine.* — *Jargonelle.*

ORIGINE ancienne et inconnue.

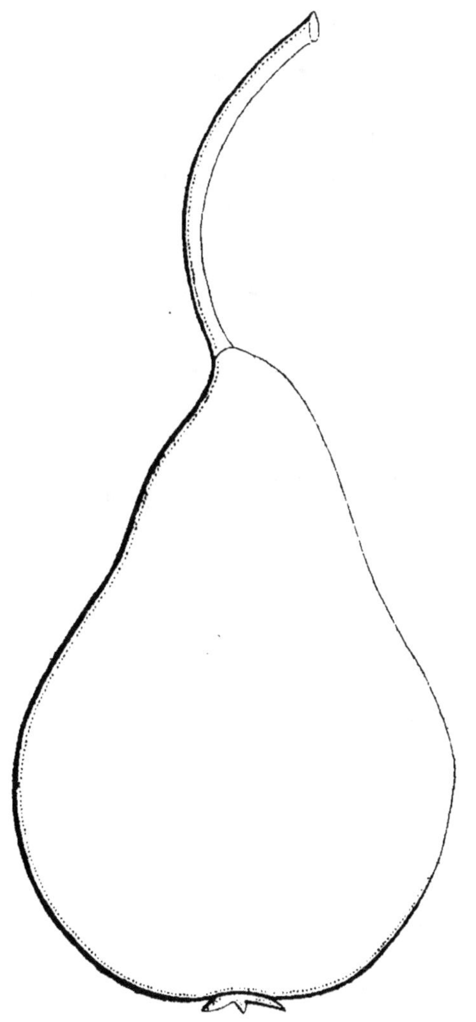

Fruit moyen, parfois assez gros, allongé, à surface unie.

18

Pédicelle de moyenne force, long, arqué, planté obliquement sur la pointe inclinée du fruit.

Œil moyen, ouvert, saillant, ou sur une très légère dépression.

Épiderme un peu épais et un peu rude, d'un jaune herbacé, granité et un peu taché de rouille, souvent teinté de rouge à l'insolation.

Chair blanchâtre, mi-fine, mi-fondante, juteuse ; à saveur sucrée et agréablement relevée.

Qualité BONNE.

Maturité. — JUILLET-AOUT.

Rameaux gros, assez longs, contournés, brun olivâtre ; à lenticelles grises, nombreuses et bien apparentes.

Yeux demi-sphériques, aplatis un peu contre le rameau.

Culture. — Cette variété ne prospère pas également partout, ni sous toutes les formes ; elle est d'une végétation un peu désordonnée et s'accommode mal des formes régulières. Elle est surtout destinée à la culture sur tige où l'arbre prend de grandes dimensions.

Ce poirier craint les terres fortes, compactes et froides, dans lesquelles il est sujet au chancre ; les sols argilo-siliceux, chauds et aérés, toutes les expositions mais particulièrement celle de l'est, du sud-est et du nord-ouest, lui sont favorables.

Cet arbre est cultivé dans toutes les régions de la France, il faudra entrecueillir les fruits pour prolonger leur maturation.

Le fruit est peu ou point attaqué par la tavelure.

ÉPINE DU MAS. — SYNONYMES : *Belle épine du Mas. — Belle épine de Limoges. — Beurré de Rochechouart. — Colmar du Lot. — Duc de Bordeaux.*

ORIGINE. — Trouvée dans la forêt de Rochechouart, sur le territoire Du Mas (Haute-Vienne), où le pied-mère existait encore en 1856.

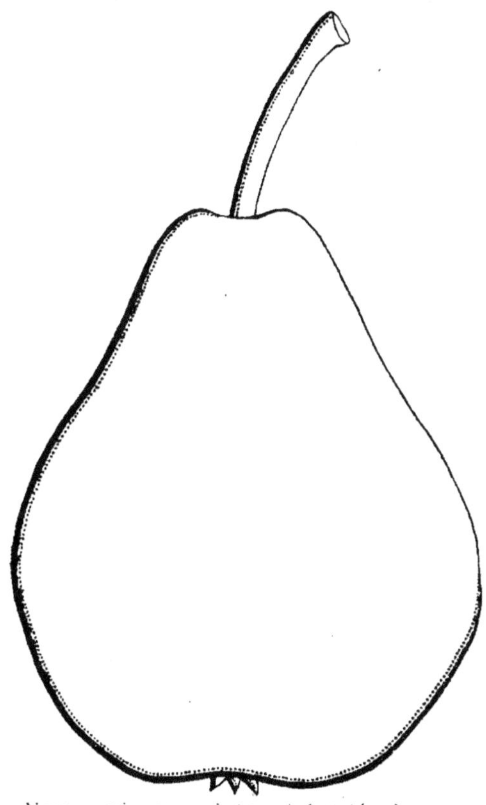

Fruit moyen, régulier, à surface unie.

PÉDICELLE normal, droit ou oblique, légèrement arqué, sur la base obtuse du fruit.

ŒIL moyen, ouvert, régulier, dans une cavité normale et irrégulière.

EPIDERME épais, lisse, jaune citrin, frappé de rosat à l'insolation avec des points gris noirâtres, très apparents.

CHAIR blanche, mifine, fondante, très juteuse ; à saveur sucrée, relevée d'un parfum agréable.

Qualité BONNE.

Maturité. NOVEMBRE-DECEMBRE.

RAMEAUX courts, grêles, brun rougeâtre ; à lenticelles grisâtres et apparentes.

YEUX coniques, pointus et écartés du rameau.

Culture. — Cette variété peut être greffée également sur cognassier et sur franc ; on peut l'élever sous toutes les formes.

Dans les sols légers et profonds, ce fruit prend une belle couleur, se conserve longtemps et possède un parfum des plus agréables.

Cultivée dans toutes les régions, on doit appliquer une taille moyenne à cette variété dont la résistance à la tavelure la fait apprécier par l'amateur.

Le volume moyen de son fruit la fait également apprécier comme fruit de marché. A répandre en culture intensive.

FAVORITE MOREL.

ORIGINE. - Obtenue par M. François Morel, pépiniériste à Lyon, vers 1870.

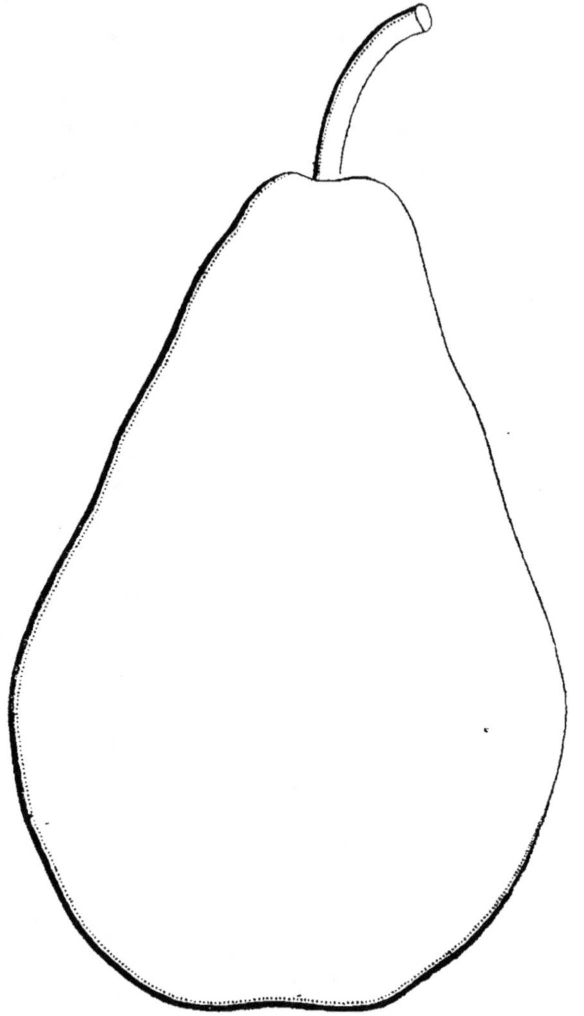

Fruit gros, ou assez gros de forme Bon-Chrétien allongé, un peu bosselé en son pourtour.

PÉDICELLE mince, ligueux, arqué de longueur moyenne, implanté presque droit sur le fruit étroitement tronqué.

ŒIL ouvert, régulier, presque à fleur sur le sommet arrondi du fruit.

ÉPIDERME un peu rude, brillant, passant du jaune herbacé au jaune d'or, un peu granité de fauvé clair.

CHAIR blanche, fine, serrée, fondante, très juteuse : à saveur bien sucrée, parfumée, légèrement vineuse.

Qualité TRÈS BONNE.

Maturité.   Fin SEPTEMBRE et OCTOBRE.

RAMEAUX longs et droits, à lenticelles d'un gris rosé et très apparent.

YEUX gros appliqués au rameau.

Culture. — Cette variété doit être greffée sur cognassier, où elle forme un arbre vigoureux, d'une grande fertilité ainsi que de belles pyramides qui atteignent de grandes proportions.

On peut aussi la cultiver en espalier et en cordon oblique, un terrain chaud et frais lui est nécessaire.

Cultivée dans toutes les régions, on doit lui appliquer une taille moyenne.

Le fruit de cette variété a le mérite de ne pas blettir.

Cette variété résistante à la tavelure mériterait d'être plus répandue dans les cultures, peut-être même pourrait-elle être admise en culture intensive où elle remplacerait avantageusement en qualité la poire Curé.

FIGUE D'ALENÇON. — Synonymes : *Bonissime de la Sarthe.* *Figue d'hiver.* — *Silvange d'hiver.*

Origine. — Obtenue, par M. Lecomte-Mortefontaine, vers 1829, à Cussay, près d'Alençon.

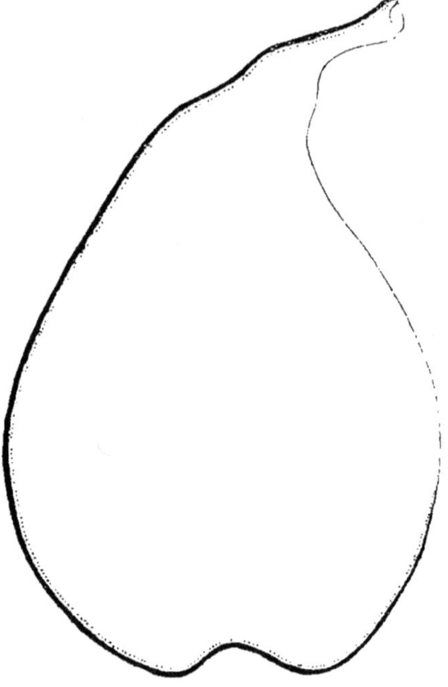

Fruit moyen, allongé, obliquement pointu, mamelonné vers le pédoncule.

Pédicelle épais, court, continuant obliquement le mamelon du fruit.

Œil petit, ouvert, placé, tantôt à fleur et tantôt dans une légère dépression.

Epiderme uni, sans être lisse, d'un jaune herbacé, taché de vert tendre, maculé de rouille, nuancé de brun rougeâtre à l'insolation.

Chair citrine, fine, fondante ; à saveur richement sucrée et hautement parfumée.

Qualité TRES BONNE.

Maturité. — NOVEMBRE-DECEMBRE.

Rameaux gros, obliques ascendants, brun rougeâtre ; à lenticelles peu nombreuses et bien apparentes.

Yeux minces, allongés et aplatis.

Culture. — Cette variété doit être greffée sur cognassier pour être cultivée en espalier ou pyramide, sur franc pour la tige.

Il lui faut des sols légers, riches et à l'exposition du levant et du midi, pour que les fruits acquièrent une bonne qualité.

Cultivée dans toutes les régions, on doit tailler court les rameaux de la partie supérieure, qui tendent souvent à s'emporter, et tailler un peu long ceux des branches inférieures.

FONDANTE DES BOIS. — Synonymes : *Belle de Flandres.* — *Beurré Davy.* — *Beurré Spence.* — *Bosch-Peer.* — *Excellentissime.* — *Gagnée à Heuze.* — *Impératrice de France.*

Origine. — Trouvée dans un bois, aux environs d'Alost (Flandre orientale).

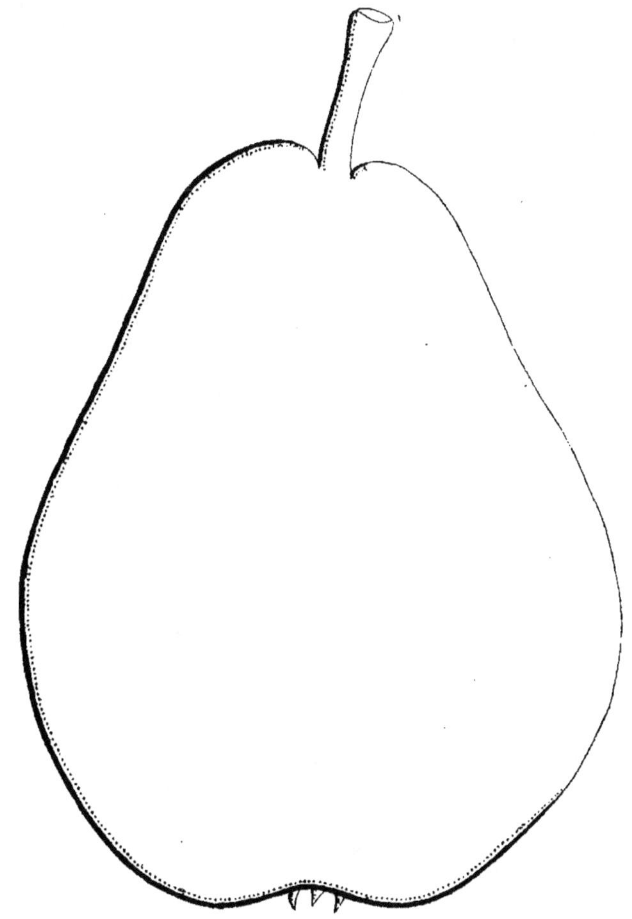

Fruit gros, parfois très gros, de forme Bon-Chrétien, largement tronqué vers le pédoncule, régulier en son pourtour.

Pédicelle assez court, peu fort ; implanté droit, dans une cavité étroite, assez profonde et régulière.

Œil moyen, mi-ouvert, dans une cavité peu profonde et régulièrement évasée.

Épiderme mince, jaune, ponctué de gris et de vert, lavé de rouge brun et de rouge carminé à l'insolation.

Chair blanche, fine, fondante, bien juteuse ; à saveur sucrée, relevée d'un parfum agréable.

Qualité BONNE.

Maturité. — SEPTEMBRE-OCTOBRE.

Rameaux gros, longs, étalés, brillants ; à lenticelles blanchâtres, petites et peu nombreuses.

Yeux allongés, appliqués au rameau.

Culture. — Cette variété se prête à toutes formes. L'arbre est vigoureux et fertile sur cognassier et sur franc ; toutefois. greffé sur ce dernier sujet, il donne des fruits moins colorés et plus tardifs.

On doit lui choisir des expositions éclairées et à l'abri des vents ; il pousse très bien dans les terrains légers et riches en matières azotées.

Cultivé dans toutes les régions, il demande une taille un peu longue dans son jeune âge et courte lorsqu'il est en rapport.

Ce beau fruit a le défaut de passer très vite et d'être sujet à la tavelure. on devra donc appliquer des solutions cupriques d'hiver et d'été ainsi que l'ensachage.

FONDANTE DU PANISEL. — SYNONYMES : *Délices d'Angers.* — *Délices d'Hardenpont d'Angers.*

ORIGINE. — Obtenue, vers 1762, par l'abbé d'Hardenpont, au mont Panisel, près de Mons (Belgique).

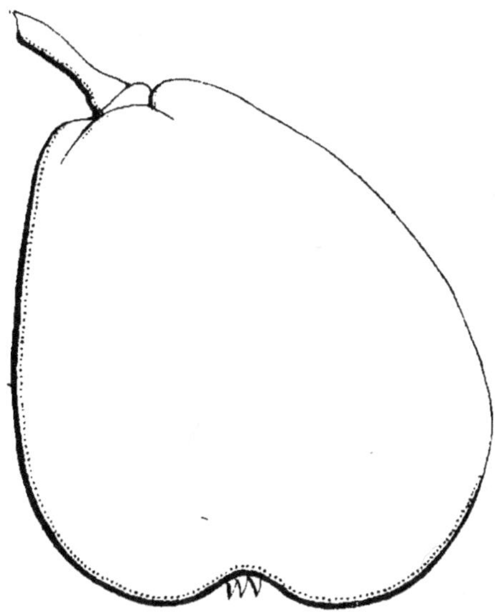

Fruit moyen, sphérique, ou conico-ovoïde, plus large ou aussi large que haut, à surface bosselée.

PÉDICELLE court, épais et charnu, continuant une protubérance qui termine le fruit.

ŒIL moyen, ouvert, dans une cavité assez profonde et évasée.

ÉPIDERME rude, épais, jaune doré, taché de fauve, fauve rougeâtre à l'insolation.

CHAIR citrine, fine, fondante, très juteuse ; à saveur sucrée et très agréablement parfumée.

Qualité TRES BONNE.

Maturité. NOVEMBRE-DECEMBRE.

RAMEAUX de grosseur et de longeur moyennes, flexueux : à lenticelles très larges et peu nombreuses.

YEUX minces, pointus, insérés sur des coussinets fortement accentués : l'œil terminal des rameaux est souvent transformé en bouton à fleurs.

Culture. — L'arbre peut être greffé sur cognassier et sur franc, de préférence sur ce dernier sujet pour être dirigé sous toutes les formes ; il réussit très bien sur greffe intermédiaire pour cordon, fuseau, buisson, espalier et pyramide.

On doit planter cette variété dans les terres meubles, saines, fertiles, et aux expositions aérées et éclairées.

Cultivée dans toutes les régions, il faut lui appliquer la taille courte lorsqu'elle est greffée sur cognassier.

FONDANTE FOUGÈRE.

ORIGINE. — Obtenue par M. Fougère, propriétaire à Saint-Priest (Isère), en 1878 ; semis fait en 1871 ; mise au commerce en 1887.

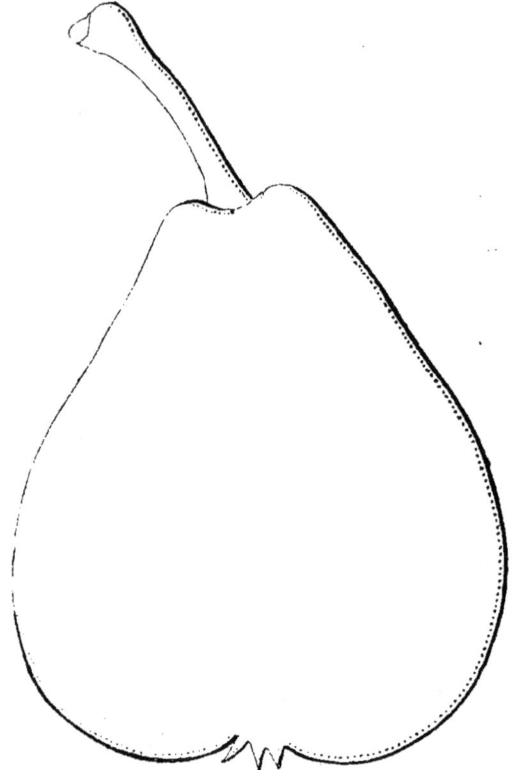

Fruit plus gros que moyen ou assez gros turbiné ou piriforme-turbiné, irrégulier en son pourtour, un peu bosselé.

PÉDICELLE de longueur moyenne ou plus long, assez fort, généralement renflé à ses deux extrémités, surtout au point d'attache, planté droit ou presque droit dans un creux bosselé.

ŒIL moyen, mi-clos, dans une cavité très peu profonde et assez régulière.

EPIDERME presque lisse, d'un jaune pâle, abondamment et finement pointillé de roux, maculé de quelques marbrures fauves, teinté de rosat et pointillé de rose carminé à l'insolation.

CHAIR blanche légèrement grenue autour des loges, fine, bien fondante, bien juteuse, très sucrée, un peu relevée, agréablement parfumée.

Qualité TRES BONNE.

Maturité. — De JANVIER à MARS.

RAMEAUX de longueur et de force moyennes, à peu près droits, coudés aux consoles qui sont rapprochées, de couleur fauve ; à lenticelles nombreuses, petites, blanchâtres.

YEUX courts, écartés du rameau.

Culture. — Cette variété assez vigoureuse en pépinière, ne l'est pas autant lorsqu'elle est en place. Elle ne doit être greffée sur cognassier que pour les petites formes, cordon et espalier, et sur franc pour former de jolies pyramides ou de grandes formes.

Les fruits étant sujets à la tavelure, on devra planter cet arbre aux expositions chaudes et abritées. Les terrains chauds lui sont également favorables. Il sera utile de pratiquer l'ensachage.

Pulvériser l'arbre préventivement aux solutions cupriques.

FONDANTE THIRRIOT.

ORIGINE. — Obtenue en 1858, par MM. Thirriot frères, pépiniéristes, au Moulin-à-Vent, à Charleville (Ardennes). — Premier rapport en 1862.

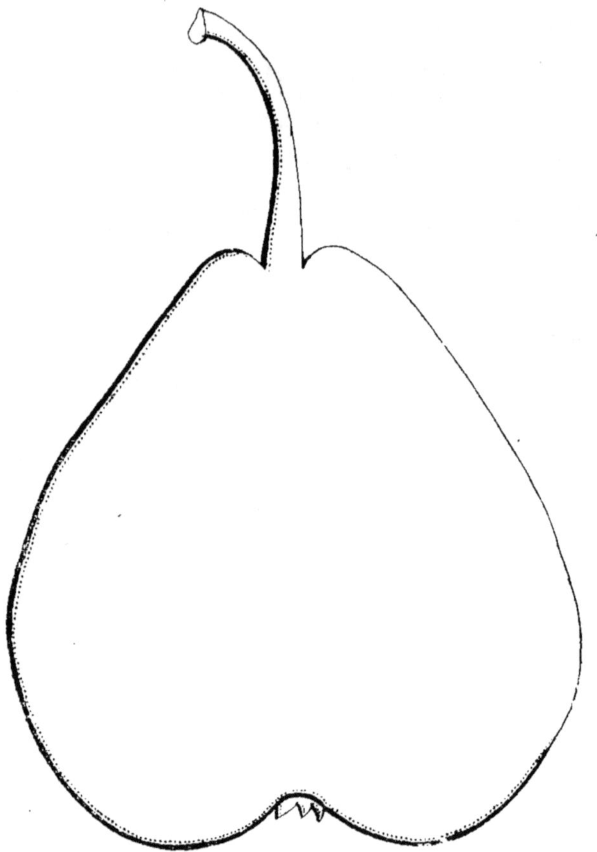

Fruit assez gros, turbiné, obtus et étroitement creusé autour du pédoncule, régulier en son pourtour.

PÉDICELLE assez fort, allongé, un peu épaissi et charnu vers le fruit, planté droit ou presque droit dans le pli.

ŒIL petit, ouvert, dans une cavité normale et régulière.

EPIDERME rugueux, d'un jaune vif, bien piqueté de gris brun, lavé de rosat et granité de rouge à l'insolation.

Chair blanche, assez fine, fondante, très juteuse : à saveur sucrée, acidulée, agréablement parfumée.

Qualité TRES BONNE.

Maturité. — SEPTEMBRE-OCTOBRE.

Rameaux nombreux, assez gros, étalés, brun grisâtre ; à lenticelles blanchâtres, assez apparentes.

Yeux assez gros, courts, renflés.

Culture. — Cette variété pousse bien sur tous les sujets, mais il convient de la greffer sur franc pour obtenir de belles formes.

Toutefois, on ne l'élève pas sur tige, ses fruits tombant trop facilement.

Les terrains chauds et une bonne exposition lui sont favorables.

Cultivée dans toutes les régions, il faut lui appliquer une taille moyenne.

Très résistante à la tavelure, cette variété mériterait d'être propagée en culture intensive en raison de sa fertilité grande et soutenue.

JEANNE D'ARC.

ORIGINE. — Obtenue en 1885, par M. A. Sannier de Rouen, mise au commerce en 1893.

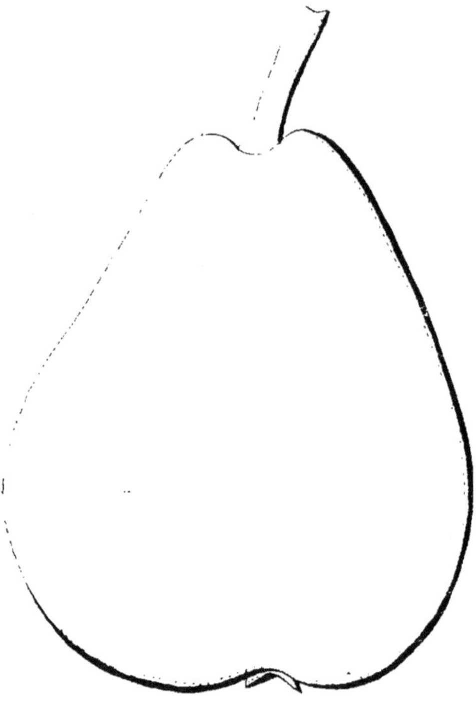

Fruit gros, obtus, non uni dans son pourtour.

PÉDICELLE court, assez fort, renflé à son point d'insertion, implanté obliquement ou presque droit dans une cavité peu profonde et étroite.

ŒIL assez petit, ouvert ou mi-ouvert, inséré dans une dépression peu profonde et étroite.

ÉPIDERME légèrement rude, jaune citron pâle, un peu plus jaune à l'insolation où il se teinte de rose tendre, pointillé de rose, taché et marqué de fauve, surtout à la base et dans la cavité du pédoncule.

CHAIR blanche, grenue autour des loges, fine, fondante, bien juteuse, sucrée, acidulée, agréablement, mais faiblement parfumée.

Qualité BONNE.

Maturité. — OCTOBRE-NOVEMBRE.

RAMEAUX longs et droits, brun fauve, à lenticelles grisâtres et espacées.

YEUX moyens, coniques et obtus.

Culture. — Cette variété forme de jolies pyramides et de jolis fuseaux ; elle convient également à la culture en espalier.

La taille courte devra lui être appliquée.

Très résistante à la tavelure.

JOSÉPHINE DE MALINES.

Origine. — Obtenue, en 1830, par le major Espéren, de Malines (Belgique).

Fruit moyen, ou presque moyen, turbiné, obtus et bosselé vers le pédicelle.

Pédicelle de moyenne longueur, assez gros, charnu, implanté dans une légère dépression bosselée.

Œil petit, ouvert, dans une petite dépression évasée.

Épiderme assez épais, jaune citrin, marbré de brun fauve, relevé de jaune orangé avec ponctuations de rouille à l'insolation.

Chair blanc rosé, surfine, fondante, très juteuse ; à saveur sucrée, relevée d'un parfum de rose prononcé.

Qualité TRES BONNE.

Maturité. — Courant d'HIVER jusqu'en MARS.

Rameaux gros, peu longs, marron clair, étalés ; à très petites lenticelles grises.

Yeux assez gros, courts et obtus.

Culture. — En général, cette variété est jugée bien diversement, suivant les régions et les cultivateurs.

Cette variété peut être greffée sur franc ou sur cognassier, elle se prête assez bien aux formes régulières, mais il lui faut un sol ni trop fort, ni trop humide, et une bonne exposition. On lui donne une taille longue en ménageant les brindilles.

Elle s'accommode bien de l'espalier, qui augmente le volume et la qualité du fruit ; elle peut également être cultivée sur tige dans toutes les régions.

Variété résistante à la tavelure.

JULES D'AIROLES.

ORIGINE. — Obtenue, en 1836, par Léon Leclerc, de Laval, propagée par M. Hutin, lors de la première fructification, en 1852.

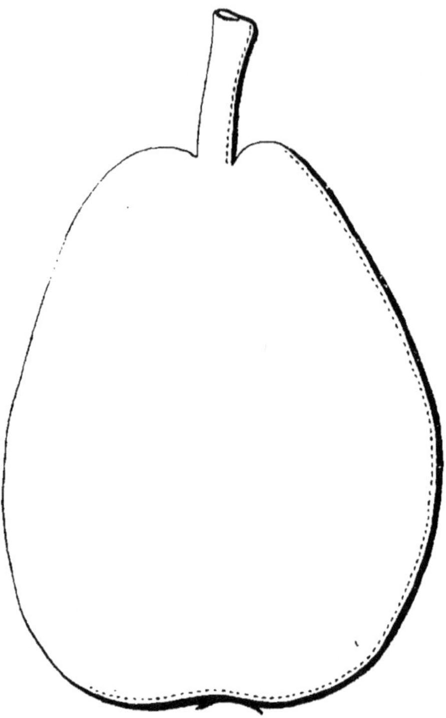

Fruit gros, de forme Bon-Chrétien, arrondi au sommet, creusé et éperonné vers le pédicelle, à surface bosselée.

PÉDICELLE fort et gros, de longueur moyenne, incliné dans la cavité, accompagné d'une ou deux bosses plus proéminantes.

ŒIL moyen, ouvert, à sépales dressés, dans une cavité peu profonde et évasée.

EPIDERME uni, jaune-bronzé, légèrement teinté de carmin à l'insolation.

CHAIR blanche, très fine, beurrée, juteuse ; à saveur bien sucrée, parfumée, un peu musquée.

Qualité BONNE.

Maturité. — NOVEMBRE-DECEMBRE.

RAMEAUX de grosseur et de longueur moyennes, coudés, étalés, marron olivâtre ; à lenticelles nombreuses et bien apparentes.

YEUX gros, courts et triangulaires.

Culture. — Cette variété peut être greffée sur franc et sur cognassier ; elle est surtout cultivée en espalier et en pyramide.

On doit la planter en terrain chaud et à bonne exposition pour qu'elle prospère ; elle ne manque pas de fertilité.

Cultivée dans toutes les régions, on doit lui appliquer une taille courte.

Fruit non attaqué par la tavelure.

LE BRUN. — Synonyme : *Beurré Le Brun.*

Origine. — Obtenue, en 1856, par M. Gueniot, horticulteur à Troyes.

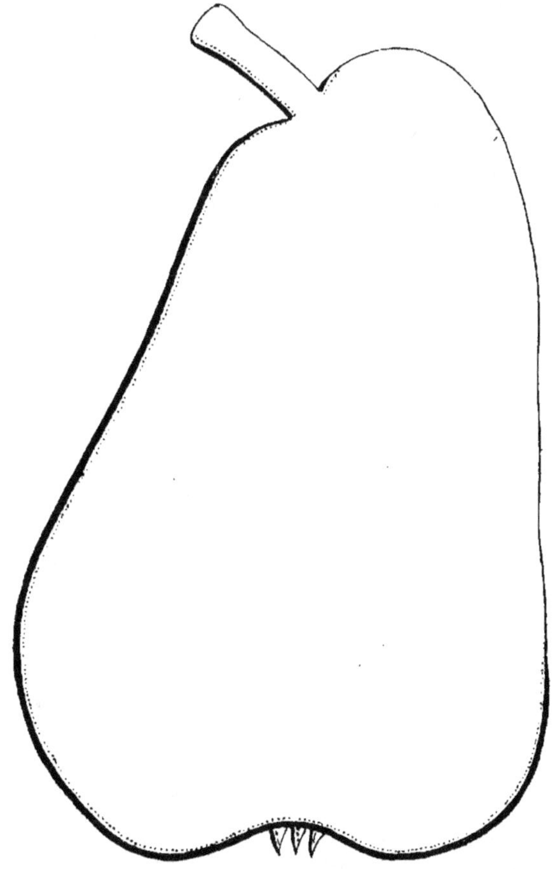

Fruit assez gros, cylindro-conique, très allongé, obtus vers le pédoncule, bosselé dans son pourtour.

Pédicelle assez fort, assez court ou de longueur moyenne, implanté droit ou obliquement à la surface du fruit.

Œil moyen, mi-clos, dans une cavité normale et irrégulière.

Épiderme fin, mince, d'un jaune verdâtre, pointillé de fauve, plaqué de même couleur aux deux pôles.

CHAIR d'un blanc jaunâtre, fine, ferme, fondante, juteuse ; à saveur sucrée, relevée, parfumée.

Qualité BONNE.

Maturité. — OCTOBRE.

RAMEAUX courts, de force moyenne, étalés, vert ombré de brun ; à lenticelles nombreuses et apparentes.

YEUX moyens, ovoïdes ou coniques, apprimés.

Culture. — Arbre vigoureux et fertile, qui doit être greffé sur cognassier et dirigé en formes palissées ou en pyramides.

Cette variété ne doit pas être élevée sur tige, car son fruit se détache avant sa maturité ; elle peut être cultivée dans tous les terrains et dans toutes les régions.

Résistante à la tavelure.

LE LECTIER.

ORIGINE. — Obtenue par M. Auguste Lesueur, horticulteur à Orléans (Loiret), d'un pépin de William, fécondé par Bergamotte Fortuné ; mise au commerce, en 1889, par la maison Transon frères, d'Orléans. Dédiée à Le Lectier, procureur du roi, à Orléans, qui, en 1628, y cultivait 260 variétés de poires.

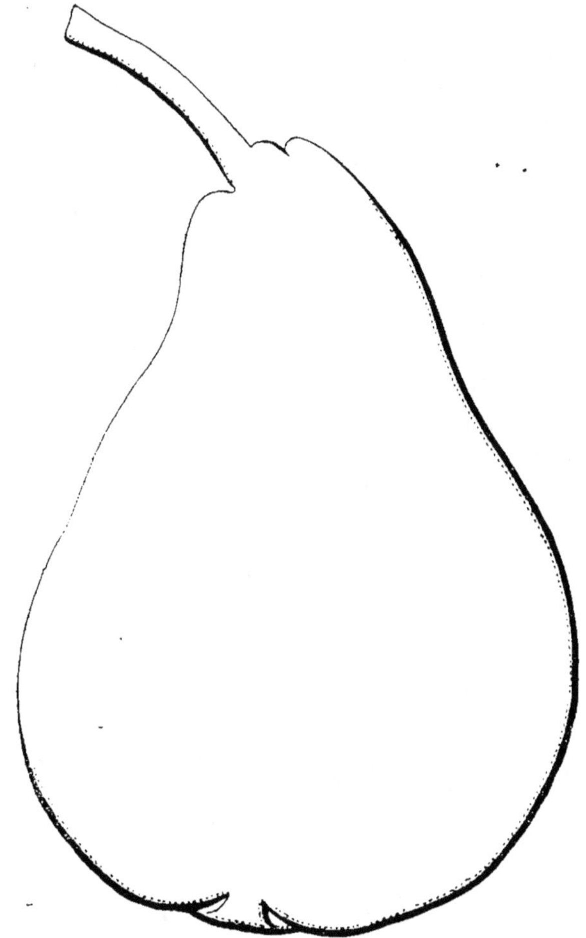

Fruit gros, parfois très gros, plus ou moins allongé, ventru au-dessous de son milieu, bosselé dans son pourtour.

PÉDICELLE assez court ou de longueur moyenne, fort, épaissi à son point d'attache, renflé et charnu à son point d'insertion, implanté obliquement, dans un pli bosselé et dominé par un mamelon.

ŒIL moyen ou petit, ouvert ou mi-clos, inséré dans une cavité peu profonde, étroite, plissée, bosselée ou presque côtelée sur les bords.

ÉPIDERME assez lisse, jaune doré pâle, plus jaune à l'insolation, pointillé de roux, parsemé de quelques marbrures de fauve, plaqué de fauve bronzé autour du pédoncule.

CHAIR blanche, à peine un peu grenue autour des loges, fine, fondante, bien juteuse, très agréablement acidulée et parfumée.

Qualité TRES BONNE.

Maturité. — DECEMBRE-JANVIER.

RAMEAUX forts et érigés, de couleur brun verdâtre ; à lenticelles blanchâtres, longues et apparentes.

YEUX coniques et pointus, joints au rameau.

Culture. — Cette variété est cultivée sous toutes les formes. On la greffe sur cognassier pour les formes palissées ou en pyramide, sur franc pour la tige, où elle peut donner de bons résultats dans un endroit abrité, les fruits étant bien attachés.

Elle s'accomode de toutes les expositions, sauf de celle du nord, et doit être plantée en bons terrains, frais, substantiels.

Cultivée dans toutes les régions de la France, on doit lui appliquer une taille normale.

LOUISE BONNE D'AVRANCHES. — Synonymes : *Bonne Louise.*
— Louise Bonne de Jersey. — Louise Bonne de Longueval.

Origine. - Obtenue, vers 1780, par M. de Longueval, à Avranches.

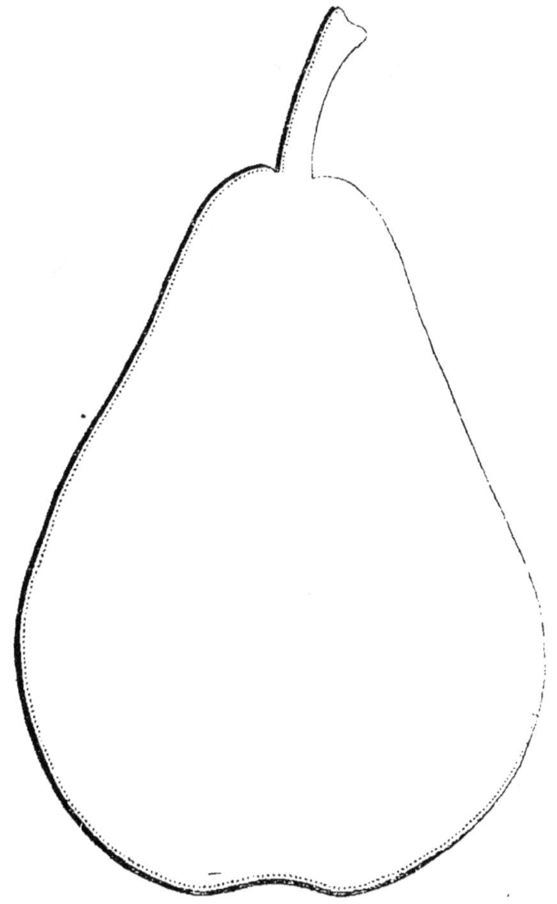

Fruit moyen ou assez gros, piriforme allongé, obtus aux deux bouts,
uni en son pourtour.

Pédicelle assez gros, de longueur moyenne, généralement planté
droit et presque à fleur du fruit.

Œil moyen ou petit, à sépales dressés ; placé dans une cavité régulière, peu profonde et évasée.

Epiderme fin, lisse, brillant, vert tendre à l'ombre, passant au jaune lavé de rouge carmin à l'insolation, ponctué gris et fauve.

Chair blanche, fine, fondante, très juteuse ; à saveur sucrée, relevée d'un parfum agréable.

Qualité TRES BONNE.

Maturité. — SEPTEMBRE-OCTOBRE.

Rameaux de longueur et de grosseur normales, droits, rougeâtres ; à lenticelles grises, larges, assez apparentes.

Yeux assez gros, coniques, collés au rameau.

Culture. — L'arbre prospère bien greffé sur cognassier, et mieux encore s'il est greffé sur franc ; il est fertile sur les deux sujets. Il prospère à toutes les expositions et dans tous les sols ; cependant on doit lui préférer ceux un peu frais et légers. Dans ces conditions, l'arbre se porte mieux et les fruits sont moins acides.

On peut l'élever sous toutes les formes, c'est donc un arbre de verger et de jardin. Il se prête naturellement à la forme pyramidale dont on assure la parfaite formation et la fertilité, par une taille courte pratiquée sur la flèche pendant les premières années de la plantation.

Très attaqué par la tavelure, cette variété devra être soumise aux traitements cupriques d'hiver et d'été.

LOUIS PASTEUR.

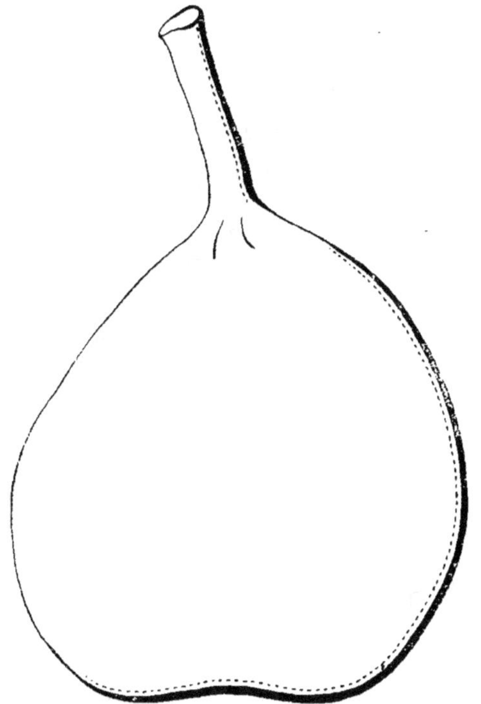

Fruit moyen ou petit de forme de Doyenné.

PÉDICELLE long ou moyen, implanté presque droit au sommet du fruit.

EPIDERME rugueux, tâché largement de fauve.

CHAIR fine, fondante, juteuse, très sucrée, très parfumée.

Qualité BONNE.

Maturité. — DECEMBRE à JANVIER.

Culture. — L'arbre est vigoureux et fertile, il convient à toutes les formes, très apprécié dans les environs de Montmorency.

MADAME BALLET.

Origine. — Obtenue par M. Ballet, pépiniériste à Parenty, près Neu-ville-sur-Saône (Rhône), qui la mit au commerce en 1894.

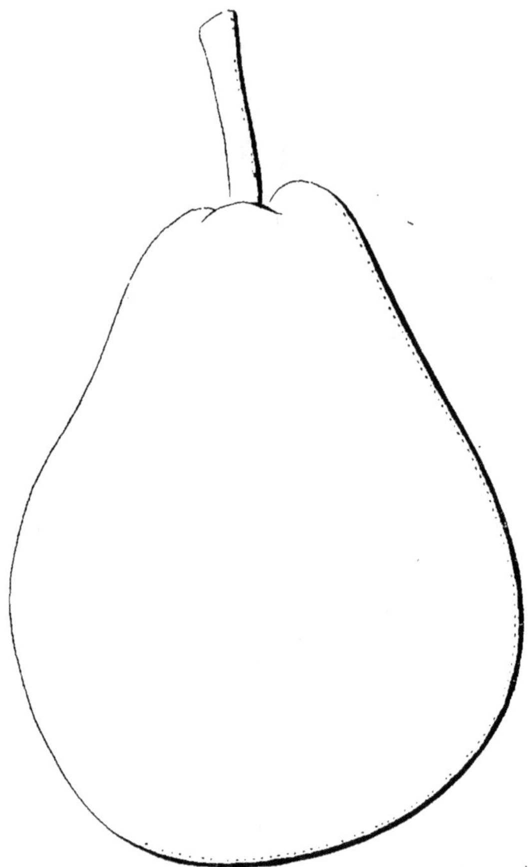

Fruit gros, ovoïde, renflé au milieu, s'atténuant un peu aux deux pôles ; légèrement bosselé en son pourtour et à son sommet.

Pédicelle assez gros, légèrement renflé à son point d'attache et implanté obliquement dans une petite cavité régulière et peu profonde.

Œil petit, fermé, dans une petite cavité peu profonde et légèrement bosselée.

Chair blanche, fine, juteuse, sucrée, relevée d'un parfum très agréable.

Qualité TRES BONNE.

Maturité. — JANVIER à MARS.

Rameaux minces et longs, de couleur fauve verdâtre ; à lenticelles petites, peu nombreuses et blanchâtres.

Yeux gros, ovoïdes, écartés du rameau.

Culture. — Toutes les formes conviennent à cette excellente variété même la tige où malgré la vigueur, la mise à fruits est rapide.

Les terrains humides devront être évités pour la plantation et la taille moyenne devra être appliquée.

Résistante à la tavelure, cette variété devrait être plus répandue et particulièrement en culture intensive où ses bons fruits seraient vite appréciés.

MADAME BONNEFOND.

Origine. — Obtenue, en 1848, par M. Bonnefond, ancien notaire à Villefranche (Rhône).

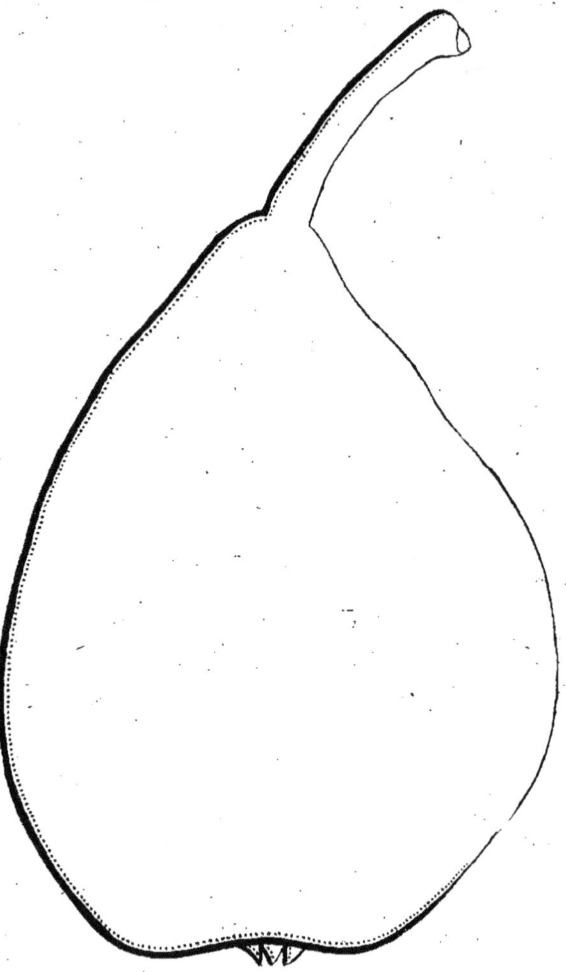

Fruit gros, un peu calebassiforme ou piriforme ventru, irrégulier et bosselé dans son pourtour.

Pédicelle assez fort, allongé, arqué, planté un peu obliquement sur la pointe.

Œil grand, fermé, sur une dépression bosselée.

Épiderme fin, mince, d'un jaune clair, teinté de verdâtre.

Chair blanche, un peu verdâtre sous la peau, fine, bien fondante, très juteuse ; à saveur bien sucrée, délicatement parfumée.

Qualité TRES BONNE.

Maturité. — De la fin de NOVEMBRE à la fin de DECEMBRE.

Rameaux de force moyenne, presque droits, de couleur noisette ; à lenticelles très petites et peu apparentes.

Yeux petits, coniques et pointus.

Culture. — Cette variété peut être greffée sur cognassier pour la pyramide et sur franc pour la tige.

Elle se plaît à toutes les expositions abritées du vent, car le fruit se détache trop facilement.

Elle prospère bien dans tous les terrains et doit être soumise à une taille moyenne.

Assez résistante à la tavelure.

MADAME BOUVANT.

ORIGINE. — Obtenu de semis de hasard par M. Bouvant, pomologue, à Saint-André-de-Corcy (Ain), qui dédia ce fruit à sa femme.

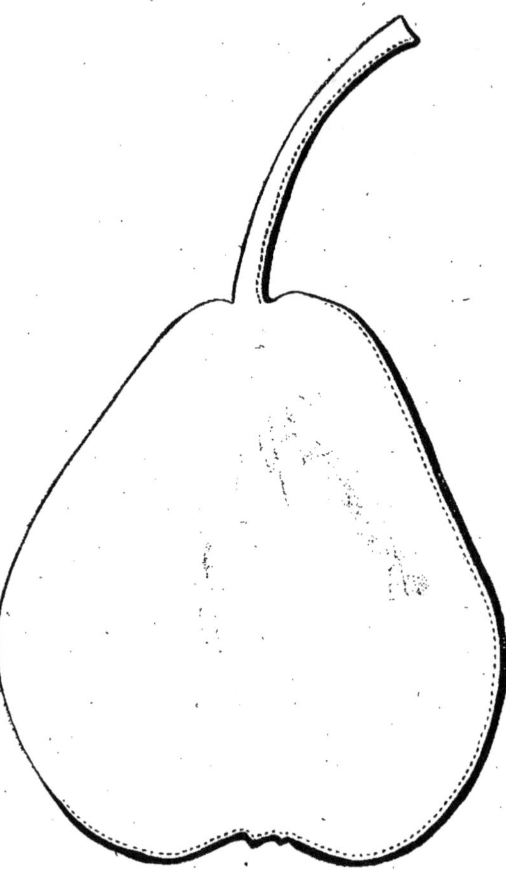

Fruit assez gros ou gros, de forme turbinée arrondie, rappelant beaucoup la Fondante Thivriot.

PÉDICELLE long, de moyenne grosseur, légèment arqué.

EPIDERME vert c'air jaunâtre pointillé fortement de roux, rosé à l'insolation.

CHAIR blanche, très fine, très fondante, très juteuse, sucrée et parfumée.

Qualité TRES BONNE.

Maturité. — OCTOBRE-NOVEMBRE.

Culture. — L'arbre est vigoureux et fertile sous toutes les formes, il donne sur franc un arbre remarquable par sa vigueur et son abondante fructification, sans trace de tavelure, variété à répandre dans nos jardins et dans nos vergers où, en plein vent, les fruits ne tombent pas par les plus grands vents.

MADAME DU PUIS.

ORIGINE. — Obtenue par M. Daras de Naghin, en 1878.

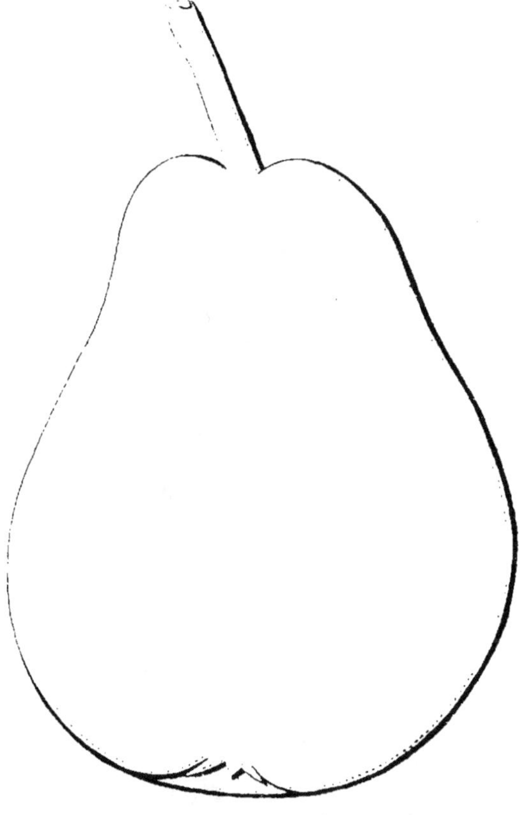

Fruit assez gros
ou gros, pirifor-
me allongé, obtus
vers le pédicelle,
resserré au tiers
inférieur.

ÉPIDERME jaune,
mais presque tout
recouvert de fau-
ve chaud et lisse.

PÉDICELLE de
force et de lon-
gueur moyennes,
planté presque-
droit dans une
cavité moyenne.

ŒIL ouvert, à
sépales é t a l é s,
dans une cavité
étroite et réguliè-
re.

CHAIR très fine,
fondante, bien ju-
teuse, sucrée, re-
levée et parfumée.

**Qualité TRES
BONNE.**

Maturité. — DECEMBRE à FEVRIER.

RAMEAUX moyens, brun rougeâtre ; à lenticelles blanchâtres et petites.

YEUX gros, courts et pointus, écartés du rameau.

Culture. — Cette variété doit être surtout cultivée en petites formes
aux expositions chaudes et abritées.
La taille à appliquer sera courte et, à l'âge adulte, on devra supprimer une partie des boutons à fleurs pour éviter l'épuisement trop rapide
de l'arbre.

MADAME TREYVE. — SYNONYME : *Souvenir de Madame Treyve.*

ORIGINE. — Obtenue, en 1848, par M. Treyve, horticulteur à Trévoux (Ain). — Premier rapport en 1858.

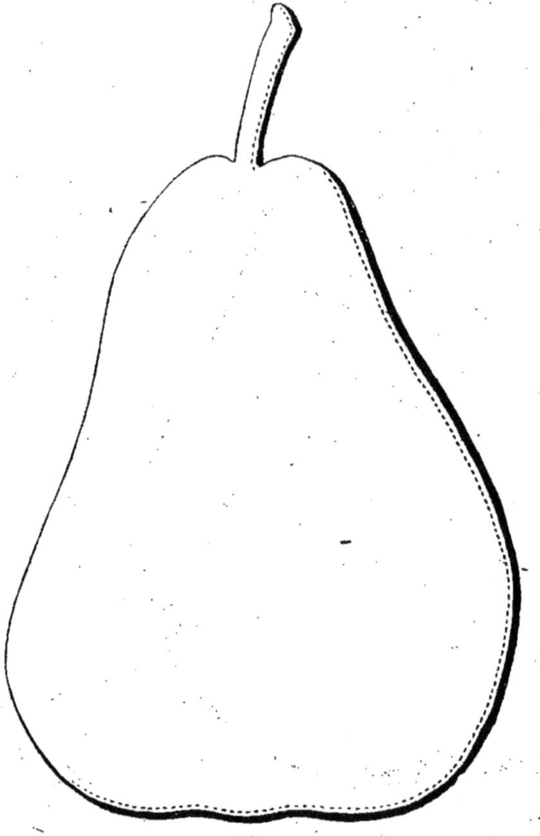

Fruit gros, piriforme turbiné, régulier en son pourtour, mais à surface un peu bosselée.

PÉDICELLE assez fort, assez court, renflé vers le point d'attache, implanté presque droit dans une faible dépression.

ŒIL assez grand, tantôt irrégulier et clos, tantôt régulier et ouvert, dans une cavité évasée et un peu bosselée.

EPIDERME lisse, mince, brillant, d'un vert pâle et jaunâtre, granité et marbré de roux.

CHAIR blanche, fine, bien fondante, très juteuse ; à saveur richement sucrée et très agréablement parfumée.

Qualité TRES BONNE.

Maturité. — AOUT-SEPTEMBRE.

RAMEAUX assez gros, de longueur moyenne, droits, brun-olivâtre ; à petites lenticelles grises et allongées.

YEUX plats, moyens, apprimés.

Culture. — Cette variété peut être greffée sur cognassier, pour être élevée en espalier et surtout en cordon, où les fruits acquièrent un volume exceptionnel ; sur franc, pour la forme pyramidale.

Elle vient dans tous les terrains et dans les expositions qui ne sont pas trop froides.

La taille à appliquer sera courte ; l'arbre devra être rajeuni lorsqu'il se dégarnira à la base des branches charpentières.

Attaqué par la tavelure, le fruit se trouve déformé mais continue à s'accroître et à donner un volume moyen ou sous-moyen.

MARGUERITE MARILLAT.

ORIGINE. — Obtenue par M. Marillat, horticulteur à Villeurbanne, près Lyon, vers 1874.

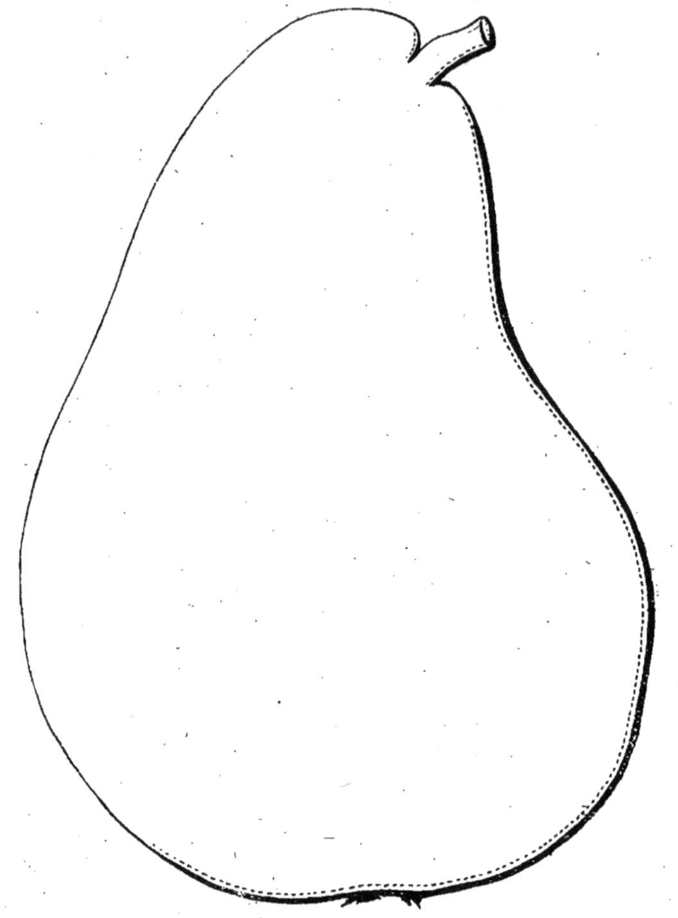

Fruit gros, parfois très gros, piriforme turbiné, plus ou moins allongé, arrondi en sa moitié supérieure, assez brusquement resserré, et s'atténuant en pointe à la base qui se termine par un éperon prononcé.

PÉDICELLE gros, charnu, de longueur moyenne, arqué, planté obliquement contre l'éperon.

Œil petit, ouvert, dans une cavité normale et irrégulière.

Épiderme lisse, d'un jaune paille, bien pointillé de fauve, granité de rougeâtre à l'insolation.

Chair blanc jaunâtre, fine, fondante, très juteuse ; à saveur sucrée, acidulée, agréablement parfumée.

Qualité TRES BONNE.

Maturité. — SEPTEMBRE-OCTOBRE.

Rameaux assez gros, de moyenne longueur, brun rougeâtre ; à lenticelles blanchâtres.

Yeux moyens, coniques, obtus et apprimés.

Culture. — Cette variété convient à toutes les formes de petites et moyennes dimensions.

Elle doit être greffée de préférence sur franc, où elle devient plus vigoureuse et se met aussi promptement à fruits que sur cognassier.

Elle peut être cultivée dans le Centre et le Sud de la France et dans les autres régions à l'abri.

Les expositions chaudes et tous les terrains lui sont favorables. La taille très courte doit lui être appliquée, autrement, l'arbre trop fertile serait de courte durée. Néanmoins, malgré tous les soins, cet arbre est très inégal comme végétation. Dans une même ligne de plantation, il se trouve tantôt des arbres assez vigoureux, tantôt des arbres poussant relativement peu.

Très résistante à la tavelure, cette variété ne peut être répandue en culture intensive à cause du volume et de l'irrégularité des fruits.

MARIE BENOIST.

ORIGINE. — Obtenue, en 1853, par M. Auguste Benoist, à Brissac (Maine-et-Loire).

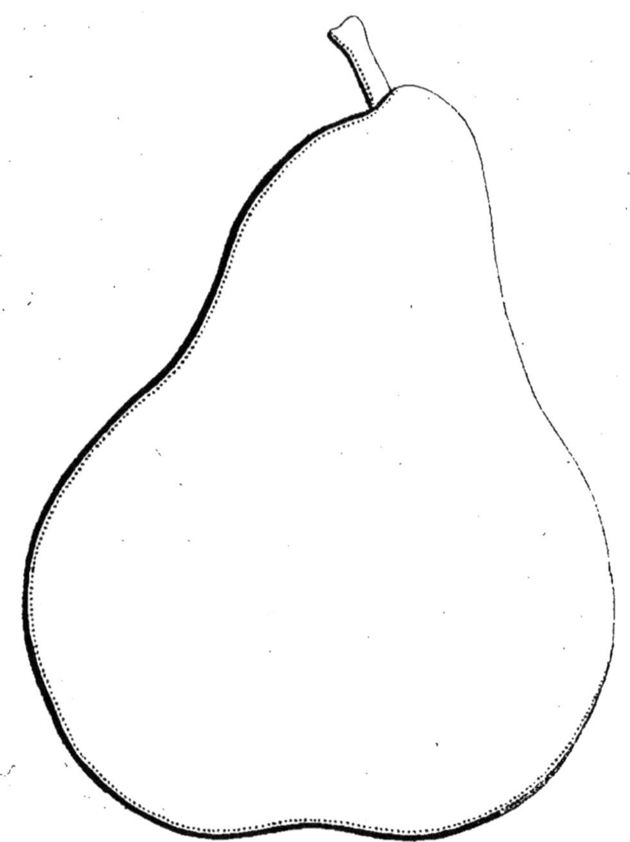

Fruit gros, turbiné, plus ou moins allongé, élargi et arrondi du côté de l'œil, obliquement obtus vers le pédoncule.

PÉDICELLE court ou très court, assez fort ou de force moyenne, implanté obliquement vers la pointe.

ŒIL moyen, ouvert, dans une cavité profonde et peu évasée.

EPIDERME d'un vert clair, presque tout recouvert de fauve chaud, lavé de rougeâtre à l'insolation.

CHAIR blanche, fine, fondante, très juteuse ; à saveur sucrée, relevée, parfumée.

Qualité BONNE.

Maturité. DÉCEMBRE-FÉVRIER.

RAMEAUX gros et allongés, flexueux, érigés, brun verdâtre ; à lenticelles petites et clairsemées.

YEUX gros, bien saillants.

Culture. — Cette variété peut être greffée sur cognassier ou sur franc, pour être soumise à la forme pyramidale et à la culture en espalier.

Elle vient dans tous les terrains et réclame l'exposition du sud.

Cultivée dans toutes les régions, une taille moyenne convient à sa vigueur modérée.

MARIE-LOUISE. — SYNONYMES : *Marie-Louise de Jersey.* — *Marie-Louise-Duquesne.* — *Marie-Louise Nova.* — *Marie-Louise Van-Mons.* — *Van Donkelaar.*

ORIGINE. — Obtenue, en 1813, par l'abbé Duquesne, à Cuesmes, près Mons (Belgique).

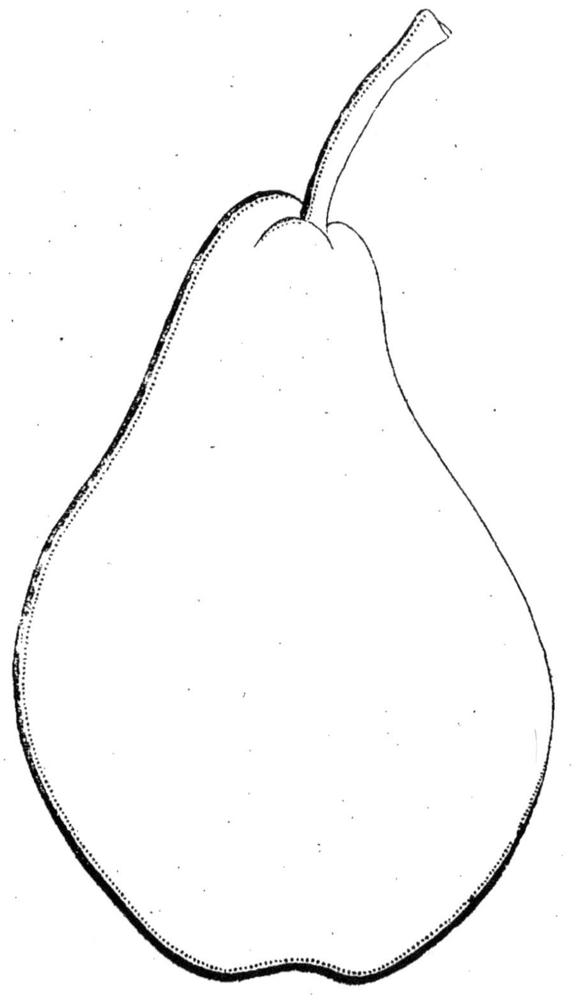

Fruit moyen ou assez gros, piriforme allongé, renflé au-dessous du milieu, longuement atténué et obtus à la base.

Pédicelle assez fort, plus ou moins allongé ; implanté, tantôt à fleur du fruit, tantôt dans une cavité mamelonnée.

Œil assez grand, couronné, dans une cavité normale et régulière.

Épiderme lisse, onctueux, d'un jaune clair et verdoyant, ponctué-marbré de fauve.

Chair blanche, fine, fondante, très juteuse ; à saveur sucrée, vineuse et parfumée.

Qualité TRES BONNE.

Maturité. — OCTOBRE-NOVEMBRE.

Rameaux minces, allongés, coudés et arqués en dehors, d'un gris olivâtre ; à lenticelles petites, nombreuses et saillantes.

Yeux assez gros, ovoïdes, apprimés.

Culture. — Cette variété doit être greffée sur franc. On la cultive en espalier et sur tige, à une exposition abritée.

Elle est réfractaire à la forme pyramidale, ses branches poussant toutes divariquées.

L'arbre réussit surtout dans les sols légers, frais, substantiels, et préfère les expositions de l'est et du sud-est.

Au point de vue taille, l'arbre doit être soumis aux pincements répétés, et le baguettage des branches charpentières dans la pyramide sera absolument nécessaire pour assurer sa parfaite formation.

MARTIN-SEC. — SYNONYMES : *De Saint-Martin. — Martin-Sec d'hiver. — Rousselet d'hiver.*

ORIGINE très ancienne et inconnue.

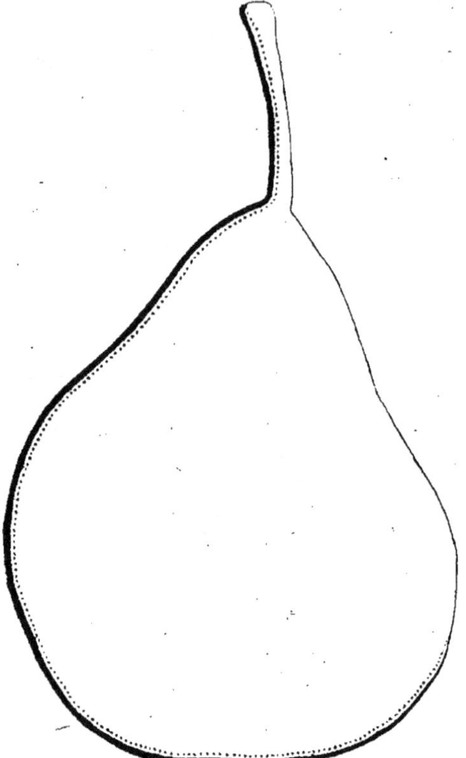

Fruit petit ou moyen, turbiné, un peu resserré vers la base, à surface un peu bosselée.

PÉDICELLE grêle allongé, planté droit ou presque droit à la pointe.

ŒIL moyen, mi-ouvert, placé dans une cavité évasée, peu profonde et cernée par des bosses.

ÉPIDERME fin, mince, d'un jaune d'or, presque tout recouvert de fauve, plus ou moins lavé de rouge brun à l'insolation.

CHAIR jaunâtre, demi-fine, cassante, assez juteuse ; à saveur sucrée et hautement parfumée.

Qualité BONNE à l'état cru, TRES BON-NE à l'état cuit.

Maturité. — DECEM-BRE-JANVIER et souvent plus tard.

RAMEAUX moyens, coudés, d'un rouge ardoisé ; à lenticelles petites et saillantes.

YEUX petits, coniques aigus, écartés du rameau.

Culture. — L'arbre assez délicat sur cognassier, mérite peu d'être cultivé en pyramide ou en espalier. Sa place la mieux choisie est, sans contredit, le verger ; à cet effet, on le greffe en tête sur sujet franc, fort, droit et vigoureux. On le plante à toutes les expositions éclairées et dans tous les sols sains, profonds et riches.

Cultivé dans toutes les régions, les soins que réclame la tige consistent à retrancher tous les 3 ou 4 ans, sur les arbres forts et âgés, une partie des ramifications trop nombreuses ou mal placées.

Très résistante à la tavelure, à répandre pour la culture des fruits d'industrie.

MERVEILLE RIBET.

ORIGINE. — Obtenue d'un semis de Passe Crassane, par M. Ribet, arboriculteur à Soisy-sous-Etiolles (S.-et-O.).

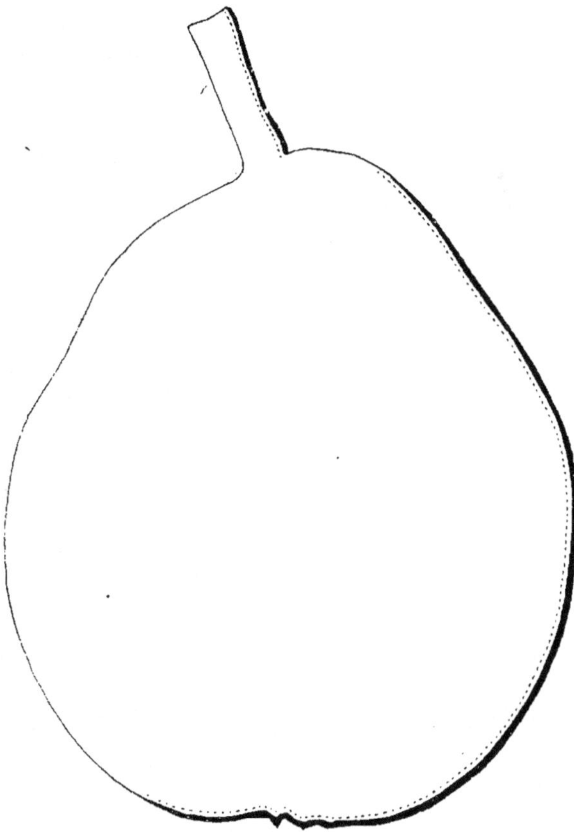

Fruit gros, ovoïde, régulier.

PÉDICELLE moyen, assez gros, non charnu, implanté plus ou moins obliquement au sommet du fruit, ou dans une cavité légère et parfois mucronnée.

ÉPIDERME bronzé à reflets métalliques, lisse, cuivré à l'insolation.

CHAIR fine, juteuse et sucrée, rappelant le goût de la Passe Crassane sans l'acidulé.

Qualité TRES BONNE.

Maturité. - DECEMBRE-JANVIER.

ARBRE de vigueur variable, à sélectionner à ce point de vue, fructification abondante comme la Passe Crassane, dont elle a les yeux, les boutons floraux et les brindilles à peu près identiques.

Culture. — Excellent fruit d'amateur et de commerce, à répandre dans ce dernier but après sélection des greffons.

MESSIRE JEAN. — SYNONYMES : *Chaulis*. — *Marion*. — *Messire Jean blanc*. — *Messire Jean doré*. — *Messire Jean gris*. — *Monsieur John*.

ORIGINE très ancienne et inconnue.

Fruit moyen, turbiné, plus ou moins court, à surface un peu bosselée.

PÉDICELLE de force normale, généralement de longueur moyenne implanté droit à la pointe ou dans un petit pli.

ŒIL moyen ou assez grand, ouvert, dans une petite cavité.

EPIDERME rude, épais, vert bronzé, passant au chamois, lavé de rouge obscur à l'insolation, un peu granité de fauve.

CHAIR blanche citrine, assez fine, cassante, juteuse ; à saveur richement sucrée, parfumée, très agréablement relevée.

Qualité BONNE, à l'état cru ou cuit.

Maturité. — NOVEMBRE.

Culture. — Cette variété peut être greffée également sur cognassier et sur franc ; elle est fertile, mais de vigueur moyenne sur le premier. La fertilité se fait attendre un peu plus longtemps sur le second de ces sujets.

Généralement cultivée sur tige, en sol chaud, riche, un peu frais, et aux expositions bien éclairées.

Très résistante à la tavelure, à répandre pour l'industrie.

MONSALLARD. — SYNONYMES : *Belle épine fondante. — Epine rose. — Monchallard.*

ORIGINE. — Trouvée, vers 1810, par M. Monsallard, sur la terre des Biards, à Valeuil, canton de Brantôme (Dordogne).

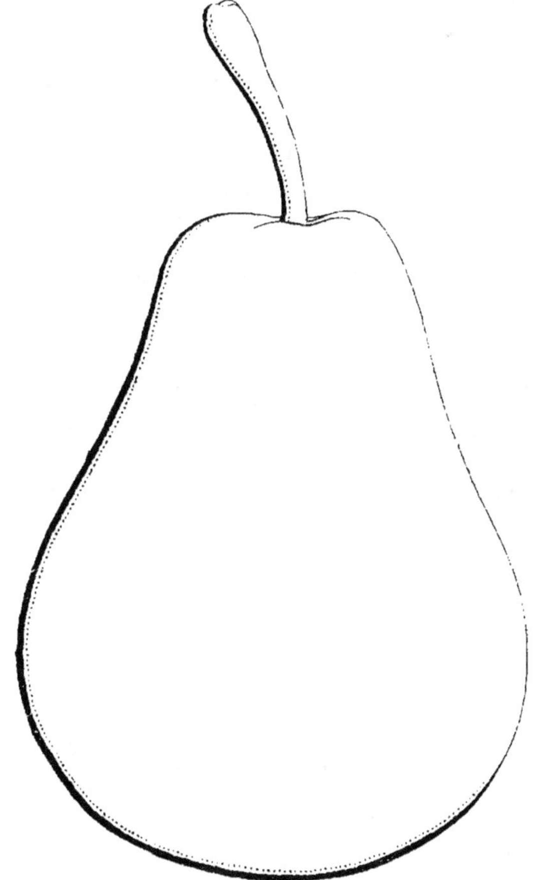

Fruit moyen ou assez gros, de forme Bon-Chrétion, piriforme turbiné, largement tronqué vers le pédoncule, à surface unie.

PÉDICULE fort, assez allongé, implanté presque droit dans une faible dépression.

ŒIL grand, ouvert, dans une légère dépression.

Épiderme fin, mince, d'un vert pâle passant au jaune mât, un peu ponctué de verdâtre.

Chair blanche citrine, fine, fondante ; à saveur sucrée, relevée d'un parfum agréable et rafraîchissant.

Qualité BONNE.

Maturité. — AOUT.

Rameaux longs, forts, droits, d'un brun olivâtre ; à lenticelles fines et clairsemées.

Yeux assez petits, coniques, apprimés.

Culture. — Cette variété peut être également greffée sur franc et sur cognassier ; elle se prête à toutes les formes ; sa fertilité est grande et constante, mais le fruit manque de parfum, dans les terres froides et humides, ainsi qu'aux expositions ombragées. Il importe donc de planter l'arbre dans les terres légères, saines et aux expositions éclairées.

Etant donné sa grande végétation, il faudra d'abord tailler un peu long le jeune arbre et raccourcir la taille, à mesure que se montrera la fertilité.

Assez peu ou point attaqué par la tavelure, ce fruit qui arrive à maturité avant la variété Bon Chrétien William's pourrait être cultivé pour l'approvisionnement des marchés.

NEC PLUS ULTRA MEURIS (1). — Synonymes : *Beurré d'Anjou.*
— *Miel d'hiver.* — *Nec plus Meuris.* — *Winter Meuris.*

Origine — Obtenue par Van Mons et dédiée à son jardinier, Pierre
Meuris.

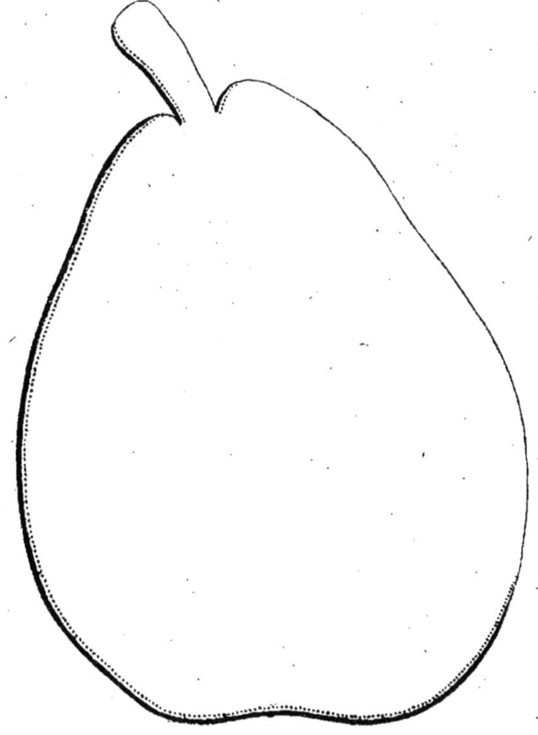

Fruit assez gros, de forme Doyenné, à surface unie.

Pédicelle gros, charnu, court ; implanté droit dans une cavité,
étroite et régulière.

Œil petit, ouvert, dans une dépression faible et régulière.

Epiderme fin, mince, jaune pâle passant au jaune foncé, marbré de
fauve, teinté parfois de rosat à l'insolation.

---

(1) Quoique le nom *Nec plus Meuris* soit le plus généralément adopté (A.
Bivort, A. Leroy, A. Mas, Ch. Gilbert), l'interprétation donnée par M. B.-C.
du Mortier, dans la *Pomone tournaisienne*, est ici acceptée par cela seul
que le nom *Nec plus ultra Meuris* a une signification.

CHAIR blanche, fine, fondante, très juteuse ; à saveur bien sucrée, délicieusement parfumée.

Qualité TRES BONNE.

Maturité. — OCTOBRE-NOVEMBRE.

RAMEAUX gros, courts, droits, d'un vert olive nuancé de jaune ; à lenticelles bien apparentes.

YEUX courts, gros, plus ou moins écartés du rameau.

Culture. — Cette variété est fertile sur cognassier, mais médiocrement vigoureuse ; sa vigueur est remarquable sur franc, mais la fructification est longue à se produire. On obtiendra des produits remarquables au moyen de la greffe intermédiaire.

L'arbre peut être élevé sous toutes les formes, surtout en espalier. On le plante à toutes les expositions, de préférence au levant et au midi, dans un sol léger et riche.

Il faut tailler un peu long pendant le jeune âge et plus court lorsque l'arbre devient fertile.

Variété assez résistante à la tavelure.

NOTAIRE LEPIN. — Synonyme : *Doyenné Georges Boucher*.

Origine. — Obtenue par M. Rollet, à Villefranche (Rhône), vers
1860 ; mise au commerce par M. Liabaud, en 1879.

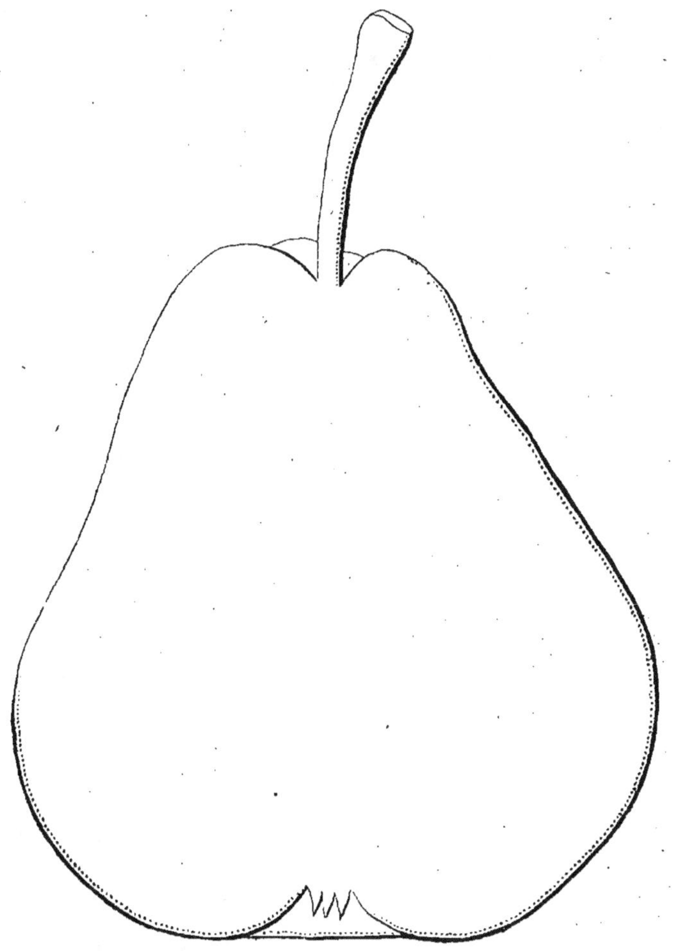

Fruit gros ou assez gros, variable en sa forme et sa grosseur, de
forme tantôt de *Bon-Chrétien*, tantôt turbiné, toujours bien bosselé
au pourtour.

Pédicelle de longueur moyenne ou plus allongé, assez gros, se ren-
flant généralement vers le fruit, planté un peu obliquement ou droit,
dans un pli ou une cavité plus ou moins accentuée.

Œil petit, fermé ou mi-clos, dans une cavité moyenne et plissée.

Épiderme fin, légèrement rude, jaune, pointillé de roux, granité et marbré de fauve.

Chair blanche, grenue autour des loges, fine, serrée, néanmoins fondante, très juteuse, bien sucrée, relevée, bien parfumée.

Qualité très variable, ASSEZ BONNE, BONNE, rarement TRES BONNE.

Rameaux longs, de force moyenne, arqués, d'un gris foncé olivâtre : à lenticelles grisâtres, peu nombreuses et allongées.

Maturité. — De JANVIER à AVRIL.

Yeux courts et triangulaires, très écartés du rameau.

Culture. — Cette variété doit être greffée sur cognassier, car, greffée sur franc, elle est trop vigoureuse pour se mettre promptement à fruit.

Greffée sur le premier sujet, on l'élève en pyramide et en espalier de préférence. Sa prédisposition à la tavelure indique qu'il faut la cultiver aux expositions très chaudes et dans des terrains chauds, légers et sains.

Cette variété doit être cultivée dans les régions chaudes et on doit lui appliquer une taille longue.

NOUVEAU POITEAU. — Synonymes : *Retour de Rome. — Choix d'un amateur. — Tombe de l'amateur.*

Origine. — Dédié par Van Mons à Poiteau.

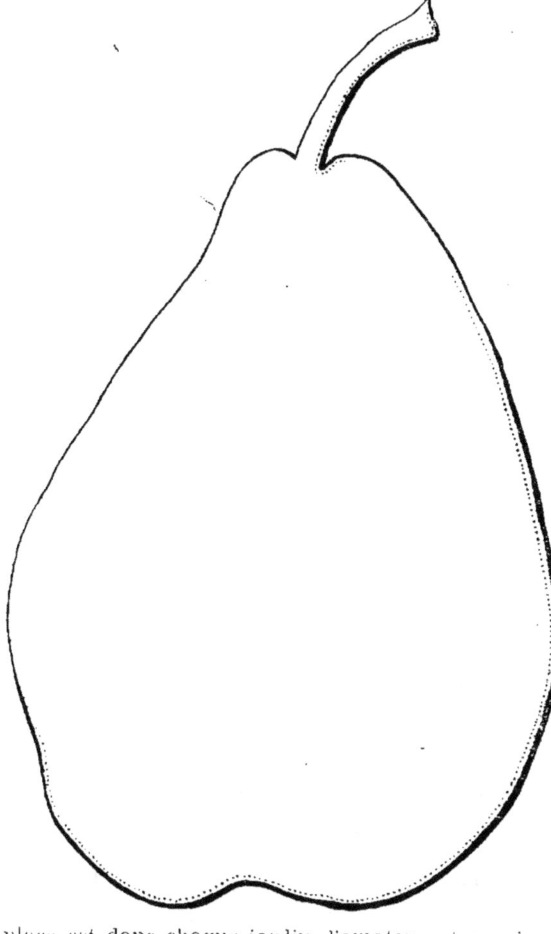

Fruit gros ou très gros, oblong ou ovoïde, irrégulier.

Pédicelle moyen ou long, oblique ou arqué, charnu.

Œil mi-clos ou fermé dans une cavité large et profonde.

Épiderme fauve bronzé ou vert foncé, fortement rouillé par larges plaques.

Chair blanche, verdâtre sous l'épiderme, très fondante, très juteuse, sucrée.

Qualité TRES BONNE.

Culture. — Cette variété est vigoureuse et fertile ; sa place est dans chaque jardin d'amateur et aussi en culture intensive pour l'approvisionnement des marchés.

NOUVELLE FULVIE.

ORIGINE. — Obtenue par Grégoire Nélis, de Jodoigne (Belgique). Première fructification en 1854.

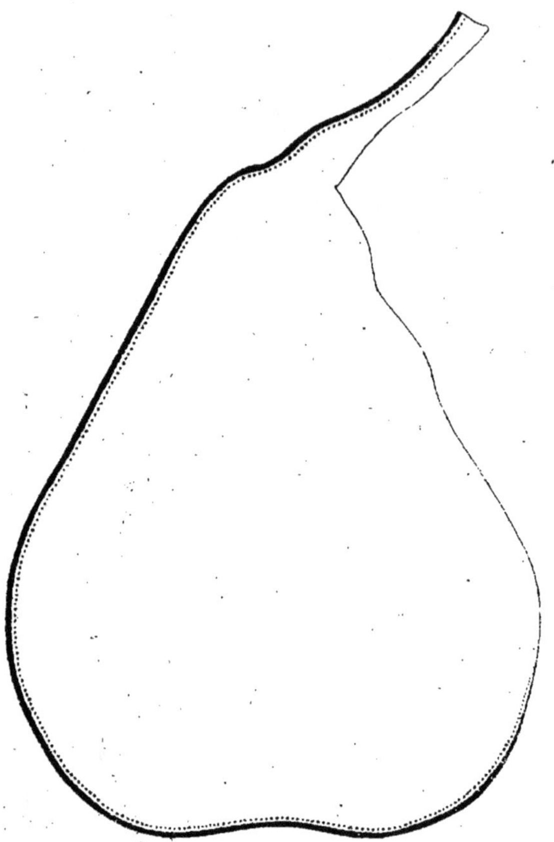

FRUIT assez gros, piriforme allongé, à surface bosselée.

PÉDICELLE assez gros, de longueur moyenne, continuant la pointe oblique du fruit.

ŒIL moyen, ouvert, dans une cavité plus ou moins profonde et bosselée.

EPIDERME rude, jaune, presque totalement recouvert d'une teinte brunâtre, granité marbré de fauve, frappé de rougeâtre à l'insolation.

CHAIR blanche citrine, fine, fondante, très juteuse ; à saveur sucrée, délicatement parfumée.

Qualité TRES BONNE.

Maturité. — DECEMBRE-FEVRIER.

RAMEAUX grêles, flexueux, divariqués, fauve brunâtre ; à lenticelles grosses et saillantes.

YEUX aplatis, légèrement écartés du rameau.

Culture. — L'arbre donne de bons résultats en espalier et en contre-espalier ; la pyramide lui est plus favorable, il devra être greffé sur franc.

On le plantera dans les sols les plus riches et les mieux exposés.

La taille sera un peu longue pendant son jeune âge et on dépointera les jeunes bourgeons généralement très minces.

Résistant à la tavelure, cette variété est un excellent fruit d'amateur.

OLIVIER DE SERRES.

ORIGINE. — Obtenue vers 1847, par M. Boisbunel, horticulteur, à Rouen. Premier rapport en 1851.

Fruit moyen ou assez gros, pomiforme, surbaissé, bosselé sur la surface, surtout aux deux pôles.

PÉDICELLE gros, court, épaissi au point d'attache, placé dans une cavité profonde et irrégularisée par des bosses inégales.

ŒIL grand, irrégulier, dans une cavité plus ou moins profonde et irrégularisée par des bosses.

ÉPIDERME fin, tendre, d'un jaune clair, abondamment ponctué de fauve brun, un peu lavé de rouille.

CHAIR blanche, fine, entièrement fondante, très juteuse ; à saveur bien sucrée et délicieusement parfumée.

Qualité TRES BONNE.

Maturité. — FEVRIER-MARS.

RAMEAUX de longueur et de grosseur normales, un peu coudés, d'un vert olivâtre ; à lenticelles nombreuses, mais très petites et peu distinctes.

YEUX petits, plats, apprimés.

Culture. — L'arbre réussit bien, greffé sur cognassier ou sur franc ; il se prête à toutes les formes, excepté sur tige.

Il vient dans tous les terrains et doit être planté à une exposition chaude et aérée, pour éviter la tavelure à laquelle ce fruit est sujet.

Planté dans toutes les régions, il faut veiller à l'équilibre pour qu'il soit maintenu dans des formes régulières, et une taille en raison de la vigueur devra lui être appliquée ; il est généralement peu fertile, quoique fleurissant abondamment chaque année.

PASSE COLMAR. — SYNONYMES : *Ananas d'hiver.* — *Cellite.* — *Fondante de Paris.* — *Impératrice.* — *Passe Colmar doré.* — *Passe Colmar gris.* — *Passe Colmar tardif.* — *Passe Colmar vineux.*

ORIGINE. — Obtenue par l'abbé Hardenpont, à Mons. Premier rapport en 1758.

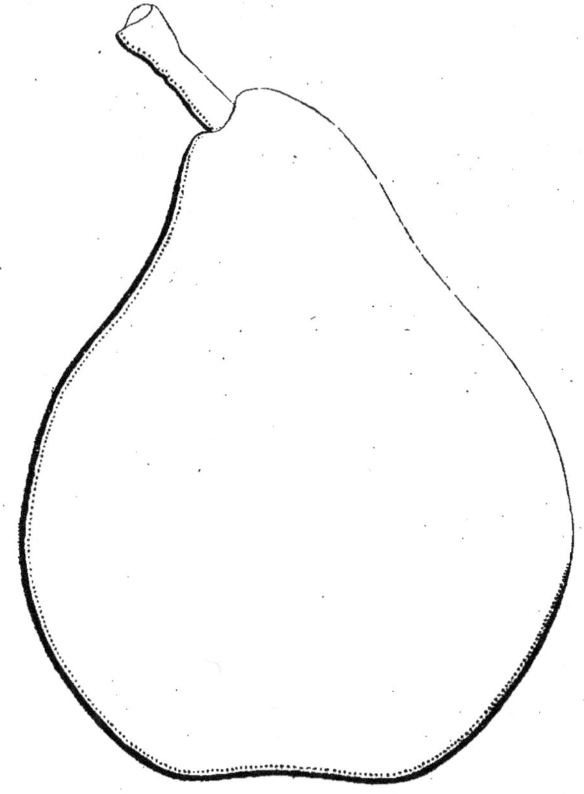

Fruit moyen ou assez gros, turbiné, plus ou moins allongé et plus ou moins régulier.

PÉDICELLE de force et de longueur moyennes, implanté obliquement sur la pointe.

ŒIL moyen, ouvert sur une dépression superficielle.

ÉPIDERME mince, jaune citrin, ponctué de gris, lavé de rouge carmin à l'insolation.

CHAIR blanche, très fine, fondante ; à saveur bien sucrée, vineuse, hautement parfumée.

Qualité TRES BONNE.

Maturité. — DECEMBRE-FEVRIER.

RAMEAUX allongés, minces, flexueux, rouge violacé ; à lenticelles peu nombreuses, petites et blanchâtres.

YEUX moyens, courts, apprimés.

Culture. — L'arbre pousse assez bien sur cognassier, sans être cependant trop vigoureux et devient fertile après quelques années de plantation, surtout s'il n'a pas été taillé trop court.

Si l'on veut obtenir de beaux et bons fruits, il faudra le conduire en espalier soumis à une taille allongée et à un pincement court. Il se prête également à toutes les autres formes. Sa meilleure place est au levant, au midi et au couchant, dans un sol substantiel et frais.

Il peut être planté sur tige à l'abri des grands vents.

Parfois assez attaqué par la tavelure, le fruit se développe assez normalement malgré cette attaque, il sera bon cependant de le soumettre aux pulvérisations cupriques d'hiver et de printemps.

PASSE-CRASSANE.

Origine. — Obtenue, en 1845, par M. Boisbunel, horticulteur à Rouen. Premier rapport en 1855.

Fruit moyen ou assez gros, aplati, turbiné ou arrondi conique, de la forme Bergamotte.

Pédicelle assez gros de longueur moyenne, implanté droit dans une petite cavité.

Œil moyen, ouvert, dans une cavité évasée, peu profonde et régulière.

Épiderme rude, épais, d'un vert pâle et terne, un peu granité maculé de roux, passant au jaune clair à l'insolation.

Chair très blanche, fine fondante, très juteuse : à saveur sucrée, parfumée agréablement relevée.

Qualité TRES BONNE.

Maturité. — JANVIER-MARS.

Rameaux gros, courts, dressés, très coudés, vert grisâtre ; à lenticelles brunes et abondantes.

Yeux gros, ovoïdes, apprimés.

Culture. — Cette variété peut être greffée indistinctement sur cognassier et sur franc ; elle s'accommode aussi de la greffe intermédiaire sur un sujet vigoureux.

Cultivée sur cognassier, il lui faut un terrain très riche, et ne convient que pour les petites formes, telles que : cordons, buissons et fuseaux.

Les terres fortes, humides et les expositions ombragées sont défavorables aux fruits qui perdent toute leur qualité.

Cultivé en pyramide ou en espalier, l'arbre doit être taillé très court ; on pratiquera l'éclaircie des fruits.

Très peu attaqué par la tavelure, cet arbre doit néanmoins être traité aux solutions cupriques d'hiver et de printemps pour l'obtention des fruits de luxe.

L'ensachage est également nécessaire pour obtenir des fruits plus fins et plus savoureux.

PRÉCOCE DE TRÉVOUX.

ORIGINE. — Obtenue par M. Treyve, horticulteur à Trévoux (Ain). Premier rapport en 1862.

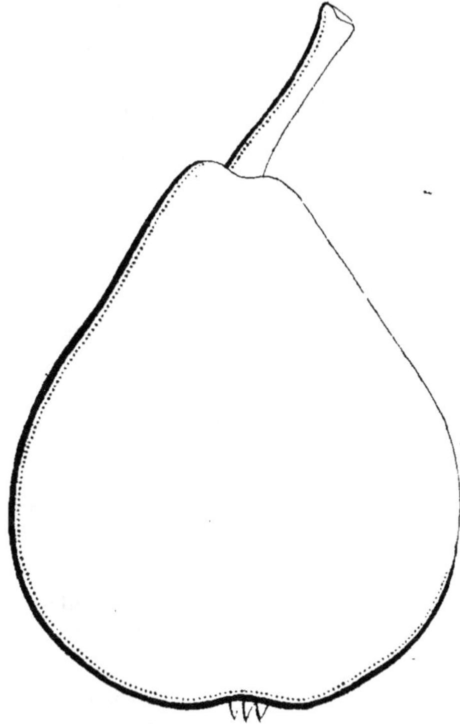

Fruit de bonne moyenne grosseur, affectant le plus souvent la forme Bon-Chrétien, parfois cylindrico-conique et largement tronqué vers le pédicelle.

PÉDICELLE de longueur et de grosseur moyennes, un peu implanté obliquement dans un petit pli couvert de rouille.

ŒIL assez petit, fermé, à sépales dressés, généralement saillant sur une légère dépression plissée et teintée de rose.

ÉPIDERME fin et tendre, d'un jaune vif, très finement pointillé de verdâtre, lavé et un peu panaché de rose carminé à l'insolation.

CHAIR blanche, fine, fondante, juteuse ; à saveur sucrée relevée, agréablement parfumée.

Qualité BONNE ou TRES BONNE.

Maturité. — **Commencement d'AOUT.**

RAMEAUX longs, forts, presque droits, gris foncé, teintés de fauve rougeâtre : à lenticelles nombreuses, grosses, fauve clair.

YEUX moyens, coniques pointus, saillants, bien écartés des bois.

Culture. — Cette variété se prête bien à toutes les formes, sauf sur tige, car les fruits tombent trop facilement. Elle peut être greffée sur cognassier et sur franc, suivant les formes adoptées et prospère à toutes les expositions.

Cultivée dans toutes les régions, on doit lui appliquer une taille normale et entrecueillir les fruits.

Variété peu ou point attaquée par la tavelure.

PRESIDENT DEVIOLAINE.

ORIGINE. — Obtenue par M. Ernest Baltet, pépiniériste à Troyes, et mise au commerce en 1906 par l'établissement Baltet frères.

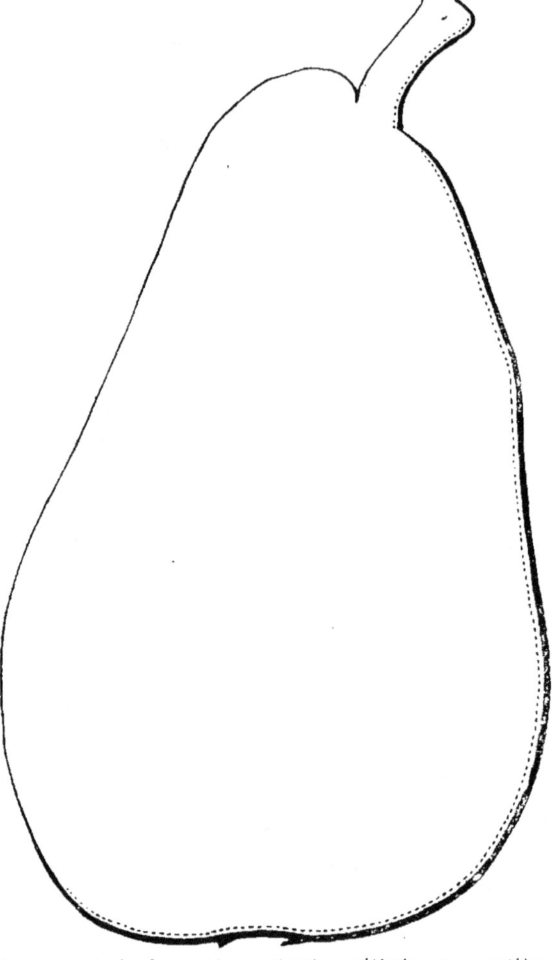

Fruit gros ou très gros, piriforme allongé.

PÉDICELLE court implanté obliquement sur le côté du fruit, à la base d'un mamelon plus ou moins accentué.

EPIDERME bronzé, fouetté de carmin à l'insolation.

CHAIR fine, juteuse, sucrée, acidulée, agréablement parfumée.

Qualité BONNE ou TRES BONNE.

Maturité. — Courant de DECEMBRE.

Culture. — Cette variété, issue probablement d'un semis de Beurré Clairgeau dont elle a conservé la forme générale, est surtout cultivée en petites formes, fuseaux, cordons palmettes.

Très productive, il faudra tenir la forme adoptée sous ses plus faibles dimensions, la taille à appliquer sera courte.

Peu ou point attaquée par la tavelure.

PRÉSIDENT DROUARD.

ORIGINE. — Semis de hasard, trouvé aux environs de Pont-de-Cé
(Maine-et-Loire), par M. Olivier, jardinier au jardin fruitier d'Angers.

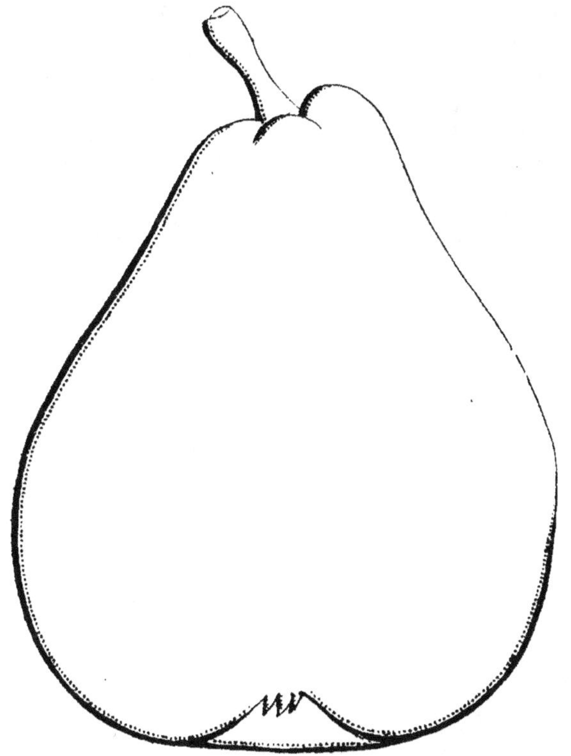

Fruit assez gros ou gros parfois ovoïde, le plus souvent turbiné
ventru ou obtus.

PÉDICELLE assez court, assez fort, un peu arqué, implanté un peu
obliquement dans une cavité irrégulière et bosselée.

ŒIL petit, ouvert, dans une cavité profonde et régulière.

ÉPIDERME presque lisse, très légèrement onctueux, d'un jaune
uniforme, finement pointillé de fauve, peu lustré de vert et de fauve.

CHAIR blanche, fine, fondante, juteuse ; à saveur sucrée, relevée,
agréablement parfumée.

Qualité TRES BONNE.

Maturité. — JANVIER.

RAMEAUX assez longs, de force moyenne, droits, d'un gris foncé, un peu fauve à l'insolation ; à lenticelles blanchâtres.

YEUX moyens, coniques, écartés du rameau.

Culture. — Cette variété peut être greffée sur cognassier pour les petites formes et sur franc pour celles de plus d'étendue.

Elle vient à toutes les expositions, sauf à celle du nord. On doit éviter de la planter dans les terrains frais et humides, car elle est très sujette à la tavelure, lui appliquer toutes solutions cupriques utiles.

Cultivée dans toutes les régions, on doit lui appliquer une taille normale comme celle de la Duchesse d'Angoulême.

PRÉSIDENT MAS.

ORIGINE. — Obtenue par M. Boisbunel, horticulteur à Rouen.
Premier rapport en 1865.

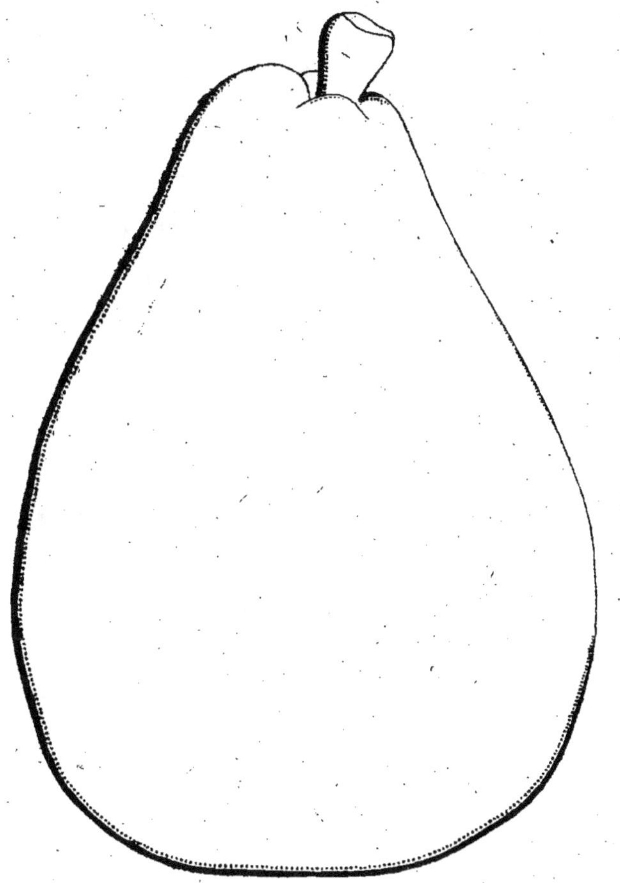

Fruit gros, parfois très gros, ovoïde conique, obtus et bosselé vers
le pédicelle, bosselé dans son pourtour.

PÉDICELLE court, de force moyenne ou assez fort, implanté un peu
obliquement dans une cavité petite et un peu bosselée.

ŒIL moyen, ouvert, dans une cavité assez profonde et bosselée.

EPIDERME un peu rude, vert jaunâtre, largement pointillé de roux,
marbré et plaqué de fauve vers l'œil.

CHAIR blanchâtre, fine, fondante, juteuse ; à saveur sucrée, vineuse et très agréablement parfumée.

Qualité TRES BONNE.

Maturité. — NOVEMBRE-JANVIER.

RAMEAUX longs, de force moyenne, droits ; à lenticelles blanchâtres.

YEUX gros, ovales, coniques, bien écartés du rameau.

Culture. — Cette variété doit être greffée généralement sur cognassier et sur franc pour des grandes formes.

Elle prospère dans tous les terrains et à toutes les expositions, sauf celle du nord. Elle pousse peu dans son jeune âge, mais produit ensuite un arbre de grande vigueur dont la fertilité se fait souvent attendre ; on y remédie par une taille appropriée.

L'arbre très vigoureux, a résisté à l'hiver de 1879-80.

Variété peu ou point attaquée par la tavelure, qui devrait être répandue en culture intensive de fruits de luxe où elle peut lutter de finesse et de qualité avec les premiers fruits de Doyenné d'hiver, arrivés à maturité dès décembre.

REMY CHATENAY.

Fruit gros rappelant la forme de Doyenné d'hiver.

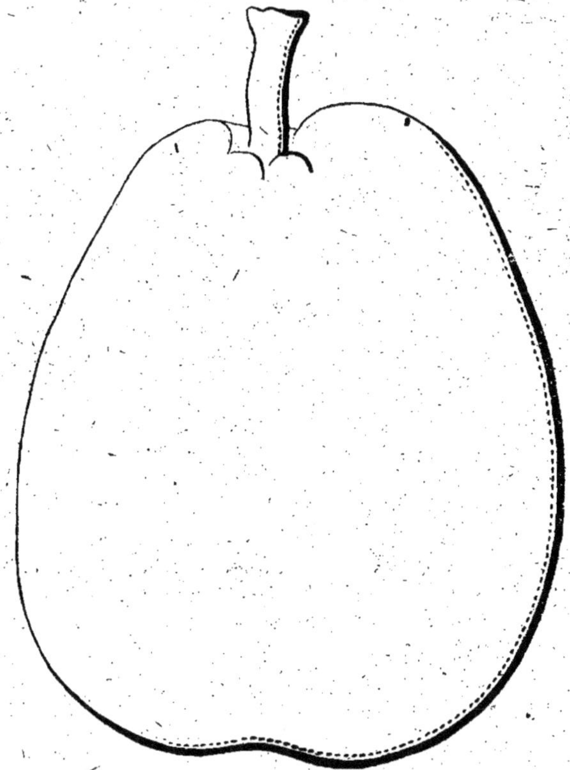

Pédicelle assez gros et court, renflé à son extrêmité comme dans la Doyenné d'hiver.

Epiderme vert foncé, jaunissant à peine à la maturité, peu ou point pictée.

Œil mi-clos dans une cavité presque nulle, large et évasée.

Chair blanche un peu craquante, juteuse, sucrée et relevée.

Qualité BONNE ou TRES BONNE.

Maturité. — **Très tardive MARS à MAI,** sans rider au fruitier.

Raméaux rouge noirâtre vigoureux, courts, mérithalles très rapprochées.

Yeux aplatis peu saillants.

Arbre vigoureux, fertilité moyenne et soutenue.

Culture. — Formes naines et espalier de préférence.
Cette variété n'est pas attaquée par la tavelure.

ROUSSELET DE REIMS. - - SYNONYMES : *Perdreau musqué.* — *Petit Rousselet.* — *Rousselet musqué.*

ORIGINE. — Ancienne et inconnue.

Fruit petit, turbiné, à tête arrondie et sans bosselure.

PÉDICELLE assez mince, de longueur moyenne, arqué, implanté presque droit sur la pointe.

ŒIL assez grand, ouvert, régulier, placé à fleur du fruit.

ÉPIDERME lisse, assez épais, d'un jaune pâle obscur, teinté de rouge brun, à l'insolation, piqueté de gris sur toute sa surface.

CHAIR blanc jaunâtre, mi-fine ; à saveur richement sucrée, relevée d'un agréable parfum musqué.

Qualité BONNE à l'état crû, TRES BONNE pour la confiserie.

Maturité.   SEPTEMBRE.

RAMEAUX de grosseur moyenne, inégaux, légèrement arqués, d'un blond rougeâtre ; à lenticelles grises, petites et nombreuses.

YEUX petits, courts, très apprimés.

Culture. — La greffe réussit bien sur cognassier, mais l'arbre se prête peu à la forme pyramidale ; il convient de le greffer sur franc, de l'élever sur tige et de le planter à toutes les expositions, sauf à celle du midi.

Cet arbre prospère dans les localités sèches et élevées, et dans les sols légers, la tavelure n'a aucune action sur le fruit.

ROYALE D'HIVER. — SYNONYMES : *Duchesse de Montebello.* — *Pera Casentina.* — *Pera Passana.* — *Spina di Carpi.*

ORIGINE. — Ancienne et incertaine.

Fruit gros ou assez gros, turbiné, à surface bosselée.

PÉDICELLE allongé, mince, mais épaissi aux deux bouts, implanté obliquement dans une cavité irrégulière et bosselée.

ŒIL moyen, régulier, ouvert, dans une dépression large et irrégulière.

ÉPIDERME fin, rude ou uni, d'un jaune citrin, lavé de rouge orangé à l'insolation, ponctué granité de fauve.

CHAIR d'un blanc jaunâtre, fine, fondante ou mi-fondante, juteuse ; à saveur sucrée, bien relevée.

Qualité BONNE.

Maturité. — NOVEMBRE-JANVIER.

RAMEAUX gros, allongés, étalés, non coudés, vert olivâtre ; à lenticelles rapprochées et assez apparentes.

YEUX gros, ovoïdes, écartés du rameau.

Culture. — L'arbre réussit sur tous les sujets et peut être cultivé sous toutes les formes, suivant la région où il est planté.

Par l'ensemble de ses besoins, il appartient à la région méridionale où il réussit même sur tige greffé sur franc.

Dans les régions du Centre et de l'Ouest, il faut le planter en espalier et dans une terre légère.

On doit le tailler long pendant sa jeunesse, et plus court après les premières années de fructification. Actuellement, la culture de cette variété est délaissée dans les régions du Centre en raison de son peu de résistance à la tavelure.

De plus toute sa qualité n'est atteinte que dans la région du Midi.

ROYALE VENDÉE.

ORIGINE. — Obtenue en 1860, par M. Eug. des Nouhes, dans sa propriété de la Cacaudière, commune de Pouzauges (Vendée).

Fruit moyen, émoussé vers le pédoncule, bosselé sur toute sa surface.

PÉDICELLE assez court, généralement gros et charnu, implanté obliquement contre un petit mamelon.

ŒIL grand, ouvert, régulier, presque saillant sur le fruit.

ÉPIDERME rude, peu fin, d'un vert jaunâtre terne, légèrement granité marbré de gris et de fauve clair.

CHAIR citrine, fine, bien fondante, très juteuse ; à saveur sucrée, relevée, délicatement parfumée.

Qualité **TRES BONNE.**

Maturité.   **JANVIER-MARS.**

RAMEAUX assez gros, assez courts, un peu étalés, brun clair cendré ; à lenticelles larges et abondantes.

YEUX gros, ovoïdes, arrondis, faiblement écartés.

Culture.   Cette variété peut être greffée sur cognassier et sur franc, suivant les formes qu'on veut lui donner. Elle doit être cultivée en espalier ou en pyramide, à toutes les expositions, sauf à l'exposition du nord.

Elle vient dans tous les terrains de bonne qualité, toujours de vigueur médiocre, même sur franc ; elle est très fertile. Une taille moyenne doit lui être appliquée.

SAINT-MICHEL ARCHANGE.

ORIGINE incertaine. — On croit que cette variété est née dans les environs de Nantes, au milieu du siècle dernier.

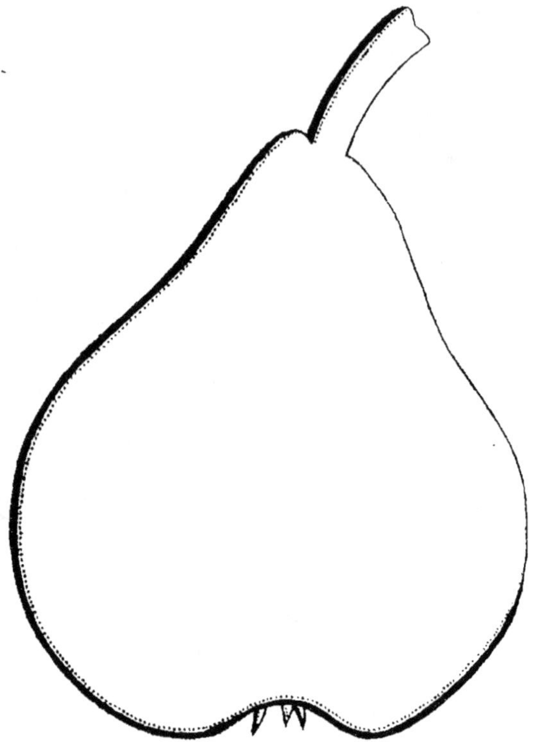

Fruit moyen ou assez gros, le plus souvent turbiné, à surface bosselée du côté de la tête.

PÉDICELLE gros, tantôt assez court, tantôt allongé, implanté sur la pointe ou dans une faible cavité.

ŒIL petit, irrégulier, presque fermé dans une cavité évasée et environnée de bosses.

EPIDERME fin, lisse, d'un jaune herbacé, bien ponctué de gris fauve, lavé panaché de rouge orangé à l'insolation.

CHAIR blanche citrine, fine, fondante, très juteuse ; à saveur bien agréablement parfumée.

Qualité TRES BONNE.

Maturité. — SEPTEMBRE-OCTOBRE.

RAMEAUX gros, coudés, ascendants, vert jaunâtre nuancé de gris ; à lenticelles peu nombreuses mais très apparentes.

YEUX gros, écartés du rameau.

Culture. — L'arbre greffé sur cognassier est fertile, pousse assez bien et se prête à la forme pyramidale ; greffé sur le même sujet, on l'élève aussi en cordon ou en espalier. Lorsqu'il est greffé sur franc, on le cultive sous toutes les formes. On peut le planter dans tous les sols et à toutes les expositions, mais il réussit mieux et ses fruits sont bien meilleurs, lorsqu'il est planté ou nord et au sud-ouest dans une terre légère et riche en matières azotées.

Il faut tailler court l'arbre greffé sur cognassier, et tailler long l'arbre greffé sur franc.

Variété bien résistante à la tavelure, qui ferait un excellent fruit de commerce.

SOUVENIR DE JULES GUINDON.

ORIGINE. — Obtenue de semis de Doyenné d'hiver, par M. Clavier, de Tours, dédiée à M. Guindon, pépiniériste à La Tranchée, près Tours.

Fruit très gros, piriforme ventru, ou en forme de Bon Chrétien.

PÉDICELLE tantôt charnu, tantôt non charnu, renflé à sa base, implanté obliquement dans une cavité peu profonde et peu accentuée.

Œil petit dans une cavité peu profonde.

Épiderme lisse, vert clair recouvert par endroit de petites plaques fauves passant au jaune d'or avant la maturité.

Chair fine, jaunâtre, sucrée, agréablement parfumée.

Maturité MARS à MAI.

Culture. — L'arbre est assez variable comme vigueur, en général vigoureux et fertile, ses rameaux sont gros, d'un rouge noirâtre, arqués, retombants, plaqués de larges lenticelles grises.

A cultiver sous toutes les formes, sauf en plein vent.

SEIGNEUR. — Synonymes : *Belle lucrative. — Bergamotte Fiévée. — Beurré lucratif. — Fondante d'automne. — Fondante de Maubeuge. — Grésillier. — Seigneur Espéren.*

Origine. — Obtenue par le major Esperen de Malines (Belgique). — Première fructification en 1827.

Fruit moyen ou assez gros, arrondi conique ou courtement turbiné.

Pédicelle assez court, gros, charnu, souvent annelé, implanté presque droit dans un petit pli.

Œil petit, ouvert dans une large dépression.

Epiderme rude, fin, jaune clair, granité marbré de fauve, d'une teinte plus chaude à l'insolation.

Chair blanche, fine, fondante, très juteuse ; à saveur bien sucrée, délicieusement parfumée.

Qualité TRES-BONNE.

Maturité. — SEPTEMBRE-OCTOBRE.

RAMEAUX assez grêles, allongés, un peu étalés, brun noisette ; à lenticelles petites, peu nombreuses et saillantes.

YEUX moyens, coniques, pointus, écartés du rameau.

Culture. — Cette variété réussit très bien sur cognassier et sur franc, se prête à toutes les formes et n'est pas très délicate sur la nature du sol et des expositions.

L'arbre est d'une remarquable végétation et d'une fertilité parfois prodigieuse, ce qui nécessite l'éclaircie des fruits.

On conseille de le planter dans les sols ni trop secs, ni trop humides et à l'abri des grands vents et de lui appliquer une taille rationnelle. Cependant, cette taille sera un peu longue pendant les premières années, plus tard, il sera utile de tailler court.

Variété très résitante à la tavelure.

SŒUR GRÉGOIRE.

ORIGINE. — Obtenue par M. Grégoire-Nélis, de Jodoigne (Belgique). — Première fructification en 1858.

Fruit gros, de forme Bon-Chrétien, ventru à sa moitié supérieure, à surface bosselée.

PÉDICELLE de force et de longueur moyennes, implanté dans un évasement assez profond et bosselé.

ŒIL grand, ouvert, dans une cavité assez profonde et mamelonnée.

EPIDERME rugueux, épais, jaune d'ocre, ponctué marbré et taché de gris roux, ombré de rouge foncé à l'insolation.

CHAIR blanchâtre, assez fine, fondante, très juteuse ; à saveur bien sucrée et très agréablement parfumée.

Qualité TRES BONNE.

Maturité. — NOVEMBRE-JANVIER.

RAMEAUX peu nombreux, peu forts, de longueur moyenne étalés, brun olivâtre.

YEUX petits, ovoïdes, bien écartés du rameau.

Culture. Cette variété doit être greffée sur cognassier pour être soumise à la forme pyramidale

Il lui faut un sol léger et chaud et une exposition chaude pour donner une bonne production.

Cultivée dans toutes les régions, on doit lui appliquer une taille moyenne pour soutenir sa fertilité.

Résistante à la tavelure.

SOLDAT LABOUREUR. — SYNONYME : *Beurré de Blumenbach.*

ORIGINE. — Obtenue par le major Esperen, de Malines (Belgique). — Premier rapport en 1820.

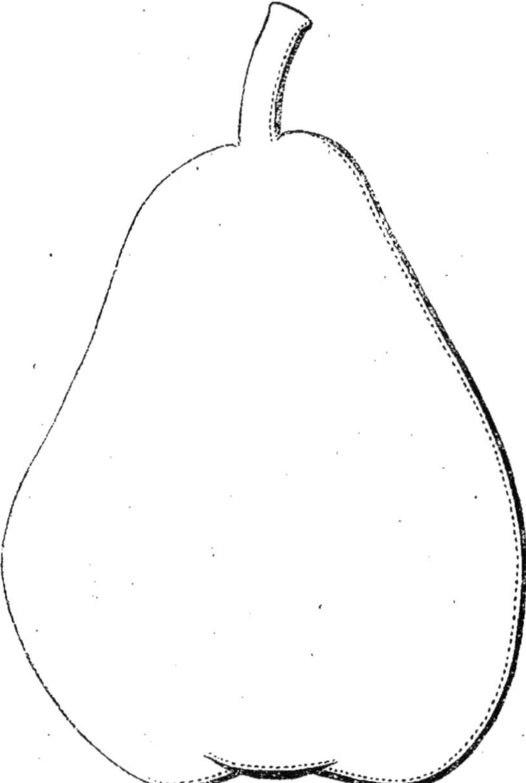

Fruit moyen ou assez gros, piriforme ovoïde ou turbiné, à surface bosselée.

PÉDICELLE de longueur moyenne, ou court, tantôt ligneux, tantôt gros et charnu, implanté droit dans une dépression peu profonde.

ŒIL assez grand, mi-clos, dans une cavité étroite et peu profonde.

EPIDERME lisse, assez épais, jaune vif, granité marbré de fauve.

CHAIR d'un blanc jaunâtre, mi-fine, fondante, très juteuse ; à saveur bien sucrée et parfumée.

Qualité TRES BONNE.

Maturité. — OCTOBRE-DECEMBRE.

RAMEAUX gros assez longs, érigés, d'un brun rougeâtre terne ; à lenticelles grisâtres, un peu allongées.

YEUX moyens, coniques aigus, un peu écartés du rameau.

Culture. — L'arbre peut être greffé sur tous sujets ; mais cette variété doit être cultivée en espalier et en fuseau à des expositions bien abritées, car les fruits tombent facilement.

Une terre légère, meuble et fertile, lui est beaucoup plus propice que les terres fortes, argileuses et humides.

La taille sera longue ou courte, suivant qu'il sera greffé sur franc ou sur cognassier. La tavelure attaque peu ou point cette variété.

SOUVENIR DU CONGRÈS. — SYNONYME : *Souvenir du Congrès Pomologique de France.*

ORIGINE. — Obtenue par M. Morel, pépiniériste à Lyon-Vaise. — Premier rapport en 1863.

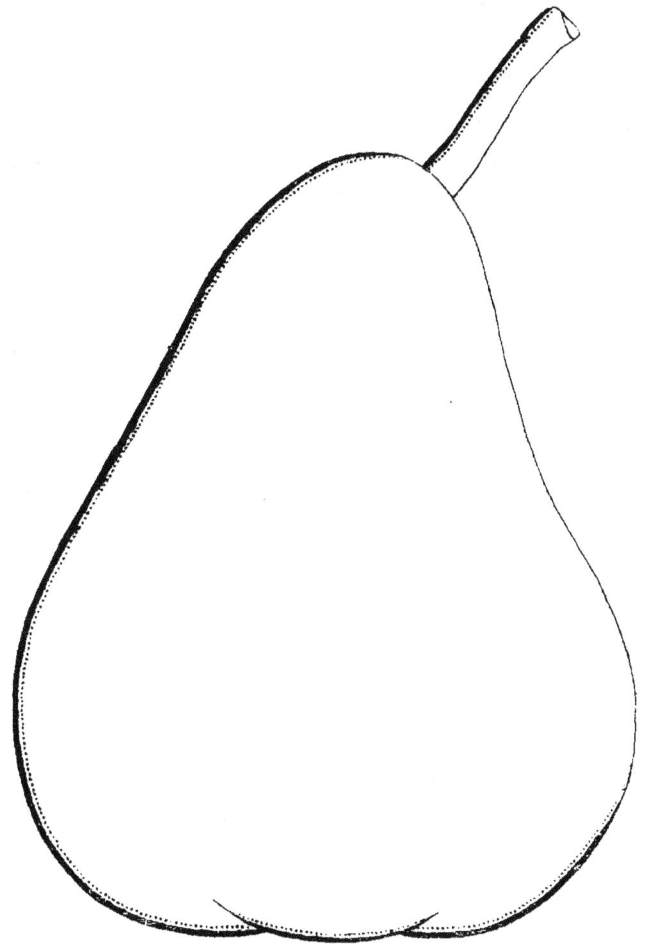

Fruit gros ou très gros, bosselé au pourtour.

PÉDICELLE parfois gros et court, parfois plus mince et de longueur moyenne, implanté le plus souvent obliquement dans une petite cavité bosselée.

Œil grand, ouvert, régulier, placé dans une cavité assez profonde, évasée et entourée de bosses.

Épiderme mince, fin, jaune d'or, plaqué de fauve clair vers le pédicelle, teinté de rosat à l'insolation.

Chair blanche, mi-fine, fondante ; à saveur sucrée, vineuse, fraîche et légèrement musquée.

Qualité BONNE.

Maturité. — AOUT-SEPTEMBRE.

Rameaux inégaux, assez gros, ascendants, roussâtres ; à lenticelles fines, grises et saillantes.

Yeux assez gros, apprimés.

Culture. — L'arbre greffé sur cognassier réussit sous toutes formes et, malgré sa grosseur, le fruit tient bien à l'arbre. Le plus souvent, on le cultive en espalier, en pyramide et surtout en cordon.

Toutes les expositions et tous les terrains profonds argilo-siliceux et bien cultivés lui sont favorables. Cultivé un peu dans toutes les régions, cet arbre doit être soumis à une taille courte ; sa végétation diminue avec l'âge.

Très résistant à la tavelure, ce fruit pourrait être cultivé en culture intensive ; ressemblant assez à la poire Bon Chrétien Williams, il n'en a pas la saveur musquée.

SUCRÉE DE MONTLUÇON. — SYNONYMES : *Sucrée verte*, *Sucrin vert*.

ORIGINE. — Trouvée, vers 1812, dans une haie du jardin du collège de Montluçon (Allier), par M. Rocher, qui en était alors jardinier.

Fruit assez gros, généralement turbiné, aussi large que haut, à surface tantôt unie, tantôt bosselée.

PÉDICELLE assez mince, de longueur moyenne, implanté un peu obliquement dans une cavité bosselée.

ŒIL grand, régulier, mi-ouvert, dans une cavité peu profonde et généralement régulière.

ÉPIDERME fin, ferme, d'un jaune herbacé, pointillé de brun, d'un ton plus chaud à l'insolation.

Chair blanchâtre, assez fine, fondante ; à saveur sucrée, agréablement parfumée.

Qualité BONNE.

Maturité. — OCTOBRE-NOVEMBRE.

Rameaux gros, longs, ascendants, brun-rougeâtre ; à lenticelles gris-brun, grosses et saillantes.

Yeux moyens, coniques, allongés, écartés du rameau.

Culture. — Cette variété peut être greffée sur franc ou sur cognassier, suivant les formes auxquelles l'arbre est soumis.

Quoique s'accommodant de toutes les formes, celle sur laquelle on la cultive le plus est la tige où, greffée sur franc, elle produit abondamment.

On la plante à toutes les expositions éclairées et dans tous les sols sains, profonds et riches en matières azotées.

Les soins à donner à la tige consistent à retrancher tous les trois ou quatre ans, sur les branches fortes et âgées, une partie des ramifications faisant confusion ou mal placées.

Variété bien résistante à la tavelure, elle pourrait être cultivée en culture intensive pour l'approvisionnement des marchés locaux.

TRIOMPHE DE JODOIGNE.

ORIGINE. — Obtenue en 1830, par M. Bouvier, bourgmestre de Jodoigne (Belgique). — Première fructification en 1843.

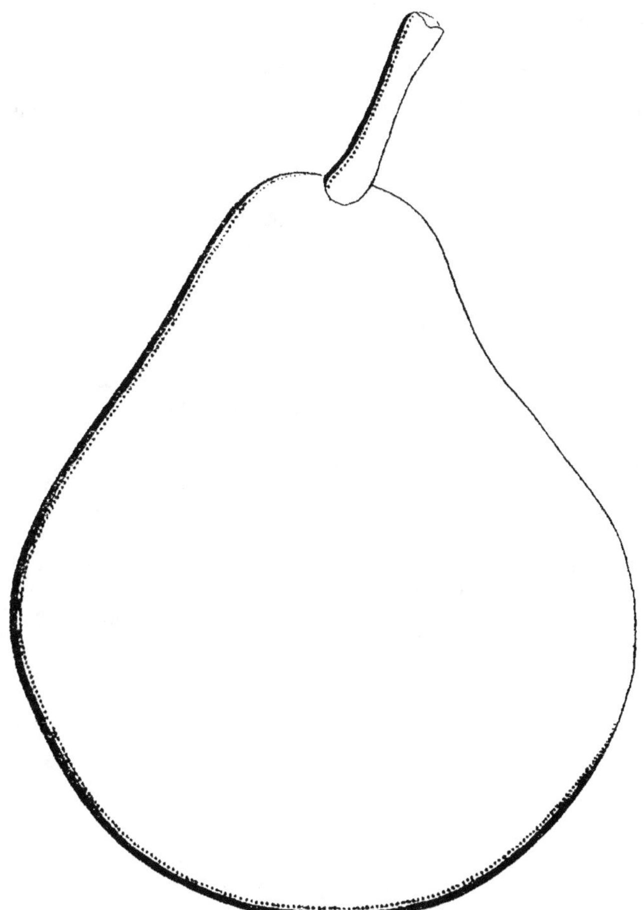

Fruit gros ou très gros, de forme Bon-Chrétien, ventru, à surface bosselée.

PÉDICELLE de force et de longueur moyennes, implanté un peu obliquement sur la base obtuse du fruit.

ŒIL moyen, ouvert, souvent irrégulier ; dans une cavité peu profonde, évasée et irrégularisée par des bosses.

Epiderme lisse, épais, vert clair passant au jaune citrin, lavé et fouetté de rouge sombre à l'insolation.

Chair blanche, mi-fine, fondante ; à saveur bien sucrée, vineuse, agréablement parfumée, sujette à blettir.

Qualité BONNE.

Maturité. — NOVEMBRE-DECEMBRE.

Rameaux moyens, étalés, d'un brun rougeâtre terne ; à lenticelles petites, fauves et peu nombreuses.

Yeux moyens, ovoïdes, non apprimés.

Culture. — Ce poirier est d'une grande vigueur ; greffé sur cognassier, il se prête assez difficilement à la forme pyramidale ; il est plus docile sous toutes les autres formes. Toutefois, celle qui lui convient le mieux est l'espalier.

Un sol léger et sain, riche en matières azotées, et toutes les expositions, particulièrement le levant et le midi, lui sont favorables.

Cultivé dans toutes les régions, on doit lui appliquer une taille un peu longue pendant le premier âge et, plus tard, le raccourcissement de ses rameaux.

La vigueur de cette variété et sa résistance à la tavelure sont très variables, suivant les régions ; il y aurait lieu de faire l'échange de greffons des milieux favorisés vers ceux qui ne semblent pas lui convenir.

De plus, dans certaines régions et particulièrement dans le nord de la France, cette variété donne en plein vent de superbes fruits, bien supérieurs en beauté et en qualité à ceux de la variété Curé avec laquelle elle a certaine analogie.

TRIOMPHE DE VIENNE.

ORIGINE. — Variété obtenue par M. Jean Collaud, dit Côte, jardinier à Montagnon (Isère), et propagée par M. Cl. Blanchet, horticulteur à Vienne (Isère).

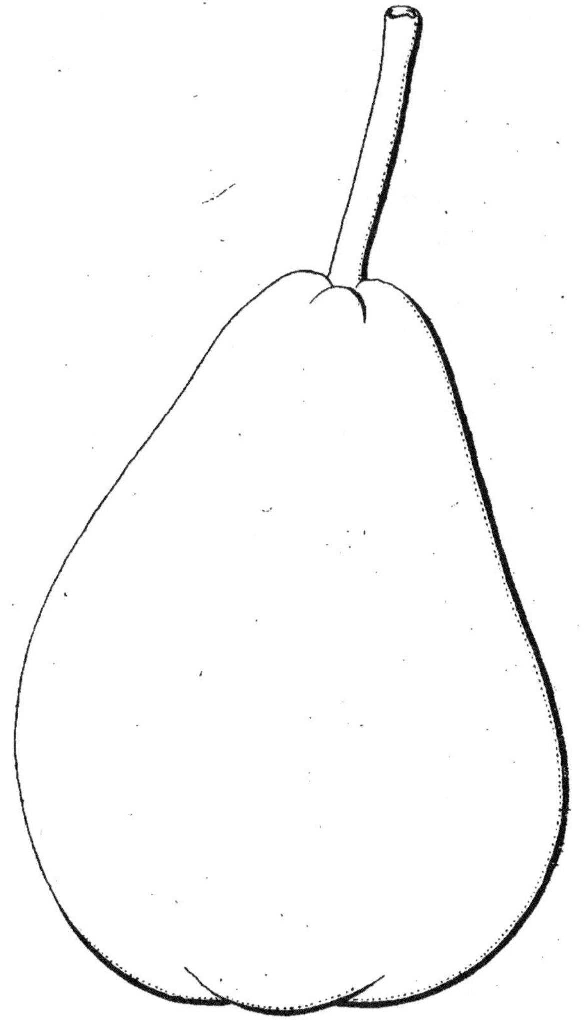

Fruit gros, piriforme obtus, un peu anguleux au pourtour, rappelant le Bon-Chrétien Williams par la grosseur et la forme.

PÉDICELLE de force et de longueur normales, implanté droit sur la base obtuse ou dans une petite cavité plissée.

ŒIL moyen, ouvert, irrégulier, dans une cavité assez profonde et cernée par des bosses.

ÉPIDERME d'un jaune vif, granité et finement marbré de fauve lisse, teinté de rosat à l'insolation.

CHAIR blanche, fine, fondante, très juteuse ; à saveur bien sucrée, délicatement parfumée.

Qualité TRES BONNE.

Maturité. — Fin d'AOUT et SEPTEMBRE.

RAMEAUX forts, coudes, droits, brun olivâtre ; à lenticelles allongées, d'un fauve clair.

YEUX gros, allongés et coniques.

Culture. — Cette variété doit être greffée sur cognassier, pour être cultivée sous toutes formes, sauf sur tige. Elle réussit à toutes les expositions et dans tous les terrains.

Cultivée dans toutes les régions, on doit lui appliquer une taille courte.

La tavelure dans certains milieux attaque fortement le fruit qui continue à se développer à peu près normalement, en présentant des rugosités ou des dépressions à la surface de l'épiderme.

VAN MONS. — LÉON LECLERC.

ORIGINE. — Obtenue par M. Léon Leclerc, ancien député de la Mayenne, à Laval, et dédié par lui à Van Mons. — Première fructification en 1828.

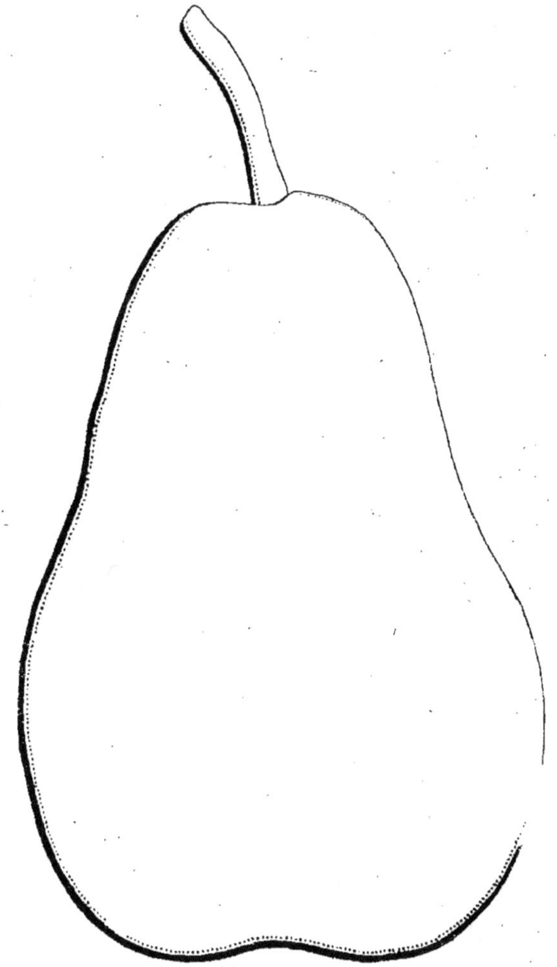

Fruit gros, cylindrique, peu élargi vers la tête, bien uni en son pourtour.

PÉDICELLE de force et de longueur moyennes, implanté de côté et à fleur du fruit.

ŒIL petit, ouvert, régulier, dans une dépression large et très peu profonde.

EPIDERME fin, mince, jaune herbacé, abondamment granité marbré de rouille.

CHAIR d'un blanc verdâtre, surfine, très fondante ; à saveur sucrée, bien relevée, délicatement parfumée.

Qualité TRES BONNE.

Maturité. — OCTOBRE-NOVEMBRE.

RAMEAUX nombreux, gros courts, coudés, gris jaunâtre ; à lenticelles larges et très abondantes.

YEUX gros, ovoïdes coniques, un peu écartés du rameau.

Culture. — Ce poirier est très délicat, lorsqu'il est greffé sur cognassier, car son bois se gerce ; greffé sur franc, il pousse peu ; toutefois, ce dernier sujet lui convient mieux que le premier.

Greffé sur cognassier pour cordon ou espalier, il faut le planter en sol très fertile et riche, plutôt léger que fort, à l'est, au nord et au nord-est.

On peut l'élever sur franc en pyramide et sur tige qu'on plantera dans les mêmes conditions.

Cultivé dans toutes les régions, on doit lui appliquer une taille courte.

VIRGINIE BALTET.

ORIGINE. — Semis de M. Ernest Baltet, pépiniériste à Troyes, mise au commerce par l'Etablissement Baltet frères.

Fruit moyen ou assez gros, turbiné, un peu ventru, un peu irrégulier en son pourtour.

PÉDICELLE moyen légèrement arqué, non charnu.

ŒIL à peine marqué.

EPIDERME vert foncé, tigré de gris sur toute sa surface.

CHAIR saumonée, très fine, très fondante, très juteuse, un peu verdâtre sous l'épiderme.

Qualité TRES BONNE.

Maturité. — NOVEMBRE-DECEMBRE,

Culture. — L'arbre est assez vigoureux et très fertile ; à répandre en culture d'amateur.

ZÉPHIRIN GRÉGOIRE.

ORIGINE. — Obtenue vers 1831, par M. Grégoire Nélis, de Jodoigne (Belgique). — Premier rapport en 1843.

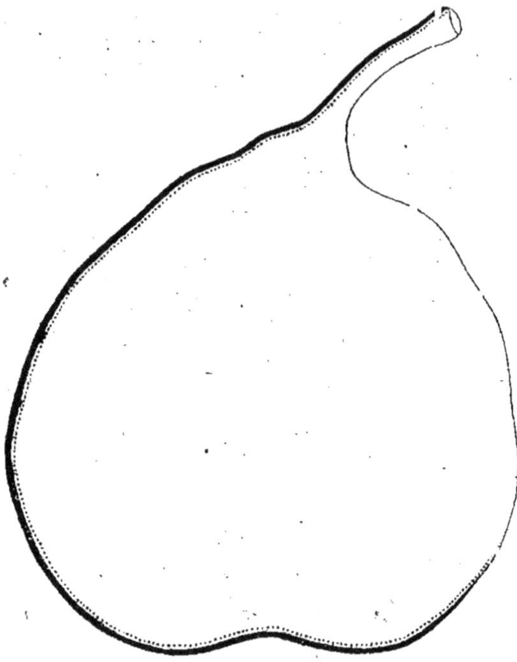

Fruit petit ou presque moyen, arrondi - conique ou turbiné, à surface très bosselée.

PÉDICELLE de longueur moyenne, charnu vers le fruit et le continuant.

ŒIL moyen, souvent irrégulier, placé dans une cavité peu profonde et irrégularisée par des bosses.

EPIDERME fin, lisse, jaune citrin clair, finement pointillé de verdâtre taché de roux, parfois teintée de rose à l'insolation.

CHAIR blanche, fine, fondante ; à saveur sucrée, très agréablement parfumée.

Qualité TRES BONNE.

Maturité. — DECEMBRE-FEVRIER.

RAMEAUX grêles, assez longs, flexueux, brun-olivâtre ; à lenticelles blanchâtres et saillantes.

YEUX ovales allongés, assez gros, écartés du rameau.

Culture. — L'arbre est assez vigoureux sur franc et sur cognassier ; on peut l'élever sous toutes les formes. Le franc est réservé surtout pour la tige.

Il doit être planté dans un bon terrain et aux expositions du nord-est, est et sud-est.

On taille court et de bonne heure, particulièrement si l'arbre est faible et trop fertile.

POMMIER

ORIGINE. — Le Pommier commun est indigène en Europe, et particulièrement en France où on le trouve dans les forêts et dans les haies.

AIRE DE CULTURE. — Tous les climats locaux et régionaux tempérés plaisent au pommier, ainsi que toutes les expositions, sauf celle du plein midi dans le sud de la France où il craint la chaleur et par suite la sécheresse.

Dans les plaines étroites, où les gelées blanches sont à craindre, on a recours aux variétés à floraison tardive, assez nombreuses et assez répandues dans toutes les régions ; la récolte est donc toujours à peu près assurée partout où l'on veut cultiver le pommier.

SOL. — Peu importe la composition du sol, différents sujets permettent la culture du pommier dans des terrains très variés, cependant la sécheresse lui étant néfaste il y a lieu d'éviter de planter le pommier dans un sol aride et sec. Même avec des moyens d'arrosages, une situation aride lui est funeste.

SUJETS. — Le semis donne des variétés nouvelles, et aussi, en semant des graines de pommier sauvage, des sujets *francs* ou *aigrins*.

Sur ces *aigrins* de pommier commun, on greffe tantôt au pied les variétés que l'on veut cultiver en plein vent, sur haute tige ; tantôt un sujet intermédiaire sur lequel on greffera en tête les variétés, ceci suivant les régions et suivant la vigueur des variétés.

Le pommier *doucin* est un pommier d'origine inconnue, moins vigoureux que le *franc*, il est employé pour la *formation* des *formes* naines en plein vent : fuseaux, pyramides, gobelets, palmettes, ainsi que pour la *formation* des cordons verticaux, obliques ou horizontaux en terrain pouvant craindre la sécheresse.

Le pommier *paradis noir*, dont l'origine est inconnue, est employé pour la culture des cordons divers et des palmettes en terrains frais, malheureusement le plant de *paradis noir* est attaqué depuis quelques années par une maladie qui le rend noueux et chancreux, on lui substitue de plus en plus le *Paradis jaune de Metz* qui n'est qu'un doucin un peu moins vigoureux que le type doucin véritable.

Sur poirier. — Quelques amateurs ont greffé avec succès les extrémités de poiriers élevés, en fuseaux ou en palmettes, sur cognassier avec des pommiers, les branches ainsi obtenues poussent assez bien, et produisent abondamment de gros et bons fruits, mais ce n'est là, à l'heure actuelle, qu'une fantaisie d'amateur, le résultat ne serait peut-être pas aussi bon si l'on greffait les branches de base, la sève irait probablement de préférence au poirier.

FORMES. — Les formes étudiées pour le poirier sont applicables au pommier, avec les mêmes distances à observer dans la direction des branches et dans les plantations.

TAILLE. — La taille courte d'hiver, et le pincement réitéré en été, sont les moyens les plus rapides pour obtenir une fructification abondante et soutenue, sans pincement il y a production de gourmands, et la fructification est aléatoire.

PAPILLONS. INSECTES ET MALADIES

Beaucoup de chenilles attaquent le pommier au moment où les jeunes feuilles se développent, et parfois empêchent leur développement.

La principale chenille est la *Phalène Hiemale* ou *Cheimatobie*, elle fait les plus grands ravages, les chenilles dévorent totalement les jeunes rameaux naissants.

La femelle de ce papillon étant presque dépourvue d'ailes, doit grimper du sol où elle sort au faîte des arbres où elle se dirige, pour déposer ses œufs ; les bandes de glu ceinturant l'arbre sur une largeur de 40 à 50 centimètres suffisent pour la détruire, et la récolte est sauvée. A noter que cette ponte a lieu, suivant les climats, du 1er octobre à fin décembre, il faut donc poser les *ceintures de glu en septembre au plus tard.*

Bien boucher, vers le sol les espaces qui pourraient exister entre la ceinture de glu et de l'écorce de l'arbre, avec de l'ouate mise en bande étroite à la base et avant la pose de la ceinture de papier englué.

La chenille des haies ou *teigne* hiverne sur les haies et, après avoir dévoré les feuilles dans le voisinage de son nid, se répand dans les cultures ou elle cause de grands dégâts, particulièrement au pommier ; récolter les nids à l'extrémité des petites branches en hiver et les brûler.

La teigne du pommier a les mêmes mœurs que la précédente, le même remède est à conseiller.

Tous ces remèdes sont *préventifs* ; en cas d'attaque, on peut essayer comme *curatifs* les moyens suivants :

1° Pulvérisation des arbres à la solution arsénicale J dès que les jeunes feuilles apparaissent, c'est-à-dire aussitôt les fleurs tombées sur le sol.

2° Pulvérisation des arbres à la solution H qui pourra tuer les jeunes chenilles dès leur naissance.

La *Carpocapse* ou *ver des pommes* a déjà été traitée pour le genre poirier, le ver est commun aux deux espèces, même traitement arsénical avec addition d'huile de schistes puante.

Anthonome du pommier. — L'insecte parfait hiverne dans les vieilles écorces, dans les mousses et lichens ; il pond au printemps ses œufs dans les boutons floraux, la larve éclot avec le développement des boutons, elle file une soie qui emprisonne feuilles et fleurs, et elle dévore, ainsi mise à l'abri, les étamines et les pistils. La récolte est perdue.

Racler les vieilles écorces des arbres, les laver avec les solutions indiquées pour détruire les mousses et lichens, ainsi qu'avec celle indiquée pour détruire le Kermès, de façon à tuer les charançons à l'hivernage. Ramasser les nids soyeux et écraser les larves, ce qui est assez facile sur les cordons, mais impossible en verger de plein vent.

En Suisse, grâce à un Carbonyleum excessivement pur, appliqué en émulsion savonneuse, l'anthonome est facilement détruit.

Apion violet. — Tout petit insecte de 1 millimètre et demi de long, attaquant les fleurs de pommier dès leur éclosion, en coupant les étamines, rendant ainsi impossible toute fécondation. Etendre des toiles goudronnées de frais sous les arbres, et les secouer, l'insecte se laisse tomber et se trouve pris dans le goudron ; cette attaque a surtout lieu sur les palmettes et sur les cordons.

Puceron vert. — Le puceron vert attaque les jeunes pousses de pommier en les entourant complètement de ses colonies, il attaque aussi les jeunes feuilles : pulvériser avec la solution H.

Puceron lanigère. — Ce puceron, spécial au pommier, attaque aussi en certaines régions le poirier ; c'est l'ennemi le plus redoutable au pommier. On le reconnaît aux boursouflures laineuses que forment ses colonies sur les jeunes rameaux, sur les branches charpentières, et sur le tronc des arbres.

Laver au pinceau, en hiver, toutes les parties atteintes avec la solution suivante :

Eau .... 1 litre
Alcool à brûler ...., 1 litre
Nicotine à 100° .... 1 litre

On conseille ensuite, en mars, pour détruire les colonies hivernant dans les racines des arbres, de faire une cuvette assez large, et d'arroser avec une décoction très forte de feuilles de noyer, puis de déposer les feuilles, ayant servi à faire la décoction, en paillis dans la cuvette. Ayant ainsi traité des cordons très forts avec 5 litres de décoction, nous avons obtenu un parfait résultat ; augmenter la dose avec la force de l'arbre.

En été, écraser au pinceau les colonies avec la solution d'alcool à brûler et de nicotine, en étendant le mélange de 3 litres d'eau, éviter de toucher les feuilles et les fruits qui seraient brûlés.

Le *Chancre* attaque le pommier et particulièrement la Reinette du Canada. Voir le traitement indiqué dans les maladies générales des arbres fruitiers.

MALADIES. — La *Tavelure* est une maladie attaquant toutes les pommes, et en particulier, le *Calville Blanc*, les pulvérisations cupriques seules sont efficaces. Toutefois, le Calville Blanc est très sensible aux atteintes du sulfate de cuivre, il y aura lieu de faire des bouillies faibles et bien neutres, les solutions faibles de verdet neutre, à 250 grammes par 100 litres, seraient souvent suffisantes.

L'Oïdium attaque le pommier, le Calville Blanc en particulier, pulvériser les arbres hiver et été avec les solutions B et C indiquées avec les doses différentes suivant les saisons.

Le *Bitter pitt* ou *bouchon* est une maladie physiologique de la chair des pommes, on la reconnaît à ce que les cellules attaquées, même profondément à l'intérieur du fruit, prennent une consistance spongieuse de la couleur du liège. Cette maladie est à l'étude.

Water core, ou *Molle*, ou *pommes vitreuses*, la chair malade devient transparente puis aqueuse, en gagnant les cellules voisines le fruit arrive à être totalement liquéfié ; cette maladie s'observe surtout sur les pommes de luxe et d'hiver, malgré cela, elle s'observe aussi sur les fruits venant en plein vent ; cette maladie est également à l'étude.

On recommande pour le *Bitter pitt* et le *Watter core* d'incorporer au sol des doses massives de potasse et d'acide phosphorique sous forme d'engrais à décomposition lente.

CLASSIFICATION DES POMMES

La Société Pomologique de France a classé les pommes comme les poires en :

1° *Fruits de choix*, comprenant les fruits de toute première qualité, tant pour l'amateur que pour le cultivateur.

2° *Les Fruits de marché*, comprennent les fruits de choix faisant l'objet d'un commerce local ou d'exportation, ainsi que des fruits dont la qualité est inférieure, mais dont la vente est active sur les marchés locaux ou régionaux.

3° *Les Fruits d'apparat* sont, en général, bons pour la consommation à l'état cru, contrairement à certaines poires, ce sont de très gros fruits colorés ou non.

4° *Fruits à deux fins*. — Cette catégorie, spéciale aux pommes, contient les fruits qui sont à la fois bons à la consommation, crus ou cuits, et bons à faire du cidre ; cette catégorie est à développer dans les régions vignobles pour suppléer le vin en cas de disette, et donner un bon rendement sur le marché en cas de bonne production viticole.

ESSAI DE DÉTERMINATION DES POMMES

Robert Hogg, en 1876, publia un essai de détermination suivant un autre essai qui n'avait pas donné satisfaction, même à son auteur. Cette deuxième tentative ne semble pas avoir donné beaucoup de résultats appréciables, trop d'éléments ayant été retenus pour la détermination et surtout des éléments que l'on doit apprécier pendant toute l'évolution de la végétation.

Bunyard, de Maidstone, a également étudié cette question et continue son travail qu'il avoue être plein de difficultés.

Chasset présenta, le 20 mars 1916, une étude qui n'a pu être vérifiée.

ni complètement mise au point ; nous la publions ici dans l'espoir qu'elle pourra servir de base à une étude plus complète.

FORME

A
*ellipsoïdale
bi-tronquée*
(type Api)

B
*Cône tronqué
aplati*
ou
Anse de panier
(type Doux d'argent)

C
sphérique bi-tronqué
(type Reine de Caux)

D
cône tronqué
(type Gd Alexandre)

E
ovoïdes
(type Belle fleur
jaune)

F
cylindriques
(type Pigeon rouge)

MATURITÉ

Juillet à Septembre

Septembre à Novembre

Octobre à Décembre

Novembre à Février

Janvier à Mai.

FRUIT

Plissé ou côtelé vers l'œil

Non plissé ni côtelé

ÉPIDERME

Vert foncé

Vert clair-jaunâtre

Lavé de rouge ou violet

Lavé et rayé de rouge ou violet

Gris ou bronzé

CHAIR

Blanche

Jaunâtre
Verdâtre
Rosée

SAVEUR

Sucrée
Acidulée
De Reinette
Anisée

POMMES

ADAM'S PEARMAIN. — SYNONYMES : *Pearmain d'Adam.* — *Pépin de Norfolk.* — *Rousse de Norfolk.*

ORIGINE. — Obtenue par le chevalier sir Robert Adam, du comté de Norfolk, qui lui donna d'abord le nom de Norfolk pippin.

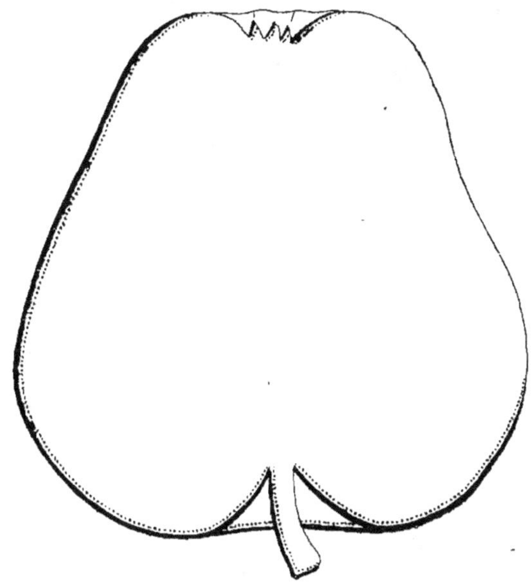

Fruit moyen ou assez gros, conique, paraissant plus haut que large, régulier au pourtour.

PÉDICELLE allongé, fort, dans une cavité de profondeur variable, très évasée.

ŒIL petit, ouvert ou entr'ouvert, dans une cavité régulière, peu profonde et un peu plissée.

ÉPIDERME fin, mince, d'un jaune citrin, lavé et strié de carmin, ponctué sur toute sa surface.

CHAIR jaunâtre, fine, serrée, un peu ferme ; à saveur sucrée, vineuse, bien agréablement relevée.

Qualité TRES BONNE.

Maturité. — Courant de l'HIVER.

RAMEAUX grêles, longs, coudés, duveteux, d'un rouge brun ardoisé ; à lenticelles grandes et nombreuses.

YEUX très petits, bien cotonneux, très apprimés.

Culture. — Cette variété peut être greffée sur franc et être élevée sur tige, où elle forme une tête déprimée à branches pendantes, dans certains cas on la greffera en tête. Il est plus avantageux de la greffer sur Paradis et sur doucin, pour être élevée en formes naines ou palissées.

API. Synonymes : *Api fin. — Api rouge. — De long bois. — Lady Apple. — Petit Api. — Petit Api rose.*

Origine. — Ancienne et inconnue.

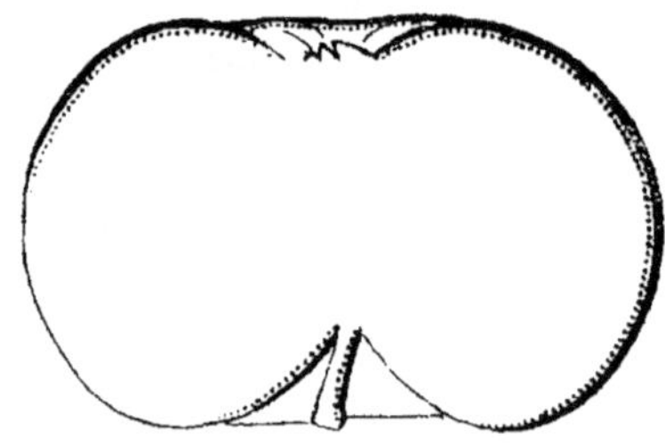

Fruit petit ou très petit, arrondi déprimé, presque de moitié moins haut que large, généralement très uni en son pourtour.

Pédicelle grêle, de longueur moyenne, inséré dans une cavité large et profonde

Œil petit, fermé, dans une dépression large, peu profonde et très plissée.

Épiderme fin, mince, brillant, d'un jaune paille, largement lavé et frappé de rouge cramoisi à l'insolation, finement ponctué de gris clair.

Chair blanche, très fine, ferme, croquante, juteuse ; à saveur sucrée, relevée d'un léger parfum rafraîchissant.

Qualité BONNE.

Maturité. — Courant de l'HIVER.

Rameaux fluets, bien droits, d'un pourpre noir ; à lenticelles blanchâtres.

Culture. — L'arbre peut être greffé sur tous sujets et être élevé sous toutes formes.

Greffé sur paradis ou sur doucin, il se prête facilement aux petites formes, particulièrement au cordon et à la pyramide.

Greffé sur franc et en tête, il est recommandable pour la tige, il donne des fruits colorés et bons.

Il peut être cultivé dans tous les sols et à toutes les expositions éclairées.

On recommande le pincement réitéré, lorsque l'arbre est soumis aux petites formes.

BALDWIN.   Synonymes : *Calville Butter. - Pecker. - Red Baldwin. — Woodpecker.*

Origine. — Obtenue, vers 1740, dans l'État de Massachussets (États-Unis).

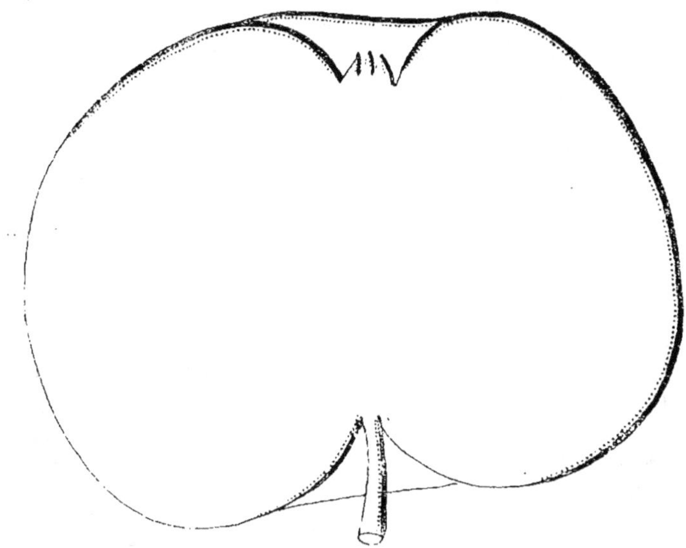

Fruit gros, sphérique un peu déprimé, plus largement tronqué à sa base qu'au sommet où il est arrondi ; à surface parfois légèrement côtelée.

Pédicelle de longueur variable, dans une cavité large et profonde.

Œil gros, fermé, dans une cavité assez profonde, évasée et plissée.

Épiderme fin, lisse, brillant, d'un jaune citrin à l'ombre, d'un jaune orange lavé-strié de rouge cramoisi à l'insolation.

Chair blanche citrine, fine, ferme, juteuse ; à saveur sucrée, hautement parfumée.

Qualité BONNE ou TRES BONNE.

Maturité. – Courant de l'HIVER.

Rameaux forts et allongés, droits, d'un brun violacé ; à lenticelles nombreuses et très apparentes.

Culture.   L'arbre convient surtout en tige greffé sur franc ; on peut aussi lui appliquer les petites formes en le greffant sur paradis.

Il préfère une exposition assez ensoleillée pour conserver le beau coloris de son fruit, mais autant que possible à l'abri du sud-ouest, où les rayons trop ardents du soleil et les vents lui sont défavorables.

Il prospère partout où peut être cultivé le Pommier ; il doit être taillé un peu long et pincé très court.

BEAUTY OF KENT. — SYNONYMES : *Beauté de Kent.* — *Pépin de Kent.*

ORIGINE. — Variété anglaise, d'origine incertaine, cultivée en Angleterre avant 1820.

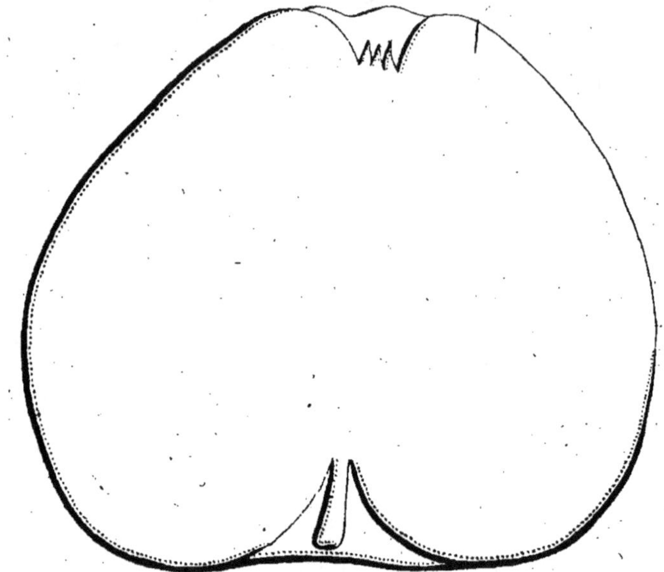

Fruit gros, conique, resserré vers le sommet, irrégulier et bosselé autour de l'œil.

PÉDICELLE de force moyenne, assez court, dans un large et profond bassin.

ŒIL moyen, presque fermé, dans une cavité assez profonde, étroite et irrégularisée par des plis et des bosses.

EPIDERME lisse, d'un jaune paille, lavé, granité et panaché de carmin foncé, surtout à l'insolation, marqué de rouille dorée dans la cavité inférieure.

CHAIR blanche, tendre et juteuse ; à saveur sucrée et agréablement acidulée.

Qualité BONNE au couteau, TRES BONNE à l'état cuit.

Maturité. — OCTOBRE-FEVRIER.

RAMEAUX assez longs et forts, arqués, d'un marron rougeâtre, peu duveteux ; à lenticelles grosses et saillantes.

YEUX petits, obtus et apprimés.

Culture. — Cette variété réussit indifféremment sur tige ou en pyramide, suivant les régions, elle est cultivée dans tous les terrains propices à la culture du Pommier.

BELLE DE BOSKOOP. — Synonyme : *Reinette Belle de Boskoop.*

Origine. - Obtenue par M. K.-J.-W. Ottolander, à Boskoop, près Gouda (Pays-Bas).

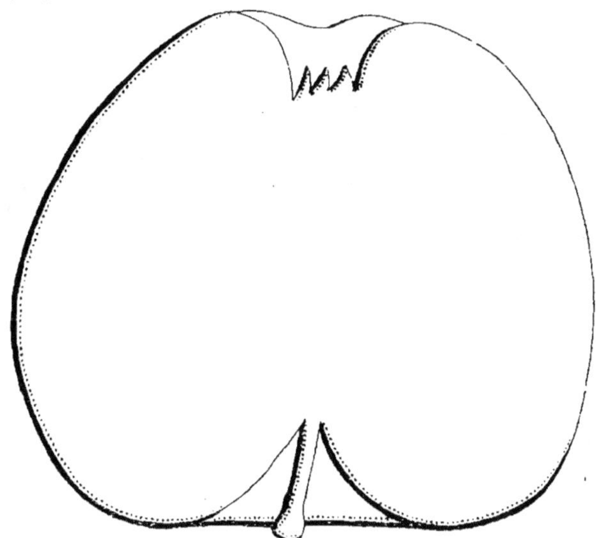

Fruit assez gros, tantôt sphérique déprimé et plus large que haut, tantôt et le plus souvent sphérico-conique et paraissant plus haut que large, tronqué à la base.

Pédicelle généralement de longueur moyenne, dans une cavité large, profonde et plissée.

Œil assez grand, mi-ouvert, dans une cavité profonde et bosselée.

Épiderme fin, sec, d'un jaune citrin, teinté et marbré de rouge brique à l'insolation, plaqué de fauve un peu rude.

Chair jaunâtre, fine, assez ferme, juteuse ; à saveur sucrée, acidulée, agréablement parfumée.

Qualité BONNE ou TRES BONNE

Maturité. — DECEMBRE-FEVRIER.

Rameaux assez longs et assez forts, d'un brun foncé, divergents, légèrement duveteux.

Yeux assez gros, saillants, s'écartant légèrement du rameau.

Culture. — Malgré la grosseur de ses fruits, cette variété peut être cultivée sur tige où elle donne de bons résultats, à tel point que dans certaines régions on se prépare à la cultiver pour remplacer Reine du Canada, trop sujette au chancre.

Néanmoins, elle doit être cultivée, de préférence, en cordon horizontal, ou, greffée sur paradis, elle produit des fruits remarquables par leur volume et leur beauté.

On doit lui appliquer dans ces conditions, une taille assez longue et des pincements très courts.

BELLE DE PONTOISE.

ORIGINE. — Obtenue en 1869, par M. Rémy père, à Pontoise, d'un pépin de Grand Alexandre.

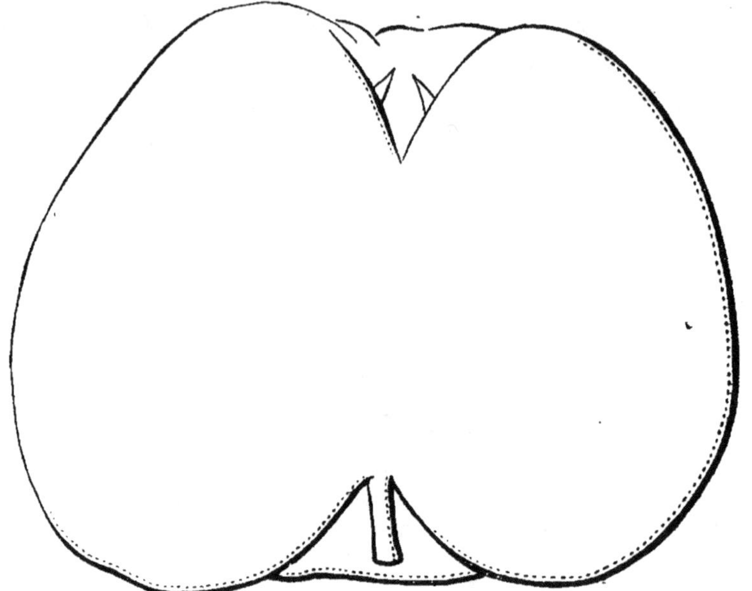

Fruit très gros, sphérique, parfois sphérico-conique, largement tronqué à la base, anguleux dans son pourtour, peu régulier.

PÉDICELLE court, assez faible pour le fruit, implanté dans une cavité profonde, large, s'évasant assez brusquement.

ŒIL moyen ou presque grand, fermé ou mi-clos, inséré dans une cavité étroite, le plus souvent profonde, plissée, mamelonnée ou côtelée sur les bords.

EPIDERME lisse, onctueux, jaune pâle blanchâtre, teinté et granité de rouge carminé, bien strié et marbré de rouge cerise vif, parsemé de points gris à auréole blanchâtre, plaqué de fauve dans la cavité caudale.

CHAIR blanchâtre, assez fine, tendre, juteuse, sucrée, acidulée, parfois un peu trop, assez agréablement parfumée.

LOGES moyennes, presque creuses.

Qualité BONNE ou ASSEZ BONNE quand il est trop acidulé.

Maturité. — De fin **OCTOBRE** à **JANVIER**.

Culture. — L'arbre est vigoureux, rustique et très fertile, à rameaux longs de moyenne force, dressés ou légèrement recourbés en dedans et presque droits, à peine coudés aux entre-nœuds, de couleur marron clair rougeâtre, voilée par un fin duvet gris, lenticelles assez petites, nombreuses, rondes, blanc jaunâtre.

Les yeux assez petits, moyens et coniques obtus, recouverts de duvet gris, aplatis, collés contre le rameau par des coussinets peu saillants.

Sa place est au verger en plein vent où il produit abondamment pour la culture intensive, en petites formes pour la culture d'amateur.

BELLE-FLEUR JAUNE. — SYNONYMES : *Connecticut Seek-no-Further.   Gelber Belle-Fleur. — Linnéous pippin.   Seek-no-Further.*

ORIGINE. — Indiquée comme ayant été trouvée dans le Connecticut (États-Unis).

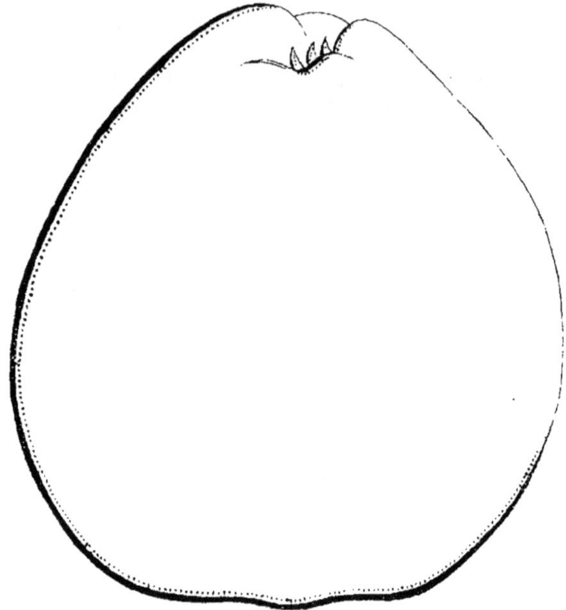

Fruit gros ou moyen, conique, paraissant plus haut que large, étroit et irrégulièrement côtelé au sommet.

PÉDICELLE court, renflé au point d'attache, dans une cavité étroite et profonde.

ŒIL fermé dans une cavité peu profonde, étroite, irrégularisée par des plis et des bosses.

ÉPIDERME lisse, d'un jaune pâle, lavé de rouge à l'insolation, parsemé de points d'un gris roux.

CHAIR d'un blanc jaunâtre, fine, tendre, juteuse ; à saveur sucrée acidulée, plus ou moins parfumée.

Qualité BONNE ou TRES BONNE.

Maturité. — DECEMBRE-FEVRIER.

RAMEAUX de force moyenne, d'un brun fauve ; à petites lenticelles distantes.

YEUX petits, pointus et apprimés.

Culture. — Cette variété peut être cultivée sur tige, mais doit être greffée en tête et non au pied : on devra également choisir des positions abritées, car le fruit tombe facilement, elle est destinée à remplacer le Calville Blanc dans la culture en plein vent où cette dernière variété ne donne plus aucun résultat.

Pour les formes naines, elle doit être greffée sur doucin ou sur paradis, une taille longue en ménageant les brindilles lui sera appliquée.

Vient partout où est cultivé le Pommier.

BLENHEIM PIPPIN. — Synonymes : *Blenheim orange. — De Blenheim. — Kempster's pippin. — Northwitch pippin. — Woodstock pippin.*

Origine. — Obtenue à Woodstock, comté d'Oxford (Angleterre), par Kempster.

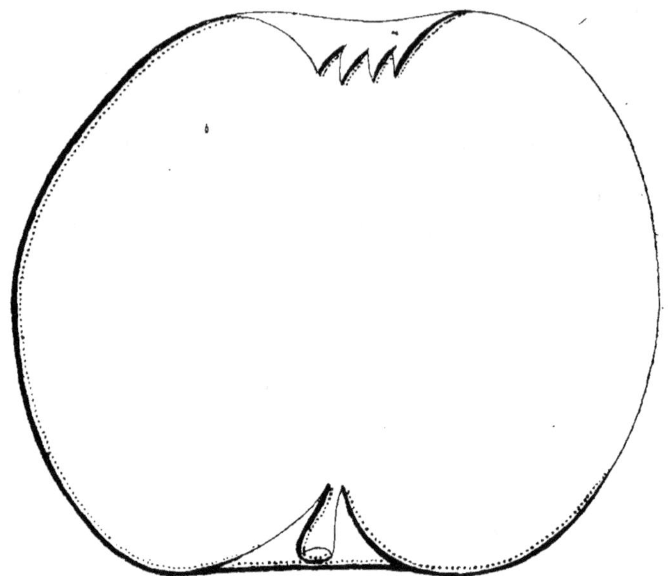

Fruit gros, sphérique, légèrement déprimé, à surface très unie.

Pédicelle assez court, de forme moyenne, dans une cavité régulière.

Œil grand, ouvert, dans une cavité large et régulière.

Epiderme fin, lisse, jaune brillant, lavé de rose à l'insolation, marqué de quelques gros points roux.

Chair d'un blanc jaunâtre, demi-fine, croquante, juteuse ; à saveur sucrée et agréablement acidulée.

Qualité BONNE.

Maturité. — NOVEMBRE-FEVRIER.

Rameaux forts, d'un brun clair.

Yeux petits, obtus, aplatis.

Culture. — Cette variété greffée sur paradis, peut être cultivée en formes régulières soumises à la taille, elle fructifiera beaucoup plus rapidement sur ce sujet que sur franc, cependant en plein vent et en situation abritée elle donne de superbes produits qui seraient appréciés sur les marchés.

BOROVITSKY. - SYNONYMES : *Baroritsky*. — *Charlamousky*.
— *Duchesse d'Oldenbourg.*

ORIGINE incertaine. - Introduite de Cracovie en France, en 1834,
par M. J.-Laurent Jamin, horticulteur à Paris.

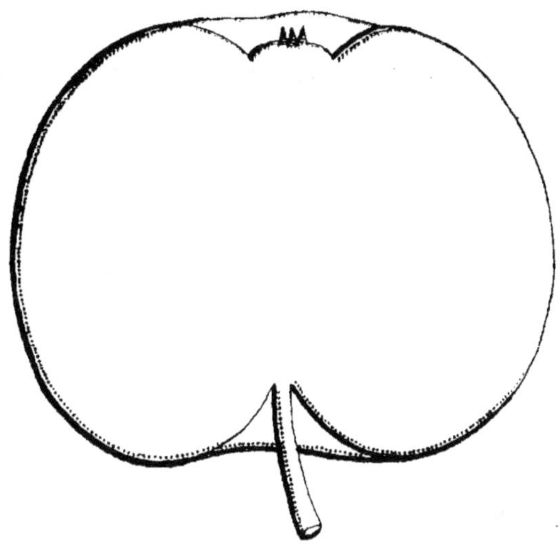

Fruit moyen ou assez gros, sphérique déprimé, anguleux au
pourtour.

PÉDICELLE de longueur variable, souvent assez long, dans une cavité
largement évasée.

ŒIL moyen, le plus souvent fermé, enserré par de petites gibbosités,
dans une large cavité.

ÉPIDERME fin, mince, d'un blanc verdâtre, panaché de rouge cerise
sur fond jaune à l'insolation.

CHAIR blanche, fine, mi-tendre ; à saveur surcrée acidulée, agréablement parfumée.

Qualité BONNE.

Maturité. — AOUT.

RAMEAUX moyens, obliques ascendants, du rouge brun ; à lenticelles
très petites et assez nombreuses.

YEUX moyens, apprimés.

Culture. - L'arbre généralement sain, vigoureux, fertile, est greffé
sur franc pour être cultivé dans les vergers en tiges basses, car les
fruits se détachent facilement. Mais on peut aussi le greffer sur
paradis ou sur doucin, suivant les formes auxquelles on le destine.

Il se forme bien régulièrement, vient dans tous les sols et à toutes
les expositions, on doit lui appliquer une taille moyenne.

Cette variété résiste aux plus rudes hivers.

CALVILLE BLANC. — Synonymes : *Bonnet carré.* — *Calville blanc à côtes.* — *Calville blanc d'hiver.* — *De Calville.* — *White Calville.* — *Winter white Calville.*

Origine. — Ancienne et inconnue.

Fruit gros, de forme inconstante, généralement largement et courtement conique, fortement côtelé, irrégulièrement mamelonné au sommet.

Pédicelle grêle, assez long, dans une cavité profonde et très évasée à l'orifice.

Œil fermé, dans une dépression profonde, irrégulière et bosselée.

Epiderme lisse, luisant, mince, jaune paille, souvent nuancé de rose tendre, à l'insolation, parsemé de gros points rougeâtres.

Chair d'un blanc jaunâtre, fine, demi-tendre, juteuse ; à saveur sucrée, relevée d'un parfum agréable.

Qualité TRES BONNE.

Maturité. — Courant de l'HIVER.

Rameaux gros, longs, étalés, d'un brun gris ; à lenticelles larges et peu nombreuses.

Yeux petits, très cotonneux et apprimés.

Culture. — Cette variété est peu propice à la culture sur tige, car elle laisse facilement tomber ses fruits.

Elle est surtout cultivée en espalier, à l'ouest ou au sud, à l'est dans la région parisienne, où elle donne des produits magnifiques.

Très recommandable, également, pour la culture en cordon.

Cet excellent fruit est, malheureusement, très sujet à la tavelure et demande des sulfatages de printemps et d'été, ainsi que l'ensachage, pour être garanti de cette maladie.

Toutefois, nous conseillons de sulfater à très petite dose et très neutre, par temps couvert, car cette variété brûle facilement sous l'action du sulfate de cuivre.

CALVILLE DE SAINT-SAUVEUR. — Synonyme : *Reinette Saint-Sauveur.*

Origine. — Semis de hasard propagé, vers 1839, par M. Despréaux, de Saint-Sauveur, à Esquenay, près Breteuil (Oise).

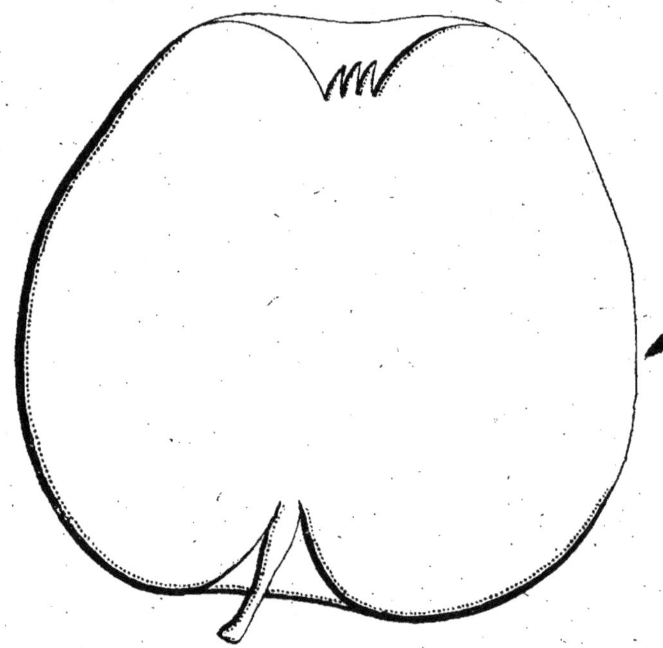

Fruit gros ou assez gros, ovoïde, conique, anguleux au pourtour, tronqué obliquement et bosselé au sommet.

Pédicelle plus souvent long que court, dans une cavité le plus souvent étroite et peu profonde.

Œil moyen, presque fermé, dans une cavité étroite, assez profonde et cotelée.

Epiderme fin, luisant, d'un beau jaune, largement lavé de rosat à l'insolation, parsemé de quelques points gris du côté de l'ombre.

Chair assez blanche, fine, demi-tendre ; à saveur douée d'un léger acide agréablement parfumée.

Qualité BONNE.

Maturité. — Courant de l'HIVER.

Rameaux moyens, obliques ascendants, d'un brun foncé, peu duveteux.

Yeux moyens, coniques, apprimés.

Cette variété peut être cultivée sur tige greffée sur franc et doit être greffée sur paradis ou doucin pour être élevée en cordon, vase ou gobelet.

Il faut lui donner une bonne exposition abritée et un sol riche et léger, cette variété étant sujette à la mortification sous-jacente et partielle des tissus ou Bitter pitt.

CALVILLE D'OULLINS.

ORIGINE. — Trouvée, vers 1850, par Armand Jaboulay, pépiniériste à Oullins, près Lyon.

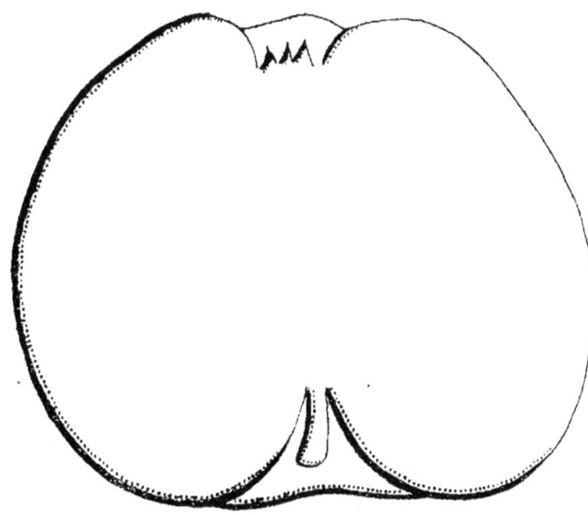

Fruit moyen ou assez gros, arrondi-conique, sans côtes prononcées, faiblement bosselé vers la tête.

PÉDICELLE court, assez gros, dans une cavité régulière et assez profonde.

ŒIL grand, ouvert, dans une cavité normale et régulière.

ÉPIDERME fin, lisse, brillant, d'un jaune clair, lavé de rose tendre, d'une belle teinte de rouge pourpre et strié plus vivement à l'insolation.

CHAIR blanche, demi-tendre ; à saveur sucrée, assez agréablement parfumée.

Qualité ASSEZ BONNE à l'état cru, mais meilleure à l'état cuit.

Maturité. OCTOBRE-JANVIER.

RAMEAUX longs, forts, bien duveteux, d'un brun fauve ; à lenticelles larges et nombreuses.

YEUX gros, courts, duveteux, apprimés.

Culture. — L'arbre peut être cultivé sous toutes les formes, et de préférence sur tige : sa place naturelle étant dans le verger.

On le greffera donc sur franc pour être élevé sous cette forme, où il produira rapidement et abondamment.

Les soins d'entretien consistent dans l'écourtement de quelques rameaux et le nettoyage des branches. Les fruits se conservent admirablement au fruitier.

Étant donné sa grande vigueur, il peut être employé comme sujet intermédiaire.

CALVILLE DUQUESNE.

ORIGINE. — Obtenue par M. Duquesne, pépiniériste à Mons-Pont-Canal (Belgique).

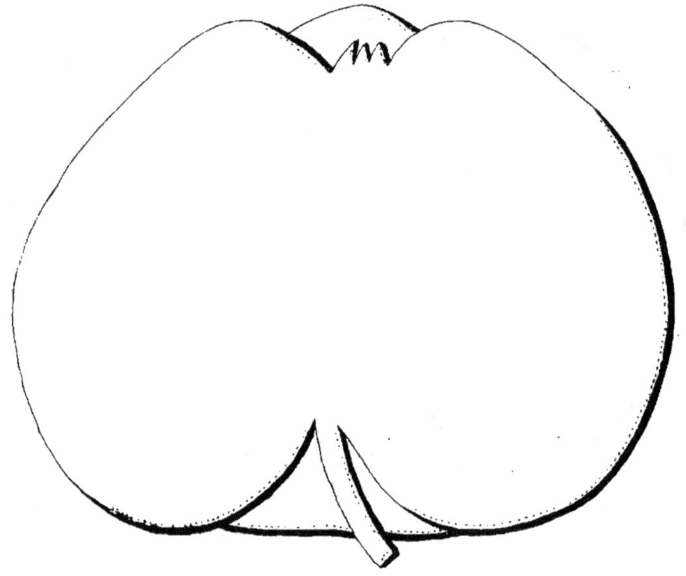

Fruit gros ou très gros, rappelant par sa forme et son volume le Calville blanc.

PÉDICELLE court.

ŒIL moyen, dans une cavité irrégulière et mamelonnée.

ÉPIDERME jaune citrin, fortement lavé de rouge à l'insolation.

CHAIR de Calville blanc.

Qualité BONNE.

Maturité. — NOVEMBRE à JANVIER.

RAMEAUX forts, arqués, longs, brun noirâtre, à lenticelles peu nombreuses et grises.

YEUX très larges, aplatis et bien appliqués au rameau.

Culture. — L'arbre est très vigoureux et très fertile, il est moins sujet à la tavelure que le Calville blanc, le fruit se conserve très bien au fruitier, mêmes culture et formes que le Calville blanc.

CALVILLE DU ROI. — SYNONYMES : *Citron d'hiver. — Fire Crowned Pippin. - Konigs Calville. -— London Pippin. - New London Pippin. -— Reinette du roi (par erreur).*

ORIGINE contestée et douteuse : anglaise, française ou allemande, suivant les auteurs ; mais plus probablement anglaise.

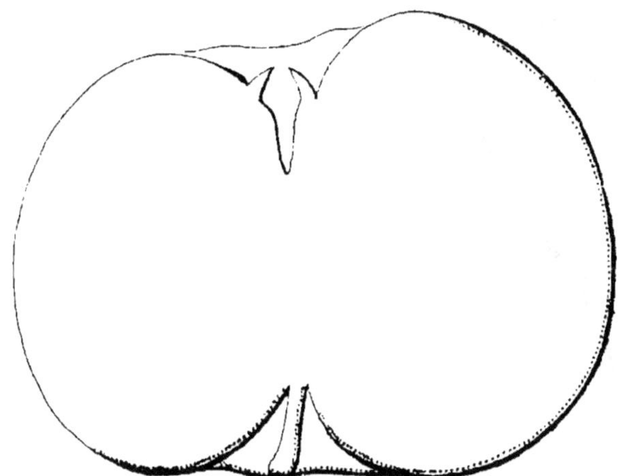

Fruit moyen ou assez gros, sphérique, déprimé à ses deux pôles, rarement sphérico-conique, légèrement côtelé en son pourtour.

PÉDICELLE assez court parfois plus long, grêle ; implanté dans une cavité profonde, étroite au fond, s'évasant assez largement et ondulée sur les bords.

ŒIL moyen ou assez grand, fermé ou mi-clos, profond ; inséré dans une cavité de profondeur et de largeur moyennes, plissée et irrégularisée par les cinq côtes qui se prolongent sur le fruit.

ÉPIDERME lisse, un peu onctueux, tantôt d'un jaune citron unicolore, tantôt bien doré à l'insolation, souvent bien lavé de rosat, parsemé de rares et petits points gris, plaqué de fauve bronzé dans la cavité inférieure.

CHAIR jaunâtre, plus blanche au cœur qui est limité par une ligne verte, fine, tendre, juteuse, sucrée-acidulée, agréablement parfumée.

Qualité BONNE, presque TRÈS BONNE.

Maturité. DÉCEMBRE.AVRIL.

RAMEAUX bien duveteux, d'un brun olivâtre un peu nuancé de rouge ; à lenticelles nombreuses et allongées.

Culture. Le peu de vigueur de l'arbre l'empêche d'être cultivé sur tige, sauf en certaines régions où l'arbre ainsi élevé produit énormément sur franc.

Il se prête très bien à toutes les formes régulières et doit être greffé de préférence sur doucin, porte-greffe sur lequel il acquiert plus de vigueur et demeure aussi fertile.

Il doit être taillé court et cultivé dans un bon terrain.

CALVILLE ROUGE D'HIVER. — SYNONYMES : *Calville musqué.* — *Calville rouge.* — *Calville rouge normand.* — *Calville sanguinole.* — *Passe-Pomme d'hiver.*

Origine ancienne et inconnue.

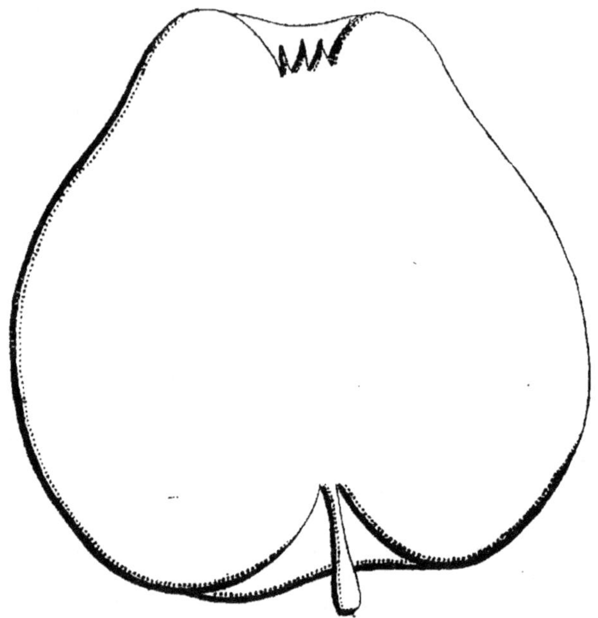

Fruit gros ou assez gros, très variable dans sa forme, le plus souvent conique, aussi large que haut, resserré et assez étroitement tronqué au sommet, à surface côtelée.

Pédicelle mince, plus ou moins allongé, dans une cavité profonde et élargie à l'orifice.

Œil grand, ouvert, dans une cavité moyenne et irrégularisée par des plis et des bosses.

Épiderme fin, mince, jaune pâle, presque entièrement marqué par du rouge pâle du côté de l'ombre et par du rouge carmin foncé à l'insolation.

Chair parfois blanche et rosée sous la peau, souvent rosée jusqu'au cœur, tendre, légère ; à saveur sucrée, acidulée, agréablement relevée d'un parfum rafraîchissant.

Qualité BONNE.

Maturité. — Commencement et courant de l'HIVER.

RAMEAUX gros, longs, coudés, d'un brun violacé ; à petites lenticelles.

YEUX moyens, très apprimés.

Culture. — Cette variété est délicate dans certains sols ; elle s'accommode mieux des petites formes que de la haute tige qui doit être réservée pour les localités saines et élevées.

Cette variété se comporte bien greffée sur franc et élevée sur tige.

Elle se prête peu à la forme en pyramide, mais greffée sur paradis ou sur doucin, elle réussit bien en cordon, en vase ou gobelet de petites dimensions.

La culture en montagne lui convient tout spécialement, elle donne de très bons résultats entre 900 et 1.300 mètres d'altitude.

Elle résiste bien aux fortes gelées.

CHATAIGNER. — Synonyme : *De Chastignier.*

Origine ancienne et inconnue.

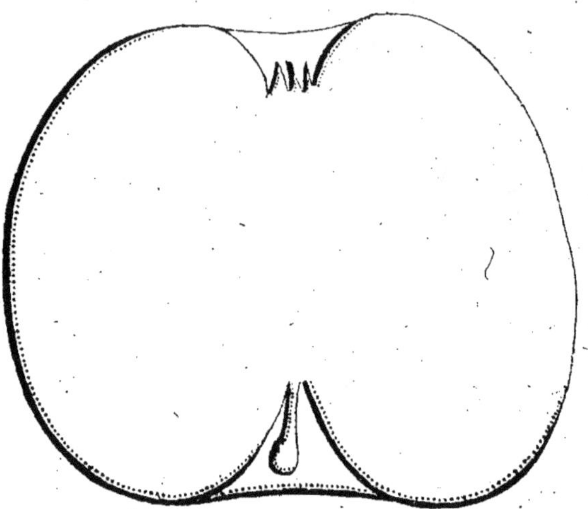

Fruit moyen ou assez gros, sphérique déprimé, légèrement conique, sans côtes sensibles.

Pédicelle de grosseur moyenne, court, dans une cavité assez profonde et assez élargie.

Œil moyen, fermé, dans une cavité normale et régulière.

Epiderme mince, lisse, d'un jaune verdâtre, presque entièrement lavé de rouge pâle, passant au rouge mat foncé sur lequel se détachent de larges raies carminées.

Chair blanche, cassante ; à saveur sucrée et agréablement relevée.

Qualité BONNE cru et TRES BONNE cuit.

Maturité. — AUTOMNE ET HIVER.

Rameaux gros, très coudés, étalés, brun marron ; à lenticelles petites et clairsemées.

Yeux gros, coniques aigus, peu apprimés.

Culture. — Cette variété très cultivée dans la région parisienne n'est pas très vigoureuse et doit être greffée en tête sur franc pour être plantée dans le verger qui est sa place par excellence.

Néanmoins, elle peut être également greffée sur paradis et sur doucin pour les petites formes où elle est très fertile.

COURT-PENDU GRIS. — Synonymes : *Court-pendu doré.* — *De Capendu.*

Origine ancienne et inconnue.

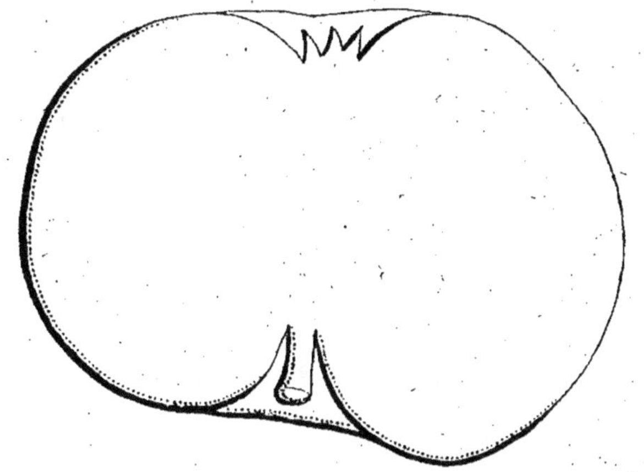

Fruit petit ou moyen, arrondi très déprimé, à surface unie, très attaché à l'arbre.

Pédicelle très court, assez fort, dans une cavité profonde et régulière.

Œil assez grand, ouvert, régulier ; placé dans une dépression régulière, large et peu profonde.

Epiderme épais, peu fin, d'un jaune nankin à l'ombre, teinté de bistre doré et parfois marbré de rouge à l'insolation.

Chair blanche, fine, ferme ; à saveur richement sucrée et parfumée.

Qualité BONNE cru, EXCELLENTE cuit.

Maturité. — DECEMBRE-MARS.

Rameaux longs, minces, d'un brun violacé, peu duveteux ; à lenticelles petites et nombreuses.

Yeux petits, courts, apprimés.

Culture. — L'arbre peut être greffé sur franc pour la culture sur tige ; sur paradis, il prospère peu et ne vit pas longtemps. Sa place est donc au verger.

L'arbre cultivé dans de bonnes conditions, réclame quelques soins consistant à enlever les quelques rameaux de la partie supérieure qui prendraient trop d'extension ; il doit être planté aux expositions chaudes et abritées.

25

COURT-PENDU ROUGE. — Synonymes : *Court-Pendu plat.* — *Reinette de Capendu.* — *Garnons.* — *Wollaton Pippin.*

Origine. — Ancienne et inconnue.

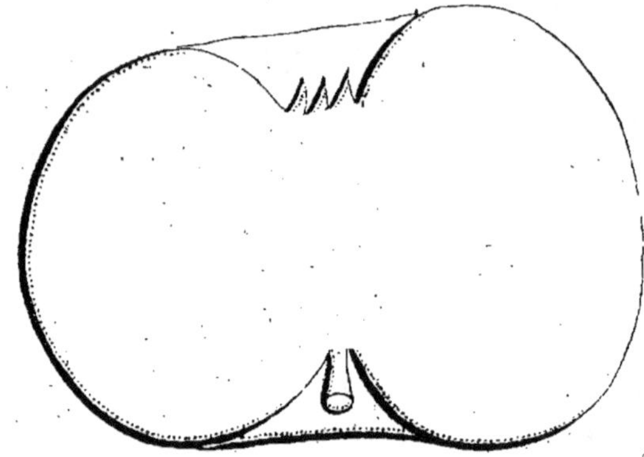

Fruit moyen, arrondi, très déprimé, sans côtes sensibles, obliquement tronqué au sommet.

Pédicelle très court, de force moyenne, dans une cavité profonde et régulièrement évasée.

Œil moyen, ouvert, dans une cavité assez peu profonde, bien évasée, un peu plissée.

Epiderme légèrement rugueux, jaune clair, largement lavé-marbré et strié de rouge sombre à l'insolation.

Chair jaunâtre, fine, tassée, demi-tendre ; à saveur bien sucrée, vineuse, acidulée, agréablement parfumée.

Qualité BONNE.

Maturité. — HIVER (de longue conservation).

Rameaux courts, d'un brun rougeâtre, peu duveteux ; à lenticelles assez nombreuses.

Yeux larges, courts, apprimés.

Culture. — Cette variété, objet d'un grand commerce dans le Limousin, est surtout cultivée sur tige ; on la considère généralement comme vigoureuse et assez fertile. Il est très important de débarrasser l'arbre des gourmands qui se développent assez facilement.
Floraison tardive.

COX'S ORANGE PIPPIN. — Synonymes : *Cox's orange.* — *Orange de Cox.* — *Reinette orange de Cox.*

Origine. — Obtenue, en 1830, par M. Cox, à Colnbrook-Lawn, route de Londres à Windsor.

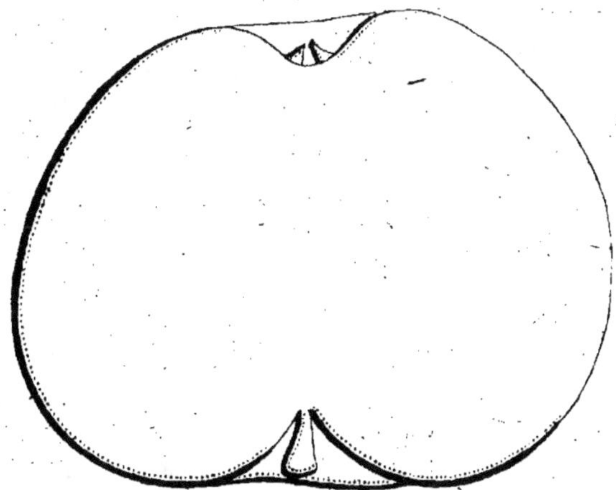

Fruit assez gros, arrondi, un peu surbaissé, bien plus large que haut, bien régulier au pourtour.

Pédicelle court, dans une cavité peu profonde et élargie.

Œil moyen, fermé, verdâtre, dans une cavité cupuliforme et régulière.

Epiderme lisse, brillant, d'un jaune saumoné, presque teinté de rosat, lavé strié de rouge cerise à l'insolation.

Chair d'un blanc jaunâtre, fine, tendre, fondante ; à saveur bien sucrée, agréablement parfumée.

Qualité TRES BONNE.

Maturité. — OCTOBRE-JANVIER.

Rameaux grêles, coudés, étalés, d'un brun olivâtre ; à lenticelles petites et abondantes.

Yeux moyens, ovoïdes, écartés du bois.

Culture. — Cette variété surgreffée en tête sur un intermédiaire vigoureux et sur franc donne un arbre superbe et très fertile au verger, il doit être cultivé en petites formes, greffée sur pommier, paradis ou sur doucin, où il produit abondamment. A recommander en verger de culture intensive.

DE JAUNE. — Synonymes : *Reinette du Mans.* — *D'Argent* (dans l'Indre-et-Loire).

Origine. — Le canton de Montfort (dans la Sarthe), a probablement vu naître la P. de Jaune ; on y rencontre des arbres qui accusent au moins deux siècles d'existence.

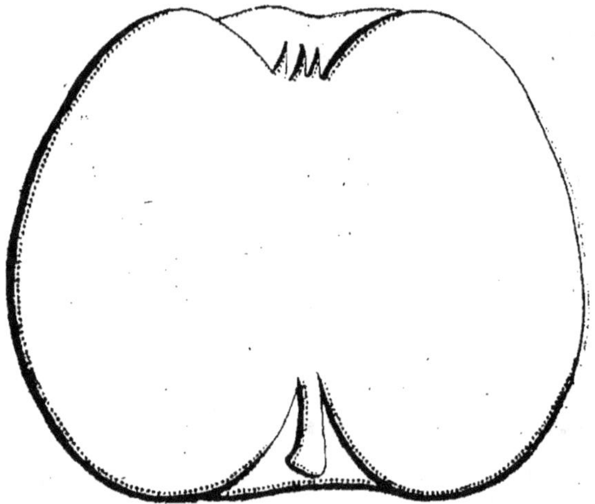

Fruit moyen, sphérique, mais plus large que haut, à surface légèrement côtelée-bosselée.

Pédicelle le plus souvent court et charnu, implanté dans une cavité régulière, large et profonde.

Œil moyen, ouvert, placé dans une dépression large et irrégularisée par de petites côtes.

Epiderme fin, lisse, d'un jaune clair, plus doré à l'insolation, ponctué tacheté de brun rouille sur toute sa surface.

Chair blanche, fine, ferme, serrée, cassante ; pourvue d'une eau assez abondante, sucrée, agréablement parfumée comme la P. du Pépin d'Or.

Qualité TRES BONNE.

Maturité. — Fin de l'HIVER et se prolongeant souvent d'une récolte à l'autre.

Rameaux longs, forts, d'un fauve violacé.

Yeux moyens, ovales obtus, à pointe recourbée.

Culture. — Cette variété, qui est l'objet d'un commerce très important, est spéciale au verger où, greffée sur franc et élevée sur tige, elle est d'une bonne vigueur.

Pendant les premières années de sa végétation, ses branches poussent verticalement, mais, dès la mise à fruits, elles sont entraînées par le poids d'abondantes récoltes et prennent une direction horizontale.

Les fleurs éclosent tardivement, comme celles de la pomme Cusset, et peuvent ainsi échapper aux gelées.

DE L'ESTRE. — Synonyme : *Reinette de Brives.*

Origine incertaine.

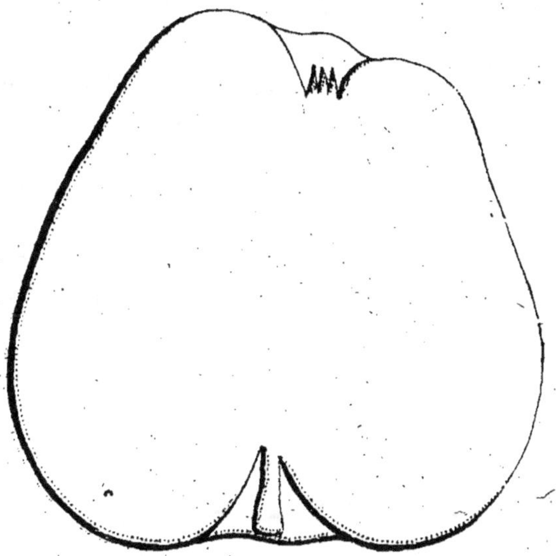

Fruit moyen, ovoïde conique, obliquement tronqué au sommet, anguleux au pourtour.

Pédicelle variable, généralement assez gros et court, dans une cavité ordinairement peu profonde et peu évasée.

Œil moyen, le plus souvent formé, irrégulier, dans une cavité plissée, bosselée.

Epiderme d'un jaune clair verdâtre, ponctué de roux, taché de fauve surtout vers le pédoncule, parfois lavé fouetté de carmin à l'insolation.

Chair blanche, cassante ; à saveur sucrée acidulée.

Qualité BONNE.

Maturité. — Fin de l'AUTOMNE et courant de l'HIVER.

Rameaux grêles, assez longs, d'un rouge brun ardoisé ; à lenticelles nombreuses.

Culture. — Cette variété très répandue dans le Limousin, est cultivée spécialement sur tige où elle donne ainsi que dans d'autres régions un fruit excellent et de très longue conservation. A répandre au verger.

DOUBLE ROSE. — Synonymes : *Dieu.* — *Double Api.* — *Gros Api.* — *Rose de l'Agenais.* — *Rubis.* — *Vermillon.*

Origine très ancienne et française. — Il est probable qu'elle provient de la Bretagne.

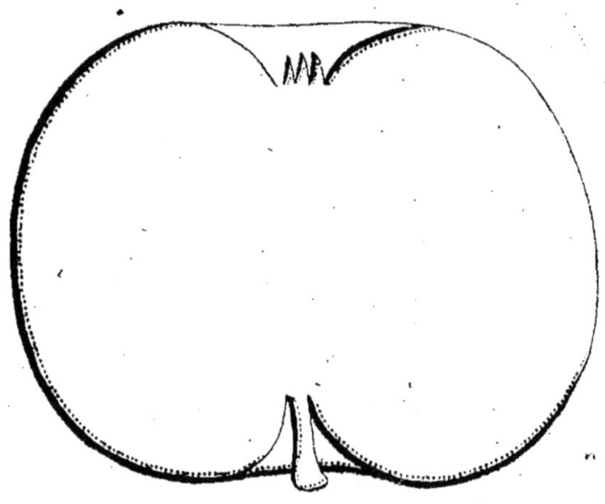

Fruit moyen, sphérique déprimé, également tronqué aux deux pôles, régulier au pourtour.

Pédicelle court, gros, dans une cavité régulière et assez profonde.

Œil moyen, presque fermé, dans une cavité normale et régulière.

Épiderme lisse, mince, d'un jaune paille, presque entièrement lavé de rouge orangé.

Chair blanche, assez fine, ferme, assez juteuse ; à saveur bien sucrée, assez agréablement parfumée.

Qualité **BONNE.**

Maturité. — **Courant de l'HIVER et PRINTEMPS.**

Rameaux un peu grêles, nombreux, érigés, d'un rouge brun.

Yeux petits, peu duveteux, très apprimés.

Culture. — Cette variété vigoureuse est surtout cultivée sur tige, où elle forme de beaux arbres dont les fruits résistent bien aux vents.

L'arbre n'est pas sujet au chancre ; il produit peu les premières années, mais devient très fertile à l'état adulte.

Il prospère dans tous les terrains, à toutes les expositions, et il suffira comme taille, de supprimer les gourmands et éclaircir les branches faisant confusion à l'intérieur.

Arbre de culture intensive au verger par excellence, où il donne des produits très appréciés sur les marchés.

DOUX DARGENT. — Synonymes : *Doux D'Angers*. — *Ostogate*.

Origine incertaine..

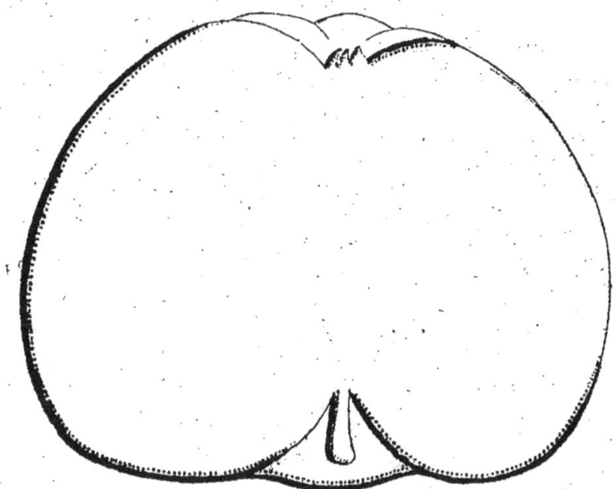

Fruit moyen ou assez gros, conique déprimé, plus large que haut, bosselé au sommet et souvent un peu côtelé au pourtour.

Pédicelle assez gros, très court, dans une cavité large et assez profonde.

Œil moyen, fermé, dans une dépression large et plissée bosselée.

Epiderme lisse, onctueux, luisant, d'un jaune clair, pointillé de blanc, très légèrement coloré de rosat à l'insolation.

Chair blanche, fine, tendre ; à saveur sucrée, vineuse, relevée parfois d'une légère acidité fort agréable.

Qualité BONNE.

Maturité. — Commencement et fin de l'HIVER.

Rameaux assez gros, courts, rigides, d'un brun verdâtre ; à lenticelles petites et très espacées.

Yeux allongés et apprimés.

Culture. — Variété vigoureuse et formant de jolis arbres sur tige : elle est d'une grande fertilité. Elle s'accommode également bien des formes régulières où, greffée sur paradis, elle est toujours fertile.
A répandre en culture intensive.

ÉTERNELLE ALLEN. — Synonyme : *Allen's Everlasting.*

Origine inconnue. — Décrite par le docteur Robert Hogg qui n'indique pas son origine, et introduite d'Angleterre par la maison Simon-Louis, de Metz.

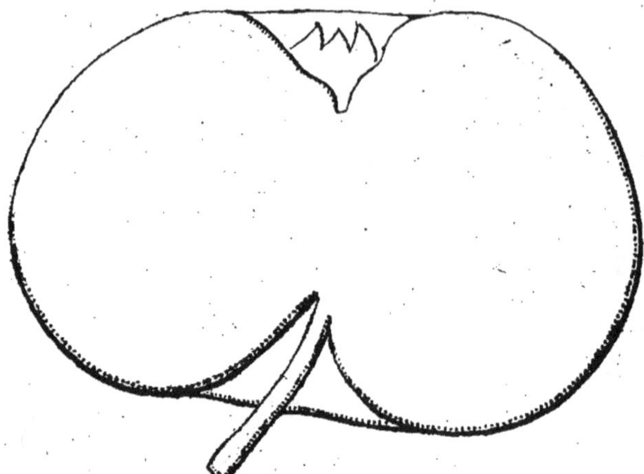

Fruit moyen, parfois plus gros, très déprimé aux deux pôles et de forme discoïde, uni et régulier en son pourtour.

Pédicelle de force moyenne ou grêle, de longueur moyenne ou plus long ou plus court dans une cavité large et profonde.

Œil grand, ouvert, à sépales courts et convergents, dans une cavité large et de moyenne profondeur.

Épiderme rude, d'un jaune verdâtre, frappé de rouge terne à l'insolation, marbré de rouille sur presque toute sa surface.

Chair d'un jaune pâle virescent, fine, serrée, assez tendre, juteuse, sucrée-acidulée et parfumée.

Qualité TRÈS BONNE.

Maturité. — MARS-MAI.

Rameaux courts, grêles, droits, à consoles rapprochées, d'un marron clair olivâtre ; à lenticelles petites et peu nombreuses.

Yeux moyens, coniques-obtus ou arrondis, collés contre le rameau.

Culture. — Cette variété peu vigoureuse, ne se prête pas à la culture sur tige.

Greffée sur paradis, elle ne peut faire que des arbres de petites dimensions.

Plus vigoureuse sur doucin, elle forme des sujets moyens qui se mettent promptement à fruits.

Elle doit être soumise à une taille courte.

FAMEUSE. SYNONYMES : *De Neige. — Sanguineus. Snow Apple. — Snow Chimmey.*

ORIGINE. - D'après Downing, ce serait une très ancienne variété française, importée au Canada où elle est très cultivée.

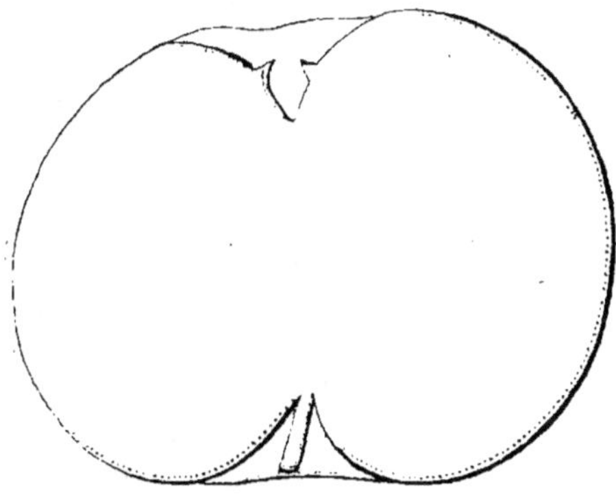

Fruit à peine moyen, sphérique, à peine tronqué à ses deux pôles.

PÉDICELLE court ou de longueur moyenne, dans une cavité étroite et généralement peu profonde.

ŒIL très petit, fermé ; dans une cavité étroite, peu profonde, bien plissée, souvent bosselée.

EPIDERME lisse, d'un blanc à peine jaunâtre, finement pointillé de gris, lavé de rose et strié de carmin, à l'insolation.

CHAIR très blanche, bien fine, tendre, juteuse, sucrée, très agréablement parfumée.
LOGES petites, mi-pleines.

Qualité TRES BONNE.

Maturité. — OCTOBRE-NOVEMBRE.

RAMEAUX un peu grêles, de longueur moyenne, presque droits, à peine coudés aux consoles qui sont très rapprochées, de couleur marron grenat très foncé et conservant un duvet grisâtre ; à lenticelles petites, rondes, peu nombreuses et jaunâtres.

YEUX petits, coniques, aplatis, collés contre le rameau.

Culture. — Greffée sur franc, cette variété convient au verger, quoique peu propice aux formes régulières, elle peut s'utiliser en cordon, où, greffée sur paradis, elle produit des fruits plus gros que ceux récoltés sur tige.

FENOUILLET GRIS. — SYNONYMES : *Aromatic russet.* — *D'Anis.*
— *De Fenouillet.* — *D'Epice d'hiver.* — *Fenouillet anisé.* —
Fenouillet roux. — *Gorge de pigeon.* — *Petit Fenouillet.* — *Spice.*

ORIGINE ancienne.

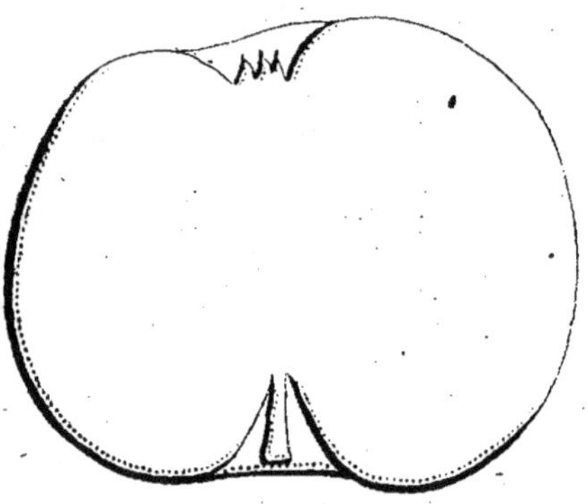

Fruit petit, arrondi, un peu plus large que haut, également tronqué aux deux pôles, présentant ordinairement un côté plus développé que l'autre.

PÉDICELLE assez gros, assez court, implanté dans une cavité étroite et peu profonde.

ŒIL petit, presque ouvert, dans une cavité étroite et peu profonde.

EPIDERME épais, rude, d'un jaune grisâtre, abondamment granité, marbré de fauve rude.

CHAIR blanche, fine, ferme, devenant tendre et succulente à la complète maturité ; à saveur sucrée, relevée d'un parfum qui rappelle celui de l'anis ou celui du fenouil.

Qualité BONNE.

Maturité. — **Courant de l'HIVER et PRINTEMPS.**

RAMEAUX grêles, allongés, d'un brun olivâtre ; à lenticelles fines et peu apparentes.

YEUX petits, très aplatis et noyés dans la gaîne.

Culture. — L'arbre doit être greffé sépécialement sur franc, pour être élevé sur tige, où il forme une tête régulière qu'il faudra débarrasser, de temps à autre, des rameaux faisant confusion.
Greffé sur paradis et doucin, il est cultivé en formes naines où il est très fertile.
Il doit être planté dans un sol sain et une situation bien éclairée, pour que les fruits acquièrent plus de parfum.

FENOUILLET GROS. - SYNONYME : *Reinette douce.*

ORIGINE ancienne et inconnue.

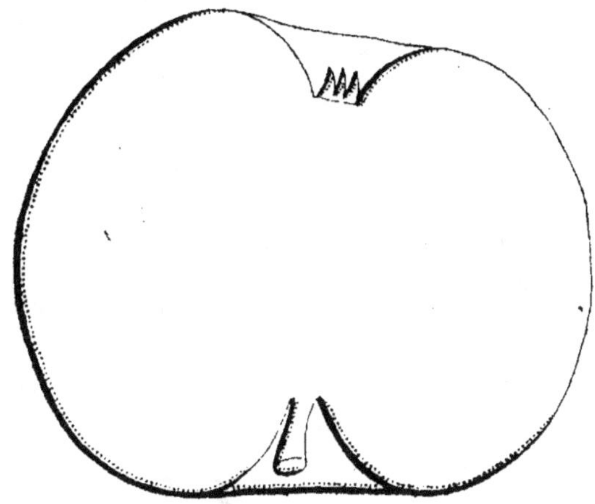

Fruit moyen, arrondi déprimé, plus large que haut, inégal dans son développement.

PÉDICELLE court, renflé au point d'attache, dans une cavité profonde et régulièrement évasée.

ŒIL petit, mi-clos, dans une cavité régulière et profonde.

ÉPIDERME épais, rugueux, d'un jaune grisâtre, granité marbré de fauve clair, passant au brun rougeâtre à l'insolation.

CHAIR blanche, fine, tassée, ferme ; à saveur sucrée, relevée d'un parfum moins prononcé que dans le Fenouillet gris.

Qualité BONNE cru, EXCELLENTE cuit.

Maturité. — Courant de l'HIVER et PRINTEMPS.

L'arbre greffé sur franc peut être élevé sur tige où il forme une tête régulière qu'il faudra débarrasser de temps à autre des rameaux faisant confusion.

Greffé sur paradis ou sur doucin, il est cultivé en formes naines où son fruit est plus petit que sur tige.

Il doit être planté dans un sol sain et à une situation bien éclairée, pour que les fruits acquièrent plus de parfum.

FRIANDISE. — Synonymes : *Aagt de Hollande.* — *Fyne Groon.*
— *Lekkerbeetje.*

Origine ancienne et hollandaise.

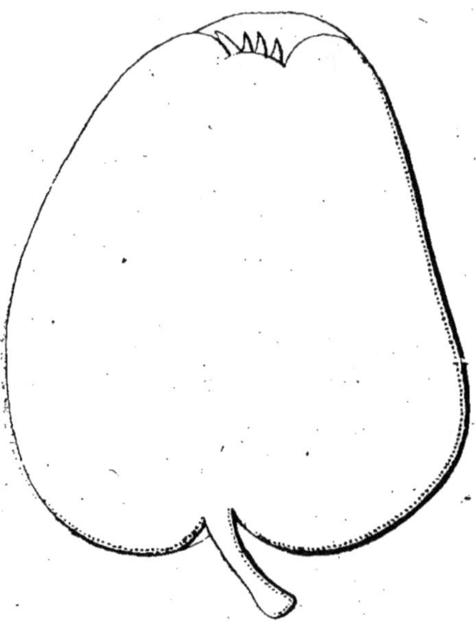

Fruit moyen ou sous-moyen, ovoïde - allongé, plus renflé d'un côté que de l'autre.

Pédicelle assez gros, de longueur moyenne, oblique dans une cavité étroite.

Œil moyen, fermé ou mi-clos, sur une légère dépression.

Épiderme légèrement rude, à fond rouge clair, strié de carmin foncé enchevêtré de rouille, taché de roux squammeux autour du pédicelle, parsemé de petits points gris clair et rugueux.

Chair blanche, fine assez tendre, juteuse, sucrée, acidulée, parfumée.

Qualité BONNE ou TRÈS BONNE.

Maturité. — De DECEMBRE à FEVRIER.

Rameaux nombreux, étalés, assez gros, peu allongés, légèrement coudés aux consoles, d'un brun rouge bien duveté ; à lenticelles très petites, arrondies et très clairsemées.

Yeux gros, ovoïdes-allongés, très cotonneux, légèrement écartés du rameau.

Culture. — Cette variété réussit sous toutes formes et sur tous sujets. Greffée sur franc, sa place est au verger où elle produit un arbre de vigueur modérée et de fertilité normale.

GRAVENSTEIN. — Synonyme : *A. Grafenstein.*

Origine. — Présumée native du château de Græfenstein, dans le
Schleswig-Holstein, vers le milieu du siècle dernier.

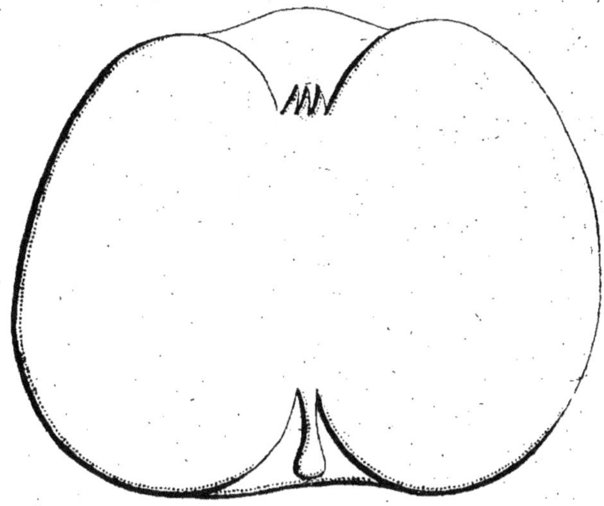

Fruit moyen ou assez gros, arrondi, un peu conique, presqu'aussi
haut que large, pentagone au pourtour.

Pédicelle assez gros, de longueur moyenne, dans une cavité assez
large et assez profonde.

Œil moyen, fermé, dans une cavité profonde, étroite et côtelée.

Epiderme uni, d'un jaune foncé, strié marbré de rouge de diverses
nuances sur presque toute sa surface.

Chair blanche, fine, tendre, presque fondante ; à saveur sucrée acidulée, délicieusement parfumée.

Qualité BONNE ou TRES BONNE.

Maturité. — Fin de l'ETE et AUTOMNE.

Rameaux gros, longs, très étalés, d'un rouge brun ardoisé ; à lenticelles grandes et clairsemées.

Yeux gros, renflés à la base, très duveteux.

Culture. — Cette variété est greffée sur franc pour la culture sur
tige, sur doucin elle peut être cultivée sous toutes les formes régulières.

Arbre très robuste aux hivers, il donne d'excellents résultats dans les
régions baltiques, et dans les pays montagneux soumis à l'irrigation.

GRAND ALEXANDRE. — Synonymes : *Albertin.* — *Aporta.* — *Aubertin.* — *Corail.* — *Empereur Alexandre de Russie.* — *Gros Alexandre.* — *Russian emperor.*

Origine. — On la croit originaire de Russie, vers la fin du siècle dernier.

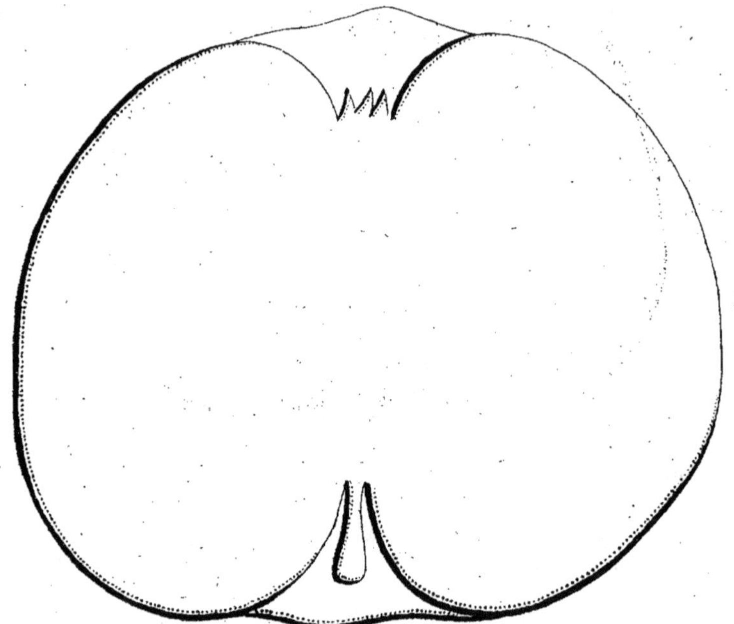

Fruit très gros, arrondi, légèrement conique, plus large que haut, parfois à surface régulière, le plus souvent côtelée.

Pédicelle généralement court, assez gros, implanté dans une cavité étroitement profonde et largement évasée.

Œil grand, entr'ouvert, dans une cavité assez profonde, assez large et un peu côtelée.

Epiderme lisse, onctueux, d'un jaune verdâtre, amplement lavé rubané de rouge carmin, avec efflorescence pruineuse.

Chair blanche, assez fine, tendre ; à saveur sucrée et un peu parfumée.

Qualité BONNE.

Maturité. — AUTOMNE.

RAMEAUX de force moyenne, d'un brun rougeâtre ; à lenticelles petites et peu apparentes.

YEUX gros et très apparents.

Culture. — Cette variété, greffée sur franc, peut, malgré la grosseur de ses fruits, être cultivée sur tige, dans une position abritée, où elle produit assez bien, ses fruits étant naturellement bien attachés ; mais greffée sur paradis et sur doucin, elle est cultivée communément en cordon, vase ou gobelet ; sous ces formes, les fruits acquièrent tout leur volume et toute leur beauté.

Elle vient dans les contrées où se cultive le pommier, il faudra éviter les situations humides où les fruits pourrissent facilement ; elle donne aussi d'excellents résultats en montagne, une taille courte devra lui être appliquée.

IMPÉRIALE ANCIENNE. — Synonymes : *Frangée.* — *Magnifique.*

Origine ancienne et inconnue, probablement française.

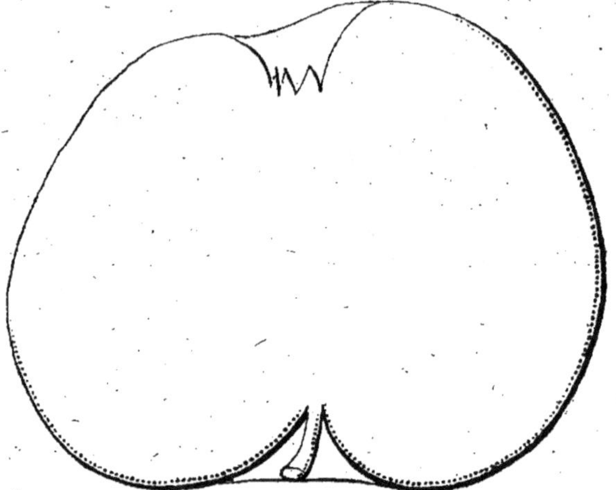

Fruit surmoyen ou assez gros, arrondi-conique, plus développé d'un côté que de l'autre, un peu anguleux à la partie supérieure, un peu côtelé et obliquement tronqué au sommet.

Pédicelle assez fort, court ou moyen, dans une cavité profonde et irrégulière.

Épiderme lisse, à fond jaunâtre, ponctué de gris, presque tout recouvert de rouge, marbré et rayé de carmin.

Chair blanche, assez fine, tendre, bien juteuse, très sucrée, relevée d'un acidule un peu parfumé.

Qualité BONNE.

Maturité. — DÉCEMBRE à MARS.

Rameaux érigés de force et longueur moyennes, très cotonneux et bien coudés aux consoles ; à lenticelles nombreuses et assez grandes.

Yeux gros, coniques, apprimés et duveteux.

Culture. — Cette variété convient à toutes formes, même sur tige, où elle forme une tête arrondie et bien régulière.

Elle doit être greffée sur paradis pour les formes régulières et est aussi fertile en petites formes que sur tige.

LAGRANGE. — SYNONYME : *Reinette Lagrange*.

ORIGINE. — Obtenue par M. Jacques Lagrange, pépiniériste, à Oullins, près Lyon. — Premier rapport en 1860.

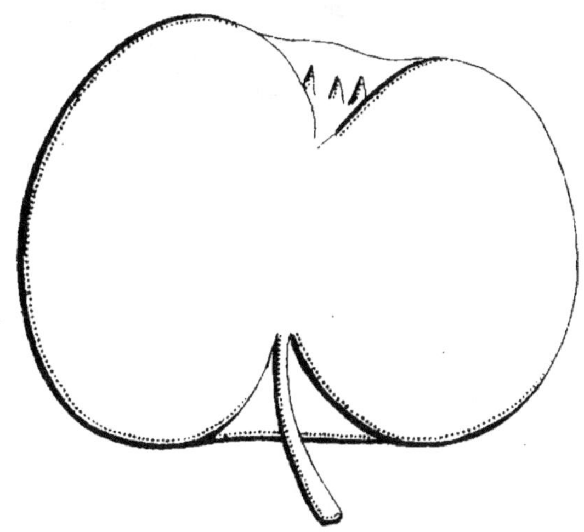

Fruit moyen, sphérique déprimé, plus large que haut, un peu plus étroitement tronqué au sommet qu'à la base.

PÉDICELLE grêle, allongé ; implanté dans une cavité profonde et bien évasée.

ŒIL grand, ouvert ; dans une cavité assez profonde, assez large, irrégularisée par des plis et des bosses inégales.

ÉPIDERME fin, mince, un peu rude, brillant, d'un jaune citron, plus doré et souvent teinté de rose carminé à l'insolation, granité taché de brun.

CHAIR blanche, fine, tendre, assez juteuse ; à saveur très sucrée, relevée et parfumée à la manière de la Reinette franche.

Qualité TRES BONNE.

Maturité. — **Courant de l'HIVER, se prolongeant parfois d'une récolte à l'autre.**

RAMEAUX de force et de longueur moyennes, flexueux, d'un brun rougeâtre ; à lenticelles petites et nombreuses.

YEUX inégaux, très petits ou assez gros, apprimés.

Culture. — Cette variété est destinée spécialement au verger où l'arbre greffé en tête sur franc devient vigoureux, un sol argilo-siliceux, frais, riche, et à l'abri des vents violents, lui est particulièrement favorable.

Il faudra éclaircir avec soin les nombreuses ramifications qui se produisent chaque année à l'intérieur

LAWVER.

ORIGINE. — Variété américaine décrite par Downing et dans le catalogue de la Société Pomologique Américaine, introduit d'Amérique par la maison Simon Louis, de Metz, en 1874.

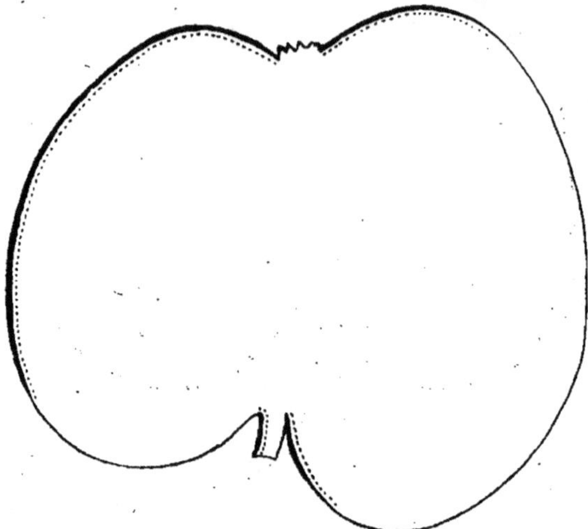

Fruit assez gros ou gros, plus large que haut, arrondi, paraissant à peine déprimé.

PÉDICELLE allongé, de force moyenne, inséré dans une cavité étroite, irrégulière et profonde.

ŒIL petit, peu enfoncé, fermé, à sépales dressés dans une cavité normale et un peu plissée.

EPIDERME lisse presque entièrement de couleur rouge vif violacé, plus foncé et violacé à l'insolation, parsemé de petits points fauves très apparents.

CHAIR d'un blanc verdâtre, croquante, juteuse, sucrée, acidulée, agréablement relevée et parfumée.

Qualité BONNE.

Maturité JANVIER à MAI-JUIN.

RAMEAUX minces, étalés.

YEUX apprimés.

Culture. — Cette variété cultivée surtout en cordon horizontal pourrait l'être avec avantage sur haute tige en plein vent, le fruit d'une conservation parfaite au fruitier peut, sans perte de ses qualités, se conserver deux années.

MÉNAGÈRE. — SYNONYMES : *De livre.* — *Gros Rambour d'hiver.*
— *Mère de ménage.* — *Pfund.* — *Monstrueuse de Nikita.*

ORIGINE incertaine.

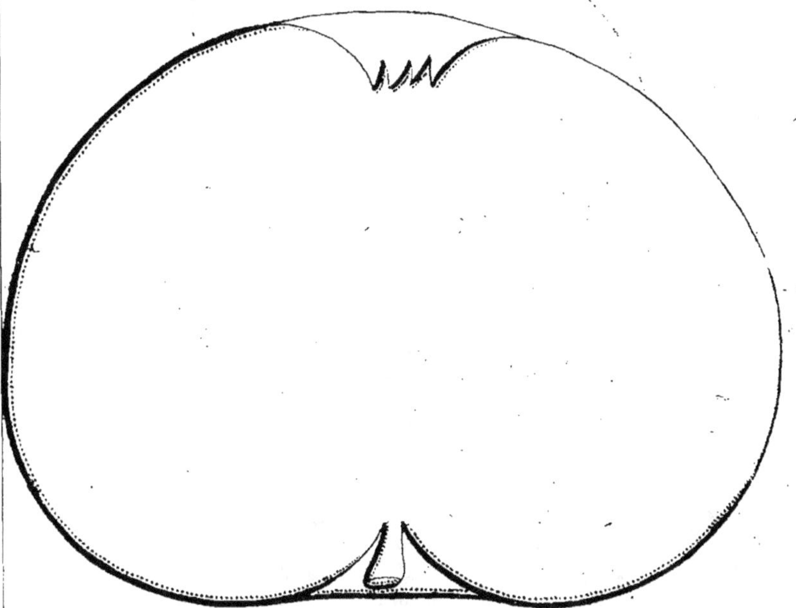

Fruit très gros, arrondi conique, plus ou moins déprimé, à surface unie.

ŒIL grand, ouvert, régulier, dans une cavité profonde, évasée et un peu bosselée.

ÉPIDERME fin, mince; d'une jaune pâle un peu verdâtre, faiblement lavé de rouge carminé à l'insolation.

CHAIR blanche, peu fine, tendre ; à saveur douce, légèrement sucrée, peu parfumée.

Fruit d'APPARAT.

Maturité. — Fin de l'AUTOMNE.

RAMEAUX gros, allongés, d'un rouge brun ardoisé.

YEUX moyens, courts, apprimés.

Culture. — Cette variété doit être greffée sur paradis et sur doucin, et être cultivée spécialement en cordon et en espalier, où son fruit acquiert toute sa grosseur.

L'arbre vigoureux doit être taillé long, pincé court, en supprimant les rameaux gourmands.

NON PAREILLE ANCIENNE. — Synonyme : *Old Nonpareil.*

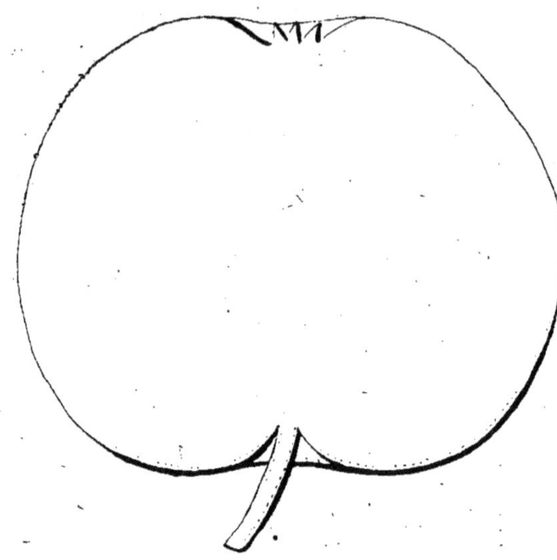

Fruit moyen, sphérique, tantôt à peu près également déprimé à ses deux pôles, tantôt tronqué à la base et légèrement conique au sommet, souvent vaguement anguleux dans son pourtour.

Epiderme rude jaune citrin pâle, pointillé de roux, parsemé de quelques marbrures fauves, se réunissant en plaque dans la cavité de l'œil, parfois prenant un nuage de rose terne sur la partie la plus éclairée.

Pédicelle de moyenne longueur, généralement mince et légèrement renflé à son point d'attache, arqué ou droit, implanté dans une cavité étroite et peu profonde, ondulé sur les bords.

Œil petit, moyen ou fermé, dans une cavité peu large, de moyenne profondeur, plissée et divisée par des sillons qui se prolongent sur les bords.

Chair blanche, veinée de vert foncé ou de jaune verdâtre, légèrement citriné vers la peau, fine, un peu ferme, bien juteuse, sucrée, acidulée, très agréablement parfumée, relevée.

Qualité TRES BONNE.

Maturité. — FEVRIER à fin AVRIL.

Arbre de bonne vigueur, rustique et très fertile.

Rameaux longs, de moyenne force, droits ou peu coudés, de couleur vert foncé, à l'ombre teintés de lie de vin carminée, presque carminé sur les parties bien au soleil, voilés par un fin duvet gris, peu serrée ; lenticelles gris clair, blanchâtre.

Yeux petits, coniques obtus ou tronqués au sommet, aplatis, bien duveteux, collés contre le rameau, à coussinets peu marqués.

Culture. — Spécialement cultivée sur tige, l'arbre étant très vigoureux, il faudra dépointer les rameaux de temps en temps.

ONTARIO.

Origine américaine.

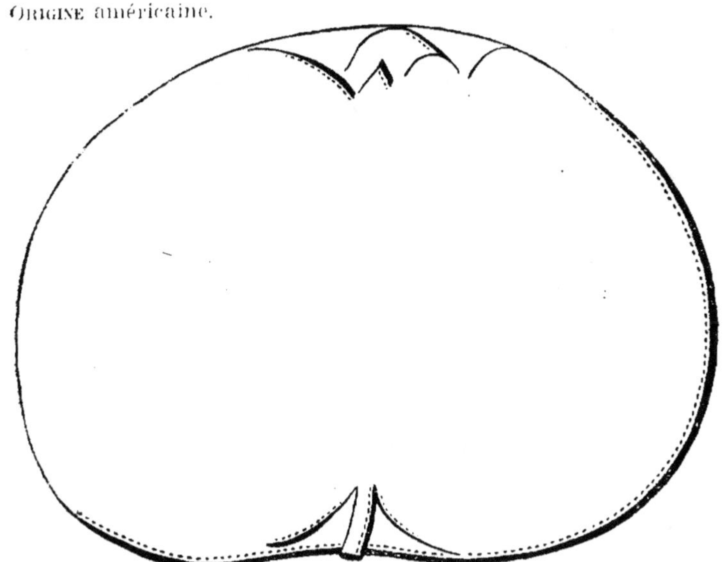

Fruit gros ou très gros, parfois énorme, régulier en son pourtour, sans côtes, mais rappelant aussi très souvent par son sommet mamelonné la pomme Calville blanc.

Epiderme jaune citrin, fortement lavé de rouge à l'insolation, recouvert d'une pruine cireuse assez épaisse.

Pédicelle moyen dans une cavité large et évasée.

Œil fermé dans une cavité large, profonde et mamelonnée comme dans le Calville blanc.

Chair jaunâtre, fine, juteuse, non craquante, acidulée, relevé et finement parfumée, parfois un peu cotonneuse à l'extrême maturité.

Qualité BONNE ou TRES BONNE.

Maturité. — JANVIER à MAI.

Rameaux rougeâtres, à lenticelles peu nombreuses, petites et grises.

Arbre vigoureux et très fertile.

Culture. — La culture en plein vent donne de beaux résultats, tentée en certaines régions, notamment en Suisse, mais pour la culture du fruit de luxe il sera nécessaire d'avoir recours aux formes naines.

PEARMAIN HEREFORDSHIRE. — Synonymes : *De Hereford*. — *Merveille pearmain*. — *Pearmain royal*. — *Royal pearmain d'hiver*.

Origine anglaise.

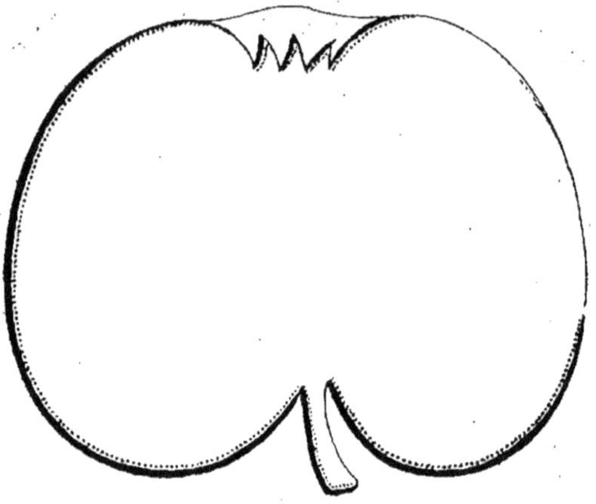

Fruit tantôt assez gros et arrondi conique, tantôt moyen et arrondi déprimé, le plus souvent bosselé au sommet.

Pédicelle assez gros, de longueur moyenne. dans une cavité normale et régulière.

Œil grand, ouvert, régulier ; dans une cavité large, parfois unie, souvent plissée-bosselée.

Epiderme fin, mince, d'un vert olivâtre, teinté de cuivre à l'insolation, un peu marbré de rouille rude.

Chair d'un blanc verdâtre, fine, serrée, très juteuse , à saveur bien sucrée, acidulée, très agréablement parfumée.

Qualité TRES BONNE.

Maturité. — Courant de l'HIVER.

Rameaux gros, allongés, d'un brun violacé ; à lenticelles petites et peu nombreuses.

Yeux petits, courts, apprimés.

Culture. — L'arbre peut être greffé sur tous sujets propices au pommier, et être élevé sous toutes les formes ; il donne particulièrement de jolis buissons et de jolis gobelets.
Il peut être cultivé en verger, mais l'arbre ne prend pas de grandes dimensions.

PEPIN GRIS DE PARKER. -- SYNONYMES : *De Parker.* — *Parker's pippin.*

ORIGINE anglaise.

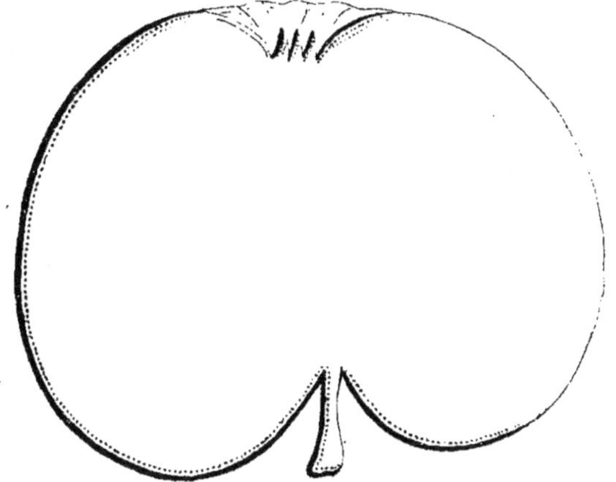

Fruit moyen, arrondi déprimé, un peu plus large que haut, souvent un peu conique, uni mais un peu inégal au pourtour.

PÉDICELLE assez allongé, de force moyenne, dans une cavité large et profonde.

ŒIL moyen, mi-clos, dans une cavité moyenne et finement plissée.

ÉPIDERME un peu rugueux, d'un jaune verdâtre, presque tout recouvert de rouille olivâtre d'un côté et un peu rougeâtre de l'autre.

CHAIR d'un blanc verdâtre, fine, un peu ferme ; à saveur richement sucrée, très agréablement parfumée.

Qualité TRES BONNE.

Maturité. - **Courant et fin de l'HIVER.**

RAMEAUX gros, assez longs, bien cotonneux, d'un brun olivâtre foncé ; à lenticelles grandes et nombreuses.

YEUX assez gros, ovoïdes, faiblement appliqués.

Culture. — Cette variété est très cultivée sur tige, où greffée sur franc, elle forme de jolis arbres. Mais greffée sur paradis, elle convient aux formes naines où elle est très productive.

PIGEON ROUGE. — Synonymes : *Cœur de Pigeon.* — *Gros Pigeon de Jérusalem.* — *Pigeon commun.* — *Pigeon de Rouen.* — *Pigeon d'hiver.* — *Pigeon rose.*

Origine ancienne et inconnue.

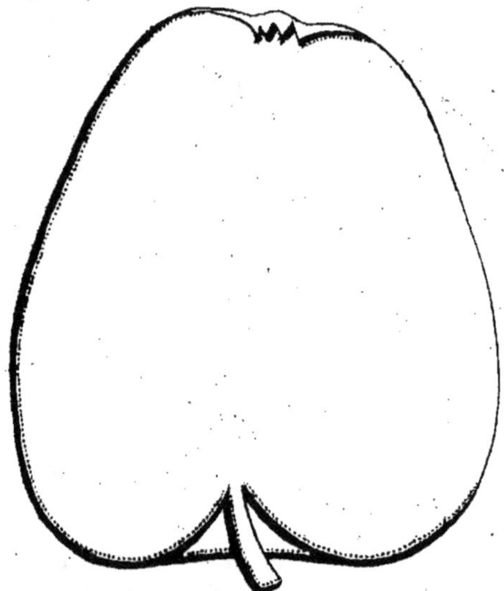

Fruit moyen, conique allongé, tronqué étroitement et un peu bosselé au sommet, anguleux au pourtour.

Pédicelle grêle, de longueur moyenne, dans une cavité profonde et assez large.

Œil petit, fermé, placé sur une faible dépression plissée.

Epiderme fin, lisse, d'un jaune clair, presque complètement coloré de rouge brillant, rayé de carmin foncé à l'insolation, pointillé de gris roux.

Chair très blanche, fine, cassante ; à saveur sucrée, agréablement acidulée, parfumée.

Qualité BONNE.

Maturité. — Courant de l'HIVER.

Rameaux petits, courts, droits, d'un brun foncé ; à lenticelles grandes et écartées.

Yeux très gros, peu duveteux, faiblement appliqués.

Culture. — Cette variété peut être cultivée sur tige, greffée en tête sur franc ; assez vigoureuse les premières années, sa croissance s'arrête dès qu'elle a atteint quinze ou vingt ans de plantation.

On la greffe sur doucin ou sur paradis, pour être élevée en cordon, buisson, etc.

Il faudra très peu la tailler, la planter dans des terrains riches, à sous-sol perméable en bonne exposition.

REINE DES REINETTES. — SYNONYMES : *Golden winter pearmain. — Hamshire yellow. — Jones Southampton pippin. — King of the pippins. — Pearmain doré d'hiver. — Queen of the pippins. — Reinette de la couronne. — Winter gold parmane.*

Origine inconnue.

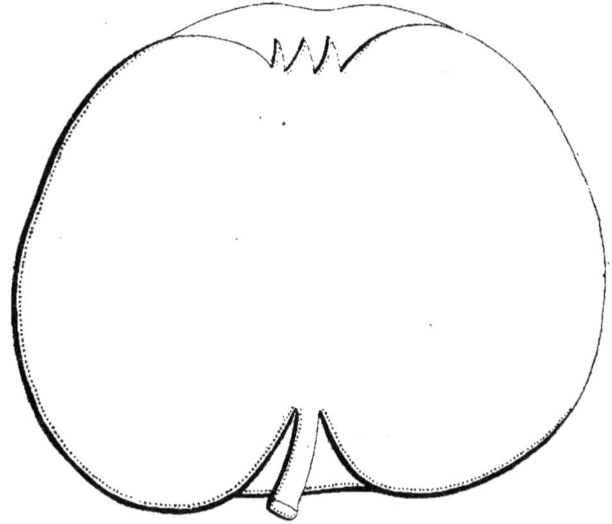

Fruit moyen ou assez gros, arrondi déprimé, régulier en son pourtour.

Pédicelle assez long, assez fort, dans une cavité régulière et assez profonde.

Œil grand, ouvert, dans une cavité assez vaste et régulière.

Epiderme lisse, luisant, d'un jaune vif, lavé d'orangé, panaché de rouge vif à l'insolation.

Chair blanchâtre, fine, assez ferme ; à saveur sucrée, agréablement parfumée.

Qualité BONNE.

Maturité. — AUTOMNE et courant de l'HIVER.

Rameaux gros, longs, coudés, d'un roux verdâtre ; à lenticelles grandes et abondantes.

Yeux gros, obtus, apprimés.

Culture. — L'arbre sain, assez vigoureux, fertile, peut être cultivé sur tige, mais les fruits tombent très facilement. Greffé sur paradis et conduit en petite forme, il donne des fruits plus beaux, plus colorés, et de forme généralement plus déprimée.

Il faut peu tailler l'arbre à tige, mais on doit éclaircir chaque année, en raison de la végétation verticale et compacte.

Variété excellente pour la culture en montagne.

REINETTE ANANAS.

Origine probablement hollandaise.

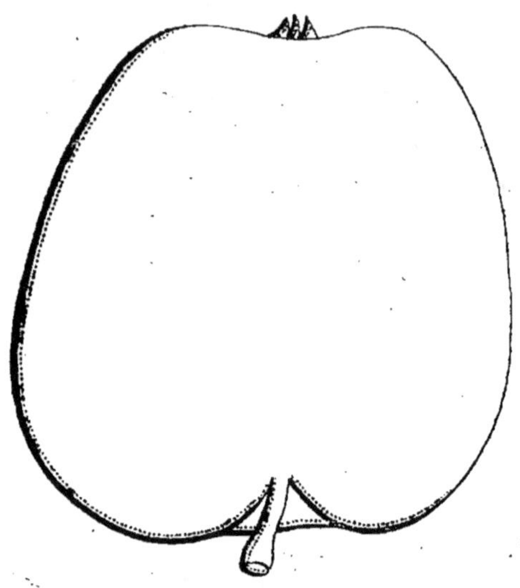

Fruit assez petit, conique allongé, presque cylindrique, bien arrondi au pourtour.

Pédicelle fin, de longueur moyenne, dépassant la cavité peu profonde et bien élargie.

Œil moyen, fermé, verdâtre, sur un plateau à peine creusé et bien plissé.

Epiderme mince, lisse, jaune d'or, presque orangé à l'insolation, ponctué de marron et de gris.

Chair d'un blanc jaunâtre, fine, serrée, quoique assez tendre, juteuse, à saveur sucrée, agréablement acidulée et parfumée.

Qualité BONNE ou TRES BONNE.

Maturité. — Courant de l'HIVER.

Rameaux de grosseur moyenne, peu allongés, érigés, d'un rouge terne nuancé de verdâtre ; à lenticelles petites et assez nombreuses.

Yeux petits, arrondis, faiblement appliqués.

Culture. — Cette variété peut être cultivée sous toutes les formes ; les formes naines, sur doucin ou paradis, lui sont avantageuses pour la production de beaux fruits, en plein vent la production est abondante mais le fruit est plus faible de volume.

En raison de sa grande fertilité et de sa moyenne végétation, elle doit être taillée court.

REINETTE BAUMANN. — SYNONYME : *Baumann's Reinette.*

ORIGINE. — Obtenue par Van-Mons et dédiée par lui aux frères Baumann, pépiniéristes à Bollwiller (Haut-Rhin).

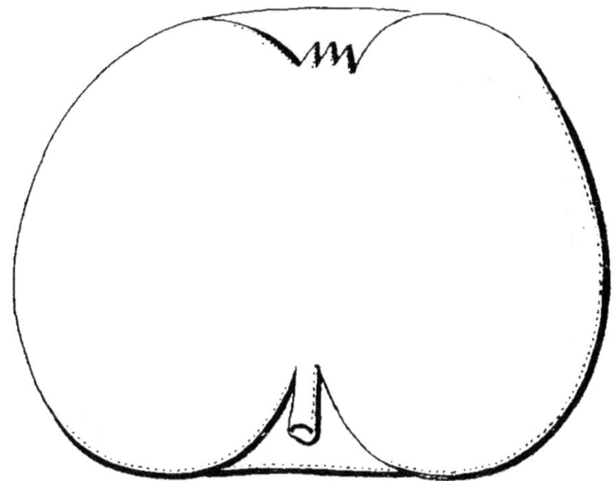

Fruit moyen ou assez gros, arrondi conique et surbaissé, régulier au pourtour.

PÉDICELLE gros, généralement très court, dans une cavité profonde et élargie à l'orifice.

ŒIL moyen, ouvert ou entr'ouvert ; dans une cavité normale,régulière, un peu plissée.

ÉPIDERME lisse, brillant, à fond jaune, presque entièrement lavé de rouge cerise.

CHAIR jaunâtre, fine, ferme ; à saveur très sucrée, assez parfumée.

Qualité BONNE.

Maturité. — DECEMBRE-MARS.

RAMEAUX assez gros, courts, droits, d'un brun marron ; à lenticelles rares et saillantes.

YEUX gros, faiblement appliqués.

Culture. — Cette variété convient surtout au verger où greffée sur franc, elle forme des arbres à tête élargie et à branches dirigées presque horizontalement.

Mais greffée sur doucin et sur paradis, elle peut être soumise aux formes régulières.

REINETTE DE CAUX. — Synonymes : *Copmanthorpe Crab.* — *Dutch Mignonne.* — *Mignonne de Hollande.* — *Stettin pippin.* — *Grosse Reinette de Cassel.*

Origine ancienne et incertaine.

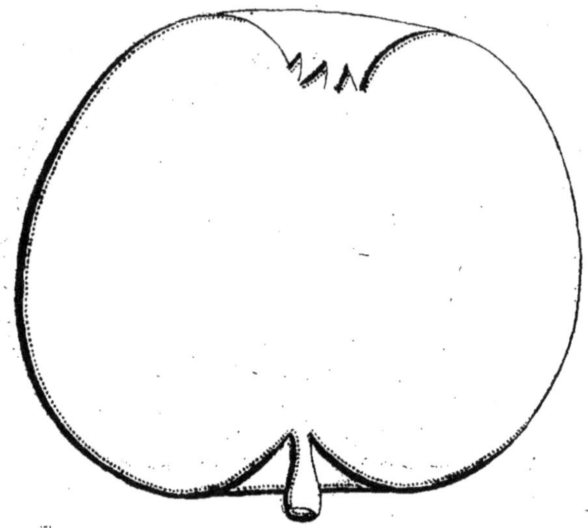

Fruit assez gros, sphérique, déprimé ; à surface unie et régulière.

Pédicelle moyen ou long, assez gros, dans une cavité assez profonde, de largeur variable.

Œil moyen, entr'ouvert, dans une cavité vaste et légèrement ondulée.

Epiderme lisse, fin, jaune d'or, lavé et panaché de carmin plus ou moins foncé à l'insolation.

Chair d'un blanc jaunâtre, fine, tassée, ferme ; à saveur sucrée, vineuse, relevée.

Qualité BONNE.

Maturité. — Courant de l'HIVER et PRINTEMPS.

Rameaux grêles, droits, d'un rouge brun ; à lenticelles petites et nombreuses.

Yeux petits, bien duveteux, apprimés.

Culture. — Cette variété est propre à la culture sur tige, où, greffée sur franc, elle fait de jolis arbres de verger.

On la greffe sur paradis, pour les formes régulières, mais sur ce sujet, elle est bientôt épuisée par une fructification trop abondante.

Elle préfère les sols riches et peut être placée à toutes les expositions ; c'est une des variétés donnant de bons résultats à de hautes altitudes.

REINETTE DE CHÊNÉE.

ORIGINE. — Obtenue par M. Descardre à Chênée, près de Liège (Belgique).

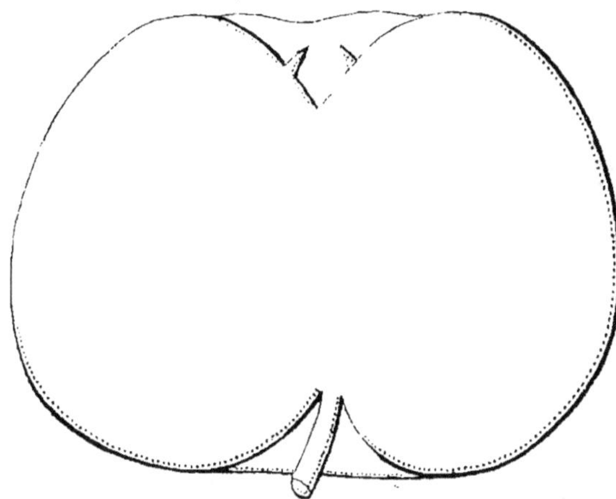

Fruit moyen ou surmoyen, sphérique, déprimé, également atténué aux deux pôles, régulier au pourtour.

PÉDICELLE de longueur moyenne, parfois fort et presque charnu ; dans une cavité profonde, élargie et tapissée de rouille très claire.

ŒIL moyen ou assez grand, ouvert ou mi-clos, à sépales courts et triangulaires ; dans une cavité assez large, assez profonde, le plus souvent bien régulière, parfois un peu plissée-bosselée.

ÉPIDERME assez rude, d'un jaune doré, largement frappé de rouge orangé, parsemé de points de rouille rude sur toute sa surface.

CHAIR jaunâtre, un peu ferme, fine, très juteuse, sucrée-relevée, agréablement parfumée.

Qualité TRES BONNE.

Maturité. — DECEMBRE-JANVIER.

RAMEAUX de force et de longueur sous moyennes, presque droits ou un peu infléchis en dedans, légèrement coudés aux consoles, de couleur marron, prenant une teinte grenat au soleil, recouverts d'un très fin duvet gris ; à lenticelles assez petites et blanches.

YEUX petits, coniques, aplatis, collés contre le rameau.

Culture. — Cette variété ne se prête qu'aux formes régulières. Greffée sur paradis elle donne des formes restreintes, sur doucin, sa vigueur devient normale, sans que la mise à fruit soit retardée.

REINETTE DE CUZY. —- Synonymes : *Reinette à côtes* (de l'Allier). — *Reinette carrée.* — *Reinette carrée de Montbard* (des environs d'Auxonne). — *Reinette d'Angleterre* (de la Côte-d'Or).

Origine. — Trouvée au hameau des Chapuis, commune de Cuzy (Saône-et-Loire).

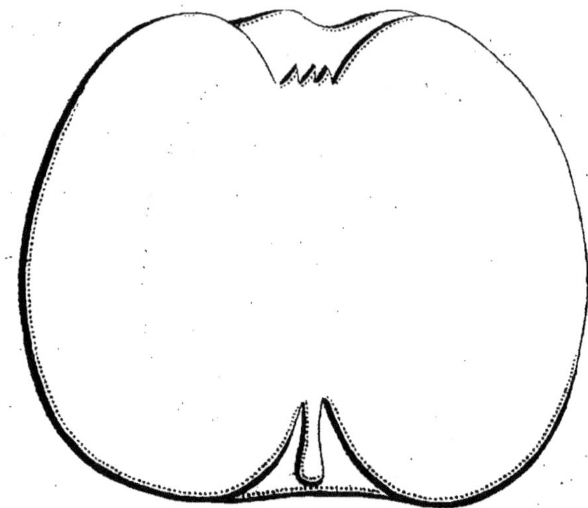

Fruit moyen, arrondi, plus ou moins conique; plus large que haut, fortement côtelé au sommet, anguleux au pourtour.

Pédicelle de force moyenne, court ; dans une cavité profonde, resserrée et irrégulière.

Œil moyen, irrégulier, dans une cavité évasée et cernée par des côtes et des plis.

Épiderme lisse, brillant, d'un jaune vif, souvent teinté de rouge à l'insolation, granité de points fauves.

Chair d'un blanc jaunâtre, fine, tendre, à saveur sucrée, légèrement acidulée, parfumée.

Qualité BONNE.

Maturité. — Courant et fin de l'HIVER.

Rameaux gros, assez courts, coudés, d'un vert olivâtre ; à lenticelles grandes et clairsemées.

Yeux petits, cachés dans la gaîne.

Culture. — Cette variété convient à la culture sur tige où, greffée sur franc, elle fait des arbres de grande production ; sous cette forme et dans les terrains légers et granitiques, elle produit des fruits plus savoureux.

Greffée sur paradis dans les terrains forts, et même sur doucin dans les terrains légers, la Reinette de Cuzy se prête aux formes naines ; sous ces formes, elle produit de plus beaux fruits, mais inférieurs en qualité à ceux produits sur tige.

Dans son jeune âge, à cause de sa fertilité, l'arbre doit être taillé court.

REINETTE DE DEMPTÉZIEU. — Synonymes : *Musi.* — *Reinette Baboud.* — *Reinette Menoux.*

Origine incertaine ; variété cultivée depuis longtemps à Demptézieu (Isère) ; répandue par M. Baboud aîné, de Thoissey (Ain).

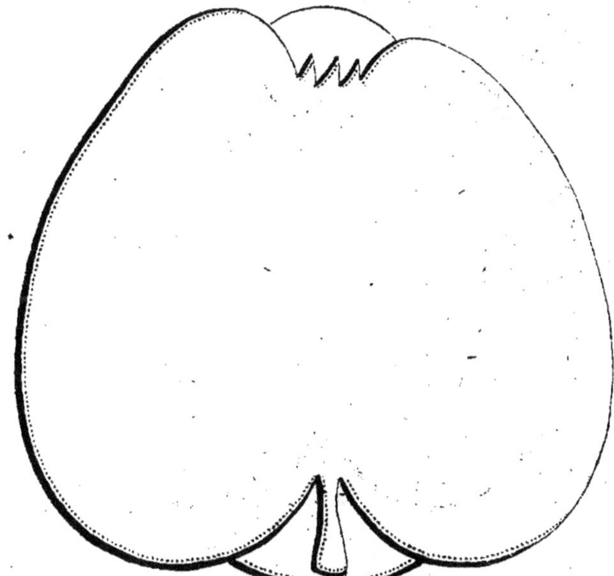

Fruit gros, conique, paraissant aussi haut que large ; à surface côtelée, surtout aux deux pôles.

Pédicelle de force et de longueur moyennes, dans une cavité profonde et régulière.

Œil grand ouvert ; dans une cavité assez profonde, assez élargie et cernée par des bosses irrégulières.

Epiderme fin, lisse, mince, jaune, un peu saumoné à l'insolation, parsemé de points gris et très apparents.

Chair d'un blanc jaunâtre, demi-fine, tendre, moëlleuse ; à saveur sucrée acidulée, parfumée.

Qualité TRES BONNE.

Maturité. — AUTOMNE et courant de l'HIVER.

Rameaux gros, rouge, rouge olivâtre ; à lenticelles petites, abondantes.

Yeux petits, apprimés.

Culture. — Cette variété greffée sur franc, fait un bel arbre de verger, pas très grand, mais régulier, et pour la plantation duquel on doit rechercher un sol riche et frais, en exposition abritée.

A la taille il faut éviter d'enlever une partie des boutons à fruits, généralement nombreux, car beaucoup n'étant pas bien constitués, ne donnent pas de fruits

Greffée sur doucin, se prête à la forme en gobelet et en pyramide.

REINETTE DE DIEPPEDALLE. — Synonyme : *Reinette grise de Rouen.*

Origine ancienne ; variété cultivée dans de grandes proportions aux environs de Dieppedalle, en Normandie.

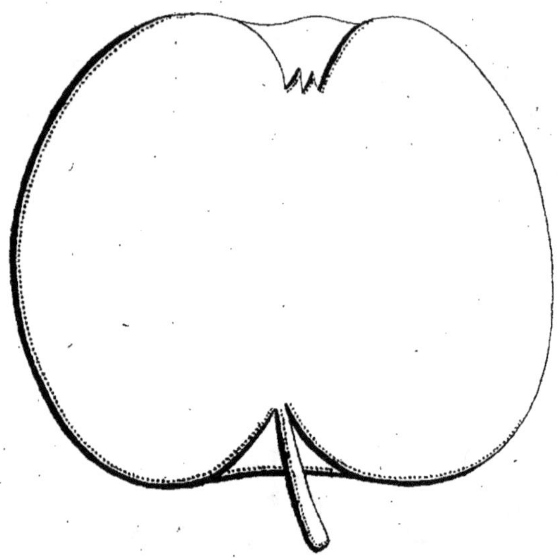

Fruit moyen, sphérique, à peine déprimé, à peine conique, côtelé et plissé au sommet, un peu anguleux au pourtour.

Pédicelle ordinairement grêle, allongé, dans une cavité régulière et assez profonde.

Œil petit, fermé, dans une cavité assez profonde, régulièrement évasée et cernée par des bosses.

Épiderme assez épais, une peu rude, d'un roux bronzé.

Chair d'un blanc verdâtre, fine, ferme, à saveur sucrée, finement acidulée, agréablement aromatisée.

Qualité BONNE.

Maturité. — Courant de l'HIVER se prolongeant jusqu'en ETE.

Rameaux moyens ou grêles, assez longs, flexueux, d'un brun rougeâtre ; à lenticelles très petites et peu nombreuses.

Yeux moyens, allongés, aplatis.

Culture. — Cette variété est surtout cultivée sur tige et dans un sol riche.

Il faudra lui appliquer une taille longue et éviter les blessures et mutilations qui lui provoqueraient le chancre.

REINETTE DE GRANDVILLE. — Synonyme : *Reinette grise de Grandville*.

Origine. — Cette variété a pris naissance en Normandie.

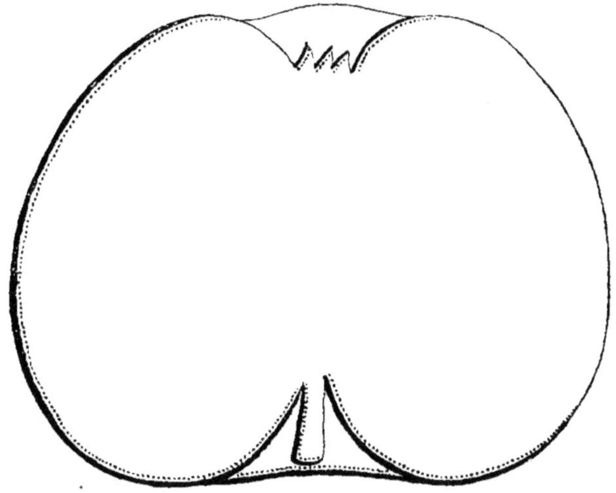

Fruit gros ou assez gros, sphérique, à peine déprimé, à peine conique, ondulé au sommet, régulier dans son pourtour.

Pédicelle court, assez gros, dans une cavité normale et régulière.

Œil grand, ouvert, dans une cavité évasée, peu profonde, cernée par cinq proéminences peu prononcées.

Epiderme d'un jaune vif sur toute sa surface : tiqueté de points noirâtres, petits et nombreux.

Chair blanche, fine, mi-tendre ; à saveur sucrée acidulée, parfumée.

Qualité BONNE.

Maturité. — Fin de l'AUTOMNE et commencement de l'HIVER.

Rameaux de force et de longueur moyennes, d'un vert olivâtre, à peine duveteux : à lenticelles petites et très nombreuses.

Yeux très apprimés, de forme variable.

Cette variété, greffée sur franc, convient plus spécialement à la culture sur tige. L'arbre, très fertile, est assez vigoureux, il se prête à toutes les formes et est recommandable pour sa grande fertilité.

REINETTE DE SAINTONGE. — SYNONYMES : *De Saintonge.* — *Geele Gulderling.* — *Haute bonne.* — *Haute bonté.* — *Reinette grise de Saintonge.*

ORIGINE très ancienne et inconnue.

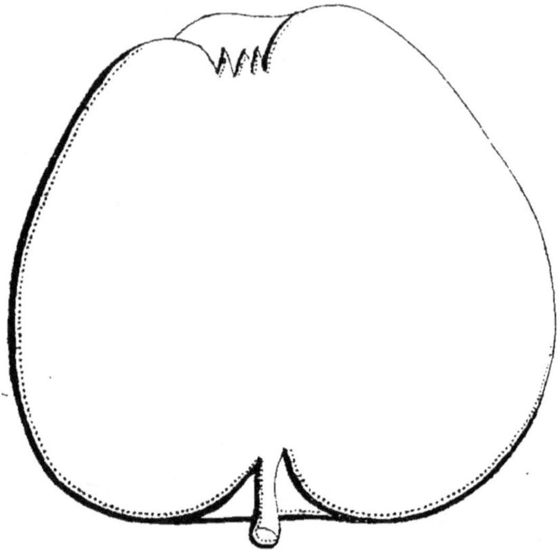

Fruit moyen, un peu variable dans la forme, qui est tantôt allongée et conique, tantôt courte et déprimée ; à surface sans bosselure.

PÉDICELLE assez petit, dans une cavité normale et régulière.

ŒIL moyen, ouvert ou fermé, dans une cavité normale.

EPIDERME mince, rude, entièrement bronzé, passant du gris verdâtre au roux brillant, granité de points verruqueux.

CHAIR roussâtre, très ferme ; à saveur sucrée, un peu anisée.

Qualité BONNE ou TRES BONNE à la complète maturité.

Maturité. — Courant de l'HIVER.

RAMEAUX très allongés, effilés, d'un brun roux : à lenticelles petites et nombreuses.

YEUX moyens, très duveteux, noyés dans la gaîne.

Culture. — Cette variété, greffée sur franc, peut être cultivée sur tige, en terrains sains et drainés, car le fruit se gerce facilement et n'a pas ses qualités en terrain humide.

Greffée sur doucin ou sur paradis, elle donne des formes régulières et doit être soumise à une taille courte.

REINETTE DESCARDRE.

ORIGINE. — Obtenue par M. Descardre.

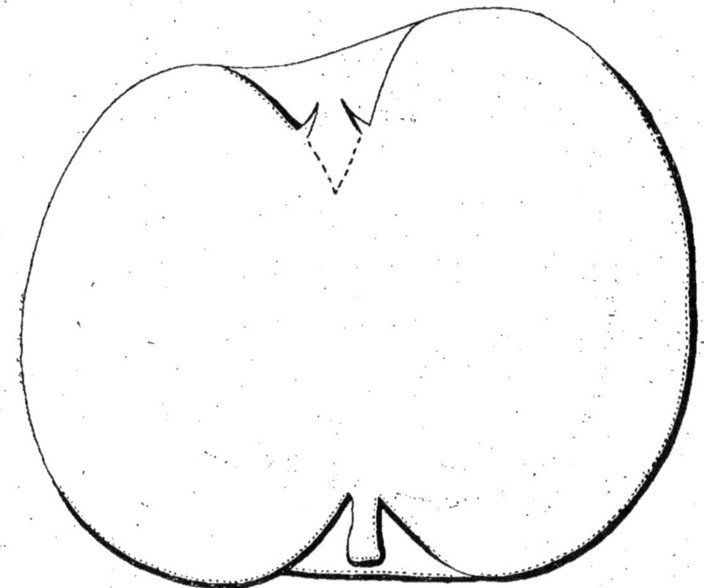

Fruit assez gros ou de bonne moyenne grosseur, arrondi, à peine conique, plus large que haut, régulier ou parfois un peu bosselé au pourtour.

PÉDICELLE tantôt court, gros et charnu, tantôt de forme normale.

ŒIL ouvert, à sépales verdâtres et connivents, dans un bassin cupuliforme assez profond.

EPIDERME jaune d'or, bien marbré de fauve chaud et lisse, avec des pustules saillantes ; il est parfois un peu teinté et strié de rouge orangé à l'insolation.

CHAIR jaune pâle, tendre, juteuse, sucrée, acidulée, avec un parfum particulier et agréable.

Qualité BONNE ou presque TRES BONNE.

Maturité. — Courant HIVER.

RAMEAUX gros, longs, bruns à reflets grisâtres.

YEUX très gros, allongés, bien collés au rameau.

Culture. — Cette variété doit être cultivée spécialement en petites formes, cordon horizontal et espalier ; la taille courte et les pincements courts devront lui être appliqués.

REINETTE DES CARMES. — Synonymes : *Carméliter Reinette.. — Reinette rousse.*

Origine ancienne et inconnue.

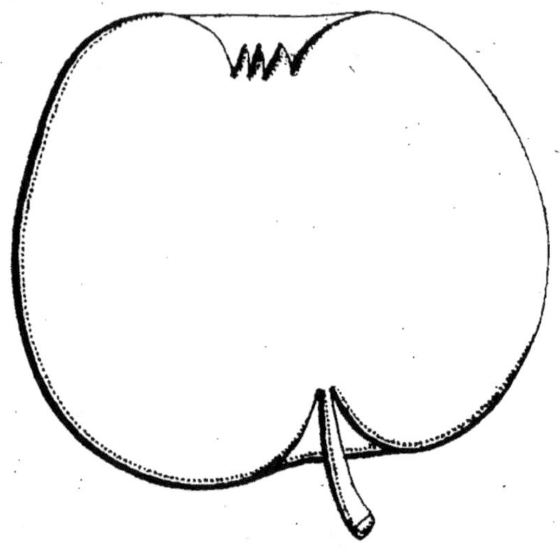

Fruit moyen, cylindrico-conique ou arrondi déprimé ; à surface unie, mais souvent un peu plus développée d'un côté que de l'autre.

Pédicelle de forme moyenne, assez allongé, dans une cavité étroite et souvent irrégulière.

Œil grand, ouvert ou mi-clos ; dans une cavité large, profonde et régulière.

Epiderme un peu rude, d'un jaune mat et réticulé-marbré de roux, légèrement fouetté de rouge-brun à l'insolation.

Chair blanche, fine ou mi-fine, assez tendre ; à saveur très sucrée, agréablement acidulée et parfumée.

Qualité TRES BONNE.

Maturité. — Courant de l'HIVER.

Rameaux longs, grêles, coudés, d'un rouge-brun foncé ; à lenticelles peu nombreuses.

Culture. — Cette variété est d'une croissance lente et forme sur tige des têtes bien régulières. Les petites formes lui sont favorables pour la production et la beauté de ses fruits.

REINETTE DESPLANCHES.

ORIGINE. -- Semis de hasard, trouvé sur la propriété de M. Desplanches, à Cruzilles, près Thoissey (Ain).

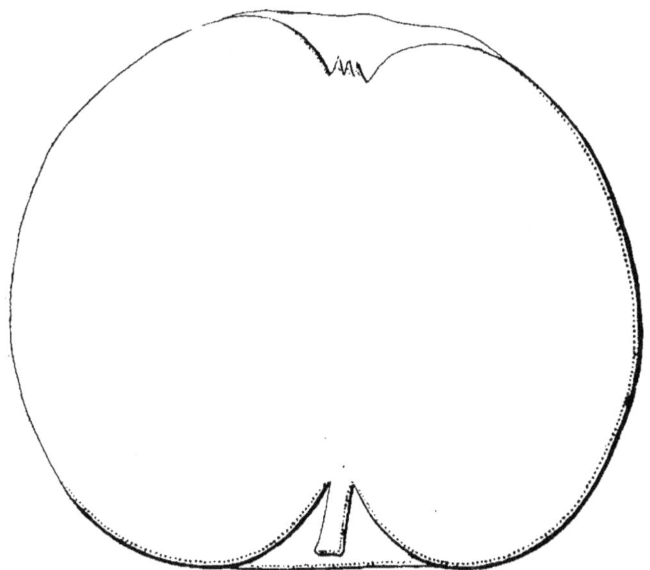

Fruit gros ou assez gros, arrondi, plus large que haut, obliquement déprimé et côtelé au sommet, anguleux au pourtour.

PÉDICELLE court ou assez court, assez fort, dans une cavité assez profonde et régulière.

ŒIL petit ou moyen, fermé, dans une cavité de moyenne profondeur, étroite et irrégularisée par des bosses.

ÉPIDERME d'un jaune pâle, lavé de rouge à l'insolation, couvert d'un réseau de fauve lisse.

CHAIR blanche, tendre, fine, juteuse, sucrée et acidulée, parfum de Reinette.

Qualité BONNE.

Maturité. · De DECEMBRE à AVRIL.

RAMEAUX bien érigés, forts, coudés aux consoles, d'un rouge sombre et brillant, recouverts d'un duvet gris.

YEUX blanchâtres, bien apprimés.

Culture. -- Par sa grande vigueur, cette variété greffée sur franc, convient à la culture sur tige ; elle a pris beaucoup d'extension dans les environs de Thoissey (Ain).

Greffée sur paradis, elle se prête à toutes les formes régulières et produit de beaux fruits.

REINETTE DORÉE. — SYNONYMES : *English pippin.* — *Golden reinette.* — *Princesse noble.* — *Reinette jaune tardive.*

ORIGINE ancienne et incertaine.

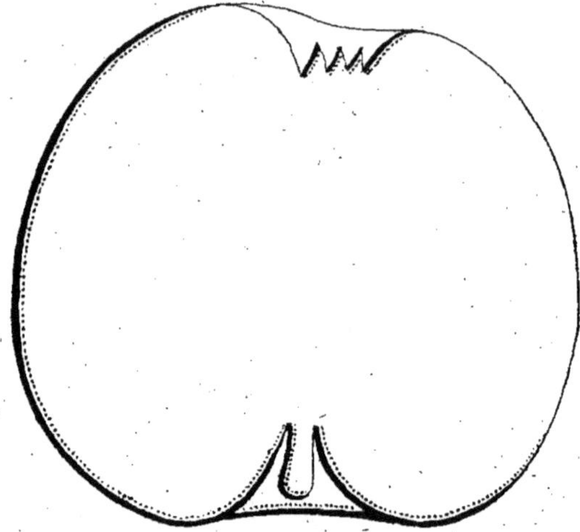

Fruit moyen, sphérique, presque également tronqué aux deux pôles, généralement plus large que haut.

PÉDICELLE assez gros et court, dans une cavité normale et régulière.

ŒIL moyen, ouvert, dans une dépression peu profonde et ondulée.

EPIDERME mince, lisse, d'un jaune doré, souvent masqué de fauve chaud et lisse, parfois lavé de rose orangé à l'insolation.

CHAIR d'un blanc jaunâtre, fine, ferme ; à saveur très sucrée, faiblement acidulée, agréablement parfumée.

Qualité BONNE ou TRES BONNE.

Maturité. — AUTOMNE et courant de l'HIVER.

RAMEAUX petits, apprimés.

Culture. — L'arbre, assez peu vigoureux, est fertile. Il doit être cultivé sur tige, greffé sur franc ; planté dans une terre légère, il est très productif, mais en sol frais et humide, il est sujet au chancre. On peut aussi le greffer sur paradis et l'élever en petites formes, où on lui appliquera une taille courte.

REINETTE DU CANADA. — SYNONYMES : *Grosse reinette du Canada. — Grosse reinette d'Angleterre. — Reinette blanche du Canada.*

ORIGINE inconnue.

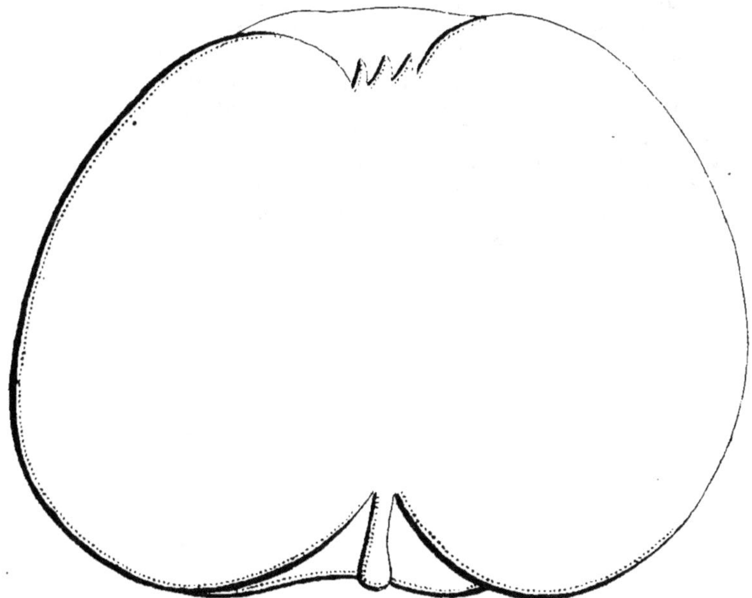

Fruit gros ou très gros, conique raccourci, à surface bosselée et côtelée.

PÉDICELLE assez gros, assez court, dans une cavité profonde, évasée et régulière.

ŒIL grand, ouvert ou mi-clos ; dans une cavité profonde, évasée irrégularisée par des plis et des côtes.

EPIDERME épais, rude, d'un jaune mat, taché marbré de brun fauve, avec quelques larges points pris et très rugueux, lavé de rouge lie de vin à l'insolation

CHAIR d'un blanc jaunâtre, assez fine, demi-tendre ; à saveur sucrée, parfumée, relevée d'un acide fort agréable.

Qualité TRES BONNE.

Maturité. — Courant de l'HIVER et PRINTEMPS.

RAMEAUX gros, longs, d'un brun olivâtre ; à lenticelles très saillantes.

YEUX moyens, larges, presque cachés dans la gaîne.

Culture. — Cette variété, greffée sur franc, convient à la haute tige, où les fruits qu'elle donne sont moyens pendant quelques années, mais deviennent plus tard, généralement gros et d'un parfum relevé.

L'arbre greffé sur paradis et élevé sous les formes buisson et cordon, produit de très beaux fruits ; il devra être taillé long pendant son jeune âge. On devra tout particulièrement éviter de lui faire des plaies qui détermineraient le chancre.

Cette variété doit être cultivée en terrain meuble, argilo-siliceux ou argilo-calcaire, ni trop humide ni trop sec, à l'abri de l'ouest, en terrain humide, l'arbre est sujet au chancre.

REINETTE DU VIGAN.

ORIGINE très ancienne et incertaine ; variété cultivée, depuis un temps immémorial, dans les Cévennes et plus particulièrement au Vigan.

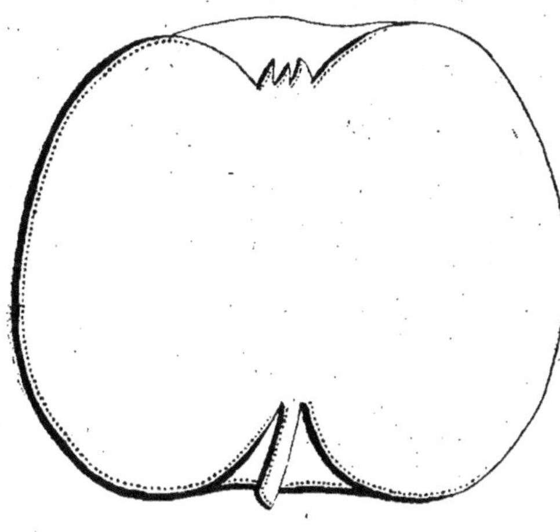

Fruit moyen, arrondi déprimé légèrement conique, anguleux au pourtour.

PÉDICELLE de force moyenne, assez long, dans une cavité normale et régulière.

ŒIL petit, clos ou mi-clos ; dans une c a v i t é moyenne, plissée, côtelée.

EPIDERME fin, mince, parcheminé, d'un jaune pâle, légèrement vermillonné à l'insolation.

CHAIR jaunâtre, tendre, fine, serrée ; à saveur sucrée acidulée, relevée de l'excellent parfum des Reinettes.

Qualité TRES BONNE.

Maturité. — HIVER et PRINTEMPS.

RAMEAUX de force et de largeur moyennes, dressés, d'un vert olivâtre.

YEUX petits, cachés dans la gaîne.

Culture. — L'arbre fructifie abondamment, sa vigueur est moyenne, mais soutenue ; on doit donc le greffer sur franc pour la culture sur tige, où il donne de meilleurs fruits et une fructification plus grande.

On peut le cultiver avantageusement sur paradis, pour former des gobelets nains ou des cordons horizontaux et obtenir ainsi de plus beaux fruits.

Dans le midi de la France, il donne d'excellents résultats, à la condition d'être planté aux expositions du nord.

REINETTE FRANCHE. — Synonymes : *Edelreinette.* — *Gold-reinette.* — *Reinette.* — *Reinette blanche.*

Origine ancienne et inconnue.

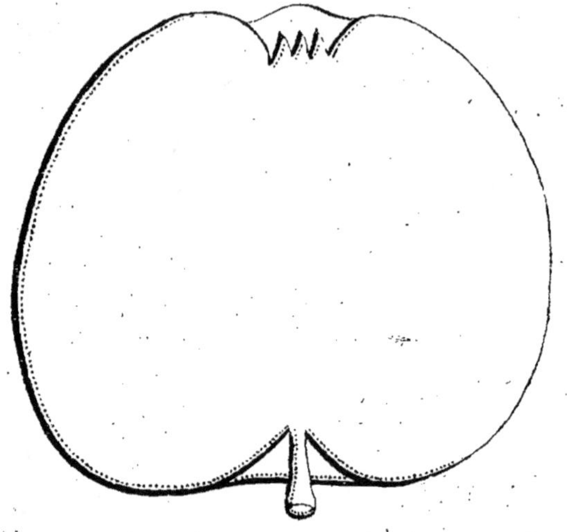

Fruit moyen, arrondi conique, un peu plus large que haut ; à surface tantôt unie, tantôt bosselée.

Pédicelle gros, de longueur moyenne, dans une cavité normale et régulière.

Œil moyen, souvent irrégulier et clos ; dans une cavité peu profonde, évasée, cernée de côtes peu saillantes.

Epiderme fin, lisse, brillant, d'un jaune citron clair, souvent lavé d'un léger rouge à l'insolation, granité et un peu taché de brun.

Chair d'un blanc jaunâtre, fine, demi-tendre ; à saveur richement sucrée, très agréablement parfumée, représentant le type par excellence de la *Pomme reinette.*

Qualité TRES BONNE.

Maturité. — **Courant de l'HIVER.**

Rameaux gros, longs, flexueux, d'un brun rougeâtre ; à lenticelles abondantes et très apparentes.

Yeux gros, faiblement appliqués.

Culture. — Cette variété, délicate et sujette aux chancres, ne convient en tige que dans les sols riches et sains.

Il est préférable de la cultiver en petites formes, greffée sur paradis et sur doucin ; on devra lui donner une taille longue, et éviter les blessures et les mutilations.

On évitera surtout de planter dans les sols trop frais où elle est sujette au chancre.

REINETTE GRISE. — Synonymes : *Belle fille.* — *Reinette grise d'hiver.* — *Reinette grise extra.* — *Reinette grise française.* — *Reinette grise haute bonté.*

Origine ancienne.

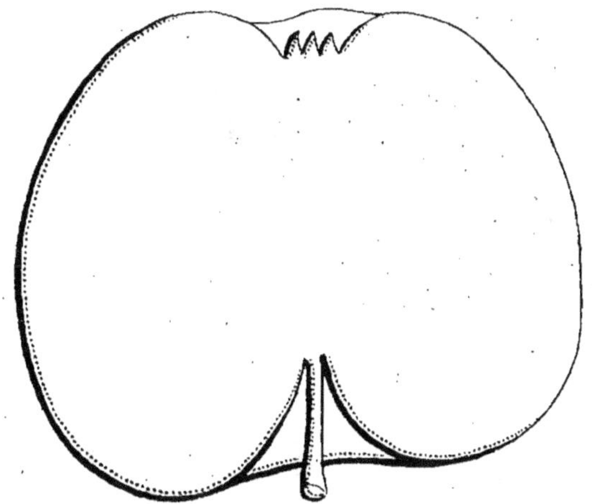

Fruit moyen, arrondi-conique, un peu plus large que haut ; à surface unie, rarement un peu bosselée.

Pédicelle assez grêle, assez allongé, dans une cavité normale et assez régulière.

Œil moyen, tantôt régulier et ouvert, tantôt clos et irrégulier, dans une cavité peu profonde et peu large.

Épiderme épais, rude, d'un jaune verdâtre, presque tout masqué par des taches et des plaques de bronze fauve.

Chair blanche citrine, fine, ferme, moelleuse ; à saveur sucrée, finement acidulée, relevée d'un parfum très suave.

Qualité TRES BONNE.

Maturité. — **Courant de l'HIVER et PRINTEMPS.**

Rameaux grêles, longs, flexueux, d'un vert brunâtre ; à lenticelles petites et peu apparentes.

Yeux moyens, très cotonneux, apprimés.

Culture. — Cette variété convient surtout à la culture sur tige, bien que les fruits tombent facilement, elle s'accommode aussi des formes régulières, et réussit bien en espalier abrité et en pyramide.

REINETTE GRISE DU CANADA. — Synonyme : *Canada gris*.

Origine ancienne et inconnue. — Variation de la *Reinette du Canada*, possédant les mêmes qualités et réclamant la même culture.

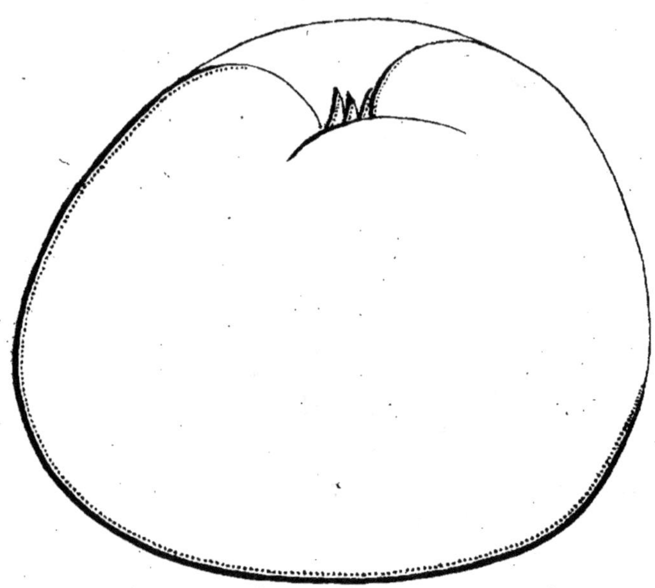

Fruit gros ou très gros.

Epiderme assez épais, rude, d'un jaune clair verdoyant, presque entièrement recouvert de rouille grise ou d'un brun clair.

Le fruit ressemble en tous points à la Reinette du Canada, sauf qu'il est totalement gris. L'arbre a des pousses plus vigoureuses, des feuilles plus larges, cucullées, les rameaux sont arqués, horizontaux ou retombants.

Culture. — L'arbre greffé sur franc convient à la culture sur tige, sur doucin et sur paradis pour les petites formes.

Comme pour la Reinette du Canada, il faudra éviter de faire des plaies sur vieux bois pour éviter les attaques du chancre auquel cette variété est moins sujette que la Reinette du Canada type.

REINETTE PARMENTIER. — SYNONYMES : *Grise de Parmentier.*
— *Reinette grise d'hiver.*

ORIGINE. — Obtenue par M. Parmentier, à Enghien (Belgique).
Premier rapport vers 1833.

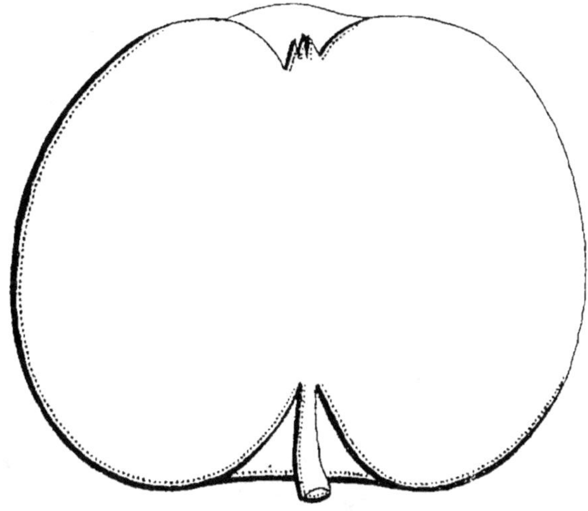

Fruit assez gros, arrondi déprimé ou arrondi conique, plus large
que haut, à côtes peu sensibles.

PÉDICELLE normal, dans une cavité profonde et largement évasée à
l'orifice.

ŒIL petit, fermé ; dans une cavité de profondeur moyenne, assez
régulière, à peine plissée.

ÉPIDERME rude, jaune voilé par une couche fauve, parsemé de rugosités écailleuses.

CHAIR blanche, ferme, un peu tassée ; à saveur sucrée acidulée et à
parfum de *Reinette*.

Qualité BONNE.

Maturité. — Courant de l'HIVER.

RAMEAUX gros, longs, d'un brun violacé : à lenticelles très rares.

YEUX petits, très apprimés.

Culture. L'arbre est généralement considéré comme vigoureux et
fertile. Mais on assure que, dans le Nord, il est souvent sujet aux
chancres.

On le cultive sur tige, greffé sur franc, quoique le fruit ne soit pas
très solidement attaché à l'arbre.

Greffé sur paradis, il se prête bien aux formes régulières ; une taille
longue doit lui être appliquée.

REINETTE VIGNAT.

ORIGINE. — Obtenue par M. Vignat, propriétaire à Lancié (Rhône).

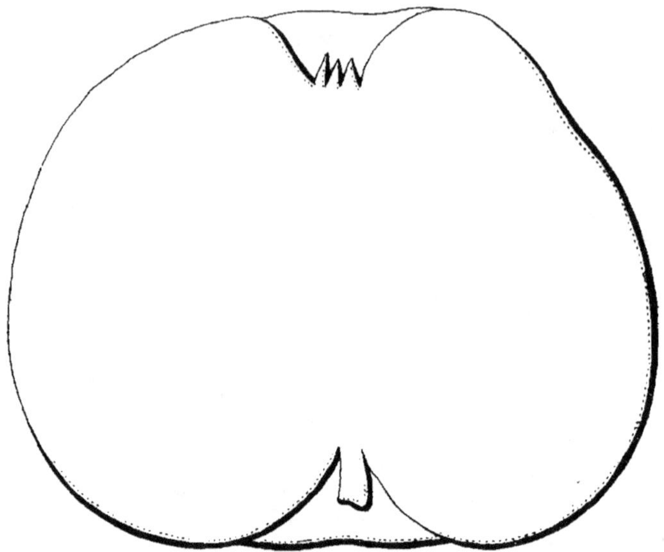

Fruit assez gros, courtement conique, obliquement tronqué au sommet, un peu anguleux au pourtour.

PÉDICELLE de forme et de longueur normales, affleurant à peine l'orifice de la cavité, qui est profonde et évasée.

ŒIL entr'ouvert, dans un bassin cupuliforme oblique, mais bien régulier.

ÉPIDERME tout ou presque tout couvert d'une rouille chagrinée, sans être précisément rude, le fond, quand il apparaît, est d'un jaune citrin.

CHAIR blanche, laiteuse, fine, tendre, quoique serrée, juteuse, sucrée, relevée avec l'agréable parfum des Reinettes.

Qualité BONNE.

Maturité. — JANVIER à MARS.

RAMEAUX rouge brun ; à lenticelles grises et peu nombreuses.

YEUX gros, appliqués contre le rameau.

Culture. — Toutes les formes y compris le plein vent, conviennent à cette variété, l'arbre étant très vigoureux il ne faudra pas négliger les pincements courts et répétés dans la culture en formes restreintes.

ROYALE D'ANGLETERRE. — Synonymes : *Englischer Konigs.* — *Reinette d'Angleterre hâtive.* — *Reinette rayée de rouge.* — *Roubau* (en Brabant).

Origine ancienne et douteuse.

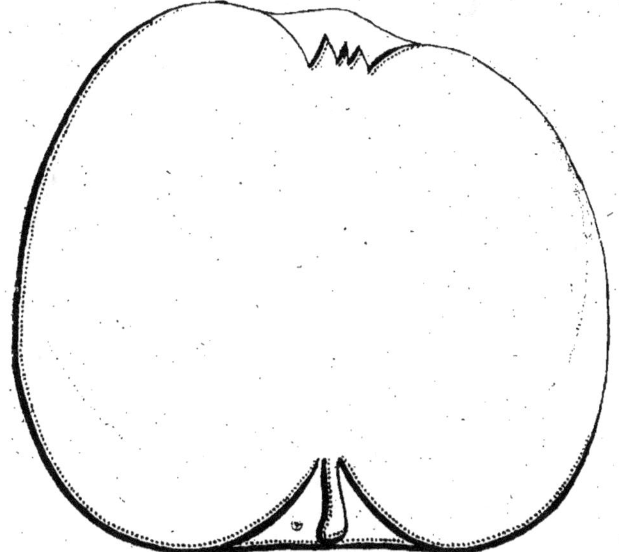

Fruit gros ou très gros, conique tronqué, obliquement tronqué et côtelé au sommet ; plus développé d'un côté que de l'autre.

Pédicelle de force moyenne ou court, dans une cavité assez profonde et assez étroite.

Œil moyen, ouvert ; dans une cavité assez profonde, un peu irrégularisée par des bosses.

Epiderme épais, un peu rude, d'un jaune orangé, teinté et rayé de rouge à l'insolation.

Chair d'un blanc jaunâtre, assez fine, tendre ; à saveur sucrée, relevée d'un bon parfum de Reinette.

Qualité BONNE, mais passant vite.

Maturité. — AUTOMNE et commencement de l'HIVER.

Culture. — Cette variété ne se prête à la culture sur tige que dans les localités abritées où ses fruits peuvent résister aux vents.

Greffée sur paradis et élevée en petites formes, elle produit des fruits beaux par leur volume et leur coloration.

Lente à se mettre à fruits dans son jeune âge, elle est néanmoins fertile à l'âge adulte ; c'est un arbre dont la culture doit être recommandée.

ROYALE RUSSET. — SYNONYMES : *Koniglicher russet.* — *Passe Pomme du Canada.* — *Reinette grise royale.* — *Roussette enveloppée de cuir.* — *Roussette royale.*

ORIGINE ancienne et anglaise, a été d'abord signalée par Lanson en 1597.

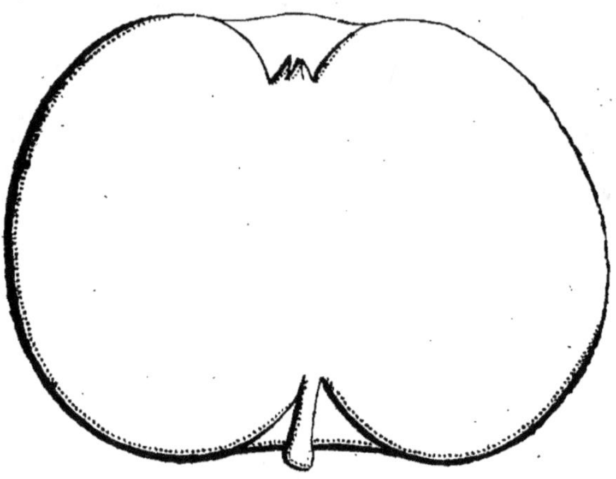

Fruit assez gros, sphérique déprimé, à surface le plus souvent bosselée.

PÉDICELLE de force et de longueur moyennes, dans une cavité évasée..

ŒIL petit, irrégulier, clos ; dans une cavité assez profonde, peu évasée, cernée par des bosses inégales.

ÉPIDERME fin, mince, rude, jaune, presque totalement recouvert de rouille fauve ou de blond cannelle.

CHAIR blanche citrine, fine, tassée ; à saveur bien sucrée, légèrement parfumée.

Qualité ASSEZ BONNE cru, EXCELLENTE cuit.

Maturité. — Fin de l'HIVER.

RAMEAUX gros, longs, coudés, étalés, d'un brun rougeâtre.

YEUX gros, à peine apprimés.

Culture. — Bien que l'arbre se prête facilement à toutes les formes, sa place spéciale est au verger, où il donne de bons résultats, lorsqu'il se trouve dans d'excellentes conditions de sol, d'exposition et de culture..

SANS PAREILLE PEASGOOD. — Syn. : *Peasgood's Nonesuch.*

Origine. — Obtenue par M. Peasgod, de Stamford (Angleterre) ;
mise au commerce en 1874, par MM. W. et J. Brown.

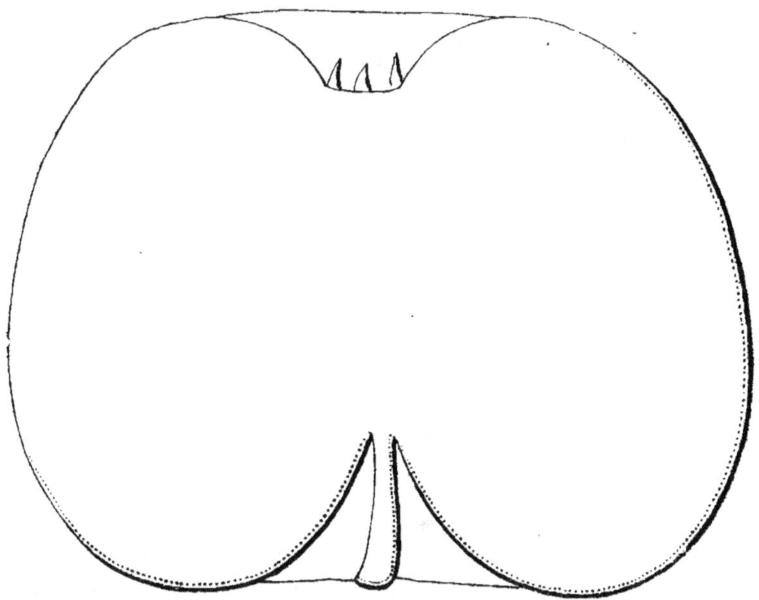

Fruit gros ou très gros, sphérique déprimé, plus large que haut,
régulier au pourtour.

Pédicelle court ou assez court, de forme normale, inséré dans une
cavité profonde et régulièrement évasée.

Œil grand, ouvert, sépales très court, cavité en coupe régulière.

Epiderme jaune pâle, un peu piqueté de gris, coloré de rosat et
strié de rouge brillant à l'insolation.

Chair jaunâtre, fine, tendre, quoique serrée, juteuse, sucrée,
agréablement acidulée et parfumée.

Qualité BONNE.

Maturité. — De SEPTEMBRE à NOVEMBRE.

Rameaux érigés, forts, droits, à peine coudés aux consoles, à entre-
nœuds de longueur irrégulière, vert olive à l'ombre, rouge grenat au
soleil ; à lenticelles arrondies, blanchâtres, assez clairsemées.

Feuilles grandes, vertes, brillantes au-dessus, elliptiques arrondies.

Yeux triangulaires aigus, très apprimés.

Culture. — En raison de la grosseur de ses fruits, cette variété ne
peut être cultivée sur tige sauf en situation très abritée.

Elle doit être greffée sur paradis ou sur doucin, pour être soumise
aux formes régulières et palissées. On lui appliquera une taille longue ;
on doit avoir soin d'arquer les brindilles pour faciliter la mise à fruits.

28

STURMER PIPPIN. — Synonyme : *Pépin de Sturmer.*

Origine. — Obtenue par M. Dillistone, pépiniériste à Sturmer, comté de Suffolk (Angleterre).

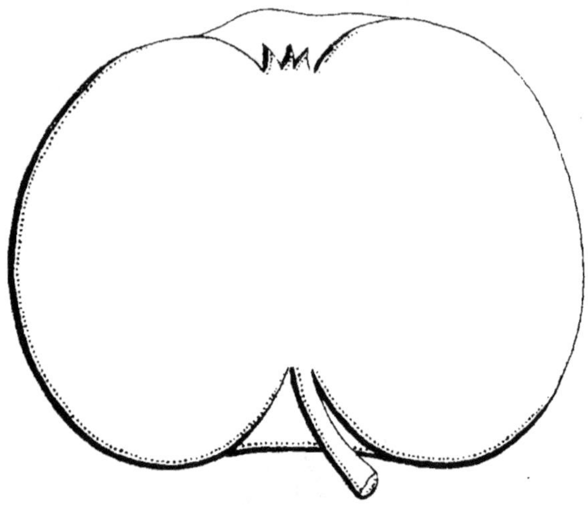

Fruit moyen, arrondi surbaissé, à peine conique, un peu obliquement tronqué et bosselé au sommet ; à surface unie ou à peine anguleuse.

Pédicelle parfois court, le plus souvent allongé, dans une cavité profonde et bien élargie.

Œil moyen, fermé ; dans une cavité peu profonde et cerné par des bosses inégales.

Epiderme d'un jaune citrin, lavé de rosat terne et un peu saumoné à l'insolation.

Chair d'un blanc jaunâtre, fine, serrée, juteuse : à saveur sucrée, agréablement acidulée.

Qualité BONNE.

Maturité. — Fin de l'HIVER et PRINTEMPS.

Rameaux de force moyenne, bien droits, d'un brun rouge foncé, à lenticelles peu apparentes.

Yeux très petits, cachés dans la gaîne.

Culture. — Cette variété, saine et rustique, est surtout destinée à la culture sur tige, où elle prospère bien, étant greffée sur franc.

Sa grande fertilité sur paradis la fait rechercher pour l'établissement de cordons horizontaux au jardin fruitier.

TEINT FRAIS. — Synonyme : *Kerlivio.*

Origine. — Obtenue dans les environs de Quimperlé.

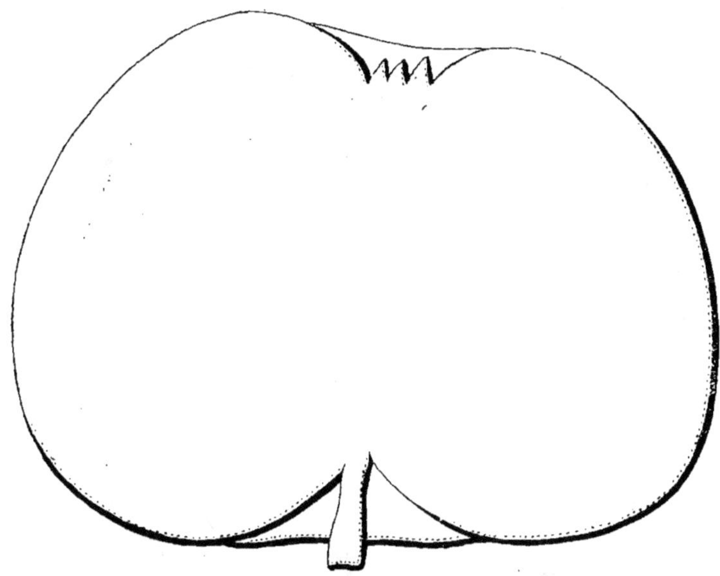

Fruit très gros ou gros, arrondi surbaissé, légèrement anguleux au pourtour, non bosselé au sommet.

Epiderme frais, jaune sur la majeure partie de sa surface, avec des points clairsemés de rouille fauve, teinté de rouge saumoné et brillant à l'insolation.

Pédicelle assez fort, court ou très court, dans une cavité assez profonde, largement évasée à l'orifice et tapissée de rouille dans le fond.

Œil assez grand, ouvert, à sépales courts et convergents, dans une cavité régulière et assez profonde.

Chair blanche, tendre, assez fine, juteuse, sucrée-relevée, un peu parfumée.

Qualité BONNE.

Maturité. — JANVIER à AVRIL.

Rameaux courts, trapus, de grosseur moyenne, bruns à la base, à reflets grisâtres à l'extrémité.

Yeux triangulaires, aplatis, sur un coussinet très accentué.

Culture. — Cette variété convient surtout à la culture en petites formes, greffée sur paradis ou sur doucin.

Greffée sur franc en situation abrité, elle donne de superbes produits.

TRANSPARENTE DE CRONCELS.

ORIGINE. — Obtenue par M. E. Baltet, pépiniériste, faubourg de Croncels, à Troyes (Aube), en 1869.

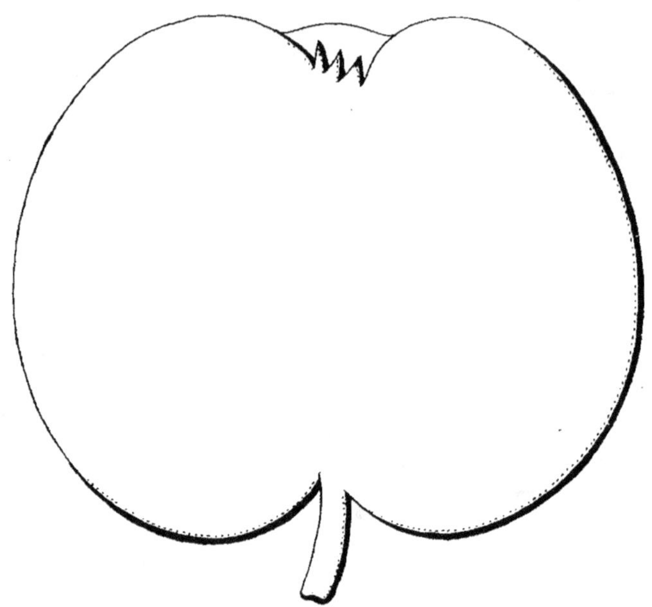

Fruit assez gros, ou gros, régulier dans sa forme sphérique, tronqué au sommet.

PÉDICELLE de longueur moyenne, un peu grêle, dans une cavité étroite et profonde.

ŒIL assez grand, ouvert ou mi-ouvert ; dans une cavité large, profonde et côtelée sur les bords.

EPIDERME fin, lisse, blanc de cire jaunâtre, teinté de rose pâle à l'insolation, pointillé de gris clair.

CHAIR blanchâtre, prenant une légère teinte saumonnée, fine, tendre, juteuse ; à saveur sucrée acidulée, douée d'un parfum spécial, très agréable.

Qualité TRES BONNE.

Maturité. — Fin d'AOUT à DECEMBRE, normalement fin SEP-TEMBRE.

RAMEAUX de moyenne force, longs, un peu arqués, dressés, marron foncé, peu duveteux.

YEUX très petits et apprimés.

Culture. — Cette variété, greffée sur franc, peut être élevée sur tige, où elle forme des arbres d'un beau port, mais il est nécessaire de lui choisir des expositions abritées, car ses fruits tombent facilement.

Greffée sur paradis, elle se prête à toutes les formes régulières, principalement au cordon, où elle produit abondamment de beaux et bons fruits. Elle est recherchée pour la culture en pots et signalée comme très résistante aux grands hivers et aux gelées de printemps.

De plus, dans de nombreuses régions, on signale sa résistance particulière au puceron lanigère, ce qui l'a fait adopter comme sujet intermédiaire pour le surgreffage en tête des variétés de table.

WINTER BANANA. — Synonymes : *Banane d'hiver.* — *Flory.*

Origine probable : Obtenue dans l'Ohio.

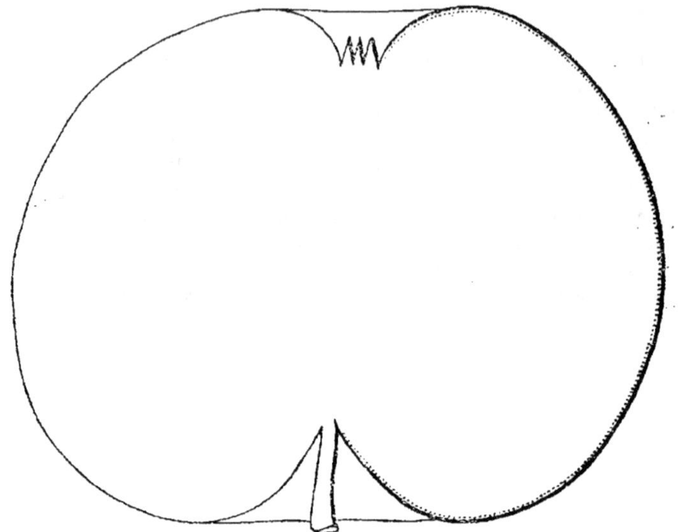

Fruit gros ou très gros, arrondi, très peu déprimé, aplati en deux faces en son pourtour, sans côtes ni bosses.

Épiderme onctueux, lisse, fin, d'un jaune frais et brillant avec lenticelles blanchâtres sur une moitié de la surface non ensoleillée, l'autre face est frappée de rosat saumonné finement pointillé de rouge.

Pédicelle de force et longueur moyennes dans une cavité normale, bien régulière, assez profonde et élargie à l'orifice.

Œil petit et fermé, ou un peu entrouvert, à sépales dressés, dans une dépression peu profonde, bien régulière et légèrement plissé.

Chair jaune fine, tendre, bien juteuse, bien sucrée assez relevée avec un parfum de banane assez agréable.

Qualité TRES BONNE.

Maturité HIVER et PRINTEMPS.

Culture. — Cette variété encore peu répandue n'est cultivée qu'en cordon, elle pourrait l'être avec avantage en plein vent, le fruit tenant bien et n'étant attaqué par aucune maladie.

PRUNIER

ORIGINE. — Les prunes que nous cultivons semblent appartenir à deux espèces dont l'une, le *Prunus domestica*, non épineuse, à fruits oblongs, à saveur douce, originaire du Caucase, de la Perse et de l'Anatolie ; la seconde, le *Prunus insititia*, que l'on trouve à l'état spontané dans l'Europe méridionale.

Une troisième espèce, le *Prunus Spinosa* de nos haies, ne semble pas avoir joué un rôle dans l'obtention des variétés que nous connaissons.

AIRE DE CULTURE. — La culture du prunier est une des plus étendues et, en général, partout où les grosses gelées printanières ne sont pas à craindre cet arbre est cultivé ; ses fleurs offrent une certaine résistance aux petites gelées blanches.

SOL. — Tous les terrains, sauf ceux trop arides, plaisent au prunier.

SUJETS. — Le sujet le plus employé est le *Prunier Saint-Julien*, c'est le meilleur et le plus résistant ; le *Prunier Mirobolan*, dans le midi de la France, pour les terrains calcaires et secs ; le *Damas de Tours* est réservé à la culture des arbres nains, et surtout du pêcher en espalier.

Dans certaines régions le greffage a lieu rez terre pour élever des tiges ; dans le nord, on greffe un sujet intermédiaire en tête duquel on greffe les variétés ; à Paris, il y a le sujet intermédiaire, le *Krazinscki* ; en Anjou le *Souvenir d'André Leroy* ; ailleurs différents intermédiaires qui ne sont le plus souvent que des Saint-Julien sélectionnés comme vigueur et grosseur, avec une affinité reconnue pour les espèces fruitières auxquels ils peuvent être destinés.

FORMES. — La culture en verger, en plein vent, est la meilleure pour obtenir de bonnes récoltes, cependant on peut aussi cultiver le prunier en fuseaux, palmettes, gobelets nains, dans le jardin d'amateur.

TAILLE. — En plein vent, une simple éclaircie des rameaux encombrants, formant confusion, ainsi que le rabattage annuel des extrémités des branches charpentières pour favoriser le développement des cour-

sonnes, en formes naines appliquer le pincement réitéré des coursonnes.

En forme naine, une taille courte et le pincement réitéré des ramifications est à recommander.

MALADIES, PAPILLONS ET INSECTES NUISIBLES. — *Gomme.*
— Cette maladie est particulièrement néfaste au prunier, voir son
traitement en tête de cet ouvrage.

Rouille noire. — Cette maladie se manifeste, comme la tavelure, sur
les feuilles, pulvériser avec les solutions cupriques d'hiver et d'été.

Maladie des pochettes. — Les jeunes fruits sont attaqués, ils gros-
sissent démesurément, leur surface devient poudreuse, le fruit jaunit
et tombe.
Pulvériser aux solutions cupriques d'hiver et d'été indiquées.

Monilia. — Certaines variétés y sont très sujettes ; laver branches et rameaux avec les solutions cupriques d'hiver et d'été indiquées.

Teigne du prunier. — Détruire les nids dès qu'on les aperçoit
formés aux sommets des branches et rameaux.

Puceron noir. — C'est le puceron qui cause les plus grands dégâts,
les pointes de rameaux noircissent comme brûlées ; voir les pulvérisations indiquées.

Ver du fruit. — Causé par la ponte d'un carpocapse, pulvériser les
arbres en pleine floraison comme indiqué.

CLASSIFICATION DES PRUNES

La Société Pomologique de France a classé les prunes en trois
catégories :

1° Prunes de table.
2° Prunes à pruneaux.
3° Prunes à conserves et confitures.

PRUNES

ABBAYE D'ARTON.

ORIGINE. — Provient d'un semis de hasard, ayant produit un arbre sorti des ruines de l'Abbaye d'Arton, à Valréas, d'où son nom. — Propagé en 1897, par M. Valdy, de Valréas.

Fruit gros, long, oviforme, ayant la forme de la prune d'Agen, léger sillon peu visible.

PÉDICELLE moyen, vert, long de 0 m. 01 à 0 m. 015, inséré dans une petite cavité.

EPIDERME demi épais, pouvant se détacher facilement de la chair, de couleur rose pâle, pointillé sur fond vert d'eau clair, lavé de violet et marbré de rouge au soleil ; pruine bleuâtre.

CHAIR jaune ambrée, pleine, non filandreuse, très juteuse, sucrée, bien isolée du noyau.

Qualité BONNE, TRES BONNE au séchage.

Maturité. — Première quinzaine d'AOUT et commencement de SEPTEMBRE.

RAMEAUX vigoureux, érigés, longs, minces, de couleur rouge foncé, formant une tête arrondie.

YEUX pointus, à pourtour arrondi, coussinet fort accentué, la pointe séparée du rameau suivant un angle de 30 à 35°.

ARBRE très fertile.

Culture. — Cet arbre convient spécialement à la culture sur tige, mais s'accommode aussi de la culture en espalier.

BELSIANA.

ORIGINE. — Variété algérienne et croissant à l'état sauvage, recherchée par les Arabes comme fruit rafraîchissant ; introduite en France par M. G. Luizet, qui la reçut, en 1878, de M. Ferdinand Lombard, horticulteur à Alger-Mustapha.

Fruit moyen, bien arrondi, mais un peu plus large que haut ; à suture à peine sensible ; à point pistillaire très fin et bien au sommet ; à cavité caudale peu profonde et bien régulièrement évasée.

PÉDICELLE fin, long de 12 à 15 millimètres, bien attaché à l'arbre et au fruit.

EPIDERME mince et parcheminé, à peine pruiné, d'un jaune ambré uniforme sur les fruits à l'ombre, nuancé de rosat sur toute la surface au soleil.

CHAIR jaune ambré, devenant aqueuse et comme sous pression, à la maturité, très douce et mielleuse, très rafraîchissante ; laissant quelques lambeaux de chair acidulée adhérents au noyau.

Qualité BONNE.

Maturité. — Fin JUILLET, se prolongeant assez longtemps.

RAMEAUX assez effilés, d'un rouge sombre au soleil.

FEUILLES de dimensions moyennes, bien nervées-gaufrées, à nervure dorsale rubescente en dessous.

Culture. — Ce prunier qui dérive sans doute du prunier Mirobolan, car il en a le port, la vigueur, l'abondante et belle floraison, doit être cultivé sur tige.

L'arbre très fertile et très vigoureux, forme une tête pyramidale, de moyenne dimension, très touffue, devant être éclairie chaque année.

Variété de culture intensive pour l'approvisionnement des marchés de primeurs.

BLEUE DE BELGIQUE. — Synonymes : *Belgian purple.* — *Bleue de Bergues.* — *Bleue de Perk.*

Origine inconnue.

Fruit moyen, sphérique ou légèrement elliptique à joues un peu inégalement bombées ; à sillon peu sensible, prononcé seulement vers la cavité pédonculaire.

Pédicelle grêle, assez long, dans une cavité large et profonde.

Epiderme fin, mince, d'un pourpre intense, entièrement recouvert d'une pruine épaisse, qui le fait paraître bleu.

Chair jaune, verdâtre sous la peau, se détachant du noyau, tendre, fondante, juteuse ; à saveur sucrée, agréablement rafraîchissante et parfumée.

Qualité BONNE.

Maturité. — Fin de JUILLET et commencement d'AOUT.

Rameaux longs, minces, droits, vert rougeâtre, rouges à l'insolation et lavés de gris à la base.

Yeux petits, sur un coussinet très accentué.

Culture. — L'arbre rustique peut être élevé sous toutes les formes, mais la plus recommandable et la plus lucrative est la tige, pour former régulièrement la tête, il faut avoir le soin de dépointer les branches pendant leur jeune âge.

L'arbre prospère dans les terres friables, meubles, fraîches et bien éclairées.

Arbre à cultiver pour les marchés.

COE'S GOLDEN DROP. — Synonymes : *Bury seedling*. — *Coë's*. — *Goutte d'Or de Coë*. — *New golden drop*.

Origine. — Obtenue par M. Jervoise Coë, de Bury-Saint-Edmunds, dans le comté de Suffolk (Angleterre).

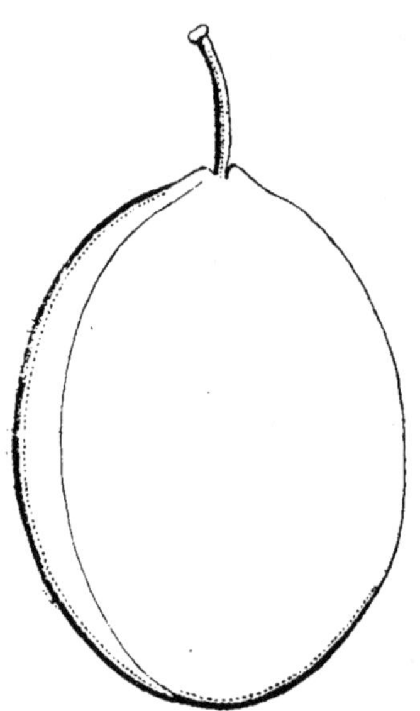

Fruit gros, ovoïde allongé, un peu atténué au sommet, resserré vers le pédicelle ; à sillon bien marqué ; à joues inégales.

Pédicelle grêle, de longueur moyenne, dans une cavité étroite et profonde.

Epiderme un peu épais, d'un jaune d'or, relevé de taches rouges à l'insolation.

Chair jaune, fine, un peu ferme, se détachant du noyau ; à saveur bien sucrée, relevée d'un parfum d'abricot, se conservant bien au fruitier.

Qualité TRÈS BONNE, à l'état frais et en pruneaux.

Maturité. — Fin SEPTEMBRE.

Rameaux rougeâtres, de moyenne grosseur.

Yeux petits, collés au rameau.

Culture. — L'arbre convient à toutes les formes, il prospère mieux dans les sols secs et sous les climats peu humides ; son fruit dans ces conditions se fend rarement et peu mieux se conserver.

COE'S VIOLETTE.

Culture. — C'est une simple variation de la Prune Coe's golden drop ; elle en a conservé tous les caractères et toutes les qualités. Son fruit ne diffère du type que par la couleur de sa peau qui est largement lavée de rouge violet à l'insolation.

Culture. — Identique à celle de Coe's Golden Drop, mais à développer pour l'approvisionnement des marchés.

DE MONTFORT.

ORIGINE. — Obtenue dans les pépinières de Mme Ebert, à Montfortin (Seine-Inférieure) ; propagée par M. Prévost, de Rouen.

Fruit assez gros, ovoïde assez allongé, plus large à la base qu'au sommet ; à sillon sensible, peu profond et très élargi, régulier dans son pourtour.

PÉDICELLE assez fort, de longueur moyenne, implanté dans une cavité peu profonde et peu évasée.

EPIDERME dur, épais, d'un violet sombre, élégamment veiné de lignes fauves anastomosées.

CHAIR d'un jaune verdâtre, se détachant du noyau, fine, tendre, fondante, très juteuse ; à saveur sucrée, vineuse, agréablement relevée.

Qualité TRES BONNE.

Maturité. — Milieu d'AOUT.

RAMEAUX brun-rougeâtre et de moyenne grosseur.

YEUX moyens, peu appliqués au rameau.

Culture. — Cette variété peu délicate pour le climat et pour le sol, forme des arbres à branches divergentes et pendantes. Il est bon de supprimer les gourmands qui se développent à l'intérieur.
Peu recommandable pour la culture en espalier.

D'ENTE. Synonymes : *D'Agen. - D'Ast. - Datte violette. D'Ente. Robe de Sergent.*

Origine ancienne.

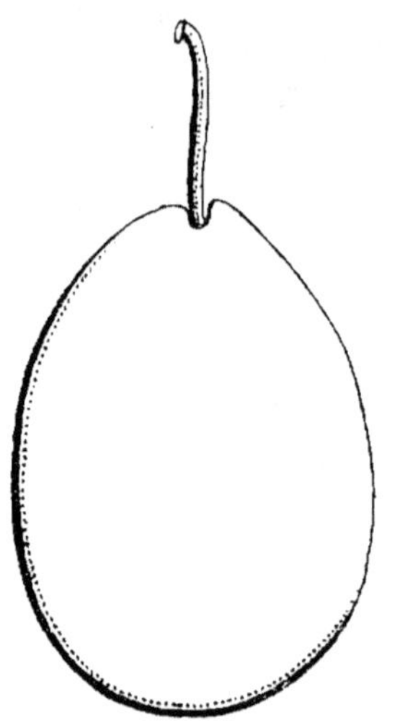

Fruit ovoïde piriforme, assez allongé, arrondi au sommet, s'atténuant du côté du pédicelle ; à dos déprimé ; à sillon assez prononcé ; à faces un peu inégales.

Pédicelle assez long, assez grêle, plongé profondément dans une cavité étroite.

Épiderme fin, ferme, se détachant de la chair, d'un pourpre violet foncé, abondamment pruiné de bleuâtre.

Chair se détachant du noyau, fine, tendre, juteuse, sucrée, mais peu parfumée.

Qualité BONNE à confire.

Maturité. Fin d'AOUT et com-mencement de **SEPTEMBRE.**

Rameaux moyens, grisâtres.

Yeux moyens, légèrement appliqués au rameau.

Culture. L'arbre ne se prêtant pas à la taille, doit être élevé sur tige, où il donne une abondante production.

Pendant les trois ou quatre premières années de plantation, on écourtera les rameaux de l'année qui se développent trop vigoureusement.

On doit lui donner un sol léger, riche, une exposition chaude et bien abritée.

De PONTBRIANT.

ORIGINE. — Obtenue, en 1851, par M. F. Morel, pépiniériste, à Lyon. — Premier rapport en 1856.

Fruit gros, sphérique, un peu plus largement tronqué à la base qu'au sommet ; à sillon peu profond et très élargi.

PÉDICELLE assez gros et assez long, dans une cavité étroite et peu profonde.

EPIDERME lisse, un peu épais, rouge violacé, plus foncé à l'insolation, bien recouvert de pruine.

CHAIR se détachant du noyau, d'un jaune blond, mi-fine, fondante, très juteuse ; à saveur très sucrée et relevée.

Qualité BONNE, à consommer à son extrême maturité.

Maturité. — Milieu d'AOUT.

RAMEAUX moyens, brun-rougeâtre, fortement plaqués de gris sur toute leur longueur, sauf au sommet.

YEUX moyens, aplatis sur les branches vigoureuses, et sur un coussinet peu prononcé, arrondis sur les brindilles avec coussinet très prononcé.

Culture. — L'arbre doit être cultivé dans les terres meubles et riches ; il se prête aux petites formes et prospère bien sur tige, sans atteindre cependant de grandes dimensions.

DES BÉJONNIÈRES.

ORIGINE. — Cette variété est née, il y a plus de 60 ans, dans les pépinières d'André Leroy, installées aux Béjonnières, à Angers.

Fruit de grosseur moyenne, de forme olivoïde, parfois mamelonnée à la base ; à sillon marqué seulement par la transparence.

PÉDICELLE de force et de longueur moyennes.

ÉPIDERME fin, d'un jaune ambré, grumelé de carmin ou légèrement nuancé de lilas, couvert d'une pruine blanc-carné.

CHAIR assez ferme, citrine, se détachant bien du noyau, pourvue d'un jus abondant, sucrée, relevée et parfumée.

Qualité TRES BONNE.

Maturité. — Première quinzaine d'AOUT.

RAMEAUX forts, dressés ascendants, d'un brun olivâtre brillant, recouvert de gris argenté vers la base ; à entre-nœuds courts et un peu irréguliers ; à consoles saillantes.

YEUX inférieurs petits, coniques et un peu apprimés : les moyens et les supérieurs gros, ovoïdes coniques, divariqués.

FEUILLES de grandeur moyenne ou assez petites, toutes fortement nervées, gaufrées, d'un vert un peu luisant en dessus, d'un vert blanchâtre en dessous et pubescentes ; à pétiole court, rouge violacé, canaliculé, pubescent et portant deux glandes.

Culture. — L'arbre se comporte très bien sur tige : ses fruits, rarement véreux, font les délices des desserts. Ils ont une très grande ressemblance avec l'Agen Doré.

En espalier cette variété donne également de bons résultats. Très-résistante aux grandes gelées.

EARLY FAVORITE.

ORIGINE. — Obtenue par M. Rivers, d'un semis de noyau Précoce de Tours.

Fruit moyen, presque sphérique.

PÉDICELLE mince, de longueur moyenne.

ÉPIDERME d'un rouge noirâtre.

CHAIR verdâtre, fine, juteuse, sucrée et bien parfumée.

Qualité TRES BONNE, la meilleure des prunes précoces.

Maturité. — **Commencement et Mi-JUILLET.**

Culture. — L'arbre vigoureux et fertile convient particulièrement à la culture en verger.

GLOIRE D'ÉPINAY.

ORIGINE. — Semis de hasard, propagé vers 1898, par M. Toussaint Corion, arboriculteur, à Epinay (Seine).

Fruit gros, sphérique, plus ou moins creusé au sommet, à sillon large et également bordé.

PÉDICELLE gros, fort et court.

ÉPIDERME d'un rouge noir, bien pruiné de bleu.

CHAIR d'un jaune d'ambre, à peine adhérente au noyau, assez ferme et fondante, mais peu juteuse, peu sucrée.

Qualité TRES BONNE.

Maturité. **SEPTEMBRE.**

RAMEAUX moyens, de couleur rouge noirâtre.

YEUX petits, pointus, presque collés au rameau.

Culture. — Cette variété très répandue dans la région parisienne, convient surtout à la culture sur tige. Elle est l'objet d'un grand commerce à Paris.

JEFFERSON.

ORIGINE. — Obtenue par le juge Buel, aux Etats-Unis et dédiée au Président Jefferson.

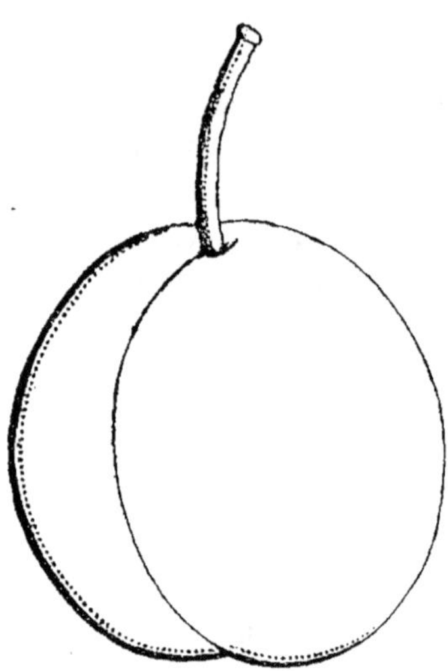

Fruit gros, arrondi, ellipsoïde, presque également atténué aux deux pôles ; à sillon large, peu profond et inégalement bordé.

PÉDICELLE de force moyenne et de longueur variable, dans une très petite cavité.

EPIDERME fin, mince, mais résistant, d'un jaune verdoyant, lavé de rose et grumelé de rosat à l'insolation.

CHAIR se détachant du noyau, verdâtre, fine, juteuse ; à saveur bien sucrée, hautement parfumée.

Qualité TRES BONNE.

Maturité. — **Fin d'AOUT et commencement de SEPTEMBRE.**

RAMEAUX moyens ou minces, rouges, grisâtres à l'insolation.

YEUX petits, légèrement écartés du rameau, coussinets peu accentués.

Culture. — Cette variété peut être cultivée sous toutes les formes sur tige, elle forme une tête élevée et de bonne tenue.
Elle demande des terrains silico-argileux.
Elle se forme très facilement.
Cette variété se prête bien à la culture forcée.

KIRKE'S. SYNONYME : *De Kirke*.

ORIGINE inconnue. — Variété introduite en Angleterre par M. Kirke, de Brompton.

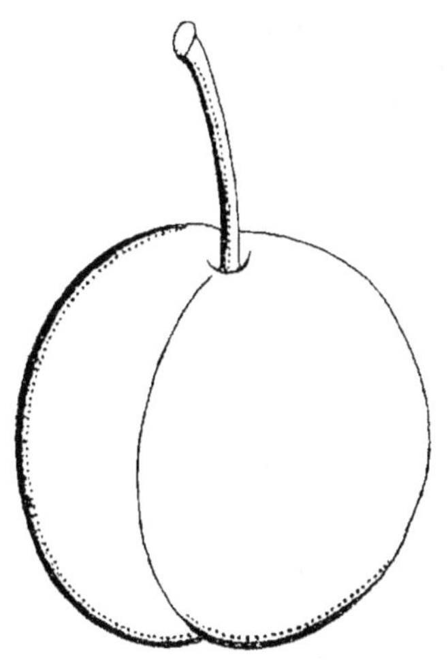

Fruit gros ou assez gros, sphérique, obtus à ses deux bouts : à sillon large, peu profond et inégalement bordé.

PÉDICELLE assez long, assez fort, dans une cavité qu'il remplit par son bourrelet.

ÉPIDERME fin, mince, se détachant, d'un pourpre violet, recouvert d'une pruine bleuâtre.

CHAIR se détachant du noyau, d'un jaune verdâtre, fine, bien fondante, bien juteuse : à saveur sucrée, très agréablement parfumée.

Qualité BONNE ou TRÈS BONNE.

RAMEAUX rouges noirâtres, à épiderme rugueux, plaqués de plaques verruqueuses, sur toute leur longueur, sauf à l'extrémité supérieure qui est lisse et d'un rouge brillant.

YEUX gros, longs, pointus, saillants, insérés à 45° sur un coussinet bien prononcé.

Maturité. — Milieu d'AOUT.

Culture. — Cette variété s'adapte à toutes les formes et réussit bien contre les murs, à l'exposition de l'ouest et du nord-est. Pour obtenir les meilleurs résultats, quant à la qualité du fruit, on choisira un sol léger, frais, sain et fertile, une exposition éclairée et abritée du vent du nord, et on aura soin d'entrecueillir le fruit pour le laisser mûrir au fruitier.

LAWRENCE GAGE.   SYNONYMES : *Lawrence favourite.* — *Reine-Claude de Lawrence.*

ORIGINE. — Obtenue par M. Lawrence, d'Udson, état de New-York. (États-Unis).

Fruit gros ou assez gros, sphérique, tronqué à ses deux pôles : à sillon large, peu profond et également bordé.

PÉDICELLE gros, court, dans une cavité étroite et assez profonde.

ÉPIDERME fin, mince, d'un vert jaunâtre, tacheté de rose azuré, à l'insolation.

CHAIR se détachant du noyau, d'un jaune verdâtre, tendre, fondante, juteuse ; à saveur excellemment sucrée, à parfum de Reine-Claude verte.

Qualité TRES BONNE.

RAMEAUX moyens, trapus, brun rougeâtre, fortement plaqués de gris.

YEUX moyens, insérés sur un coussinet moyen dans les rameaux vigoureux, au contraire gros, avec un coussinet énorme sur les brindilles.

Maturité. — Milieu d'AOUT.

Culture. — Cette variété peut être cultivée sous toutes formes. Sur tige, elle forme une tête de belle venue.
On doit lui donner un sol riche et profond.

LE TSAR.

ORIGINE. — Obtenue en 1874 par M. Rivers, de Sawbridgworth, en Angleterre, issue d'un croisement entre Prince Englebert et Early Prolific.

Fruit moyen, ovale.

PEAU épaisse, rouge foncé noirâtre, pruine bleue.

CHAIR jaunâtre, molle, pulpeuse, très juteuse, s'isolant bien du noyau, parfumée, d'un goût exquis.

NOYAU petit et mince.

Qualité BONNE ou TRES BONNE.

Maturité. — Commencement d'AOUT.

Culture. — L'arbre très vigoureux convient à la cuture en verger, ses fruits ne crevassant pas par la pluie, font de cette variété un excellent fruit de marché.

MIRABELLE DE FLOTOW.

Fruit moyen, légèrement subsphérique, tronqué au sommet, un peu aplati du côté du sillon, lequel est peu marqué.

PÉDICELLE assez long, de force ordinaire, finement velu ; cavité assez faible.

Point pistillaire gris, peu apparent, dans une cavité peu enfoncée, très élargie.

ÉPIDERME jaune unicolore, recouvert d'une très fine pruine blanche, semé de petits points verts, à peine visibles.

CHAIR jaune, tendre, juteuse, sucrée, à saveur douce, très légèrement adhérente.

Qualité BONNE.

Maturité.   Fin JUILLET.

NOYAU sinué comme celui des pêches, complètement différent de ceux des autres mirabelles, lesquels sont lisses.

Fruit très avantageux pour la culture commerciale, à consommer à l'état frais et bien mûr. Ne peut convenir pour tartes et pâtisseries, la peau conservant, malgré la cuisson, une saveur amère, malgré le sucre qu'on peut y ajouter.

Arbre d'un beau port, très vigoureux, sain, d'une grande fertilité, s'accommodant de tous les sols convenant aux pruniers.

MIRABELLE GROSSE. — SYNONYMES : *Double drap d'or.* — *Double Mirabelle.* — *Mirabelle.* *Perdrigon hâtif.*

ORIGINE ancienne et incertaine.

Fruit petit ou assez petit, sphérique, un peu plus large que haut ; à sillon très large et à peine creusé.

PÉDICELLE grêle, assez court, dans une cavité étroite, peu profonde et régulière.

ÉPIDERME fin, très mince, d'un jaune clair, lavé et un peu marbré de rose à l'insolation.

CHAIR se détachant du noyau, d'un jaune tendre, fine, fondante, juteuse ; à saveur sucrée, agréablement parfumée.

Qualité BONNE cru, EXCELLENTE en conserves.

Maturité. — Fin d'AOUT et commencement de SEPTEMBRE.

RAMEAUX rouge clair plaqué de gris, longs, gros, droits.

YEUX moyens ou petits, arrondis, coussinet peu accentué.

Culture. — Cette variété est surtout cultivée sur tige, on devra avoir la précaution de la débarrasser de temps en temps de l'excès des petits rameaux faisant confusion et privant les fruits de l'intérieur d'air et de lumière.

Il sera également très utile, après plusieurs années de production, de rabattre une partie des vieilles branches, pour faire produire du nouveau bois.

L'arbre prospère dans tous les sols riches, exempts d'humidité, il réussit à toutes les expositions abritées.

MIRABELLE PETITE. SYNONYMES : *De Mirabelle.* — *Mira-belle abricotée.* — *Mirabelle précoce.*

ORIGINE ancienne.

Fruit petit ou très petit, ovoïde arrondi, tronqué à ses deux pôles ; à sillon large, assez marqué et se prolongeant sur le dos.

PÉDICELLE grêle, court, dans une cavité étroite et peu profonde.

ÉPIDERME assez fin, adhérent, d'un jaune d'or, marbré de rouge amarante à l'insolation.

CHAIR se détachant bien du noyau, jaunâtre, fine, tendre, peu juteuse : à saveur sucrée et par-fumée.

Qualité BONNE cru, TRES BONNE à confire.

Maturité. — AOUT.

Culture. — L'arbre cultivé en pyramide et en buisson est très décoratif, lorsqu'il est couvert de fruits, réunis en petits trochets le long des branches.

Elevé sur tige, il forme facilement sa tête sans prendre de grandes proportions, il ne nécessite pas d'autre soin que la suppression des ramifications épuisées ou de celles formant confusion.

Il se comporte bien en terrain riche, sain, aéré et éclairé. Des fumures devront lui être appliquées après les années de grande pro-duction.

MONSIEUR HATIF. SYNONYMES : *Du roi. — Monsieur hâtif de Montmorency. — New-early Orléans. - Wilmot's Orléans.*

ORIGINE ancienne et inconnue.

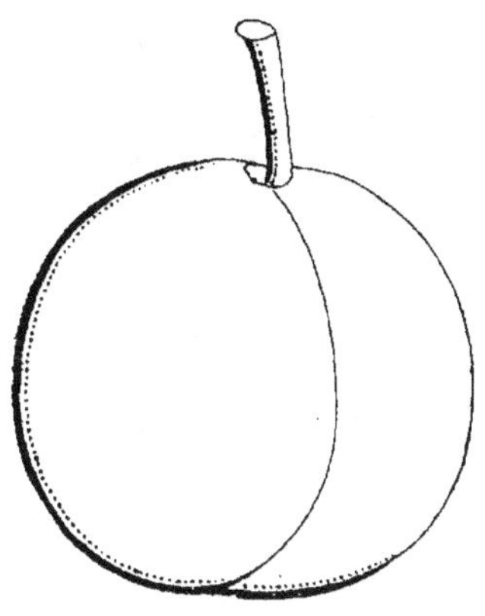

Fruit moyen ou assez gros, arrondi, un peu tronqué au sommet : à sillon large, peu profond ; à joues bien convexes.

PÉDICELLE de force normale, assez court, dans une cavité étroite et peu profonde.

ÉPIDERME se détachant bien, fin, d'une pourpre intense, marqué de petites taches jaunes, bien pruiné d'azur.

CHAIR se détachant du noyau, d'un jaune verdâtre, demi-fine, très tendre, bien fondante, bien juteuse à saveur sucrée, agréablement parfumée.

Qualité BONNE.

Maturité. — Fin de JUILLET.

RAMEAUX vigoureux, brun rougeâtre, non plaqués de gris.

YEUX petits ou moyens, sur un coussinet assez prononcé.

Culture. — L'arbre peut être cultivé sous toutes les formes ; il se prête facilement à la forme pyramidale.

Elevé sur tige, il prend un développement remarquable, on ne saurait trop recommander de choisir pour lui, les sols riches, légers et sains, et d'éviter les expositions ombragées et peu aérées.

Cette variété donne de très bons résultats cultivée à de hautes altitudes.

MONSIEUR JAUNE. — Synonymes : *D'Altesse blanche. — Jaune de Monsieur. — Monsieur à fruits jaunes.*

Origine. — Obtenue par M. Jacquin, pépiniériste à Paris. Premier rapport en 1845.

Fruit moyen ou assez gros, généralement ovale arrondi, parfois plus allongé et ellipsoïde ; à sillon évasé, bien apparent et inégalement bordé.

Pédicelle normal, dans une cavité régulière.

Epiderme se détachant, fin, mince, d'un jaune d'or, pointillé et strié de rouge carmin à l'insolation.

Chair se détachant du noyau, jaune, très fine, bien juteuse ; à saveur très sucrée et parfumée.

Qualité BONNE.

Maturité. — **Fin de JUILLET et commencement d'AOUT.**

Rameaux forts, vigoureux, fortement plaqués de gris.

Yeux gros, bien écartés du rameau.

Culture. — L'arbre peut être greffé sur tous les sujets, et être élevé sous toutes les formes. On le plantera de préférence dans les sols légers et substantiels et aux expositions éclairées ; comme soins il suffira de supprimer les rameaux intérieurs faisant confusion.

PÊCHE. — Synonymes : *Nectarine rouge.*   *Howell's large.*

Origine inconnue.

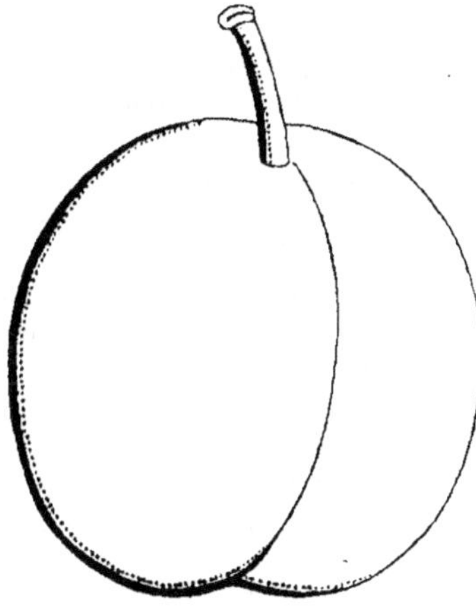

Fruit gros ou très gros, ovale arrondi ; à sillon assez large, assez profond profond et également bordé.

Pédicelle gros, court, dans une cavité étroite et assez profonde.

Épiderme se détachant assez bien, fin, mince, transparent, d'un rouge violacé, recouvert d'une légère pruine.

Chair se détachant du noyau, jaunâtre, demi-fine, bien juteuse, à saveur bien sucrée, relevée d'un parfum assez agréable.

Qualité **BONNE.**

Maturité. — **Milieu et fin de JUILLET.**

Rameaux longs, rouge brunâtre, légèrement plaqués de gris.

Yeux gros, sphériques, sur un coussinet assez accentué.

Culture. — Cette variété peut être cultivée sous toutes les formes ; cependant, il est préférable de l'élever sur tige, greffée en tête, de la planter dans les sols légers, chauds et substantiels, à l'est et au sud-est.

Il est nécessaire de raccourcir de temps en temps quelques-unes des grosses branches dont le bas tend à se dénuder et d'arrêter par la taille les rameaux trop vigoureux.

POND'S SEEDLING. — SYNONYMES : *Fonthill.*   *Pond's purple.*

ORIGINE. — Obtenue par M. Pond, en Angleterre ; introduite en France en 1844, par M. L. Jamin, de Paris.

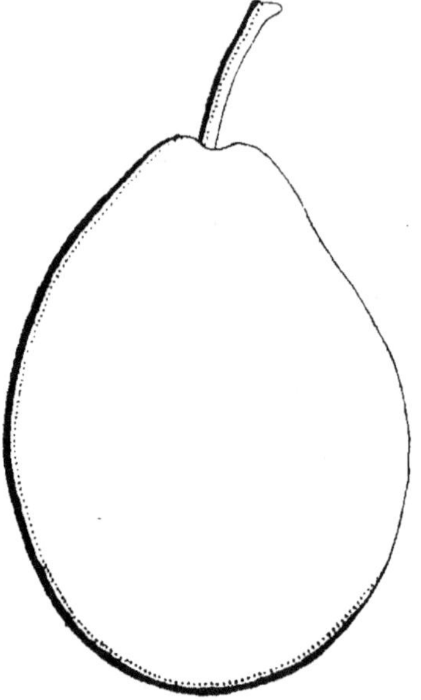

Fruit gros ou très gros, ellipsoïde, tantôt régulièrement allongé, tantôt plus brusquement atténué vers le pédoncule ; à sillon peu apparent.

PÉDICELLE assez grêle, assez long, dans une cavité étroite et profonde.

ÉPIDERME un peu épais, ferme, d'un pourpre carminé foncé, légèrement pruiné de bleu violacé.

CHAIR un peu adhérente au noyau, d'un jaune saumoné, peu fine, peu juteuse ; à saveur assez sucrée, mais d'un parfum peu appréciable.

Qualité d'ornement, propre seulement aux usages de la cuisine.

RAMEAUX gros, vigoureux, brun noirâtre, plaqués de gris.

YEUX petits, insérés sur un coussinet peu prononcé.

Culture. — L'arbre par sa vigueur s'accommode de tous les terrains et de toutes les expositions, sa végétation désordonnée le rend rebelle aux formes régulières. On peut, cependant, le cultiver en contre-espalier et en espalier ; dans ces conditions, les fruits acquièrent plus de saveur et de volume.

PRINCE ENGLEBERT. — Synonyme : *Englebert.*

Origine. — Obtenue par M. Scheidweiler, professeur de botanique
à Gand (Belgique).

Fruit assez gros, ellipsoïde, régulier.

Pédicelle grêle, de longueur moyenne, dans une cavité normale.

Epiderme fin, d'un pourpre noir, abondamment pruiné de bleuâtre.

Chair se détachant assez bien du noyau, d'un jaune foncé, fine, assez fondante, juteuse ; à saveur sucrée acidulée, parfumée.

Qualité BONNE, TRES BONNE à sécher.

Maturité. — Seconde quinzaine d'AOUT.

Rameaux de grosseur moyenne ou minces, longs, rouge clair, brunâtres à l'extrémité, lavés de gris.

Yeux petits, sur un coussinet peu accentué.

Culture. — Cette variété s'accommode assez bien de toutes les formes, mais préfère la culture sur tige.
Très vigoureuse, elle vient partout et doit surtout être surveillée au point de vue de l'éclaircissement des branches.
Le meilleur des fruits d'exportation à l'état frais.

QUETSCHE D'ALLEMAGNE. Synonymes : *Altesse ordinaire.* — *D'Allemagne.* *Early Russian.* — *Quetsche de Metz.* — *Quetsche d'Alsace* (depuis la guerre de 1914).

Origine très ancienne.

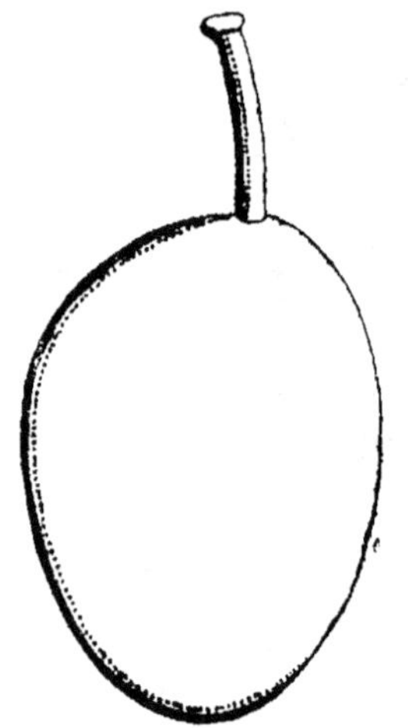

Fruit moyen ou assez gros, tantôt ovoïde conique et atténué du côté du pédicelle, tantôt ellipsoïde irrégulier et ventru sur une des faces ; à sillon plus ou moins sensible, suivant la forme.

Pédicelle gros, assez allongé, implanté presque à fleur du fruit.

Épiderme fin, mince, d'un rouge pourpre violacé, recouvert d'une pruine transparente.

Chair se détachant du noyau, d'un vert jaunâtre, ferme, consistante, peu juteuse ; à saveur sucrée, acidulée, sans parfum appréciable.

Qualité BONNE, pour sécher.

Rameaux vigoureux, rougeâtres, entièrement plaqués de gris à la base.

Yeux moyens, presque collés au rameau.

Culture. L'arbre destiné à la culture sur tige réussit bien greffé en tête et greffé près du sol, suivant les terrains, les petites formes et l'espalier sont généralement peu employés.

L'arbre prospère bien dans les sols légers, substantiels et abrités des grands vents.

Très bonne variété pour l'exportation des fruits frais.

QUETSCHE D'ITALIE.   SYNONYMES : *Altesse double*.   *Bleue d'Italie*. — *Italian Quetsche*. — *Fellenberg*.

ORIGINE italienne. — Variété commune aux environs de Milan.

Fruit moyen ou assez gros, ovoïde allongé, plus généralement ellipsoïde, un peu atténué aux deux pôles, plus ventru du côté du sillon que de l'autre.

PÉDICELLE gros, assez long, dans une cavité étroite et assez profonde.

EPIDERME adhérent, fin, mince, d'un bleu violet foncé, recouvert d'une pruine bleuâtre.

CHAIR se détachant imparfaitement du noyau, jaune, très fine, ferme, peu juteuse ; à saveur sucrée, un peu parfumée.

Qualité ASSEZ BONNE crue, TRES BONNE à sécher.

Maturité. — Milieu et fin de SEPTEMBRE.

RAMEAUX moyens, vigoureux, plaqués de gris.

YEUX moyens, pointus, écartés du rameau.

Culture.   L'arbre peut être cultivé sous toutes les formes ; toutefois, il est plus spécialement destiné à la culture sur tige dans le verger, en terre légère à l'abri des grands vents.

Il est, d'ailleurs, capricieux, peu souple à la direction, il est difficile de maintenir par la taille l'équilibre entre toutes les parties de la charpente.

Excellent fruit pour la vente des fruits frais.

REINE-CLAUDE. SYNONYMES : *Abricot vert. — Dauphine. — Green gage. — Grosse Reine-Claude. — Reine-Claude dorée. — Reine-Claude verte.*

ORIGINE très ancienne.

Fruit moyen ou assez gros, presque sphérique, mais un peu plus épais du côté du pédicelle ; à sillon large et profond, inégalement bordé.

PÉDICELLE gros, court, dans un godet arrondi et aussi profond que large.

ÉPIDERME assez adhérent, fin, mince, d'un vert jaunâtre, souvent lavé de rosat à l'insolation.

CHAIR se détachant assez bien du noyau, d'un jaune verdoyant, fine, fondante, très juteuse : à saveur richement sucrée, relevée d'un parfum agréable.

Qualité TRES BONNE, dont l'excellence n'a pas encore été dépassée.

Maturité. AOUT.

RAMEAUX courts, forts, rouges à l'extrémité, gris à la base.

YEUX moyens, bien écartés du rameau et reposant sur un coussinet très accentué.

Culture. L'arbre est très fertile, mais inconstant dans cette fertilité. Sa vigueur le rend peu difficile sur le climat, l'exposition ou le sujet ; cependant en espalier à l'exposition du midi, il produit des fruits plus délicieux encore, mais il est difficile de lui donner une forme bien régulière.

Sur tige, il faut dans son jeune âge surveiller sa formation et la disposition de ses branches : à l'âge adulte, il faut de temps en temps rabattre quelques branches pour renouveler le bois, qui s'épuise et s'atrophie dans les années de grande fertilité.

Cette variété donne d'excellents résultats, cultivée à de hautes altitudes.

REINE-CLAUDE COMTE D'ALTHAN. — Synonyme : *Reine-Claude d'Althan.*

Origine. — Obtenue en Hongrie par M. Prochaska, jardinier de M. le comte Joseph d'Althan.

Fruit gros, sphérique, tronqué à ses deux pôles ; sillon large, très peu profond et inégalement bordé.

Pédicelle grêle, assez long, dans une cavité assez large et peu profonde.

Épiderme se détachant, un peu épais, jaunâtre, entièrement lavé de pourpre clair, pruiné de blanc lilacé.

Chair se détachant du noyau, d'un jaune clair, fine, un peu ferme, juteuse, sucrée, à parfum de la Reine-Claude.

Qualité BONNE ou TRES BONNE.

Maturité. — Commencement de SEPTEMBRE.

Rameaux vigoureux, totalement recouverts de plaques grises.

Yeux petits, reposant sur un coussinet fortement accentué.

Culture. — Cette variété vigoureuse, à branches dressées, très fertile, se prête peu à la taille.
Sa destination est au verger où elle forme des arbres très élevés et peu réguliers. Elle convient au transport, grâce à l'épaisseur de l'épiderme du fruit et à la fermeté de sa chair.

REINE-CLAUDE DE BAVAY. — Synonymes : *De Bavay.* — *Monstrueuse de Bavay.*

Origine. — Obtenue par le major Espéren, à Malines (Belgique).

Fruit gros, ovoïde arrondi, presque aussi large au sommet qu'à la base ; à sillon large, peu inégalement bordé.

Pédicelle de force variable, de longueur moyenne, dans une cavité étroite et profonde.

Epiderme luisant, assez épais, d'un jaune verdâtre, finement pruiné ; souvent nuancé d'or et marbré de rouge à l'insolation.

Chair se détachant du noyau, demi-fine, un peu ferme ; à saveur richement sucrée, agréablement parfumée.

Qualité BONNE.

Maturité. — SEPTEMBRE et commencement d'OCTOBRE.

Rameaux vigoureux, rouges, fortement plaqués de gris.

Yeux petits, plats, bien écartés du rameau.

Culture. — L'arbre peut être cultivé sous toutes formes, mais la tige est préférable comme rendement. Il ne produit de bons fruits qu'après quelques années de plantation et particulièrement dans les sols légers, chauds, abrités et à toutes les expositions, sauf le nord.

Il est important, pour maintenir l'équilibre de la charpente, de dépointer l'extrémité des principales ramifications qui, sans cette précaution, se dénudent facilement.

REINE-CLAUDE D'ÉCULLY.

ORIGINE. — Gain de hasard trouvé chez M. Luizet, à Écully-lès-Lyon. Premier rapport en 1866.

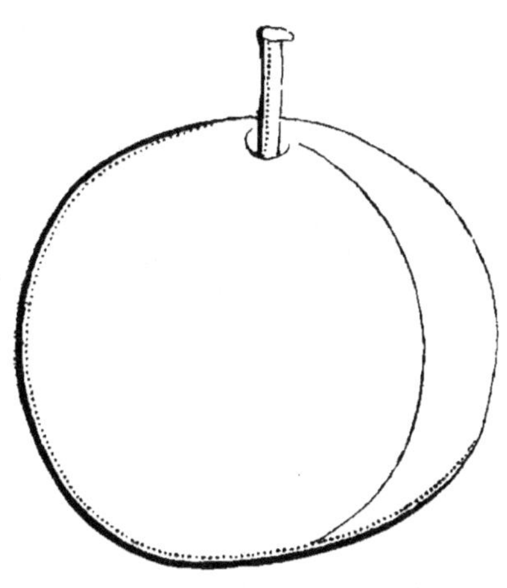

Fruit gros, sphérique, un peu plus large que haut ; à sillon bien marqué et bordé de lèvres inégales.

PÉDICELLE de force et de longueur moyennes, dans une cavité profonde et assez large.

ÉPIDERME se détachant, mince, résistant, d'un jaune clair, légèrement teinté et taché de rouge purpurin à l'insolation.

CHAIR se détachant assez bien, jaunâtre, fine, un peu ferme, très juteuse, sucrée, douée d'un parfum qui rappelle la Reine-Claude.

Qualité BONNE.

Maturité. — Première quinzaine d'AOUT.

RAMEAUX moyens ou gros, brunâtres, gris à la base et plaqués de gris sur toute leur longueur.

YEUX petits, coussinet peu accentués.

Culture. — L'arbre est vigoureux, à branches verticales, et très fertile. Il s'accommode de toutes les formes, mais spécialement de la tige : il est bon, pour maintenir l'équilibre, de dépointer de temps en temps l'extrémité de ses branches.

REINE-CLAUDE DIAPHANE. — Synonyme : *Transparent gage..*

Origine. — Obtenue par M. Lafay, pépiniériste à Paris. Premier rapport vers 1845.

Fruit gros, sphérique déprimé, plus large que haut ; à sillon peu accentué, si ce n'est vers les deux pôles.

Pédicelle gros, court, dans une cavité régulière, étroite et assez profonde.

Épiderme se détachant assez bien, fin, mince, d'un jaune d'or, abondamment lavé de rose frais et taché de rose carminé, recouvert d'un pruine très fine et très transparente.

Chair se détachant du noyau, d'un jaune verdâtre, assez fine, d'abord un peu consistante, devenant fondante à l'extrême maturité ; à saveur très richement sucrée et parfumée.

Qualité TRES BONNE.

Maturité. — Fin d'AOUT et commencement de SEPTEMBRE.

Rameaux gros, longs, rouge verdâtre, lavés de gris à l'insolation, mérithalles très courts.

Yeux gros, sphériques à l'extrémité et à la partie médiane et bien écartés du rameau, demi-sphériques et collés contre le rameau à la base, coussinets très accentués.

Culture. — L'arbre peut être cultivé sous toutes les formes, mais il est préférable de l'élever sur tige, greffé en tête sur Saint-Julien et de le planter dans un sol sain et bien éclairé.

REINE-CLAUDE D'OULLINS. — Synonymes : *Massot.* — *Oullins golden.* — *Reine-Claude précoce.*

Origine incertaine. – Variété introduite à Oullins, près Lyon, par M. Massot père, pépiniériste.

Fruit gros ou très gros, sphérique, un peu tronqué à ses deux pôles ; à sillon peu profond, très évasé et inégalement bordé.

Pédicelle de force moyenne, assez allongé, dans une cavité profonde et évasée.

Épiderme adhérent, mince, fin, mais résistant, d'un blanc verdâtre, à peine doré et teinté de rose à l'insolation, recouvert d'une pruine blanchâtre.

Chair se détachant du noyau, d'un jaune verdâtre, demi-fine, tendre, juteuse ; à saveur sucrée et parfumée.

Qualité BONNE.

Maturité. — **Fin de JUILLET et commencement d'AOUT.**

Culture. — L'arbre très vigoureux et très fertile est surtout destiné au verger, toutefois, il se prête facilement aux petites formes, particulièrement à la forme pyramidale.

Il est peu délicat sur la nature du sol et de l'exposition. Les arbres plantés au sud-ouest, dans un verger à sol argilo-calcaire sont sains et d'une grande vigueur, tous sont remarquables par la beauté et l'abondance quelquefois extraordinaire de leurs fruits.

REINE- CLAUDE HATIVE.
R.-Cl. Darion (par erreur).

SYNONYMES : *R.-Cl. de Juillet.*

ORIGINE inconnue.

Fruit moyen ou gros, globuleux, déprimé au sommet.

ÉPIDERME vert, picté de rose à l'insolation, noyau petit et obtus.

PÉDICELLE court inséré au sommet du fruit dans une légère dépression.

CHAIR se détachant bien, tendre, sucrée, très juteuse, agréablement parfumée.

Qualité BONNE.

Maturité.   **Mi-JUILLET et fin JUILLET.**

Culture.   Cette variété peut être cultivée sous toutes les formes, mais particulièrement en plein vent où elle produit abondamment et régulièrement.

Elle sera surtout appréciée en culture d'amateur à cause de sa précocité.

REINE-CLAUDE TARDIVE. — SYNONYMES : *Reine-Claude Latinois. - Reine-Claude verte. Tardive de Chambourcy.*

ORIGINE. — Obtenue par M. Latinois, de Fourqueux (Seine-et-Oise), et mise au commerce en 1885-1886.

Fruit identique à la Reine-Claude, de forme bien arrondie, le seul caractère distinctif constaté et paraissant constant, c'est que le sillon sur la Reine-Claude verte, s'arrête nettement au point pistillaire, tandis que sur 'a Reine-Claude tardive, il le dépasse et s'allonge sur le quart et parfois même sur la moitié de la partie opposée.

ÉPIDERME couvert d'une pruine azurée, variant du vert au jaune mat, suivant le degré de maturité et d'insolation.

PÉDICELLE fort et généralement allongé.

CHAIR jaune, plus ou moins verdâtre, fondante, juteuse, bien sucrée et agréablement parfumée.

Qualité TRES BONNE.

Maturité. — Deuxième quinzaine de SEPTEMBRE.

RAMEAUX vigoureux, rouge brunâtre, plaqués de gris sur toute leur longueur.

YEUX moyens, pointus, sur un coussinet assez prononcé.

Culture. — La tige et la palmette Verrier, à 4 ou 6 branches, lui conviennent particulièrement ; le pincement, court et répété souvent, devra être appliqué dans la culture en espalier.

REINE-CLAUDE VIOLETTE. — Synonymes : *Purple gage.* — *Violet gage.*

Origine. — La plupart des auteurs la disent d'origine inconnue : quelques-uns l'attribuent à M. Galopin, de Liège. Ce qui est certain, c'est que l'on trouve parfois sur le Prunier Reine-Claude verte quelques fruits violets mêlés aux fruits typiques.

Le fait a été démontré à la Commission des études, par M. Fougère, le 9 août 1884.

Fruit moyen ou assez gros, de même forme que la Reine-Claude.

Epiderme assez adhérent, fin assez épais, dure, d'un violet foncé, avec quelques granitures fauves et rudes, recouvert d'une pruine bleuâtre.

Chair se détachant du noyau, verdâtre, fine, bien juteuse ; à saveur très sucrée, presque aussi bonne que celle de la Reine-Claude.

Qualité TRES BONNE.

Maturité. — Commencement de SEPTEMBRE.

Rameaux gros, longs, droits, d'un marron clair, plaqués de gris et de fauve.

Yeux gros, demi-sphériques, ou sphériques, suivant leur position, coussinet assez accentué.

Culture. — On peut l'élever sous toutes les formes et le planter à toutes les expositions abritées, dans une terre meuble, riche, fraîche, mais non humide.

Il est surtout recommandé pour le verger.

SAINTE CATHERINE.

Origine ancienne.

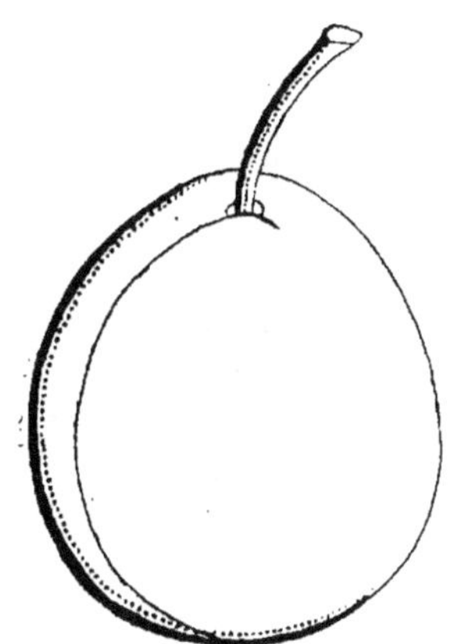

Fruit moyen, ovoïde, arrondi au sommet, atténué à la base ; à sillon large et accentué seulement à ses deux extrémités.

Pédicelle grêle, de longueur moyenne, dans une cavité large et profonde.

Épiderme adhérent, fin, ferme, d'un jaune doré, ombré et granité de rosat à l'insolation, recouvert d'une pruine lilacée.

Chair un peu adhérente au noyau, jaune, tendre, fondante, juteuse ; à saveur sucrée, mielleuse, vineuse, acidulée, parfumée.

Qualité BONNE cru, EXCELLENTE à sécher.

Rameaux moyens, rouge brun, plaqués de gris.

Yeux petits, bien écartés du rameau.

Maturité. — Milieu de SEPTEMBRE.

Culture. — L'arbre peut être cultivé sous toutes les formes : dans son jeune âge il est très viigoureux et réclame quelques soins pour maintenir l'équilibre de la végétation.

L'espalier sur tige, à l'est, au sud-est, au sud-ouest, lui convient : il réclame de la lumière, de l'air, de la chaleur et l'abri des grands vents dominants.

Les sols légers et substantiels lui sont favorables, bien qu'il soit moins délicat que beaucoup d'autres variétés.

TARDIVE MUSQUÉE.

ORIGINE. — Obtenue par MM. Baltet, Lye-Savinien, pépiniéristes à Troyes ; mise au commerce en 1859.

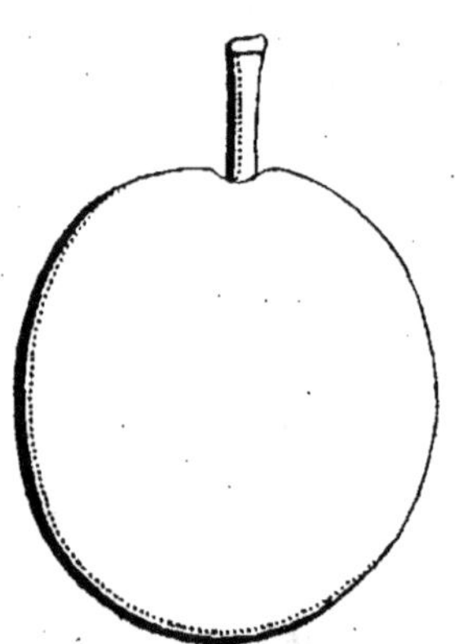

Fruit moyen ou assez gros, sphérico-ovoïde, très légèrement atténué du côté du sommet ; à sillon très peu prononcé.

PÉDICELLE un peu fort, court, dans une petite cavité.

ÉPIDERME fin, mince, d'un pourpre presque noir ou violet très foncé, recouvert d'une pruine bleue et épaisse.

CHAIR verdâtre, fine, tendre, fondante, très juteuse ; à saveur bien sucrée, relevée d'un parfum musqué très agréable.

Qualité BONNE.

RAMEAUX vigoureux, brun grisâtre à la base et brun rougeâtre à l'extrémité.

YEUX petits ou moyens, sur un coussinet assez accentué.

Maturité. — Seconde quinzaine de SEPTEMBRE.

Culture. — L'arbre assez vigoureux, forme sur tige une tête de moyenne dimension et à branches pendantes.

VICTORIA.　Synonymes : *Reine Victoria. — Sharp's emperor. — Queen Victoria.*

Origine anglaise. — R. Hogg décrit cette variété sous le nom de Victoria et dit qu'elle fut découverte dans son jardin à Alderston dans le comté de Sussex.

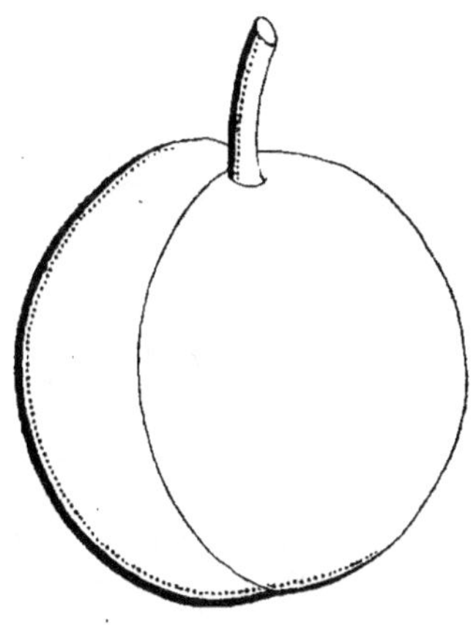

Fruit gros, sphérico-ovoïde, également arrondi aux deux pôles ; à sillon large, inégalement bordé, prononcé par sa couleur.

Pédicelle gros, assez court, dans une cavité régulière et assez profonde.

Épiderme adhérent, ferme, assez épais, d'un rouge pourpre clair, paraissant lilacé par la pruine qui la recouvre.

Chair se détachant du noyau, jaune, demi-fine, un peu ferme ; à saveur sucrée, légèrement parfumée, relevée d'un acide agréable.

Qualité BONNE.

Maturité. — Milieu de SEPTEMBRE.

Rameaux moyens, droits, vert clair, bruns à l'insolation, fortement plaqués de gris à l'insolation.

Yeux demi-sphériques, ou sphériques, sur un coussinet peu accentué.

Culture. — L'arbre peut être élevé sous toutes les formes ; mais en espalier les fruits sont plus beaux et meilleurs : les sols humides et compacts lui sont contraires, il préfère les sols légers, profonds et très substantiels.

Sur les jeunes arbres, les pousses de l'année sont longues et garnies vers leur base de boutons qui ne se développeraient pas, si on négligeait d'écourter les rameaux ; on aura donc la précaution de le soumettre à une taille, afin d'éviter le dénudement.

VIGNE

ORIGINE. — La vigne (*vitis vinifera, Linn.*) est probablement originaire de l'Asie.

AIRE DE CULTURE. — Son véritable climat est entre le 35ᵉ et le 50ᵉ degré de latitude, c'est-à-dire celui où elle fructifie sans abris. Les climats froids ne permettent pas sa culture, et sous la chaleur de l'Equateur elle ne donne pas de résultat satisfaisant.

SOL. — Tous les sols sains absorbant et conservant facilement la chaleur se prêtent à sa culture.

FORMES. — La Vigne est soumise aux méthodes de culture les plus variées. On peut citer à cet égard : les souches libres du Languedoc, les souches basses de la Bourgogne, les cordons du Bordelais, les courgées de la Franche-Comté, les hautains du Dauphiné, les pyramides de l'Alsace, les jouelles de la Provence, les treillous provignés de la Champagne, le curreau de la Lorraine, l'arquet des rives de la Loire, la vinouse de l'Auvergne, etc., etc.

Mais la vigne en treille est le mode qui convient le mieux aux raisins de table. C'est celui qui est le plus facile à établir, qui produit des sarments mieux constitués, qui donne aux raisins le plus beaux coloris et la saveur la plus parfaite, qui fournit enfin une fructification abondante et soutenue.

MULTIPLICATION. — La multiplication se fait par boutures ou par marcotte et surtout par le greffage sur des plants américains résistant au phylloxéra et s'adaptant aux terrains les plus divers.

TAILLE. — Une taille d'hiver s'impose pour la vigne, elle est longue ou courte suivant le sol, le climat, la variété ; il faut pincer ou rogner, ébourgeonner, c'est-à-dire supprimer les pousses inutiles ; souvent il faut palisser, ou réunir en faisceau les pousses d'un même pied pour les faire tenir verticalement, etc., etc.

L'incision annulaire donne des grappes beaucoup plus volumineuses et de meilleure qualité ; *l'éclaircie* des grappes consiste à supprimer des grains pour les rendre moins compacts et favoriser leur accroissement en volume.

L'ensachage est obligatoire pour lutter contre les maladies et les insectes nuisibles.

MALADIES ET INSECTES NUISIBLES, PAPILLONS

Le *Mildew* ou *Mildiou* attaque d'abord les jeunes grappes, pulvériser dès la septième feuille développée sur le rameau avec la bouillie bordelaise ou la bouillie bourguignonne en mouillant les feuilles dessus et dessous et la jeune grappe.

Recommencer, après la fleur, la même pulvérisation en s'appliquant à laver la jeune grappe ainsi que le dessous et le dessus des jeunes feuilles.

Faire une troisième opération avec la même bouillie quand le grain est à la grosseur d'un gros grain de plomb.

Employer de préférence les bouillies contenant un fixatif sérieux, sucre, dextrine, gélatine, caséine, pour que le cuivre reste bien fixé aux organes à protéger.

On peut faire une quatrième opération ensuite quand le grain atteint la grosseur d'un petit pois ; en culture d'amateur on se contente des trois premières opérations et on met le fruit en sac.

Black root. — En plein air, sans sac, cette quatrième opération de sulfatage protège le raisin contre l'attaque du *Black root.*

L'Oïdium est aussi néfaste au raisin que le Mildew ; si le début de l'été est sec, avant et après la fleur de la vigne, on peut se contenter de soufrer en plein soleil pour éviter l'oïdium.

Si le temps est pluvieux, le soufre n'agit pas, il faut pulvériser la vigne et surtout les grappes avec la solution C.

L'érinose fait rougir et gaufrer les feuilles au printemps sans beaucoup nuire à la végétation.

Papillons. — La Cochylis et l'Eudémis sont les deux plus grands ennemis des raisins. En pulvérisant la vigne pour la première fois et la deuxième fois on peut ajouter à la solution cuprique une dose de 600 grammes d'arséniate de plomb, on évite ainsi presque totalement le développement de ces deux papillons.

La *pyrale* dévore les feuilles de la vigne au printemps, il faut échauder l'hiver les écorces de la vigne pour détruire les chrysalides qui y sont abritées, ou encore pulvériser les jeunes feuilles spécialement à l'arséniate de plomb pour empoisonner les jeunes vers.

Insectes. — L'altise dévore les feuilles, l'arsenic la tue ou l'éloigne ; faire au besoin une pulvérisation arséniacale spéciale si l'invasion arrive quand une bouillie précédemment appliquée n'a plus d'action.

Le *Cigarier* enroule les feuilles de vigne, cueillir les cigares qu'il fait ainsi et les brûler.

Outre l'emploi des raisins frais pour la table, le séchage des gros raisins, dits *Malaga*, est l'objet d'une exploitation de plus en plus développée et qu'on ne saurait trop encourager : les Muscat d'Alexandrie, Malvoisie à gros grains, Rosaky, etc., réussissent pour la confection de raisins secs de dessert dans le Bordelais, la Provence, la Corse et l'Algérie.

Dans les descriptions qui suivent, les époques de maturité sont ainsi déterminées et forment *classification* :

Très précoce, correspond à la fin de juillet et commencement d'août ;
Précoce, à la seconde quinzaine d'août ;
Première époque, à la première quinzaine de septembre ;
Deuxième époque, à la seconde quinzaine de septembre ;
Troisième époque, à la première quinzaine d'octobre ;
Quatrième époque, à la seconde quinzaine d'octobre.

Pulliat a adopté le classement suivant en prenant le chasselas comme base de maturité :

1er groupe : *Cépages précoces* mûrissant au moins dix jours avant le chasselas.

2e Groupe : *Cépages de 1re époque* mûrissant à peu près en même temps que le chasselas.

3e groupe : *Cépages de 2e époque* mûrissant 10 à 12 jours après le chasselas.

4e groupe : *Cépages de 3e époque* mûrissant 10 à 12 jours après ceux de 2e époque.

5e groupe : *Cépages 4e époque* mûrissant 12 jours après ceux de 3e époque.

A laquelle classification, pour la rendre complète, il y aurait lieu d'ajouter en tête les cépages *très précoces* mûrissant 25 jours avant le chasselas.

RAISINS

AGOSTENGA. SYNONYMES : *Early Green Madeira.* — *Prie blanc.* — *Vert précoce de Madère* (du comte Odart, quoique ce cépage n'existe pas à Madère).

ORIGINE italienne.

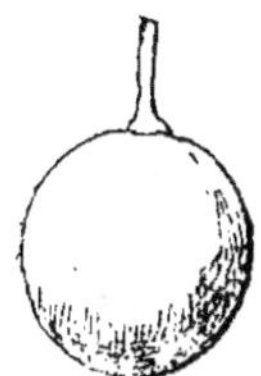

GRAPPE moyenne, cylindro-conique, ailée, moyennement serrée.

GRAINS blancs, transparents, de grosseur moyenne, arrondis ou légèrement ellipsoïdes : épiderme mince, peu résistant, un peu pruiné, surmonté du point pistillaire noirâtre et saillant.

CHAIR molle, bien sucrée, agréablement relevée.

Maturité PRECOCE, à peu près contemporaine de la Madeleine angevine.

Qualité BONNE ou TRES BONNE.

CEP très vigoureux, fertile.

FEUILLES de grandeur moyenne ; à sinus supérieurs bien marqués et fermés au sommet par les lobes ; les secondaires un peu marqués : le pétiolaire triangulaire ; à pétiole assez grêle, de longueur moyenne.

Culture. — Cette variété peut être cultivée à 700 mètres et même à de plus hautes altitudes.

Il lui faut les expositions et les terrains chauds, et on doit lui donner un grand développement. On lui applique la taille courte ou mi-longue de préférence.

C'est une des variétés dont la sélection des boutures doit être faite rigoureusement. Elle est, en outre, sujette aux maladies cryptogamiques, elle doit être l'objet de soins spéciaux à ce point de vue.

Elle ne convient pas à l'expédition, ne supportant pas l'emballage.

ASPIRAN NOIR.   SYNONYMES : *Aspiran.* - *Piran.* *Ribeyreuc.* - *Spiran.*

ORIGINE. — Cette variété provient probablement du village d'Aspiran, près Clermont (Hérault).

GRAPPE moyenne, un peu ailée, assez serrée.

GRAINS moyens ou au-dessus de la moyenne, presque globuleux ; à pédicelle long et assez fort.

ÉPIDERME assez épais, ferme, d'un noir violacé, un peu pruiné de bleuâtre.

CHAIR bien juteuse, sucrée, parfumée.

Qualité TRES BONNE dans le Midi ; ASSEZ BONNE dans le Centre.

Maturité. — Commencement de la troisième époque.

SARMENTS de moyenne longueur, un peu faibles.

FEUILLES moyennes, légèrement cotonneuses en dessous, profondément dentées.

Culture. — La variété réussit très bien où le chasselas doré prospère.

On l'élève sous toutes les formes, et en espalier de préférence, dans les terrains où la végétation est moins active. Il faut lui appliquer une taille courte et lui donner un sol sain et fertile.

ASPIRAN GRIS.

Même culture que l'Aspiran noir.

NOTA. — Ces deux variétés sont plutôt destinées à la cuve et ne devraient pas être classées parmi les raisins de table.

BELLINO. — Synonyme : *Impérial noir du Piémont.*

Origine italienne.

Grappe grosse ou très grosse, cylindro-conique, un peu rameuse, assez serrée.

Grains d'un beau noir pruiné, gros, ellipsoïdes ; à épiderme mince, assez résistant.

Chair un peu croquante, très juteuse, relevée d'une fine saveur.

Qualité BONNE.

Maturité. — Fin de la première époque.

Cep fertile, peu feuillu, apte à la taille courte.

Feuilles très grandes, lisses, luisantes en dessous, parsemées seulement de petits poils sur les nervures en dessous.

Culture. — Ce cépage cultivé surtout aux environs de Rivoli, près Turin, est parfois sujet à la coulure.

Toutes les formes données à la vigne lui conviennent, et il demande une taille longue ou mi-longue.

C'est une des variétés les plus recommandables par la beauté, la qualité et la maturité facile de ses raisins

BLAUER PORTUGIESER.   SYNONYMES : *Blauer Oporto.* — *Oporto.   Portugais bleu.*

ORIGINE incertaine : Hongrie ou Portugal.

GRAPPE au-dessus de la moyenne ou moyenne, cylindrique, ailée, peu serrée.

GRAINS moyens, ronds : à pédicelle assez long et grêle.

ÉPIDERME fin et ferme, d'un noir bleuâtre, pruiné.

CHAIR tendre, fondante, juteuse, sucrée, assez relevée.

Qualité BONNE.

Maturité. — Première époque hâtive.

CEP vigoureux et fertile.

SARMENTS forts et longs, d'un fauve rougeâtre.

FEUILLES grandes, à peine duveteuses en dessous, à dents courtes, obtuses et assez larges.

Culture. — Cette variété précieuse pour les pays un peu froids, par suite de son développement tardif et de sa maturité hâtive, doit être cultivée en terrains secs, mais elle donne surtout de bons résultats dans les terrains granitiques à 4 ou 500 mètres d'altitude. Elle est très sujette à l'oïdium et on doit lui appliquer de nombreux traitements préventifs ; sensible aux grands froids, elle craint aussi l'anthracnose et le mildiou.

Elle s'accommode bien d'une taille courte, mais si l'on veut donner un grand développement à la souche, on peut tailler long.

S'adapte à tous les porte-greffes.

CHASSELAS CHARLERY.

ORIGINE.   Obtenu vers 1866, au château de Mannaie, commune de Guédéniau, près Beaugé (Maine-et-Loire), par M. Charlery de la Masselière.

Maturité. — Première époque.

GRAPPE moyenne, plutôt courte, régulière, peu ailée.

GRAINS espacés, moyens ou gros, ronds, pédicelle moyen.

ÉPIDERME assez épais, jaune doré, ambré, même avant la maturité.

CHAIR ferme sucrée.

Qualité TRES BONNE.

FEUILLES grandes, assez épaisses, très dentelées, rougeâtres au départ de la végétation, vert foncé plus tard.

Culture. — De moyenne vigueur, cette variété peut être assimilée à la variété Chasselas gros Coulard, dont elle est issue.

CHASSELAS CIOUTAT (*Persillade, Petersilien, Raisin d'Autri-che*), paraît être un accident fixé du *Chasselas doré* qui lui est préférable comme qualité.

Culture. — Le chasselas Cioutat ou Ch. à feuilles de persil, est plutôt cultivé pour la singularité de son feuillage, que pour la beauté et la bonne qualité de ses fruits. On le cultive en espalier, et on le taille comme le Chasselas doré.

CHASSELAS DE FALLOUX. — Synonyme : *Chasselas rose de Falloux*.

Origine inconnue ; souvent attribuée au Dr Bretonneau.

Grappe assez grosse, cylindrico-conique, ailée, peu serrée.

Grains assez gros, à peu près sphériques ; à pédicelle long et grêle.

Epiderme fin, assez tendre, jaunâtre, recouvert de rose clair à l'insolation.

Chair blanche, croquante, juteuse, sucrée, relevée.

Qualité TRES BONNE.

Maturité. — Première époque.

Cep de moyenne vigueur, très fertile.

Sarments assez courts et peu forts.

Feuilles moyennes, duveteuses en dessous, à dents larges et obtus s.

Culture. — Cette variété doit être cultivée comme le Chasselas doré, mais on devra lui appliquer une taille courte. Sa peau, assez délicate, la rend moins rustique que les autres chasselas. La greffe réussit sur tous les sujets.

CHASSELAS DES BOUCHES-DU-RHONE.

Origine. — Obtenu par M. Ant. Besson, horticulteur à Marseille ; mis au commerce en 1871.

Grappe assez ample, compacte.

Grains gros, ronds, à pédicelle d'un rouge foncé.

Epiderme légèrement rosé.

Chair de couleur cuivre clair, médiocrement sucrée, très juteuse.

Qualité TRES BONNE.

Maturité. — Première époque.

Cep vigoureux et fertile.

Sarments de force et de longueur normales, d'un rouge foncé.

Feuilles rosées très dentelées.

Culture. — La culture est la même que pour le Chasselas doré, mais sa vigueur étant un peu faible, il doit être cultivé de préférence à l'espalier.

CHASSELAS DORÉ. SYNONYMES : *Chasselas blanc.* — *Chasselas commun.* — *Chasselas de Bordeaux.* — *Chasselas de Fontainebleau.* — *Chasselas de Thomery.* — *Raisin de Champagne.*

ORIGINE ancienne et inconnue.

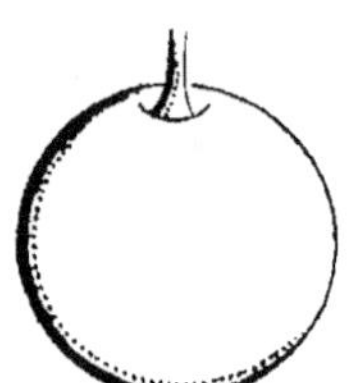

GRAPPE grosse, allongée, courtement et inégalement ailée.

GRAINS gros ou moyens mélangés ; à pédicelle court et gros.

EPIDERME peu épais, transparent, ambré et pruiné.

CHAIR croquante, très succulente, sucrée, relevée, très agréable.

Qualité TRES BONNE.

Maturité. — Première époque.

CEP vigoureux, très fertile, à bourgeonnement grenat.

SARMENTS assez gros, longs, d'un jaune cannelle.

FEUILLES grandes, minces ; à dents larges, courtes et pointues ; à face inférieure d'un vert tendre et duveteuse.

Culture. — Cette variété si répandue, représente par excellence le type du bon raisin de table. Elle vient dans tous les pays et dans tous les sols où est cultivée la vigne, elle produit des grappes plus petites en terrain sec, mais le fruit est infiniment supérieur.

Elle s'accommode de toutes les formes données à la vigne, mais réussit plus particulièrement en espalier où on lui appliquera une taille courte.

Tous les porte-greffes lui sont favorables, mais son rendement est supérieur étant greffée sur Riparia.

CHASSELAS ROSE. SYNONYMES : *Chasselas rose du Pô.* — *Chasselas rose royal.* — *Tramontaner.*

ORIGINE présumée italienne.

GRAPPE moyenne, un peu allongée, légèrement ailée, peu serrée.

GRAINS moyens, ronds.

ÉPIDERME d'un beau rose.

CHAIR croquante, succulente, parfumée, des plus agréables.

Qualité TRES BONNE.

Maturité. — Fin de la première époque.

CEP d'une bonne vigueur, fertile.

SARMENTS de force moyenne, assez longs, d'un brun roussâtre.

FEUILLES moyennes, minces, d'un vert jaunâtre, peu duveteuses en dessous ; à dents très inégales.

Culture. — Cette variété est cultivée à l'air libre et en espalier ; il faut fumer fréquemment pour la maintenir dans un bon état de végétation ; elle doit être soumise à une taille mi-longue ou courte.

OBSERVATION. — Son fruit se teinte de rose au moment de sa maturité.

CLAIRETTE BLANCHE. - SYNONYMES : *Clairette de Trans.* — *Petite clairette.* - *Blanquette.*

ORIGINE très ancienne et inconnue.

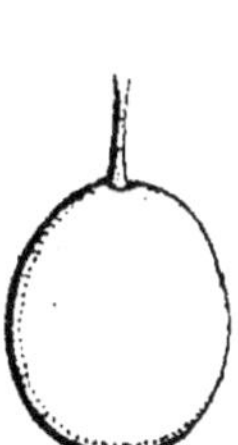

GRAPPE allongée, régulièrement conique, ailée, un peu lâche.

GRAINS moyens, oblongs ; à pédicelle assez long et grêle.

ÉPIDERME fin, résistant, d'un blanc jaunâtre, semi-transparent.

CHAIR un peu ferme, juteuse, très sucrée, relevée.

Qualité TRES BONNE.

Maturité. — Troisième époque.

CEP vigoureux, rustique et fertile.

SARMENTS assez longs, de moyenne force.

FEUILLES moyennes, bien duveteuses en dessous ; à dents peu longues et obtuses.

Culture. — Cette variété doit être soumise à une taille courte dans les terrains maigres, mi longue ou longue dans les terrains riches et bien fumés dans lesquels on donne à la souche un plus grand développement.

CLAIRETTE ROSE.

Mêmes caractères que la *Clairette blanche*, dont elle ne diffère que par la couleur de ses raisins d'un beau rose foncé.

COMMANDEUR.

ORIGINE. — Obtenu par M. Sardou, de Marseille ; mis au commerce par M. Antoine Besson, en 1884.

GRAPPE très grosse, pyramidale-triangulaire, longuement et lâchement ramifiée, sur un pédoncule très court et très gros.

GRAINS ambrés, dorés au soleil, gros et moyens entremêlés, généralement sphériques, quelques-uns légèrement ellipsoïdes : à peau assez ferme et résistante ; à pédicelle assez fort et assez allongé.

CHAIR croquante, bien juteuse, bien sucrée et agréablement relevée.

Qualité TRES BONNE.

Maturité. — Première quinzaine de SEPTEMBRE, à Marseille.

CEP très vigoureux, de bonne fertilité.

FEUILLES moyennes, lisses en dessus, bien lanugineuses et pâles en dessous, sur le parenchyme comme sur les nervures : à sinus profonds, ovales à la base, fermés supérieurement par les lobes, le pétiolaire seul largement ouvert ; à denture large et émoussée : à pétiole allongé, rougeâtre au soleil.

Culture. — Ce cépage ne convient qu'à la culture méridionale ; dans le Centre il n'a donné aucune satisfaction et son fruit n'y mûrit pas.

Très sujet aux maladies cryptogamiques, on doit le traiter préventivement, de plus il est peu fertile.

DUC DE MALAKOFF.

ORIGINE. — Obtenu par M. Moreau-Robert, horticulteur, à Angers, vers 1864.

GRAPPE de moyenne grosseur, non ailée, peu garnie et dès lors ne réclamant pas le ciselage.

GRAINS gros, ronds : à pédicelle fort et plutôt court.

EPIDERME fin et néanmoins ferme, d'un blanc légèrement doré.

Maturité. — Première époque.

Qualité TRES BONNE, se conservant longtemps sur le cep.

CHAIR agréablement croquante, sucrée.

CEP peu vigoureux, surtout dans les premières années, assez fertile. FEUILLES grandes, lisses.

Culture. — Cette variété se prête à toutes les formes données à la vigne, mais sa vigueur étant au-dessous de la moyenne, il est bon de lui donner un sol riche.

On doit lui appliquer la taille courte ou mi-longue et, comme elle est très sujette à la coulure, il ne faudra pas négliger de pincer les sarments à la feuille située immédiatement au-dessus du dernier raisin.

Tous les porte-greffes lui sont favorables.

FINTENDO. - SYNONYME : *Fintindo noir*.

ORIGINE espagnole. — Downing rapporte qu'il a été trouvé à Naples par l'armée française.

GRAPPE sur-moyenne ou grosse, rameuse, pyramidale un peu lâche, sur un pédoncule allongé.

GRAINS d'un beau noir bleuâtre, sur-moyens ou gros, ellipsoïdes, sur des pédicelles allongés et grêles ; épiderme un peu épais et résistant.

CHAIR un peu molle, très juteuse, sucrée, douée d'un arôme agréable.

Qualité BONNE.

Maturité. — Deuxième époque.

CEP vigoureux et fertile.

FEUILLES sur-moyennes, garnies en-dessous d'un duvet lanugineux : à sinus profonds. le pétiolaire presque fermé ; à dentelure large et un peu obtuse.

Culture. — Cette variété ressemble au Frankental, mais elle est plus précoce, il faut lui donner une taille longue.

On doit lui donner une exposition chaude, et la cultiver en espalier, surtout dans le Centre où elle mûrit incomplètement son bois.

FRANKENTAL.   SYNONYMES : *Chasselas bleu. — Chasselas de Windsor. — Grand noir. — Gros bleu.*

ORIGINE allemande.

GRAPPE très grosse, pyramidale, allongée, régulièrement ailée, moyennement serrée.

GRAINS très gros, à peu près ronds ; à pédicelle gros et assez long.

ÉPIDERME d'un noir violacé, bien pruiné.

CHAIR croquante, sucrée, relevée.

Qualité TRES BONNE dans les sols secs.

Maturité.   Deuxième époque tardive.

CEP vigoureux, assez fertile si on lui donne un grand développement.

SARMENTS gros, forts, allongés, d'un jaune canelle foncé.

FEUILLES grandes, à cinq lobes réguliers, d'un beau vert foncé en dessus, très duveteuses en dessous.

Culture. — Ce cep pousse beaucoup dans les terres substantielles argilo-siliceuses, mais n'est pas très fertile dans son jeune âge ; on doit lui donner un grand développement avec une taille à 3 ou 4 yeux pour le rendre fertile : dans les terres sèches, graveleuses ou pierreuses, il pousse bien, produit beaucoup, et ses raisins sont infiniment meilleurs.

Sa place est en espalier à l'exposition du midi pour les pays où la vigne mûrit imparfaitement ses fruits à l'air libre.

Cette variété est également très employée en culture forcée où, par le ciselage et l'incision annulaire, on obtient de superbes grappes.

GAMAY DE JUILLET.   SYNONYMES : *Noir hâtif de juillet. — Gamay hâtif des Vosges. — Gamay hâtif de juillet. — Gamay Lécuriot. — Gamay Millot. - Gamay Dormoy.*

ORIGINE. - Remarqué dans certains vignobles de la Haute-Marne, de l'Aube et des Vosges, on en trouve de vieux ceps en treilles contre les maisons à l'exposition du midi, dans le village de Darmoy (Vosges).

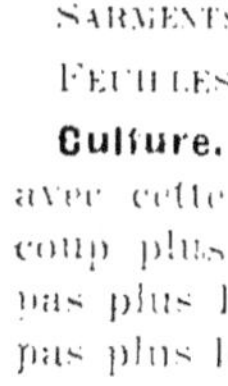

GRAPPE serrée, moyenne, cylindrique, quelquefois ailée.

GRAINS ronds et de moyenne grosseur.

ÉPIDERME noir et tendre.

CHAIR juteuse et très sucrée.

Qualité BONNE, fait un vin de belle couleur, pouvant titrer de 8 à 11°.

Maturité. — Première époque, première quinzaine d'AOUT.

SARMENTS érigés, de moyenne grosseur.

FEUILLES jaunes, teintées de rose.

Culture. A les mêmes exigences que les Gamays ordinaires, avec cette différence qu'on pourrait le cultiver dans des pays beaucoup plus froids à cause de sa maturité hâtive. Sa végétation n'est pas plus hâtive que les autres variétés et ne redoute par conséquent pas plus les gelées tardives.

HARDY.

ORIGINE. Obtenu en 1861, par Ant. Besson, horticulteur, à Marseille. Mis au commerce en 1879.

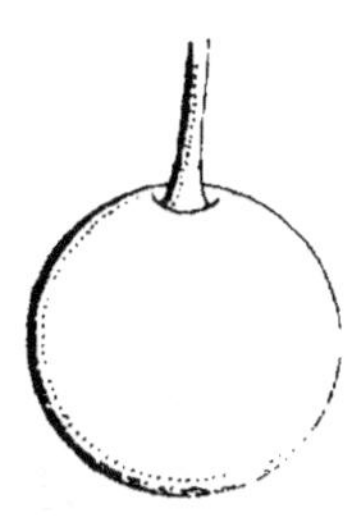

GRAPPE très grosse, ailée, peu serrée, à pédoncules et pédicelles forts.

GRAINS gros, arrondis, souvent aplatis aux deux pôles.

ÉPIDERME d'un violet foncé.

CHAIR tendre, juteuse, sucrée, un peu relevée.

Qualité TRES BONNE.

Maturité. Deuxième époque tardive.

CEP très vigoureux, très fertile.

SARMENTS verts, jaunâtres légèrement rosés par stries longitudinales.

YEUX gros, arrondis, bien roux, mérithalles moyens.

FEUILLES très grandes, peu découpées, épaisses, peu duveteuses en dessous, à 5 lobes irréguliers et irrégulièrement dentés, pétiole long et fort, strié de rose violacé.

Culture. Cette variété doit être taillée court. Elle est très bonne à forcer et remplace avantageusement le Frankental auquel elle ressemble beaucoup.

ISCHIA NOIR. - SYNONYMES : *D'Ischia. - Ura di tri volle.—Noir précoce de Gênes. — Raisin précoce de la Madeleine.*
ORIGINE présumée italienne.

GRAPPE petite ou moyenne, cylindrique régulière, bien que souvent elle soit pourvue de deux ailes inégales et parfois d'une seule très courte et massée.

GRAINS petits, arrondis, serrés, noir violet, recouverts d'une pruine blanche violacée et azurée.

EPIDERME un peu épais et croquant.

CHAIR vineuse, très sucrée et parfumée.

Qualité BONNE.

Maturité. — TRES PRECOCE.

SARMENTS assez gros, longs et flexueux.

FEUILLES moyennes, très inégales dans leur grandeur, bien fibrées, d'un vert foncé en dessus, vert pâle et jaunâtre en dessous, inégalement lobées et dentées.

Culture. — Le cep qui ne diffère des Pinots que par des caractères peu fixes, se cultive comme eux, toutefois étant donné la précocité du fruit on peut le cultiver en espalier et contre-espalier, afin d'obtenir des fruits encore plus hâtifs, dans ce cas on taillera court les sarments de remplacement du cep, les sarments porteurs seront taillés au 2 3 de leur longueur.

LIGNAN BLANC. — SYNONYMES : *Joannen charnu. Précoce de Kientsheim. — Jouanene. — Luglienga bianca.*
ORIGINE douteuse. — Il nous vient très probablement d'Italie.

GRAPPE au-dessus de la moyenne, ailée, assez trapue.

GRAINS moyens, ovoïdes : à pédicelle long.

EPIDERME fin, assez croquant, d'une jaune pâle transparent.

CHAIR légèrement ferme, bien sucrée, juteuse, relevée.

Qualité BONNE.

Maturité. — Précoce.

CEP très vigoureux, assez fertile.

SARMENTS forts et longs.

FEUILLES grandes, à peine duveteuses en dessous : à dents larges, assez longues et aiguës.

Culture. — Cette variété s'accommode de tous les sols, sauf de ceux trop humides. Il faut lui donner un grand développement avec une taille courte. Peu de variétés peuvent garnir des étendues de murailles aussi considérables ; elle atteint de très grandes proportions dans certains pays.

On doit choisir de préférence un porte-greffe portant au fruit et sélectionner minutieusement les bois destinés au greffage.

Le Lignan Blanc est un excellent raisin de commerce qui acquiert des qualités au fruitier.

MADELEINE ANGEVINE.

ORIGINE. — Obtenu par M. Moreau-Robert, à Angers. — Premier rapport en 1861 ; mise au commerce en 1863.

GRAPPE moyenne, assez longue, lâche, ailée, conico-cylindrique.

GRAINS moyens, ovoïdes ; à pédicelle assez long.

EPIDERME fin, ferme, transparent, d'un jaune pâle doré.

CHAIR bien fondante, sucrée, relevée.

Qualité TRÈS BONNE.

Maturité. — Très précoce.

CEP vigoureux, de fertilité moyenne.

FEUILLES grandes, larges, un peu duveteuses en dessous ; à dents larges, longues et aiguës. Les feuilles naissantes sont d'un violet vif.

Culture. — Cette variété doit être cultivée en espalier ou en cordon dans un bon sol très chaud. La souche basse et les cordons de 2 à 3 mètres sont insuffisants ; il faut lui donner 4 à 5 mètres de développement en lui appliquant la taille courte.

Pour empêcher la coulure, il est indispensable de greffer des sarments ayant porté des raisins bien constitués ; on indique encore pour éviter la coulure, le pincement sérieusement exécuté, l'incision annulaire, ou bien la plantation de raisin Labrusca ou de Boudalès à ses côtés.

C'est le cep le plus précieux pour le centre de la France comme raisin précoce.

MADELEINE ROYALE.

ORIGINE. — Obtenu par M. Robert, d'Angers ; mis au commerce en 1851.

GRAPPE assez grosse, conique, ailée, courte.

GRAINS moyens ou assez gros, sphériques ; à pédicelle assez fort.

EPIDERME fin, tendre, d'un jaune pâle.

CHAIR blanche, tendre, juteuse, sucrée, assez relevée.

Qualité BONNE.

Maturité. — Précoce.

CEP vigoureux, bien fertile.

SARMENTS assez longs, forts.

FEUILLES grandes, bien duveteuses en dessous ; à dents larges, courtes, obtuses.

Culture. — Il peut être cultivé soit en souche basse, soit en cordon horizontal ; il faut le tailler court et l'ébourgeonner sévèrement. C'est non seulement un excellent raisin de table, mais aussi un très bon raisin de pressoir pour les régions du Nord et du Centre. Il donne un résultat remarquable mélangé au Blauer Portugieser.

MALVOISIE A GROS GRAINS : SYNONYMES : *Malvoisie grosse.
— Vermentino.*

ORIGINE espagnole.

GRAPPE grosse, pyramidale allongée, régulière, courtement ailée, peu serrée.

GRAINS gros, olivoïdes.

EPIDERME ferme, d'un jaune doré.

CHAIR croquante, succulente, sucrée, relevée.

Qualité TRES BONNE.

Maturité. — Troisième époque.

CEP vigoureux et fertile.

SARMENTS assez gros, assez longs, d'un fauve clair.

FEUILLES grandes, d'un beau vert, très nervées, bien duveteuses en dessous.

Culture. — Ce cep doit être cultivé dans les sols sains, substantiels, et aux expositions chaudes et éclairées. Dans les pays chauds il prospère à l'air libre, mais dans les régions tempérées il lui faut l'espalier.

On supprime les forts sarments et on taille les moyens aux trois-quarts de leur longueur.

MORILLON NOIR HATIF. SYNONYMES : *Madeleine violette. — Magyar traub. — Pinot hâtif de Hongrie.*

ORIGINE allemande.

GRAPPE petite, courte, tronquée, souvent comme voûtée par la présence d'une seule aile.

GRAINS petits, presque ronds, serrés.

EPIDERME un peu épais, mais tendre, d'un noir violet et pruiné.

CHAIR délicate, succulente, très sucrée, parfumée.

Qualité TRES BONNE.

Maturité. — Très précoce.

CEP très vigoureux et devenant fertile.

SARMENTS très inégaux, de force et de longueur moyennes, d'un brun fauve.

Culture. — Cette variété ne doit pas être considérée uniquement comme raisin de table, on peut la cultiver pour la cuve en forme gobelet. Dans ce cas, on doit lui appliquer une taille longue. Après la formation des grappes, il convient de pratiquer un ébourgeonnement sévère et de pincer les bourgeons à fruits à la troisième feuille au-dessus de la grappe.

Dans la taille de culture en espalier, on devra considérer qu'elle s'épuise promptement ; il faudra également lui choisir un sol léger, riche et une bonne exposition éclairée.

MUSCAT BIFÉRE. SYNONYME : *Early Silver Frontignan.*

ORIGINE inconnue.

GRAPPE moyenne ou sur-moyenne, presque cylindrique, assez serrée, sur un pédicule fort et court.

GRAINS d'un blanc verdâtre devenant un peu doré à la maturité, sur-moyens, à peu près globuleux sur des pédicelles courts et forts ; épiderme assez épais et peu résistant.

CHAIR assez ferme, juteuse, sucrée, bien relevée, avec une saveur musquée.

Qualité TRES BONNE.

Maturité. — Deuxième époque tardive.

CEP assez vigoureux et fertile.

FEUILLES moyennes, d'un vert foncé et un peu rugueuses en dessus, duvetées sur les nervures en dessous ; à sinus supérieurs assez profonds et presque fermés, les secondaires marqués, le pétiolaire ouvert.

Culture. — Cette variété s'accommode de toutes les formes données à la vigne, mais, comme pour les Muscats, elle préfère l'espalier à une exposition chaude, la taille à long bois devra lui être appliquée.

Ce raisin a une saveur moins accentuée que celle du Muscat de Frontignan. Dans le sud de l'Europe et le midi de la France, il produit une seconde récolte souvent aussi abondante que la première.

MUSCAT BLANC. — SYNONYMES : *Muscat blanc du Jura. — Muscat de Frontignan.*

ORIGINE ancienne.

GRAPPE moyenne, cylindrique, parfois un peu ailée.

GRAINS moyens et gros, mélangés, ronds, serrés.

ÉPIDERME ferme, d'un beau jaune, passant parfois au bistre.

CHAIR sucrée, relevé d'un parfum musqué, très prononcé.

Qualité BONNE.

Maturité. - Deuxième époque.

CEP vigoureux et fertile.

SARMENTS gros et moyens, allongés, d'un fauve roussâtre.

FEUILLES moyennes, très inégalement lobées, nervées, duveteuses en dessous ; à dents très aiguës.

Culture. — Ce cep réussit et prospère partout où le Chasselas doré se plaît ; on doit lui appliquer une taille courte et le planter dans les terrains maigres et caillouteux.

On peut le conduire sous toutes les formes, mais pour obtenir une plus abondante récolte, on doit l'élever en espalier, à l'exposition du sud et du sud-est.

Comme tous les muscats, il est sujet à l'oïdium et demande des traitements préventifs.

MUSCAT CAILLABA. - Synonymes : *Black Frontignan. — Caillaba. — Muscat d'Eisenstadt. — Muscat noir. — Muscat noir du Jura.*

Origine ancienne et inconnue.

Grappe petite, presque cylindrique, très rarement ailée.

Grains à peine moyens, presque ronds ; à pédicelle très court.

Epiderme assez épais, d'un violet noir, pruiné.

Chair croquante, juteuse, sucrée, musquée.

Qualité BONNE.

Maturité. — Fin de la première époque.

Cep peu vigoureux et assez fertile.

Sarments assez courts et presque grêles.

Feuilles petites, à peu près glabres en dessous ; à dents moyennes, étroites et aiguës.

Culture. — Même culture que le Muscat Blanc, mais on devra également choisir une exposition chaude et un sol sec, ce plant étant très sujet à la pourriture.

MUSCAT D'ALEXANDRIE. — Synonymes : *Muscat de Rome. — Muscat d'Espagne. — Muscat grec. — Panse musquée.*

Origine incertaine, présumée orientale.

Grappe grande, ailée, peu serrée.

Grains gros, olivoïdes.

Epiderme épais, croquant, d'un jaune doré, souvent ambré à l'insolation.

Chair ferme, succulente, sucrée, hautement musquée.

Qualité TRES BONNE.

Maturité. — Quatrième époque (milieu d'octobre).

Sarments gros, coudés, courts, canelle foncé.

Feuilles grandes, un peu épaisses, bien fibrées, glabres ; à dents peu nombreuses.

Culture. — Comme le raisin ne prend un beau développement et ne mûrit bien qu'en espalier, c'est sous cette forme qu'il faut élever le cep. On le plante dans un sol meuble et riche à l'exposition du sud la plus éclairée.

On peut également le cultiver à l'air libre et en vigne basse, dans les régions privilégiées, mais dans le centre et la région parisienne, sa maturation est très irrégulière.

Il peut être greffé sur tous les sujets, il doit être taillé à long bois, par le pincement et le ciselage, on obtient des raisins magnifiques.

MUSCAT DE HAMBOURG. — SYNONYMES : *Black muscat of Alexandria. - Muscat noir de Hambourg.*

ORIGINE. — Obtenue par Snow, de Wrest-Park, dans le comté de Bedfort, en Angleterre.

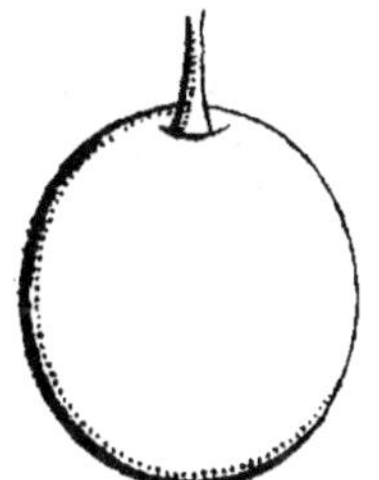

GRAPPE forte, pyramidale allongée, régulière et ailée.

GRAINS gros, ovales arrondis, moyennement serrés.

EPIDERME épais, mais tendre, d'un noir pourpré.

CHAIR ferme, bien sucrée, relevée d'un muscat plus fin et plus agréable que celui du Muscat blanc.

Qualité TRES BONNE.

Maturité. — Troisième époque.

CEP très vigoureux et très fertile.

SARMENTS gros, d'un fauve clair.

FEUILLES assez grandes, plus longues que larges, bien fibrées, duveteuses en dessous.

Culture. — Pour hâter la production et obtenir de belles grappes, il faut cultiver le cep en espalier et en contre-espalier ; il convient de lui donner une exposition chaude et éclairée, pour les pays où la vigne mûrit imparfaitement ses fruits ; une exposition sud et sud-est où le raisin mûrit bien, une terre silico-argileuse et argilo-calcaire.
Il faut lui donner un grand développement, une taille courte ou mi-longue, pratiquer le pincement des rameaux et le cisèlement de la grappe. Cette variété est également très employée pour le forçage.

MUSCAT DE JÉSUS. Synonymes : *Muscat de Rivesaltes.* — *Muscat fleur d'oranger.* — *Muscat Primaris.* — *Pascal muscat.*
Origine ancienne et inconnue.

Grappe moyenne, cylindrique, rarement ailée, compacte.

Grains moyens, sphériques : à pédicelle court et gros.

Épiderme épais, ferme, d'un jaune verdâtre, pruiné, légèrement doré.

Chair incolore, croquante, bien sucrée, juteuse, musquée, avec un léger parfum de fleur d'oranger.

Qualité TRES BONNE.

Maturité. — Fin de la première époque.

Cep de vigueur normale, assez fertile.

Sarments de force et de longueur moyennes.

Feuilles moyennes, glabres sur les deux faces ; à dents très longues, larges et aiguës.

Culture. — Cette variété, comme tous les muscats, doit être cultivée à une exposition chaude et abritée, car ses grains se fendent très facilement et pourrissent.

Elle doit être soumise à une taille longue et traitée préventivement pour la défendre de l'oïdium et du mildiou qui l'atteignent facilement.

Très bon raisin à forcer.

MUSCAT NOIR. Synonymes : *Black Frontignan.* -- *Vernacolo.*
Origine ancienne.

Grappe moyenne, allongée, presque cylindrique, parfois ailée.

Grains moyens, ronds, serrés.

Épiderme un peu épais, d'un noir violet, abondamment pruiné.

Chair rougeâtre, juteuse, sucrée, fort agréablement musquée.

Qualité TRES BONNE.

Maturité. — Deuxième époque.

Cep vigoureux et fertile.

Sarments moyens et coudés.

Feuilles moyennes, épaisses, duveteuses en dessous, peu profondément lobées ; à dents obtuses.

Culture. — Le cep étant plus fertile et moins vigoureux que le Muscat blanc, il faudra le tailler plus court, quant aux autres soins, ils seront les mêmes que pour cette dernière variété.

Nous ajoutons que le raisin n'est réellement bon que lorsque tous ces soins lui ont été minutieusement donnés.

MUSCAT ROUGE.   Synonymes : *Muscat gris.* — *Red Frontignan.*

Origine ancienne.

Grappe moyenne, cylindrique, allongée ; assez serrée.

Épiderme d'un rouge pâle à l'ombre, teinté de rouge plus ou moins vif à l'insolation.

Chair ferme, sucrée, relevée, musquée et agréable.

Qualité TRES BONNE.

Maturité. — Deuxième époque.

Cep fertile et vigoureux.

Sarments moyens et gros, d'un fauve roussâtre.

Feuilles moyennes, un peu épaisses, peu duveteuses en dessous, profondément lobées ; à dents inégales, étroites et pointues.

Culture. — Le cep se cultive à peu près comme le Muscat Blanc, déjà décrit. Toutefois, comme il est un peu moins vigoureux que lui, il sera prudent, après cinq ou six ans de plantation, de réduire un peu la longueur de la taille, afin de le maintenir en bon état de végétation et de fertilité.

MUSCAT VIOLET. — Synonymes : *Gros muscat violet.* — *Raisin de Madère.*

Origine inconnue, probablement espagnole.

Grappe assez grosse, conique, allongée, peu serrée.

Grains gros, généralement ronds ; à pédicelle court et fort.

Épiderme assez ferme, d'un rouge violet foncé, pruiné.

Chair légèrement croquante, juteuse, sucrée, agréablement musquée.

Qualité TRES BONNE.

Maturité. — Deuxième époque.

Cep vigoureux, assez fertile, peu rustique, ne résistant pas aux gelées de 13 à 14°.

Sarments longs et forts.

Feuilles grandes, duveteuses en dessous ; à dents longues, larges, aiguës.

Même culture que le Muscat rouge ci-dessus.

MUSQUÉ DE MARSEILLE.

Origine. — Obtenu en 1861 par M. Ant. Besson, horticulteur à Marseille ; mis au commerce en 1871.

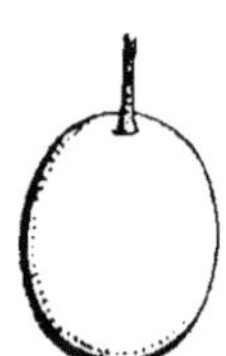

Grappe petite, un peu allongée, peu serrée.

Grains ronds.

Epiderme d'un rose carminé.

Chair sucrée, musquée, croquante.

Qualité TRES BONNE.

Maturité. — Deuxième époque.

Cep vigoureux, très fertile.

Sarments violacés.

Feuilles petites, peu découpées, épaisses.

Culture. — Cette variété doit être cultivée en espalier et taillée court, elle doit être réservée spécialement à la région méridionale.

MUSQUÉ TALABOT.

Origine. — Obtenu en 1861, par M. Ant. Besson, horticulteur à Marseille ; mis au commerce en 1878.

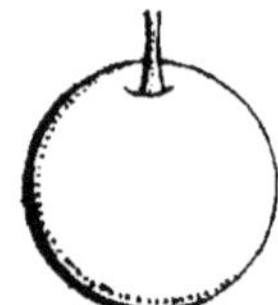

Grappe allongée, ailée, peu serrée.

Grains moyens, ovoïdes, irréguliers.

Epiderme résistant quoique mince, d'un blanc ambré mais non transparent.

Chair fondante, bien juteuse, sucrée, musquée.

Qualité TRES BONNE.

Maturité. — Première époque tardive.

Cep très fertile et vigoureux.

Sarments d'un rouge foncé.

Feuilles petites, très découpées, lisses.

Culture. — Cette variété, la plus hâtive de tous les muscats, est très fertile et très vigoureuse dans les pays chauds.

On doit lui appliquer une taille courte et la cultiver spécialement en espalier.

NOIR HATIF DE MARSEILLE.

ORIGINE. — Obtenu en 1861, par M. Ant. Besson, horticulteur à Marseille ; mis au commerce en 1871.

GRAPPE moyenne, un peu serrée.
GRAINS assez gros, sphérico-ovoïdes.
EPIDERME noir.
CHAIR assez ferme, de saveur musquée.
Qualité TRES BONNE.
Maturité. — Première époque.
CEP de vigueur moyenne, très fertile.
SARMENTS violacés.
FEUILLES petites, découpées.

Culture. — Cette variété précoce, de bonne vigueur moyenne, régulièrement fertile, assez rustique, s'accommode de la forme en souche basse, mais donne de bien meilleurs résultats en cordon horizontal.

Elle craint relativement peu le mildiou et l'oïdium et supporte bien l'emballage et le transport.

On lui donne une taille courte ou mi-longue suivant la fertilité du sol où elle est plantée.

ŒILLADE. — SYNONYMES : *Mortérille noire.* *Œillade bleue.* — *Œillade noire musquée.*

ORIGINE présumée de la France méridionale.

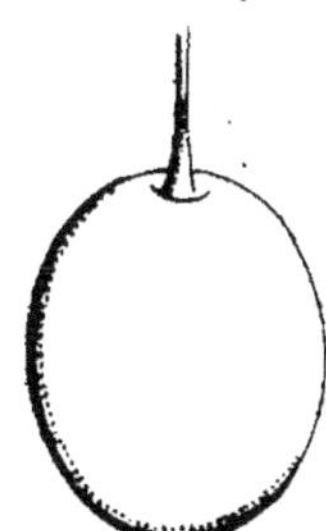

GRAPPE grosse ou très grosse, pyramidale, ailée et très irrégulière.
GRAINS gros, olivoïdes, très peu serrés ; à longs et minces pédicelles.
EPIDERME d'un noir violet, recouvert d'une pruine bleuâtre.
CHAIR croquante, succulente, sucrée et fort agréable.
Qualité TRES BONNE pour la table et pour la cuve.

Maturité. — Deuxième époque.
CEP peu vigoureux et très fertile.
SARMENTS gros, assez longs, d'un fauve roux.
FEUILLES grandes, minces, profondément lobées ; à dents inégales, espacées et pointues.

Culture. — Ce cep peut être cultivé sous toutes les formes. Dans les pays où la vigne ne prospère pas d'une manière satisfaisante à l'air libre, on le cultive en espalier à l'exposition du sud. Il se plaît beaucoup dans les sols pourvus de débris calcaires, qui sont peu humides et chauds. Planté dans ces conditions, le cep pousse un peu moins vigoureusement et ses raisins sont en général, plus sucrés et de meilleure garde. Par le ciselage et l'incision, on obtient de très belles grappes.

PINEAU NOIR. — SYNONYMES : *Franc Noirien*. — *Franc Pineau*. — *Pineau de Bourgogne*.

ORIGINE ancienne et inconnue.

GRAPPE petite, cylindrique, parfois ailée, assez compacte.

GRAINS petits, à peu près ronds ; à pédicelle long, assez fort.

ÉPIDERME épais, ferme, d'un noir foncé, pruiné.

CHAIR juteuse, sucrée, relevée.

Qualité BONNE.

Maturité. — **Première époque.**

CEP vigoureux, rustique, fertile.

SARMENTS de longueur et de force moyennes.

FEUILLES moyennes, peu duveteuses en dessous ; à dents peu longues, obtuses.

Culture. — Ce cep est plus spécialement destiné à la cuve, mais il est également cultivé comme raisin de table ; on devra lui appliquer une taille mi-longue suivant la fertilité du sol, et par suite de l'infertilité des yeux de base des rameaux.

PINEAU GRIS. — SYNONYMES : *Auvergnat gris*. — *Auxois*. — *Enfumé griset*. — *Malvoisien*. — *Pineau cendré*.

Il n'est qu'une variation du Pineau noir.

PRÉCOCE COURTILLER. — SYNONYMES : *Blanc précoce mus-*
qué de Courtiller. — *Madeleine musquée de Courtiller.* — *Muscal*
précoce de Saumur.

ORIGINE. — Obtenu en 1847, par M. Courtillier, directeur du Jardin
des plantes de Saumur.

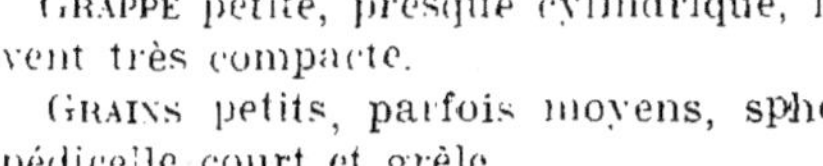

GRAPPE petite, presque cylindrique, le plus souvent très compacte.

GRAINS petits, parfois moyens, sphériques ; à
pédicelle court et grêle.

EPIDERME fin, tendre, d'un jaune un peu doré.

CHAIR blanche, un peu ferme, juteuse, sucrée,
relevée d'une très légère saveur musquée.

Qualité BONNE.

Maturité. — Précoce.

CEP peu vigoureux, peu fertile.

SARMENTS assez courts, grêles.

FEUILLES moyennes, à peine duveteuses en dessous ; à dents larges,
obtuses.

Culture. — Le cep peut être cultivé à l'air libre, en espalier et en
contre-espalier ; cependant il est préférable de le cultiver en espalier
à une bonne exposition, pour obtenir la précocité et éviter la pourriture
des grains.

C'est un des meilleurs raisins hâtifs, finement parfumé, mais malheureusement un peu petit.

PRÉCOCE MALINGRE. — SYNONYMES : *Madeleine blanche de*
Malingre. — *Précoce blanc.*

ORIGINE. — Obtenu vers 1845, par Malingre, jardinier dans les environs de Paris.

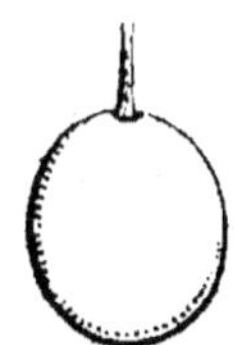

GRAPPE moyenne, cylindro-conique, ailée, souvent trop serrée.

GRAINS à peine moyens, ovales : à pédicelle grêle.

EPIDERME fin, tendre, d'un jaune verdâtre, parfois doré.

CHAIR blanche, tendre, juteuse, sucrée, peu
relevée.

Qualité ASSEZ BONNE.

Maturité. — Précoce.

CEP assez vigoureux, très fertile.

SARMENTS de longueur et de force moyennes.

FEUILLES moyennes, glabres ; à dents longues et aiguës.

Culture. — Cette variété doit être cultivée en cordons horizontaux
ayant de 2 à 3 mètres de développement. Il lui faut une taille courte.

Comme elle est très sujette à la pourriture, on devra lui donner une
exposition chaude et abritée.

ROSAKY.

ORIGINE. — Cette variété nous est venue de Smyrne, en Turquie d'Asie.

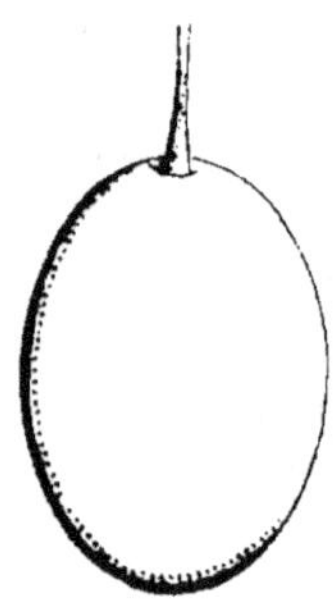

GRAPPE très longue, conique, très ailée et lâche.

GRAINS gros, olivoïdes ; à pédicelle assez long et assez fort.

EPIDERME épais, ferme, d'un blond doré.

CHAIR assez juteuse, croquante, sucrée, parfumée.

Qualité TRES BONNE, de qualité supérieure, pour être confit à l'eau-de-vie.

Maturité. — Deuxième époque.

CEP vigoureux et très fertile.

SARMENTS très longs, forts, d'un beau roux foncé, à mérithalles très espacés.

FEUILLES larges, glabres, d'un vert intense en dessus, plus pâles en dessous, à trois lobes, à dentelures profondes mais très nettes.

Culture. — Cette variété est cultivée en treille et en gobelet ; dans ce dernier cas, la grappe paraît plus serrée.

Etant donné sa maturité un peu tardive, elle doit être plantée à exposition très chaude, et il convient de lui donner une taille demi-longue ou courte.

Par l'incision et le cisclage, on obtient également de très belles grappes.

TERRET GRIS. SYNONYMES : *Terret Bourret*. — *Terret rose*.

ORIGINE ancienne et inconnue.

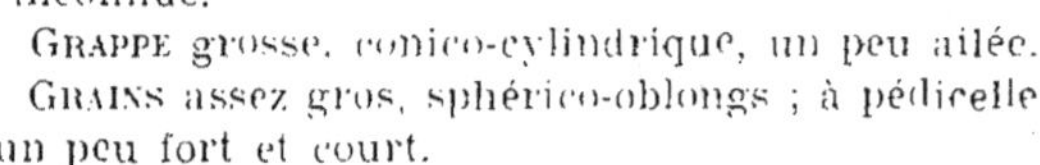

GRAPPE grosse, conico-cylindrique, un peu ailée.

GRAINS assez gros, sphérico-oblongs ; à pédicelle un peu fort et court.

EPIDERME épais, dur, d'un rose plus ou moins foncé, pruiné.

CHAIR un peu ferme, juteuse, sucrée, relevée.

Qualité BONNE.

Maturité. — Troisième époque.

CEP de vigueur moyenne, fertile, débourrant tard.

SARMENTS de moyenne longueur, assez forts.

FEUILLES moyennes, duveteuses en dessous ; à dents larges et aiguës.

Culture. — Cette variété s'accommode de tous les terrains : elle doit être taillée court, car elle s'épuise facilement.

TERRET NOIR.

Cette variation ne diffère du Terret gris que par la couleur. Sa culture est bien plus restreinte que celle du précédent et doit être faite dans les mêmes conditions.

TSCHAOUCH. — SYNONYMES : *Chaouch. — De Karabournou. — Parc de Versailles. — Schaou. — Tschaouch Safra Usum. — Tschaous.*

ORIGINE douteuse, persane suivant les uns, égyptienne selon les autres.

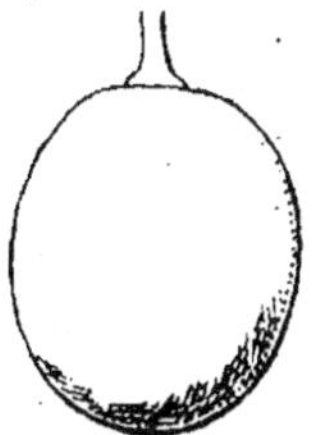

GRAPPE sur-moyenne ou grosse, oblongue ou étroitement pyramidale, non ailée, assez serrée sur pédoncule gros et court.

GRAINS d'un blanc verdâtre passant au jaune doré à la parfaite maturité, gros, ovoïdes ; à peau épaisse, assez résistante, sans être dure.

CHAIR croquante, juteuse, assez sucrée, relevée, de saveur simple.

Qualité BONNE ou TRES BONNE.

Maturité. — **De deuxième époque, de dernière époque dans la région parisienne.**

CEP vigoureux et très fertile ; à bourgeonnement duveteux et légèrement violacé. Sarments floconneux, fauves, striés ; à entre-nœuds de longueur très irrégulière.

FEUILLES très grandes, épaisses, glabres et légèrement bullées en dessus, garnies inférieurement d'un duvet sur le parenchyme, sur les nervures ; à sinus supérieurs généralement profonds, les pétiolaires étroits ; à dentelures larges et profondes.

Culture. — Par suite de sa maturité tardive, ce cépage doit être cultivé en espalier, à une bonne exposition et conduit en grande forme en lui appliquant une taille longue.

Très sujet à la coulure, il doit être pincé au-dessus de la grappe.

FRUITS LOCAUX & RÉGIONAUX

Dans ce chapitre nous avons réuni les fruits *adoptés* par le Congrès Pomologique de France à titre de fruits locaux ou régionaux, auxquels nous avons ajouté les fruits locaux les plus répandus dans les diverses régions de la France, ces derniers seront étudiés par la suite, ainsi que tous ceux qui seront signalés au Congrès qui décidera leur adoption ou leur radiation.

En général, ces fruits locaux ou régionaux ont une aire de culture assez réduite, caractère suffisant pour les séparer nettement dans cet ouvrage des fruits dont la culture peut être conseillée dans n'importe quelle région, et sous des climats très différents.

Néanmoins, l'importance de cette culture ne saurait être négligée, d'où la décision prise par le Congrès de publier ce chapitre spécial, en indiquant toutefois que des essais pourraient être faits pour étendre la culture en dehors des limites qui semblent fixées aujourd'hui ; nul doute qu'il se trouvera parmi ces fruits des variétés qui pourront être répandues avec toute chance de succès, si l'on tient compte des conditions climatériques ou géologiques dans lesquelles ces fruits sont cultivés en pays d'origine.

Pour ce premier essai de division de la France par régions, et en attendant que la Société Pomologique de France publie son travail sur ce sujet, nous avons retenu les régions suivantes avec les principaux fruits qui y sont cultivés :

ALSACE-LORRAINE

Pommes. — *De Noël* — *De Mai* — Luiken.

NORD

Poires. — *Belle Moulinoise* — *de Binsse* - *de Livre* — *Calebasse à la Reine* — *Grosse Louise* — *Fondante de Moulins-Lille* — *Saint-Mathieu.*

Pommes. — *Bismark* — *Bon Pommier* — *Colapuy (Santerre)* — *Double bon pommier* ou *Belle fleur double.*

ILE-DE-FRANCE

Pommes. — *Barré (Brie)* — *Belle Fille* - *de Cave (Oise* — *de Salé*

(Oise) — Faros (Brie) — *Feuillemorte* (Brie) — *Gendreville* (Brie) — *Gros Locard* (Brie) — La Clermontoise (Oise) — *Rambour d'hiver* — *Rambour franc* — Reinette Jules Labitte (Oise) — *Rousseau* (Brie) — *Saint Médard* (Brie) — *Saint Vincent* (Brie) — *Vérité* (Brie).

EST

Cerises. — *Bigarreau Empereur François* — *Guigne Choque* — *Guigne Beaufrotte.*

Poire. — Fauvanelle (Franche-Comté).

Pommes. — *Bismark* — *Bon Pommier* ou *Belle fleur* ou *Petit Croquet* — *Datte* — *Double bon pommier* ou *Belle fleur double* ou *Double Croquet* — *Fraise* (Franche-Comté) — *Gros Locard* (Bourgogne, Vosges) — *Rambour d'hiver* — *Rambour franc* — *Saint Bauzan* ou *Saint Louis* (Ardennes et Moselle).

SUD-EST

Abricot. — *Damazan.*

Cerise. — *Guigne Précoce de Tarascon.*

Poire *à deux yeux* (Savoie). — *Crémésine.*

Pommes. — *Barbe* — Bouquepreuve — *Croque* (Bresse) — Cusset (Mont-d'Or lyonnais) — La Nationale (Mont-d'Or lyonnais) — Serveau (Alpes).

OUEST

Pommes. — *Pigeon blanc.* — *Passe-pomme rouge* — *Reinette Clochard* (Charentes).

SUD-OUEST

Poires. — Des Canourgues (Tarn) — Jausémine (Bordeaux) — Giram (Gers).

Pommes. — Bernède (Bordeaux — Bonne de Mai (Bordeaux) — Rose de Benauge (Gironde).

Prune. — *Royale de Montauban.*

PLATEAU CENTRAL

Abricots. — Blanc rosé — *Gloire d'Auvergne.*

Poire. — Virgouleuse (Limousin).

ABRICOTS

BLANC ROSÉ. — SYNONYMES : *Poman rosé.* — *Pommau rosé.* — *Blanc Pommeau rosé.*

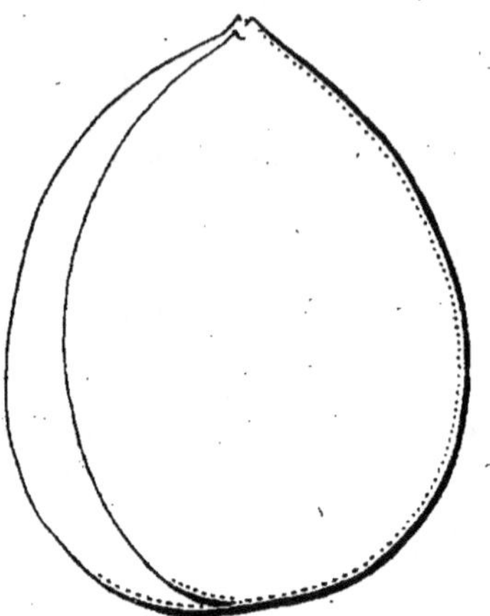

Fruit moyen, allongé, ovale conique, bien comprimé sur les joues, à dos caréné, assez peu arqué, suture ventrale plus arquée.

EPIDERME jaune pâle, pourpré rosé, carminé à l'insolation.

NOYAU plat, allongé.

AMANDE douce.

CHAIR jaune pâle, fine, se détachant bien, saveur relevée et agréable.

Qualité BONNE.

Maturité. — Fin JUIN et JUILLET.

Culture. — Cette variété produit abondamment dans la région Méditerranéenne et en Auvergne. Fruit commercial d'exportation et très recherché pour la confiserie.

DOMAZAN. — SYNONYME : *Domazin.*

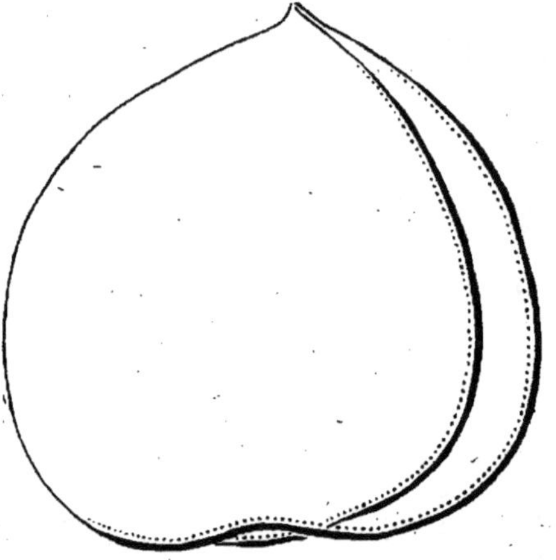

Fruit moyen, paraissant plus haut que large, elliptique, finement bosselé sur le pourtour, surtout à la base ; sillon assez marqué, bien creusé à la base ; cavité caudale assez profonde et évasée.

EDIDERME jaune très pâle, sans taches, jaune orange à l'insolation.

CHAIR jaune pâle, un peu filandreuse, assez juteuse, sucrée, parfumée.

Qualité ASSEZ BONNE.

Maturité. — JUILLET.

Culture. — Variété à cultiver au verger. Très répandu dans la vallée du Rhône.

CERISES

BIGARREAU EMPEREUR FRANÇOIS.

Fruit très gros, cordiforme, généralement bosselé.

PÉDICELLE de longueur moyenne, force ordinaire ; cavité profonde, très large.

POINT PISTILLAIRE assez petit ; cavité à peine enfoncée, irrégulièrement évasée.

ÉPIDERME d'abord d'un rouge vif, marbré de rose, passant à la maturité, au pourpre foncé marbré rouge vif.

CHAIR jaunâtre. très ferme, croquante, juteuse, bien sucrée et relevée, très bonne. Jus incolore.

Maturité. — Première quinzaine et Mi-JUILLET.

Culture. — Cette variété peut être cultivée aussi bien en culture d'amateur qu'en culture pour le marché et l'exportation.

GUIGNE BEAUFROTTE.

Fruit assez gros. cordiforme-ovoïde, à côtés légèrement aplatis.

PÉDICELLE de longueur moyenne, mince , cavité très profonde, large.

POINT PISTILLAIRE assez petit ; cavité peu profonde, assez large.

ÉPIDERME d'un joli rouge cerise vif, avec des marbrures plus claires à l'insolation ; d'une couleur ambre à l'ombre.

CHAIR blanche, à reflets rosés, très juteuse, tendre, bien sucrée et parfumée, savoureuse ; jus à peine colorant.

Qualité TRES BONNE.

Maturité. — Milieu et seconde quinzaine de JUIN.

Culture. — Arbre de verger pour culture intensive.

GUIGNE CHOQUE.

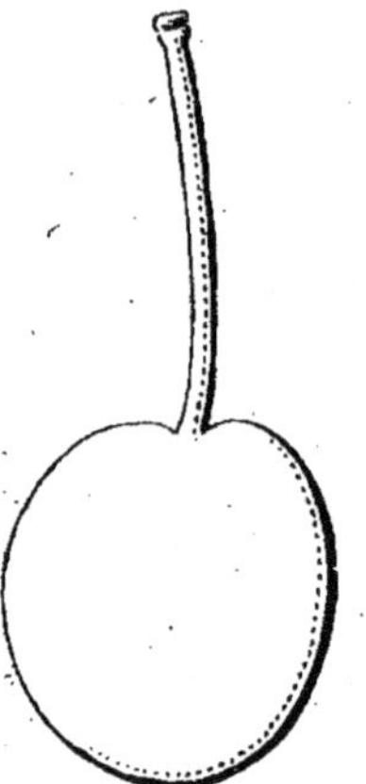

Fruit assez gros, ovoïde, de forme bien régulière.

PÉDICELLE assez long, de force moyenne ; cavité faible.

POINT PISTILLAIRE assez grand ; cavité nulle.

EPIDERME à fond jaune, marbré et lavé de rouge ou rose vif.

CHAIR blanc jaunâtre, tendre, un peu consistante, très juteuse, acidulée, peu sucrée, jus incolore.

Qualité ASSEZ BONNE.

Maturité. — Mi-JUILLET.

Culture. — Arbre d'une extrême fertilité.

GUIGNE PRÉCOCE DE TARASCON.

ORIGINE incertaine.

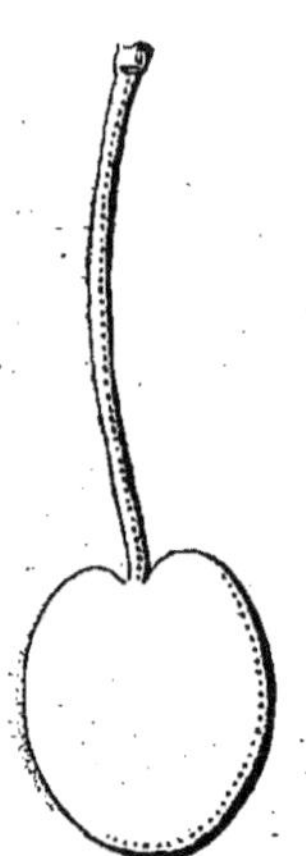

Fruit petit, rouge clair, à sillon très prononcé.

PÉDICELLE mince, long, un peu arqué.

CHAIR blanche, assez juteuse, jus incolore, sucrée.

NOYAU assez gros ou gros.

Qualité BONNE.

Maturité. — Quinze MAI dans la vallée du Rhône.

Culture. — Uniquement cultivé en vue de sa précocité dans la vallée du Rhône.

POIRES

A DEUX YEUX. — Synonymes : *A Deux Têtes*. — *A Double Calice*. — *Sainte-Catherine* (en Autriche).

Origine très ancienne. — André Leroy cite que Charles Estienne la décrivait dès 1530 dans son *Seminarium*, page 69, sous le nom de *Pyra bicipitia* ou poire à *Deux-Teste*, très répandue en Europe, on la trouve en Savoie, aux environs de Seyssel, où elle est cultivée pour la confiserie.

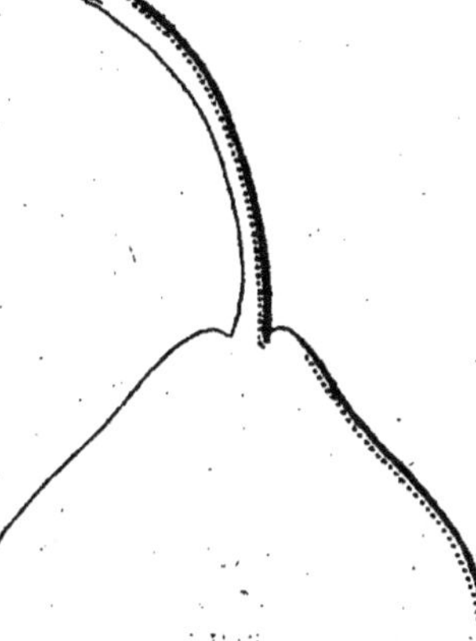

Fruit petit, turbiné, arrondi, ventru.

Œil grand, elliptique, ouvert, divisé par le milieu dans une cavité faible et bosselée.

Pédicelle long, mince, arqué.

Epiderme jaune terne, rouge sombre à l'insolation. Veiné et tacheté de fauve sur toute la surface.

Chair blanche grossière, cassante, non pierreuse, jus sucré, très parfumé, parfois un peu acerbe.

Qualité ASSEZ BONNE, surtout BONNE pour la confiserie et le séchage.

Culture. — A répandre pour l'industrie du séchage des fruits et la confiserie où sa chair, sans granules calcaires la rend très appréciable.

BELLE MOULINOISE.

Origine. — Obtenue de semis par Grolez-Duriez, pépiniériste, aux Moulins, près Lille, mise au commerce en 1864.

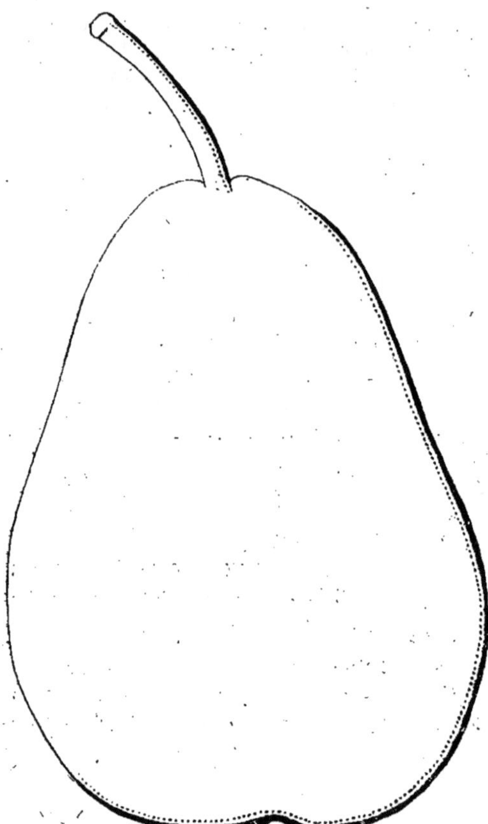

Fruit gros ou très gros, oblong régulier, parfois turbiné, toujours un peu ventru.

Œil ouvert, presque saillant.

Pédicelle long, ou moyen, arqué, inséré obliquement, non charnu.

Epiderme vert jaunâtre, rude au toucher, finement ponctué de roux, passant au jaune or à maturité, maculé ou lavé de fauve roux à l'insolation, rayé finement de rouge.

Chair blanche, fine, cassante, très juteuse, très sucrée, musquée, saveur très agréable.

Qualité BONNE et excellente à cuire.

Maturité. — FEVRIER-MARS.

Culture. — L'arbre est vigoureux et fertile, il forme des fuseaux un peu touffus ; sa place est surtout au verger où il produit abondamment ; ses fruits sont très recherchés sur le marché de Lille et des environs.

CALEBASSE A LA REINE. — Synonyme : *Calebasse de Belgique.*

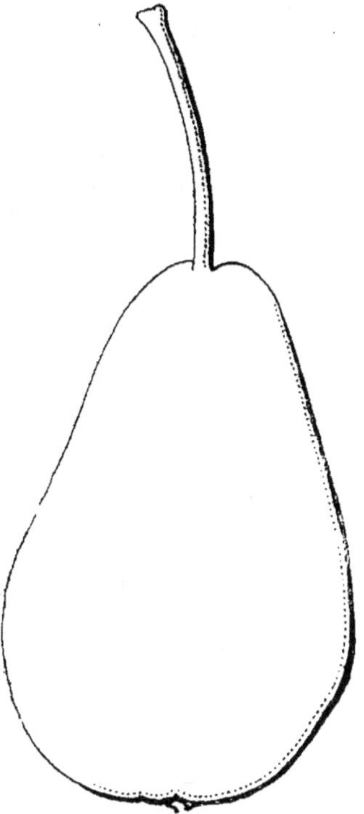

Origine incertaine.

Fruit moyen ou petit, piriforme allongé ou calebassiforme.

Œil petit au sommet du fruit.

Pédicelle long, mince, implanté dans une cavité presque nulle.

Épiderme vert jaunâtre, presque totalement recouvert de fauve clair, picté finement de jaune foncé.

Chair mi-fine, très sucrée, très parfumée.

Qualité BONNE.

Maturité. — AUTOMNE.

Culture. — Cette variété est spécialement cultivée au verger.

CRÉMÉSINE. — SYNONYME : *Cramoisine.*

ORIGINE ancienne et inconnue.

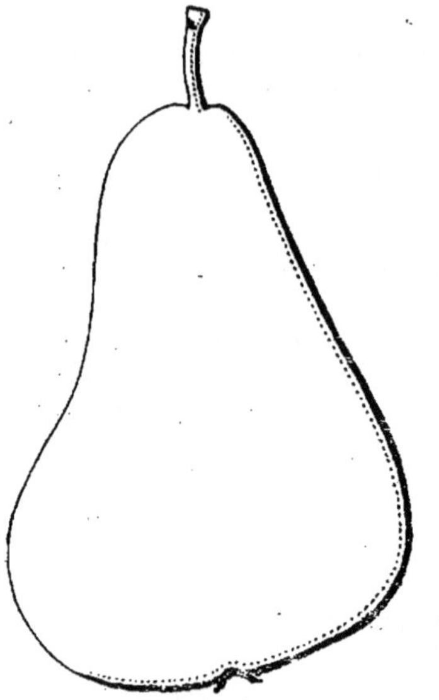

Fruit petit, piriforme allongé, ventru.

PÉDICELLE mince, court, arqué ou droit, non charnu, implanté dans une dépression presque nulle.

ŒIL mi-clos, presque à fleur du fruit.

ÉPIDERME vert clair, lavé de de rouge à l'insolation, passant au jaune or à la maturité.

Qualité ASSEZ BONNE ou BONNE.

Maturité. — JUILLET.

Culture. — Très répandu dans la Drôme et l'Isère, ainsi que dans la vallée du Rhône, cultivé uniquement en verger.

DE BINSSE. Synonyme : *Bins.* - *Binche.* - *Darid.*

Origine inconnue.

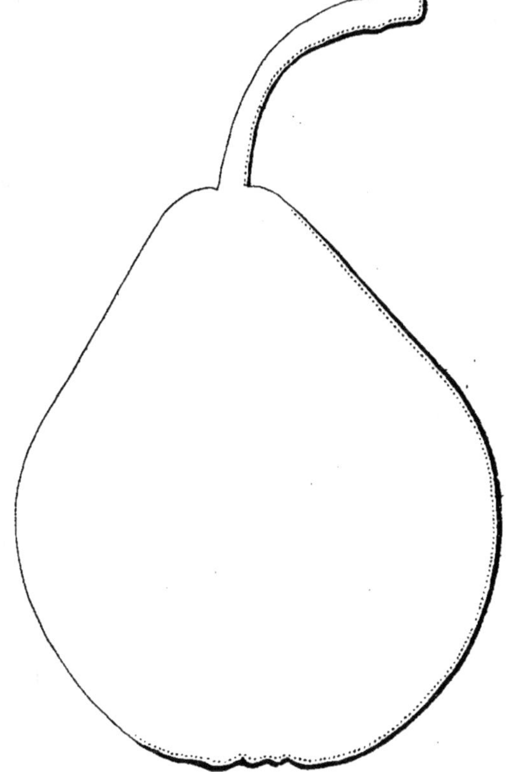

Fruit gros ou très gros, turbiné ventru.

Œil petit, mi-clos au sommet du fruit, dans une cavité presque nulle.

Pédicelle long, arqué.

Épiderme vert clair pointillé très finement de roux.

Chair blanc verdâtre, cassante, sucrée.

Qualité à cuire.

Maturité. — HIVER.

Culture. — Cette variété est uniquement cultivée au verger en plein vent où ses fruits tiennent bien malgré leur volume. Très répandue dans le nord de la France.

33

DE LIVRE. — Synonymes : *Librale* (Pline, 80 après J.-C.). — *De Gros Resteau* (Claude Mollet). — *Argentine* (dom Claude Saint-Étienne). — *Roteau Gris* (Merlet). — *D'Amour* (La Quintinye). — *Belle de Louvain* (André Leroy). — *Roi de Louvain* (id.).

Origine très ancienne.

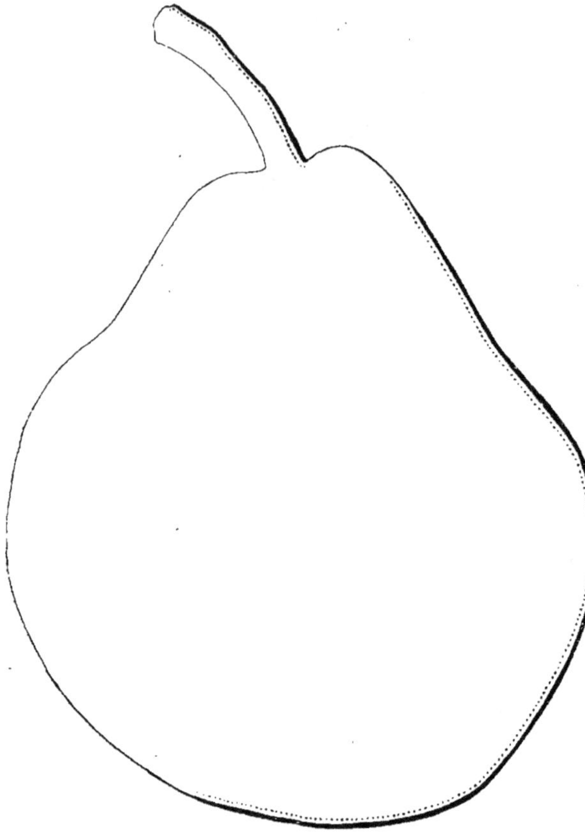

Fruit gros ou très gros, parfois énorme, turbiné-obtus, ventru, bosselé en son pourtour.

Œil grand, ouvert, peu enfoncé.

Pédicelle moyen, arqué ou droit, non charnu, implanté dans une cavité étroite, peu profonde et bosselée.

Épiderme vert clair, passant au vert jaunâtre en hiver, lavé de rouge à l'insolation, plaqué et piqueté de fauve sur toute la surface.

Chair blanche, jaunâtre sous l'épiderme, grossière, cassante, un peu granuleuse autour des loges, très sucrée, juteuse.

Qualité BONNE à cuire.

Maturité. — JANVIER à MARS.

Culture. — Variété de verger par excellence où les fruits sont bien attachés à l'arbre et ne tombent pas comme cela a lieu pour la poire Catillac avec laquelle il y a quelque analogie.

Très cultivée dans le nord de la France.

DES CANOURGUES.

ORIGINE. — Trouvée par M. Lauzeral, de Monestier (Tarn), dans une haie de son domaine des Canourgues.

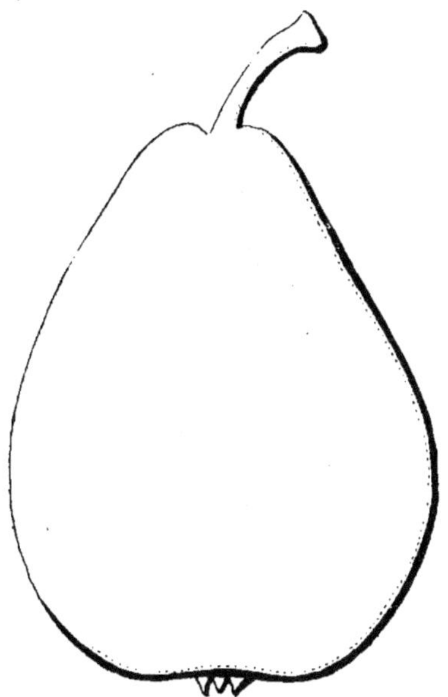

Fruit petit ou presque moyen, ovoïde plus ou moins allongé, ou obtus, uni en son pourtour.

PÉDICELLE court, faible, arqué, implanté dans un pli peu prononcé.

ŒIL petit, fermé, dans une dépression légère et plissée.

ÉPIDERME fin, mince, lisse, jaune paille, parsemé de petits points gris, nuancé ou strié de rose pâle à l'insolation.

CHAIR blanche, fine, entièrement fondante, à saveur sucrée et très agréablement parfumée.

Qualité TRES BONNE.

Maturité. JUILLET-AOUT.

RAMEAUX peu forts, d'un vert jaunâtre, à lenticelles peu apparentes et très nombreuses.

YEUX de la base dirigés presque perpendiculairement à l'axe du rameau et en forme de petits dards.

Culture. — Ce poirier sur cognassier peut être élevé en petites formes, mais il convient surtout à la culture sur tige, greffé sur franc où il est très vigoureux.

Cultivé dans toutes les régions de la France, mais plus encore dans le Midi et le Centre, cette variété doit être entrecueillie, pour acquérir toutes ses qualités.

FAUVANELLE.

ORIGINE. — Variété locale de la Haute-Saône, très cultivée dans le canton de Marnay, où elle semble avoir été trouvée, répandue dans la Franche-Comté et la Suisse par les pépiniéristes Bey-Rozet, de Marnay.

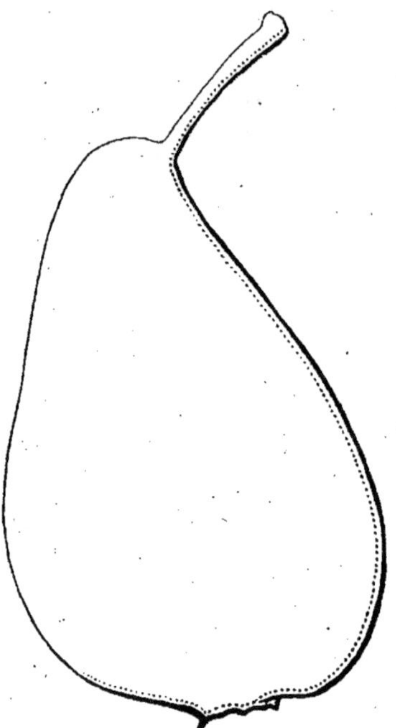

Fruit moyen ou petit.

PÉDICELLE mince, implanté obliquement sur le côté du fruit, parfois arqué et implanté au sommet.

EPIDERME fauve bronzé.

CHAIR mi-douce, d'un parfum vanillé très accentué.

Qualité excellente cuite au four ou en compote.

Maturité. — HIVER.

ARBRE de vigueur moyenne, à élever en tige sur franc, inutile de l'essayer sur cognassier.

FEUILLES ressemblant un peu à celles du Besi de Chaumontel.

Résiste aux grands hivers.

Culture. — A répandre comme fruit d'industrie pour sécher et confiserie ; pour l'amateur c'est un de nos meilleurs fruits à cuire.

FONDANTE DE MOULINS-LILLE.

ORIGINE. — Obtenue de semis, en 1858, par M. Grolez-Duriez, horticulteur à Ronchin-les-Lille, d'un pépin de poire Napoléon.

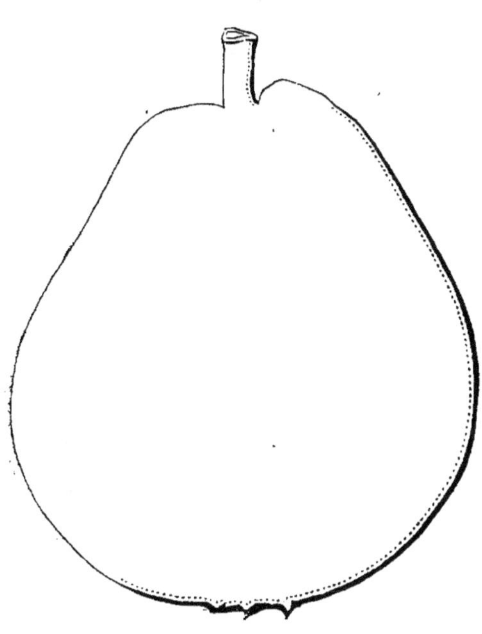

Fruit assez gros ou g r o s, turbiné tronqué au sommet, très régulier en son pourtour.

Œil ouvert à fleur du fruit.

PÉDICELLE g r o s, court, non charnu, implanté droit dans une cavité étroite et peu profonde, à bords inégaux.

ÉPIDERME vert clair plaqué largement de rouille autour du pédicelle, plaqué plus finement et ponctué de roux sur toute la surface.

CHAIR blanche, jaunâtre sous l'épiderme, d'une apparence peu grossière, un peu granuleuse au centre, mais d'une finesse remarquable, excessivement juteuse et très sucrée, très agréablement parfumée.

Qualité TRES BONNE.

Maturité. OCTOBRE-NOVEMBRE.

Culture. Variété actuellement localisée dans le Nord, mériterait d'être répandue ; elle pourrait être avantageusement cultivée dans le jardin d'amateur, en fuseau et en palmettes.

GIRAM.

ORIGINE. — Semis de hasard trouvé dans une haie de la propriété de Giram, à Uryosse, près Nogaro (Gers), propagée par le docteur Doat et par M. Bazillac.

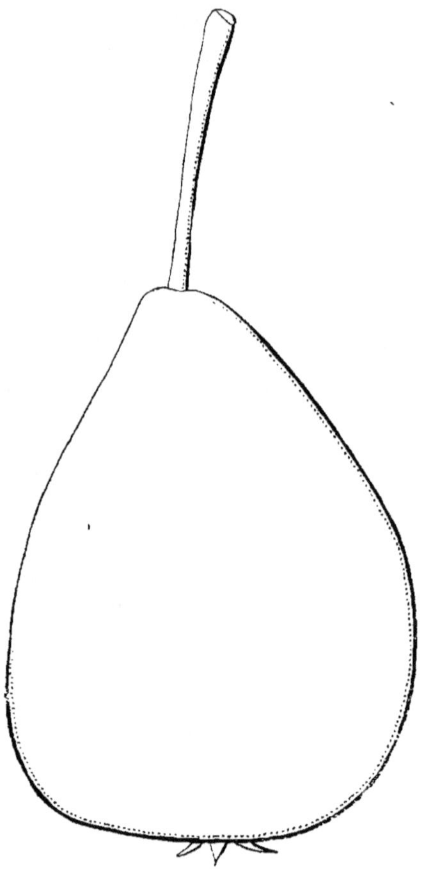

Fruit de petite moyenne grosseur, régulièrement piriforme, parfois un peu turbiné, arrondi au sommet, étroitement obtus à la base.

PÉDICELLE allongé, assez fort, planté presque droit sur la base oblique et bronzée du fruit.

ŒIL moyen, ouvert : à sépales étalés, appliqués sur le sommet arrondi et un peu rouillé du fruit.

PEAU lisse, un peu brillante, assez solide, d'un vert pomme, piquetée de gris sombre, souvent frappée de rosat bronzé et parfois de rouge vif à l'insolation.

CHAIR très fine, tendre, fondante, très juteuse, sucrée et très agréablement parfumée.

Qualité TRES BONNE.

Maturité. — **Première quinzaine d'AOUT.**

Culture. — Cette variété peut être greffée sur cognassier pour les petites formes dont elle s'accommode.

Elle convient très bien pour la culture sur tige, où greffée sur franc, elle se montre robuste. Elle est très répandue dans la région bordelaise, comme fruit local.

Le fruit de cette variété se conserve longtemps mûr sans blettir.

GROSSE LOUISE.   SYNONYMES : *Grosse Louise Butin.* — *Louise Bonne Butin.*

ORIGINE. - Semis de hasard trouvé dans un jardin de Tourcoing et multiplié par M. Butin, vers 1860, pépiniériste à Wambrechies-les-Lille.

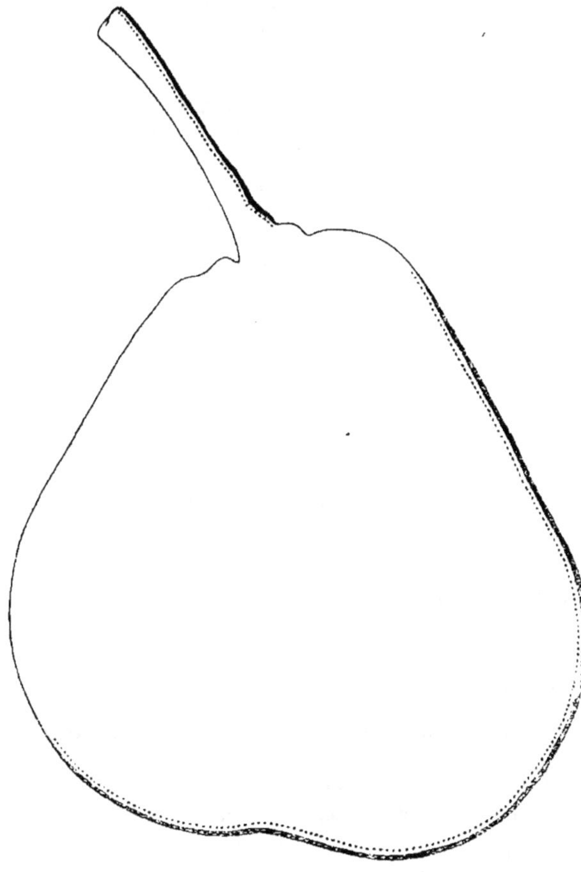

Fruit gros ou très gros, de forme turbinée écrasée, obtuse, ventrue, bosselée souvent en son pourtour, mamelonnée au sommet.

ŒIL grand, mi-clos, à fleur du fruit ou faiblement enfoncé.

PÉDICELLE long, moyen, non arqué, charnu et plissé à la base, implanté obliquement.

CHAIR blanche, assez fine, assez fondante, assez juteuse, sucrée et parfumée

Qualité BONNE.

Maturité. — SEPTEMBRE.

Culture. — L'arbre est vigoureux et fertile sous toutes formes, il est cultivé en fuseau et en plein vent où l'on devra cueillir les fruits assez tôt pour éviter leur chute avant la maturité.

JANSEMINE. — Synonymes : *Canette de Boucouge. — Jeannette. — Mouille-Bouche de Bordeaux.*

Origine ancienne, inconnue et probablement bordelaise.

Fruit sous-moyen ou assez petit, courtement turbiné ou arrondi-conique, aussi large que haut.

Pédicelle moyen ou allongé, assez fort ; implanté, tantôt obliquement dans une cavité assez large et peu profonde, tantôt presque droit dans un pli peu prononcé.

Œil grand, ouvert, dans une cavité bien élargie et de profondeur variable.

Epiderme d'un vert herbacé et ponctué de gris roux, nuancé de marron clair à l'insolation.

Chair d'un blanc virescent, mi-fine, granuleuse au cœur, un peu cassante, juteuse, bien sucrée, peu relevée et assez agréablement parfumée.

Qualité ASSEZ BONNE.

Maturité. — Du milieu de JUILLET au commencement d'AOUT.

Rameaux un peu étalés, de grosseur normale, d'un vert brun et un peu duveteux ; à lenticelles apparentes et clairsemées.

Yeux gros, ovoïdes, écartés du rameau.

Culture. — Cet arbre de vigueur normale, d'une très grande fertilité, est peu propre aux formes régulières. Il est destiné au verger où, greffé sur franc, il fait l'objet de grandes transactions dans la région bordelaise.

Cette variété, adoptée à titre de fruit local, est plus connue sous le nom de Mouille-Bouche.

LA CASTELINE. — Synonyme : *Castelline*.

Origine. — Obtenue, en 1885, par M. Florimond Castelain, à Etaimpuis, près de Tournai.

Fruit moyen, turbiné, renflé à sa base. légèrement bosselé dans son pourtour.

Pédicelle de longueur moyenne, grêle, arqué : implanté un peu obliquement dans une cavité étroite, assez profonde, plissée.

Œil assez grand, ouvert, dans une dépression assez large, et peu profonde.

Épiderme assez rude, vert pâle, pointillé et taché de fauve gris, rarement nuancée d'un peu de rouge à l'insolation.

Chair jaunâtre, fine. fondante, juteuse. sucrée. acidulée, agréablement parfumée.

Qualité BONNE.

Maturité. OCTOBRE-NOVEMBRE.

Rameaux assez gros. longs, droits, brun clair ; à lenticelles roussâtres.

Yeux de base aplatis et peu détachés du rameau, ceux de l'extrémité plus arrondis et plus détachés.

Culture. Cette variété est de conduite assez facile sous toutes formes ; elle ne produit que des arbres moyens. Sur franc elle est plus vigoureuse, mais la mise à fruit est retardée.

SAINT-MATHIEU.

ORIGINE inconnue.

Fruit gros ou très gros, ayant la forme générale d'un Beurré d'Amanlis.

ŒIL ouvert dans une cavité peu profonde et évasée.

PÉDICELLE moyen, légèrement arqué, non charnu, implanté dans une cavité étroite et peu profonde.

ÉPIDERME vert foncé lavé de rouge sombre à l'insolation, ponctué de roux sur toute sa surface.

CHAIR blanche-jaunâtre sous l'épiderme, granuleuse, cassante, très sucrée, très parfumée.

Qualité BONNE à CUIRE.

Maturité. — HIVER.

Culture. — Très cultivé dans le Nord pour le marché.

VIRGOULEUSE. SYNONYMES : *Bujaleuf*. — *Chambrette*. — *De glace*. — *De Laborie*. — *Paradis d'hiver*. — *Virgoulée*. — *Virgoulette*.

ORIGINE. — Trouvée au village de Virgoulée, près Limoges, vers 1650.

Fruit moyen, ovoïde, à surface un peu bosselée.

PÉDICELLE de force et de longueur moyennes, un peu charnu vers le fruit, implanté à fleur du fruit.

ŒIL petit, ouvert ou mi-clos, dans une large dépression plissée.

EPIDERME lisse, brillant, onctueux, vert tendre, finement pointillé et un peu marbré de fauve.

CHAIR blanchâtre, fine, mi-fondante ; à saveur sucrée, relevée d'un parfum agréable.

Qualité TRES BONNE.

Maturité. — NOVEMBRE-FEVRIER.

RAMEAUX gros, inégaux, coudés, divariqués, olivâtres ; à lenticelles fines et abondantes.

YEUX moyens, ovoïdes obtus, écartés du rameau.

Culture. — L'arbre peut être greffé sur cognassier et sur greffe intermédiaire, pour les petites formes, sur franc, pour les grandes formes et la tige.

On le plante dans tous les sols où le poirier prospère et à toutes expositions.

L'espalier et le cordon conviennent à cette variété et produisent des fruits sains et abondants.

Cette variété, assez attaquée par la tavelure dans diverses régions, en est à peu près indemne en montagne.

POMMES

BARBE. — Synonymes : *Courbis.* — *Courby.*

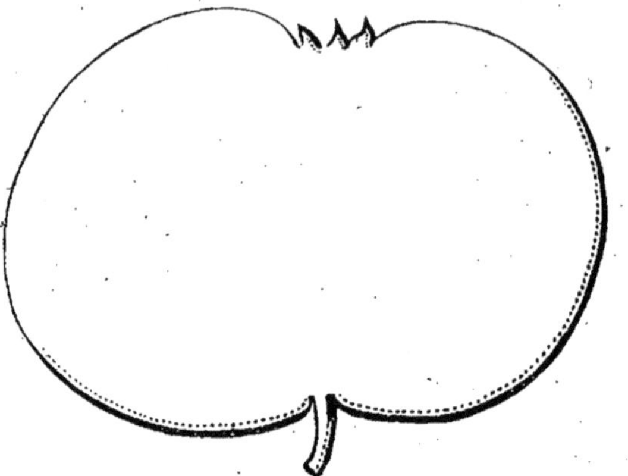

Fruit moyen, paraissant plus large que haut, régulier en son pourtour.

Œil mi-clos dans une cavité large et évasée, peu profonde.

Pédicelle mince dans une dépression peu accentuée.

Epiderme vert clair, lavé de rose à l'insolation.

Chair blanche, ferme, juteuse, sucrée, relevée.

Qualité BONNE.

Maturité. — HIVER.

Culture. — Cette variété à foliaison tardive est spécialement cultivée au verger dans les régions de la Drôme, de l'Isère et de l'Ardèche.

BARRÉ.

Origine incertaine.

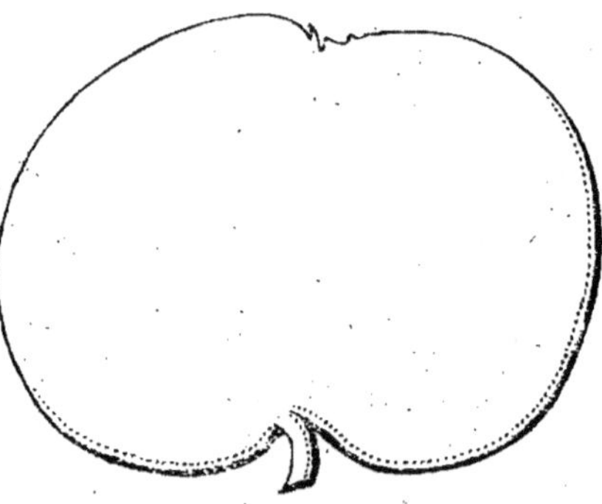

Fruit moyen presque régulièrement sphérique.

Œil fermé dans une dépression légèrement striée et presque nulle.

Pédicelle moyen ou court, renflé près de son attache, inséré dans une cavité étroite et profonde.

Epiderme d'un vert herbacé, vif, presque entièrement lavé et strié de rouge.

Maturité. — HIVER.

Qualité BONNE.

Chair blanche, fine, cassante, juteuse, sucrée, un peu acidulée.

Culture. — Cette variété est spécialement cultivée en verger.

BELLE FILLE. SYNONYMES : *Belle fille rose. — Belle femme. Bonne fille. Vincent.*

ORIGINE ancienne et inconnue.

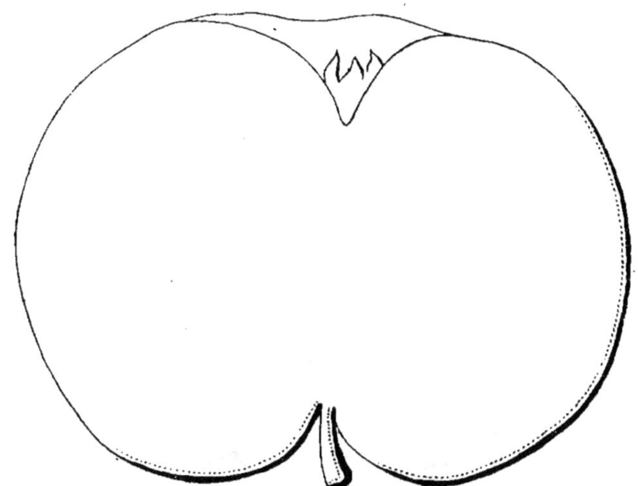

Fruit assez gros, sphérique, aplati, un peu irrégulier en son pourtour.

PÉDICELLE court, mince, renflé à l'extrémité, inséré dans une cavité étroite et profonde.

ŒIL petit, fermé, dans une cavité large et évasée.

ÉPIDERME fin, mince, très luisant, vert pâle et jaune paille à maturité, frappé de rouge à l'insolation et finement ponctué de gris.

CHAIR blanche, juteuse, fine, croquante, sucrée, acidulée.

Qualité BONNE.

Maturité. DÉCEMBRE à MAI.

Culture. — Variété très appréciée en culture de vergers pour l'approvisionnement du marché, où elle est recherchée.

Culture à développer. En cas de mévente, ce fruit donne un excellent cidre en mélange avec d'autres variétés.

BERNÈDE.

ORIGINE. — Trouvée par M. Bernède, à Bautiran, près de Bordeaux.

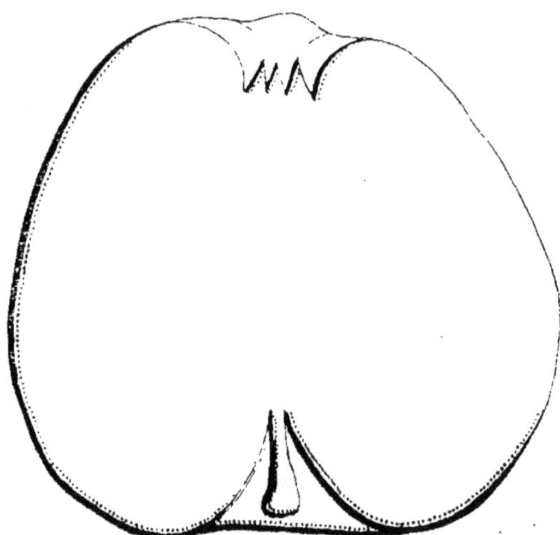

Fruit moyen, de forme irrégulière et variable, généralement arrondi conique, toujours côtelé.

PÉDICELLE court, mince, dans une cavité étroite et peu profonde.

ŒIL grand, fermé, dans une cavité large, profonde et cernée par des bosses inégales.

ÉPIDERME lisse, brillant, d'un jaune pâle, lavé de rouge vermillon, fortement strié de carmin vif, parsemé de quelques petits points verdâtres.

CHAIR blanche, tendre, très juteuse ; à saveur douce, sucrée, assez peu parfumée.

Qualité BONNE.

Maturité. — Fin de l'AUTOMNE.

RAMEAUX gros, de moyenne longueur, divergents, d'un beau rouge ; à lenticelles très petites et très peu nombreuses.

YEUX gros, arrondis et bien découverts.

Culture. — Cette variété peut être cultivée sous toutes formes ; mais elle convient surtout à la culture sur tige.

BISMARK.

ORIGINE. — Introduite, a-t-on dit, de la Nouvelle-Zélande.

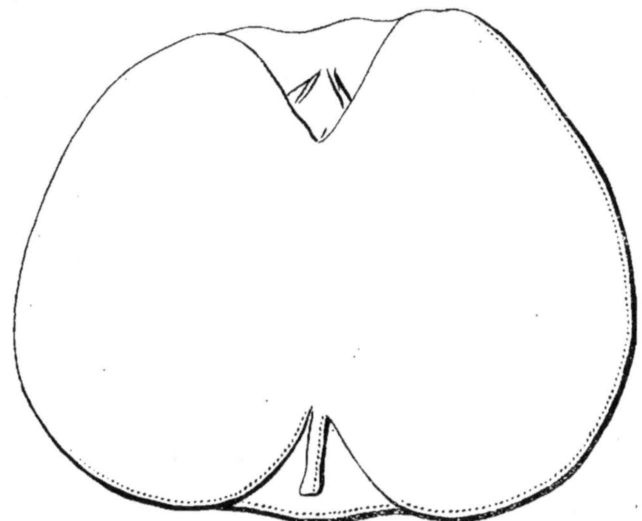

Fruit moyen ou gros, sphérique, tronqué à la base, parfois sensiblement conique, uni dans son pourtour.

ŒIL moyen, fermé, à longues divisions, inséré dans une cavité presque toujours profonde et de largeur moyenne, plissée sur les bords ou légèrement côtelée.

EPIDERME lisse, un peu onctueux, jaune blanchâtre ou blanc, un peu plus jaune à l'insolation où il est largement teinté et lavé de rouge cerise clair, strié de carmin, teinté et marbré de rose sur les parties peu éclairées, parsemé de quelques points gris, plaqué et rayé dans la cavité du pédicelle.

CHAIR blanche, veinée de verdâtre, assez fine, tendre, juteuse, modérément sucrée, acidulée, peu parfumée.

Qualité ASSEZ BONNE.

Maturité. — NOVEMBRE-FEVRIER.

Culture. — L'arbre à haute tige est très vigoureux et très fertile, sa place est au verger où il produit abondamment.

BONNE DE MAI.

ORIGINE. — Obtenue, vers 1820, par M. Jaumard, pépiniériste, à Bordeaux.

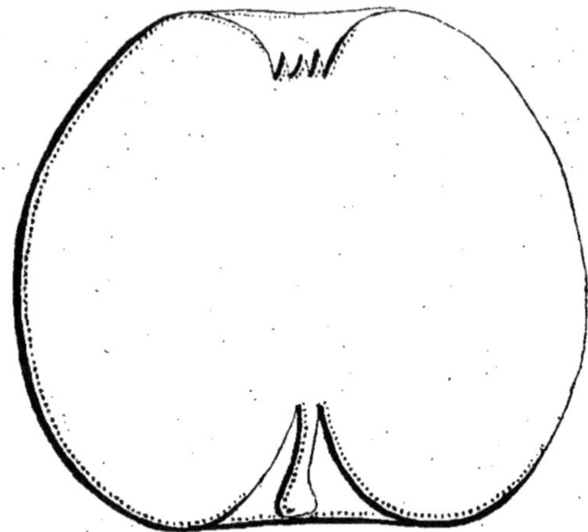

Fruit moyen, parfois arrondi déprimé, ordinairement plus allongé, conique et aussi haut que large, à surface unie.

PÉDICELLE très court, renflé au point d'attache, dans une cavité normale et régulière.

ŒIL assez grand, presque fermé, dans une cavité régulière et un peu plissée-bosselée.

EPIDERME très lisse, brillant, d'un jaune pur et pruiné, largement coloré de pourpre carminé à l'insolation.

CHAIR blanche, tendre, fondante ; à saveur sucrée-acidulée, légèrement parfumée.

Qualité BONNE.

Maturité. — JANVIER-AVRIL.

RAMEAUX forts, de longueur moyenne, d'un rouge cannelle ; à lenticelles rares et très petites.

YEUX gros, courts, à moitié cachés.

Culture. — Cette variété, de bonne fertilité sur paradis, moins grande sur franc, est surtout propre à la culture sur tige.

BON POMMIER. SYNONYMES : Dans le nord : *Belle fleur simple.* — *Bonne Ente.* — Dans les Ardennes : *Franc bon pommier.* — *Franc Croquet.* — *Petite bonne Ente.* — *Petit Croquet.*

ORIGINE incertaine.

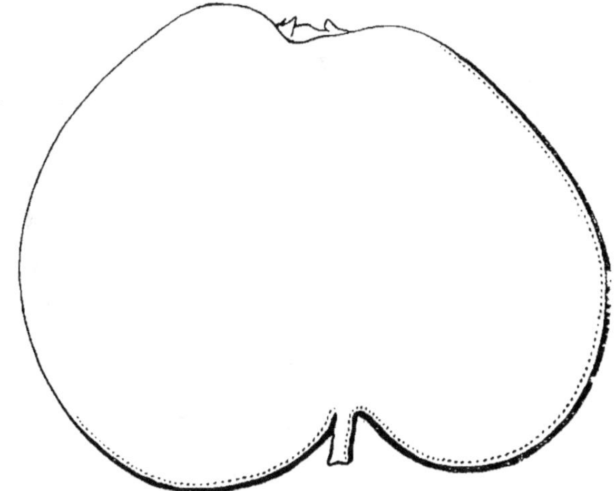

Fruit gros ou assez gros, plus large que haut, arrondi en son pourtour.

ŒIL ouvert en une cavité étroite et régulière présentant d'un côté un léger mamelon.

PÉDICELLE moyen et court.

ÉPIDERME vert tendre, lavé et rayé de rouge à l'insolation, plaqué de fauve dans la cavité pédicellaire.

CHAIR blanche avec quelques lignes verdâtres, fine, croquante, juteuse, sucrée et acidulée.

Qualité BONNE.

Maturité. — JANVIER à MARS.

Culture. — Arbre de verger pour la culture intensive.

———

BOUQUEPREUVE.

Origine inconnue. — Fruit local dans la région méditerranéenne.

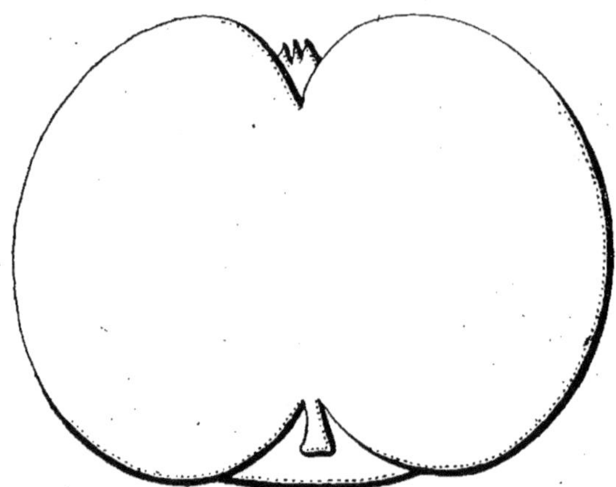

Fruit moyen, arrondi, déprimé, tantôt régulier en son pourtour, tantôt comprimé en deux faces, presque également arrondi, tronqué aux deux pôles.

Epiderme parcheminé, toujours frais de coloris, d'un jaune pâle verdâtre et sans ponctuation, du côté de l'ombre, largement frappé de rouge brillant et ponctué de blanc à l'insolation.

Pédicelle court ou très court, de forme moyenne, dans une cavité assez peu profonde, régulière, élargie à l'orifice.

Œil petit ou très petit, fermé dans une cavité assez large, assez profonde, régulière, mais bien plissée.

Chair blanche, fine, serrée, croquante, sucrée, relevée, un peu parfumée.

Qualité BONNE.

Maturité. — Se conserve jusqu'en MARS.

Rameaux moyens, minces, bruns, à lenticelles peu nombreuses.

Yeux moyens ou petits, bien appliqués au rameau. Floraison tardive.

Culture. — Cette variété ne craint pas les expositions chaudes ; elle doit être cultivée sur tige, le fruit résistant bien aux vents violents.

CHAMP-GAILLARD. — Synonymes : *De la montagne* (à Marseille). — *Des Basses-Alpes.*

Origine. — Trouvée dans les Basses-Alpes.

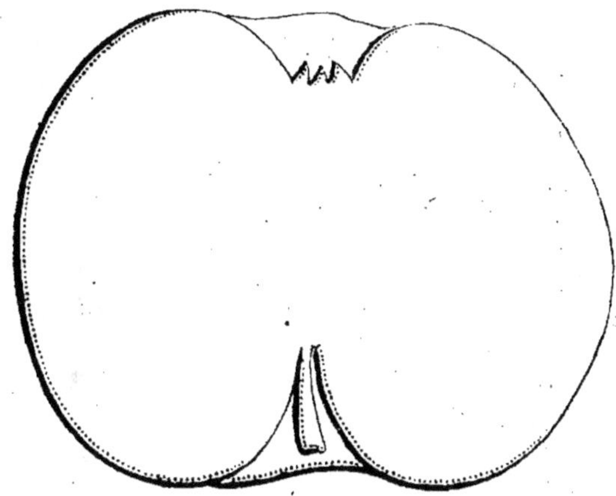

Fruit moyen ou assez gros, sphérique déprimé, plus large que haut, bosselé au sommet.

Pédicelle mince, court, dans une cavité normale et régulière.

Œil petit, mi-clos, dans une cavité assez profonde, peu évasée, irrégularisée par des bosses inégales.

Epiderme fin, lisse, brillant, d'un jaune tendre, frappé de rouge carmin pourpré à l'insolation, parsemé de petites ponctuations grises.

Chair blanche, fine, tendre, un peu croquante, pourvue d'une eau abondante, très sucrée, agréablement parfumée.

Qualité BONNE.

Maturité. — Courant de l'HIVER.

Rameaux gros, raides, d'un marron violet ; à petites lenticelles grises.

Yeux gros, courts, très apprimés.

Culture. — Cette variété est plus spécialement destinée au verger, étant greffée sur franc ; greffée sur paradis, elle se prête à la forme pyramidale.

COLAPUY. - SYNONYMES : *Nicolas Puy.* - *Colapuis.* - *Colapuits.*

ORIGINE. - Rapportée, dit-on, de Crimée, par un soldat nommé Nicolas Puy, mais répandue actuellement dans la région du Santerre sous le nom de Colapuy.

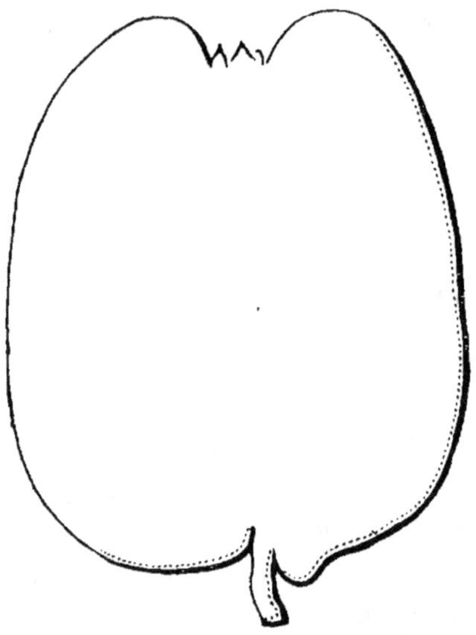

Fruit assez gros ou gros, cylindrique, rappelant un peu la forme de *Candil Linap*, assez régulier en son pourtour.

ŒIL mi-clos, dans une cavité large, évasée et mamelonnée.

PÉDICELLE court ou moyen, presque toujours accompagné par une boursouflure charnue à son point d'insertion dans une cavité étroite et peu profonde.

EPIDERME vert clair passant au jaune citrin, lavé de rouge et largement rayé de rouge plus foncé à l'insolation.

CHAIR blanche, très fine, très juteuse, très sucrée, bien parfumée.

Qualité BONNE.

Maturité. — DECEMBRE à MARS.

Culture. — Cette variété est très répandue dans le Santerre où elle est cultivée comme fruit à deux fins, elle donne un cidre excellent.

CROQUE. — SYNONYMES : *De Croque.* — *Croke.* — *Croquette.*
Croquetage.

ORIGINE ancienne et inconnue.

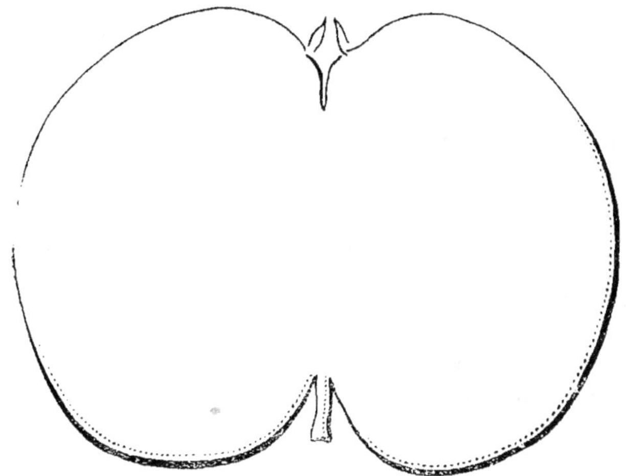

Fruit gros, sphérique, déprimé à ses deux pôles, plus large que haut,
vaguement côtelé au pourtour.

PÉDICELLE court, de moyenne force, dans une cavité étroite assez
profonde et s'évasant brusquement.

ŒIL moyen, fermé ou mi-clos, inséré dans une cavité étroite et peu
profonde, plissée et souvent finement côtelée sur les bords.

ÉPIDERME lisse, peu onctueux, jaune pâle, rouge carmin à l'insolation,
granité et strié de carmin à l'ombre.

CHAIR blanchâtre, fine, tendre, juteuse, sucrée, acidulée, parfumée
comme un *Calville rouge*.

Qualité BONNE.

Maturité. — JANVIER-AVRIL.

Culture. — C'est le fruit Bressan par excellence, cultivé depuis plus
d'un siècle en Bresse, dans les Bouches-du-Rhône, et dans les parties
montagneuses du Vaucluse et de la Drôme pour l'approvisionnement
des marchés.

CUSSET. — SYNONYME : *Reinette Cusset.*
ORIGINE inconnue.

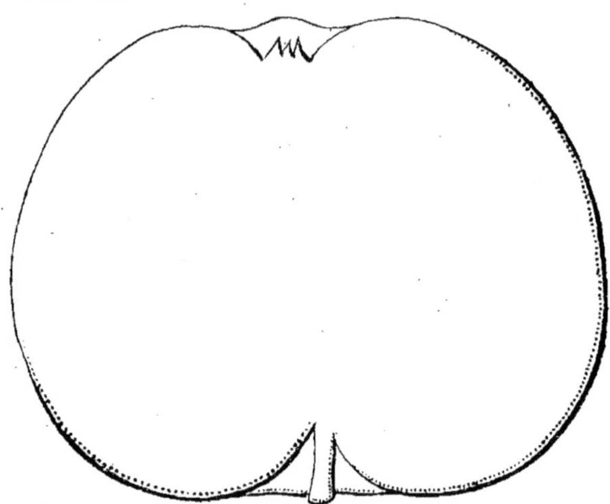

Fruit assez gros (large de 8 à 9 cent., haut. de 7 cent. et demi),
arrondi, légèrement déprimé, parfois un peu conique, un peu anguleux au pourtour.

PÉDICELLE assez court, assez fort ; dans une cavité assez profonde ou
de moyenne profondeur, bien évasée à l'orifice, tapissée de rouille olivâtre.

ŒIL fermé, irrégulier ; dans une cavité moyenne, plissée-côtelée.

ÉPIDERME un peu onctueux, d'un jaune citrin mat, d'un jaune plus
vif à l'insolation, parsemé de petits points gris espacés.

CHAIR blanche, mi-fine, assez tendre, bien juteuse, sucrée-relevée,
peu parfumée.

Qualité BONNE ou ASSEZ BONNE.

Maturité. — HIVER.

RAMEAUX allongés, flexibles et retombants, non coudés aux consoles,
olivâtres à l'ombre, d'un brun rougeâtre à l'insolation, recouverts d'une
pubescence cendrée surtout au sommet ; à lenticelles blanchâtres,
allongées et bien apparentes.

YEUX blanchâtres, apprimés, bien duveteux, tronqués au sommet.

Floraison tardive.

Culture. — L'arbre de vigueur moyenne peut acquérir une bonne
vigueur lorsqu'il est greffé sur un sujet qui lui convient : toutefois,
sa végétation est lente pendant les premières années. Sa fertilité
grandit sans interruption et sa floraison plus tardive que celle des
autres variétés, en le préservant des gelées, le rend recommandable.

On doit le greffer sur franc et le plus près possible du sol ; des
nombreuses observations faites à ce sujet, il résulte qu'il ne donne
jamais abri au puceron lanigère et n'est jamais chancré.

DATTE.

Origine incertaine.

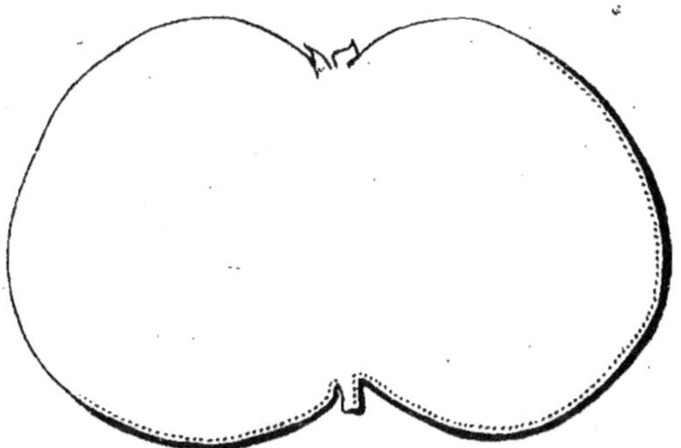

Fruit gros, aplati de forme de Court Pendu.

Œil un peu ouvert dans une cavité large et profonde.

Epiderme jaunâtre abondamment lavé de rouge foncé. maculé de roux autour du pédicelle.

Chair blanchâtre, ferme, assez juteuse, sucrée, et peu acidulée.

Qualité BONNE.

Maturité. — HIVER.

Culture. — Cette variété est spécialement cultivée en verger pour l'approvisionnement du marché dans la région briarde.

DE CAVE.

Origine inconnue.

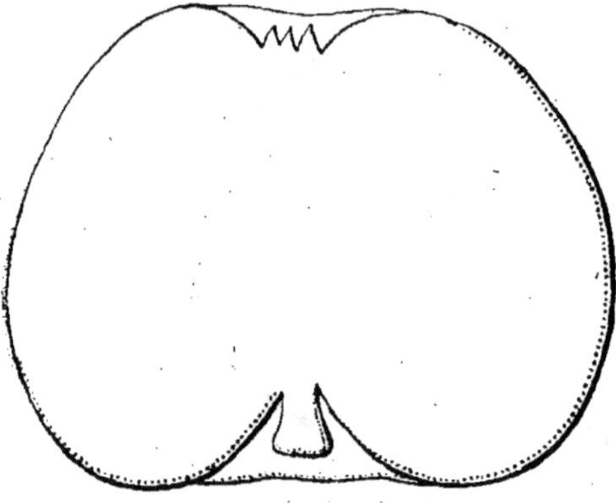

Fruit moyen, arrondi-déprimé ou arrondi-conique, un peu plus large que haut, régulier au pourtour.

Pédicelle gros, court, dans une cavité profonde.

Œil moyen, entr'ouvert, dans une cavité normale, bosselée.

Épiderme jaune, largement frappé de rouge cerise et piqueté de fauve à l'insolation.

Chair blanche, fine, assez serrée, assez juteuse, sucrée, à parfum de Calville peu accentué.

Qualité BONNE.

Maturité. — Fin de l'HIVER et PRINTEMPS.

Rameaux de force et de longueur moyennes, droits, non coudés aux consoles, d'un vert olivâtre, un peu rougeâtres à l'insolation, peu duveteux, à peine lenticellés.

Yeux courts, blanchâtres, légèrement apprimés.

Fleurs un peu tardives ; à boutons très rouges avant l'épanouissement.

Culture. — Cette variété est cultivée spécialement sur tige, greffée sur franc.

Elle a été adoptée par le Congrès Pomologique, seulement à titre de fruit local.

Elle est spéciale au canton de Noailles (Oise), où, considérée comme un bon fruit de marché, elle fait l'objet d'un grand commerce d'exportation.

DE MAI. — Synonyme : *Maiapfel* (en alsacien).

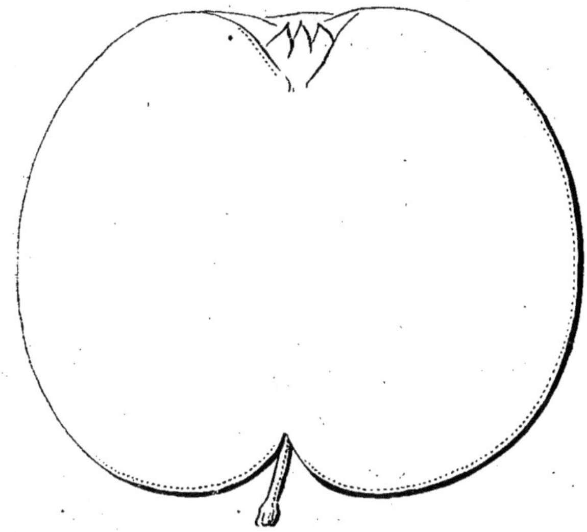

Fruit moyen en général, parfois assez gros, sphérique ; les gros fruits coniques et légèrement côtelés.

Epiderme jaune verdâtre, strié et lavé de rouge carmin.

Chair blanche, fine, ferme, goût rafraîchissant.

Maturité. — **De DÉCEMBRE-MAI, se prolongeant jusqu'en juin-juillet dans de bonnes conditions.**

Variété locale, peu sujette aux maladies, depuis longtemps très répandue dans les environs de Barr et de Huligenstein, au pied du mont Saint-Odile. Très estimée par la fertilité de l'arbre et la longue conservation du fruit. Préfère les terres fortes, argileuses.

Arbre robuste, dont la couronne peut atteindre de 12 à 14 mètres de diamètre ; branches retombantes. A greffer de préférence à la hauteur de la couronne en pépinière, ou sur les branches d'un arbre en place, à cause de ses rameaux frêles.

Floraison très tardive, fin avril-mai ; production abondante alternative.

DE NOËL. — Synonyme : *Christkindler* (en alsacien).

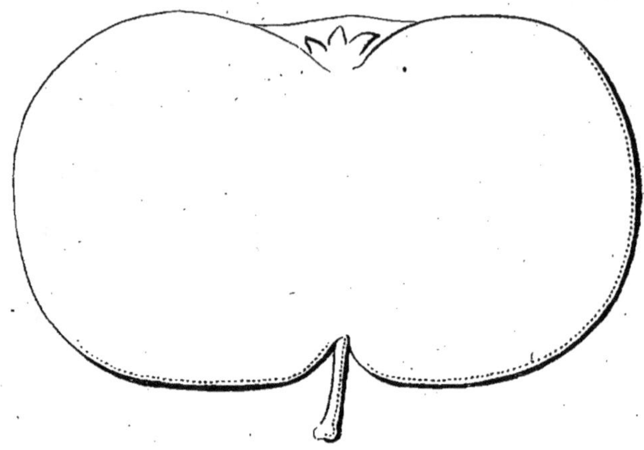

Fruit moyen, aplati.

Epiderme rouge pourpre, strié de pourpre plus foncé.

Chair ferme, verdâtre, parfois rosée, surtout vers l'extérieur, acidulée, parfumée.

Maturité. — De NOVEMBRE en AVRIL, se conservant très bien.

Variété locale de la plaine dite « Le Ried », le long de l'Ill, arrondissement de Sélestat.

Arbre vigoureux, port élancé, bien ramifié, très fertile ; pour haute tige.

DE SALÉ.

ORIGINE inconnue.

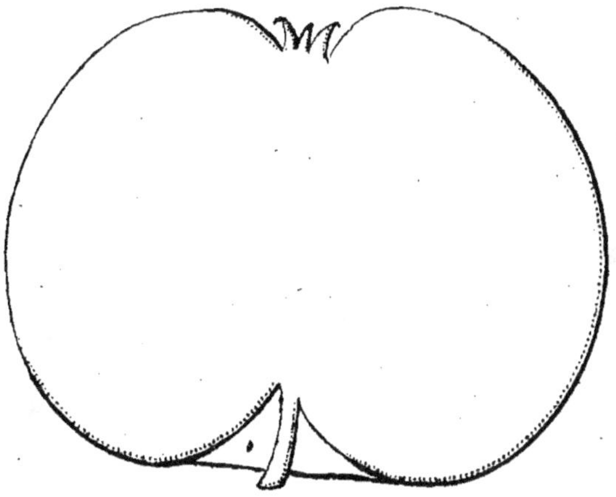

Fruit de moyenne grosseur, arrondi-déprimé et un peu conique, un peu côtelé au pourtour.

PÉDICELLE court ou assez court, dans une cavité normale ou assez profonde et élargie.

ŒIL moyen, fermé ou mi-clos ; dans une cavité de profondeur variable, tapissée de rouille et surmontée par les bosses.

ÉPIDERME jaune, passant au jaune saumoné, souvent frappé de rouge clair à l'insolation, un peu ponctué-marbré de rouille.

CHAIR blanche, citrine, assez tendre, fine, juteuse, sucrée, un peu aromatisée.

Maturité. — Fin de l'HIVER et PRINTEMPS.

RAMEAUX forts, allongés, à peine coudés aux consoles, d'un vert olive du côté de l'ombre, d'un rouge sombre au soleil, recouverts d'un duvet aranéeux cendré, parsemés de lenticelles arrondies et bien visibles.

YEUX assez petits, très apprimés, blanchâtres.

FLEURS d'époque normale, très grandes, blanches et bordées de rose, disposées en gros bouquets.

Culture. — Cette variété très cultivée dans le canton de Noailles (Oise), est cultivée spécialement sur tige et a été adoptée par le Congrès Pomologique à titre de fruit local.

Fruit de marché faisant l'objet d'un grand commerce d'exportation.

DOUBLE BON POMMIER. — Synonymes : *Double Conente.* — *Double Bon Ente.* — *Belle Fleur Double.*

Origine. — Inconnue, très cultivée dans le Nord de la France.

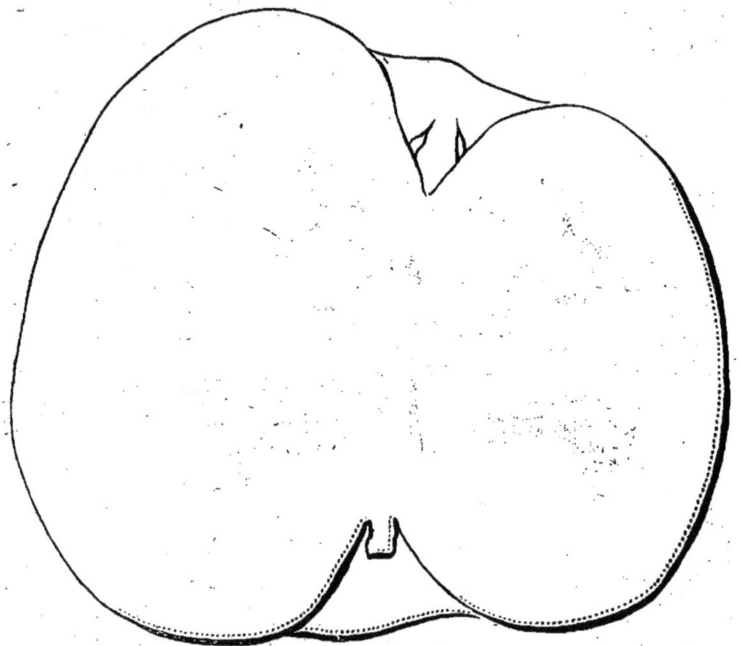

Fruit gros ou très gros, sphérique, tronqué à la base, peu régulier dans son pourtour anguleux un peu côtelé.

Pédicelle court, fort, dans une cavité profonde et élargie, à bords bosselés et côtelés.

Œil moyen ou petit, mi-ouvert ou mi-clos, dans une cavité assez profonde, plissée et irrégulièrement côtelée sur les bords.

Epiderme lisse, à peine onctueux, jaune citron, doré à l'insolation, lavé par places de rouge sanguin, strié du même plus foncé, parsemé de points gris.

Chair blanchâtre ou légèrement jaunissante, veinée de verdâtre, mi-fine, tendre, juteuse, sucrée, acidulée, peu parfumée.

Qualité ASSEZ BONNE.

Maturité. — Fin OCTOBRE à FEVRIER.

Culture. — Arbre de verger par excellence des régions du Nord et de l'Est.

FAROS.   SYNONYMES : *Faro.* – *Faraud.*

ORIGINE incertaine.

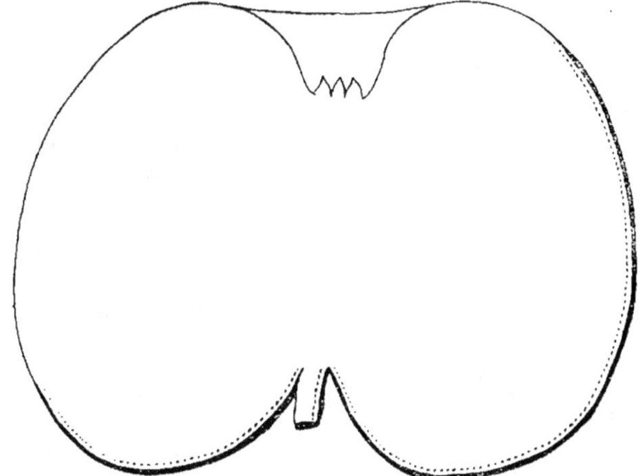

Fruit assez gros, arrondi-surbaissé, régulier en son pourtour.

PÉDICELLE assez gros, court, inséré dans une cavité large et profonde, tapissée de rouille.

ŒIL assez grand, ouvert dans une cavité cupuliforme très profonde et finement côtelée.

ÉPIDERME presque totalement rouge sang, finement pointillé de blanchâtre.

CHAIR blanche, fine, tendre, juteuse, sucrée, bien relevée et parfumée.

Qualité BONNE ou TRES BONNE.

Maturité. — HIVER.

Culture. — L'arbre est vigoureux et fertile, sa place est au verger où il est très apprécié dans Seine-et-Oise et Seine-et-Marne.

FEUILLEMORTE.

Origine incertaine.

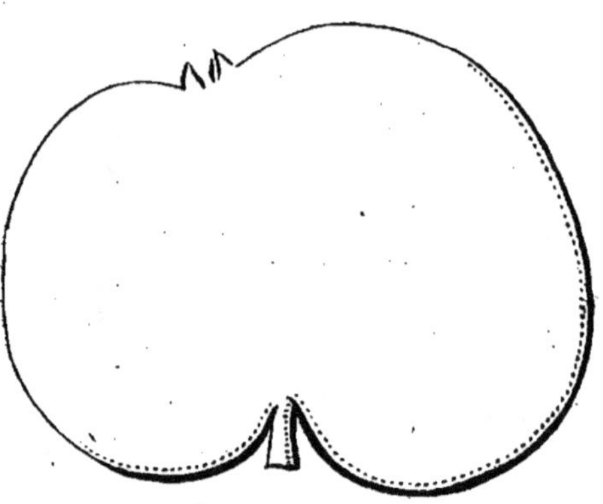

Fruit moyen, presque plus large que haut, tronconique.

Œil fermé dans une cavité large et peu profonde.

Pédicelle moyen ou assez court inséré dans une cavité étroite et profonde.

Épiderme lisse, fin, jaune clair, ponctué de roux, légèrement lavé et strié de carmin.

Chair blanche, légèrement verdâtre, fine, ferme, assez juteuse, assez sucrée, légèrement acidulée.

Qualité BONNE.

Maturité. — HIVER et PRINTEMPS.

Culture. — L'arbre à végétation très tardive qui lui a valu son nom, doit être planté au verger ; il est à l'abri des gelées blanches de printemps par sa floraison tardive.

FRAISE.

ORIGINE incertaine.

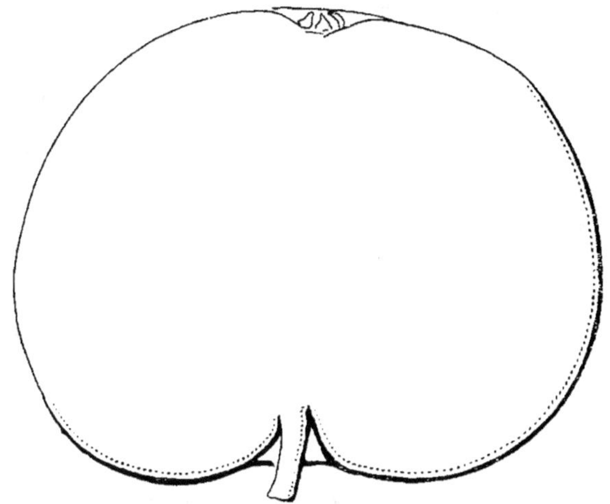

Fruit assez gros ou gros aussi large que haut.

PÉDICELLE moyen, dans une cavité profonde et irrégulière.

ŒIL fermé dans une cavité large et peu profonde.

EPIDERME à fond rouge clair, lavé de raies rouge foncé, ponctué de jaune clair.

CHAIR blanche, légèrement jaunâtre, rosée sous la peau, à saveur relevée et très parfumée.

Qualité BONNE.

Maturité. — HIVER.

Culture. — Arbre de verger, répandu dans l'Est et en Franche-Comté, très vigoureux et très fertile.

GENDREVILLE.

ORIGINE. — Très répandu dans la Brie, on le croit originaire de cette région.

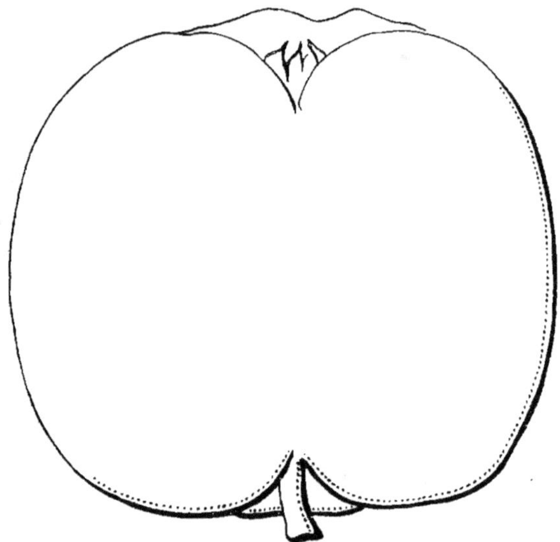

Fruit assez gros, presque sphérique, un peu côtelé autour de l'œil.

PÉDICELLE mince, moyen, dans une cavité peu large et peu profonde.

ŒIL moyen, clos, dans une cavité peu profonde, large et mamelonnée.

ÉPIDERME fin, lisse, brillant vert jaunâtre, presque complètement recouvert de carmin, tachê de fauve autour du pédoncule.

CHAIR verdâtre, fine, juteuse, assez sucrée et assez parfumée, légèrement acidulée.

Qualité BONNE ou ASSEZ BONNE.

Maturité. — JANVIER à MAI.

Culture. — L'arbre vigoureux et fertile, à végétation tardive (fin juin), est surtout cultivé en verger où il donne une production abondante et régulière qui en fait l'arbre de culture intensive par excellence dans la Brie.

Le fruit se conserve admirablement l'hiver, malgré le peu de soins que l'on apporte à la cueillette et au transport au fruitier.

GROS LOCARD.

Origine incertaine, étant très répandu dans la Brie, la Bourgogne et dans l'Est, où de très vieux exemplaires existent, c'est dans la Brie cependant qu'il semble le plus cultivé.

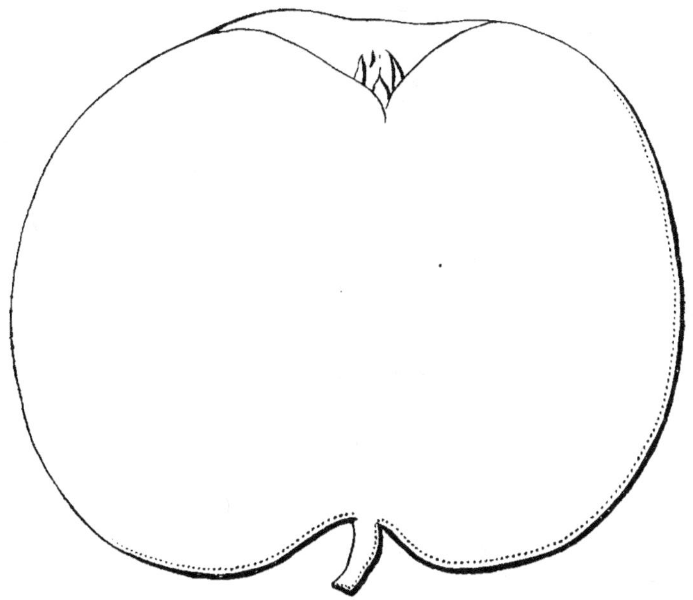

Fruit très gros ou gros, sphérique, un peu aplâti.

Pédicelle moyen, dans une cavité peu large et peu profonde.

Œil fermé dans une cavité large et évasée, parfois légèrement mamelonnée.

Épiderme fin, lisse, luisant, jaune paille, lavé de rose à l'insolation, pieté de roux et maculé de fauve autour du pédicelle.

Chair mi-fine, blanche, sucrée, un peu acidulée et peu parfumée.

Qualité ASSEZ BONNE.

Maturité. — DÉCEMBRE à MARS.

Culture. — L'arbre est très vigoureux et très fertile, sa place est au verger en plein vent ; beau et bon fruit de culture intensive.

LA CLERMONTOISE.

ORIGINE obtenue par M. Jules Labitte, à Clermont (Oise).

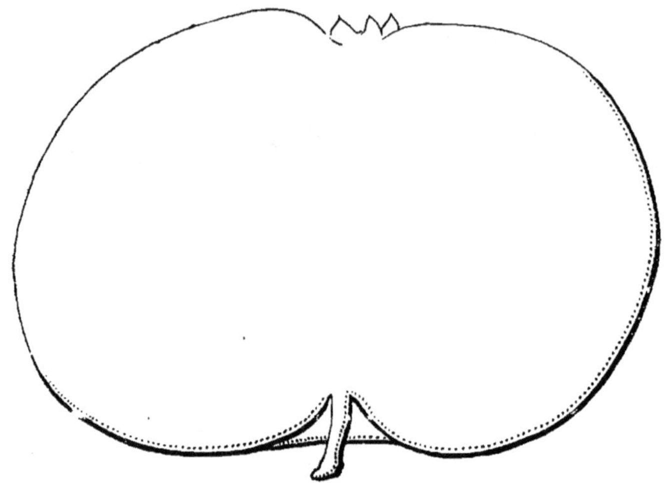

Fruit gros ou assez gros, plus large que haut.

PÉDICELLE moyen, inséré dans une cavité peu profonde et régulière.

ŒIL moyen, dans une cavité peu accentuée.

ÉPIDERME vert jaunâtre, recouvert de larges plaques fauves, donnant souvent à cette variété l'apparence de la Reinette du Canada.

CHAIR fine, blanche, croquante, à saveur relevée et parfumée.

Qualité BONNE.

Maturité. — HIVER et PRINTEMPS.

RAMEAUX de moyenne vigueur, plaqués de gris.

Culture. — Cette variété, quoique spéciale au verger en plein vent, peut être également cultivée en cordons où elle donne régulièrement de beaux fruits.

———————

LA NATIONALE. SYNONYMES : *Cusset Rouge.* *Bernardin.* *Déesse Nationale.* *Bourget.*

ORIGINE. — Obtenue de semis par M. Roux, à Saint-Romain-au-Mont-d'Or (Rhône), première fructification en 1871, présentée à l'étude par M. Danjoux, pépiniériste à Neuville-sur-Saône.

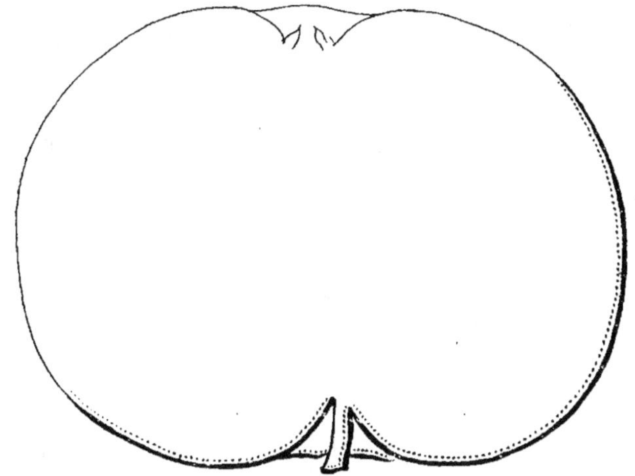

Fruit plus large que haut, arrondi en son pourtour.

PÉDICELLE court, implanté dans une cavité large et évasée.

ŒIL mi-clos, dans une cavité très large et peu profonde.

ÉPIDERME lisse, jaune herbacé, presque entièrement rouge sang avec quelques pictures larges et espacées.

CHAIR blanche, fine, sucrée, juteuse, bien parfumée.

Qualité BONNE.

Maturité. HIVER et PRINTEMPS.

Culture. — L'arbre à floraison tardive a beaucoup d'analogie avec la pomme Cusset. A répandre au verger pour la culture intensive.

LUIKEN. -- SYNONYME : *Luikenapfel.*

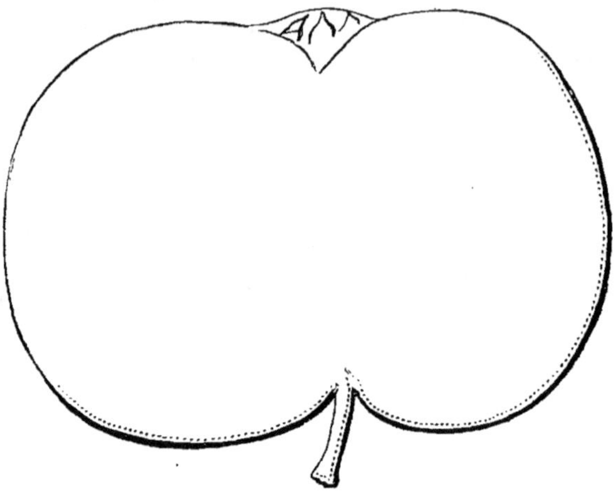

Fruit sphérique, moyen.

EPIDERME jaune pâle, strié et lavé de rouge laque brillant.

CHAIR blanche, fine, juteuse et acidulée.

Maturité. — OCTOBRE-NOVEMBRE : bonne pour la consommation et pour faire du cidre.

Variété locale importée du Wurtemberg, se plaisant bien au pied des Vosges, dans les mêmes conditions que la pomme de Mai.

ARBRE très vigoureux et à branches retombantes ; floraison tardive ; très fertile avec l'âge.

PIGEON BLANC. — Synonymes : *Cœur de Pigeon Blanc.* — *Pigeon Rayé.* — *Pigeon Blanc d'Hiver.*

Origine ancienne et inconnue.

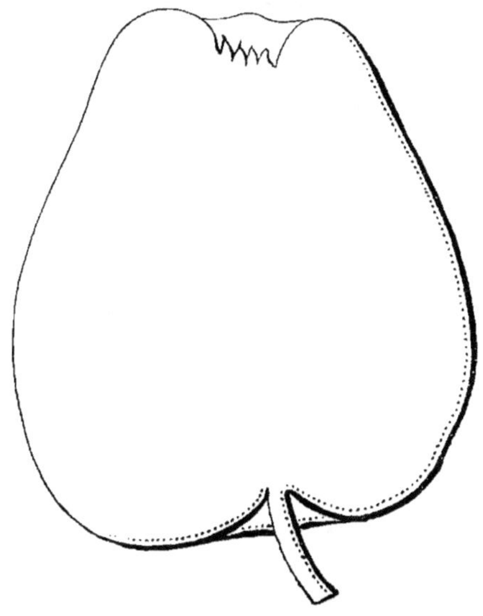

Fruit assez petit ou moyen, conique, allongé, tronqué et bosselé au sommet, un peu irrégulier en son pourtour.

Pédicelle moyen, assez long dans une cavité normale.

Œil petit fermé, dans une cavité étroite, peu profonde et bosselée.

Épiderme lisse, blanc jaunâtre, rayé de rouge à l'insolation, parsemé de points gris.

Chair blanche, assez fine, assez ferme, saveur sucrée, acidulée et parfumée.

Qualité TRES BONNE.

Maturité. — Courant HIVER.

Culture. — Variété assez délicate, très fertile sur tous les sujets.

RAMBOUR D'HIVER.

Origine ancienne et inconnue.

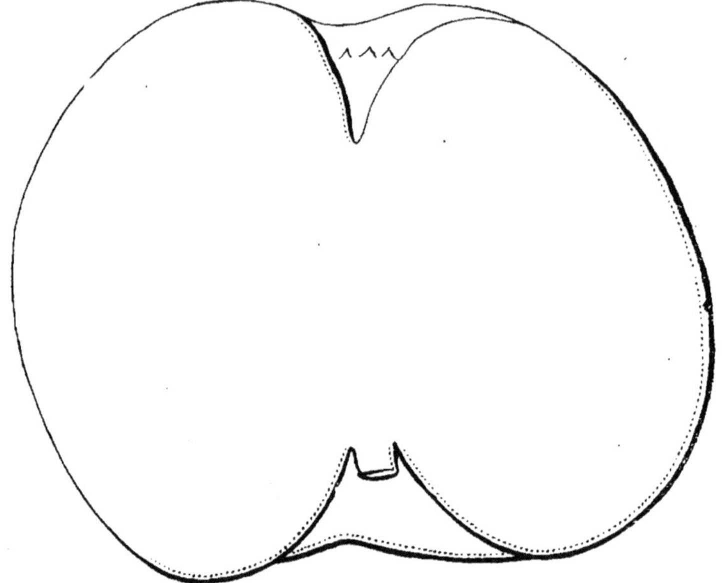

Fruit gros ou parfois moyen, souvent allongé et obliquement tronqué, côtes larges et peu profondes.

Épiderme jaune, lavé et strié longitudinalement de carmin à l'insolation.

Œil assez grand, fermé, inséré dans une cavité assez large et assez profonde.

Pédicelle moyen, inséré dans une cavité large et profonde.

Chair jaunâtre, assez fine, tendre, sucrée, un peu acidulée et peu parfumée.

Qualité. — ASSEZ BONNE ou BONNE.

Maturité. — DECEMBRE à MARS.

Culture. — Cet arbre est spécialement cultivé au verger où les fruits sont très appréciés pour les confiseries et les marmelades.

RAMBOUR FRANC. — Synonymes : *Charmant.* — *Le Lorraine.* — *De Notre-Dame.* — *De Rambure.* — *Rambour Blanc.* — *Rambour d'Été.*

Origine ancienne.

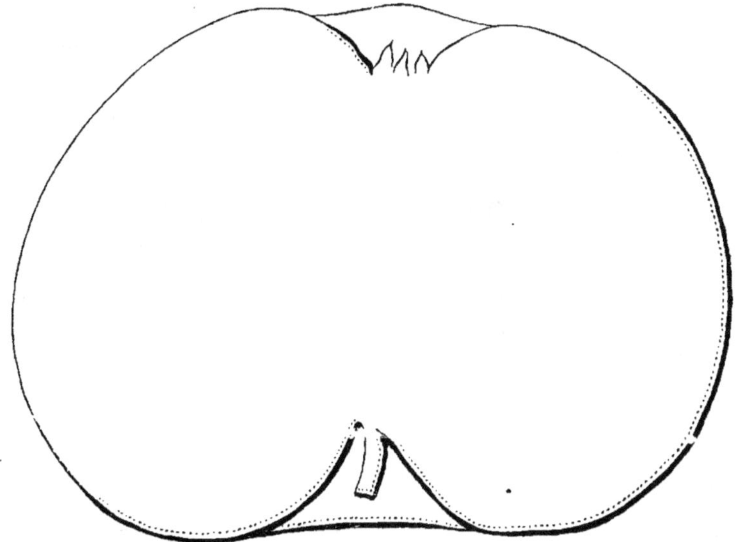

Fruit moyen ou gros, arrondi conique très déprimé, plus développé d'un côté que de l'autre.

Pédicelle gros, court, dans une cavité peu large et assez profonde.

Œil moyen, presque fermé, dans une cavité profonde, irrégulière, plissée et bosselée.

Épiderme fin, onctueux, d'un jaune blanchâtre, nuancé de vert, lavé et strié de rouge carmin à l'insolation.

Chair blanche, demi-fine, demi-tendre, à saveur sucrée, acidulée, peu parfumée.

Qualité ASSEZ BONNE, excellente cuite.

Maturité : AOUT-SEPTEMBRE.

Culture. — Arbre spécialement cultivé au verger dans les régions de l'Ile-de-France et de l'Est.

REINETTE CLOCHARD.

Origine inconnue, très répandue dans les Charentes.

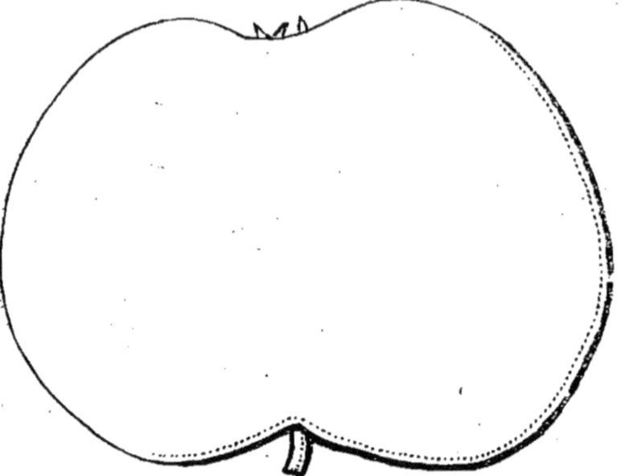

Fruit moyen, également tronqué aux deux pôles, paraissant aussi haut que large, bien arrondi au pourtour.

Œil petit, mi-clos, dans une cavité normale sans bosses ni plis.

Pédicelle court, charnu, dans une cavité large et peu profonde.

Epiderme jaune or, très légèrement bronzé au soleil, finement ponctué de rouille sur toute la surface.

Chair de Reinette, serrée, fine, très juteuse, sucrée et parfumée, légèrement acidulée, saveur de la Reinette franche.

Qualité BONNE ou TRES BONNE.

Maturité. — FEVRIER à MAI.

Culture. — Arbre spécialement cutivé au verger.

REINETTE DE SAINT-SAVIN.

Origine inconnue, cultivée dans les départements de l'Ardèche et de l'Isère.

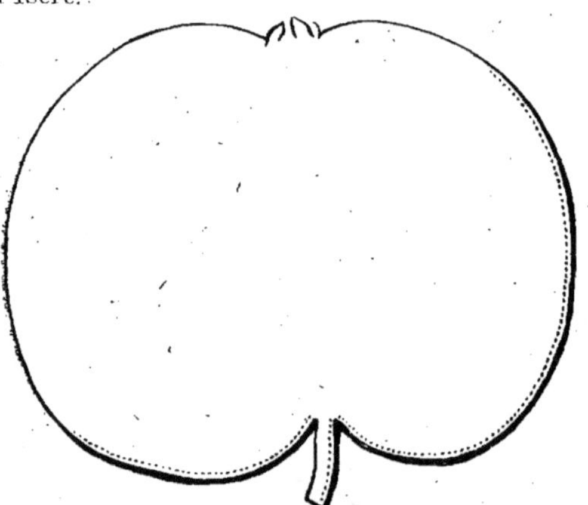

Fruit petit, arrondi, plus haut que large, anguleux à son pourtour.

Œil petit, fermé, dans une cavité assez profonde totalement recouverte de plaques fauves.

Epiderme jaune or sans tache, sauf dans la cavité du pédicelle.

Chair jaunâtre, saumonée, fine, juteuse, sucrée et parfumée.

Qualité TRES BONNE.

Maturité. — HIVER et PRINTEMPS.

Culture. — L'arbre est vigoureux et fertile il convient surtout à la culture en verger.

REINETTE JULES LABITTE.

ORIGINE. — Obtenue par M. Jules Labitte, propriétaire à Clermont (Oise).

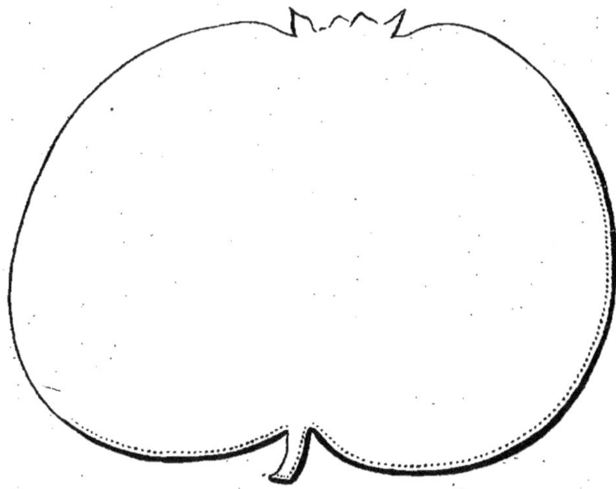

Fruit assez gros ou gros, un peu déprimé, offrant par sa forme et son aspect général beaucoup d'analogie avec la Reinette du Canada.

PÉDICELLE court, assez mince, inséré dans une cavité peu profonde.

ŒIL moyen dans une cavité large et peu profonde.

ÉPIDERME vert jaunâtre, rugueux, taché de plaques fauves.

CHAIR fine, croquante, comme la Reinette du Canada, saveur fine, relevée et bien parfumée.

Qualité BONNE.

Maturité. — HIVER ET PRINTEMPS.

RAMEAUX assez vigoureux, droits, plaqués de gris, comme ceux de la Reinette du Canada.

Culture. — Variété de verger par excellence, elle peut être également cultivée avec succès en formes naines et cordons.

ROSE DE BENAUGE. — Synonymes : *De Cadilllac. — Rose de Dropt. — Rose de Hollande. —Rose de Mai. — Rose Tendre.*

Origine inconnue, très cultivée dans la Bénauge (Gironde). Le nom de Dropt ou Drot n'a rien de Hollandais ; c'est le nom d'un petit cours d'eau qui arrose la Bénauge.

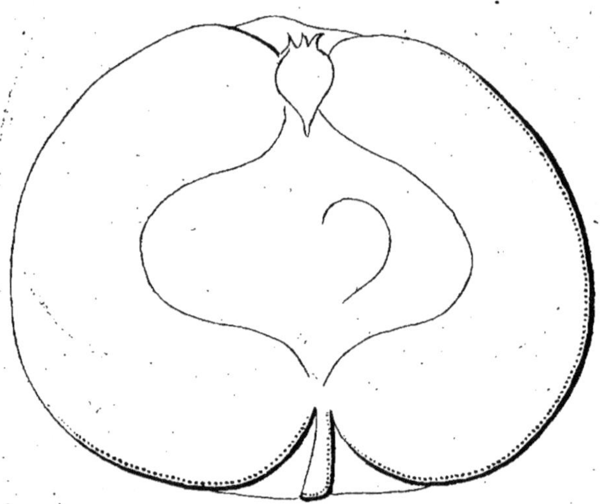

Fruit sur-moyen, arrondi-conique, plus large que haut, un peu anguleux au pourtour, surtout au sommet qui présente des côtes proéminentes.

Pédicelle tantôt court, tantôt moyen, dans une cavité normale et plaquée de bronze lisse.

Œil moyen, fermé resserré dans une cavité un peu oblique et côtelée-bosselée.

Epiderme jaune avec de petites ampoules sous-cutanées, parsemé de quelques points marrons, frappé de rouge carminé à l'insolation.

Chair blanche, mi-tendre, assez juteuse, sucrée, très légèrement relevée, assez peu parfumée.

Qualité BONNE.

Maturité. — De DECEMBRE à MAI.

Culture. — Variété spécialement cultivée sur tige où l'arbre est vigoureux et fertile.

Ce fruit est joli, a beaucoup d'apparence, et est excellent pour l'exportation. Il se développe bien dans tous les sols.

- Il a été adopté, par le Congrès Pomologique, à titre de fruit local.

ROUSSEAU.

Origine incertaine.

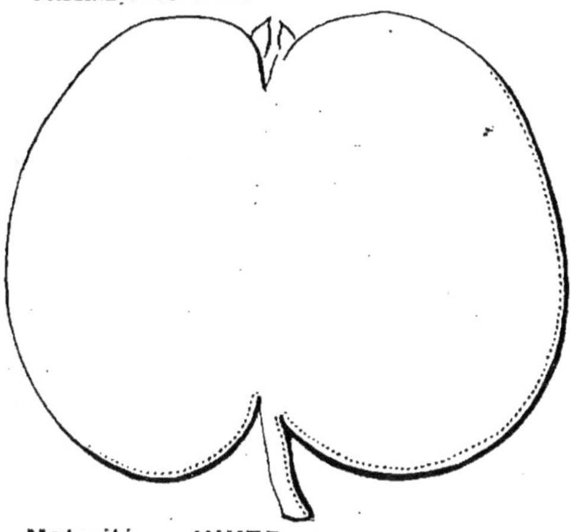

Maturité. — HIVER.

Fruit assez gros ou gros, globuleux, un peu aplati aux pôles.

Pédicelle moyen ou court de grosseur moyenne.

Epiderme lisse, onctueux, jaune verdâtre ponctué de fauve, lavé de carmin à l'insolation.

Chair fine, mi-tendre, juteuse.

Qualité ASSEZ BONNE.

Culture. — Cette variété est uniquement cultivée au verger dans l'Ile-de-France pour le marché.

SAINT BAUZAN. — Synonymes : *Saint-Louis* (environ de Metz). — *Saint-Louis de Fameck* (à Nancy). — *Pomme de Cour* (Pont-à-Mousson). — *Thiriette et Peupion* (dans la Meuse).

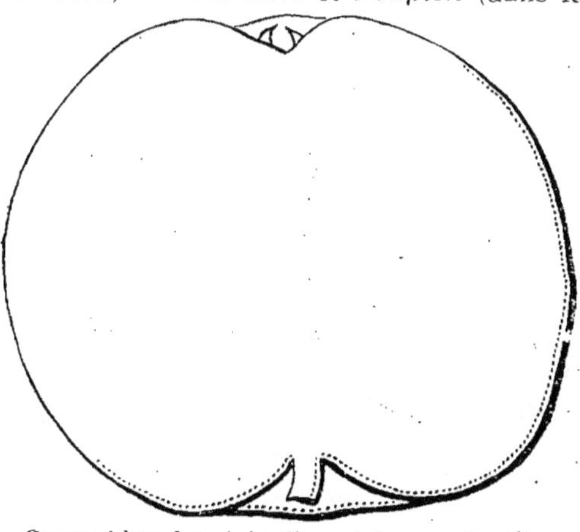

Fruit gros ou assez gros.

Epiderme lisse, vert clair, brillant, fortement lavé et marbré de rouge vif à l'insolation.

Œil mi-clos, dans une cavité large et évasée assez régulière.

Pédicelle moyen dans une cavité profonde et large, et plaqué de rouille.

Chair blanche, très fine, très sucrée, bien parfumée.

Qualité BONNE.

Maturité. — JANVIER à AVRIL.

Culture. — Bien que le fruit soit gros, cette variété est uniquement cultivée en plein vent pour le marché.

SAINT MÉDARD.

Origine incertaine.

Fruit moyen, un peu aplati, à contour régulier.

Œil fermé dans une cavité moyenne.

Pédicelle moyen, dans une cavité assez profonde.

Épiderme lisse, jaune paille, réticulé par place de gris roussâtre, abondamment lavé et strié de carmin foncé à l'insolation.

Chair jaunâtre, douce, sucrée, un peu relevée.

Qualité BONNE.

Maturité. — HIVER.

Culture. — Cette variété est uniquement cultivée au verger dans l'Ile-de-France et particulièrement dans le département de Seine-et-Marne.

SAINT VINCENT.

Origine inconnue.

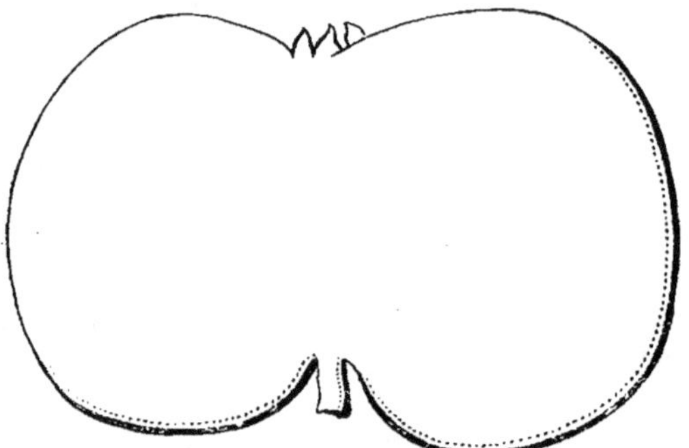

Fruit assez gros, aplati, ayant beaucoup de ressemblance avec le *Court-Pendu Rouge*, contour régulier.

Œil large et ouvert, dans une cavité assez profonde.

Pédicelle moyen et assez court, inséré dans une cavité régulière et profonde.

Épiderme lisse, d'un jaune paille, presque entièrement lavé et strié de rouge carmin.

Chair blanche, fine, assez juteuse, sucrée, assez relevée.

Qualité BONNE.

Maturité. — HIVER.

Culture. — Cette variété est très recommandée pour la culture en verger.

SERVEAU. — Synonymes : *Cerveau.* — *Pointue de Trescléoux.*

Origine incertaine.

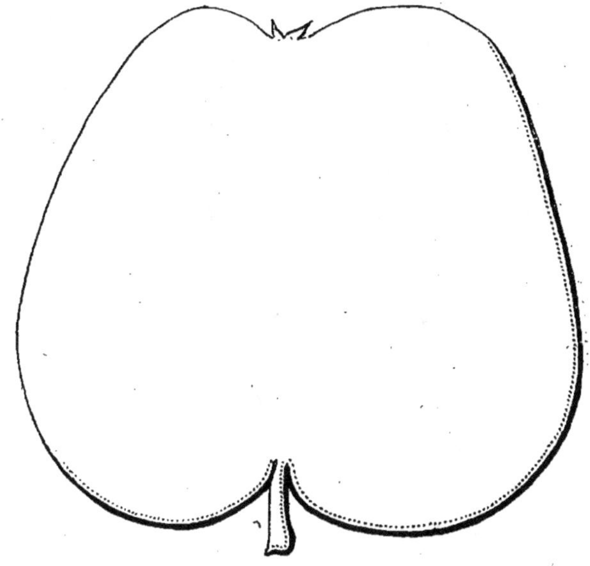

Fruit arrondi en son pourtour, un peu bosselé au sommet.

Œil moyen, un peu fermé dans une cavité profonde teintée de fauve autour des sépales.

Pédicelle court, un peu renflé, dans une cavité étroite et profonde, assez régulière, étoilée de fauve.

Epiderme jaune or brillant, rouge carmin à l'insolation, parsemé de points fauves.

Chair blanche, un peu nuancée de jaune, assez ferme et croquante, sucrée, relevée agréablement acidulée.

Qualité BONNE pour la saison.

Maturité. — AVRIL-MAI.

Culture. — Cette variété très cultivée dans les Hautes et Basses-Alpes convient spécialement au verger, les fruits abondent l'hiver sur les marchés du littoral.

VÉRITÉ.

Origine inconnue.

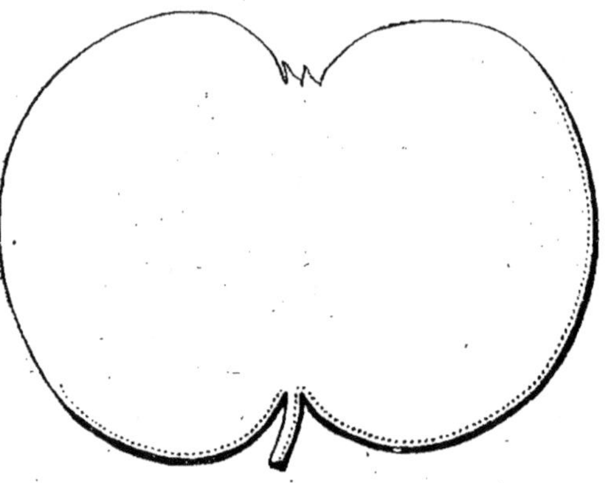

Fruit moyen ou assez gros, plus large que haut.

Œil fermé, à sépales parfois caducs, dans une cavité large et profonde.

Pédicelle moyen ou court dans une cavité large et profonde.

Epiderme verdâtre à l'ombre, lavé et strié de rouge foncé très vif.

Chair blanche, cassante, peu juteuse, sucrée, peu ou pas acidulée.

Qualité BONNE.

Maturité. — Fin FEVRIER.

Culture. — Cette variété est uniquement réservée au verger.

PRUNES

PRUNE MORANGE.

Origine. — Cette variété est très cultivée dans l'Est, et particulièrement en Lorraine.

Fruit moyen ou petit, sphérique, légèrement conique, à sillon un peu accentué vers le sommet.

Epiderme rose violacé, passant au violet à l'insolation.

Chair jaune, se détachant du noyau, un peu sèche et sucrée.

Qualité ASSEZ BONNE.

Maturité. — Mi-JUILLET.

Culture. — Cette variété est uniquement cultivée dans le verger.

REINE VICTORIA.

ORIGINE inconnue.

Fruit gros ou très gros, à joues inégales.

EPIDERME rouge sur fond jaune.

CHAIR verdâtre non adhérente, très juteuse, sucrée et acidulée.

**Qualité BONNE pour confitures et mar-
melades.**

Maturité. — SEPTEMBRE-OCTOBRE.

Culture. — A répandre pour l'approvisionnement des marchés, très cultivée
dans la région du Nord.

ROYALE DE MONTAUBAN. — SYNONYME : *Cœur de Bœuf.*

ORIGINE incertaine.

Fruit gros ou très gros, oblong,
bien arrondi en son pourtour.

PÉDICELLE moyen, assez mince,
implanté dans une cavité à peine
accentuée.

EPIDERME rouge violacé.

CHAIR verdâtre, peu adhérente
au noyau.

Qualité BONNE.

Maturité. — JUILLET.

Culture. — Cette variété est très
cultivée dans la région du Sud-
Ouest où elle est l'objet d'un commerce important avec l'Angleterre.
A répandre dans d'autres régions.

NOTA. — Cette variété n'a pas été étudiée par la Société Pomologique
de France qui n'a pu en étudier l'origine ni savoir si cette variété
n'est pas déjà connue sous un autre nom.

LISTE GÉNÉRALE

DES

FRUITS ADOPTÉS

et des Fruits locaux

AVEC LES

Classifications admises par le Congrès

36

FRUITS DE CHOIX	FRUITS DE MARCHÉ	FRUITS A CUIRE	FRUITS D'APPARAT
ABRICOTS	**ABRICOTS**	**ABRICOTS**	**ABRICOTS**
	Commun.	Commun.	
De Boulbon	De Boulbon		
Défarge			
		De Hollande	
De Jouy			De Jouy ....
De Nancy	De Nancy		De Nancy ....
Docteur Mascle	Docteur Mascle		
Du Chancelier			
Hâtif du Clos......	Hâtif du Clos......		
Liabaud			
Luizet	Luizet	Luizet	Luizet ....
Musqué de Provence			
Paviot	Paviot		
Poizat	Poizat		
Préc. de Monplaisir	Préc. de Monplaisir		
Royal		Royal.	
Sucré de Holub....			Sucré de Holub...
AMANDES	**AMANDES**	**AMANDES**	**AMANDES**
	A gros fruit........		
	Des Dames........		
Fournat de Brezenaud.	Fournat de Brezenaud.		
Princesse	Princesse		
CERISES	**CERISES**	**CERISES**	**CERISES**
Anglaise hâtive	Anglaise hâtive		
Belle de Choisy....			
Belle d'Orléans	Belle d'Orléans		
Belle Magnifique ..	Belle Magnifique ..		
Big. Antoine Nomblot	Big. Antoine Nomblot		
Bigarreau commun.	Bigarreau commun.		Bigarreau commun
Big. Courte-Queue..	Big. Courte-Queue..		
Bigarreau de Mezel.			Bigarreau de Meze
Big. de Montauban.	Big. de Montauban.		
Big. de Walpurgis.			
Bigarreau Elton ...			
	Big. Emp. François		
Bigarreau Esperen.	Bigarreau Esperen.		
Big. Gelbe-Buttner.			
Bigarreau Grand...	Bigarreau Grand...		
Bigar. Gros-Cœuret.			
Bigarreau Jaboulay	Bigarreau Jaboulay		Bigarreau Jaboulay
Bigarreau Napoléon	Bigarreau Napoléon		Bigarreau Napoléo

FRUITS DE CHOIX	FRUITS DE MARCHÉ	FRUITS A CUIRE	FRUITS D'APPARAT
. noir d'Ecully..	Big. noir d'Ecully..		
arreau Pélissier.	Bigarreau Pélissier.		Bigarreau Pélissier.
arr. Reverchon..	Bigarr. Reverchon..		Bigarr. R verchon..
. S͏ʳ des Charmes	Big. S͏ʳ des Charmes		Big. S͏ʳ d. s Charmes
arreau Tigré ...	Bigarreau Tigré ...		
arreau Tombret.	Bigarreau Tombret.		
	Griotte du Nord....	Griotte du Nord....	
heste der Marcht	Fruheste der Marcht		
s Gobet	Gros Gobet		
	Guigne Beaufrotte..		
	Guigne Choque		
gne Garcine			
ne noire à gros fruit			
ne noire de Montreux	Guigne noire de Montreux		
ne noire de Tartarie		Guigne noire de Tartarie	
gne pourpre hàt.	Guigne pourpre hàt.		
	Guig. précoce de Tarascon		
ératrice Eugénie			
tmorency	Montmorency	Montmorency	
ne Hortense		Reine Hortense	Reine Hortense ....
ale			

COINGS	COINGS	COINGS	COINGS
	Champion	Champion	Champion ....
	Commun	Commun	Commun ....
	Du Portugal	Du Portugal	Du Portugal ......

FRAISES	FRAISES	FRAISES	FRAISES
Fraises à petits fruits	Fraises à petits fruits	Fraises à petits fruits	Fraises à petits fruits
llon rouge allongé			
llon blanc allongé			
Généreuse	La Généreuse		
sons Belle du Mt-d'Or			
isons blanche longue			
aisons de Millet.			
aisons rouge longue.	4 Saisons rouge longue.		
ne des 4 Saisons	Reine des 4 Saisons		

A gros fruits remontants	A gros fruits remontants	A gros fruits remontants	A gros fruits remontants
Perle			
ᵉ L. Bottero	M͏ᵐᵉ L. Bottero		

FRUITS DE CHOIX	FRUITS DE MARCHÉ	FRUITS A CUIRE	FRUITS D'APPARAT
Merveille de France	Merveille de France		
Saint-Joseph	Saint-Joseph		
St-Ant. de Padoue.	St-Ant. de Padoue.		
A gros fruits non remontants	**A gros fruits non remontants**	**A gros fruits non remontants**	**A gros fruits non remontants**
Alphonse XIII	Alphonse XIII		
Ananas.	Ananas.		
	Belle de Cours		
Docteur Morère	Docteur Morère		Docteur Morère .
Général Chanzy	Général Chanzy		Général Chanzy .
Gloire de Lyon			
Gloire du Mans	Gloire du Mans		Gloire du Mans .
Janus	Janus		
Jucunda	Jucunda		
Louis Gauthier	Louis Gauthier		
Madame Moutot ..	Madame Moutot ..		Madame Moutot
Marguerite	Marguerite		Marguerite ......
Mgr Fournier			
	Noble		
Sharpless	Sharpless		
	Sulpice Barbe		
Triomphe de Liège..	Triomphe de Liège..		
Vtesse Héricart Thury	Vtesse Héricart Thury		
FRAMBOISES	**FRAMBOISES**	**FRAMBOISES**	**FRAMBOISES**
Congy	Congy		
Merveille des 4 Sa.sons rge	Merveille des 4 Saisons rge		
Perpétlle de Billiard			
Sir de Désiré Bruneau	Sir de Désiré Bruneau		
Sucrée de Metz			
Superlative	Superlative		
Surpasse Fastolf ..	Surpasse Fastolf ..		
Surprise d'automne.			
GROSEILLES	**GROSEILLES**	**GROSEILLES**	**GROSEILLES**
			Cerise ....
Cerise	Cerise		
Hâtive de Bertin ..			
Hollandaise blanche.			
Hollandaise rouge..			
Versaillaise rouge ..	Versaillaise rouge ..		Versaillaise rouge
Victoria			

FRUITS DE CHOIX	FRUITS DE MARCHÉ	FRUITS A CUIRE	FRUITS D'APPARAT
Groseilles Cassis	**Groseilles Cassis**	**Groseilles Cassis**	**Groseilles Cassis**
	Champion		
	Commun		
	Roy. de Nap'es		
MURES	**MURES**	**MURES**	**MURES**
	A gros fruit noir ..		
NÈFLES	**NÈFLES**	**NÈFLES**	**NÈFLES**
NOISETTES	**NOISETTES**	**NOISETTES**	**NOISETTES**
ergeri	Bergeri		
anche longue	Blanche longue		
osse ronde de Piémont	Grosse ronde de Piémont		
périale de Trébizonde.	Impériale de Trébizonde.		
rveille de Bollwiller ..	Merveille de Bollwiller ..		
uge longue.	Rouge longue.		
NOIX	**NOIX**	**NOIX**	**NOIX**
oque tendre			
rthère			
	Chaberte		
	Franqu tte		
ady	Glady		
ayette	Mayette		
ylanaise	Meylanaise		
	Parisienne		
eyve	Treyve		
PECHES	**PECHES**	**PECHES**	**PECHES**
lmirable jaune ..			
exis Lepère	Alexis Lepère		
nsden	Amsden		
thur Chevreau ..	Arthur Chevreau ..		
altet	Baltet		
ron Dufour			Baron Dufour .. ...
lle Bausse	Belle Bausse		

FRUITS DE CHOIX	FRUITS DE MARCHÉ	FRUITS À CUIRE	FRUITS D'APPARAT
Belle Cartière			
Belle de Toulouse...			Belle de Toulouse
Belle Henri Pinaud			Belle Henri Pina
Belle Impériale	Belle Impériale		
Blondeau			
Bonouvrier	Bonouvrier		
Bourdine ....··	Bourdine		Bourdine ....
Charles Ingouf	Charles Ingouf		
Combet	Combet		
Early Rivers			
Fine Jahoulay			
Galande			Galande ....
Grosse Mignonne ...	Grosse Mignonne ...		
Grosse Mignonne hâtive,	Grosse Mignonne hâtive,		
Hale's Early	Hale's Early		
Henri Adenot			
Incomparable Guilloux..	Incomparable Guilloux..		
La France			
Louis Grognet	Louis Grognet		
Madame Girerd	Madame Girerd		
Madeleine rouge ...			
Malte			
Nivette veloutée	Nivette veloutée		Nivette veloutée
Opoix	Opoix		
Pourprée hâtive	Pourprée hâtive		
Pourprée tardive ...	Pourprée tardive ...		Pourprée tardive
Précoce Michelin ...	Précoce Michelin ...		
Président Luizet ...	Président Luizet ...		
Prince of Walles ...			Prince of Walles
Reine des Vergers..	Reine des Vergers..		
Salway	Salway		Salway ....
Superbe de Trévoux	Superbe de Trévoux		Superbe de Tré
Susquehannah			
Tardive d'Oullins ..	Tardive d'Oullins ..		Tardive d'Oullins
Teissier	Teissier		
Téton de Vénus	Téton de Vénus		Téton de Vénus
Théophile Sueur ...	Théophile Sueur ...		
Vilmorin	Vilmorin		
Willermoz	Willermoz		
P. NECTARINES	**P. NECTARINES**	**P. NECTARINES**	**P. NECTARINE**
Bowden			
Cardinal	Cardinal		
De Coosa			
De Félignies	De Félignies		
Early Rivers			
Galopin			

FRUITS DE CHOIX	FRUITS DE MARCHÉ	FRUITS A CUIRE	FRUITS D'APPARAT
ncomparable			
aune Magnifique de Padou·			
Lily Ballet			
Lord Napier	Lord Napier		Lord Napier ......
Mme de la Bastie ..			
Précoce de Croncels.	Précoce de Croncels.		Précoce de Croncels.
Stanwick-Etruge ...			
Victoria	Victoria		Victoria ....
POIRES	**POIRES**	**POIRES**	**POIRES**
	A deux yeux	A deux yeux	
Alexandrine Douillard ..	Alexandrine Douillard ..		
André Desportes ...	André Desportes ...		
Baronne de Mello..			
Belle Angevine		Belle Angevine	Belle Angevine ....
Belle Guérandaise ..			
	Belle Moulinoise ...	Belle Moulinoise ...	
Bergamotte Crassane			
Bergamotte dorée ..			
Bergamotte Esperen	Bergamotte Esperen		
Bergamotte Hérault			
Bergamotte Hertrich			
Beurré Bachelier ..			
Beurré Benoît			
	Beurré Capiaumont.	Beurré Capiaumont.	Beurré Capiaumont.
	Beurré Clairgeau ..		Beurré Clairgeau ..
Beurré d'Amanlis ..	Beurré d'Amanlis ..		
	Beurré d'Angleterre.	Beurré d'Angleterre.	
	Beurré d'Apremont.		
Beurré de Luçon ...			
Beurré de Naghin..	Beurré de Naghin..		Beurré de Naghin..
Beurré d'Hardenpont	Beurré d'Hardenpont		
Beurré Diel	Beurré Diel		
Beurré Dilly			
Beurré Dubuisson ..			
Beurré Dumont			
Beurré Durondeau..			Beurré Durondeau..
Beurré Giffard	Beurré Giffard		
Beurré gris			
Beurré Hardy	Beurré Hardy		
Beurré Six			
Beurré Superfin			
Beurré Vauban			
Bon Chrétien Williams..	Bon Chrétien Williams..		Bon Chrétien Williams..
Bonne de Beugny....			
Bonne de Malines..			

FRUITS DE CHOIX	FRUITS DE MARCHÉ	FRUITS A CUIRE	FRUITS D'APPARAT
	Calebasse à la Reine		
		Catillac	Catillac ....
		Certeau d'Automne.	
Charles Cognée			
Charles Ernest			Charles Ernest ....
	Citron des Carmes..		
Clapp's Favorite ...	Clapp's Favorite ...		Clapp's Favorite ..
Comtesse de Paris..	Comtesse de Paris..		
Conférence			
Conseiller à la Cour			
Coscia			
	Crémésine		
	Curé	Curé	
De l'Assomption			De l'Assomption...
	De Binsse	De Binsse	
	De Livre	De Livre	
	Des Canourges		
Des Urbanistes			
Directeur Hardy ...	Directeur Hardy ...		
	Docteur Jules Guyot		Docteur Jules Guy
Doyenné Blanc			
Doyenné d'Alençon..			
	Doyenné de Juillet..		
Doyenné de Mérode.			
Doyenné d'Hiver ...	Doyenné d'Hiver ...		Doyenné d'Hiver .
Doyenné du Comice	Doyenné du Comice.		Doyenné du Comi
Doyenné gris			
Duchesse Bererd ...	Duchesse Bererd ...		Duchesse Bererd .
Duchesse bronzée ..	Duchesse bronzée ..		Duchesse bronzée
Duchsse d'Angoulême	Duchsse d'Angoulême		Duchsse d'Angoulên
Duchsse de Bordeaux			
Duchesse panachée.			
	Epargne		
Epine du Mas......	Epine du Mas		
	Fauvanelle	Fauvanelle	
Favorite Morel	Favorite Morel		
Figue d'Alençon			
	Fondante de Moulins-Lille		
Fondante des Bois..			Fondante des Bois
Fondante du Panisel			
Fondante Fougère..			
Fondante Thirriot..			
	Giram		
	Grosse Louise		
	Jansemine.		
Jeanne d'Arc			
Joséphine de Malines			
Jules d'Airoles......	Jules d'Airoles		
	La Casteline		

FRUITS DE CHOIX	FRUITS DE MARCHÉ	FRUITS A CUIRE	FRUITS D'APPARAT
e Brun			Le Brun ....
e Lectier	Le Lectier		
ouise-Bonne d'Avranches	Louise-Bonne d'Avranches		
ouis Pasteur	Louis Pasteur		
Iadame Ballet	Madame Ballet.....		
Iadame Bonnefond.			
Iadame Bouvant ..	Madame Bouvant ..		
Iadame du Puis ..			
Ime Ernest Baltet..			
Iadame Lyé-Baltet.			
Iadame Treyve	Madame Treyve		
larguerite Marillat.			Marguerite Marillat.
Iarie Benoist			
Iarie-Louise			
Ierveille Ribet	Merveille Ribet		
		Martin sec	
		Messire Jean	
Ionsallard	Monsallard		
Nec plus ultra Meuris			
Notaire Lepin	Notaire Lepin		
Nouvelle Fulvie			
Nouveau Poiteau ..	Nouveau Poiteau ..		
Olivier de Serres...			
Passe-Colmar	Passe-Colmar		
Passe-Crassane	Passe-Crassane		Passe-Crassane ....
Précoce de Trévoux	Précoce de Trévoux		
Président Deviolaine			Président Deviolaine
Président Drouard..	Président Drouard..		
Président Mas			
Rémy Chatenay			
	Rousselet de Reims.		
	Royale d'Hiver		
Royale Vendée			
	Saint Mathieu		
St-Michel archange.	St-Michel archange.		
Seigneur			
Sœur Grégoire			
Soldat laboureur...	Soldat laboureur...		
Sr de Jules Guindon			
	Souvenir du Congrès		Souvenir du Congrès
Sucrée de Montluçon	Sucrée de Montluçon		
Triomp. de Jodoigne			Triomp. de Jodoigne
Triomphe de Vienne	Triomphe de Vienne		Triomphe de Vienne
au Mons Léon Leclerc.			
Virginie Baltet			
	Virgouleuse	Virgouleuse	
Zéphirin Grégoire..			

FRUITS DE CHOIX	FRUITS DE MARCHÉ	FRUITS A CUIRE	FRUITS D'APPARAT
POMMES	**POMMES**	**POMMES**	**POMMES**
Adams Pearmin ...			
Api	Api		Api ....
Baldwin	Baldwin		
	Barbe		
	Barré		
Beauty of Kent			
Belle de Boskoop ..	Belle de Boskoop ..		
Belle de Pontoise ..	Belle de Pontoise ..		
	Belle fille		
Belle fleur jaune ..			
	Bernède		
	Bismark		
Bleinheim Pippin ..			
Bonne de Mai	Bonne de Mai		
	Bon Pommier		
Borovitsky	Borovitsky		
	Bouquepreuve		
Calville Blanc	Calville Blanc		Calville Blanc ...
			Calville de St-Sauv
	Calville d'Oullins ..		
Calville Duquesne..	Calville Duquesne..		Calville Duquesne
Calville du Roi.....			
Calville Mme Lesans			
Calville rouge d'hiv.	Calville rouge d'hiv.		
	Champ Gaillard ...		
	Châtaignier		
	Colapuy		
	Court-pendu gris ..		
	Court-pendu rouge .		
Cox's Orange Pippin	Cox's Orange Pippin		
	Croque		
	Cusset		
	Datte		
Deans Codlin			
	De Cave		
De jaune	De jaune		
De l'Estre	De l'Estre		
	De Mai............		
	De Noël...........		
	De Salé		
	Double bon Pommier		
	Double rose		
Doux d'argent	Doux d'argent		
Eternelle Allen			
Fameuse	Fameuse		
	Faros		
Fenouillet gris	Fenouillet gris		

FRUITS DE CHOIX	FRUITS DE MARCHÉ	FRUITS A CUIRE	FRUITS D'APPARAT
	Fenouillet gros		
	Fraise		
	Gendreville		
Græfenstein	Græfenstein		
	Grand Alexandre ..		Grand Alexandre ...
	Gros Locard		
Impériale ancienne.	Impériale ancienne.		
	La Clermontoise ...		
Lagrange			
	La Nationale		
Lawver	Lawver		
	Luiken		
	Ménagère		Ménagère ....
Merveille de Chemlsford.			
	Non pareille ancienne		
Ontario	Ontario		Ontario ....
Pearmin Herefordshire..			
Pépin gris de Parker	Pépin gris de Parker		
	Pigeon blanc		
	Pigeon rouge		
	Rambour d'hiver ...		
	Rambour franc		
Reine des Reinettes.	Reine des Reinettes.		
Reinette Ananas ..			
Reinette Baumann..	Reinette Baumann..		Reinette Baumann.
	Reinette Clochard ..		
Reinette de Caux...	Reinette de Caux...		
Reinette de Chenée.			
Reinette de Cuzy...	Reinette de Cuzy....		
Reinette de Denaptézien..	Reinette de Denaptézien..		
Reinette de Dieppedalle..			
Reinette de Granville...			
Reinette de Saintonge...	Reinette de Saintonge...		
	Reinette de St-Savin		
Reinette Descarde..			
Reinette des Carmes			
	Reinette Desplanches		
Reinette dorée	Reinette dorée		
Reinette du Canada.	Reinette du Canada		Reinette du Canada
Reinette du Vigan..	Reinette du Vigan..		
Reinette franche ...	Reinette franche ...		
	Reinette grise	Reinette grise	
Reinette grise du Canada	Reinette grise du Canada		Reinette grise du Canada
	Reinette Jules Labitte		
Reinette Parmentier			
Reinette Vignat			
	Rose de Benauge...		
	Rousseau		
Royale d'Angleterre.	Royale d'Angleterre.		Royale d'Angleterre.

FRUITS DE CHOIX	FRUITS DE MARCHÉ	FRUITS A CUIRE	FRUITS D'APPARAT
Royal Russet			
	Saint Bauzan		
	Saint Médard		
	Saint Vincent		
Sans-pareille Peasgood..	Sans pareille Peasgood..		Sans-pareille Peasgood.
	Serveau		
Sturmer Pippin			
	Teint frais		Teint frais ....
Transparente de Croncels	Transparente de Croncels		Transparente de Croncel
	Vérité		
Winter Banana			
PRUNES	**PRUNES**	**PRUNES**	**PRUNES**
Abbaye d'Arton	Abbaye d'Arton		
Coë's Golden Drop..			Coë's Golden Drop.
Coë's violette			Coë's violette ......
De Monfort			
		D'Ente	
De Pontbriant			
Des Béjonières	Des Béjonières		
Early Favorite			
Gloire d'Epinay	Gloire d'Epinay		
Jefferson	Jefferson		
Kirke's			
Lawrence Gage			
	Marange		
	Mirabelle de Flotow		
	Mirabelle grosse ...		
	Mirabelle petite		
	Monsieur hâtif		
Monsieur jaune			
Pêche	Pêche		Pêche ....
			Pond's Seedling ....
		Prince Englebert ..	
		Quetsche d'Allemagne...	
	Quetsche d'Italie ...	Quetsche d'Italie ...	
Reine Claude	Reine Claude		
Reine Claude com. d'Althan			
Reine Claude de Bavay.	Reine Claude de Bavay.		
Reine Claude d'Ecully...			
Reine Claude diaphane.			
	Reine Claude d'Oullins..		Reine Claude d'Oullins..
Reine Claude hâtive	Reine Claude hâtive		
	Reine Victoria		
Reine Claude tardive..			
Reine Claude violette .	Reine violette		
	Royale de Montauban...		
		Sainte-Catherine ...	

FRUITS DE CHOIX	FRUITS DE MARCHÉ	FRUITS A CUIRE	FRUITS D'APPARAT
Tardive musquée ..			
Victoria			
RAISINS	**RAISINS**	**RAISINS**	**RAISINS**
Agostenga			
Aspiran gris			
Aspiran noir			
Bellino			
Blauer Portugieser.	Blauer Portugieser.		
Chasselas Cioutat ..			
Chasselas Charlery.			
Chasselas de Falloux	Chasselas de Falloux		
Chasselas des Bouc.-du-R.			
Chasselas doré	Chasselas doré		
Chasselas rose	Chasselas rose		
Clairette blanche ..	Clairette blanche ..		
Clairette rose			
Commandeur			Commandeur ......
Duc de Malakoff ...			Duc de Malakoff ...
Intendu			
Frankenthal	Frankenthal		Frankenthal ....
Gamay de juillet ..	Gamay de juillet ..		
Hardy			
Ischia noir			
Lignan blanc	Lignan blanc		
Madeleine Angevine			
Madeleine royale ..	Madeleine royale ..		
Malvoisie à g. grains			
Morillon noir hâtif.	Morillon noir hâtif.		
Muscat bifère			
Muscat blanc			
Muscat Caillaba ...			
Muscat d'Alexandrie	Muscat d'Alexandrie		Muscat d'Alexandrie
Musc. de Hambourg	Musc. de Hambourg		Musc. de Hambourg
Muscat de Jésus ..			
Muscat noir			
Muscat rouge			
Muscat violet			
Musqué de Marseille			
Musqué Talabot ...			
Noir hâtif de Marseille.	Noir hâtif de Marseille..		
Œillade	Œillade		
Pineau noir	Pineau noir		
Précoce de Courtiller	Précoce de Courtiller		
Précoce de Malingre	Précoce de Malingre		
Rosaky			
Terret gris			
Terret noir			
Tschaouch ....,			Tschaouch ....

FRUITS ADOPTÉS PUIS RAYÉS
par le Congrès Pomologique

ABRICOTS

ABRICOT ALBERGE. (ALBERGIER). Fruit petit, à chair ferme, à saveur vineuse ; qualité très bonne. Maturité : première quinzaine d'août. Arbre vigoureux et fertile.

ABRICOT AUGOUMOIS D'OULLINS. Fruit moyen, ferme, sucré, juteux, à saveur relevée ; qualité bonne. Maturité : fin de mai et commencement de juin. Arbre vigoureux et fertile.

ABRICOT PRÉCOCE. (ABRICOT HATIF MUSQUÉ). Fruit petit et presque sphérique ; à chair assez fine, assez juteuse, à saveur légèrement musquée ; qualité assez bonne ; maturité : commencement de juillet. Arbre de vigueur moyenne et de bonne fertilité.

GROS ROUGE D'ALEXANDRIE. (GROS ALEXANDRIN). Fruit gros, de bonne qualité ; maturité : mi-juillet. Arbre vigoureux et fertile. Variété de culture intensive.

MEXICO. Fruit moyen, de très bonne qualité, excellent pour la confiserie ; maturité : première quinzaine de juillet. Arbre vigoureux et fertile.

MILLE. Fruit moyen, de bonne qualité. Maturité : deuxième quinzaine de juin. Arbre vigoureux et fertile.

CERISES

A TROCHETS. (CERISE FERTILE. CERISE COMMUNE). Fruit moyen, rouge, chair et jus assez colorés, saveur légèrement sucrée et relevée ; qualité bonne ; maturité : fin de juin et commencement de juillet. Arbre vigoureux et fertile.

BIGARREAU A GROS FRUITS ROUGES. (GROS BIGARREAU, KNORPEL KIRSCH, MONSTROUS HEART). Fruit gros, cordiforme ; chair blanchâtre, teintée de rouge sous l'épiderme et vers le noyau. Qualité très bonne ; maturité : première quinzaine et milieu de juillet.

BIGARREAU DE SEPTEMBRE. (MERVEILLE DE SEPTEMBRE. TARDIVE

DU MANS). Fruit moyen, rouge marbré de jaune ; chair jaunâtre, ferme, croquante, saveur sucrée et un peu parfumée, jus incolore ; qualité assez bonne ; maturité fin d'août ; fertilité grande.

BIGARREAU DE TRIE. (BIGARREAU A AIGUILLON). Fruit moyen, rouge vif ; chair jaunâtre, très ferme, à saveur très sucrée et parfumée, jus incolore ; qualité très bonne ; maturité : première quinzaine de juillet. Arbre vigoureux et fertile.

BIGARREAU MARJOLET. Fruit gros, d'un rouge violacé, veiné de pourpre ; chair tendre, rouge, saveur sucrée et vineuse, agréablement relevée, jus coloré ; qualité bonne ; maturité : deuxième quinzaine de juin. Arbre vigoureux et fertile.

DE LA TOUSSAINT. (DE LA SAINT-MARTIN). Fruit petit, globuleux, rouge vif, chair tendre, juteuse, acide, peu sucrée ; qualité assez bonne ; maturité successive de juillet à novembre. Arbre faible à rameaux grêles et retombants, plutôt d'ornement.

DE PLANCHOURY. Fruit gros, cordiforme, rouge vif, pédicelle allongé, chair tendre, blanchâtre, juteuse, bien sucrée, finement acidulée ; qualité très bonne ; maturité : première quinzaine de juillet. Arbre de vigueur et de fertilité moyennes.

DUCHESSE DE PALLUÂU. Fruit assez gros, sphérique, pourpre foncé, chair tendre, un peu rosée, très juteuse, sucrée, agréablement acidulée ; qualité très bonne ; maturité : milieu de juin. Arbre de vigueur et de fertilité moyennes.

GRIOTTE D'ALLEMAGNE. (CERISE DE CHAUX. CERISE DE M. LE COMTE DE ST-MAURE). Fruit gros, rouge brun presque noir, à chair rouge foncée et à jus bien colorant, assez ferme, à peine sucrée, très vivement acidulée, bon pour ratafia et conserves. Maturité mi-juillet. Arbre de vigueur et fertilité moyennes.

GUIGNE A COURTE QUEUE. (GUIGNE NOIRE TARDIVE). Fruit moyen rouge pourpré ; chair tendre, rouge vineux, jus abondant et coloré, saveur sucrée et relevée ; qualité bonne ; maturité : milieu de juin. Arbre vigoureux et fertile.

GUIGNE BLANCHE. Fruit moyen, blanc et un peu lavé de rose, chair blanche, jus incolore, saveur sucrée et relevée, bon. Maturité première quinzaine de juin. Vigueur normale, fertilité bonne.

GUIGNE MARBRÉE. (MARGUERITE DURÈNE). Fruit gros, blanc de cire, granité et lavé de rose, chair blanc jaunâtre, assez ferme, bonne. Maturité commencement de juillet. Arbre vigoureux et fertile.

FIGUES

BOURGASSOTTE GRISE. *Non bifère*. Fruit moyen, arrondi, d'un vert grisâtre, à chair rouge foncé, très bon. Maturité du milieu d'août jusqu'en novembre. Arbre vigoureux et très fertile.

GOURREAU NOIR. (GOURAOU. BOURAOU. BOURAILLÈRE). *Bifère*. Fruits gros, piriformes, allongés, à épiderme très luisant, d'un violet noir foncé ; chair rouge, sirupeuse, bons à la première fructification qui a lieu au commencement de juillet.

MARSEILLAISE. Ce nom a été reconnu comme synonyme de Blanquette.

FRAISES

FRAISES A GROS FRUITS NON REMONTANTS

DOCTEUR HOOG. Fruit très gros, aplati, très bon, maturité hâtive.

ELEANOR. Fruit gros ou très gros, conique. Très bonne. Très tardive.

GWENIVER. Fruit gros, bon, maturité hâtive.

KŒNING ALBERT VON SACHSEN. Fruit gros, bon ; maturité fin juillet.

SABREUR. Fruit gros, rouge brillant, bon ; maturité moyenne.

SHARPLESS. Fruit gros, assez bon ; maturité hâtive.

SIR CHARLES NAPIER. Fruit gros, bon ; maturité tardive.

FRAMBOISES

BELLE DE CHATENAY. — *Synonymes :* BELLE D'ORLÉANS. PERPÉTUELLE DE PELÉ. Fruit gros, arrondi, d'un beau rouge pourpre, à saveur parfumée. Qualité bonne, arbuste peu élevé, vigoureux et fertile.

ROYALE DE HERRENHAUSEN. Fruit assez gros, oblong, de bonne qualité.

GROSEILLES

GONDOUIN. Arbrisseau vigoureux, trapu et ramifié. Grappe longue, à grains rouges et un peu acidulés.

NOIX

MARTIN. Fruit dépourvu de brou, petit, aussi large que haut, arrondi, coque fauve s'ouvrant naturellement en 4 valves incomplètes et sans bourrelet marginal, qualité bonne se conservant pendant deux ans sans rancir. Maturité fin septembre et octobre.

PÊCHES

A BEC (Mignonne a bec, Pourprée a bec). Fruit moyen, peau fine, colorée à l'insolation, bonne qualité. Maturité fin juillet, commencement d'août. Fleurs grandes, rosacées, glandes globuleuses.

ADMIRABLE. Fruit gros, sphérique ; épiderme coloré à l'insolation ; qualité très bonne ; maturité fin août-septembre. Fleurs petites, campanulées ; glandes globuleuses.

BELLE DE DOUE. Fruit gros, arrondi, à sillon large, peu profond ; épiderme fin, mince, jaune herbacé, rouge carmin à l'insolation ; qualité bonne ; maturité fin août. Fleurs petites, roses, campanulées, glandes globuleuses.

BELLE DE NEUVILLE. Fruit gros, à chair rouge autour du noyau ; qualité bonne ; maturité fin août. Fleurs campanulées, glandes globuleuses.

BELLE DE VITRY. — (Admirable tardive, de Duhamel). Fruit gros, arrondi, sillon large ; épiderme velouté, fin, jaune herbacé et rouge carminé à l'insolation. Fruit bon ; maturité milieu août et fin août. Fleurs roses, campanulées, glandes globuleuses.

CHANCELIERE. Fruit gros, de bonne qualité. Maturité dernière quinzaine d'août. Arbre très vigoureux et fertile. Qualité bonne. Fleurs très grandes, rosacées et glandes globuleuses.

COMTESSE DE MONTIJO. Fruit assez gros, arrondi ; épiderme d'un blanc crémeux, rouge violacé à l'insolation, parfois strié. Qualité bonne ; maturité seconde quinzaine de septembre. Fleurs moyennes campanulées ; glandes très petites, globuleuses.

CUMBERLAND. Fruit moyen à peu près sphérique, sillon faible. Epiderme blanc crémeux, rouge vif à l'insolation. Qualité bonne ; maturité fin juin commencement de juillet.

DAUN. Fruit assez gros, blanc jaunâtre frappé de rouge sang : qualité très bonne ; maturité mi-août ; glandes globuleuses et petites fleurs grandes rosées.

DE SYRIE (Barral. d'Egypte. Michal. Pêche de Tullins). Fruit gros, bon. Maturité seconde quinzaine de septembre. Fleurs très petites, campanulées et glandes réniformes.

DOUBLE DE TROYES. (PETITE MIGNONNE). Fruit petit, bon. Maturité fin juillet. Fleurs campanulées, glandes réniformes.

DOWNING. Fruit moyen, sphérique, peu régulier en son pourtour, sillon prononcé avec une joue saillante. Epiderme d'un jaune verdâtre, noirâtre à l'insolation. Qualité bonne ; maturité fin juin et commencement de juillet. Fleurs grandes, rosacées, glandes nulles.

EARLY ALEXANDER. (PRÉCOCE ALEXANDER). Fruit moyen ou gros, sphérique, à sillon bien marqué. Epiderme assez duveteux, blanc crémeux, rouge cramoisi à l'insolation. Qualité bonne ; maturité fin juin. Fleurs rosacées, grandes ; glandes mixtes, petites, et le plus souvent globuleuses.

EARLY BEATRICE. (PRÉCOCE BÉATRICE). Fruit moyen, ovale arrondi ; épiderme un peu épais se détachant bien, duveteux, fortement lavé de pourpre foncé ; bon fruit. Maturité premiers jours de juillet. Fleurs grandes, rosacées. Glandes réniformes.

EARLY LOUISE (PRÉCOCE LOUISE). Fruit moyen, sphérique allongé ; épiderme jaune clair presque entièrement lavé de rouge vif ; bon fruit. Maturité mi-juillet. Fleurs petites, campanulées. Glandes réniformes.

LÉOPOLD Ier. Fruits gros, bon ; maturité septembre.

MADELEINE HATIVE A MOYENNES FLEURS. Fruit moyen ou assez gros, très bon. Maturité milieu et dernière quinzaine d'août. Fleurs campanulées et glandes nulles.

NOBLESS. Fruit gros, jaunâtre, marbré et rayé de pourpre ; qualité très bonne ; maturité fin août. Fleurs campanulées, glandes globuleuses.

ROUGE DE MAI (BRIGG's MAY, ROUGE DE MAI DE BRIGG). Fruit moyen, sphérique. Epiderme courtement duveteux, jaune pâle, pourpre foncé à l'insolation. Qualité bonne ou très bonne ; maturité commencement de juillet. Fleurs, grandes, rosacées, pas de glandes. Arbre assez vigoureux et assez fertile.

PÊCHES Nectarines

BLANCHE. (BRUGNON BLANC. DESPREZ. LISSE BLANCHE). Fruit moyen, sphérique, à sillon large, peu profond. Epiderme lisse, brillant, d'un blanc verdâtre. Qualité bonne ; maturité première quinzaine d'août. Fleurs grandes, rosacées, glandes réniformes.

CHAUVIERE. Fruit moyen, très bon. Maturité dernière quinzaine de septembre. Fleurs campanulées et glandes réniformes.

PITMASTON'S ORANGE. Fruit assez gros, bon. Maturité première quinzaine d'août. Fleurs rosacées et très grandes, glandes globuleuses.

STANWICK. Fruit gros, très bon. Maturité milieu et fin de septembre. Fleurs rosacées et glandes réniformes.

VIOLETTE HATIVE. Fruit petit ou presque moyen. Qualité très bonne. Maturité fin d'août et commencement de septembre. Fleurs grandes, rosacées, glandes réniformes.

Brugnon

VIOLET MUSQUE. (Brugnon de Rome. Romaine rouge). Fruit moyen, à sillon profond ; épiderme lisse, jaunâtre, carminé et violacé à l'insolation. Qualité bonne ou très bonne. Maturité première quinzaine de septembre. Fleurs grandes, rosacées, glandes réniformes.

———

POIRES

ALEXANDRINE MAS. Fruit gros, piriforme, chair blanchâtre, fine, fondante, juteuse, sucrée et parfumée. Qualité très bonne ; maturité avril. Arbre de vigueur modérée sur cognassier, à cultiver sur franc aux expositions chaudes.

ANANAS. (Ananas d'été). Fruit petit, chair mi-fine, fondante, saveur musquée, bon. Maturité septembre, octobre. Arbre de vigueur moyenne et fertile.

ANNA AUDUSSON. Fruit moyen, chair fine, fondante, saveur douce et parfumée, bon. Maturité de décembre à février. Arbre vigoureux, peu fertile.

AUGUSTE JURIE. Fruit petit, chair fine, mi-fondante, saveur sucrée, parfumée et relevée, très bon. Maturité août, septembre. Arbre peu vigoureux. Fertilité bonne, un peu interrompue.

BARONNE LEROY. Fruit moyen, qualité très bonne. Maturité octobre-novembre. Arbre vigoureux et fertile.

BELLE DEVERGNIES. (Beurré Duverny. Duvergnies. Prince de Ligne). Fruit moyen ; pédicelle court ou moyen ; épiderme d'un jaune clair, ponctué de fauve et rougê à l'insolation ; chair blanche, très fine, très fondante, sucrée, parfumée. Qualité très bonne ; maturité septembre-octobre. Arbre à cultiver sur franc.

BELLE SANS PEPINS. (Belle de Bruxelles, par erreur. Bergamotte nationale allemande, Bergamotte sans Pépins, Bergamotte des

Paysans). Fruit gros ou assez gros, à chair mi-fine, mi-fondante, peu succulente, à saveur douce et légèrement parfumée, de seconde qualité, convenant au marché par son apparence, à cueillir longtemps d'avance. Maturité août, septembre. Arbre vigoureux et fertile.

BELLISSIME D'HIVER. Fruit gros, à chair mi-fine, à saveur un peu sucrée et astringente, bon seulement pour cuire. Maturité fin d'hiver et printemps.

BERGAMOTTE D'ANGLETERRE. (Bergamotte de Gansel). Fruit moyen, à chair mi-fine, fondante, un peu granuleuse, à saveur sucrée, vineuse, acidulée, bien relevée; très bon. Maturité septembre, octobre. Arbre peu vigoureux, peu rustique. Fertilité bonne et soutenue.

BERGAMOTTE DE PARTHENAY. Fruit assez gros ou gros, à chair mi-fine, à saveur sucrée et assez parfumée, excellent à cuire. Maturité fin d'hiver et printemps. Arbre vigoureux et fertile.

BERGAMOTTE D'ETE. (Bergamotte de la Beuvrière. Beurré blanc d'été. Fondante de Brest. Gros Micet. Milan Blanc. Milan de la Beuvrière). Fruit moyen turbiné ; pédicelle court ; épiderme épais, vert tendre, d'un jaune citrin, carminé à l'insolation ; chair blanche, fine, fondante. Qualité bonne ou assez bonne ; maturité août septembre. Arbre délicat et très fertile.

BERGAMOTTE FORTUNÉ (Fortunée. Fortunée de printemps. Fortunée de Remme. Fortuné de Raisme). Fruit moyen, turbiné court, bosselé au pourtour ; œil petit, mi-clos ; pédicelle assez fort, moyen, droit ; épiderme rude, épais, roux, brun rougeâtre à l'insolation ; chair blanc jaunâtre ; qualité bonne ; maturité fin hiver. Arbre peu vigoureux et peu fertile.

BERGAMOTTE HERAULT. — Fruit assez gros, jaune citrin marbré de fauve ; pédicelle assez court, gros et charnu, gibbeux à l'insertion ; chair blanchâtre, grenue, fondante, juteuse, sucrée, acidulée ; qualité très bonne. Maturité décembre-janvier. Arbre assez vigoureux et fertile.

BERGAMOTTE SANNIER. Fruit assez gros, arrondi ; pédicelle court ; épiderme lisse, d'un vert mât, rouillé à l'ombre ; chair blanche, fine, fondante, parfumée. Qualité bonne ou très bonne ; maturité janvier à mars. Arbre vigoureux et fertile.

BERGAMOTTE SILVANGE. (Poire Silvange). Fruit moyen, à chair fine, fondante, à saveur sucrée et relevée d'un parfum agréable propre à cette variété, bon. Maturité, octobre, novembre. Arbre spécial à la haute tige sur franc. Fertilité grande.

BÉSI DE CHAUMONTEL (Beurré de Chaumontel. Beurré d'hiver de Chaumontel. Bon Chrétien de Chaumontel. Guernesy Chaumontel. Winter Beurré). Fruit moyen, cydoniforme, vert pâle, teinté de rouge au soleil ; pédicelle gros, implanté droit ; chair blanche, mi-fine, mi-cassante, juteuse, sucrée ; qualité bonne. Maturité décembre-janvier. Arbre assez vigoureux et assez fertile.

BESI DE SAINT-WAAST. (BEURRÉ DE BEAUMONT). Fruit petit ou presque moyen, à chair fine, fondante, à saveur sucrée, relevée d'un léger acide fort agréable, de maturation prolongée, bon. Maturité décembre-janvier. Arbre assez vigoureux et fertile.

BEURRE AMANDE. Fruit moyen, cydoniforme ; pédicelle moyen ; épiderme jaune citrin, pointillé de roux ; chair blanche, granuleuse aux loges, fine, fondante, juteuse, sucrée et parfumée, manquant de relevé. Qualité bonne ; maturité octobre. Arbre de vigueur moyenne et fertile.

BEURRE BEAUCHAMP. Fruit petit, à chair fine, fondante, à saveur sucrée, relevée d'un parfum agréable, bon. Maturité octobre-novembre. Arbre de vigueur contenue sur cognassier, de conduite facile. Fertilité très grande.

BEURRE BOISBUNEL. Fruit petit ou moyen, à chair fine, fondante, sucrée, vineuse, parfumée, très bon. Maturité octobre. Arbre de vigueur moyenne et de grande fertilité.

BEURRE BRETONNEAU. Fruit assez gros, à chair grosse, mi-cassante et parfois presque fondante, à saveur sucrée, acidulée, agréable, assez bon et quelquefois bon dans les sols chauds et légers. Maturité fin d'hiver et printemps. Arbre peu vigoureux et fertile.

BEURRE BURNICQ. Fruit petit ou presque moyen, à chair très fine, bien fondante, à saveur vineuse-acidulée, relevée d'un parfum distingué, bon ou très bon. Maturité octobre-novembre. Arbre de vigueur moyenne et fertile.

BEURRE CURTET. (HENRI VAN MONS). Fruit petit ou à peine moyen, à chair fine, fondante, à saveur sucrée et bien relevée, bon. Maturité septembre-octobre. Fertile.

BEURRE D'ALBRET. (BEURRÉ D'ALBRET. CALEBASSE D'ALBRET. FONDANTE D'AUTOMNE, etc.). Fruit moyen, piriforme ; pédicelle court ; épiderme fin, jaune, tâché de rose à l'insolation ; chair blanche verdâtre sous la peau, ferme, juteuse, sucrée, acidulée. Qualité très bonne. Maturité de septembre à octobre. Arbre de moyenne vigueur et fertile.

BEURRE DELFOSSE. (DELFOSSE BOURGMESTRE. PHILIPPE DELFOSSE). Fruit moyen ou presque moyen, à chair fine, fondante, à saveur très sucrée et bien parfumée, très bon. Maturité octobre-novembre. Arbre de vigueur moyenne sur cognassier et fertile.

BEURRE DE NANTES. (BEURRÉ NANTAIS). Fruit moyen, à chair fine, fondante ou mi-fondante, à saveur douce, sucrée, plus ou moins parfumée, bon. Maturité septembre. Arbre de vigueur moyenne sur cognassier et fertile.

BEURRÉ DE NIVELLES. (BEURRÉ PARMENTIER). Fruit moyen ; pédicelle un peu allongé ; épiderme d'un jaune olivâtre, rouge brun à l'insolation ; chair d'un blanc jaunâtre, fine ou mi-fine, fondante, juteuse, sucrée, vineuse et parfumée. Qualité bonne ; maturité décembre à février.

BEURRE DUMORTIER. (VERTE DU MORTIER. BEURRÉ DUMOUSTIER). Fruit moyen ; pédicelle moyen et arqué ; chair blanchâtre, fine, fondante, juteuse. Qualité très bonne. Maturité septembre-octobre. Arbre de vigueur moyenne et fertile.

BEURRE DUVAL. (BELLE FLEURUSIENNE). Fruit moyen ou assez gros, à chair fine, fondante, à saveur douce, sucrée, relevée d'un léger acide agréable, bon. Maturité octobre-novembre-décembre. Arbre de vigueur modérée sur cognassier. Fertilité insuffisante, interrompue par des alternats.

BEURRE GAMBIER (BEURRÉ D'HIVER NOUVEAU). Fruit moyen, turbiné ventru, jaune citrin, pointillé de roux, marbré de fauve ; pédicelle moyen ou fort, implanté droit ; chair blanchâtre, fine, fondante, sucrée ; qualité bonne. Maturité mars-avril. Arbre peu vigoureux et fertile.

BEURRE GOUBAULT. Fruit moyen, à chair mi-fine, mi-fondante, saveur richement sucrée, bon, à entre-cueillir. Maturité fin d'août, septembre. Vigueur moyenne, de conduite facile. Fertilité très grande et bien soutenue.

BEURRE LUIZET. Fruit gros ou assez gros, à chair mi-fine, à saveur sucrée et parfumée, assez bon. Maturité novembre-décembre. Arbre de vigueur contenue sur cognassier. Fertilité moyenne.

BEURRE MILLET. Fruit petit ; pédicelle moyen ; épiderme rude, jaune, lavé de rouge ; chair blanchâtre, fine, fondante, juteuse acidulée, sucrée et parfumée. Qualité très bonne ; maturité décembre à février. Arbre peu vigoureux et fertile.

BEURRE OUDINOT. Fruit moyen, à chair fine, très fondante, à saveur sucrée et parfumée, bon. Maturité septembre-octobre. Arbre vigoureux aussi bien sur cognassier que sur franc. Fertilité bonne.

BEURRE RANCE (BON CHRÉTIEN DE RANCÉ OU DE RANS. BEURRÉ DE FLANDRE. BEURRÉ DE NOIRCHAIN. HARDENPONT DE PRINTEMPS). Fruit assez gros, cydoniforme, rugueux, vert, teinté de brun au soleil ; pédicelle assez long, de moyenne force, non charnu, arqué ; chair blanche au centre, verdâtre sous l'épiderme, très juteuse, sucrée, acidulée. Qualité assez bonne. Maturité janvier-mars. Arbre assez vigoureux et fertile.

BEURRE STERKMANS. (BELLE-ALLIANCE, DOYENNÉ STERKMANS). Fruit moyen ou assez gros, à chair mi-fine, fondante, à saveur bien sucrée, vineuse et parfumée, bon, un peu inconstant dans sa forme et dans sa qualité. Maturité novembre, décembre et janvier. Arbre de vigueur contenue sur cognassier et en formes régulières, plus propre à la haute tige sur franc. Fertilité bonne et soutenue.

BLANCHET CLAUDE, Fruit petit ; pédicelle assez long ; épiderme lisse vert tendre ; chair blanchâtre, verdâtre sous la peau, mi-fine, presque fondante, juteuse, sucrée, acidulée, parfumée. Qualité assez bonne ou bonne ; maturité mi-juillet. Arbre vigoureux et fertile.

BLANQUET GROS. Fruit petit, à chair mi-fine, cassante, à saveur sucrée et un peu parfumée, assez bon. Maturité juillet. Arbre de vigueur moyenne, contenue sur cognassier et peu disposé aux formes régulières, plus propre à la haute tige sur franc. Fertilité bonne et soutenue.

BON-CHRETIEN D'ESPAGNE. (DE JANVRY. GRACCIOLI D'AUTOMNE. MANSUETTE DES FLAMANDS). Fruit gros, à chair mi-fine, cassante, à saveur sucrée, vineuse et parfumée, bon cru et très bon cuit. Maturité novembre, décembre, janvier. Arbre de vigueur normale, propre à la haute tige. Fertilité grande et soutenue.

BON-CHRETIEN D'ETE. (GRACCIOLI). Fruit gros ou assez gros, chair fine, cassante, saveur richement sucrée, vineuse et relevée, bon. Maturité août, septembre. Arbre vigoureux à la haute tige à bonne exposition.

BON CHRETIEN D'HIVER. (BON CHRÉTIEN. BON CHRÉTIEN DE TOURS. POIRE D'ANGOISSE. POIRE DE SAINT-MARTIN). Fruit gros, cydoniforme ou calebassiforme, bosselé au pourtour, jaune citrin, pointillé de roux taché de fauve ; chair blanche, juteuse, sucrée, vineuse ; qualité très bonne ; maturité février-avril. L'arbre est de plus en plus attaqué par la tavelure ainsi que les fruits.

BON CHRETIEN NAPOLEON. (BEURRÉ LIARD. POIRE MÉDAILLE. BEURRÉ NAPOLÉON. CAPTIF DE SAINTE-HÉLÈNE. CHARLES X. BELLE CŒNAISE. Fruit gros ; pédicelle court ou moyen ; épiderme lisse, jaune clair ; chair blanche, fine, fondante, juteuse, sucrée, parfumée. Qualité très bonne ; maturité octobre à décembre. Arbre très fertile, à greffer sur franc.

BONNE D'EZÉE. (BONNE DES HAIES. BELLE ET BONNE D'EZÉE. BELLE DES ZÉES. BELLE EXCELLENTE). Fruit gros ; pédicelle assez court, épiderme lisse, jaune citron, lavé de rouge à l'insolation ; chair blanche, fine, fondante, juteuse, sucrée, parfumée. Qualité bonne ; maturité septembre. Arbre à cultiver sur franc.

BONNESERRE DE SAINT-DENIS. Fruit moyen ; pédicelle court ;

épiderme rude, jaune verdâtre, tâché de rouille ; chair blanchâtre, fine, mi-tendre, mi-fondante. Qualité bonne ; maturité décembre-janvier. Arbre de vigueur modérée et fertile.

BOUTOC (Notre-Dame). Fruit petit ; pédicelle moyen ; épiderme jaune pâle, rouillé au pédicelle ; chair verdâtre, mi-fine, fondante, juteuse, sucrée, parfumée. Qualité bonne ; maturité août-septembre. Arbre peu vigoureux et fertile.

BOUVIER BOURGMESTRE. (Nouveau Bouvier bourgmestre). Fruit moyen ou assez gros ; pédicelle assez long, oblique ; épiderme rude, jaune doré ; chair blanche, assez fine, mi-fondante, juteuse, sucrée, vineuse, acidulée et parfumée. Qualité bonne ; maturité novembre. Arbre de vigueur modérée assez fertile.

BRANDYWINE. Fruit moyen, turbiné, ventru, jaune citrin, presque totalement recouvert de fauve bronzé, cramoisi au soleil ; pédicelle moyen, droit ; chair blanche, assez fine, fondante, juteuse, sucrée, vineuse ; qualité bonne ; maturité juillet-août. Arbre vigoureux et fertile.

BROM-PARK. (Brum-Park). Fruit moyen ; pédicelle assez long, arqué ; épiderme rude, épais, jaune terne, pointillé de roux, marbré de fauve ; chair blanchâtre, mi-fondante, juteuse, mi-fine, sucrée, acidulée, parfumée. Qualité bonne ; maturité décembre à janvier. Arbre peu vigoureux et fertile.

BRUNE GASSELINE. Fruit moyen, ovoïde, tronqué, rude, jaunâtre, entièrement lavé de fauve, pointillé de gris ; pédicelle court, fort, droit, non charnu ; chair jaunâtre, fine, fondante, sucrée et parfumée ; qualité très bonne ; maturité octobre-novembre. Arbre vigoureux et fertile.

CALEBASSE TOUGARD. Fruit moyen, chair fine, fondante, teintée de rose, saveur sucrée et parfumée, très bon. Maturité octobre. Arbre délicat, réclamant l'espalier. Fertilité moyenne.

CHAIGNEAU. Fruit moyen, à chair fine ou mi-fine, fondante, à saveur sucrée-acidulée, bon. Maturité septembre-octobre. Arbre de vigueur normale. Fertilité moyenne.

COLMAR. (Colmar d'hiver. Poire manne). Fruit moyen ou assez gros ; chair mi-fine, mi-fondante ; saveur sucrée et parfumée, bon ou très bon. Maturité janvier, février, mars. Fertilité moyenne.

COLMAR D'ARENBERG (Kartoffel). Fruit gros ou très gros ; chair grosse, mi-cassante ; saveur sucrée, vineuse, hautement parfumée, parfois entachée d'âpreté, assez bon. Maturité octobre-novembre. Arbre de vigueur moyenne sur cognassier. Fertilité très grande et soutenue.

COLUMBIA. Fruit gros ou assez gros ; chair mi-fine, fondante ; saveur douce, sucrée et délicatement parfumée, bon. Maturité novembre, décembre ; vigueur normale et bonne fertilité.

COMTE DE CHAMBORD. Fruit moyen, turbiné, jaune, rouge terne au soleil ; pédicelle moyen, arqué, non charnu ; chair blanche, fine, sucrée, juteuse ; qualité très bonne ; maturité mi-septembre à mi-octobre. Arbre assez vigoureux et fertile.

COMTE DE FLANDRES. Fruit gros, chair fine, fondante, saveur sucrée, relevée d'un parfum rafraîchissant, bon. Maturité octobre, novembre, décembre. Vigoureux et fertile.

COMTE LELIEUR. Fruit assez gros, ovoïde, ventru, vert clair, fauve et rose carmin à l'insolation ; pédicelle moyen, arqué ou droit ; chair blanche, fine, fondante, très juteuse, sucrée, parfumée ; qualité très bonne ; maturité septembre-octobre. Arbre vigoureux et fertile.

DE LA FORESTERIE. Fruit gros, cydoniforme, un peu ventru, jaune or, recouvert de fauve ; pédicelle assez court, gros, charnu, droit ; chair blanchâtre, fine, fondante, juteuse, sucrée, relevée et parfumée ; qualité bonne ; maturité novembre à janvier. Arbre vigoureux et fertile.

DÉLICE DE LOWENJOUL. (DOCTEUR GALL. JULES BIVORT). Fruit assez gros, obtus, bosselé aux deux pôles, vert bronzé passant au jaune or, taché et ponctué de brun rougeâtre ; pédicelle assez long, mince, non charnu ; chair blanchâtre, fine, fondante, très juteuse, sucrée, vineuse, parfumée ; qualité très bonne ; maturité octobre-novembre. Arbre peu vigoureux et très fertile.

DELICES D'HARDENPONT. (ARCHIDUC CHARLES). Fruit assez gros, pédicelle moyen ; épiderme jaune citrin, ponctué, légèrement taché de rouge à l'insolation ; chair blanche, fine, beurrée, juteuse. Qualité bonne ; maturité octobre-novembre. Arbre vigoureux et fertile.

DES DEUX SŒURS. Fruit assez gros, chair fine, mi-fondante, saveur sucrée, relevée, assez agréable, assez bon, mais blettit facilement. Maturité septembre, octobre. Fertilité grande et soutenue.

DIX. Fruit assez gros, à chair mi-fine, mi-fondante, à saveur sucrée et richement parfumée, bon. Maturité octobre, novembre. Fertilité moyenne.

DOYENNE BIZET. Fruit gros, de forme doyenné, à chair fine, fondante, très juteuse, sucrée, parfumée, bon. Maturité mars-avril. Arbre de vigueur modérée et de grande fertilité.

DOYENNE DEFAYS. Fruit moyen, à chair fine, mi-fondante, à saveur sucrée, bon. Maturité octobre, novembre. Vigueur normale et fertile.

DOYENNÉ DE MONTJEAN. (DOYENNÉ GRIS DE MONTJEAN. DOYENNÉ PERRAULT OU PERREAU). Fruits gros, ovoïde ou dôliforme, rude au toucher, fauve bronzé ; pédicelle court, droit ; chair blanche, très fine, fondante, saveur sucrée, vineuse et parfumée ; qualité très bonne : maturité janvier, mars. Arbre peu vigoureux et fertile.

DOYENNE GOUBAULT. Fruit moyen ; pédicelle court ; épiderme rude, épais, d'un jaune orangé, granité et marbré de roux ; chair blanchâtre, fine, beurrée, mi-fondante. Qualité bonne ; maturité janvier et mars. Arbre à cultiver sur franc.

DOYENNE SIEULLE. (POIRE SIEULLE). Fruit moyen ou assez gros, à chair fine, fondante, à saveur sucrée, vineuse, acidulée, bon. Maturité novembre. Arbre de vigueur et fertilité moyennes.

DUC DE NEMOURS. (BEURRÉ NAVEZ. BEURRÉ NOISETTE). Fruit moyen à chair mi-fine, fondante, à saveur douce, sucrée, parfumée, bon. Maturité septembre, octobre. Arbre vigoureux et fertile

DUCHESSE DE BERRY D'ETE. (DUCHESSE DE BERRY). Fruit petit ou moyen, arrondi, turbiné, jaune paille, ponctué de fauve, ombré de rosat à l'insolation ; pédicelle moyen ou assez court, droit, non charnu ; chair blanche, fine, fondante ; qualité très bonne. Maturité août. Arbre à cultiver au verger.

ECHASSERY. (BÉSI DE L'ECHASSERIE. BÉSI LANDRIN. EPINE LONGUE D'HIVER). Fruit petit ou moyen ; pédicelle long ; chair blanche, fine, fondante, juteuse, sucrée et parfumée. Qualité très bonne ; maturité janvier à avril. Arbre assez vigoureux et très fertile.

EMILE D'HEYST. Obtenue par le major Esperen. Fruit moyen ; chair fine, fondante ; saveur sucrée, acidulée et parfumée, bon. Maturité octobre. Arbre vigoureux et fertile.

ENFANT NANTAIS. Obtenue par M. Grousset, à Nantes. Fruit gros, conique, bien arrondi à son pourtour ; pédicelle très gros, charnu et très court ; épiderme tout gris ; chair fine, beurrée, juteuse, relevée et parfumée, mais très légèrement âpre. Maturité octobre. Arbre vigoureux et productif.

ESPERINE. Fruit moyen ; chair fine, fondante ; saveur sucrée, vineuse et parfumée, bon. Maturité août, septembre. Arbre assez vigoureux et fertile.

FAVORITE JOANON. Fruit moyen, turbiné, pédicelle long, fort, oblique ; chair blanche, fine, fondante, juteuse, sucrée, acidulée, parfumée ; qualité très bonne ; maturité fin août-septembre. Arbre peu vigoureux et de fertilité moyenne.

FONDANTE DU COMICE. Fruit moyen ou assez gros ; chair fine, fondante, à saveur douce, sucrée et agréablement relevée, bon. Maturité octobre. Arbre assez vigoureux et fertile.

FONDANTE DE NOEL. (Belle de Noël). Fruit moyen ou assez gros ; chair mi-fine, fondante, saveur sucrée, vineuse, parfumée, bon. Maturité décembre. Arbre assez vigoureux et assez fertile.

FORTUNÉE BOISSELOT. Fruit moyen ; pédicelle fort, assez long ; épiderme épais, rugueux, jaune verdâtre ou jaune d'ocre, lavé de gris roux ; chair blanche, fine fondante, juteuse, sucrée, acidulée. Qualité bonne ; maturité juin et février. Arbre vigoureux et fertile.

FREDERIC DE WURTEMBERG. (Médaille d'or. Sylvestre d'hiver). Fruit moyen ou assez gros, à chair fine, fondante, à saveur sucrée, vineuse, relevée, musquée, très bon. Maturité octobre. A greffer sur franc.

GENERAL TOTTLEBEN. Fruit gros ou très gros, chair mi-fine, fondante, saveur douce, sucrée, relevée, assez bon, sujet à blettir. Maturité octobre, novembre. Arbre assez vigoureux et fertile.

GRAND SOLEIL. Fruit moyen, chair mi-fine, mi-fondante, à saveur sucrée, relevée et parfumée, bon. Maturité décembre. A greffer sur franc.

GRASLIN. Fruit assez gros ; pédicelle assez allongé ; épiderme épais, dur, jaune clair, taché de fauve, lavé de rosat à l'insolation ; chair blanche, mi-fine, fondante, saveur sucrée, acidulée et parfumée. Qualité bonne. Maturité octobre, novembre. Arbre assez vigoureux et fertile.

HELENE GREGOIRE. Fruit moyen ou gros ; pédicelle gros, court ; épiderme fin, jaune doré, légèrement rouge à l'insolation ; chair très fine, fondante, juteuse, sucrée et parfumée. Qualité bonne. Maturité septembre, octobre. Arbre assez vigoureux et fertile.

HOWELL. Fruit moyen, à chair mi-fine, fondante, juteuse, à saveur sucrée, vineuse et parfumée, bon. Maturité septembre, octobre. Arbre assez vigoureux et très fertile.

JALOUSIE DE FONTENAY. (Belle d'Esquarmes). Fruit moyen, piriforme ; chair blanche, fine, fondante, juteuse, sucrée, vineuse, parfumée ; qualité très bonne. Maturité septembre -octobre. Arbre de vigueur et fertilité moyennes.

JAMINETTE. (Belle d'Australie. Bergamotte d'Australie). Fruit moyen, à chair mi-fine, mi-fondante, un peu granuleuse, à saveur douce, sucrée et relevée, assez bon. Maturité décembre, janvier, février. Arbre assez vigoureux et fertile.

JOYAU DE SEPTEMBRE. Fruit moyen, ventru ; pédicelle charnu, prolongeant le fruit ; chair blanche, fine, juteuse, sucrée, acidulée et parfumée ; qualité très bonne ; Maturité fin septembre-octobre. Arbre vigoureux et fertile.

LA FRANCE. Fruit moyen, arrondi-conique, irrégulier, bosselé ; pédicelle gros, court, droit ; chair blanche, fine, fondante, juteuse ; qualité très bonne ; maturité octobre-novembre. Arbre peu fertile.

LÉGIPONT (Fondante de Charneu. Beurré des Charmuses. Désirée. Van Mons. Duc de Brabant. Miel de Waterloo). Fruit gros, cydoniforme ; chair citrine, fondante, juteuse, sucrée, vineuse et parfumée ; qualité très bonne ; maturité septembre-octobre. Arbre assez vigoureux et fertile.

LUCIE AUDUSSON. Fruit gros ; chair fine ou mi-fine, fondante, juteuse ; saveur sucrée, vineuse et parfumée, bon. Maturité novembre. Arbre assez vigoureux et assez fertile.

LEON LECLERC, DE LAVAL. Fruit gros, chair mi-fine, mi-cassante, saveur douce, sucrée et légèrement parfumée, bon ; maturité avril, mai. Arbre assez vigoureux et fertile.

LOUISE BONNE SANNIER. Fruit petit, piriforme, ventru ; chair jaunâtre, fine, fondante, juteuse, sucrée, parfumée ; qualité bonne ou très bonne ; maturité octobre à décembre. Arbre assez vigoureux et fertile.

MADAME CHAUDY. Fruit gros, cydoniforme, bosselé au pourtour ; chair blanche, assez fine, granuleuse au centre, fondante, juteuse, sucrée, acidulée et parfumée ; qualité très bonne ; maturité novembre. Arbre manquant de vigueur.

MADAME ELISA. Fruit gros ou assez gros, chair rosée, très fine, entièrement fondante, saveur sucrée, relevée, très bon. Maturité octobre, novembre. Arbre assez vigoureux et peu fertile.

MADAME GREGOIRE. Fruit moyen ou assez gros ; chair jaunâtre, fine, fondante, juteuse, saveur sucrée, acidulée et parfumée ; qualité très bonne ; maturité décembre-janvier. Arbre assez vigoureux et fertile.

MADAME LYE BALTET. Fruit moyen ; chair blanche, fine, fondante, juteuse, sucrée, relevée, parfumée ; qualité très bonne ; maturité décembre-janvier. Arbre de vigueur et fertilité moyennes.

MADAME MILLET. Fruit moyen, à chair fine, cassante, à saveur sucrée, acidulée, parfois assez bon, le plus souvent médiocre. Maturité avril, mai. Arbre assez vigoureux et fertile.

MARIE PARENT. (Ferdinand de Meester. Surpasse Meuris). Fruit gros ; pédicelle mince et de moyenne longueur ; épiderme fin, jaune d'or, rouge orangé à l'insolation. Chair fine, fondante, un peu granuleuse au cœur, juteuse, vineuse. Qualité bonne ; maturité octobre. Arbre vigoureux et fertile.

ORPHELINE D'ENGHIEN. (Beurré d'Arenberg. Beurré Deschamps. Beurré des Orphelins. Colmar Deschamps. D'Arenberg. Parfait Duc

D'ARENBERG. BEURRÉ CATY). Fruit moyen, turbiné, ventru ; chair blanche citrine, très fine, fondante, très juteuse ; saveur sucrée, relevée, parfumée ; qualité très bonne ; maturité novembre-janvier. Arbre vigoureux et fertile.

PASSE-COLMAR FRANÇOIS (JEAN DE WITTE). Fruit moyen ; chair mi-fine, fondante, saveur sucrée et parfumée, bon. Maturité décembre, janvier, février. Arbre assez vigoureux et fertile.

PECHE. Fruit petit ; chair fine, fondante, saveur sucrée, acidulée et relevée, bon. Maturité août, septembre. Arbre assez vigoureux et fertile.

PREMICES D'ECULLY. Fruit assez gros, turbiné ventru ; chair blanche, fine, fondante, très juteuse, saveur sucrée et musquée ; qualité très bonne ; maturité septembre-octobre. Arbre vigoureux et fertile.

PRÉSIDENT DE LA BASTIE. Fruit gros, cydoniforme irrégulier et bosselé ; chair blanche, fine, fondante, juteuse, sucrée, relevée, parfumée, mûrissant irrégulièrement ; qualité bonne ; maturité février-mars. Arbre de faible vigueur et de moyenne fertilité.

PRINCE ALBERT. Fruit moyen ; chair fine, fondante, à saveur sucrée et parfumée, bon. Maturité février, avril. Arbre assez vigoureux et peu fertile.

PRINCESSE CHARLOTTE. Fruit moyen, chair fine, fondante, saveur douce, sucrée et parfumée, bon. Maturité octobre, novembre. Arbre assez vigoureux et fertile.

PROFESSEUR DUBREUIL. Fruit moyen ou presque moyen, ; chair très fine, fondante, saveur très sucrée, acidulée et parfumée, bon. Maturité août, septembre. Arbre de vigueur et fertilité moyennes.

PROFESSEUR HORTOLES. Fruit assez gros, forme de Beurré d'Amanlis, parfois calebassiforme. Pédicelle court, assez gros ; épiderme fin jaune verdâtre, picté de gris sur toute la surface. Maturité septembre, octobre. Qualité très bonne. Arbre très vigoureux et très fertile.

PROFESSEUR WILLERMOZ. Fruit gros ou assez gros, de forme Bon Chrétien ; chair très fine, bien juteuse, fondante, sucrée et parfumée, bon. Maturité août, septembre. Arbre de vigueur normale, de fertilité moyenne.

RATEAU BLANC (TARQUIN DES PYRÉNÉES). Fruit moyen ou assez gros ; chair un peu grosse, cassante ou mi-cassante à l'extrême maturité, saveur sucrée-acidulée et parfumée, très bon cuit et parfois assez bon cru. Maturité printemps. Arbre assez vigoureux et fertile.

ROUSSELET D'AOUT (GROS ROUSSELET D'AOUT). Fruit moyen, piriforme ; pédicelle long et arqué ; épiderme fin, lisse, mince, jaune clair et verdâtre, rosé à l'insolation. Qualité bonne. Maturité août. Arbre vigoureux et assez fertile.

ROUSSELET D'ESPEREN (ROUSSELET DOUBLE D'ESPEREN). Fruit moyen ; chair mi-fine, mi-fondante, à saveur sucrée et bien relevée, bon. Maturité septembre. octobre. Arbre vigoureux et fertile.

SAINT-GERMAIN D'HIVER. Fruit moyen, piriforme allongé ; chair blanchâtre, fine, fondante, sucrée et relevée ; qualité très bonne ; maturité novembre-mars. La culture de cette variété est abandonnée, les fruits ne pouvant être préservés de la tavelure.

SAINT-GERMAIN PANACHE. Variation du type précédent.

SAINT-GERMAIN GRIS (SAINT-GERMAIN BRUN). Fruit petit ou moyen ; pédicelle assez gros, arqué ; épiderme rugueux, vert grisàtre, ponctué et marbré de brun. Qualité très bonne. Maturité novembre, janvier. Arbre à cultiver sur franc.

SAINT-GERMAIN VAUQUELIN (POIRE VAUQUELIN). Fruit assez gros ; chair mi-fondante, saveur sucrée, acidulée, plus ou moins relevée, bon, inconstant dans sa qualité. Maturité de novembre à mai. Arbre assez vigoureux et fertile.

SAINT-NICOLAS (BEURRÉ SAINT-NICOLAS. DUCHESSE D'ORLÉANS). Fruit assez gros ; chair blanche citrine, fine, fondante, juteuse, sucrée, vineuse, parfumée ; qualité très bonne ; maturité octobre. A greffer sur franc.

SECKEL (NEW-YORK RED CHEEK, SEEKLE PEAR, SHAKESPEAR). Fruit petit, ovoïde ; pédicelle court ; épiderme mince, un peu rude. Qualité très bonne. Maturité septembre-octobre. Variété très fertile à cultiver sur tige.

SENATEUR VAISSE. Fruit moyen ou assez gros, ovoïde, conique ou turbiné ; pédicelle assez gros et charnu, de longueur normale ; épiderme fin, assez épais, granité de rouge. Qualité bonne. Maturité août, septembre.

SOUVENIR FAVRE. Fruit moyen ou presque moyen ; chair mi-fine, fondante, juteuse, saveur sucrée et parfumée, bon. Maturité septembre. octobre. Arbre assez vigoureux et fertile.

SOUVENIR DE DU BREUIL PERE. Fruit moyen ou assez gros, arrondi conique ; pédicelle assez mince et assez court ; épiderme très fin, jaune herbacé, ponctué, taché et marbré de roux. Qualité très bonne. Maturité novembre, janvier. Arbre de vigueur et de fertilité moyennes.

SUZETTE DE BAVAY. Fruit petit ou moyen, arrondi conique ; pédicelle assez court ; épiderme lisse, épais, vert clair, orangé à l'insolation. Qualité bonne. Maturité janvier, avril. Arbre vigoureux et fertile.

THEODORE VAN MONS. Fruit assez gros ; chair fine, fondante, saveur douce, sucrée et relevée, bon. Maturité septembre, octobre. Arbre assez vigoureux et fertile.

THOMSON (Van Mons, Nesembeck). Fruit moyen, piriforme, obtus ou turbiné, à surface bosselée ; œil assez grand, ouvert ; pédicelle court ou moyen, implanté obliquement ; épiderme épais, jaune clair, marbré et taché de roux ; chair blanche, fine, fondante, sucrée, relevée ; qualité bonne. Maturité octobre, novembre. Arbre assez vigoureux et fertile.

TRIOMPHE DE TOURNAI. Fruit moyen, turbiné, piriforme, bosselé légèrement au pourtour ; œil moyen, ouvert ; pédicelle moyen et fort, charnu ; épiderme rude, vert foncé avec marbrures fauves surtout au pédicelle. Qualité bonne ou très bonne. Maturité fin mars avril. Arbre assez vigoureux et assez fertile.

VAN MARUM (Calebasse Carafon. Calebasse grosse. Calebasse monstre. Calebasse monstrueuse du nord. Calebasse royale). Fruit gros ou très gros ; chair mi-fine, beurrée ; saveur sucrée-acidulée, plus ou moins relevée, blettissant promptement. Maturité octobre. Arbre assez vigoureux et fertile.

VICE-PRESIDENT DECAYE. Fruit moyen ; pédicelle moyen ou assez long ; épiderme lisse, jaune, saumonné à l'insolation. Qualité bonne ou très bonne. Maturité octobre. Arbre de vigueur moyenne et fertile.

VINEUSE. Fruit moyen ; chair mi-fine, fondante, saveur sucrée, bien vineuse et parfumée, très bon. Maturité septembre. Arbre assez vigoureux et de fertilité moyenne.

POMMES

AZEROLY ANISE. Fruit petit, rarement moyen, arrondi déprimé ; épiderme lisse, vert clair, lavé de rouge ; qualité bonne. Maturité décembre-février. Arbre de vigueur moyenne et très fertile.

BEDFORDSHIRE FOUNLING (Cambridge pippin. Migononne de Bedford). Fruit gros, arrondi ; chair blanc jaunâtre, fine, tendre, sucrée, parfumée ; qualité bonne. Maturité décembre-février. Arbre vigoureux et fertile.

BELLE DUBOIS (Belle du Bois, Rhode-Island, Reinette des Danois). Fruit très gros, de forme irrégulière, globuleuse ; épiderme jaune verdâtre, maculé de fauve ; pédicelle court et très gros ; chair verdâtre, grossière, tendre, acidulée, un peu sucrée ; de médiocre qualité. Maturité novembre à mars. Arbre vigoureux et fertile.

BOSTON RUSSET (Putnam Russet. Reinette rousse de Boston. Roxbury Russet. Russete. Schippen's Russet). Fruit moyen ; chair blanc verdâtre, fine, saveur sucrée, parfumée, relevée ; qualité très bonne. Maturité février-mars.

CALVILLE DE MAUSSION. — Fruit moyen ou assez gros, conique déprimé ; chair blanc jaunâtre, fine, sucrée, juteuse et parfumée ; qualité très bonne. Maturité décembre-février. Arbre vigoureux et fertile.

CAROLY (MALE CARLE, POMME DE CHARLES). Fruit moyen, arrondi-conique ; épiderme mince, lisse, vert jaunâtre, lavé de rouge carmin à l'insolation. Qualité bonne. Maturité hiver. Arbre de bonne vigueur et très fertile.

CHAILLEUX. Fruit moyen ou assez gros, arrondi conique ; épiderme fin, lisse, brillant, jaune vif, carminé à l'insolation. Qualité bonne. Maturité courant de l'hiver. Arbre vigoureux et fertile.

DE CANTORBERY. Fruit gros ; chair grossière, moelleuse, saveur légèrement sucrée, acidulée, peu parfumée, assez bon. Maturité fin d'automne et courant d'hiver. Arbre vigoureux et fertile.

FENOUILLET JAUNE (D'ANIS HATIVE, DE CARACTÈRES, DRAP D'OR, EARLY SUMER PIPPIN, FENOUILLET DORÉ). Fruit petit, arrondi conique, plus large que haut, légèrement côtelé et bosselé ; épiderme épais, très rude, d'un jaune doré, presque recouvert d'une teinte rousse transparente. Qualité bonne. Maturité fin de l'automne et courant de l'hiver. Arbre de vigueur moyenne et fertile.

GROSSE LUISANTE (MONTAGNE). Fruit gros, cylindrico-conique, d'un jaune terne ; chair peu fine, tendre, peu sucrée et sans parfum prononcé, passable. Maturité de novembre à janvier Arbre de bonne vigueur, assez fertile.

HAWTHORNDEN (EPINE BLANCHE). Fruit moyen ou assez gros, arrondi, régulier, de très jolie apparence, se détachant facilement de l'arbre ; épiderme jaune clair, légèrement lavé et marbré de rouge sur une faible partie de sa surface ; chair blanche, juteuse, de saveur agréable : bon fruit. Arbre de moyenne vigueur, d'une remarquable fertilité. Maturité de fin été à fin automne. Ne pas confondre ce fruit avec Hawthornden d'hiver (New Hawthornden).

HUGHE'S GOLDEN PIPPIN (HUGHES, PÉPIN D'OR DE HUGHES). Fruit moyen, arrondi ; épiderme mince, jaune d'or, un peu orangé et rosé acidulée, sans parfum bien appréciable, assez bon. Maturité automne. Arbre assez vigoureux et fertile.

JOSEPHINE. Fruit gros ; chair mi-fine, cassante, saveur peu sucrée, à l'insolation. Qualité bonne ou très bonne. Maturité courant et fin hiver.

LEMON PIPPIN. Fruit moyen ou assez gros ; chair tendre, saveur sucrée et agréablement parfumée, bon. Maturité automne et commencement d'hiver. Arbre assez vigoureux et fertile.

MUSEAU DE LIEVRE BLANC (MUSEAU DE LIÈVRE). Fruit moyen,

conique : épiderme dur, jaune paille, saumoné à l'insolation : qualité bonne. Maturité automne. Arbre assez vigoureux et très fertile.

PATTE DE LOUP. Fruit petit arrondi déprimé ; épiderme mince, rude, finement écailleux, brun fauve, nuancé de vert, fortement ponctué de gris. Qualité bonne. Maturité mars-juin. Arbre rustique et fertile.

PEARMAIN D'ETE (PEARMAIN D'AUTOMNE). Fruit moyen ; chair fine, assez tendre, saveur bien sucrée et parfumée, bon. Maturité septembre, octobre. Arbre assez vigoureux et fertile.

POSTOPHE D'HIVER (KRUIS ROUGE DE GUELDRE). Fruit moyen ou assez gros, arrondi conique ; épiderme lisse rouge foncé à l'insolation. Qualité bonne. Maturité hiver.

REINETTE BURCHARDT. Fruit moyen ou assez gros, sphérique ; épiderme jaune, réticulé de fauve ; chair ferme, cassante, très sucrée et bien parfumée ; bon fruit. Maturité d'octobre en janvier. Arbre de verger, très fertile.

REINETTE THOUIN. Fruit moyen ; chair fine, croquante, à saveur acidulée et parfumée ; bon. Maturité courant d'hiver. Arbre propre à la haute tige. Fertilité bonne.

RIVIERE. Fruit moyen ; chair fine, tendre, à saveur sucrée, et relevée, bon. Maturité automne et commencement d'hiver. Arbre propre surtout à la haute tige. Fertilité bonne.

ROSE DE PROVENCE. Variété locale. Fruit moyen ; épiderme rose vif ; chair ferme, assez sucrée, acidulée, de bonne garde. Maturité fin automne et commencement d'hiver. Arbre de verger, de bonne fertilité.

SEEDLING OFINE. Fruit gros ; chair fine, tendre ; saveur sucrée, acidulée, relevée d'un parfum distingué, bon. Maturité automne et commencement d'hiver. Arbre de vigueur et de fertilité moyennes.

TRANSPARENTE D'ASTRAKAN (POMME D'ASTRAKAN BLANCHE). Fruit assez gros, arrondi, conique, blanchâtre ; chair fine, presque fondante, sucrée, acidulée, bon. Maturité fin de juillet. Arbre de vigueur moyenne, de fertilité médiocre.

VIOLETTE DES QUATRE GOUTS (FRAMBOISE). Fruit moyen ; chair demi-fine, très tendre ; saveur peu sucrée, acidulée et parfumée, bon. Maturité fin d'été et automne. Arbre de haute tige. Fertilité très grande.

PRUNES

DAME AUBERT (Grosse luisante). Fruit très gros, jaune verdâtre, un peu doré du côté du soleil ; chair grossière, adhérant au noyau ; saveur légèrement acide, ne devenant un peu sucrée qu'à l'extrême maturité, propre seulement aux usages de la cuisine. Maturité septembre. Arbre de bonne vigueur, formant une tête élancée. Fertilité moyenne.

DECAISNE. Fruit gros, d'un vert jaunâtre, moucheté de blanc : chair un peu filreuse et consistante, se détachant parfaitement du noyau ; saveur douce, un peu sucrée, assez bon. Maturité fin d'août et commencement de septembre. Arbre de vigueur normale, formant une tête élargie et à branches un peu pendantes. Fertilité peu précoce et interrompue par des alternats.

DIAPRÉE ROUGE (De Briançon, Impérial diadème, Red Diaper, Roche Corbon). Fruit moyen, elliptique ou ovoïde allongé ; épiderme fin, rouge cerise, tiqueté de jaune et de rouge brun, recouvert d'une pruine azurée. Qualité bonne crue, excellente cuite. Maturité fin d'août et commencement de septembre. Arbre vigoureux et fertile.

DRAP D'OR D'ESPEREN. — Fruit moyen, d'un jaune mat teinté de rosat du côté du soleil ; chair fine, fondante, juteuse, se détachant du noyau ; saveur sucrée et agréablement musquée, bon. Maturité milieu d'août. Arbre de vigueur moyenne et de bonne fertilité.

JAUNE HATIVE (De Catalogne). Fruit petit, jaune canari ; chair mi-fine, tendre, peu juteuse ; saveur sucrée, un peu parfumée et relevée, assez bon. Maturité commencement et milieu de juillet. Arbre de vigueur moyenne. Fertilité précoce et grande.

MIRABELLE TARDIVE (Brisette, Mirabelle d'octobre). Fruit petit ; épiderme épais, adhérent, jaune herbacé passant au jaune orangé et lavé de rosat à l'insolation. Qualité bonne. Maturité fin de septembre et courant d'octobre.

ROYALE DE TOURS (Royal red plum, Royale). Fruit assez gros, arrondi, déprimé, renflé à ses deux joues ; épiderme fin, mince, rouge pourpre, granité de jaune, recouvert d'une pruine azurée. Qualité bonne. Maturité fin de juillet à fin d'août. Arbre de vigueur moyenne et fertile.

WASHINGTON (Bolmar's Washington, Franklin, Jackson, New Washington, Philippe 1er). Fruit gros ou très gros, d'un jaune mat, souvent lavé de rose à l'insolation ; chair assez fine, ferme, assez juteuse, se détachant du noyau ; saveur sucrée et parfumée, assez bon. Maturité fin d'août et commencement de septembre. Arbre de bonne et belle végétation. Fertilité grande et constante.

RAISINS

CHASSELAS COULARD (Froc Laboulaye, Gros Coulard). Végétation contenue, sarment courts, noués, renflés sur les nœuds, forts, peu allongés ; grappe courte, quelquefois ailée, formée de gros grains très clairsemés, mélangés de petits grains avortés. Maturité huit à dix jours avant le Chasselas doré. Très bon.

CHASSELAS FENDANT BLANC (Fendant blanc, Fendant vert). Cultivé dans les cantons de Genève et de Vaud (Suisse). Grappe moyenne, plus ailée que celle du Chasselas doré ; grains gros ou assez gros, ronds, d'un jaune doré, bien ambrés au moment de la maturité, peu serrés, légèrement croquants, sucrés, relevés. Maturité fin d'août et commencement de septembre, d'une longue conservation. Cépage vigoureux et très fertile, réclamant une taille courte.

CHASSELAS FENDANT ROSE. Fruit d'un beau rose clair, qui ne diffère du Chasselas doré que par la couleur de ses grains ; comme qualité, comme bonne conservation, il est tout aussi recommandable, mais le cep est moins vigoureux et doit être taillé plus court.

CHASSELAS ROUGE. Grappe moyenne, un peu allongée, légèrement ailée ; grains moyens, ronds, roses d'un côté, d'un blanc verdâtre de l'autre, parfois tout roses, peu serrés, croquants, très sucrés, très agréables. Maturité en septembre. Cépage assez vigoureux et fertile.

CHASSELAS VIOLET (Céresa de l'Isère, Chasselas rouge commun). Caractérisé par son bourgeonnement violet ; grains teintés de rouge violet aussitôt après la floraison. Grappe se conservant bien moins que celle du Chasselas doré. Variété vigoureuse, fertile et recommandable.

CHAUCHE GRIS (Ambroisie). Grappe moyenne cylindrique assez serrée, grains moyens, allongés ; pédicelle court, mince ; épiderme fin, délicat, rose grisâtre. Qualité très bonne pour la cuve et la table. Maturité deuxième époque.

CLAIRETTE MAZEL. Obtenue en 1861, par Ant. Besson, à Marseille : grappe moyenne allongée, peu large, assez lâche ; grains assez gros elliptico-arrondis, moyennement serrés ; épiderme ferme, un peu dur, blanc transparent, ambré, saumonné au soleil. Qualité bonne et de bonne conservation. Maturité deuxième époque.

CORINTHE BLANC, CORINTHE ROSE. Ces deux cépages ne diffèrent entre eux que par la couleur du raisin. Ils sont surtout cultivés dans la Grèce où l'on fait un commerce considérable de leurs raisins à l'état sec ou passerillé. En Piémont, à Asti et aux environs, ils sont employés dans certaines proportions à la confection du vin mousseux. En France, on les recherche seulement comme de jolis et bons raisins de table. Les grains petits, presque ronds, légèrement déprimés par le point pistillaire, d'un beau jaune ambré ou rose, serrés, sont doux, sucrés et d'une fraîcheur agréable. Le cep est vigoureux et assez fertile. Il faut lui donner un grand développement et le tailler à courson. La maturité des Corinthe est entre la première et la deuxième époque.

GROS DAMAS NOIR. Variété remarquable par la belle dimension de ses grappes ailées, garnies de grains très gros, oblongs, ovoïdes, d'un rouge violacé ; chair ferme, à saveur fraîche, agréable, à complète maturité. Pour que cette vigne soit d'un bon rapport, on doit lui donner un grand développement et une taille mi-longue. Troisième époque de maturité.

GROS GROMIER (Grec rouge). Grappe très grosse, conique-pyramidale ailée ; grains gros, serrés, ronds, d'un rose foncé, assez agréables lorsqu'ils sont bien mûrs. Pour obtenir ce raisin dans toute sa beauté et avec toutes ses qualités, il faut le ciseler en temps convenable et lui enlever au moins la moitié de ses grains. Cépage fertile. Taille courte. Exposition chaude. Deuxième époque de maturité.

GROS RIBIER (Gros ribier du Maroc). Grappe grosse, ailée, conique ; grains gros, ovoïdes, d'un noir violacé, fortement pruinés, clairsemés ; chair ferme, croquante ; saveur sucrée, fraîche et relevée. L'espalier à une exposition chaude lui est indispensable. Variété très rustique, ayant résisté aux hivers 1870-1871. Troisième époque de maturité.

MALBEC. Grappe surmoyenne, pyramidale, ailée, peu serrée ; grains noirs, pruinés, surmoyens, globuleux : épiderme fin et résistant ; qualité bonne. Maturité fin de première époque.

MALVOISIE DE SITJES (Chérés). Variété assez vigoureuse. Grappe grande, rameuse, ailée, pyramidale ; grains gros, peu serrés, légèrement allongés : chair ferme, croquante, fraîche, légèrement parfumée lorsqu'elle acquiert sa complète maturité. Exposition très chaude. Taille mi-longue. Quatrième époque de maturité.

MILHAUD DU PRADEL (Milhaud musqué). Cette variété de vigne doit être synonyme de Cinq Sau du Languedoc qui diffère de l'Œillade noire par une grappe plus serrée, moins rameuse ; grains moins olivoïdes et aussi par une maturité plus précoce de dix à douze jours. Les Cinq-Sau et les Œillades aiment les terrains secs et on les taille à court bois parce qu'ils sont peu vigoureux et très fertiles. Le Milhaud du Pradel est un très beau et très bon raisin qui mûrit facilement à la deuxième époque.

MORILLON BLANC (Madeleine blanche, Vacarèze). Variété peu vigoureuse ; sarments grêles et allongés ; grappe petite, courte ; grains petits, à peu près ronds, blancs, passant au jaune à complète maturité. Variété précoce assez bonne. Taille mi- longue, soit en plein air, soit en espalier.

MUSCAT CAMINADA (MUSCAT D'ESPAGNE). Variété se rapprochant beaucoup du Muscat d'Alexandrie, mais dont le fruit est d'une maturité plus hâtive ; grappes grosses, à très gros grains ovoïdes, d'un jaune ambré à complète maturité, d'un goût parfait. Souche un peu buissonneuse, de vigueur contenue et bien équilibrée. Taille courte. Quatrième époque de maturité.

MUSCAT NOIR DU JURA. Variété ayant les plus grands rapports avec le Caillaba ; grappe moyenne, assez longue ; grains petits ou moyens, légèrement ovoïdes, très peu serrés, musqués, sucrés et relevés. Cep assez vigoureux et assez fertile. Taille courte ou mi-longue. Première époque de maturité. Ce nom est synonyme de Muscat Caillaba.

OLIVETTE JAUNE (BICANE, PANSE JAUNE, RAISIN DES DAMES). Grappe grosse, cylindro-conique, ailée, assez lâche ; grains très gros, ovoïdes, pédicelle court et fort ; épiderme jaune doré, transparent. Qualité bonne ou assez bonne. Maturité deuxième époque tardive.

POULSARD (MÈCLE, MÉTHIE, PLUSARD, POUSARD NOIR). Grappe moyenne conico-cylindrique ; grains moyens, ovoïdes ; qualité très bonne. Maturité première époque.

POULSARD BLANC. Grappe moyenne, grains assez gros, oblongs ; épiderme fin, d'un blanc verdâtre ; qualité bonne. Maturité première époque.

SOUVENIR DU CONGRES. Obtenu par M. Besson, de Marseille, en 1871. Grappe assez grosse ; grains gros, arrondi ; épiderme épais et rouge ; pulpe tendre, très sucrée. Maturité septembre. Cep vigoureux et fertile.

SURIN JAUNE (SAUVIGNON, dans le Bordelais). Grappe moyenne ou au-dessous de la moyenne, peu serrée, pyramidale tronquée ; grains moyens, arrondis, jaunes ; chair excellente. Maturité milieu de septembre. Cep de vigueur modérée, fertile même en vigne basse.

SURIN ROSE (SAUVIGNON ROSE, dans la Gironde). Ne diffère du Surin jaune que par ses grains plus gros, d'un rose délicat très riche.

UGNI BLANC (BUAN ET BEOU, MACCABÉO, TREBBIANO). Grappe grande, cylindrique, un peu ailée ; grains moyens, ronds ; épiderme épais, ferme, d'un jaune doré, rosé en terrain chaud et sec. Qualité bonne. Maturité quatrième époque.

LES FRUITS ADOPTÈS PAR LE CONGRÈS

Leur maturité moyenne et relative

*(Les caractères en italiques indiquent les fruits adoptés puis rayés
ou des fruits locaux)*

NOTA. — On comprendra que ces états de maturité ne peuvent donner
des indications absolues : La diversité des climats, l'influence changeante des saisons, la durée des maturations, sont autant de facteurs
qui peuvent modifier ces dates moyennes.

Néanmoins, tels qu'ils sont, ces états pourront guider les amateurs dans les
choix qu'ils ont à faire. Ils montreront, en outre, les époques pendant
lesquelles nos bonnes variétés fruitières sont le plus ou le moins abondantes.

ABRICOTS

Fin juin	*Mille.*
Commencement de juillet....	De Boulbon. — Défarge. — Docteur Mascle. — Hâtif du Clos. — Liabaud. Précoce de Monplaisir. — Blanc rosé.
Mi-juillet	Commun. — De Hollande. — *Gros rouge d'Alexandrie.* — *Mexico.* — Musqué de Provence. — Domazan.
Fin juillet	De Jouy. — De Nancy. — Du Chancelier. — Luizet. — Royal.
Août	Paviot. — Poizat. — Sucré de Holub.

CERISES

Fin mai	Guigne pourpre hâtive. — *Guigne Précoce de Tarascon.* — Fruheste der Marcht. — Bigarreau Souvenir des Charmes.
Commencement de juin	Anglaise hâtive. — Belle d'Orléans. — Bigarreau Antoine Nomblot. — Bigarreau Courte-Queue. — Bigarreau Elton. — Bigarreau Grand. — Bigarreau Jaboulay. — Bigarreau Pellis-

	sier. — Guigne à courte queue. — Guigne Garcine. — Guigne noire à gros fruit. — Guigne noire de Tartarie. — Impératrice Eugénie.
Fin juin	Belle de Choisy. — Bigarreau de Mézel. — *Bigarreau Marjolet.* — *Guigne Beaufrotte.* — Reine Hortense.
Commencement de juillet....	Bigarreau commun. — Bigarreau de Montauban. - Bigarreau de Walpurgis. — Bigarreau Esperen. — Bigarreau Gros-Cœuret. — Bigarreau Reverchon. — Bigarreau Tigré. — De Montmorency. — Gros Gobet. — Royale.
Mi-juillet	Belle de Magnifique. — *Bigarreau à gros fruil rouge.* — *Bigarreau Empereur François.* — *Bigarreau de Trie.* — Bigarreau Gelbe Buttner. — Bigarreau Napoléon. — Bigarreau noir d'Ecully. — *Choque.*
Fin juillet	Griotte du Nord.

PÊCHES

Commencement de juillet....	Amsden. — *Cumberland.* — *Downing.* — *Early Alexander.* — Henri Adenot. — *Rouge de mai.*
Mi-juillet	Early Rivers.
Fin juillet	*A bec.* — Hale's Early. — Charles Ingouf. - Grosse Mignonne hâtive. — Incomparable Guilloux. — Précoce Michelin.
Mi-août	*Belle de Doué.* — Daun. — Grosse Mignonne. — La France. — Madame Girerd. — Président Luizet. — Willermoz.
Fin août	Admirable. — Arthur Chevreau. — Baron Dufour. — Belle Cartière. — Belle Henri Pinaut. — Louis Grognet. — Madeleine rouge. — *Nobless.* — Pourprée hâtive. — Superbe de Trévoux. — *Belle de Neuville.*
Commencement de septembre	Alexis Lepère. — Belle Bausse. — *Belle de Vitry.* — Galande. - Malte.
Mi-septembre	Belle Impériale. — Bourdine. — Fine Jaboulay. — *Léopold Ier.* — Prince de Galles. — Reine des Vergers. — Susquehannah.

Fin septembre	Admirable jaune. — Belle de Toulouse. — Blondeau. — *Comtesse de Montijo.* — Pourprée tardive. — Tardive d'Oullins. — Théophile Sueur. — Teissier. — Vilmorin.
Commencement d'octobre	Bonouvrier. — Nivette veloutée. — Téton de Vénus.
Mi-octobre	Baltet. — Combet.
Fin octobre	Opoix. — Salway.

PÊCHES NECTARINES ET BRUGNONS

Fin juillet	*Cardinal.*
Commencement d'août	Précoce de Croncels. — *Early Rivers.*
Mi-août	*Blanche.* — *De Coosa.* — De Féliguies. Lily Baltet. — Lord Napier.
Fin août	Bowden. — Incomparable. — Madame de la Bastie. — Stanwick Elruge. — *Violette hâtive.*
Commencement de septembre	Jaune magnifique de Padoue.
Mi-septembre	Galopin.
Fin septembre	Victoria.

PÊCHE BRUGNON

Commencement de septembre	*Violet musqué.*

POIRES

Commencement de juillet....	*Blanchet Claude.* — *Crémésine.*
Mi-juillet	Beurré Giffard. — Citron des Carmes. — Doyenné de juillet. — Epargne.
Fin juillet	André Desportes. — Coscia. — Des Canourgues. — Jansémine.
Commencement d'août	*Brandywine.* — Précoce de Trévoux.
Mi-août	Docteur Jules Guyot. — *Duchesse de Berry d'été.* — Monsallard. — *Rousselet d'août.*
Fin d'août	Bergamotte d'été. — Clapp's Favourite. — De l'Assomption. — *Favorite Joannon.* — Giram. — Bon Chrétien Williams. — Madame Treyve. — *Sénateur Vaïsse.* — Triomphe de Vienne.
Commencement de septembre	Boutoc. — Souvenir du Congrès.

Mi-septembre	B urré d'Amanlis. *Beurré amandé.* — *Beurré Dalbret.* — Beurré superfin. *Bonne d'Ezée.* — *Comte Lelieur.* — Doyenné de Mérode. — Fondante Thirriot. — Louise Bonne. — Marguerite Marillat. — Rousselet de Reims.
Fin septembre	*Belle Devergnies.* — Conférence. — Directeur Hardy. — Joyau de septembre. — Madame Ernest Balvet. — Marguerite Marillat.
Commencement d'octobre ..	Beurré d'Angleterre. — Beurré Dilly. — *Beurré Du Mortier.* — Beurré Hardy. *Calebasse à la Reine.* — *Comte de Chambord.* — Doyenné blanc. — Favorite Morel. — Fondante des bois. — *Hélène Grégoire.* — *Jalousie de Fontenay.* — *Légipont.* — *Prémices d'Ecully.* — *Professeur Hortolès.* — Saint-Michel-Archange. — *Seckle.* — Seigneur. — *Vice-Président Decaye.*
Mi-octobre	Alexandrine Douillard. — Baronne de Mello. — *Baronne Leroy.* — Belle Guérandaise. — Beurré Benoist. — Beurré Capiaumont. — Beurré gris. — Conseiller à la Cour. — Durondeau. — Le Brun. — *Marie Parent.* — Nouveau Poiteau. — *Saint-Nicolas.*
Fin octobre	Bergamotte Crassane. — Beurré Dumont. — Des Urbanistes. — Madame Bouvant. — *Madame Chaudy.* — Marie-Louise. — Nec plus ultra Meuris. — *Thompson.* — Van Mons-Léon Leclerc.
Commencement de novembre	Beurré d'Apremont. — Bon-Chrétien Bonnamour. — *Brune Gasselin.* — *Délices de Louvenjoul.* — *Délices d'Hardenpont.* — Doyenné du Comice. — Doyenné gris. — *Graslin.* — Jeanne d'Arc. — La Casteline.
Mi-novembre	Beurré Six. — *Bon-Chrétien Napoléon.* — *Bouvier bourgmestre.* — Duchesse bronzée. — Duchesse d'Angoulême. — *Duchesse panachée.* — *La France.* — *Louise bonne Sannier.* — Charles-Ernest. — Messire Jean. —

	Soldat laboureur. — Sucrée de Mont-luçon.
Fin novembre	Bergamotte dorée. — Beurré Bachelier. — Beurré Clairgeau. — Bonne de Beugny. — Certeau d'automne. — Jules d'Airoles. — Virginie Baltet.
Commencement de décembre.	Comtesse de Paris. — Curé. — Épine du Mas. — Figue d'Alençon. — Fondante du Panisel. — Madame Bonnefond. — Triomphe de Jodoigne.
Mi-décembre	Beurré Diel. — Président Devielaine. — Président Mas. — *Souvenir de Du Breuil père.*
Fin décembre	*Bési de Chaumontel. — Bonneserre de Saint-Denis. — Broom Park. — De la Foresterie.* — Louis Pasteur. — Madame Grégoire. — Virgouleuse.
Commencement janvier	*Anna Audusson. — Beurré Millet.* — Bonne de Malines. — Le Lectier. — Madame Dupuis. — Madame Lyé Baltet. — Martin sec. — *Orpheline d'Enghien.*
Mi-janvier	*Bergamotte Hérault.* — Beurré de Luçon. — *Beurré de Nirelles.* — Beurré d'Hardenpont. — Beurré Dubuisson. — Beurré Vauban. — *Échassery.* — Passe Colmar. — Sœur Grégoire. — *Triomphe de Tournai.*
Fin janvier	Fondante Fougère. — *Fortunée Boisselot.* — Président Drouard. — Royale d'hiver. — Saint-Germain d'hiver. — *Saint-Germain gris.* — Zéphirin Grégoire.
Janvier à mars	Madame Ballet. — Rémy Chatenay.
Commencement de février..	Duchesse de Bordeaux. — Joséphine de Malines. — Marie Benoist. — Nouvelle Fulvie. — Royale Vendée.
Mi-février	Doyenné d'Alençon. — *Doyenné Goubault.* — Notaire Lepin. — Passe Crassane. — *Président de la Bastie.*
Fin février	*Bon Chrétien d'hiver.* — Charles Cognée. — Doyenné d'hiver. — Olivier de Serres. — Suzette de Bavay.
Mars-Mai..................	*Alexandrine Mas.* — Belle angevine. — Bergamotte Esperen. — *Bergamotte Fortuné.* — Bergamotte Hertrich. — *Bergamotte Sannier.* —

Beurré Gambier. — Beurré rance. — Catillac. Doyenné de Montjean. — Souvenir de Jules Guindon.

FRUITS A CUIRE OU A CONFISERIE

Automne	Beurré d'Angleterre. — Certeau d'automne. — Messire Jean.
Hiver	*A deux yeux.* — Belle Angevine. — *Belle Moulinoise.* — Catillac. — *De Binsse.* — *De Lierre.* — Fauvanelle. — *Saint-Mathieu.*

POMMES

Août	Borovitsky.
Août-Septembre	*Rambour franc.*
Septembre-Octobre	Transparente de Croncels.
Septembre-Novembre	Grævenstein. — Sans pareille Peasgood.
Octobre-Novembre	*Museau de lièvre blanc.* — Ménagère. — Fameuse. — Grand Alexandre. — *Deans Codlin.* — Luiken.
Octobre-Décembre	Reinette de Grandville. — Royale d'Angleterre.
Octobre-Janvier	Calville d'Oullins. — Reinette dorée. — Cox's Orange Pippin. — Beauty of Kent.
Octobre-Février	Reine des Reinettes. — *Double bon pommier*
Novembre-Décembre	Belle de Pontoise. — Bernède.
Novembre-Janvier	*Fenouillet jaune.*
Novembre-Février	Blenheim Pippin. — *Caroli.* — Reinette de Demptézieu.
Décembre-Janvier	Reinette de Chenée. — Faros. — *Fraise.*
Décembre-Février	Adams Pearmin. — *Azéroly anisé.* — *Bedfordshire Foundling.* — Belle de Boskoop. — Belle-Fleur jaune. — *Bismark.* — Calville de Saint-Sauveur. — *Chailleux.* — Champ-Gaillard. — *Datte.* — Pearmin Herefordshire. — *Pigeon blanc.* — Pigeon rouge. — *Postophe d'hiver.* — Reinette Ananas. — Reinette franche. — Reinette Parmentier.

Décembre-mars	*Barbe.* — *Barré.* — *Colapuy.* — Court-pendu gris. — Court-pendu rouge. — Doux d'argent. — Friandise. — *Gros Locard.* — *Hughe's Golden Pippin.* — Lagrange. — La Nationare. — Pépin gris de Parker. — *Rambour d'hiver.* — Reinette Baumann. — Reinette de Cuzy. — Reinette des Carmes. — *Saint Médard.* — *Saint Vincent.* — Winter Banana.
Décembre-Avril	De Chataignier. — De Noël. — Double rose. — Fenouillet gris. — Fenouillet gros. — *Feuille morte.* — Merveille de Chelmsford. — Reinette du Canada. — Reinette du Canada grise. — Reinette du Vigan. — Reinette grise. — Calville du Roi. — Reinette Desplanches. — *Rousseau.*
Décembre-Mai	*Belle fille.* — Eternelle-Allen. — Lawver. — Rose de Benauge.
Janvier-Mars	Cusset. — Teint frais. — *Bon Pommier.* — *Bouquepreuve.*
Janvier-Avril	Api. — Bonne de mai. — Calville blanc. — Calville Duquesne. — *Calville de Maussion.* — La Clermontoise. — Calville Mme Lessans. — Reinette de Caux. — Reinette Saintonge. — Reinette Jules Labitte. — *Croque Saint-Bauzan.*
Janvier-Juin	Reinette de Dieppedale.
Janvier-Mai	De l'Estre. — De Mai. — *Gendreville.* — Ontario.
Février-Mars	Boston Russet.
Février-Avril	Calville rouge d'hiver. — Sturmer pippin. — Non pareille ancienne. — *Reinette de Saint-Sauin.*
Février-Mai	Baldwin. — Impériale ancienne. — *Reinette Clochard.*
Mars	Royal Russet. — Reinette Vignal.
Mars-Mai	De Jaune. — Faros. — Serveau.
Mars-Juin	*Patte-de-loup.* — De Cave. — De Salé. — Vérité.

PRUNES

Commencement de juillet ...	Early Favorite.

Mi-juillet	*Royale de Tours. — Marange. — Royale de Montauban.*
Fin juillet	Bleue de Belgique. — Monsieur hâtif. — Pêche. — Belsiana.
Commencement d'août	Monsieur jaune. — Reine-Claude d'Oullins.
Mi-août	De Montfort. — De Pontbriand. — Gloire d'Epinay. — Kirke's. — Lawrence Gage. — Mirabelle petite. — Reine-Claude d'Ecully.
Fin août	D'Ente. — Mirabelle grosse. — Prince Englebert. — Reine-Claude. — Des Béjonnières.
Commencement de septembre	*Diaprée rouge.* — Jefferson. — Reine-Claude comte d'Althan. — Reine-Claude Diaphane. — Reine-Claude violette.
Mi-septembre	Pond's Seedling. — Victoria. — Quetsche d'Allemagne. — Sainte-Catherine.
Fin septembre	Abbaye d'Arton. — Tardive musquée. — Coë's Golden Drop. — Coë's violette. — Quetsche d'Italie. — Reine-Claude de Bavay. — *Reine Victoria.*
Commencement d'octobre	*Mirabelle tardive.*

RAISINS DE TABLE

Très précoces	Agostenga. — Madeleine Angevine. — Morillon noir hâtif. — Ischia noir.
Précoces	Lignan blanc. — Madeleine royale. — Précoce de Courtiller. — Précoce de Malingre.
Première époque hâtive......	Blauer Portugieser.
Première époque	Chasselas Charlery. — Chasselas de Falloux. — Chasselas des Bouches-du-Rhône. — Chasselas Cioutat. — Chasselas doré. — Duc de Malakoff. — Gamay de juillet. — Noir hâtif de Marseille. — Pineau gris. — Pineau noir.
Première époque tardive ...	Bellino. — Chasselas rose. — Muscat Caillaba. — Muscat de Jésus. — Musqué Talabot.
Deuxième époque hâtive	Commandeur.
Deuxième époque	Fintendo. — Muscat blanc. — Muscat noir. — Muscat rouge. — Muscat vio-

	let. — Musqué de Marseille. — Œillade. — Rosaky. — Tschaouch.
Deuxième époque tardive ..	Frankenthal. — Hardy. — Muscat bifère. — Olivette jaune.
Deuxième époque hâtive	Aspiran gris. — Aspiran noir.
Troisième époque	Clairette blanche. —Clairette rose. — Malvoisie à gros grains. — Muscat de Hambourg. — Terret gris. -- Terret noir.
Troisième époque tardive ...	Muscat d'Alexandrie.

TABLEAU DES FRUITS A L'ÉTUDE

ANNÉE de la PRÉSENTATION	NOMS DES FRUITS	MATURITÉ
	Abricots	
1919	Blanchet	Mi-juillet.
1907	Jusseaud	Mi-juillet.
1919	Corot	Mi-juillet.
	Cerises	
1923	Bigarreau Abel Chatenay	Fin juin.
1923	Bigarreau Chasset	Fin juin.
1919	Bigarreau Corot	1re quinzaine de juin.
1925	Bigarreau Cusset	1re quinzaine de juin.
1922	Bigarreau Gustave Dupau	Fin juin.
1926	Bigarreau Hâtif Burlat..........	Fin mai
1921	Bigarreau Hautin	2e quinzaine de juin.
1923	Bigarreau Luizet	Mi-juillet.
1912	Bigarreau Président Vigier.....	Mi-juillet.
1926	Earlys Rivers	Fin mai-juin.
1912	Guigne la Reine................	Fin mai-juin.
	Framboise	
1926	Yellow Superlative	
	Fraises à Gros Fruits non remontantes	
1924	Aprikose	
1924	Aviateur Guynemer	
1924	Châtelaine de Grentheville	
1924	Deutsche Evern	
1924	Gustave Moignon	
1924	Laxton Maincrop	
1924	L'Aurore	
1924	L'Or du Rhin	
1924	Ministre Pams.................	
1924	Pain de Sucre	
1924	Reine Louise	
1924	Sénateur Boissel	
1924	Sieger	
1924	Sir Joseph Paxton	
1924	Tardive de Léopo'd	
1924	Ville de Caen.................	

ANNÉE de la PRÉSENTATION	NOMS DES FRUITS	MATURITÉ
	Remontantes	
1924	Abondance	
1924	Général de Castelnau	
1924	Président Poincaré	
1924	Princesse Marie-Clotilde	
1924	Réformator	
1924	Soleil d'Austerlitz	
1924	Suavis	
	Des Quatre Saisons	
1924	La Brune	
1924	Merveille de Caen	
1924	Monstrueuse Caennaise	
1924	Victoire Française	
	Groseilles	
1926	Blanche de Bar-le-Duc	
1926	Fay's New Prolific	
1926	Impériale	
1926	Versaillaise blanche	
1926	Cassis Boskoop géant...........	
	Pêches	
1924	Aribaud	Août.
1924	Sénateur Cazeneuve	Septembre.
1924	Souvenir de B. Rivière	Fin août.
1924	Vérot	Septembre.
	Poires	
1924	Arthur Chevreau	Octobre-novembre.
1920	Charles de Ghelin	Octobre-décembre.
1919	Dorset	Hiver-Printemps.
1926	Enfant Nantais	Octobre-novembre.
1919	Madame Arsène Sannier	Octobre-novembre.
	Pommes	
1912	André Sauvage	Février-mars.
1912	Delicious	Février-mars.
1912	Edouard VII	Avril-Mai.
1912	Géante de l'Exposition	Janvier.
1919	Isabelle Luizet	Novembre.
1922	San Yacintho	Août-septembre.

TABLE DES CHAPITRES

TABLE DES MATIÈRES

www.ingramcontent.com/pod-product-compliance
Lightning Source LLC
LaVergne TN
LVHW010559180726
843502LV00001B/76